"101 计划"核心教材
计算机领域

计算机系统
基于 x86+Linux 平台

袁春风 朱光辉 余子濠 编著
王志英 主审

本书主要介绍与计算机系统相关的核心概念，解释这些概念如何相互关联并最终影响程序执行的结果和性能。本书共分 12 章，主要包括数据的机器级表示和处理、程序的转换及机器级表示、程序的链接和加载执行、存储器层次结构、虚拟存储器、进程和异常控制流、I/O 操作的实现、程序性能的优化、网络编程以及并发编程等内容。

本书内容详尽，概念清楚，通俗易懂，实例丰富，并提供大量典型习题以供读者练习，可以作为计算机专业本科或大专院校学生计算机系统方面的基础性教材，也可以作为有关专业研究生或计算机技术人员的参考书。

图书在版编目（CIP）数据

计算机系统：基于 x86+Linux 平台 / 袁春风，朱光辉，余子濠编著 . —北京：机械工业出版社，2024.1

ISBN 978-7-111-73882-4

I. ①计⋯ II. ①袁⋯ ②朱⋯ ③余⋯ III. ①计算机系统 IV. ① TP303

中国国家版本馆 CIP 数据核字（2023）第 179229 号

机械工业出版社（北京市百万庄大街 22 号　邮政编码 100037）
策划编辑：朱　劼　　　　　　责任编辑：朱　劼　郎亚妹
责任校对：潘　蕊　陈　越　　责任印制：任维东
河北鹏盛贤印刷有限公司印刷
2024 年 5 月第 1 版第 1 次印刷
185mm×260mm・32.25 印张・781 千字
标准书号：ISBN 978-7-111-73882-4
定价：89.00 元

电话服务	网络服务		
客服电话：010-88361066	机 工 官 网：	www.cmpbook.com
010-88379833	机 工 官 博：	weibo.com/cmp1952
010-68326294	金 书 网：	www.golden-book.com
封底无防伪标均为盗版	机工教育服务网：	www.cmpedu.com

出 版 说 明

为深入实施新时代人才强国战略，加快建设世界重要人才中心和创新高地，教育部在2021年底正式启动实施计算机领域本科教育教学改革试点工作（简称"101计划"）。"101计划"以计算机类专业教育教学改革为突破口与试验区，从教育教学的基本规律和基础要素着手，充分借鉴国际先进资源和经验，首批改革试点工作以33所计算机类基础学科拔尖学生培养基地建设高校为主，探索建立核心课程体系和核心教材体系，提高课堂教学质量和水平，引领高校人才培养质量的整体提升。

核心教材体系建设是"101计划"的重要组成部分。"101计划"系列教材基于核心课程体系的建设成果，以计算概论（计算机科学导论）、数据结构、算法设计与分析、离散数学、计算机系统导论、操作系统、计算机组成与系统结构、编译原理、计算机网络、数据库系统、软件工程、人工智能引论等12门核心课程的知识体系为基础，充分调研国际先进课程和教材建设经验，汇聚国内具有丰富教学经验与学术水平的教师，成立本土化"核心课程建设及教材写作团队"，由12门核心课程负责人牵头，组织教材调研、确定教材编写方向以及把关教材内容。工作组成员高校教师协同分工，一体化建设教材内容、课程教学资源和实践教学内容，打造一批具有"中国特色、世界一流、101风格"的精品教材。

在教材内容上，"101计划"系列教材确立了如下的建设思路和特色：坚持思政元素的多元性，积极贯彻《习近平新时代中国特色社会主义思想进课程教材指南》，落实立德树人根本任务；坚持知识体系的系统性，构建核心课程的知识图谱，系统规划教学内容；坚持融合出版的创新性，规划"新形态教材+网络资源+实践平台+案例库"等多种出版形态；坚持能力提升的导向性，借助"虚拟教研室"组织形式、"导教班"培训方式等多渠道开展师资培训，提升课堂教学水平，提高学生综合能力；坚持产学协同的实践性，遴选一批领军企业参与，为教材的实践环节及平台建设提供技术支持。总体而言，"101计划"系列教材将探索适应专业知识快速更新的融合教材，在体现爱国精神、科学精神和创新精神的同时，推进教学理念、教学内容和教学手段方面的有效提升，为构建高质量教材体系提供建设经验。

本系列教材在教育部高等教育司的精心指导下，由高等教育出版社牵头，联合机械工业出版社、清华大学出版社、北京大学出版社等共同完成系列教材出版任务。"101计划"工作组从项目启动实施至今，联合参与高校、教材编写组、参与出版社，经过多次协调研讨，确定了教材出版规划和出版方案。同时，为保障教材质量，工作组邀请23所高校的33位院士和资深专家完成了规划教材的编写方案评审工作，并由21位院士、专家组成了教材主审专家组，对每本教材的撰写质量进行把关。

感谢"101计划"工作组33所成员高校的大力支持，感谢教育部高等教育司的悉心指导，感谢北京大学郝平书记、龚旗煌校长和学校教师教学发展中心、教务部等相关部门对"101计划"从酝酿、启动到建设全过程给予的悉心指导和大力支持。感谢各参与出版社在教材申报、立项、评审、撰写、试用等出版环节的大力投入与支持，也特别感谢12位课程建设负责人和各位教材编写教师的辛勤付出。

"101计划"是一个起点，其目标是探索适合中国本科教育教学的新理念、新体系和新方法。"101计划"系列教材将作为计算机类专业12门核心课程建设的一个里程碑，与"101计划"建设中的课程体系、知识点教案、课堂提升、师资培训等环节相辅相成，有力推动我国计算机领域本科教育教学改革，全面促进课堂教学效果的进一步提升。

"101计划"工作组

前　言

随着基于大数据处理的人工智能时代的到来，原先基于 PC 构建的专业教学内容已经远远不能反映现代社会对计算机专业人才的培养要求。原先计算机专业人才培养强调"程序"设计，而现在更强调"系统"设计。这就需要我们重新规划教学课程体系，调整教学理念和教学内容，加强学生的计算机系统能力培养，使学生能够深刻理解计算机系统的整体概念，更好地掌握软/硬件协同设计和程序设计技术，从而培养出更多满足业界需求的各类计算机专业人才。不管培养计算机系统哪个层面的技术人才，计算机专业教育都要重视学生"系统观"的培养。

本书是为加强计算机类专业学生的"系统观"而提供的一本用于计算机系统基础类课程教学的教材。

1. 本书的写作思路和内容组织

本书从程序员视角出发，以高级语言程序的开发和运行过程为主线，将该过程中每个环节涉及的硬件和软件基本概念关联起来，试图建立一个完整的计算机系统层次结构框架，使读者了解计算机系统全貌和相关知识体系，初步理解计算机系统中的每一个抽象层及其相互转换关系，理解高级语言程序、指令集体系结构、操作系统、编译器、链接器等之间的相互关联，对指令在硬件上的执行过程和指令的底层硬件执行机制有一定的认识和理解，从而在程序的调试、性能优化、移植和健壮性保证等方面提升能力，并为后续"计算机组成原理""操作系统""编译技术""计算机体系结构"等课程的学习打下坚实基础。

本书的具体内容包括程序中处理的数据在机器中的表示和运算、程序中各类控制语句对应的机器级代码的结构、可执行目标代码的链接生成、可执行目标代码中的指令序列在机器上的执行过程、存储访问过程、打断程序正常执行的机制以及程序中的 I/O 操作功能如何通过请求操作系统内核提供的系统调用服务来完成等。

虽然构建计算机系统的各类硬件和软件千差万别，但计算机系统的构建原理以及在计算机系统上的程序转换和执行机理是相通的，因而，本书主要介绍一种特定计算机系统平台下的相关内容。本书所用的平台为 IA-32/x86-64+Linux+GCC+C 语言。

本书以高级语言程序为出发点来组织内容，按照"自顶向下"的方式，以高级语言程序→汇编语言程序→机器指令序列→控制信号的顺序，展现程序从编程设计、编译转换、链接到最终运行的整个过程。对于存储访问机制和异常控制流这两部分内容，本书在介绍基本原理的基础上，还简要介绍了 IA-32/x86-64+Linux 系统的具体实现（书中带 * 的章节）。若将本书用作教材，则这部分可以不作为课堂教学内容，而作为学生的自学材料。

本书共有 12 章，从逻辑上分为四部分。第 1 章作为导引，基于一个简单模型机简要介绍计算机系统；第 2～5 章为第一部分——可执行文件的生成和加载执行，主要围绕程序的编译、汇编、链接、加载和执行进行介绍，包括信息的表示和运算、指令系统和程序的机器级表示等；第 6、7 章为第二部分——程序的存储访问，主要介绍存储层次结构和访存局部性、主存储器、外部存储器、cache、虚拟存储机制等；第 8、9 章为第三部分——硬件与操作系统之间的协同机制，主要介绍进程的上下文切换、进程控制、异常和中断处理、程序中 I/O 操作的底层实现机制，并通过综述 hello 程序的加载执行过程对系统各层次的关联内容进行归纳总结；第 10~12 章为第四部分——计算机系统性能优化，介绍程序性能优化方法、网络编程和多线程并发编程技术，以帮助读者理解从单处理器计算机系统到并行处理系统的自然过渡。

本书各章的主要内容说明如下。

第 1 章　计算机系统概述：主要介绍计算机系统的基本工作原理、程序的开发与运行过程、计算机系统的层次结构。

第 2 章　数据的机器级表示与处理：主要介绍各类数据在计算机中的表示与运算。计算机中的算术运算与现实中的算术运算有所区别，例如，一个整数的平方可能为负数、两个正整数的乘积可能比乘数小、进行浮点数运算时可能不满足结合律。计算机算术运算的这些特性使得有些程序会产生令人意想不到的结果，甚至造成安全漏洞，许多程序员为此感到困惑和苦恼。本章将从数据的机器级表示及其基本运算电路层面来解释计算机算术运算的本质特性，使程序员能够清楚地理解由计算机算术的局限性造成的异常程序行为。

第 3 章　程序转换与指令系统：计算机硬件只能理解机器语言程序，机器语言标准规范是位于软件和硬件之间的指令集体系结构，即指令系统。本章主要介绍高级语言程序转换为机器代码的过程以及指令系统相关的基本内容，包括指令中的操作数类型、寻址方式、IA-32 和 x86-64 指令集体系结构及其常用指令。

第 4 章　程序的机器级表示：主要介绍 C 语言程序中的过程调用和控制语句（如选择、循环等结构语句）以及各类数据结构（如数组、指针、结构体、联合体等）元素的访问所对应的机器级代码。高级语言程序员使用高度抽象的过程调用、控制语句和数据结构等来实现算法，因而无法了解程序在计算机中执行的细节，无法真正理解程序设计中的许多抽象概念，也就很难解释清楚某些程序的行为和执行结果。本章从机器级汇编指令层面来解释程序的行为，因而程序员能对程序执行结果进行较为清楚的说明。通过学习本章，读者将会明白以下一些问题：过程调用时按值传递参数和按地址传递参数的本质差别是什么？缓冲区溢出漏洞是如何造成的？为什么递归调用会耗内存？为什么同样的程序在 32 位架构和 64 位架构上执行结果会不同？指针操作的本质是什么？

第 5 章　程序的链接与加载执行：主要介绍如何将多个程序模块链接以生成一个可执行目标文件并加载执行。通过介绍与链接相关的目标文件格式、符号解析、重定位、静态库、共享库以及可执行文件的加载等内容，使读者清楚地了解为何不能出现同名全局变量、为何可出现同名静态变量等编程问题。此外，链接生成的可执行文件与程序加载、虚拟地址空间和存储器映射等重要内容相关，对读者理解操作系统中存储管理方面的内容非常有用。可执行文件加载后的执行过程就是其包含的一条条指令的执行过程。

第 6 章　存储器层次结构：指令执行过程中需要通过访问存储器来取指令或读写操作数。通常，程序员以为程序代码和数据按序存放在由线性地址构成的主存空间中，实际上计算机中并不是只有主存，高速缓存和外存等存储器也与程序的执行相关。因此，存储单元不一定是指主存单元，访存过程也不仅是指访问主存的过程，而是指访问整个存储系统的过程。本章将介绍如何构成层次结构存储系统以及在该系统中的访存过程。层次结构存储系统能获得较好效果的一个很重要的原因是，程序中的存储访问具有局部性的特点，因此本章将详细介绍如何通过改善程序的时间局部性和空间局部性来提高程序执行的性能。

第 7 章　**虚拟存储器**：在链接生成的可执行文件中，其指令代码和数据的地址并不是主存地址，而是一个物理上并不存在的逻辑地址。每个可执行文件的代码和数据都映射到一个统一的虚拟地址空间中，因此在可执行文件执行过程中涉及逻辑地址向主存地址转换等实现虚拟存储器的一整套机制，这部分内容涉及指令系统、操作系统和硬件等多层次之间的关联和协同。本章主要介绍页式虚拟存储器机制。

第 8 章　**进程与异常控制流**：可执行文件被加载后就变成了一个进程，在正常执行过程中，CPU 会因为内部异常或外部中断事件而打断原程序的执行，转去执行操作系统提供的针对这些特殊事件的处理程序。这种由于某些特殊情况引起用户程序的正常执行被打断所形成的意外控制流称为异常控制流。显然，计算机系统必须提供一种机制使自身能够实现异常控制流。本章主要介绍硬件层和操作系统层中涉及的内部异常和外部中断的异常控制流实现机制，包括进程与进程的上下文切换、异常的响应和处理、中断的响应和处理以及系统调用的实现等。

第 9 章　**I/O 操作的实现**：所有高级语言的运行时系统都提供了执行 I/O 功能的高级机制，如 C 语言中提供了 fread、printf 和 scanf 等标准 I/O 库函数。从 I/O 函数提出 I/O 请求到设备响应并完成 I/O 请求，整个过程涉及多层次的 I/O 软件和 I/O 硬件的协调工作。本章主要介绍与 I/O 操作相关的软硬件协同内容，主要包括文件的概念、系统级 I/O 函数、C 标准 I/O 库函数、设备控制器的基本功能和结构、I/O 端口的编址方式、外设与主机之间的 I/O 控制方式以及利用陷阱指令将用户 I/O 请求转换为 I/O 硬件操作的过程，最终通过对 hello 程序加载执行过程的描述将前面各章的内容进行关联和总结。

第 10 章　**程序性能的优化**：主要介绍程序性能的优化方法，包括计算机系统性能评估方法、程序性能瓶颈分析方法、基于分层的性能优化技术分类，最后针对函数调用和指针别名这两类编译器不易优化的场景，介绍如何编写适合编译优化的源代码。

第 11 章　**网络编程**：网络编程在互联网应用中扮演着非常重要的角色，是互联网时代最底层的核心技术之一。了解网络编程的工作原理，有助于提升读者网络应用开发和调试的能力，并能够使读者深入理解 TCP/IP 网络通信协议。本章主要介绍网络 I/O、MAC 地址与 IP 地址、交换机与路由器、子网掩码与子网划分、TCP/IP 通信协议、套接字编程等。

第 12 章　**并发编程**：了解并发编程的工作原理，有助于读者深入理解多线程与多进程程序的实现机制，提升并发应用程序的开发能力与调试能力。本章主要介绍并发编程的基本概念、并发与并行的区别、多进程与多线程、同步与互斥、并行程序设计等。

2. 读者所需的背景知识

本书假定读者有一定的 C 语言程序设计基础，已经掌握了 C 语言的语法和各类控制语句、数据类型及其运算、各类表达式、函数调用和 C 语言的标准库函数等相关知识。

此外，本书还会对程序中指令的执行过程进行介绍，其中涉及布尔代数、逻辑运算电路、存储部件等内容，因而本书假定读者具有数字逻辑电路的基础知识。本书大多数 C 语言程序对应的机器级表示都是基于 IA-32/x86-64+Linux 平台用 GCC 编译器生成的，书中会在介绍程序的机器级表示之前，先简要介绍 32 位架构 IA-32 和 64 位架构 x86-64，包括其机器语言和汇编语言，因而读者不需要任何指令系统和机器级语言的背景知识。

3. 使用本书作为教材的课程

传统的计算机类专业课程体系按计算机系统层次结构横向切分，自下而上分成"数字逻辑电路""计算机组成原理""汇编程序设计""操作系统""编译原理""程序设计"等课程，而且，每门课程都仅局限在本抽象层，相互之间很少关联，因而学生很难对完整的计算机系统形成全面认识。

本书在借鉴国外相关课程教学内容和相关教材的基础上编写而成，适合在完成程序设计基础课程后学习。本书内容贯穿计算机系统各抽象层，是关于计算机系统的最基础内容，因而使用本书作为教材开设的课程适用于所有计算机类相关专业。

使用本书作为教材开设的课程名称可以是"计算机系统基础""计算机系统导论"或类似名称，可以有以下几种安排方案。

章	内容	课程				
		一	二	三	四	五
1	计算机系统概述	√	√	√	√	√
2	数据的机器级表示与处理	√	√	√	√	√
3	程序转换与指令系统	√	√	√	√	√
4	程序的机器级表示	√	√	√	√	
5	程序的链接与加载执行	√	√	√		
6	存储器层次结构	√	√		√	√
7	虚拟存储器	√	√		√	√
8	进程与异常控制流	√	√			
9	I/O 操作的实现	√			√	√
10	程序性能的优化	√				
11	网络编程	√				
12	并发编程	√				

对于上表的说明如下：

- 第一种课程适合软件工程等不需要深入掌握底层硬件细节的专业。开设该课程后，无须开设"数字逻辑电路""汇编程序设计""计算机组成原理""微机原理与接口技术"等偏硬件类课程，只要在课程的第 2 章中补充一些布尔代数和基本门电路的内容即可。本书将底层指令系统和微架构的基本内容与高级语言程序、操作系统的部分概念、编译和链接的基本内容有机联系在一起，作为一门完整的课程进行教学，不仅能缩减大量课时，还可以通过该课程的讲授为学生的系统能力培养打下坚实基础。因为课程内容较多，建议开设为一学年课程，第一学期学习第 1～5 章，第二学期学习第 6～12 章。每学期总学时数为 64 左右。
- 第二种课程适合计算机工程、计算机系统等偏系统或硬件的专业。可以在该课程前或该课程后，开设一门将"数字逻辑电路"和"计算机组成原理"的内容合并的课程，专门介绍数字逻辑和微架构设计技术；也可以在该课程之前先开设"数字逻辑电路"课程，之后再开设"计算机组成与系统结构"课程。建议开设为一学期课程，根据带 * 的章节内容是否讲解，总学时数为 60～80。
- 第三、四和五种课程，适合其他与计算机相关的非计算机专业或大专类计算机专业，在学时受限的情况下，可以选择一些基本内容进行讲授。建议开设为一学期课程，总学时数为 60～80。

用书教师可登录 https://g.cmptt.com/7LJ5S，注册后加入本书的数字教研室，获得本书的教学资源、申请电子样书、参与教学交流等。

4. 如何阅读本书

本书的出发点是将计算机系统每个抽象层中涉及的重要概念以程序的开发和运行过程为主线串起来，因而本书中所有问题和内容都从程序出发，这些内容涉及程序中数据的表示及运算、程序对应的机器级表示、多个程序模块的链接、程序的加载及运行、程序执行过程中的异常中断事件、程序中的 I/O 操作等。本书从读者熟悉的程序开发和运行过程出发，介绍计算机系统的基本概念，可以使读者将新学的概念与已有的知识建立关联，不断拓展和深化知识体系。因为所有内容都从程序出发，所以所有内容都可以通过具体程序进行验证，读者可边学边干，使所学知识转化为实践能力。

本书虽然涉及内容较广，但所有内容之间都具有非常紧密的关联，因而建议读者在阅读本书时采用"整体性"学习方法，通过第 1 章的学习先建立一个粗略的计算机系统整体框架，然后通过后续章节的学习，不断将新的内容与前面的内容关联起来，逐步细化计算机系统框架内容，最终形成比较完整的、相互密切关联的计算机系统整体概念。

本书提供了大量的例题和课后习题，这些题目大多是具体的程序示例，通过对这些示例的分析或验证性实践，读者可以对基本概念有更加深刻的理解。因此，在阅读本书时，若遇到一些难以理解的概念，可以先不用仔细琢磨，而是通过具体程序的反汇编代码对照基本概念和相关手册中的具体规定来理解。

本书提供的小贴士对理解书中的基本概念很有用，但是，由于篇幅有限，这些补充资料不可能占用很大篇幅，大多是简要内容。如果读者希望了解更多的细节，可以自行到互联网上查找。

本书内容虽然涉及高级语言程序设计、数字逻辑电路、汇编语言程序、计算机组成与系统结构、操作系统、编译器和链接器等，但主要讲解它们之间的关联，而不提供其细节，如果读者想要了解更详细的内容，还要阅读关于这些内容的专门书籍。不过，若读者学完本书后再去阅读这些书籍，则会轻松很多。

本书第 1～9 章由袁春风编写，第 10 章由余子濠编写，第 11、12 章由朱光辉编写，全书由袁春风和余子濠负责内容组织与统稿。

5. 致谢

衷心感谢在本书的编写过程中给予我们热情鼓励和中肯建议的各位专家、同事和同学。在本书的编写过程中，我们得到了国防科技大学的王志英教授、北京航空航天大学的马殿富教授、西北工业大学的周兴社教授、武汉大学的何炎祥教授、北京大学的陈向群教授、国防科技大学的罗宇教授等各位专家的悉心指导和热情鼓励；浙江大学城市学院的杨起帆教授对本书的前三章进行仔细审阅，提出了许多宝贵的修改意见；西安邮电大学的陈莉君教授、山东大学的杨兴强教授和中国石油大学（华东）的张琼声副教授从书稿的篇章结构到内容各个方面都提出了许多宝贵的意见；中国海洋大学的蒋永国教授对本书的编写和修改提出了很好的建议；中国石油大学（华东）的范志东同学对本书第 9 章的部分内容提出了宝贵的修改意见，并提供了第 5 章中某可执行文件程序头表中的部分信息。

本书以我们在南京大学讲授的"计算机组成与系统结构"和"计算机系统基础"两门课程的部分讲稿内容为基础，感谢南京大学各位同人和各届同学对讲稿内容与教学过程所提出的宝贵反馈和改进意见，这使本书的内容得以不断改进和完善。唐杰副教授和蒋炎岩副教授等课程主讲老师对本书的内容和篇章结构提出了宝贵的意见，并提供了部分编程实例；2015 级唐瑞泽和谢旻晖等同学为本书提供了有益的素材；2018 级陈璐同学为本书中的 hello 程序运行过程的综述给出了初始文稿。

6. 结束语

本书广泛参考了国内外相关的经典教材和教案，在内容上力求做到取材先进并反映技术发展现状，在内容的组织和描述上力求概念准确、语言通俗易懂、实例深入浅出，并尽量利用图示和实例来解释和说明问题。但是，由于计算机系统相关技术在不断发展，新的思想、概念、技术和方法不断涌现，加之作者水平有限，在编写中难免存在不当或遗漏之处，恳请广大读者对本书的不足之处给予指正，以便在后续的版本中予以改进。

作者于南京

2024 年 4 月

目 录

出版说明
前言

第1章 计算机系统概述 ·················· 1
1.1 计算机系统的基本工作原理 ·············· 1
1.1.1 冯·诺依曼结构的基本思想 ········ 1
1.1.2 冯·诺依曼机的基本结构 ·········· 2
1.1.3 程序和指令的执行过程 ············ 3
1.2 程序的开发与运行 ·························· 6
1.2.1 程序设计语言和翻译程序 ········ 6
1.2.2 从源程序到可执行文件 ············ 8
1.2.3 可执行文件的启动和执行 ········ 9
1.3 计算机系统的层次结构 ·················· 11
1.3.1 计算机系统抽象层的转换 ······ 11
1.3.2 计算机系统核心层之间的关联 ·· 12
1.3.3 计算机系统的不同用户 ·········· 14
1.4 本章小结 ·· 17
习题 ·· 17

第2章 数据的机器级表示与处理 ········ 19
2.1 数制和编码 ·· 19
2.1.1 信息的二进制编码 ·················· 19
2.1.2 进位计数制 ······························ 21
2.1.3 定点数与浮点数 ······················ 24
2.1.4 定点数的编码表示 ·················· 25
2.2 整数的表示 ·· 29
2.2.1 无符号整数和带符号整数 ······ 29
2.2.2 C语言中的整数及其相互转换 ·· 30
2.3 浮点数的表示 ···································· 32
2.3.1 浮点数的表示范围 ·················· 32
2.3.2 浮点数的规格化 ······················ 33
2.3.3 IEEE 754 浮点数标准 ············ 33
2.3.4 C语言中的浮点数类型 ·········· 37

2.4 非数值数据的编码表示 ·················· 38
2.4.1 逻辑值 ······································ 38
2.4.2 西文字符 ·································· 39
2.4.3 汉字字符 ·································· 40
2.5 数据的宽度和存储 ·························· 41
2.5.1 数据的宽度和单位 ·················· 41
2.5.2 数据的存储和排列顺序 ·········· 43
2.6 数据的基本运算 ······························ 47
2.6.1 按位运算和逻辑运算 ·············· 47
2.6.2 左移和右移运算 ······················ 47
2.6.3 位扩展和位截断运算 ·············· 48
2.6.4 整数加减运算 ·························· 49
2.6.5 整数乘除运算 ·························· 53
2.6.6 常量的乘除运算 ······················ 56
2.6.7 浮点数运算 ······························ 57
2.7 本章小结 ·· 63
习题 ·· 63

第3章 程序转换与指令系统 ·············· 72
3.1 程序转换概述 ···································· 72
3.1.1 机器指令和汇编指令 ·············· 72
3.1.2 指令集体系结构概述 ·············· 73
3.1.3 指令系统设计风格 ·················· 75
3.1.4 机器代码的生成过程 ·············· 77
3.2 IA-32/x86-64 指令系统 ···················· 82
3.2.1 操作数类型 ······························ 83
3.2.2 寄存器组织 ······························ 85
3.2.3 寻址方式 ·································· 89
3.2.4 机器指令格式 ·························· 92
3.3 IA-32/x86-64 常用指令类型及操作 ···· 95
3.3.1 传送指令 ·································· 95
3.3.2 定点算术运算指令 ·················· 99
3.3.3 按位运算指令 ·························· 103

3.3.4 程序执行流控制指令 ………… 105
*3.3.5 x87 浮点处理指令 ………… 110
*3.3.6 MMX/SSE/AVX 指令 ………… 113
*3.3.7 x86-64 中的浮点处理指令 ………… 115
3.4 本章小结 ………… 118
习题 ………… 118

第 4 章 程序的机器级表示 ………… 122

4.1 过程调用的机器级表示 ………… 122
  4.1.1 IA-32 的过程调用约定 ………… 122
  4.1.2 变量的作用域和生存期 ………… 125
  4.1.3 按值传递参数和按地址传递参数 ………… 127
  4.1.4 递归过程调用 ………… 132
  4.1.5 非静态局部变量的存储分配 ………… 133
  4.1.6 x86-64 的过程调用 ………… 136
  *4.1.7 x86-64 过程的浮点参数传递 ………… 142
4.2 流程控制语句的机器级表示 ………… 143
  4.2.1 选择语句的机器级表示 ………… 143
  4.2.2 循环语句的机器级表示 ………… 147
4.3 复杂数据类型的分配和访问 ………… 150
  4.3.1 数组的分配和访问 ………… 150
  4.3.2 结构体数据的分配和访问 ………… 155
  4.3.3 联合体数据的分配和访问 ………… 158
  4.3.4 数据的对齐 ………… 160
4.4 越界访问和缓冲区溢出 ………… 163
  4.4.1 数组的越界访问 ………… 163
  4.4.2 缓冲区溢出攻击 ………… 165
  4.4.3 对缓冲区溢出攻击的防范 ………… 167
4.5 本章小结 ………… 170
习题 ………… 171

第 5 章 程序的链接与加载执行 ………… 184

5.1 编译、汇编和静态链接 ………… 184
  5.1.1 编译和汇编 ………… 184
  5.1.2 可执行文件的生成 ………… 185
5.2 目标文件格式 ………… 187
  5.2.1 ELF 目标文件格式 ………… 188
  5.2.2 可重定位文件格式 ………… 189
  5.2.3 可执行文件格式 ………… 192
  5.2.4 可执行文件的存储器映像 ………… 194
5.3 符号表和符号解析 ………… 195
  5.3.1 符号和符号表 ………… 195
  5.3.2 符号解析 ………… 199
  5.3.3 与静态库的链接 ………… 202
5.4 重定位 ………… 204
  5.4.1 重定位信息 ………… 205
  5.4.2 重定位过程 ………… 206
*5.5 动态链接 ………… 209
  *5.5.1 动态链接的特性 ………… 210
  *5.5.2 程序加载时的动态链接 ………… 210
  *5.5.3 程序运行时的动态链接 ………… 212
  *5.5.4 位置无关代码 ………… 213
*5.6 库打桩机制 ………… 218
  *5.6.1 编译时打桩 ………… 218
  *5.6.2 链接时打桩 ………… 219
  *5.6.3 运行时打桩 ………… 220
5.7 可执行文件的加载和执行 ………… 222
  5.7.1 可执行文件的加载 ………… 222
  5.7.2 程序和指令的执行过程 ………… 223
  5.7.3 CPU 的基本功能和基本组成 ………… 225
  5.7.4 打断程序正常执行的事件 ………… 226
5.8 本章小结 ………… 227
习题 ………… 228

第 6 章 存储器层次结构 ………… 233

6.1 存储器概述 ………… 233
  6.1.1 存储器的分类 ………… 233
  6.1.2 主存储器的组成和基本操作 ………… 234
  6.1.3 层次化存储结构 ………… 235
  6.1.4 程序访问的局部性 ………… 236
6.2 半导体随机存取存储器 ………… 238
  6.2.1 基本存储元件 ………… 238
  6.2.2 DRAM 芯片 ………… 240
  6.2.3 SDRAM 芯片技术 ………… 242
  6.2.4 内存条及其与 CPU 的连接 ………… 243
  6.2.5 存储器芯片的扩展 ………… 245
  6.2.6 主存控制器 ………… 247
6.3 外部存储器 ………… 247

6.3.1 磁盘存储器的结构 ················ 247
6.3.2 磁盘存储器的性能指标 ·········· 249
*6.3.3 闪速存储器和 U 盘 ·············· 250
*6.3.4 固态硬盘 ··························· 252
6.4 cache ·· 253
6.4.1 cache 的基本工作原理 ·········· 253
6.4.2 cache 的映射方式 ················ 254
6.4.3 cache 的替换算法 ················ 261
6.4.4 cache 的写策略 ··················· 265
*6.4.5 cache 的设计 ······················ 266
*6.4.6 cache 和程序性能 ················ 270
6.5 本章小结 ···································· 274
习题 ··· 275

第 7 章 虚拟存储器 ···························· 279
7.1 虚拟存储器概述 ························· 279
7.1.1 虚拟存储器的基本概念 ········· 279
7.1.2 进程的虚拟地址空间 ············ 280
7.1.3 虚拟存储器的基本类型 ········· 282
7.2 页式虚拟存储器的实现 ················ 284
7.2.1 页表和页表项的结构 ············ 284
7.2.2 页式存储管理总体结构 ········· 285
7.2.3 页式虚拟存储地址转换 ········· 287
7.2.4 快表 ·································· 287
7.3 具有 TLB 和 cache 的存储系统 ····· 290
7.3.1 层次化存储系统结构 ············ 290
7.3.2 CPU 访存过程 ···················· 291
7.3.3 cache 的 4 种查找方式 ········· 293
7.4 存储保护机制 ····························· 293
*7.5 IA-32+Linux 中的地址转换 ········· 295
7.5.1 逻辑地址到线性地址的转换 ···· 295
7.5.2 线性地址到物理地址的转换 ···· 300
*7.6 实例：Intel Core i7+Linux 存储系统 ··· 302
7.6.1 Core i7 的层次化存储器结构 ···· 302
7.6.2 Core i7 的地址转换机制 ······· 302
7.6.3 Linux 系统的虚拟存储管理 ···· 305
*7.7 堆区动态分配 ···························· 309
7.7.1 动态存储分配 ····················· 310
7.7.2 显式动态分配 ····················· 313

7.7.3 隐式动态分配 ····················· 318
7.7.4 与存储访问相关的常见错误 ···· 319
7.8 本章小结 ···································· 323
习题 ··· 323

第 8 章 进程与异常控制流 ··················· 327
8.1 进程与进程的上下文切换 ············· 327
8.1.1 程序和进程的概念 ··············· 327
8.1.2 进程的逻辑控制流 ··············· 328
8.1.3 进程的上下文切换 ··············· 329
8.2 异常和中断 ································ 331
8.2.1 异常和中断的基本概念 ········· 331
8.2.2 异常的分类 ························ 333
8.2.3 中断的分类 ························ 336
8.2.4 异常和中断的响应 ··············· 337
*8.3 IA-32/x86-64+Linux 的异常和中断机制 ··· 339
8.3.1 中断向量表和中断描述符表 ···· 339
8.3.2 异常和中断的处理 ··············· 341
8.3.3 系统调用机制 ····················· 345
*8.4 Linux 中的进程控制 ··················· 348
8.4.1 进程的创建、休眠和终止 ······ 348
8.4.2 进程 ID 的获取和子进程的回收 ···· 351
8.4.3 程序的加载运行 ·················· 354
*8.5 Linux 中的信号与非本地跳转 ······· 357
8.5.1 Linux 中的信号处理机制 ······· 357
8.5.2 信号的发送 ························ 359
8.5.3 信号捕获和信号处理 ············ 361
8.5.4 非本地跳转处理 ·················· 362
8.6 本章小结 ···································· 364
习题 ··· 365

第 9 章 I/O 操作的实现 ······················ 370
9.1 I/O 子系统概述 ·························· 370
9.2 用户空间 I/O 软件 ······················ 372
9.2.1 用户程序中的 I/O 函数 ········· 372
9.2.2 文件的基本概念 ·················· 375
9.2.3 系统级 I/O 函数 ·················· 377
9.2.4 C 标准 I/O 库函数 ··············· 380
9.3 内核空间 I/O 软件 ······················ 385

9.3.1 设备无关的 I/O 软件层 ……… 385
   9.3.2 设备驱动程序 ……………… 389
   9.3.3 中断服务程序 ……………… 396
 9.4 I/O 硬件与软件的接口 …………… 398
   9.4.1 I/O 设备 …………………… 398
   9.4.2 基于总线的互连结构 ……… 399
   9.4.3 I/O 接口的功能和结构 …… 402
   9.4.4 I/O 端口及其编址 ………… 404
   9.4.5 中断系统 …………………… 408
 9.5 hello 程序运行过程综述 ………… 409
   9.5.1 shell 进程等待用户键盘输入 … 409
   9.5.2 用户从键盘输入命令行 …… 410
   9.5.3 唤醒并切换至 shell 进程 … 411
   9.5.4 使用 fork() 函数创建子进程 … 412
   9.5.5 hello 进程的加载和执行 … 414
 9.6 本章小结 …………………………… 418
 习题 …………………………………… 418

第 10 章 程序性能的优化 …………… 424
 10.1 计算机系统性能评估 …………… 424
   10.1.1 计算机性能的定义 ……… 424
   10.1.2 计算机性能的测试 ……… 424
   10.1.3 用指令执行速度进行性能评估 … 426
   10.1.4 用基准程序进行性能评估 … 428
   10.1.5 阿姆达尔定律 …………… 429
 10.2 程序性能瓶颈分析 ……………… 430
   10.2.1 基于事件统计报告的性能瓶颈分析 …………………… 430
   10.2.2 基于踪迹的性能瓶颈分析 … 433
 10.3 基于分层的性能优化技术分类 … 435
   10.3.1 软件层次 ………………… 435
   10.3.2 指令集和硬件层次 ……… 439
 10.4 编写适合编译优化的源代码 …… 440
   10.4.1 优化函数调用 …………… 440
   10.4.2 优化指针别名 …………… 442
 10.5 本章小结 ………………………… 445
 习题 …………………………………… 446

第 11 章 网络编程 …………………… 449
 11.1 客户端-服务器模型和网络 I/O … 449

   11.1.1 案例：远程函数调用 …… 449
   11.1.2 网络 I/O ………………… 451
 11.2 局域网和广域网 ………………… 452
   11.2.1 局域网 …………………… 452
   11.2.2 交换机 …………………… 453
   11.2.3 广域网与互联网 ………… 455
 11.3 IP 网络通信协议 ………………… 455
   11.3.1 IP 地址 …………………… 455
   11.3.2 子网掩码与子网划分 …… 456
   11.3.3 路由与转发 ……………… 458
   11.3.4 TCP/IP …………………… 461
 11.4 套接字编程 ……………………… 463
   11.4.1 套接字接口 ……………… 463
   11.4.2 套接字地址与接口函数 … 464
   11.4.3 套接字编程实例 ………… 467
 11.5 本章小结 ………………………… 472
 习题 …………………………………… 472

第 12 章 并发编程 …………………… 474
 12.1 并发编程概述 …………………… 474
 12.2 多进程与多线程 ………………… 475
   12.2.1 多进程并发编程 ………… 475
   12.2.2 线程与线程的上下文切换 … 478
   12.2.3 POSIX 线程库函数 ……… 479
   12.2.4 多线程编程实例 ………… 481
 12.3 同步与互斥 ……………………… 483
   12.3.1 互斥锁 …………………… 484
   12.3.2 信号量 …………………… 487
   12.3.3 线程安全和可重入性 …… 490
   12.3.4 死锁 ……………………… 491
 12.4 并行编程 ………………………… 492
   12.4.1 并行程序设计思想 ……… 493
   12.4.2 并行程序性能评估 ……… 495
 12.5 本章小结 ………………………… 496
 习题 …………………………………… 497

附录 A gcc 的常用命令行选项 ……… 499
附录 B GDB 的常用命令 …………… 500
参考文献 ………………………………… 502

第 1 章　计算机系统概述

本书主要介绍与计算机系统相关的核心概念，解释这些概念是如何相互关联并最终影响程序执行的结果和性能的。本书以单处理器计算机系统为基础介绍程序开发和执行的基本原理以及所涉及的重要概念，为高级语言程序员展示高级语言源程序与机器级代码之间的对应关系以及机器级代码在计算机硬件上的执行机制。

本章概要介绍计算机系统的基本工作原理、冯·诺依曼结构的基本思想以及冯·诺依曼结构计算机的基本构成、程序和指令执行过程、计算机系统的基本功能和基本组成、程序的开发与运行、计算机系统的层次结构以及计算机系统核心层之间的关联。

1.1　计算机系统的基本工作原理

1.1.1　冯·诺依曼结构的基本思想

世界上第一台真正意义上的电子数字计算机是在 1935—1939 年间由美国艾奥瓦州立大学物理系副教授约翰·文森特·阿塔那索夫（John Vincent Atanasoff）和其合作者克利福特·贝瑞（Clifford Berry，当时还是物理系的研究生）研制成功的，用了 300 个电子管，取名为 ABC（Atanasoff-Berry Computer）。不过这台机器只是一个样机，并没有完全实现阿塔那索夫的构想。

1946 年 2 月，美国研制成功了真正实用的电子数字计算机 ENIAC（Electronic Numerical Integrator and Computer），不过，其设计思想基本来源于 ABC，只是采用了更多的电子管，运算能力更强大。它的负责人是莫克利（John W. Mauchly）和艾克特（John Presper Eckert），他们制造完 ENIAC 后就立刻申请并获得了美国专利。就是这个专利导致了 ABC 和 ENIAC 之间长期的"世界第一台电子计算机"之争。

1973 年，美国明尼苏达地区法院给出正式宣判，推翻并吊销了莫克利的专利。虽然他们失去了专利，但是他们的功劳还是不能抹杀，毕竟是他们按照阿塔那索夫的思想完整地制造出了真正意义上的电子数字计算机。

现在国际计算机界公认的事实是：第一台电子计算机的真正发明人是美国的约翰·文森特·阿塔那索夫（1903—1995）。他在国际计算机界被称为"电子计算机之父"。

ENIAC 的研制主要是为了解决美军复杂的弹道计算问题。它用十进制表示信息，通过设置开关和插拔电缆手动编程，每秒钟能进行 5 000 次加法运算或 50 次乘法运算。1944 年夏季的一天，冯·诺依曼巧遇美国弹道实验室的军方负责人戈尔斯坦。于是，冯·诺依曼被戈尔斯坦介绍加入了 ENIAC 研制组。在研制 ENIAC 的同时，冯·诺依曼等人开始考虑研制另一台电子计算机 EDVAC（Electronic Discrete Variable Automatic Computer）。1945 年，冯·诺依曼以"关于 EDVAC 的报告草案"为题,起草了长达 101 页的报告,发表了全新的存储程序(stored-program)通用电子计算机方案,宣告了现代计算机结构——冯·诺依曼结构的诞生。

存储程序方式的基本思想是:必须将事先编好的程序和原始数据送入主存后才能执行程序,一旦程序被启动执行,计算机能在不需操作人员干预下自动完成逐条指令取出和执行的任务。

从 20 世纪 40 年代计算机诞生以来,尽管硬件技术已经经历了电子管、晶体管、集成电路和超大规模集成电路等发展阶段,计算机体系结构也取得了很大发展,但绝大部分通用计算机硬件组成仍然具有冯·诺依曼结构特征。

冯·诺依曼结构的基本思想主要包括以下几个方面。
- 采用"存储程序"工作方式。
- 计算机由运算器、控制器、存储器、输入设备和输出设备 5 个基本部分组成。
- 存储器不仅能存放数据,也能存放指令,数据和指令在形式上没有区别,但计算机应能区分它们;控制器应能自动执行指令;运算器应能进行算术运算,也能进行逻辑运算;操作人员可以通过输入设备和输出设备使用计算机。
- 计算机内部以二进制形式表示指令和数据;每条指令由操作码和地址码两部分组成,操作码指出操作类型,地址码指出操作数的地址;由一串指令组成程序。

1.1.2 冯·诺依曼机的基本结构

根据冯·诺依曼结构的基本思想,可以给出一个模型计算机的基本硬件结构。如图 1.1 所示,模型机中主要包括:用来存放指令和数据的主存储器,简称主存或内存;用来进行算术逻辑运算的运算器,即算术逻辑部件(Arithmetic Logic Unit,ALU),在 ALU 操作控制信号 ALUop 的控制下,ALU 可以对输入端 A 和 B 进行不同的运算,得到结果 F;用于自动逐条取出指令并进行译码的部件,即控制部件(Control Unit,CU),也称控制器;用来和用户交互的输入设备和输出设备。

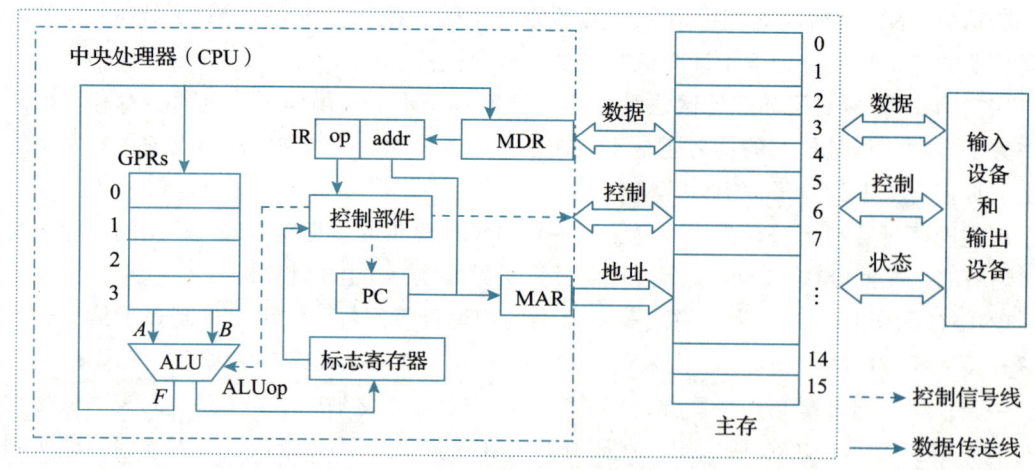

图 1.1 模型机的基本硬件结构

在图 1.1 中，为了临时存放从主存取来的数据或运算的结果，还需要若干**通用寄存器**（General Purpose Register），组成**通用寄存器组**（GPRs），ALU 两个输入端 A 和 B 的数据来自通用寄存器；ALU 运算的结果会产生标志信息，例如，结果是否为 0（**零标志** ZF）、是否为负数（**符号标志** SF）等，这些标志信息需要记录在专门的**标志寄存器**中；从主存取来的指令需要临时保存在**指令寄存器**（Instruction Register，IR）中；CPU 为了自动按序读取主存中的指令，还需要有一个**程序计数器**（Program Counter，PC），在执行当前指令的过程中，自动计算出下一条指令的地址并送到 PC 中保存。通常把控制器、运算器和各类寄存器互连组成的电路称为**中央处理器**（Central Processing Unit，CPU），简称**处理器**。

CPU 需要从通用寄存器中取数据到 ALU 中进行运算，或把 ALU 运算的结果保存到通用寄存器中，因此，需要给每个通用寄存器编号；同样，主存中每个单元也需要编号，称为**主存单元地址**，简称**主存地址**。通用寄存器和主存都属于存储部件，计算机中的存储部件从 0 开始编号，例如，图 1.1 中 4 个通用寄存器的编号分别为 0、1、2、3，16 个主存单元编号为 0～15。

为了从主存取指令和数据，CPU 需要通过传输介质和主存相连。通常把连接不同部件进行信息传输的介质称为**总线**，其中包含用于传输地址信息、数据信息和控制信息的地址线、数据线和控制线。CPU 访问主存时，需先将主存地址、读/写命令分别发送到总线的地址线、控制线，然后通过数据线发送或接收数据。CPU 发送到地址线的主存地址应先存放在**主存地址寄存器**（Memory Address Register，MAR）中，发送到数据线或从数据线获取的信息存放在**主存数据寄存器**（Memory Data Register，MDR）中。

1.1.3 程序和指令的执行过程

冯·诺依曼结构计算机的功能通过执行程序实现，程序的执行过程就是所包含的指令的执行过程。

指令（instruction）是用 0 和 1 表示的一串 0/1 序列，用来指示 CPU 完成一个特定的原子操作。例如：**取数指令**（load）从主存单元中取出数据并把该数据存放到通用寄存器中；**存数指令**（store）将通用寄存器的内容写入主存单元；**加法指令**（add）将两个通用寄存器的内容相加后送入结果寄存器；**传送指令**（mov）将一个通用寄存器的内容传送到另一个通用寄存器；等等。

指令通常被划分为若干个字段，有操作码、地址码等字段。**操作码字段**指出指令的操作类型，如取数、存数、加、减、传送、跳转等；**地址码字段**指出指令所处理的操作数的地址，如寄存器编号、主存单元编号等。

下面用一个简单的例子，说明在图 1.1 所示的模型机上程序和指令的执行过程。

假定图 1.1 所示模型机**字长**为 8 位；有 4 个通用寄存器 r0～r3，编号为 0～3；有 16 个主存单元，编号为 0~15。每个主存单元和 CPU 中的 ALU、通用寄存器、IR、MDR 的宽度都是 8 位，PC 和 MAR 的宽度都是 4 位；连接 CPU 和主存的总线中有 4 位地址线、8 位数据线和若干位控制线（包括读/写命令线）。该模型机采用 8 位定长指令字，即每条指令有 8 位。指令格式有 R 型和 M 型两种，如图 1.2 所示。

指令格式	4 位	2 位	2 位	功能说明
R 型	op	rt	rs	R[rt] ← R[rt] op R[rs] 或 R[rt] ← R[rs]
M 型	op	addr		R[0] ← M[addr] 或 M[addr] ← R[0]

图 1.2　定长指令字格式

在图 1.2 中，op 为操作码字段，R 型指令的 op 为 0000 和 0001 时，分别定义为寄存器间传送（mov）和加（add）操作，M 型指令的 op 为 1110 和 1111 时，分别定义为取数（load）和存数（store）操作；rs 和 rt 为通用寄存器编号；addr 为主存单元地址。

在图 1.2 中，R[r] 表示编号为 r 的通用寄存器中的内容，M[addr] 表示地址为 addr 的主存单元的内容，"←" 表示从右向左传送数据。指令 1110 0110 的功能为 R[0] ← M[0110]，表示将 6 号主存单元（地址为 0110）中的内容取到 0 号寄存器；指令 00010001 的功能为 R[0] ← R[0]+R[1]，表示将 0 号和 1 号寄存器中内容相加的结果送到 0 号寄存器。

若在该模型机上实现 "z=x+y;"，x 和 y 分别存放在主存 5 号和 6 号单元中，结果 z 存放在 7 号单元中，则相应程序在主存单元中的初始内容如图 1.3 所示。

主存地址	主存单元内容	内容说明（Ii 表示第 i 条指令）	指令的符号表示
0	1110 0110	I1: R[0] ← M[6]；op=1110：取数操作	load r0, 6#
1	0000 0100	I2: R[1] ← R[0]；op=0000：传送操作	mov r1, r0
2	1110 0101	I3: R[0] ← M[5]；op=1110：取数操作	load r0, 5#
3	0001 0001	I4: R[0] ← R[0] + R[1]；op=0001：加操作	add r0, r1
4	1111 0111	I5: M[7] ← R[0]；op=1111：存数操作	store 7#, r0
5	0001 0000	操作数 x，值为 16	
6	0010 0001	操作数 y，值为 33	
7	0000 0000	结果 z，初始值为 0	

图 1.3　实现 z=x+y 的程序在主存部分单元中的初始内容

"存储程序" 工作方式规定，程序执行前，需先将程序包含的指令和数据送入主存，一旦启动程序执行，则计算机必须能够在不需操作人员干预下自动完成逐条指令的取出和执行任务。如图 1.4 所示，一个程序的执行就是周而复始地逐条执行指令的过程。每条指令的执行过程包括：从主存取指令、对指令进行译码、PC 增量（图 1.4 中的 PC+"1" 表示 PC 的内容加上当前指令的长度）、取操作数并执行、将结果送到主存或寄存器保存。

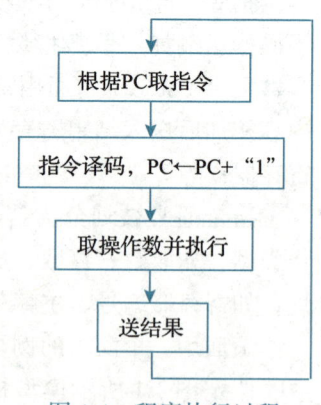

图 1.4　程序执行过程

程序执行前，首先将程序的起始地址存放在 PC 中，取指令时，将 PC 的内容作为地址访问主存。每条指令执行过程中，都需要计算下一条将要执行指令的主存地址，并送到 PC 中。若当前指令为顺序型指令，则下一条指令地址为 PC 的内容加上当前指令的长度；若当前指令为跳转型指令，则下一条指令地址为指令中指定的目标地址。当前指令执行完后，根据 PC 的值到主存中取到的是下一条将要执行的指令，因而计算机能够周而复始地自动取出并执行一条条指令。

对于图 1.3 中的程序，程序首地址（即指令 I1 所在地址）为 0，因此，程序开始执行时，PC 的内容为 0000。根据程序执行流程，该程序运行过程中所执行的指令顺序为 I1→I2→I3→I4→I5。每条指令在图 1.1 所示模型机中的执行过程及结果如图 1.5 所示。

	I1：1110 0110	I2：0000 0100	I3：1110 0101	I4：0001 0001	I5：1111 0111
取指令	IR←M[0000]	IR←M[0001]	IR←M[0010]	IR←M[0011]	IR←M[0100]
指令译码	op=1110，取数	op=0000，传送	op=1110，取数	op=0001，加	op=1111，存数
PC 增量	PC←0000+1	PC←0001+1	PC←0010+1	PC←0011+1	PC←0100+1
取数并执行	MDR←M[0110]	A←R[0]、mov	MDR←M[0101]	A←R[0]、B←R[1]、add	MDR←R[0]
送结果	R[0]←MDR	R[1]←F	R[0]←MDR	R[0]←F	M[0111]←MDR
执行结果	R[0]=33	R[1]=33	R[0]=16	R[0]=16+33=49	M[7]=49

图 1.5 实现 z=x+y 功能的每条指令的执行过程

如图 1.5 所示，在图 1.1 的模型机中执行指令 I1 的过程如下：指令 I1 存放在第 0 单元，故取指令操作为 IR←M[0000]，表示将主存 0 单元中的内容取到指令寄存器 IR 中，故取指令阶段结束时，IR 中的内容为 1110 0110；然后，将高 4 位 1110（op 字段）送到控制器进行指令译码；同时控制 PC 进行"+1"操作，PC 中内容变为 0001；因为是取数指令，所以控制器产生"主存读"控制信号 Read，在取数和执行阶段将 Read 信号送到控制线，将指令后 4 位的 0110（addr 字段）作为主存地址送到 MAR 并自动送到地址线，经过一段时间以后，主存将 0110（6#）单元中的 33（变量 y）送到数据线并自动存储在 MDR 中；最后由控制器控制将 MDR 中的内容送到 0 号通用寄存器，因此，指令 I1 的执行结果为 R[0]=33。其他指令的执行过程类似。程序最后执行的结果为主存 0111（7#）单元内容（变量 z）变为 49，即 M[7]=49。

指令执行各阶段都包含若干个<u>微操作</u>，微操作需要相应的<u>控制信号</u>（control signal）进行控制。

- 取指令阶段 IR←M[PC] 微操作有：MAR←PC；控制线←Read；IR←MDR。
- 取数阶段 R[0]←M[addr] 微操作有：MAR←addr；控制线←Read；R[0]←MDR。
- 存数阶段 M[addr]←R[0] 微操作有：MAR←addr；MDR←R[0]；控制线←Write。
- ALU 运算 R[0]←R[0]+R[1] 微操作有：A←R[0]；B←R[1]；ALUop←add；R[0]←F。

ALU 操作有加（add）、减（sub）、与（and）、或（or）、传送（mov）等类型。如图 1.1 所示，ALU 操作控制信号 ALUop 可以控制 ALU 进行不同的运算，例如：当 ALUop←mov 时，ALU 的输出 $F=A$；当 ALUop←add 时，ALU 的输出 $F=A+B$。

这里的 Read、Write、mov、add 等微操作控制信号都是控制器对 op 字段进行译码后送出的，图 1.1 中的虚线所示的就是控制信号线。每条指令执行过程中，所包含的微操作具有先后顺序关系，需要用定时信号进行定时。通常，CPU 中所有微操作都由时钟信号进行定时，<u>时钟信号</u>（clock signal）的宽度为一个<u>时钟周期</u>（clock cycle）。一条指令的执行时间包含一个或多个时钟周期。

1.2 程序的开发与运行

现代通用计算机都采用"存储程序"工作方式，需要计算机完成的任何任务都应先表示为一个程序。首先，应将应用问题（任务）转化为算法（algorithm）描述，使应用问题的求解变成流程化的清晰步骤，并能确保步骤是有限的。任何一个问题都可能有多个求解算法，需要进行算法分析以确定哪种算法在时间和空间上能够得到优化。其次，将算法转换为用编程语言描述的程序，这个转换通常是手工进行的，也就是说，需要程序员进行程序设计。程序设计语言（programming language）与自然语言不同，它有严格的执行顺序，不存在二义性，从而保证程序行为与算法描述一致。

1.2.1 程序设计语言和翻译程序

程序设计语言可以分成不同抽象层的、适用于不同领域的、采用不同描述结构的，等等，目前大约有上千种，从抽象层次上来分，可以分成高级语言和低级语言两类。

使用特定计算机规定的指令格式而形成的 0/1 序列称为机器语言，计算机能理解和执行的程序称为机器代码或机器语言程序，其中的每条指令都由 0 和 1 组成，称为机器指令。如图 1.3 中所示，主存单元 0 ~ 4 中存放的 0/1 序列就是机器指令。

最早人们采用机器语言编写程序。但机器语言程序的可读性很差，也不易记忆，给程序的编写和阅读带来极大的困难。因此，人们引入了一种机器语言的符号表示语言，通过用简短的英文符号和机器指令建立对应关系，以方便程序员编写和阅读程序。这种语言称为汇编语言（assembly language），机器指令对应的符号表示称为汇编指令。如图 1.3 中所示，机器指令"1110 0110"对应的汇编指令为" load r0, 6# "。显然，使用汇编指令编写程序比使用机器指令编写程序要方便得多。但是，因为计算机无法理解和执行汇编指令，所以用汇编语言编写的汇编语言源程序必须先转换为机器语言程序，才能被计算机执行。

每条汇编指令表示的功能与对应的机器指令一样，汇编指令和机器指令都与特定的机器结构相关，因此，汇编语言和机器语言都属于低级语言，它们统称为机器级语言（machine level language）。

因为每条指令的功能非常简单，所以使用机器级语言描述程序功能时，需描述的细节很多，不仅程序设计工作效率很低，而且同一个程序不能在不同结构的机器上运行。为此，程序员多采用高级程序设计语言编写程序。高级程序设计语言（high level programming language）又称高级编程语言，是指面向算法设计的、较接近于日常英语书面语言的程序设计语言，如 BASIC、C/C++、Fortran、Java 等。它与具体机器结构无关，可读性比机器级语言好、描述能力更强，一条语句可对应几条或几十条指令。例如，对于图 1.3 中所示的程序，机器级语言表示需要 5 条指令，而高级编程语言只需一条语句"z=x+y;"即可。

不过，因为计算机无法直接理解和执行高级编程语言程序，所以需要将高级语言程序转换成机器语言程序。这个转换过程可由计算机自动完成，进行这种转换的软件统称为翻译程序（translator）。通常，程序员借助"程序设计语言处理系统"来开发软件。任何一个语言处理系统中都包含翻译程序，它能把一种编程语言表示的程序转换为等价的另一种编程语言表示的程序。被翻译的语言和程序分别称为**源语言**和**源程序**，翻译生成的语言和程序分别称为**目标语言**和**目标程序**。翻译程序有以下三类。

- **汇编程序**（assembler）：也称**汇编器**，实现将汇编语言源程序翻译成机器语言目标程序。
- **解释程序**（interpreter）：也称**解释器**，实现将源程序中的语句按其执行顺序逐条翻译成机器指令并立即执行。
- **编译程序**（compiler）：也称**编译器**，实现将高级语言源程序翻译成汇编语言或机器语言目标程序。

图 1.6 给出了实现两个相邻数组元素交换功能的不同层次语言之间的等价转换过程。

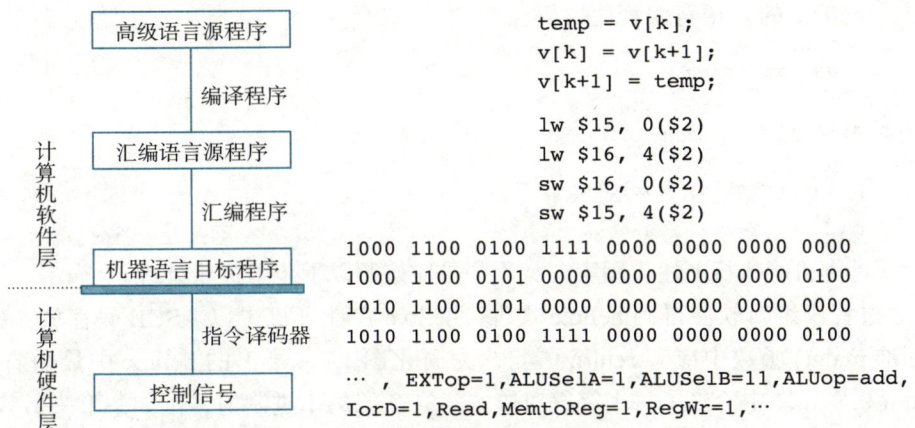

图 1.6　不同层次语言之间的等价转换

如图 1.6 所示，交换数组元素 v[k] 和 v[k+1] 的功能可以在高级语言源程序中直观地用三条赋值语句实现；在经编译后生成的汇编语言源程序中，可用 4 条汇编指令实现该功能，其中两条是取数指令 lw（load word），另外两条是存数指令 sw（store word）；在经汇编后生成的机器语言程序中，对应的机器指令是特定格式的二进制代码，例如，第一条 lw 指令对应的机器代码为 "100011 00010 01111 0000 0000 0000 0000"，这是一条 **MIPS 指令集系统结构**中的指令，其中，高 6 位 "100011" 为操作码，随后 5 位 "00010" 为通用寄存器编号 2，再后面 5 位 "01111" 为另一个通用寄存器编号 15，最后 16 位为立即数 0。CPU 能够通过逻辑电路直接执行这种二进制表示的机器指令。执行指令时通过控制器对指令操作码进行译码，以解释成控制信号来控制数据的流动和运算。例如，控制信号 ALUop=add 可以控制 ALU 进行加法操作，RegWr=1 可以控制将结果数据写入某个通用寄存器。

小贴士

本书中多处提到 MIPS 架构或 MIPS 指令集系统结构，这里的 MIPS 是指在 20 世纪 80 年代初期由斯坦福大学 Hennessy 教授领导的研究小组研制出来的一种 RISC 处理器。MIPS 为 Microcomputer without Interlocked Pipeline Stages（无内锁流水线微处理器）的缩写。在通用计算方面，MIPS R 系列微处理器曾经用于构建高性能工作站、服务器和超级计算机系统。在嵌入式方面，MIPS K 系列微处理器在 1999 年以前曾是世界上用得最多的处理器，应用领域覆盖游戏机、路由器、激光打印机、掌上电脑等方面。目前 MIPS 处理器所属公司已经宣布放弃继续设计 MIPS 架构，将投入 RISC-V 架构处理器的设计。

表示指令速度的计量单位 MIPS（Million Instructions Per Second），其含义是平均每秒钟执行多少百万条定点操作指令。注意这两个名称的内涵截然不同。

1.2.2 从源程序到可执行文件

程序的开发和运行涉及计算机系统的不同层次，因而计算机系统层次结构的思想体现在程序开发和运行的各个环节。下面以简单的 hello 程序为例，简要介绍程序的开发与执行过程，以便使读者加深对计算机系统层次结构概念的认识。

以下是 hello.c 的 C 语言源程序代码。

```
1  #include <stdio.h>
2
3  int main()
4  {
5      printf("hello, world\n");
6  }
```

为了让计算机能执行上述应用程序，程序员应按照以下步骤进行处理。

1）通过程序编辑软件得到 hello.c 文件。hello.c 在计算机中以 ASCII 码存放，如图 1.7 所示（标准 main() 函数中应有 return 语句，为简化图 1.7，给出的 hello.c 中最后省略了语句 "return 0;"），图中给出了每个字符对应的 ASCII 码的十进制值，例如：第一字节的值是 35，代表字符 "#"；第二字节的值是 105，代表字符 "i"，最后一字节的值为 125，代表字符 "}"。通常把用 ASCII 码字符或汉字字符表示的文件称为**文本文件**（text file），源程序文件都是文本文件，是可显示和可读的。

#	i	n	c	l	u	d	e	<sp>	<	s	t	d	i	o	.
35	105	110	99	108	117	100	101	32	60	115	116	100	105	111	46
h	>	\n	\n	i	n	t	<sp>	m	a	i	n	(	)	\n	{
104	62	10	10	105	110	116	32	109	97	105	110	40	41	10	123
\n	<sp>	<sp>	<sp>	<sp>	p	r	i	n	t	f	(	"	h	e	l
10	32	32	32	32	112	114	105	110	116	102	40	34	104	101	108
l	o	,	<sp>	w	o	r	l	d	\	n	"	)	;	\n	}
108	111	44	32	119	111	114	108	100	92	110	34	41	59	10	125

图 1.7　hello.c 源程序文件的表示

2）将 hello.c 进行预处理、编译、汇编和链接，最终生成**可执行目标文件**。例如，在 Linux 系统中，可用 GCC 编译驱动程序进行处理，命令如下：

```
linux> gcc -o hello hello.c
```

上述命令中，最前面的 linux> 为 **shell 命令行解释器**的命令行提示符，gcc 为 **GCC 编译驱动程序名**，-o 表示后面为输出文件名，hello.c 为要处理的源程序。从 hello.c 到可执行目标文件 hello 的转换过程如图 1.8 所示。

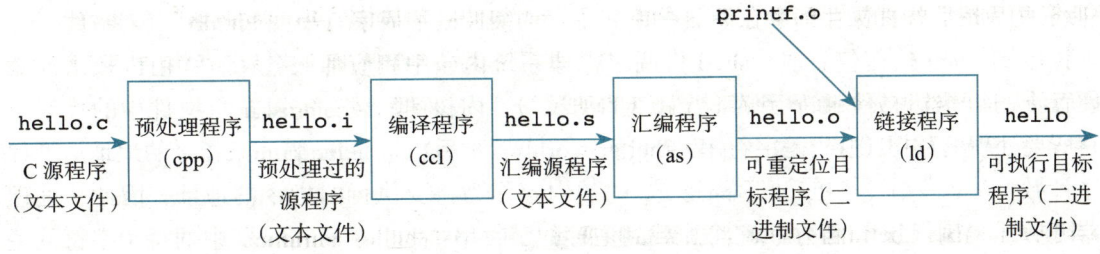

图 1.8 从源程序文件 hello.c 到可执行目标文件 hello 的转换过程

- **预处理阶段**：预处理程序（cpp）对源程序中以字符 # 开头的命令进行处理，例如，将 #include 命令后面的 .h 文件内容嵌入源程序文件中。预处理程序的输出结果还是一个源程序文件，以 .i 为扩展名。
- **编译阶段**：编译程序（cc1）对预处理后的源程序进行编译，生成一个汇编语言源程序文件，以 .s 为扩展名，例如，hello.s 是一个汇编语言程序文件。汇编语言与具体的机器结构有关。
- **汇编阶段**：汇编程序（as）对汇编语言源程序进行汇编，生成**可重定位目标文件**（relocatable object file），以 .o 为扩展名，例如，hello.o 是一个可重定位目标文件。它是一种**二进制文件**（binary file），因为其中的代码已经是机器指令，数据以及其他信息也都用二进制表示，所以它是不可读的，即打开后显示的是乱码。
- **链接阶段**：链接程序（ld）将多个可重定位目标文件和标准函数库中的可重定位目标文件合并成为**可执行目标文件**（executable object file），可执行目标文件简称为**可执行文件**。本例中，链接器将 hello.o 和标准库函数 printf() 所在的可重定位目标模块 printf.o 进行合并，生成可执行文件 hello。

最终生成的可执行文件保存在硬盘上，可以通过某种方式启动运行。

1.2.3 可执行文件的启动和执行

对于一个存放在硬盘上的可执行文件，可以在操作系统提供的用户操作环境中，采用双击对应图标或在命令行中输入可执行文件名等多种方式来启动执行。在 Linux 系统中，可以通过 **shell 命令行解释器**来执行可执行文件。例如，对于上述可执行文件 hello，通过 shell 命令行解释器启动执行的结果如下：

```
linux> ./hello
hello, world
linux>
```

shell 命令行解释器会显示提示符 linux>，告知用户它准备接收用户的输入，此时，用户可以在提示符后面输入需要执行的命令名，它可以是一个可执行文件在硬盘上的路径名，后可跟若干参数。例如，上述 "./hello" 就是可执行文件 hello 的路径名，其中 "./" 表示当前目录，hello 程序没有参数。在命令后用户需按下 Enter 键表示结束。图 1.9 显示了在计算机中启动和执行 hello 程序的整个过程。

如图 1.9 所示，shell 程序会将用户从键盘输入的每个字符逐一读入 CPU 寄存器中（对应线①),然后将其保存到主存储器中,在主存的缓冲区形成字符串"./hello"(对应线②)。等接收到 Enter 按键信息时,shell 将调出操作系统内核中相应的服务例程,由内核来加载硬盘上的可执行文件 hello 到存储器(对应线③)。内核"加载"完可执行文件中的代码及其所要处理的数据(这里是字符串"hello, world\n")后,将 hello 第一条指令的地址送到程序计数器(PC)中,CPU 永远都将 PC 中的内容作为将要执行的指令的地址,因此,处理器随后开始执行 hello 程序,它将加载到主存的字符串"hello, world\n"中的每个字符从主存取到 CPU 的寄存器中(对应线④),然后将 CPU 寄存器中的字符送到显示器显示(对应线⑤)。

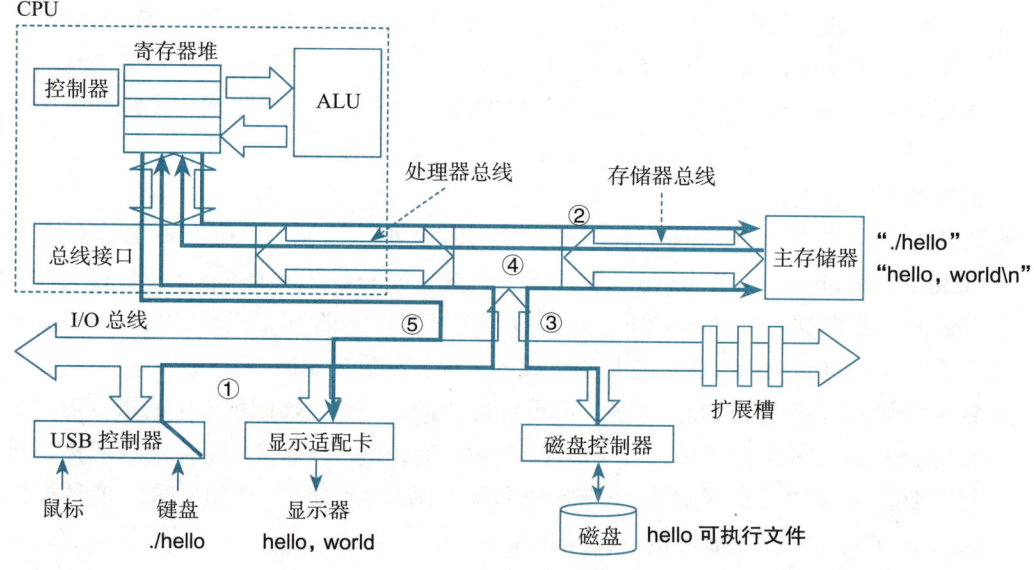

图 1.9 启动和执行 hello 程序的整个过程

从上述过程可看出,用户程序被启动执行,必须依靠操作系统的支持,包括提供人机接口环境(如外壳程序)和内核服务例程。例如,shell 命令行解释器就是操作系统**外壳程序**,它为用户提供了一个启动程序执行的环境,用来对用户从键盘输入的命令进行解释,并调出操作系统内核来加载用户程序(用户从键盘输入的命令所对应的程序)。显然,用来加载用户程序并使其从第一条指令开始执行的操作系统内核服务例程也是必不可少的。

此外,在上述过程中,还涉及键盘、硬盘和显示器等外部设备的操作,这些底层硬件不能由用户程序直接访问,此时,也需要依靠操作系统内核服务例程的支持,例如,用户程序需要调用内核的 read 系统调用服务例程读取硬盘文件,或调用内核的 write 系统调用服务例程把字符串"写"到显示器上等。

键盘、硬盘和显示器等外部设备简称为**外设**,也称为 **I/O 设备**,其中,I/O 是 Input/Output(输入/输出)的缩写。外设通常由机械部分和电子部分组成,并且两部分通常是分开的。机械部分是外部设备本身,而电子部分则是控制外部设备工作的 **I/O 控制器**或 **I/O 适配器**。外设通过 I/O 控制器或 I/O 适配器连到主机,I/O 控制器或 I/O 适配器统称为**设备控制器**。例如,键盘接口、打印机适配器、显示控制卡(简称显卡)、网络控制卡(简称网卡)等都是设备控制器,属于 **I/O 模块**。

从图 1.9 可以看出，程序的执行过程就是数据在 CPU、主存储器和 I/O 模块之间流动的过程，所有数据的流动都是通过总线、I/O 桥接器等进行的。在总线上传输数据之前，需要先将其缓存在存储部件中，因此，除主存本身是存储部件以外，在 CPU、I/O 桥接器、设备控制器中也有存放数据的缓冲存储部件，例如，CPU 中的通用寄存器、设备控制器中的数据缓冲寄存器等。

小贴士

计算机的硬件可以分成主机和外设两部分，主机中的主要功能模块是 CPU、主存和各个 I/O 模块。因为早期计算机的主要功能部件由一条单总线相连，这条总线被称为系统总线，所以，发展为多总线后，就把连接主机中主要功能模块的各类总线统称为系统总线。因此，多总线计算机中的处理器总线、存储器总线和 I/O 总线都属于系统总线。不过，Intel 架构中将连接 CPU 和北桥芯片的处理器总线特指为系统总线，也称为前端总线（Front Side Bus，FSB）。

外部设备种类繁多，且具有不同的工作特性，因而它们在工作方式、数据格式和工作速度方面存在很大差异。此外，CPU、主存等计算机主机部件采用高速元器件实现，使得主机部件和外设之间在技术特性上有很大差异，它们各有自己的时钟和独立的时序控制，两者之间采用完全异步的工作方式。为此，在各个外设和主机之间必须要有相应的逻辑部件来解决它们之间的同步与协调、工作速度的匹配和数据格式的转换等问题，这类逻辑部件统称为 I/O 模块（有些书中也称为 I/O 接口）。从功能上来说，各种设备的 I/O 控制器或适配器都是 I/O 模块。通常，I/O 模块中有数据缓冲寄存器、命令字寄存器和状态字寄存器，它们统称为 I/O 端口。为了能够访问这些端口，需要对其进行编址，所有 I/O 端口的地址组成的空间称为 I/O 空间。I/O 空间可以和主存空间统一编址，也可以单独编址，前者称为统一编址方式或存储器映射方式，后者称为独立编址方式。

1.3 计算机系统的层次结构

传统计算机系统采用分层方式构建，即计算机系统是一个层次结构系统，通过向上层用户提供一个抽象的简洁接口而将较低层次的实现细节隐藏起来。计算机解决应用问题的过程就是不同抽象层进行转换的过程。

1.3.1 计算机系统抽象层的转换

图 1.10 是计算机系统抽象层及其转换示意图，描述了从最终用户希望计算机完成的应用（问题）到电子工程师使用器件完成基本电路设计的整个转换过程。

希望计算机完成或解决的任何应用（问题）最开始形成时通常用自然语言描述，但是，计算机硬件只能理解机器语言。要将一个自然语言描

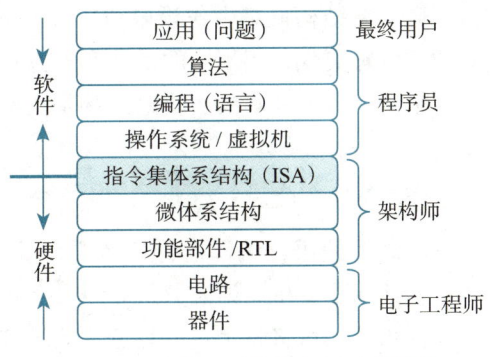

图 1.10 计算机系统抽象层及其转换

述的应用问题转换为机器语言程序，需要经过应用问题描述、算法抽象、高级语言程序设计、将高级语言源程序转换为特定机器语言目标程序等多个抽象层的转换。

在进行高级语言程序设计时，需要有相应的程序开发支撑环境。需要一个程序编辑器，以方便源程序的编写；需要一套翻译转换软件，以处理各类源程序，包括预处理程序、编译器、汇编器、链接器等；还需要一个可以执行各类程序的用户界面，如 GUI 方式下的图形用户界面或 CLI 方式下的命令行用户界面（如 shell 程序）。提供程序编辑器和各类翻译转换软件的工具包统称为语言处理系统；而具有人机交互功能的用户界面和底层系统调用服务例程则由操作系统提供。

当然，所有的语言处理系统都必须在操作系统提供的计算机环境中运行，操作系统是对计算机底层结构和计算机硬件的一种抽象，这种抽象构成了可以让程序员使用的虚拟机（virtual machine）。

从应用问题到机器语言程序的每次转换所涉及的概念都属于软件的范畴，而机器语言程序所运行的计算机硬件和软件之间需要有一个"桥梁"，这个在软件和硬件之间的界面就是指令集体系结构（Instruction Set Architecture，ISA），简称指令系统，也称为架构，它是软件和硬件之间接口的一个完整定义。ISA 定义了一台计算机可以执行的所有指令的集合，每条指令规定了计算机执行什么操作，以及所处理的操作数存放的地址空间和操作数类型。ISA 规定的内容包括：数据类型及格式，指令格式，寻址方式和可访问地址空间大小，程序可访问的通用寄存器的个数、位数和编号，状态/控制寄存器的定义，I/O 空间的编址方式，中断结构，机器工作状态的定义和切换，I/O 传送方式，存储保护方式等。因此，指令集体系结构是指软件能感知到的部分，也称软件可见部分。

机器语言程序就是一个 ISA 规定的指令序列，因此，计算机硬件执行机器语言程序的过程就是执行一条条指令的过程。ISA 是对指令系统的一种规定或结构规范，实现 ISA 的具体逻辑结构称为计算机组织（computer organization）或微体系结构（micro-architecture），简称微架构。ISA 和微体系结构是不同层面上的两个概念，微体系结构是软件不可感知的部分。例如，加法器采用串行进位方式还是并行进位方式实现属于微体系结构考虑的问题，与程序的编写没有关系，机器级代码程序员只知道 ISA 中是否有加法指令，而不知道机器是采用哪种进位方式实现加法器的。相同的 ISA 可能具有不同的微体系结构，例如，对于 Intel x86 这种 ISA，很多处理器的组织方式不同，即具有不同的微架构，但因为它们具有相同的 ISA，因此，在一种处理器上运行的程序，在另一种处理器上也能运行。

微体系结构最终由逻辑电路（logic circuit）实现，当然，微架构中的功能部件可以由不同的逻辑来实现，用不同的逻辑实现方式得到的性能和成本也有所差异。

最后，每个基本的逻辑电路都是按照特定的器件技术（device technology）实现的。

1.3.2 计算机系统核心层之间的关联

高级编程语言编译器将高级语言源程序转换为机器级目标代码，这个过程包含多个步骤，包括词法分析、语法分析、语义分析、中间代码生成、代码优化、目标代码生成和目标代码优化等。可将整个过程划分为前端和后端两个阶段，通常把中间代码生成及之前的步骤称为前端。因此，前端主要完成对源程序的分析，把源程序切分成一些基本块，并生成中间语言表示，后端在分析结果正确无误的基础上，把中间语言表示（中间代码）转化为目标机器支持的机器级语言程序。

每一种程序设计语言都有相应的标准规范，如 C 语言有 C90 和 C99 等标准规范。一方面，编译器开发者必须按照编程语言标准规范设计编译器前端，才能向高级语言程序员提供可正确工作的编译器。另一方面，程序员必须按照语言标准规范编写源程序，源程序才能被编译器正确处理。若程序员不了解语言标准规范，或编写了不符合语言标准规范的高级语言源程序，编译过程就会出错，或者编译出的目标程序运行结果不符合预期。

语言标准规范中有以下三种行为需要程序员注意。
- 未定义行为（undefined behavior），指符合语言标准规范但未明确指定其结果的行为。若源程序包含未定义行为，则目标程序的每次运行结果可能不同，或在不同平台下运行结果不同。例如，C 语言标准规定，最小负整数除以 −1 的结果未定义，故在不同平台中运行该程序，可能得到不同的结果。
- 未指定行为（unspecified behavior），指语言标准规范列出多种供编译器选择的行为结果，不同编译器可能选择不同的行为结果。若源程序包含未指定行为，则采用不同的编译器进行编译或采用一款编译器的不同版本进行编译，目标程序的运行结果可能不同。例如，对于程序段 "int i=1; f(i++,i++);"，C 语言标准规定，函数调用的参数求值顺序未指定，故有的编译器可能按 "f(1,2)" 处理，有的编译器可能按 "f(2,1)" 处理。
- 实现定义行为（implementation-defined behavior），指语言标准规范的实现（如编译器）需要在文档中说明其选择的未指定行为。若源程序包含实现定义行为，在相同环境下运行可得到相同的结果，但将程序移植到另一个环境时，运行结果可能不同。例如，C 语言标准规定，char 类型是带符号还是无符号整数，是实现定义行为，故程序员不应假设 char 是带符号或无符号整数。

编译器后端的设计应遵循 ISA 规范和**应用程序二进制接口**（Application Binary Interface，ABI）规范。正如 1.3.1 节提到的，ISA 是对指令系统的一种规定或结构规范，ISA 定义了一台计算机可以执行的所有指令的集合，以及每条指令执行什么操作、所处理的操作数存放的地址空间和操作数类型等。因为翻译程序的后端将生成能够在目标机器中运行的机器目标代码，所以，它必须按照目标机器的 ISA 规范生成相应的机器目标代码。不符合 ISA 规范的目标代码，将无法在根据该 ISA 规范而设计的计算机上正确运行。

ABI 是为运行在特定 ISA 及特定操作系统上的应用程序规定的一种机器级目标代码层接口，包含了运行在特定 ISA 及特定操作系统上的应用程序所对应的目标代码生成时必须遵循的约定。ABI 描述了应用程序和操作系统之间、应用程序和所调用的库函数之间、不同组成部分（如过程或函数）之间在较低层次上的机器级代码接口。例如，过程之间的调用约定（如参数和返回值如何传递等）、系统调用约定（系统调用的参数和调用号如何传递以及如何从用户态陷入操作系统内核等）、目标文件的二进制格式和函数库使用约定、机器中寄存器的使用规定、程序的虚拟地址空间划分等。不符合 ABI 规范的目标程序，将无法在根据该 ABI 规范提供的操作系统运行环境中正确运行。

ABI 不同于**应用程序接口**（Application Program Interface，API）。API 定义了较高层次

的源程序代码和库之间的接口，通常是与硬件无关的接口。因此，同样的源程序代码可以在支持相同 API 的任何系统中进行编译以生成目标代码。在 ABI 相同或兼容的系统上，一个已经编译好的目标代码则可以无须改动而直接运行。

在 ISA 层之上，操作系统向应用程序提供的运行时环境需要符合 ABI 规范，同时，操作系统也需要根据 ISA 规范来使用硬件提供的接口，包括硬件提供的各种控制寄存器和状态寄存器、原子操作、中断机制、分段和分页存储管理部件等。如果操作系统没有按照 ISA 规范使用硬件接口，则无法提供操作系统的重要功能。

在 ISA 层之下，设计处理器时需要根据 ISA 规范来设计相应的硬件接口供操作系统和应用程序使用，不符合 ISA 规范的处理器设计，将无法支撑操作系统和应用程序的正确运行。

总之，计算机系统能够按照预期正确地工作是不同层次的多个规范相互支撑的结果，计算机系统的各抽象层之间如何进行转换，最终都是由这些规范来定义的。不管是系统软件开发者、应用程序开发者，还是处理器设计者，都必须以规范为准绳，即要以手册为准。计算机系统中的所有行为都是由各种手册确定的，计算机系统也是按照手册构建的。因此，如果要了解程序的确切行为，最好的方法就是查手册。

本书所用平台为 IA-32/x86-64+Linux+GCC+C 语言，Linux 操作系统下一般使用 system V ABI，因此，推荐读者上网查阅 C 语言标准、system V ABI 手册和 Intel 指令系统手册。

1.3.3　计算机系统的不同用户

计算机系统完成的所有任务都是通过执行程序中的指令来实现的。计算机系统由硬件和软件两部分组成。**硬件**（hardware）是物理装置的总称，人们看到的各种芯片、板卡、外设、电缆等都是计算机硬件。**软件**（software）包括运行在硬件上的程序和数据以及相关的文档。**程序**（program）是指挥计算机如何操作的一个指令序列，**数据**（data）是指令操作的对象。根据软件的用途，一般将软件分成系统软件和应用软件两大类。

系统软件（system software）包括为有效、安全地使用和管理计算机以及为开发和运行应用软件而提供的各种软件，介于计算机硬件与应用程序之间，它与具体应用的关系不大。系统软件包括操作系统（如 Windows、UNIX、Linux）、语言处理系统（如 Visual Studio、GCC）、数据库管理系统（如 Oracle）和各类实用程序（如磁盘碎片整理程序、备份程序）。操作系统（Operating System，OS）主要用来管理整个计算机系统的资源，包括对它们进行调度、管理、监视和服务等，操作系统还提供计算机用户和硬件之间的人机交互界面，并提供对应用软件的支持。语言处理系统主要用于提供一个用高级语言编程的环境，包括源程序编辑、翻译、调试、链接、装入、运行等功能。

应用软件（application software）指专门为数据处理、科学计算、事务管理、多媒体处理、工程设计以及过程控制等应用所编写的各类程序。例如，人们平时经常使用的电子邮件收发软件、多媒体播放软件、游戏软件、炒股软件、文字处理软件、电子表格软件、演示文稿制作软件等都是应用软件。

按照在计算机上完成任务的不同，可以把使用计算机的用户分成以下 4 类：最终用户、系统管理员、应用程序员和系统程序员。

使用应用软件完成特定任务的计算机用户称为**最终用户**（end user）。大多数计算机使用者都属于最终用户。例如，使用炒股软件的股民、玩计算机游戏的人、进行会计电算化处理的财会人员等。

系统管理员（system administrator）是指利用操作系统、数据库管理系统等软件提供的功能对系统进行配置、管理和维护，以建立高效、合理的系统环境供计算机用户使用的操作人员。其职责主要包括：安装、配置和维护系统的硬件和软件，建立和管理用户账户，升级软件，备份、恢复业务系统和数据等。

应用程序员（application programmer）是指使用高级编程语言编制应用软件的程序员；**系统程序员**（system programmer）则是指设计和开发系统软件的程序员，如开发操作系统、编译器、数据库管理系统等系统软件的程序员。

很多情况下，一个人可能既是最终用户，又是系统管理员，同时还是应用程序员或系统程序员。例如，对于一个计算机专业的学生来说，有时需要使用计算机玩游戏或网购物品，此时他是最终用户的角色；有时需要整理计算机磁盘中的碎片、升级系统或备份数据，此时他是系统管理员的角色；有时需要完成老师布置的应用程序开发作业，此时他是应用程序员的角色；有时可能还需要完成老师布置的操作系统或编译程序等软件的开发作业，此时他是系统程序员的角色。

计算机系统采用层次化的体系结构，不同用户工作在不同的系统结构层，他们所看到的计算机的概念性结构和功能特性是不同的。

1. 最终用户

早期的计算机非常昂贵，只能由少数专业人员使用。随着 20 世纪 80 年代初个人计算机的迅速普及以及 20 世纪 90 年代初多媒体计算机的广泛应用，特别是互联网技术的发展，计算机已经成为人们日常生活中的重要工具。人们利用计算机播放电影、玩游戏、炒股、发邮件、查信息、打电话等，计算机的应用无处不在。因而，许多普通人都成了计算机的最终用户。

计算机最终用户通过键盘和鼠标等外设与计算机交互，通过操作系统提供的用户界面启动并执行应用程序或系统命令，从而完成用户任务。因此，最终用户能够感知到的只是系统提供的简单人机交互界面和安装在计算机中的相关应用程序。

2. 系统管理员

相对于普通的计算机最终用户，系统管理员作为管理和维护计算机系统的专业人员，对计算机系统的了解要深入得多。系统管理员必须能够安装、配置和维护系统的硬件和软件，能够建立和管理用户账户，需要时能够升级硬件和软件以及备份、恢复业务系统和数据等。也就是说，系统管理员应该非常熟悉操作系统提供的有关系统配置和管理方面的功能，很多普通用户无法解决的问题，系统管理员必须能够解决。

因此，系统管理员能感知到的是系统中的部分硬件层面、系统管理层面以及相关实用程序和人机交互界面。

3. 应用程序员

应用程序员大多使用高级程序设计语言编写程序。应用程序员所看到的计算机系统除了计算机硬件、操作系统提供的应用编程接口、人机交互界面和实用程序外，还包括相应的程序语言处理系统。

在程序语言处理系统中，除了翻译程序外，通常还包括编辑程序、链接程序、装入程序以及将这些程序和工具集成在一起而构成的 集成开发环境（Integrated Development Environment，IDE）等。此外，语言处理系统中还包括可供应用程序调用的各类函数库。

4. 系统程序员

系统程序员在开发操作系统、编译器和实用程序等系统软件时，需要熟悉计算机底层的相关硬件和系统结构，甚至可能需要直接与计算机硬件和指令系统打交道。比如，直接对各种控制寄存器、用户可见寄存器、I/O 控制器等硬件进行控制和编程。因此，系统程序员不仅要熟悉应用程序员所使用的所有语言和工具，还必须熟悉指令系统、机器结构和相关的机器功能特性，有时还要直接使用汇编语言等低级语言编写程序代码。

在计算机技术中，若一个存在的事物或概念从某个角度看似乎不存在，则称其 透明。通常，在一个计算机系统中，系统程序员所看到的底层机器级的概念性结构和功能特性对高级语言程序员（通常就是应用程序员）来说是透明的，即看不见或感觉不到的。因为对应用程序员来说，他们直接用高级语言编程，不需要了解有关汇编语言的编程问题，也不用了解机器语言中规定的指令格式、寻址方式、数据类型和格式等指令系统方面的问题。

可以认为计算机系统是由各种硬件和各类软件采用层次化方式构建的分层系统，不同计算机用户工作所在的系统结构层如图 1.11 所示。

从图 1.11 中可看出，ISA 处于硬件和软件的交界面上，硬件的所有功能都由 ISA 集中体现，软件通过 ISA 在计算机上执行。所以，ISA 是整个计算机系统的核心部分。

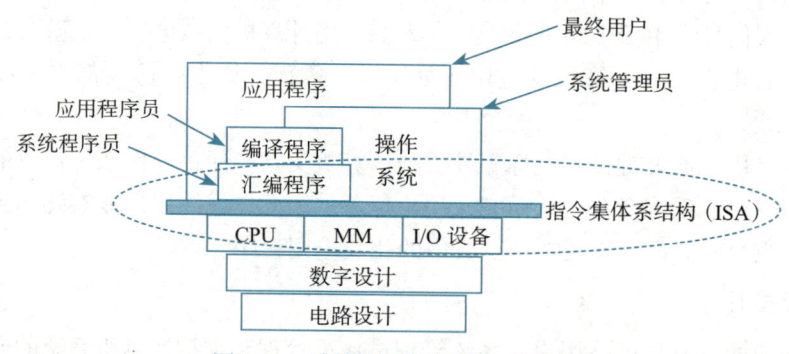

图 1.11 计算机系统的层次化结构

ISA 层下面是硬件部分，上面是软件部分。硬件部分包括 CPU、主存和输入/输出设备等主要功能部件，这些功能部件通过数字逻辑电路设计实现。软件部分包括低层的系统软件和高层的应用软件，汇编程序、编译程序和操作系统等这些系统软件直接在 ISA 上实现，系统程序员所看到的机器属性属于 ISA 层面的内容，所看到的机器是配置了指令系统的机器，称为 机器语言机器，工作在该层次的程序员称为机器语言程序员；系统管理员工作在操作系统层，所看到的是配置了操作系统的虚拟机器，称为 操作系统虚拟机；汇编语言程序员工作在提供汇编程序的虚拟机器级，所看到的机器称为 汇编语言虚拟机；应用程序员大多工作在提供编译器或解释器等翻译程序的语言处理系统层，因此，应用程序员大多用高级语言编写程序，因而也称为高级语言程序员，所看到的虚拟机器称为**高级语言虚拟机**；最终用户则工作在最上面的**应用程序层**。

1.4 本章小结

计算机在控制器的控制下完成数据处理、数据存储和数据传输三个基本功能，因而它由完成相应功能的控制器、运算器、存储器、输入/输出设备组成。在计算机内部，指令和数据都用二进制表示，两者在形式上没有任何差别，都是 0/1 序列，都存放在存储器中，按地址访问。计算机采用"存储程序"方式进行工作。指令格式中包含操作码字段和地址码字段等，地址码可以是主存单元号，也可以是通用寄存器编号，用于指出操作数所在的主存单元或通用寄存器。

计算机系统以逐层向上抽象的方式构成，通过向上层用户提供一个抽象的简洁接口将较低层次的实现细节隐藏起来。系统中软件和硬件之间的抽象层就是指令集体系结构（ISA）。硬件和软件相辅相成，缺一不可，两者都可用来实现逻辑功能。

计算机完成一个任务的大致过程如下：用某种程序设计语言编制源程序；用语言处理程序将源程序翻译成机器语言目标程序；将目标程序中的指令和数据装入内存，然后从第一条指令开始执行，直到程序中的指令全部执行完。每条指令的执行包括取指令、指令译码、PC 增量、取操作数、运算、送结果等操作。

习题

1. 给出以下概念的解释说明。

中央处理器（CPU）	算术逻辑部件（ALU）	通用寄存器	程序计数器（PC）
指令寄存器（IR）	控制器	主存储器（MM）	总线
主存地址寄存器（MAR）	主存数据寄存器（MDR）	指令操作码	指令地址码
微操作	控制信号	时钟信号	时钟周期
机器指令	高级程序设计语言	汇编语言	机器语言
机器级语言	源程序	目标程序	编译程序
解释程序	汇编程序	语言处理系统	设备控制器
指令集体系结构（ISA）	微体系结构	应用程序二进制接口（ABI）	最终用户
系统管理员	应用程序员	系统程序员	透明

2. 简单回答下列问题。

   （1）冯·诺依曼计算机由哪几部分组成？各部分的功能是什么？

   （2）什么是"存储程序"工作方式？

   （3）一条指令的执行过程包含哪几个阶段？

   （4）如何划分计算机系统的层次结构？

   （5）什么是程序的未定义行为？什么是程序的未指定行为？什么是程序的实现定义行为？

   （6）计算机系统的用户可分为哪几类？每类用户工作在哪个层次？

（7）应用程序二进制接口（ABI）和应用程序接口（API）各自与哪类计算机系统用户关系最密切（即哪类用户直接使用 ABI 和 API 标准）？

3. 假定你的朋友不太懂计算机，请用简单通俗的语言向你的朋友介绍计算机系统是如何工作的。

4. 你对计算机系统的哪些部分最熟悉，哪些部分最不熟悉？你最想进一步了解哪些部分的细节内容？

5. 图 1.1 所示的模型机（采用图 1.2 所示的指令格式）的指令系统中，除了有 mov（op=0000）、add（op=0001）、load（op=1110）和 store（op=1111）指令外，R 型指令还有 sub（op=0010）和 mul（op=0011）等指令，请仿照图 1.3 给出求解表达式"z=(x-y)*y;"所对应的指令序列（包括机器代码和对应的汇编指令）以及在主存中存放的内容，并仿照图 1.5 给出每条指令的执行过程以及所包含的微操作。

第 2 章 数据的机器级表示与处理

高级语言程序中需定义数据的类型及存储的数据结构。例如，C 语言程序中有无符号整数（unsigned int）类型、带符号整数（int）类型、单精度浮点数（float）类型等，多个相同类型的数据可构成数组（array），多个不同类型的数据可构成结构（struct）。那么，在计算机内部如何表示、存储、运算和传送高级语言程序中定义的数据呢？

本章重点讨论数据在计算机内部的机器级表示和基本运算，主要内容包括进位计数制、无符号整数和带符号整数的表示、IEEE 754 浮点数标准、西文字符和汉字的编码表示、C 语言中各种类型数据的表示和转换、数据的宽度和存储、数据的基本运算及其运算电路。

2.1 数制和编码

2.1.1 信息的二进制编码

数据是计算机处理的对象。从不同的处理角度看，数据有不同的表现形态。从外部形式的角度看，计算机可处理数值、文字、图形、声音、视频以及各种模拟信息，它们被称为感觉媒体。从算法描述的角度看，有图、表、树、队列、矩阵等结构类型的数据。从高级语言程序员的角度看，有数组、结构、指针、实数、整数、字符和字符串等类型的数据。无论以何种形态出现，在计算机内部数据最终都由机器指令处理。从机器指令的角度看，只有整数、浮点数和位串这几种简单数据类型。

计算机内部处理的所有数据都必须是**数字化编码**的数据。现实世界中的感觉媒体信息由输入设备转化为二进制编码表示，因此，输入设备必须具有离散化和编码两方面的功能。因为计算机中用来存储、加工和传输数据的部件位数有限，所以计算机只能表示和处理离散信息。数字化编码过程，就是对感觉媒体信息进行采样，将现实世界中的连续信息转换为计算机中的离散样本信息，然后对样本信息用 0 和 1 进行数字化编码的过程。所谓编码，是指用少量简单的基本符号，对大量复杂多样的信息进行一定规律的组合。基本符号的种类和组合规则是信息编码的两大要素。电报码中用 4 位十进制数字表示汉字、从键盘上输入汉字时用汉语拼音（即 26 个英文字母）表示汉字等，都是编码的典型例子。

计算机内部采用二进制编码方式的原因有以下几点。
- 二进制只有两种状态，使用有两个稳定状态的物理器件即可表示二进制数的每一位，而制造有两个稳定状态的物理器件要比制造有多个稳定状态的物理器件容易得多。例如，高低两个电位、脉冲的有无、脉冲正负极性等均可方便、可靠地表示 0 和 1。
- 二进制的编码、计数和运算规则都很简单，可用开关电路实现，简便易行。
- 两个符号 1 和 0 正好对应逻辑命题的两个值"真"和"假"，这为实现逻辑运算和程序中的逻辑判断提供了便利条件，特别是能通过逻辑门电路方便地实现算术运算。

采用二进制编码将各种媒体信息转换成数字化信息后，可在计算机内部进行存储、运算和传送。在高级语言程序设计中，通常利用图、树、表和队列等数据结构进行算法描述，并以数组、结构、指针和字符串等数据类型说明处理对象，但将高级语言程序转换为机器语言程序后，每条机器指令的操作数只能是 4 种基本数据类型，即无符号定点整数、带符号定点整数、浮点数和表示非数值数据的位串，如图 2.1 中虚线框内所示。

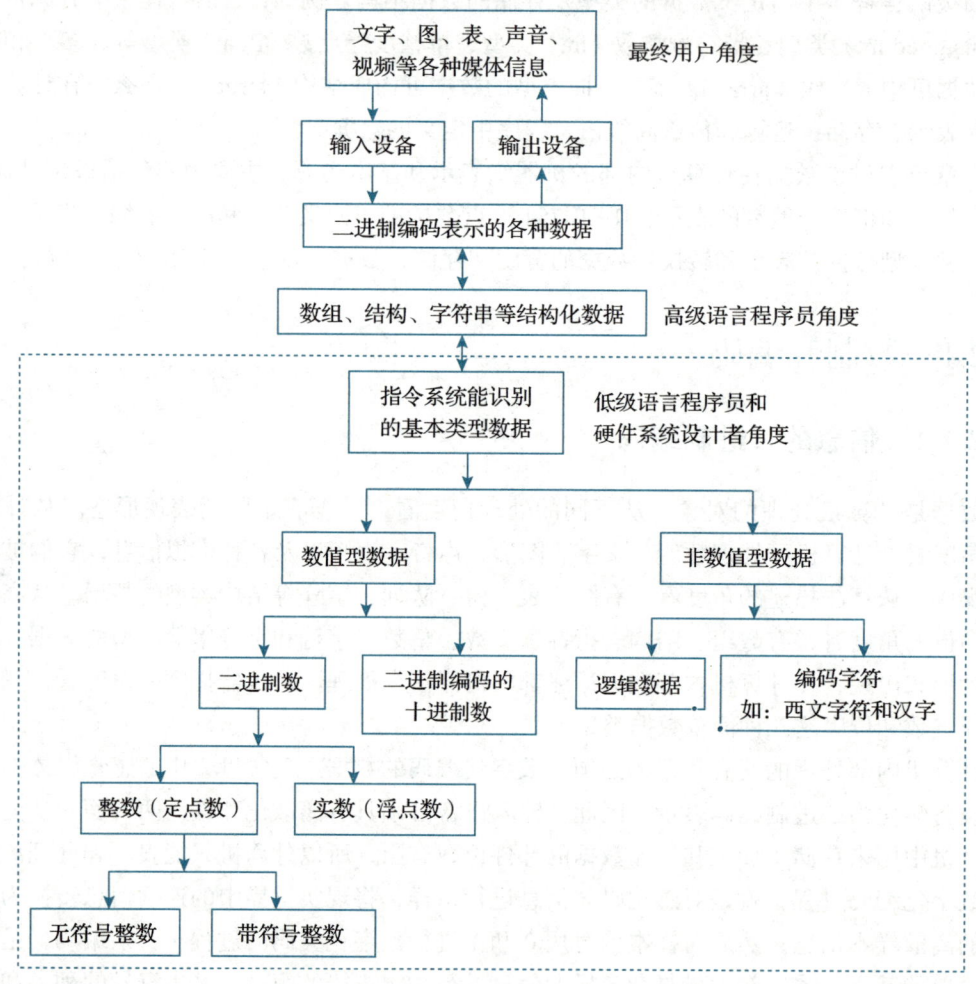

图 2.1　计算机外部信息与内部数据的转换

指令所处理的数据类型分为数值数据和非数值数据两种。**数值数据**可用来表示数量的多少，可比较大小，分为整数和实数，整数又分为无符号整数和带符号整数。在计算机内部，整数用定点数表示，实数用浮点数表示。**非数值数据**是没有大小之分的位串，不表示数量的多少，主要用来表示字符数据和逻辑数据。

在日常生活中，常使用带正负号的十进制数表示数值数据，如 6.18、-127 等。但这种形式的数据在计算机内部难以直接存储、运算和传输，仅用来作为程序的输入或输出形式，以方便用户从键盘等输入设备上输入数据或从屏幕、打印机等输出设备上输出数据，它不是计算机内部进行数据运算和数据传输的主要表示形式。

在计算机内部，数值数据的表示方法有两大类：一种是直接用二进制数表示；另一种是采用二进制编码的十进制数（Binary Coded Decimal Number，BCD 码）表示。

表示一个数值数据时要确定三个要素：进位计数制、定/浮点表示和编码规则。任何一个给定的二进制 0/1 序列，在未确定它采用何种进位计数制、定点还是浮点表示以及编码规则之前，无法确定它所代表的数值数据的值。

2.1.2 进位计数制

人们在日常生活中通常使用十进制数，其每个数位可用 10 个不同的符号 0,1,2,…,9 表示，每个符号处在十进制数中的不同位置时，所代表的数值也不一样。例如，2585.62 代表的值如下：

$$(2585.62)_{10} = 2\times 10^3 + 5\times 10^2 + 8\times 10^1 + 5\times 10^0 + 6\times 10^{-1} + 2\times 10^{-2}$$

一般地，任意一个十进制数

$$D = d_n d_{n-1} \cdots d_1 d_0 . d_{-1} d_{-2} \cdots d_{-m} \quad (m、n 为正整数)$$

其值可表示为如下形式：

$$V(D) = d_n \times 10^n + d_{n-1} \times 10^{n-1} + \cdots + d_1 \times 10^1 + d_0 \times 10^0 + d_{-1} \times 10^{-1} + d_{-2} \times 10^{-2} + \cdots + d_{-m} \times 10^{-m}$$

其中 d_i（$i=n, n-1, \cdots, 1, 0, -1, -2, \cdots, -m$）可以是 0、1、2、3、4、5、6、7、8、9 这 10 个数字符号中的任一个，10 被称为基数（base），它代表每个数位上可使用的不同数字符号的个数。10^i 称为第 i 位上的权。在进行十进制数的运算时，每位计满 10 之后就要向高位进一，即"逢十进一"。

类似地，二进制数的基数是 2，只使用两个不同的数字符号 0 和 1，运算时采用"逢二进一"的规则，第 i 位上的权是 2^i。例如，二进制数 $(100101.01)_2$ 代表的值如下：

$$(100101.01)_2 = 1\times 2^5 + 0\times 2^4 + 0\times 2^3 + 1\times 2^2 + 0\times 2^1 + 1\times 2^0 + 0\times 2^{-1} + 1\times 2^{-2} = (37.25)_{10}$$

一般地，任意一个二进制数

$$B = b_n b_{n-1} \cdots b_1 b_0 . b_{-1} b_{-2} \cdots b_{-m} \quad (m、n 为正整数)$$

其值可表示为如下形式：

$$V(B) = b_n \times 2^n + b_{n-1} \times 2^{n-1} + \cdots + b_1 \times 2^1 + b_0 \times 2^0 + b_{-1} \times 2^{-1} + b_{-2} \times 2^{-2} + \cdots + b_{-m} \times 2^{-m}$$

其中 b_i（$i=n, n-1, \cdots, 1, 0, -1, -2, \cdots, -m$）只可以是 0 和 1 两种不同的数字符号。

扩展到一般情况，在 R 进制数字系统中，应采用 R 个基本符号（$0,1,2,\cdots,R-1$）表示各位上的数字，采用"逢 R 进一"的运算规则，对于每一个数位 i，该位上的权为 R^i。R 被称为该数字系统的基。

在计算机系统中常用的进位计数制有下列几种。

- 二进制。$R=2$，基本符号为 0 和 1。
- 八进制。$R=8$，基本符号为 0、1、2、3、4、5、6、7。
- 十六进制。$R=16$，基本符号为 0、1、2、3、4、5、6、7、8、9、A、B、C、D、E、F。

- 十进制。R=10，基本符号为0、1、2、3、4、5、6、7、8、9。

表2.1列出了二进制、八进制、十进制、十六进制4种进位计数制中各基本数之间的对应关系。

表2.1　4种进位计数制中各基本数之间的对应关系

二进制数	八进制数	十进制数	十六进制数	二进制数	八进制数	十进制数	十六进制数
0000	0	0	0	1000	10	8	8
0001	1	1	1	1001	11	9	9
0010	2	2	2	1010	12	10	A
0011	3	3	3	1011	13	11	B
0100	4	4	4	1100	14	12	C
0101	5	5	5	1101	15	13	D
0110	6	6	6	1110	16	14	E
0111	7	7	7	1111	17	15	F

如表2.1所示，十六进制的前10个数字与十进制的前10个数字相同，后6个基本符号A、B、C、D、E、F的值分别为十进制的10、11、12、13、14、15。在书写时可使用下标方式或后缀字母标识该数的进位计数制，一般用B（Binary）表示二进制，用O（Octal）表示八进制，用D（Decimal）表示十进制（后缀可省略），H（Hexadecimal）则是十六进制数的后缀，有时也用0x表示十六进制数的前缀，如二进制数10011B、十进制数56D或56、十六进制数308FH或0x308F。

计算机内部所有信息都采用二进制编码表示。但是，为方便书写和阅读，在计算机外部大都采用十进制或十六进制表示形式。因此，计算机在数据输入后或输出前都必须实现这些进位制数和二进制数之间的转换。

1. R 进制数转换成十进制数

任何一个 R 进制数转换成十进制数时，只要"按权展开"即可。

例2.1　将二进制数 $(10101.01)_2$ 转换成十进制数。

解：$(10101.01)_2 = (1 \times 2^4 + 0 \times 2^3 + 1 \times 2^2 + 0 \times 2^1 + 1 \times 2^0 + 0 \times 2^{-1} + 1 \times 2^{-2})_{10} = (21.25)_{10}$

例2.2　将八进制数 $(307.6)_8$ 转换成十进制数。

解：$(307.6)_8 = (3 \times 8^2 + 7 \times 8^0 + 6 \times 8^{-1})_{10} = (199.75)_{10}$

例2.3　将十六进制数 $(3A.C)_{16}$ 转换成十进制数。

解：$(3A.C)_{16} = (3 \times 16^1 + 10 \times 16^0 + 12 \times 16^{-1})_{10} = (58.75)_{10}$

2. 十进制数转换成 R 进制数

任何一个十进制数转换成 R 进制数时，要分别转换整数和小数部分。

（1）整数部分的转换

整数部分的转换方法是"除基取余，上右下左"。用要转换的十进制整数除以基数 R，将得到的余数作为结果数据中各数位上的数字，直到上商为0为止。上面的余数（先得到的余数）作为右边低位上的数字，下面的余数作为左边高位上的数字。

例2.4　将十进制整数135分别转换成八进制数和二进制数。

解：将135分别除以8和2，将每次的余数按从低位到高位的顺序排列如下：

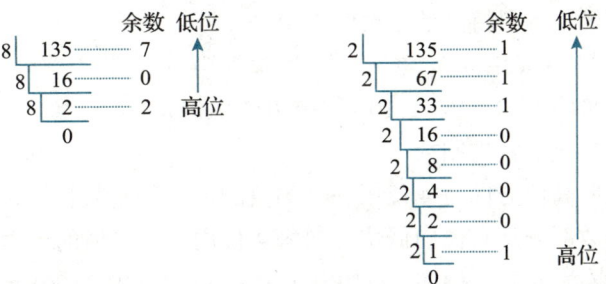

所以，$(135)_{10}=(207)_8=(1000\ 0111)_2$

（2）小数部分的转换

小数部分的转换方法是"乘基取整，上左下右"。用要转换的十进制小数乘以基数 R，将得到的乘积的整数部分作为结果数据中各数位上的数字，小数部分继续与基数 R 相乘，以此类推，直到某一步乘积的小数部分为 0 或已得到希望的位数为止。最后，将上面的整数部分作为左边高位上的数字，下面的整数部分作为右边低位上的数字。

例 2.5 将十进制小数 0.6875 分别转换成二进制数和八进制数。

解：
$0.6875 \times 2 = 1.375$　　整数部分 =1　　（高位）
$0.375 \times 2 = 0.75$　　　整数部分 =0　　↓
$0.75 \times 2 = 1.5$　　　　整数部分 =1　　↓
$0.5 \times 2 = 1.0$　　　　 整数部分 =1　　（低位）

因此，$(0.6875)_{10}=(0.1011)_2$

$0.6875 \times 8 = 5.5$　　　整数部分 =5　　（高位）
$0.5 \times 8 = 4.0$　　　　 整数部分 =4　　（低位）

因此，$(0.6875)_{10}=(0.54)_8$

在转换过程中，乘积的小数部分可能总得不到 0，即转换得到希望的位数后还有余数，这种情况下得到的是近似值。

例 2.6 将十进制小数 0.63 转换成二进制数。

解：
$0.63 \times 2 = 1.26$　　整数部分 =1　　（高位）
$0.26 \times 2 = 0.52$　　整数部分 =0　　↓
$0.52 \times 2 = 1.04$　　整数部分 =1　　↓
$0.04 \times 2 = 0.08$　　整数部分 =0　　（低位）

因此，$(0.63)_{10} = (0.1010\cdots)_2$

（3）含整数、小数部分的数的转换

只要分别转换整数部分和小数部分，再组合两者即可得到一个完整的数。

例 2.7 将十进制数 135.6875 分别转换成二进制数和八进制数。

解： 只要将例 2.4 和例 2.5 的结果合起来即可，即 $(135.6875)_{10}=(10000111.1011)_2=(207.54)_8$

3. 二进制数和十六进制数的相互转换

（1）十六进制数转换成二进制数

只要按照表 2.1 所示的十六进制数与二进制数的对应关系，把每个十六进制数改写成等值的 4 位二进制数即可，且保持高低位次序不变。

例 2.8 将十六进制数 $(2B.5E)_{16}$ 转换成二进制数

解：$(2B.5E)_{16} = (0010\ 1011.0101\ 1110)_2 = (101011.0101111)_2$

（2）二进制数转换成十六进制数

整数部分从低位向高位方向每 4 位用一个等值的十六进制数替换，最后不足 4 位时在高位补 0 凑满 4 位；小数部分从高位向低位方向每 4 位用一个等值的十六进制数替换，最后不足 4 位时在低位补 0 凑满 4 位。例如，$(11001.11)_2 = (0001\ 1001.1100)_2 = (19.C)_{16}$。

二进制数与十六进制数之间的对应关系简单直观。二进制数太长，书写、阅读均不方便；八进制数和十六进制数却像十进制数一样简练，易写易记。虽然计算机中使用二进制，但为了在开发和调试程序、查看机器代码时便于书写和阅读，人们经常使用八进制或十六进制等价表示二进制，因此必须熟练掌握八进制数和十六进制数的表示及其与二进制数之间的转换。

2.1.3 定点数与浮点数

日常生活中所使用的数有整数和实数之分，整数的小数点固定在数的最右边，实数的小数点则不固定。计算机中只能表示 0 和 1，无法表示小数点，因此，要使计算机能处理日常使用的数值数据，必须解决小数点的表示问题。通常计算机中通过约定小数点的位置来实现。小数点位置约定在固定位置的数称为**定点数**，小数点位置约定为可浮动的数称为**浮点数**。

1. 定点表示

对于定点小数，其小数点总是固定在数的左边，一般用来表示浮点数的尾数部分。对于定点整数，其小数点总是固定在数的最右边，因此可用定点整数来表示整数。

2. 浮点表示

对于任意一个实数 X，可以把它表示成如下形式：

$$X = (-1)^S \times M \times R^E$$

其中 S 取值为 0 或 1，用来决定数 X 的符号；M 是一个二进制定点小数，称为数 X 的**尾数**（mantissa）；E 是一个二进制定点整数，称为数 X 的**阶**或**指数**（exponent）；R 是**基数**（radix、base），可以取值 2、4、16 等。在基数 R 一定的情况下，尾数 M 的位数反映数 X 的有效位数，它决定了数 X 的表示精度，有效位数越多，表示精度就越高；阶 E 的位数决定数 X 的表示范围；阶 E 的值确定了小数点的位置。

假定浮点数的尾数是纯小数，那么，从浮点数的形式来看，绝对值最小的非零数为 $0.0\cdots01 \times R^{-11\cdots1}$，绝对值最大的数为 $0.11\cdots1 \times R^{11\cdots1}$。假设 m 和 n 分别表示阶和尾数的位数，基数为 2，则浮点数 X 的绝对值的范围如下：

$$2^{-(2^m-1)} \times 2^{-n} \leqslant |X| \leqslant (1-2^{-n}) \times 2^{(2^m-1)}$$

上述公式中，紧靠 $|X|$ 左右两边的两个因子就是非零定点小数的绝对值表示范围，浮点数的最小数是定点小数的最小数 2^{-n} 去除以一个很大的数 $2^{(2^m-1)}$，而浮点数的最大数则是定点

小数的最大数（$1-2^{-n}$）去乘以这个大数 $2^{(2^m-1)}$，由此可见，浮点数表示的范围比定点数表示的范围要大得多。

2.1.4 定点数的编码表示

定/浮点表示解决了小数点的表示问题。但是，对于一个数值数据来说，还有正/负号的表示问题。计算机中只能表示 0 和 1，因此，正/负号也用 0 和 1 表示。这种将数的符号用 0 和 1 表示的处理方式称为**符号数字化**。一般用 0 表示正号，用 1 表示负号。

数字化后的符号能否和数值部分一起参加运算呢？为解决该问题，就产生了多种把符号位和数值部分一起编码的方法。因为任意一个浮点数都可用一个定点小数和一个定点整数表示，所以，只需考虑定点数的编码表示，有原码表示法、补码表示法、反码表示法和移码表示法 4 种定点数编码表示方法。

通常将数值数据在计算机内部编码表示后的数称为**机器数**，而其值（即现实世界中带有正负号的数）称为机器数的**真值**。例如，-10（-1010B）用 8 位补码表示为 1111 0110，说明机器数 1111 0110B（F6H 或 0xF6）的真值是 -10，或者说，-10 的机器数是 1111 0110B（F6H 或 0xF6）。根据定义可知，机器数一定是一个 0/1 序列，通常缩写成十六进制形式。

假设机器数 X 的真值 X_T 的二进制形式（即式中 X_i' 为 0 或 1）如下：

$$X_T = \pm X'_{n-2} \cdots X'_1 X'_0 \text{（当 } X \text{ 为定点整数时）}$$
$$X_T = \pm 0 . X'_{n-2} \cdots X'_1 X'_0 \text{（当 } X \text{ 为定点小数时）}$$

假设对 X_T 用 n 位二进制数编码后，机器数 X 表示如下：

$$X = X_{n-1} X_{n-2} \cdots X_1 X_0$$

机器数 X 有 n 位，式中 X_i 为 0 或 1，其中，第一位 X_{n-1} 是数的符号，后 $n-1$ 位 $X_{n-2} \cdots X_1 X_0$ 是数值部分。数值数据在计算机内部的编码问题，实际上是机器数 X 的各位 X_i 的取值与真值 X_T 的关系问题。

在上述对机器数 X 及其真值 X_T 的假设条件下，下面介绍各种带符号定点数的编码表示。

1. 原码表示法

一个数的原码表示由符号位直接跟数值位构成，因此，原码表示法也称**符号–数值**（sign and magnitude）表示法。原码表示法中，正数和负数的编码表示仅符号位不同，数值部分完全相同。

原码编码规则如下。

- 当 X_T 为正数时，$X_{n-1}=0$，$X_i = X_i'$（$0 \leqslant i \leqslant n-2$）。
- 当 X_T 为负数时，$X_{n-1}=1$，$X_i = X_i'$（$0 \leqslant i \leqslant n-2$）。

原码 0 有两种表示形式：$[+0]_原 = 0\ 00\cdots 0$，$[-0]_原 = 1\ 00\cdots 0$。

根据原码定义可知，对于数 -10（-1010B），若用 8 位原码表示，则其机器数为 1000 1010B（8AH 或 0x8A）；对于数 -0.625（-0.101B），若用 8 位原码小数表示，则其机器数为 1101 0000B（D0H 或 0xD0）。

原码表示法的优点是，与真值的对应关系直观、方便；其缺点是，0 的表示不唯一，给使用带来不便，并且原码运算中符号和数值部分必须分开处理。现代计算机中不用原码表示整数，只用原码小数表示浮点数的尾数部分。

2. 补码表示法

补码表示法可实现加减运算的统一，即用加法实现减法运算。在计算机中，补码用来表示带符号整数。补码表示法也称 2– 补码（two's complement）表示法，由符号位后跟真值的模 2^n 补码构成，因此，在介绍补码的概念之前，先介绍模运算的概念。

（1）模运算

在模运算系统中，若 A、B、M 满足关系 $A=B+K\times M$（K 为整数），则记为 $A \equiv B \pmod{M}$，即 A、B 各除以 M 后的余数相同，故称 B 和 A 为模 M 同余。在模运算系统中，一个数与它除以"模"后得到的余数等价。

钟表是一个典型的模运算系统，其模数为 12。假定现在钟表时针指向 10 点，要将它拨向 6 点，则有以下两种拨法。

- 逆时针拨 4 格：10–4 = 6。
- 顺时针拨 8 格：10+8 = 18 ≡ 6（mod 12）。

因此在模 12 系统中，10–4 ≡ 10+(12–4) ≡ 10+8 (mod 12)，即 –4 ≡ 8 (mod 12)，称 8 是 –4 对模 12 的补码。同样有 –3 ≡ 9（mod 12）、–5 ≡ 7（mod 12）等。

由上述例子与同余的概念，可得出如下结论：对于某一个确定的模，某个数 A 减去小于模的另一个数 B，可用 A 加上 $-B$ 的补码来代替。这是补码可借助加运算实现减运算的理论基础。

例 2.9 假定在钟表上只能顺时针方向拨动时针，如何用顺拨的方式实现将指向 10 点的时针倒拨 4 格？拨动后钟表上是几点？

解：钟表是一个模运算系统，其模为 12。根据上述结论，可得：

$$10-4 \equiv 10+(12-4) \equiv 10+8 \equiv 6 \pmod{12}$$

因此，可从 10 点顺时针拨 8（–4 的补码）格来实现倒拨 4 格，最后是 6 点。

例 2.10 假定算盘只有 4 档，且只能做加法，则如何用该算盘计算 9828–1928 的结果？

解：这个算盘是一个"4 位十进制数"模运算系统，其模为 10^4。根据上述结论，可得：

$$9828-1928 \equiv 9828+(10^4-1928) \equiv 9828 + 8072 \equiv 7900 \pmod{10^4}$$

因此，可用 9828 加 8072（–1928 的补码）来实现 9828 减 1928 的功能。

显然，在只有 4 档的算盘上运算时，若运算结果超过 4 位，则高位无法在算盘上表示，只能用低 4 位表示结果，留在算盘上的值相当于除以 10^4 后的余数。

推广到计算机内部，n 位运算部件就相当于只有 n 档的二进制算盘，其模为 2^n。

计算机中的存储、运算和传送部件位宽有限，相当于有限档数的算盘，因此计算机中所表示的机器数的位宽也有限。在两个 n 位二进制数的运算过程中，可能会产生一个多于 n 位的结果。此时，计算机和算盘一样，只能舍弃高位而保留低 n 位，这样做可能会产生以下两种结果。

- 剩下的低 n 位数不能正确表示运算结果，即舍弃的高位是运算结果的一部分。例如，在两个同号数相加时，相加得到的和超出 n 位数可表示的范围，称此时发生了<u>溢出</u>

（overflow）现象。
- 剩下的低 n 位数能正确表示运算结果，即高位的舍弃并不影响其运算结果。在两个同号数相减或两个异号数相加时，运算结果就是这种情况。舍去高位的操作相当于"将一个多于 n 位的数除以 2^n，保留其余数作为结果"的操作，即"模运算"操作。如例 2.10 中最后相加的结果为 17 900，但因为算盘只有 4 档，最高位的 1 自然被丢弃，得到正确的结果 7900。

（2）补码的定义

根据上述同余的概念和数的互补关系，可引出补码的表示：正数的补码，符号为 0，数值部分是它本身；负数的补码等于模与该负数绝对值之差。因此，数 X_T 的补码可用如下公式表示：

- 当 X_T 为正数时，$[X_T]_\text{补} = X_T = M + X_T \pmod{M}$；
- 当 X_T 为负数时，$[X_T]_\text{补} = M - |X_T| = M + X_T \pmod{M}$。

因此得到以下结论：对于任意一个数 X_T，$[X_T]_\text{补} = M + X_T \pmod{M}$。

对于具有一位符号位和 $n-1$ 位数值位的 n 位二进制整数的补码来说，其补码定义如下：

$$[X_T]_\text{补} = 2^n + X_T \quad (-2^{n-1} \leq X_T < 2^{n-1}, \text{ mod } 2^n)$$

（3）特殊数据的补码表示

通过以下例子说明几个特殊数据的补码表示。

例 2.11 分别求出补码位数为 n 和 $n+1$ 时 -2^{n-1} 的补码表示。

解： 当补码位数为 n 时，其模为 2^n，因此

$$[-2^{n-1}]_\text{补} = 2^n - 2^{n-1} = 2^{n-1} \pmod{2^n} = 1\,0\cdots 0 \ (n-1 \text{ 个 } 0)$$

当补码位数为 $n+1$ 时，其模为 2^{n+1}，因此

$$[-2^{n-1}]_\text{补} = 2^{n+1} - 2^{n-1} = 2^n + 2^{n-1} \pmod{2^{n+1}} = 1\,10\cdots 0 \ (n-1 \text{ 个 } 0)$$

从该例可知，同一个真值在不同位数的补码表示中，其对应的机器数不同。因此，在给定编码表示时，一定要明确编码的位数。在机器内部，编码的位数就是机器中运算部件的位数。

例 2.12 设补码位数为 n，求 -1 的补码表示。

解： 对于整数补码有：$[-1]_\text{补} = 2^n - 1 = 11\cdots 1$（$n$ 个 1）。

对于 n 位补码表示来说，2^{n-1} 的补码为：

$$[2^{n-1}]_\text{补} = 2^n + 2^{n-1} \pmod{2^n} = 2^{n-1} = 1\,0\cdots 0 \ (n-1 \text{ 个 } 0)$$

最高位为 1，说明对应的真值是负数，与实际真值不符，显然 n 位补码无法表示 2^{n-1}。由此可知，在 n 位补码定义中，真值的取值范围包含 -2^{n-1}，但不包含 2^{n-1}。

例 2.13 求 0 的补码表示。

解： 根据补码的定义，有：

$$[+0]_\text{补} = [-0]_\text{补} = 2^n \pm 0 = 1\,00\cdots 0 \pmod{2^n} = 0\,0\cdots 0 \ (n \text{ 个 } 0)$$

从上述结果可知，补码 0 的表示是唯一的。这带来了以下两个方面的好处：

- 减少了 +0 和 -0 之间的转换。

- 少占用一个编码表示，使补码比原码能多表示一个最小负数。在 n 位原码表示的定点数中，100…0 用来表示 –0，但在 n 位补码表示中，–0 和 +0 都用 00…0 表示，因此，正如例 2.11 所示，100…0 可用来表示最小负整数 -2^{n-1}。

（4）补码与真值之间的转换

根据定义，求一个正数的补码时，只需将正号（+）转换为 0，数值部分无须改变；求一个负数的补码时，需要做减法运算。

例 2.14　设补码的位数为 8，求 110 1100 和 –110 1100 的补码表示。

解： 补码的位数为 8，说明补码数值部分有 7 位，根据补码定义可得

$$[110\ 1100]_{补} = 2^8 + 110\ 1100 = 1\ 0000\ 0000 + 110\ 1100\ (\bmod\ 2^8) = 0110\ 1100$$

$$[-110\ 1100]_{补} = 2^8 - 110\ 1100 = 1\ 0000\ 0000 - 110\ 1100$$

$$= 1000\ 0000 + 1000\ 0000 - 110\ 1100$$

$$= 1000\ 0000 + (111\ 1111 - 110\ 1100) + 1$$

$$= 1000\ 0000 + 001\ 0011 + 1\ (\bmod\ 2^8) = 1001\ 0100$$

本例中是两个绝对值相同、符号相反的数。其中，负数的补码计算过程中，第一个 1000 0000 用于产生最后的符号 1，而第二个 1000 0000 被拆为 111 1111 + 1，而（111 1111–110 1100）实际上是将数值部分 110 1100 各位取反。模仿这个计算过程，不难推导出负数补码计算的一般步骤：符号位为 1，数值部分"各位取反，末位加 1"。

因此，可用以下简单方法求一个数的补码：对于正数，符号位取 0，其余位与真值相同；对于负数，符号位取 1，其余各位由数值部分"各位取反，末位加 1"得到。

例 2.15　假定补码位数为 8，用简便方法求 X=–110 0011 的补码表示。

解： $[X]_{补}$ = 1 001 1100 + 0 000 0001 = 1 001 1101。

对于由负数补码求真值的简便方法，可通过以上由真值求负数补码的计算方法得到。对于符号位为 1 的补码，其真值的符号为负，数值部分先减 1 再取反。例如，对于例 2.15 中的补码表示 1 001 1101，数值部分通过计算 111 1111–（001 1101–1）得到，该计算可以变为（111 1111– 001 1101）+1，即进行"取反加 1"操作。因此，由补码求真值的简便方法如下：若符号位为 0，则真值的符号为正，其数值部分不变；若符号位为 1，则真值的符号为负，其数值部分的各位由补码"各位取反，末位加 1"得到。

例 2.16　已知 $[X_T]_{补}$=1 011 0100，求真值 X_T。

解： X_T=–（100 1011+1）=–100 1100。

根据上述有关补码和真值转换规则，不难发现，根据补码 $[X_T]_{补}$ 求 $[-X_T]_{补}$ 的方法如下：对 $[X_T]_{补}$ "各位取反，末位加 1"。这里要注意最小负数取负后会溢出。

例 2.17　已知 $[X_T]_{补}$=1 011 0100，求 $[-X_T]_{补}$。

解： $[-X_T]_{补}$ = 0 100 1011 + 0 000 0001 = 0 100 1100。

例 2.18　已知 $[X_T]_{补}$=1 000 0000，求 $[-X_T]_{补}$。

解： $[-X_T]_{补}$ = 0 111 1111 + 0 000 0001 = 1 000 0000（结果溢出）。

例 2.18 中出现了"两个正数相加，结果为负数"的情况，因此，结果与实际真值不符，称为结果溢出，该例中，8 位整数补码 1000 0000 对应的是最小负数 -2^7，对其取负后的值为 2^7（即 128），8 位整数补码能表示的最大正数为 $2^7-1=127$，显然 128 无法用 8 位补码表示，

结果溢出。

（5）变形补码

为了便于判断运算结果是否溢出，某些计算机中采用一种双符号位的补码表示方式，称为**变形补码**，也称为**模 4 补码**。在双符号位中，左符是真正的符号位，右符用来判断溢出。

假定变形补码的位数为 $n+1$（其中符号占 2 位，数值部分占 $n-1$ 位），则变形补码表示如下：

$$[X_T]_{变补} = 2^{n+1} + X_T \; (-2^{n-1} \leq X_T < 2^{n-1}, \; \mathrm{mod} \; 2^{n+1})$$

例 2.19 已知 $X_T = -1011$，分别求出变形补码取 6 位和 8 位时 $[X_T]_{变补}$ 的编码。

解：$[X_T]_{变补} = 2^6 - 1011 = 100\,0000 - 00\,1011 = 11\,0101$。

$[X_T]_{变补} = 2^8 - 1011 = 1\,0000\,0000 - 0000\,1011 = 1111\,0101$。

3. 反码表示法

负数的补码可采用"各位取反，末位加 1"的方法得到，若仅各位取反而末位不加 1，则可得到负数的反码表示。

反码表示法存在以下不足：0 的表示不唯一；表数范围比补码少一个最小负数；运算时必须考虑循环进位。因此，反码在计算机中很少使用，有时用作数码变换的中间表示形式。

4. 移码表示法

浮点数用两个定点数表示，用定点小数表示浮点数尾数，用定点整数表示浮点数的阶（即指数）。一般情况下，浮点数的阶用一种称为移码的编码表示。阶的编码表示称为**阶码**。

阶可能为正数或负数，进行浮点数加减运算时，必须先对阶（即比较两个数阶的大小并使之相等）。为简化对阶操作，使操作过程不涉及阶的符号，可对阶加上一个常数，该常数称为**偏置常数**（bias），使所有阶都转换为正整数，这样，在比较浮点数的阶时，就是比较两个正整数，因而可直观地从左到右按位对比两个数，从而简化对阶操作。

假设表示阶 E 的移码的位数为 n，则 $[E]_{移}$ = 偏置常数 + E，通常，偏置常数取 2^{n-1} 或 $2^{n-1}-1$。

2.2 整数的表示

整数的小数点隐含在数的最右边，故无须表示小数点，因而也称为定点整数。计算机中的整数分为**无符号整数**（unsigned integer）和**带符号整数**（signed integer）两种。

2.2.1 无符号整数和带符号整数

当一种编码的所有二进位都用来表示数值而没有符号位时，该编码表示的就是无符号整数。此时，默认数的符号为正，故无符号整数即为正整数或非负整数。

一般在不出现负值结果的场合下使用无符号整数。例如，可用无符号整数进行地址运算或表示指针、下标等。通常把无符号整数简称为**无符号数**。

由于无符号整数节省了一位符号位，因此在字长相同的情况下，它能表示的最大数比带符号整数所能表示的最大数大，例如，8 位无符号整数的形式为 0000 0000~1111 1111，对应的数的取值范围为 0~(2^8–1)，即最大数为 255，而 8 位带符号整数的最大数是 127。

带符号整数也称为**有符号整数**，它必须用一个二进位表示符号。虽然前文介绍的原码、补码、反码和移码都可用于表示带符号整数，但是，补码表示法有其突出的优点，因而，现代计算机中带符号整数都用补码表示。n 位带符号整数表示范围为 -2^{n-1}~（2^{n-1}–1）。例如，8 位带符号整数表示范围为 –128~+127。

2.2.2　C 语言中的整数及其相互转换

C 语言中支持多种整数类型。无符号整数在 C 语言中对应 unsigned short、unsigned int（unsigned）、unsigned long 等类型，常在数的后面加一个"u"或"U"表示无符号整型常量，例如，12345U、0x2B3Cu 等都属于无符号整型常量。带符号整数在 C 语言中对应 short、int、long 等类型。

C 语言标准规定了每种数据类型的最小取值范围，例如，int 型数据至少应为 16 位，取值范围为 –32 768~32 767，int 型数据具体的取值范围由 ABI 规范规定。通常，short 型数据总是 16 位；int 型数据在 16 位机器中为 16 位，在 32 位和 64 位机器中都为 32 位；long 型数据在 32 位机器中为 32 位，在 64 位机器中为 64 位；long long 型数据是在 ISO C99 中引入的，规定它必须是 64 位。

小贴士

C 语言是由贝尔实验室的 Dennis M.Ritchie 最早设计并实现的。为了使 UNIX 操作系统得以推广，1977 年 Dennis M.Ritchie 发表了不依赖于具体机器的 C 语言编译文本《可移植的 C 语言编译程序》。1978 年 Brian W.Kernighan 和 Dennis M.Ritchie 合著出版了 *The C Programming Language*，使 C 语言成为目前世界上使用最广泛的高级程序设计语言之一。

1988 年，随着微型计算机的日益普及，出现了许多 C 语言版本。由于没有统一的标准，这些 C 语言版本之间出现了一些不一致的地方。为了改变这种情况，美国国家标准学会 (ANSI) 为 C 语言制定了一套 ANSI 标准，对最初贝尔实验室的 C 语言做了重大修改。Brian W.Kernighan 和 Dennis M.Ritchie 编写的 *The C Programming Language:Second Edition* 对 ANSI C 做了全面的描述，该书被公认为是关于 C 语言的最好的参考手册之一。

国际标准化组织（ISO）接管了对 C 语言标准化的工作，在 1990 年推出了几乎和 ANSI C 一样的版本，称为 ISO C90。该组织在 1999 年又对 C 语言做了一些更新，称为 ISO C99，该版本引进了一些新的数据类型，对英语以外的字符串本文提供了支持。

C 语言中允许无符号整数和带符号整数之间的转换，转换前、后的机器数不变，只是转换前、后对其解释方式发生了变化。转换后数的真值是将原二进制机器数按转换后的数据类型重新解释得到。例如，若将一个以 1 开头的机器数从带符号整型转换为无符号整型，则对它的解释从一个负数变为大于等于 2^{n-1} 的大正数。由于上述原因，程序在某些情况下会发生意想不到的结果。例如，考虑以下 C 代码：

```
1   int x = -1;
```

```
2    unsigned u = 2147483648;
3
4    printf ( "x = %u = %d\n", x, x);
5    printf ( "u = %u = %d\n", u, u);
```

这里 x 为带符号整数，u 为无符号整数，初值为 2 147 483 648（2^{31}）。函数 printf() 用来输出数值，指示符 %u、%d 分别用来以无符号整数和带符号整数的形式输出十进制数的值。当在 32 位机器上运行上述代码时，输出结果如下。

```
x = 4294967295 = -1
u = 2147483648 = -2147483648
```

x 的输出结果说明如下：整数 –1 的补码表示为 11…1，当作为 32 位无符号数解释（格式符为 %u）时，其值为 $2^{32}-1$ = 4 294 967 296–1 = 4 294 967 295。

u 的输出结果说明如下：2^{31} 的无符号数表示为 100…0，当被解释为 32 位带符号整数（格式符为 %d）时，其值为 -2^{32-1} = -2^{31} = –2 147 483 648，即最小负数（参见例 2.12，这里 n=32）。

C 语言标准规定，若位宽相同的无符号整数和带符号整数同时参加运算，则按无符号整数进行运算，因而结果可能不符合直觉。

例 2.20 在有些 32 位系统上，C 表达式"–2147483648<2147483647"的执行结果为 false，与事实不符；但如果定义一个变量"int i=–2147483648;"，表达式"i < 2147483647"的执行结果却为 true。试分析产生上述结果的原因。如果将表达式写成"–2147483647–1 < 2147483647"，则结果会怎样呢？

解：该问题在 ISO C90 标准下会出现，如图 2.2a 所示，编译器在处理常量时会按 int32_t（int、long）、uint32_t（unsigned int、unsigned long）、int64_t（long long）、uint64_t（unsigned long long）的顺序确定数据类型，0~$2^{31}-1$ 为 32 位带符号整型，2^{31}~$2^{32}-1$ 为 32 位无符号整型，2^{32}~$2^{63}-1$ 为 64 位带符号整型，2^{63}~$2^{64}-1$ 为 64 位无符号整型。

编译器处理 C 表达式"–2147483648 < 2147483647"时，首先将"–2147483648"中的 2147483648=2^{31} 看成 32 位无符号整型，其机器数为 0x8000 0000，然后，对其取负（按位取反，末位加 1），结果仍为 0x8000 0000，并作为无符号整型常数，因而该条件表达式实际上是将 0x8000 0000 与 0x7FFF FFFF 按照无符号整数比较，结果为 false。在计算机内部，真正进行的是对机器数 0x8000 0000 和 0x7FFF FFFF 做减法，然后按照无符号整型比较其大小。

编译器在处理"int i=–2147483648;"时进行了类型转换，将等号右边的"–2147483648"按带符号整数赋给变量 i，其机器数还是 0x8000 0000，但是按带符号整数解释其值为 –2 147 483 648，执行"i < 2147483647"时，按照带符号整型比较，结果是 true。在计算机内部，实际上是对机器数 0x8000 0000 和 0x7FFF FFFF 按照带符号整型进行比较。

对于"–2147483647–1<2147483647"，编译器首先将 2 147 483 647=$2^{31}-1$(机器数为 0x7FFF FFFF)看成带符号整型，对其取负，得到 –2 147 483 647（机器数为 0x8000 0001），然后将其减 1，得到 –2 147 483 648，与 2 147 483 647 比较，得到结果为 true。在计算机内部，实际上是对机器数 0x8000 0000 和 0x7FFF FFFF 按照带符号整型进行比较。

范围	类型
$0 \sim 2^{31}-1$	int
$2^{31} \sim 2^{32}-1$	unsigned int
$2^{32} \sim 2^{63}-1$	long long
$2^{63} \sim 2^{64}-1$	unsigned long long

a) C90 标准下常整数类型

范围	类型
$0 \sim 2^{31}-1$	int
$2^{31} \sim 2^{63}-1$	long long
$2^{63} \sim 2^{64}-1$	unsigned long long

b) C99 标准下常整数类型

图 2.2　C 语言中整数常量的类型

在 ISO C99 标准下，C 表达式 "-2147483648 < 2147483647" 的执行结果为 true。因为该标准下，如图 2.2b 所示，编译器在处理常量时会按 int32_t（int、long）、int64_t（long long）、uint64_t（unsigned long long）的顺序确定数据类型，$0 \sim 2^{31}-1$ 为 32 位带符号整型，$2^{31} \sim 2^{63}-1$ 为 64 位带符号整型，$2^{63} \sim 2^{64}-1$ 为 64 位无符号整型。表达式中小于号左边的常数 2147483648 值为 2^{31}，在 $2^{31} \sim 2^{63}-1$ 之间，属于 64 位带符号整数型，其机器数为 0x0000 0000 8000 0000，执行取负操作后机器数为 0xFFFF FFFF 8000 0000；右边的常数 2147483647 的值为 $2^{31}-1$，属于 32 位带符号整型，提升为 long long 型后机器数为 0x0000 0000 7FFF FFFF，两个数按 64 位带符号整型比较，结果为 true。

2.3　浮点数的表示

计算机内部进行数据存储、运算和传送的部件位数有限，因而用定点数表示数值数据时，其表示范围很小，运算结果容易溢出。此外，定点数无法表示大量带有小数点的实数。因此，计算机中专门用浮点数来表示实数。

2.3.1　浮点数的表示范围

任意一个浮点数可用两个定点数表示，用定点小数表示浮点数的尾数，用定点整数表示浮点数的阶。阶的编码称为阶码，为便于对阶，通常采用移码形式。

表示浮点数的两个定点数位数有限，因而浮点数的表示范围有限。以下例子用于说明可表示浮点数位于数轴上的位置。

例 2.21　将十进制数 65 798 转换为 32 位浮点数格式。

0 1	8 9	31
符号	阶码	尾数

其中，第 0 位为数符 S；第 1~8 位为 8 位移码表示的阶码 E（偏置常数为 128）；第 9 ～ 31 位为 24 位二进制原码小数表示的尾数。基数为 2，规格化尾数形式为 $\pm 0.1bb \cdots b$，其中第一位 "1" 不明显表示出来，这样可用 23 个数位表示 24 位尾数。

解：因为 $(65\ 798)_{10} = (1\ 0000\ 0001\ 0000\ 0110)_2 = (0.1000\ 0000\ 1000\ 0011\ 0)_2 \times 2^{17}$，所以数符 $S=0$，阶码 $E=(128+17)_{10}=(1001\ 0001)_2$。

故 65 798 用该浮点数形式表示如下：

0	100 1000 1	000 0000 1000 0011 0000 0000

用十六进制表示为 4880 8300H。

上述格式的规格化浮点数的表示范围如下。

- 正数最大值：$0.11\cdots1 \times 2^{11\cdots1} = (1-2^{-24}) \times 2^{127}$。
- 正数最小值：$0.10\cdots0 \times 2^{00\cdots0} = (1/2) \times 2^{-128} = 2^{-129}$。

因为原码是对称的，所以该浮点格式的范围关于原点对称，如图 2.3 所示。

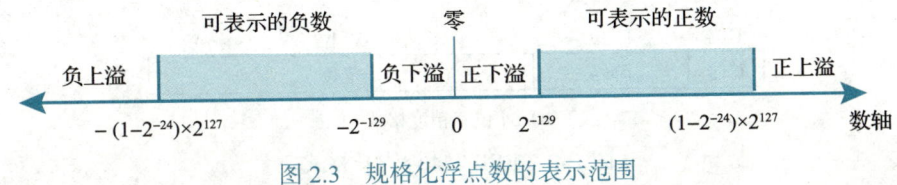

图 2.3 规格化浮点数的表示范围

在图 2.3 中，数轴上有 4 个区间的数不能用浮点数表示。这些区间称为溢出区，接近 0 的区间为下溢区，向无穷大方向延伸的区间为上溢区。

根据浮点数的表示格式，只要尾数为 0，对于任意阶码，其值均为 0，这样的数称为机器零，因此机器零的表示不唯一。通常，用阶码和尾数同时为 0 表示机器零。当结果出现尾数为 0 时，不管阶码为何值，都将阶码取为 0。机器零有 +0 和 –0 之分。

2.3.2 浮点数的规格化

浮点数尾数的位数决定浮点数的有效数位，有效数位越多，数据的精度越高。为了在浮点数运算过程中，尽可能多地保留有效数字的位数，使有效数字尽量占满尾数数位，必须在运算过程中对浮点数进行规格化操作。对浮点数的尾数进行规格化，除了能得到尽量多的有效数位外，还可使浮点数的表示具有唯一性。

从理论上来讲，规格化数的标志是指尾数对应真值的数值部分中最高位为非零数字。规格化操作有两种：左规和右规。当小数点左侧包含有效数字时需右规，右规时，尾数每右移一位，阶码加 1，直到尾数变成规格化形式为止，右规时阶码增加，故阶码可能溢出；当尾数出现形如 $\pm 0.0\cdots0bb\cdots b$ 的运算结果时需左规，左规时，尾数每左移一位，阶码减 1，直到尾数变成规格化形式为止。

2.3.3 IEEE 754 浮点数标准

直到 20 世纪 80 年代初，浮点数表示格式还未统一，不同架构的计算机之间进行数据传送或程序移植时，必须进行数据格式的转换，数据格式转换会导致运算结果的不一致。因而，20 世纪 70 年代后期，IEEE 成立委员会着手制定浮点数标准，1985 年完成了浮点数标准 IEEE 754 的制定。

目前，几乎所有计算机都采用 IEEE 754 标准。该标准提供了两种基本格式，即 32 位单精度格式和 64 位双精度格式，如图 2.4 所示。

32 位单精度格式中包含 1 位符号 s、8 位阶码 e 和 23 位尾数 f；64 位双精度格式包含 1 位符号 s、11 位阶码 e 和 52 位尾数 f。其基数隐含为 2；尾数用原码表示，第一位总为 1，因而可在尾数中缺省第一位的 1，称为隐藏位，使得单精度格式的 23 位尾数实际上可表示

24 位有效数字，双精度格式的 52 位尾数实际上可表示 53 位有效数字。特别要注意的是，IEEE 754 规定隐藏位"1"的位置在小数点之前，与例 2.21 中给出的不一样。

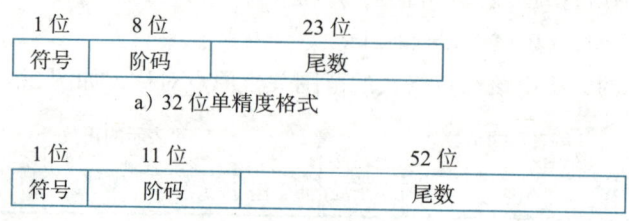

图 2.4 IEEE 754 浮点数格式

IEEE 754 标准中，阶码用移码形式，偏置常数并不是通常 n 位移码所用的 2^{n-1}，而是（$2^{n-1}-1$），因此，单精度浮点数和双精度浮点数的偏置常数分别为 127 和 1023。

IEEE 754 标准规定，一些特殊的位序列（如阶码为全 0 或全 1）具有特殊含义。表 2.2 给出了对各种形式的数的解释。

表 2.2 IEEE 754 浮点数的解释

值的类型	单精度（32 位）			双精度（64 位）		
	阶码	尾数	值	阶码	尾数	值
零	0	0	±0	0	0	±0
无穷大	255（全 1）	0	±∞	2047（全 1）	0	±∞
无定义数	255（全 1）	≠0	NaN	2047（全 1）	≠0	NaN
规格化非零数	$0<e<255$	f	$\pm(1.f) \times 2^{e-127}$	$0<e<2047$	f	$\pm(1.f) \times 2^{e-1023}$
非规格化数	0	$f \neq 0$	$\pm(0.f) \times 2^{-126}$	0	$f \neq 0$	$\pm(0.f) \times 2^{-1022}$

表 2.2 对 IEEE 754 格式的数分类如下。

1. 全 0 阶码全 0 尾数：+0/−0

IEEE 754 的零有两种：+0 和 −0。零的符号取决于数符 s。一般情况下 +0 和 −0 是等效的。

2. 全 1 阶码全 0 尾数：+∞ /−∞

引入无穷大数可表示一些特殊的运算结果，并为程序提供错误检测功能。+∞ 在数值上大于所有有限数，−∞ 则小于所有有限数，无穷大数既可作操作数，又可能是运算的结果。当操作数为无穷大时，系统可以有两种处理方式。

- 产生不发信号的非数 NaN，如 +∞ +(−∞)、+∞ −(+∞)、∞ / ∞ 等。
- 产生明确的结果，如 5+(+∞)=+∞、(+∞)+(+∞)=+∞、5−(+∞)=−∞、(−∞) − (+∞) = −∞ 等。

3. 全 1 阶码非 0 尾数：NaN (Not a Number)

NaN（Not a Number）表示一个没有定义的数，称为非数，分为不发信号（quiet）和发信号（signaling）两种非数。有的书中把它们分别称为"静止的 NaN"和"通知的 NaN"。表 2.3 给出了能产生不发信号（静止的）NaN 的计算操作。

表 2.3 产生不发信号 NaN 的计算操作

运算类型	产生不发信号 NaN 的计算操作
所有	对通知 NaN 的任何计算操作
加减	无穷大相减,如 (+∞)+(−∞)、(+∞)−(+∞)、(−∞)+(+∞) 等
乘	0 × ∞
除	0/0 或 ∞/∞
求余	x MOD 0 或 ∞ MOD y
平方根	$\sqrt{x}$ 且 $x<0$

可用尾数取值的不同来区分是"不发信号 NaN"还是"发信号 NaN"。例如,当最高有效位为 1 时,为不发信号 NaN,当结果产生这种非数时,不抛出异常;当最高有效位为 0 时,为发信号 NaN,当结果产生这种非数时,则抛出异常。NaN 的尾数是非 0 数,除第一位有定义外,其余位都没有定义,因此可用其余位来指定具体的异常条件。如表 2.3 所示,一些没有数学解释的计算(如 0/0、0 × ∞ 等)会产生一个非数。

4. 阶码非全 0 且非全 1:规格化非 0 数

阶码范围为 1 ~ 254(单精度)和 1 ~ 2046(双精度)的数是一个正常的规格化非 0 数。根据 IEEE 754 的定义,规格化数指数(阶)的范围是 –126~+127(单精度)和 –1022~+1023(双精度),浮点数的值的计算公式分别为:

$$(-1)^s \times 1.f \times 2^{e-127} \text{ 和 } (-1)^s \times 1.f \times 2^{e-1023}$$

5. 全 0 阶码非 0 尾数:非规格化数

非规格化数的特点是阶码为全 0,尾数高位有一个或几个连续的 0,但不全为 0。因此非规格化数的隐藏位为 0,并且单精度和双精度浮点数的阶分别为 –126 或 –1022,故浮点数的值分别为:

$$(-1)^s \times 0.f \times 2^{-126} \text{ 和 } (-1)^s \times 0.f \times 2^{-1022}$$

非规格化数可用于处理**阶码下溢**,使得出现比最小规格化数还小的数时程序也能继续进行下去。当运算结果的阶太小(比最小能表示的阶还小,即小于 –126 或小于 –1022)时,尾数右移 1 次,阶码加 1,如此循环,直到尾数为 0 或阶达到可表示的最小值(–126 或 –1022)。这个过程称为**逐级下溢**。因此,逐级下溢的结果就是使尾数变为非规格化形式,阶变为最小负数。例如,当一个十进制运算系统的最小阶为 –99 时,以下情况需进行阶码逐级下溢。

- $2.0000 \times 10^{-26} \times 5.2000 \times 10^{-84} = 1.04 \times 10^{-109} \rightarrow 0.1040 \times 10^{-108} \rightarrow 0.0104 \times 10^{-107} \rightarrow \cdots \rightarrow 0.0$
- $2.0002 \times 10^{-98} - 2.0000 \times 10^{-98} = 2.0000 \times 10^{-102} \rightarrow 0.2000 \times 10^{-101} \rightarrow 0.0200 \times 10^{-100} \rightarrow 0.0020 \times 10^{-99}$

图 2.5 展示了加入非规格化数后 IEEE 754 单精度的表数范围的变化。图中将可表示数以 $[2^n, 2^{n+1}]$ 的区间分组。区间 $[2^n, 2^{n+1}]$ 内所有数的阶相同,都为 n,而尾数部分的变化范围为 $1.00\cdots0 \sim 1.11\cdots1$,这里小数点前的 1 是隐藏位。对于 32 位单精度规格化数,因为尾数的位数有 23 位,故每个区间内数的个数相同,都是 2^{23} 个。例如,在正数范围内最左边的区间为 $[2^{-126}, 2^{-125}]$,在该区间内,最小规格化数为 $1.00\cdots0 \times 2^{-126}$,最大规格化数为 $1.11\cdots1 \times 2^{-126}$。在该区间中的各个相邻数之间具有等距性,其距离为 $2^{-23} \times 2^{-126}$,该区间右边相邻

的区间为 $[2^{-125}, 2^{-124}]$，区间内各相邻数间的距离为 $2^{-23} \times 2^{-125}$。由此可见，每个右边区间内相邻数间的距离总比左边一个区间的相邻数距离大一倍，因此，离原点越近的区间，其内的数间隙越小。

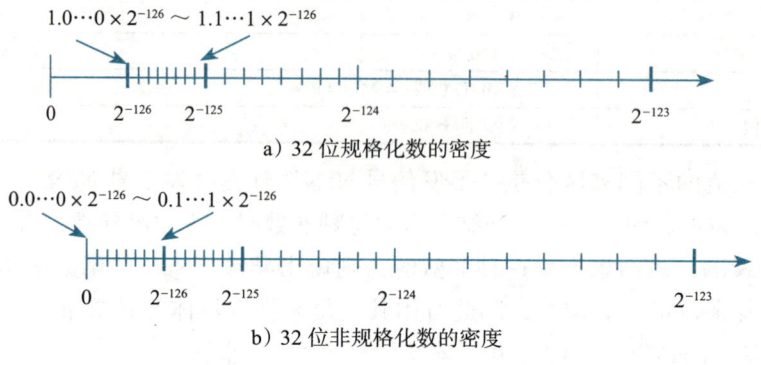

图 2.5 IEEE 754 中加入非规格化数后表数范围的变化

图 2.5a 所示为未定义非规格化数时的情况，在 0 和最小规格化数 2^{-126} 之间有一个间隙未被利用。图 2.5b 所示为定义了非规格化数的情况，非规格化数就是在 0 和 2^{-126} 之间增加的 2^{23} 个附加数，这些相邻附加数之间与区间 $[2^{-126}, 2^{-125}]$ 内的相邻数等距，所有非规格化数具有与区间 $[2^{-126}, 2^{-125}]$ 内的数相同的阶，即最小阶（-126），尾数部分的变化范围为 $0.00 \cdots 0 \sim 0.11 \cdots 1$，隐含位为 0。

例 2.22 将十进制数 -0.75 转换为 IEEE 754 的单精度浮点数格式表示。

解：$(-0.75)_{10} = (-0.11)_2 = (-1.1)_2 \times 2^{-1} = (-1)^s \times 1.f \times 2^{e-127}$，所以 $s=1$, $f = 0.100 \cdots 0$, $e = (127-1)_{10} = (126)_{10} = (0111\ 1110)_2$，单精度浮点数为 1 0111 1110 1000 0000…0000 000，用十六进制表示为 BF40 0000H。

例 2.23 求 IEEE 754 单精度浮点数 C0A0 0000H 的真值。

解：求一个机器数的真值，就是将该数转换为十进制数。首先将 C0A0 0000H 展开为一个 32 位单精度浮点数：1 10000001 010 0000…0000。据 IEEE 754 单精度浮点数格式可知，符号 $s=1$, $f = (0.01)_2 = (0.25)_{10}$，阶码 $e = (10000001)_2 = (129)_{10}$，其值为 $(-1)^s \times 1.f \times 2^{e-127} = (-1)^1 \times 1.25 \times 2^{129-127} = -1.25 \times 2^2 = -5.0$。

IEEE 754 标准的单精度和双精度规格化数的特征参数如表 2.4 所示。

IEEE 754 用全 0 阶码和全 1 阶码表示一些特殊值，如 0、∞ 和 NaN，因此，除去全 0 和全 1 阶码后，规格化单精度和双精度格式的阶码个数分别为 254 和 2046，最大阶分别为 127 和 1023。单精度规格化数的个数约为 $2 \times 254 \times 2^{23} = 1.98 \times 2^{31}$，双精度规格化数的个数约为 $2 \times 2046 \times 2^{52} = 1.99 \times 2^{63}$。根据单精度和双精度格式的最大阶分别为 127 和

表 2.4 IEEE 754 浮点数格式参数

参数	单精度浮点数	双精度浮点数
字宽（位数）	32	64
阶码宽度（位数）	8	11
阶码偏置常数	127	1023
最大阶	127	1023
最小阶	-126	-1022
尾数宽度	23	52
阶码个数	254	2046
尾数个数	2^{23}	2^{52}
值的个数	1.98×2^{31}	1.99×2^{63}
数的量级范围	$10^{-38} \sim 10^{+38}$	$10^{-308} \sim 10^{+308}$

1023,可以得出数的量级范围分别为 10^{-38}~10^{+38} 和 10^{-308}~10^{+308}。单精度和双精度格式规格化数中,最小阶分别为 –126 和 –1022,而非规格化数的阶总是 –126 和 –1022,因而单精度浮点格式的最小可表示数为 $0.0\cdots 01 \times 2^{-126} = 2^{-23} \times 2^{-126} = 2^{-149}$,而双精度格式的最小可表示数为 $2^{-52} \times 2^{-1022} = 2^{-1074}$。

IEEE 754 规定了单精度扩展和双精度扩展两种格式的最小长度和最小精度。双精度扩展格式必须至少具有 64 位有效数字,并总共占用至少 79 位,但未规定其具体格式。

例如,SPARC 和 PowerPC 处理器中采用 128 位扩展双精度浮点数格式,包含 1 位符号位 s、15 位阶码 e(偏置常数为 16 383)和 112 位尾数 f,采用隐藏位,所以有效位数为 113 位。

又如,Intel x87 FPU 采用 80 位双精度扩展格式,包含 4 个字段:1 位符号位 s、15 位阶码 e(偏置常数为 16 383)、1 位显式首位有效位(explicit leading significant bit)j 和 63 位尾数 f。Intel 采用的这种扩展浮点数格式与 IEEE 754 规定的单精度和双精度浮点数格式的一个重要的区别是,它没有隐藏位,有效位数共 64 位。

2.3.4 C 语言中的浮点数类型

C 语言中 float 和 double 类型分别对应 IEEE 754 单精度浮点数格式和双精度浮点数格式,相应的十进制有效数字分别为 7 位和 17 位左右。

C 对于扩展双精度的相应类型是 long double,但是 long double 的长度和格式随编译器和处理器类型的不同而有所不同。例如,Microsoft Visual C++ 6.0 版本以下的编译器都不支持该类型,因此,用其编译出来的目标代码中 long double 和 double 一样,都是 64 位双精度;在 IA-32 上使用 gcc 编译器时,long double 类型数据采用 2.3.3 节中所述的 Intel x87 FPU 的 80 位双精度扩展格式表示;在 SPARC 和 PowerPC 处理器上使用 GCC 编译器时,long double 类型数据采用 2.3.3 节中所述的 128 位双精度扩展格式表示。

当在 int、float 和 double 等类型数据之间进行强制类型转换时,程序将得到以下数值转换结果(假定 int 为 32 位)。

- 从 int 转换为 float 时,不会发生溢出,但可能有数据被舍入。
- 从 int 或 float 转换为 double 时,因为 double 的有效位数更多,所以能保留精确值。
- 从 double 转换为 float 时,因为 float 表示范围更小,所以可能发生溢出,此外,由于有效位数变少,因此可能被舍入。
- 从 float 或 double 转换为 int 时,因为 int 没有小数部分,所以数据可能会向 0 方向舍入。例如,1.9999 被转换为 1,–1.9999 被转换为 –1。此外,因为 int 的表示范围更小,所以可能发生溢出。将大的浮点数转换为整数可能会导致程序错误,这在历史上曾经有惨痛的教训。

1996 年 6 月 4 日,Ariane 5 火箭初次航行,在发射仅仅 37 秒钟后就偏离了飞行路线,然后解体爆炸。根据调查发现,原因是控制惯性导航系统的计算机向控制引擎喷嘴的计算机发送了一个无效数据。它没有发送飞行控制信息,而是发送了一个异常诊断位模式数据,表明在将一个 64 位浮点数转换为 16 位带符号整数时,产生了溢出异常。溢出的值是火箭的水平速率,这比原来的 Ariane 4 火箭所能达到的速率高出了 5 倍。在设计 Ariane 4 火箭软件时，设计者确认水平速率决不会超出一个16位的整数，但在设计 Ariane 5 时，他们没有重新检查这部分，而是直接使用了原来的设计。

在不同数据类型之间转换时，往往隐藏着一些不容易被察觉的错误，在航空航天等领域，这种错误有时会带来重大损失，因此，编程时要非常小心。

例 2.24 假定变量 i、f、d 的类型分别是 int、float 和 double，它们可以取除 $+\infty$、$-\infty$ 和 NaN 以外的任意值。请判断下列每个 C 语言关系表达式在 32 位机器上运行时是否永真。

①   i == (int) (float) i
②   f == (float) (int) f
③   i == (int) (double) i
④   f == (float) (double) f
⑤   d == (float) d
⑥   f == –(–f)
⑦   (d+f)–d == f

解：① 不是，int 型有效位数比 float 型多，i 从 int 型转换为 float 型时有效位数可能丢失。
② 不是，float 型有小数部分，f 从 float 型转换为 int 型时小数部分可能会丢失。
③ 是，double 型比 int 型有更大的精度和范围，i 从 int 型转换为 double 型时数值不变。
④ 是，double 型比 float 型有更大的精度和范围，f 从 float 型转换为 double 型时数值不变。
⑤ 不是，double 型比 float 型有更大的精度和范围，d 从 double 型转换为 float 型时可能丢失有效数字或发生溢出。
⑥ 是，浮点数取负就是简单地将数符取反。
⑦ 不是，例如，当 $d=1.79\times10^{308}$、f=1.0 时，左边为 0（因为 d+f 时 f 需向 d 对阶，对阶后 f 的尾数有效数位被舍去而变为 0，故 d+f 仍然等于 d，再减去 d 后结果为 0），而右边为 1。

2.4 非数值数据的编码表示

逻辑值、字符等数据都是非数值数据，在机器内部用一个二进制位串表示。

2.4.1 逻辑值

正常情况下，每个字或其他可寻址单位（字节、半字等）都被作为一个整体数据单元看待。但是，某些时候还需要将一个 n 位数据看成由 n 个一位数据组成，每个数据取值为 0 或 1。例如，有时需要存储一个布尔或二进制数据阵列，阵列中的每项只能取值为 1 或 0；有时可能需要提取一个数据项中的某一位进行诸如"置 1"或"清 0"等操作。当以这种方式看待数据时，该数据就被认为是逻辑数据。因此 n 位二进制数可表示 n 个逻辑值，逻辑数据只能参加逻辑运算，并且是按位进行的，如按位与、按位或、逻辑左移、逻辑右移等。

逻辑数据和数值数据都是一串 0/1 序列，在形式上无任何差异，需要通过指令的操作码类型来识别它们。例如，逻辑运算指令处理的是逻辑数据，算术运算指令处理的是数值数据。

2.4.2 西文字符

西文由拉丁字母、数字、标点符号及一些特殊符号组成,它们统称为**字符**(character)。所有字符的集合称为**字符集**。字符不能直接在计算机内部处理,必须对其进行数字化编码,字符集中的每一个字符都有一个编码(即二进制编码的 0/1 序列),这些编码构成了该字符集的代码表,简称**码表**。码表中的代码具有唯一性。

字符主要用于外部设备和计算机之间交换信息。一旦确定了所使用的字符集和编码方法后,计算机内部所表示的二进制编码与外部设备输入、打印和显示的字符之间可唯一对应。

字符集有多种,每一个字符集的编码方法也多种多样。目前计算机中使用最广泛的西文字符集及其编码是 **ASCII 码**,即美国标准信息交换码(American Standard Code for Information Interchange),ASCII 字符编码如表 2.5 所示。

表 2.5 ASCII 码表

	$b_6b_5b_4$ =000	$b_6b_5b_4$ =001	$b_6b_5b_4$ =010	$b_6b_5b_4$ =011	$b_6b_5b_4$ =100	$b_6b_5b_4$ =101	$b_6b_5b_4$ =110	$b_6b_5b_4$ =111
$b_3b_2b_1b_0$=0000	NUL	DLE	SP	0	@	P	`	p
$b_3b_2b_1b_0$=0001	SOH	DC1	!	1	A	Q	a	q
$b_3b_2b_1b_0$=0010	STX	DC2	"	2	B	R	b	r
$b_3b_2b_1b_0$=0011	ETX	DC3	#	3	C	S	c	s
$b_3b_2b_1b_0$=0100	EOT	DC4	$	4	D	T	d	t
$b_3b_2b_1b_0$=0101	ENQ	NAK	%	5	E	U	e	u
$b_3b_2b_1b_0$=0110	ACK	SYN	&	6	F	V	f	v
$b_3b_2b_1b_0$=0111	BEL	ETB	'	7	G	W	g	w
$b_3b_2b_1b_0$=1000	BS	CAN	(	8	H	X	h	x
$b_3b_2b_1b_0$=1001	HT	EM	)	9	I	Y	i	y
$b_3b_2b_1b_0$=1010	LF	SUB	*	:	J	Z	j	z
$b_3b_2b_1b_0$=1011	VT	ESC	+	;	K	[	k	{
$b_3b_2b_1b_0$=1100	FF	FS	,	<	L	\	l	|
$b_3b_2b_1b_0$=1101	CR	GS	-	=	M	]	m	}
$b_3b_2b_1b_0$=1110	SO	RS	.	>	N	^	n	~
$b_3b_2b_1b_0$=1111	SI	US	/	?	O	_	o	DEL

从表 2.5 中可看出,每个字符都由 7 个二进制位 $b_6b_5b_4b_3b_2b_1b_0$ 表示,其中 $b_6b_5b_4$ 是高位部分,$b_3b_2b_1b_0$ 是低位部分。在现代计算机中,一个字符通常用 8 位表示,最高位 b_7 通常为 0。在需要奇偶校验时,最高位可用于存放**奇偶校验位**。从表 2.5 中可以看出 ASCII 字符编码有以下两个规律。

- 字符 0 ~ 9 的高三位编码为 011,低 4 位分别为 0000 ~ 1001。低 4 位正好是 0~9 这 10 个数字的 8421 码。这样既满足了正常的排序关系,又有利于实现 ASCII 码与十进制数之间的转换。
- 英文字母的编码值满足正常的字母排序关系,而且大、小写字母的编码之间有简单的对应关系,差别仅在 b_5 这一位上。若 b_5 为 0,则是大写字母;若 b_5 为 1,则是小写字母。这使得大、小写字母之间的转换非常方便。

2.4.3 汉字字符

中文信息的基本组成单位是汉字，汉字也是字符。但汉字是表意文字，一个字就是一个方块图形。计算机要对汉字信息进行处理，就必须对汉字本身进行编码，但汉字的总数超过9万，数量巨大，给汉字在计算机内部的表示、汉字的传输与交换、汉字的输入和输出等带来了一系列问题。为了适应汉字系统各组成部分对汉字信息处理的不同需要，汉字系统必须处理以下几种汉字代码：输入码、内码、字模点阵码。

1. 汉字的输入码

键盘是面向西文设计的，一个或两个西文字符对应一个按键，因此使用键盘输入西文字符非常方便。汉字是大字符集，专门的汉字输入键盘由于键多、查找不便、成本高等因素几乎无法采用。由于汉字字数多，无法使每个汉字与西文键盘上的一个键相对应，因此必须用一个或几个键来表示每个汉字，这种对每个汉字用相应的按键进行的编码表示称为汉字的输入码，又称外码。因此汉字输入码的码元（即组成编码的基本元素）是西文键盘中的某个按键。

2. 字符集与汉字内码

汉字被输入计算机后，就按照一种称为内码的编码形式在系统中实现存储、查找和传送。西文字符的内码可以是 ASCII 码。为适应计算机处理汉字信息的需要，1980 年我国颁布了《信息交换用汉字编码字符集 基本集》(GB/T 2312—80)。该标准选出 6763 个常用汉字，为每个汉字规定了标准代码，以供汉字信息在不同计算机系统之间交换使用。这个标准称为国标码，又称国标交换码。

GB/T 2312 国标字符集由三部分组成：第一部分是字母、数字和各种符号，包括英文、俄文、日文平假名与片假名、罗马字母、汉语拼音等共 687 个；第二部分为一级常用汉字，共 3755 个，按汉语拼音排列；第三部分为二级常用字，共 3008 个，因为不太常用，所以按偏旁部首排列。

GB/T 2312 国标字符集中为任意一个字符（汉字或其他字符）规定了一个唯一的二进制代码。码表由 94 行、94 列组成，行号称为区号，列号称为位号。每一个汉字或符号在码表中都有各自的位置，因此各有一个唯一的位置编码，该编码用字符所在的区号及位号的二进制代码表示，7 位区号在左、7 位位号在右，共 14 位，这 14 位代码称为汉字的区位码，它指出了汉字在码表中的位置。

汉字的区位码并不是其国标码。由于要进行信息传输，每个汉字的区号和位号必须各自加上 32 (即十六进制的 20H)，这样得到的二进制代码才是国标码，因此国标码中区号和位号各自占 7 位。在计算机内部，为了处理与存储的方便，汉字国标码的前后各 7 位分别用一个字节表示，两个字节才能表示一个汉字。

计算机中汉字和西文信息混在一起处理，汉字信息如不予以特别标识，它与单字节的 ASCII 码就会混淆不清，无法识别。解决这一问题的方法之一，就是使表示汉字的两个字节的最高位 (b_7) 总为 1。这种双字节汉字编码就是一种汉字机内码（即汉字内码）。例如，汉字"大"的区号是 20，位号是 83，因此其区位码为 1453H (0001 0100 0101 0011B)，国标码为 3473H（0011 0100 0111 0011B），前面的 34H 和字符"4"的 ACSII 码相同，后面的 73H 和字符"s"的 ACSII 码相同，将每个字节的最高位各设为 1 后，就得到其机内码 B4F3H（1011 0100 1111 0011B），这样就不会和 ASCII 码混淆了。应当注意，汉字的区位码和国标码是唯一的、标准的，而汉字内码可能随系统的不同而有差别。

汉字输入码与汉字内码、国标交换码完全是不同范畴的概念，不能将它们混淆。使用不同的输入编码方法输入同一个汉字时，在计算机内部得到的汉字内码是一样的。

3. 汉字的字模点阵码和轮廓描述

经过计算机处理后的汉字，如果需要在屏幕上显示或用打印机打印，则必须把汉字机内码转换成人们可以阅读的方块字形式。

每个汉字的字形都必须预先存放在计算机内，一套汉字（如 GB/T 2312 国标汉字字符集）的所有字符的形状描述信息集合在一起称为**字形信息库**，简称**字库**（font library）。不同字体（如宋体、仿宋、楷体、黑体等）对应不同字库。在输出每个汉字时，计算机都要先到字库中去找到其字形描述信息，然后把字形信息送到相应的设备输出。

汉字的字形主要有两种描述方法：字模点阵描述方法和轮廓描述方法。字模点阵描述方法是将字库中的各个汉字或其他字符的字形（即字模），用一个其元素由 0 和 1 组成的方阵（如 16×16、24×24、32×32 甚至更大）表示，有黑点的地方用 1 表示，空白处用 0 表示，形成的编码称为**字模点阵码**。汉字的轮廓描述方法比较复杂，它把汉字笔画的轮廓用一组直线和曲线勾画，记下每一组直线和曲线的数学描述公式。这种用轮廓线描述字形的方式精度高，字形大小可以任意变化。

2.5 数据的宽度和存储

2.5.1 数据的宽度和单位

计算机内部的任何信息都用二进制编码形式表示。二进制数据的每一位 0 或 1 是组成二进制信息的最小单位，称为一个**比特**（bit）。比特是计算机中存储、运算和传输信息的最小单位。每个西文字符需用 8 位表示，而每个汉字需用 16 位才能表示。在计算机内部，二进制信息的计量单位是**字节**（byte）。通常，用 b 表示比特，用 B 表示字节。

计算机中运算和处理二进制信息时除比特和字节外，还使用**字**（word）作为单位。对于不同的计算机，字的长度可能不同，有的由 2 个字节组成，有的由 4、8 甚至 16 字节组成。

在考察计算机性能时，一个很重要的指标就是机器的字长。平时所说的"16 位或 32 位机器"中的 16、32 就是指字长。**字长**通常是指 CPU 内部用于整数运算的数据通路的宽度。CPU 内部的数据通路是指 CPU 内部的数据流经的路径以及路径上的部件，主要是 CPU 内部进行数据运算、存储和传送的部件，这些部件的宽度一致才能相互匹配。因此，字长等于 CPU 内部用于整数运算的运算器位数和通用寄存器宽度。例如，在 1.1.2 节图 1.1 给出的模型机中，组成数据通路的通用寄存器和运算器 ALU 的位数都是 8 位，因此该模型机的字长为 8 位。

字和字长的概念不同，这一点请注意。字用来表示被处理信息的单位，用来度量各种数据类型的宽度。通常系统结构设计者必须考虑一台机器将提供哪些数据类型，每种数据类型提供哪几种宽度的数，这时就要给出一个基本的字的宽度。例如，Intel x86 微处理器中把一个字定义为 16 位，所提供的数据类型中，就有单字宽度的无符号数和带符号整数（16 位）、双字宽度的无符号数和带符号整数（32 位）等。而字长表示进行数据运算、存储和传送的部件的宽度，它反映了计算机处理信息的一种能力。字和字长的长度可以一样，也可不一样。例如，在 Intel x86 中从 80386 开始就至少是 32 位字长，但为兼容 8086，仍将其字的宽度定义为 16 位，因此 32 位称为双字。

表示二进制信息存储容量时所用的单位要比字节或字大得多，主要有以下几种单位词头。

- K（Kilo）：1KB = 2^{10} 字节 = 1 024 字节。
- M（Mega）：1MB = 2^{20} 字节 = 1 048 576 字节。
- G（Giga）：1GB = 2^{30} 字节 = 1 073 741 824 字节。
- T（Tera）：1TB = 2^{40} 字节 = 1 099 511 627 776 字节。
- P（Peta）：1PB = 2^{50} 字节 = 1 125 899 906 842 624 字节。
- E（Exa）：1EB = 2^{60} 字节 = 1 152 921 504 606 846 976 字节。
- Z（Zetta）：1ZB = 2^{70} 字节 = 1 180 591 620 717 411 303 424 字节。
- Y（Yotta）：1YB = 2^{80} 字节 = 1 208 925 819 614 629 174 706 176 字节。

在描述距离、频率等数值时通常用 10 的幂表示，因而在由时钟频率计算得到的总线带宽或外设数据传输率中，度量单位也用 10 的幂表示。为区分这种差别，通常用 K 表示 1024，用 k 表示 1000，而其他前缀字母均为大写，表示的大小由其上下文决定。

经常使用的带宽单位如下。

- 比特 / 秒（b/s），有时也写为 bps。
- 千比特 / 秒（kb/s），1kb/s = 10^3 b/s = 1000 bps。
- 兆比特 / 秒（Mb/s），1Mb/s = 10^6 b/s = 1000 kbps。
- 吉比特 / 秒（Gb/s），1Gb/s = 10^9 b/s = 1000 Mbps。
- 太比特 / 秒（Tb/s），1Tb/s = 10^{12} b/s = 1000 Gbps。

在计算硬盘容量或文件大小时，不同的硬盘制造商和操作系统用不同的度量方式。历史上甚至引发过硬盘买家的诉讼，原本预计容量按 1MB=2^{20}B、1GB=2^{30}B 计算，但实际容量却按 1M=10^6B、1G=10^9B 计算，比预计容量小。为了避免歧义，国际电工委员会（International Electrotechnical Commission，IEC）在 1998 年规定，在原前缀字母后跟 i 表示 2 的幂，不带 i 表示 10 的幂，例如，1MiB=2^{20}B，1MB=10^6 B。

由于程序处理不同类型、不同长度的数据，因此计算机中底层机器级的数据表示必须能够提供相应的支持。例如，需要提供不同长度的整数和不同长度的浮点数表示，相应地需要有能处理单字节、双字节、4 字节甚至是 8 字节整数的整数运算指令，以及能处理 4 字节、8 字节浮点数的浮点数运算指令等。

C 语言支持多种格式的整数和浮点数表示，但 C 语言标准只定义了这些数值数据类型的最小位宽，其具体位宽通常由平台相关的 ABI 规范定义。表 2.6 给出了在典型的 32 位机器和 64 位机器上 C 语言中数据类型的宽度。

大多数 32 位机器的 ABI 规范使用"典型"方式。从表 2.6 可见，short int 长度为 2B，int 型长度为 4B，而 long int 宽度与机器字长的宽度相同。指针（如声明为类型 char* 的变量）和 long int 宽度一样，等于机器字长的宽度。一般机器都支持 float 和 double 两种类型的浮点数，分别对应 IEEE 754 单精度和双精度格式。

由此可见，对于同一类型的数据，并非所有机器都采用相同的宽度，具体宽度由相应的 ABI 规范定义，编译器的实现需遵循该定义。

表 2.6　C 语言中数据类型的宽度

C 语言声明	数据类型宽度 /B	
	32 位机器	64 位机器
char	1	1
short int	2	2
int	4	4
long int	4	8
long long	8	8
char*	4	8
float	4	4
double	8	8

2.5.2　数据的存储和排列顺序

任何信息在计算机中用二进制编码后，得到的都是一串 0/1 序列，每 8 位构成一个字节，不同的数据类型具有不同的字节宽度。

若以字节为一个排列基本单位，那么 LSB 表示**最低有效字节**（least significant byte），MSB 表示**最高有效字节**（most significant byte）。现代计算机基本上都采用字节编址方式，即对存储空间中的存储单元进行编号时，每个地址编号中存放一个字节。计算机中许多类型数据都由多个字节组成，例如，int 和 float 型数据占 4 字节，double 型数据占 8 字节，而程序中每个数据只用一个地址标识。例如，在按字节编址的计算机中，假定 int 型变量 i 的地址为 0800H，i 的机器数为 1234 5678H，则 12H、34H、56H、78H 应各有一个地址，那么，地址 0800H 对应哪个字节的地址呢？这就涉及字节排列顺序问题。

在所有计算机中，多字节数据都被存放在连续地址中。根据数据各个字节在连续地址中排列顺序的不同，可有两种排列方式，即大端（big endian）方式和小端（little endian）方式，如图 2.6 所示。

		0800H	0801H	0802H	0803H	
大端方式	…	12H	34H	56H	78H	…

		0800H	0801H	0802H	0803H	
小端方式	…	78H	56H	34H	12H	…

图 2.6　大端方式和小端方式

大端方式将数据的 MSB 存放在小地址单元中，将 LSB 存放在大地址单元中，即数据的地址就是 MSB 所在的地址。IBM 360/370、Motorola 68k、Sparc、HP PA 等机器都采用大端方式。

小端方式将数据的 MSB 存放在大地址中，将 LSB 存放在小地址中，即数据的地址就是 LSB 所在的地址。Intel 80x86、DEC VAX 等都采用小端方式。

有些指令集架构可以配置为大端或小端方式，但排列方式一旦确定则不能动态改变，因此每个计算机系统内部的数据排列顺序总是一致的。在排列顺序不同的系统之间进行数据通信时，需要进行顺序转换。网络程序员必须遵守字节顺序的有关规则，以确保发送方机器将它的内部表示格式转换为网络标准，而接收方机器则将网络标准转换为自己的内部表示格式。

此外，音频、视频和图像等文件格式或处理程序也都涉及字节顺序问题。如 GIF、PC Paintbrush、Microsoft RTF 等采用小端方式，Adobe Photoshop、JPEG、MacPaint 等采用大端方式。

了解字节顺序的好处还在于调试底层机器级程序时，能够清楚每个数据的字节顺序，以便将一个机器数正确转换为真值。例如，以下是一个由反汇编器（反汇编是汇编的逆过程，即将指令的机器代码转换为汇编表示）生成的一行针对 IA-32 架构的机器级代码表示文本。

80483d2: 89 85 a0 fe ff ff   mov %eax, 0xffffffea0(%ebp)

该文本行中，"80483d2" 代表地址，是十六进制表示形式，"89 85 a0 fe ff ff" 是指令的机器代码，按顺序存放在地址 0x80483d2 开始的 6 个连续存储单元中，"mov %eax, 0xffffffea0(%ebp)" 是指令的汇编形式。对该指令所指出的第二操作数进行访问时，需要先计算出该操作数的有效地址，这个有效地址是通过将寄存器 %ebp 的内容与立即数 0xffffffea0（字节序列为 FFH、FFH、FEH 和 A0H）相加得到的。该指令中的立即数是一个补码表示的带符号整数，补码为 0xffffffea0 的数的真值为 −1 0110 0000B = −352，即第二操作数的有效地址是将寄存器 %ebp 的内容减 352 后得到的值。指令执行时，可直接取出指令机器代码的后 4 个字节作为计算有效地址所用的立即数，从指令代码中可看出，立即数在存储单元中存放的字节序列为 A0H、FEH、FFH、FFH，正好与有效地址计算时实际所用的字节序列相反。显然，该计算机系统采用的是小端方式。在阅读这种小端方式计算机的机器代码时，要记住数据的字节是按照相反的顺序显示的。

例 2.25 以下是一段 C 程序，其中函数 show_int 和 show_float 分别用于显示 int 型和 float 型数据的位序列，show_pointer 用于显示指针型数据的位序列。显示的结果都用十六进制形式表示，并按照从低地址到高地址的方向显示。

```
1   int main(){
2       int x=65539;
3       float y=65539.0;
4       int *z=&x;
5       show_int(x);
6       show_float(y);
7       show_pointer(z);
8       return 0;
9   }
```

上述程序在不同系统上运行的结果如表 2.7 所示。

表 2.7 程序在不同系统中的运行结果

系统	值	类型	字节（十六进制）
IA-32	65 539	int	03 00 01 00
Sun	65 539	int	00 01 00 03
x86-64	65 539	int	03 00 01 00
IA-32	65 539.0	float	80 01 80 47
Sun	65 539.0	float	47 80 01 80
x86-64	65 539.0	float	80 01 80 47

第 2 章 数据的机器级表示与处理　　45

（续）

系统	值	类型	字节（十六进制）
IA-32	&x	int*	3C FA FF BF
Sun	&x	int*	EF FF FC 00
x86-64	&x	int*	80 FC CB FF FF 7F 00 00

请回答下列问题。

① 十进制数 65 539 用 32 位补码整数和 IEEE 754 单精度浮点表示的结果各是什么？

② 十进制数 65 539 的 int 型表示和 float 型表示中存在一段相同位序列，标记出这段位序列，并说明它们为什么会相同？对一个负数来说，其整数表示和浮点数表示中是否也一定会出现一段相同的位序列？为什么？给出十进制数 −65 539 的 int 型和 float 型机器数表示。

③ IA-32 采用的是小端方式还是大端方式？

④ IA-32 和 Sun 之间能否直接进行数据传送？为什么？

⑤ 在 x86-64 系统中，变量 x 中的数据字节 01H 存放的地址是什么？

解：① 十进制数 65 539 用 32 位整数补码表示为 0000 0000 0000 0001 **0000 0000 0000 0011**，用 32 位浮点数表示为 0 100 0111 1 **000 0000 0000 0001 1**000 0000。用十六进制表示分别为 0001 0003H 和 4780 0180H。

② 十进制数 65 539 的 int 型表示和 float 型表示中相同位序列为 0000 0000 0000 0011（①中加粗部分）。因为对正数来说，原码和补码的编码相同，所以其整数（补码表示）和浮点数尾数（原码表示）的有效数位一样。65 539 的有效数位是 1 0000 0000 0000 0011。有效数位在定点整数中位于低位数值部分，在浮点数的尾数中位于高位部分。因为浮点数尾数中有一个隐含的 1，所以第一个有效数位 1 在浮点数中不表示出来，因此，相同的位序列就是后面的 16 位。

对某一个负数来说，其整数表示和浮点数表示中通常不会有相同的一段位序列。因为 IEEE 754 浮点数的尾数用原码表示，而整数用补码表示，负数的原码和补码表示不同。例如，十进制数 −65 539 的 int 型机器数表示为 1111 1101 1111 1111 1111 1110 1111 1111，float 型机器数表示为 1 100 0111 1 000 0000 0001 1000 0000。两者没有相同的位序列。

③ IA-32 下存放方式与书写习惯顺序相反，故采用的是小端方式。

④ IA-32 和 Sun 之间不能直接进行数据传送，因为 Sun 采用大端方式，而 IA-32 采用小端方式。

⑤ 在 x86-64 上数据字节 01H 存放在地址 0000 7FFF FFCB FC82H 中。因为从 x86-64 输出的 int 型指针结果看，x86-64 的主存地址占 64 位，01H 是 int 型数据 65 539 的次高有效字节，小端方式下数据地址取 LSB 所在地址，因此 01H 的地址应是数据地址加 2（或 MSB 所在地址减 1）。根据小端方式下存放结果和书写习惯顺序相反的规律可知，数据 65 539 的所在地址是 0000 7FFF FFCB FC80H，因此 01H 所存放的地址是 0000 7FFF FFCB FC82H。

例 2.26　图 2.7 中两个程序用于判断执行程序的计算机采用小端方式还是大端方式。在同一台计算机上执行这两个程序，结果程序 1 的结论是小端方式，而程序 2 的结论是大端方式，请问哪个程序的结论是错的？程序错在哪里？

解：程序 1 的结论是对的。程序 1 中 num.a 是 int 类型，占 4 字节，最小的地址中存放的信息与 num.b 中存放的信息一致。若是小端方式，则 num.a 的最小地址中存放 0x78，与 num.b 中一致；否则就是大端方式。

```
1  #include <stdio.h>
2  int main() {
3      union NUM {
4          int a;
5          char b;
6      } num;
7      num.a=0x12345678;
8      if (num.b==0x78).
9          printf("Little Endian\n");
10     else
11         printf("Big Endian\n");。
12     return 0;
13 }
```

a）程序 1

```
1  #include <stdio.h>
2  int main() {
3      union {
4          int a;
5          char b;
6      } test;
7      test.a=0xff;
8      if (test.b==0xff)
9          printf("Little Endian\n");
10     else
11         printf("Big Endian\n");
12     return 0;
13 }
```

b）程序 2

图 2.7　判断大端 / 小端方式的程序

程序 2 的结论是错误的。程序 2 中 test.a 赋值为 0xff，若是小端方式，则 test.a 的最小地址中存放 0xff，其他三个单元全为 0，而 test.b 中存放的信息和 test.a 的最小地址中的信息一样，所以也是 0xff。因此，程序 2 似乎也没有错，不过，程序 2 执行时，图 2.7b 第 8 行中的条件表达式 "test.b==0xff" 并不为 "真"，因而程序打印结果是 "Big Endian"。这里的问题出在条件表达式 "test.b==0xff" 上。

该条件表达式中右边的常数（即 0xff=255），按照图 2.2 中 C 语言整数常量类型的规定，应该是 int 型；左边的 test.b 是 char 型，按照 C 表达式中数据类型自动转换规则，应自动提升为 int 型。test.b 中存放的是 0xff，从 char 型提升为 int 型后，在 IA-32 系统中应得到 0xffff ffff，其真值为 -1。因而条件表达式 "test.b==0xff" 中，左边的值为 -1，右边的值为 255，两者不等。

实际上，若将程序 2 在小端方式的 RISC-V 系统中运行，则结论不同。C 语言标准并没有明确规定 char 是带符号整型还是无符号整型，具体由编译器选择。IA-32 中 GCC 编译器将 char 视为带符号整型，而 RISC-V 中的 GCC 编译器将 char 视为无符号整型，test.b 提升为 int 型后，得到 0x0000 00ff，其真值为 255，因而 "test.b==0xff" 的结果为 "真"。

因为 C 语言标准并没有明确规定 char 为无符号还是带符号整型，所以上述两个程序都存在由实现而定义（implementation-defined）的行为。当程序从一个系统移植到另一个系统时，其行为可能会发生变化，从而造成难以理解的结果。为避免这种情况，程序员应该尽量编写行为确定的程序，比如使用一字节宽度的数据类型进行计算时，将数据类型显式定义成 signed char 或 unsigned char，仅仅进行字符串处理时，则可以使用 char 类型。

小贴士

在 C 语言表达式中如果混合使用不同类型的变量和常量，则应使用一个规则集合来完成数据类型的自动转换。

以下是 C 语言程序数据类型转换的基本规则：在表达式中，(unsigned)char 和 (unsigned)

short 类型都应自动提升为 int 类型；在包含两种数据类型的任何运算中，较低级别的数据类型应提升为较高级别的数据类型；数据类型级别从高到低的顺序是 long double、double、float、unsigned long long、long long、unsigned long、long、unsigned int、int，但是，当 long 和 int 具有相同位数时，unsigned int 级别高于 long；赋值语句中，计算结果被转换为要被赋值的那个变量的类型，这个过程可能导致级别提升（被赋值的类型级别高）或者降级（被赋值的类型级别低），提升是按等值转换到表数范围更大的类型，通常是扩展操作或整数转浮点数类型，一般情况下不会有溢出问题，而降级可能因为表数范围缩小而导致数据溢出问题。

2.6 数据的基本运算

在计算机内部，由于运算部件的位数有限，很多情况下会出现意料之外的运算结果，有时两个正数相加会得到一个负数，有时关系表达式"x<y"和"x-y<0"会产生不同的结果。如果不了解计算机底层的运算机制，则很难明白为什么会出现这些问题。因此，作为一个程序员，即使不需要进行硬件层的设计工作，也应该明白有关数据表示及其运算的基本原理。

计算机硬件的设计目标来源于软件需求，高级语言中用到的各种运算，通过编译成底层的算术运算指令和逻辑运算指令实现，这些底层运算指令能在机器硬件上直接被执行。

2.6.1 按位运算和逻辑运算

C 语言中的按位运算有："|"表示按位"OR"；"&"表示按位"AND"；"~"表示按位"NOT"；"^"表示按位"XOR"。按位运算的一个重要运用就是实现掩码（masking）操作，通过与一个给定的位模式进行按位与，可提取所需的位，然后对这些位进行"置 1""清 0""是否为 1 测试"或"是否为 0 测试"等，这里位模式称为掩码。例如，表达式"0x0F&0x8C"的运算结果为 00001100，即 0x0C。这里通过掩码"0x0F"提取了 0x8C 中的低 4 位。

C 语言中的逻辑运算符有："||"表示"OR"；"&&"表示"AND"；"!"表示"NOT"。

逻辑运算容易和按位运算混淆，实际上其功能完全不同。逻辑运算是非数值计算，其操作数只有两个逻辑值，即 true 和 false，通常用非 0 表示 true，全 0 表示 false。而按位运算是一种数值运算，运算时将两个操作数中对应各位进行运算。例如，若变量 x=FAH、y=7BH，则 x^y=81H,~(x^y) =7EH，而 !(x^y) =00H。等价于表达式"x==y"的是"!(x^y)"，而不是"~(x^y)"。

2.6.2 左移和右移运算

C 语言中提供了一组移位运算。移位操作有逻辑移位和算术移位两种。

逻辑移位不考虑符号位，左移时，高位移出，低位补 0；右移时，低位移出，高位补 0。对于无符号整数的逻辑左移，如果最高位移出的是 1，则发生溢出。

因为计算机内部的带符号整数用补码表示，所以对于带符号整数的移位操作应采用补码算术移位方式。左移时，高位移出，低位补 0，如果移出的高位不同于移位后的符号位，即左移前、后符号位不同,则发生溢出;右移时,低位移出,高位补符号。

C编译器根据移位操作数类型选择逻辑移位还是算术移位,对无符号整型数进行逻辑移位,对带符号整型数进行算术移位。C 表达式 "x<<k" 表示对变量 x 左移 k 位。对左移来说,逻辑移位和算术移位结果一样,都是丢弃 k 个最高位,并在低位补 k 个 0。C 表达式 "x>>k" 表示对数 x 右移 k 位。

每左移一位,相当于数值扩大一倍,因此左移可能发生溢出。左移 k 位,相当于数值乘以 2^k。

每右移一位,若移出的是 0,则相当于数值缩小一半,右移 k 位,相当于数值除以 2^k。若移出的是非 0,则说明不能整除 2^k。

2.6.3 位扩展和位截断运算

C 语言中没有明确的位扩展运算符,但是在进行数据类型转换时,如果遇到一个短数向长数转换,就要进行位扩展运算。进行位扩展时,扩展后的数值应保持不变。有零扩展和符号扩展两种位扩展方式。**零扩展**用于无符号整数,在数前添加足够的 0 即可。**符号扩展**用于补码表示的带符号整数,在数前添加足够多的符号位即可。

考虑以下 C 语言程序代码:

```
1  short si = -32768;
2  unsigned short usi = si;
3  int i = si;
4  unsigned ui = usi ;
```

执行上述程序段,并在 32 位大端方式机器上输出变量 si、usi、i、ui 的十进制和十六进制值,可得到各变量的输出结果如下:

```
si  = -32768     80 00
usi =  32768     80 00
i   = -32768   FF FF 80 00
ui  =  32768   00 00 80 00
```

由此可见,-32 768 的补码表示和 32 768 的无符号数表示具有相同的 16 位 0/1 序列,分别将它们扩展为 32 位后,得到的位序列的高位不同。因为前者是符号扩展,高 16 位补符号 1,后者是零扩展,高 16 位补 0。

位截断发生在将长数转换为短数时,例如,对于下列代码:

```
1  int i = 32768;
2  short si = (short)i;
3  int j = si;
```

在一台 32 位机器上执行上述代码段时,第 2 行要求强行将一个 32 位带符号整数截断为 16 位带符号整数,32 768 的 32 位补码表示为 0000 8000H,截断为 16 位后变成 8000H,它是 -32 768 的 16 位补码表示。再将该 16 位带符号整数扩展为 32 位时,就变成了 FFFF 8000H,它是 -32 768 的 32 位补码表示,因此 j 的值为 -32 768。也就是说,原来的 i(值为

32 768）经过截断、再扩展后，其值变成了 –32 768，不等于原来的值了。

从上述例子可见，截断一个数可能会因溢出而改变其值。因为长数的表示范围远远大于短数的表示范围，所以当一个长数无法用短数表示时，截断就会发生溢出。上例中的 32 768 大于 16 位补码能表示的最大数 32 767，所以发生了截断错误。C 语言标准规定，长数转换为短数时，若短数无法表示长数的值，则属于"实现定义行为"，并未规定编译器必须报错。因此，这里所说的截断溢出和截断错误会导致程序出现意外的计算结果，但并不一定导致任何异常或错误报告，因此，该错误的隐蔽性很强，需要引起注意。

2.6.4 整数加减运算

在设计程序时通常把指针、地址等说明为无符号整数，因而在进行指针或地址运算时需要进行无符号整数的加减运算。而其他情况下，通常都是带符号整数运算。无符号整数和带符号整数的加减运算电路完全一样，都可在如图 2.8 所示的**整数加减运算器**中实现，图中 MUX 是一个**二路选择器**，其功能如下：若控制端（此处为 Sub 信号）为 0，选择 Y 作为输出端 Y'；若控制端为 1，选择 $\overline{Y}$ 作为输出端 Y'。这里 $\overline{Y}$ 表示对 Y 各位取反。

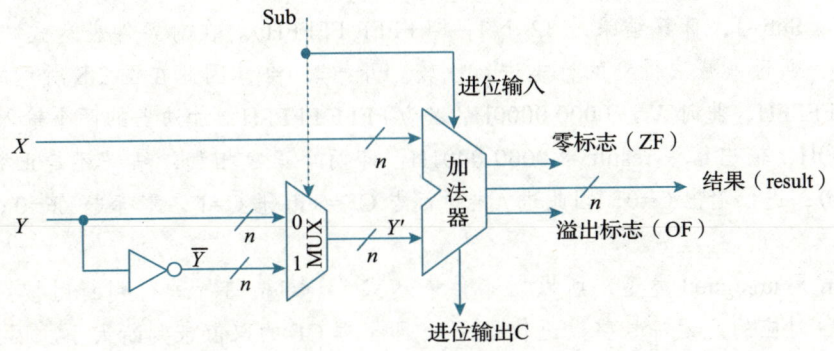

图 2.8　n 位整数加减运算器

图 2.8 中，X 和 Y 是两个 0/1 序列，对于带符号整数 x 和 y 来说，X 和 Y 就是 x 和 y 的补码表示，对于无符号整数 x 和 y 来说，X 和 Y 就是 x 和 y 的无符号数表示。不管是补码减法还是无符号数减法，都用被减数加上减数的负数的补码来实现。

根据求补公式，减数 y 的负数的补码 $[-y]_{补} = \overline{Y} + 1$，因此，只要在加法器的 Y' 输入端加 n 个反向器以实现各位取反的功能，然后加一个二路选择器 MUX，用一个控制端 Sub 来控制选择将原码 Y 输出到 Y' 端，还是将 Y 各位取反后输出到 Y' 端，并将控制端 Sub 同时作为低位进位送到加法器。当 Sub 为 1 时做减法，即实现 $x - y = X + \overline{Y} + 1$；当 Sub 为 0 时做加法，即实现 $x+y=X+Y$。

图 2.8 给出了两个输出标志信息：**零标志（ZF）**和**溢出标志（OF）**。ZF=1 表示结果为 0，因此当结果（result）的所有位都为 0 时，使 ZF=1，否则 ZF=0；OF=1 表示带符号整数的加减运算发生溢出，因为两个同符号数相加其结果的符号一定与两个加数的符号相同，所以，当 X 和 Y' 的最高位相同且不同于结果的最高位时，OF=1，否则 OF=0。

通常，在整数加减运算器的输出中，除 ZF 和 OF 外，还有**符号标志（SF）**和**进/借位**

标志（CF）。其中，SF 表示带符号整数加减运算结果的符号位，因此，可以直接取 result 的最高位作为 SF。CF 用来表示无符号整数加减运算时的进/借位。加法时，若 CF=1 表示溢出；减法时，若 CF=1 表示有借位。因此，加法时 CF 应等于进位输出 C；减法时应将进位输出 C 取反作为借位标志。综合可得 CF=Sub $\oplus$ C。

例 2.27 以下是一个 C 语言程序，用来计算一个数组 a 中每个元素的和。当参数 len 为 0 时，返回值应该是 0，但在机器上执行时却发生了访存异常。这是什么原因造成的？应如何修改程序？

```
1   float sum_array(int a[], unsigned len) {
2
3       int i, sum = 0;
4
5       for (i = 0; i <= len-1; i++)
6           sum += a[i];
7
8       return sum;
9   }
```

解： 当 len 为 0 时，在图 2.8 所示的电路中计算 len-1，此时 X 为 0000 0000H，Y 为 0000 0001H，Sub=1，计算结果是 32 个 1（即 FFFF FFFFH）。在对条件表达式"i<=len-1"进行判断时，通过做减法得到的标志进行比较。开始时 i=0，因此在图 2.8 所示的电路中计算 0-FFFF FFFFH，此时 X 为 0000 0000H，Y 为 FFFF FFFFH，加法器的两个输入 X 和 Y' 都为 0000 0000H，输出结果 result 为 0000 0001H，即两个正数相加，结果还是正数，因而溢出标志 OF=0；进位输出 C=0，因此进/借位标志 CF=Sub $\oplus$ C=1；零标志 ZF=0；符号标志 SF=0。

因为 len 是 unsigned 类型，所以对条件表达式"i<=len-1"进行判断时按照无符号整数进行比较（对应的是无符号整数比较指令），即根据 CF 的取值来判断大小。因为 CF=1 且 ZF=0，说明有借位但不相等，即满足"小于"关系，因而进入 for 循环继续执行。

显然，len-1=FFFF FFFFH 是最大的 32 位无符号整数，任何无符号整数都比它小，因此程序执行进入死循环，当循环变量 i 足够大时，最终导致数组元素 a[i] 的访问越界而发生访存异常。

正确的做法是将参数 len 声明为 int 型。这样，虽然加法器中的运算以及生成的所有标志信息都与 len 为 unsigned 时完全一样，但是，因为条件表达式"i<=len-1"中的 i 和 len 都是带符号整型，所以会按照带符号整数进行比较（对应的是带符号整数比较指令），根据 OF 和 SF 是否相同判断大小。当 OF=SF 且 ZF=0 时表示"大于"关系。当 i=0、len=0 时，对 i 和 len-1 做减法进行比较，得到的标志信息为 SF=OF=0、ZF=0，满足循环结束条件"i>len-1"，从而跳出循环执行。

无符号整数加/减运算在图 2.8 所示的电路中执行，运算结果取低 n 位，相当于取模为 2^n，因此当两数相加结果大于 2^n 时，则大于 2^n 的部分将被减掉。因此**无符号整数加法**公式如下：

$$\text{result} = \begin{cases} x+y & (x+y<2^n) & \text{正常} \\ x+y-2^n & (2^n \leq x+y < 2^{n+1}) & \text{溢出} \end{cases} \quad (2.1)$$

在图 2.8 所示的电路中做无符号整数减运算 $x-y$ 时，用 x 加 $[-y]_{\text{补}}$ 实现，根据补码公式知，$[-y]_{\text{补}}=2^n-y$，因此，result$=x+(2^n-y)=x-y+2^n$，当 $x-y>0$ 时，2^n 被减掉。因此，**无符号整数减法**运算公式如下。

$$\text{result} = \begin{cases} x-y & (x-y>0) & \text{正常} \\ x-y+2^n & (x-y<0) & \text{结果为负} \end{cases} \quad (2.2)$$

例 2.28 假设 8 位无符号整数变量 x 和 y 的机器数分别是 X 和 Y，相应加减运算在图 2.8 所示的电路中执行。若 X=A6H、Y=3FH，则 x、y、$x+y$ 和 $x-y$ 的值分别是多少？若 X=A6H、Y=FFH，则 x、y、$x+y$ 和 $x-y$ 的值又分别是多少？（说明：这里的 $x+y$ 和 $x-y$ 的值是指经过运算电路处理后得到的 result 对应的值。）

解： 若 X=A6H、Y=3FH，则 $x+y$ 的机器数 $X+Y$=1010 0110+0011 1111=1110 0101=E5H，$x-y$ 的机器数 $X-Y$=1010 0110+1100 0001=0110 0111=67H。因此，x、y、$x+y$ 的 result 和 $x-y$ 的 result 分别是 166、63、229 和 103，显然运算结果符合式（2.1）和式（2.2）。

验证如下：因为 $x+y$=166+63<2^8=256，所以 $x+y$ 的结果 (result) 应等于 $x+y$=166+63=229；因为 $x-y$=166-63>0，所以 $x-y$ 的结果 (result) 应等于 $x-y$=166-63=103，验证正确。

若 X=A6H、Y=FFH，则 $X+Y$=1010 0110+1111 1111=1010 0101=A5H、$X-Y$=1010 0110+0000 0001=1010 0111=A7H。因此，x、y、$x+y$ 的 result 和 $x-y$ 的 result 分别是 166、255、165 和 167，运算结果符合式（2.1）和式（2.2）。

验证如下：因为 $x+y$=166+255>2^8=256，所以 $x+y$ 的结果 (result) 应等于 $x+y-2^8$=166+255-256=165；因为 $x-y$=166-255<0，所以 $x-y$ 结果 (result) 应等于 $x-y+2^8$=166-255+256=167，验证正确。

带符号整数加法运算也在图 2.8 所示的电路中执行。如果两个 n 位加数 x 和 y 的符号相反，则一定不会溢出，只有两个加数的符号相同才可能发生溢出。两个加数都是正数时发生的溢出称为**正溢出**；两个加数都是负数时发生的溢出称为**负溢出**。图 2.8 中实现的**带符号整数加法**计算公式如下。

$$\text{result} \begin{cases} x+y-2^n & (x+y \geq 2^{n-1}) & \text{正溢出} \\ x+y & (-2^{n-1} \leq x+y < 2^{n-1}) & \text{正常} \\ x+y+2^n & (x+y < -2^{n-1}) & \text{负溢出} \end{cases} \quad (2.3)$$

与无符号整数减法运算类似，带符号整数减法也通过加法来实现，同样也是用被减数加上减数的负数的补码来实现。图 2.8 中实现的**带符号整数减法**计算公式如下。

$$\text{result} \begin{cases} x-y-2^n & (2^{n-1} \leq x-y) & \text{正溢出} \\ x-y & (-2^{n-1} \leq x-y < 2^{n-1}) & \text{正常} \\ x-y+2^n & (x-y < -2^{n-1}) & \text{负溢出} \end{cases} \quad (2.4)$$

例 2.29 假设 8 位带符号整数变量 x 和 y 的机器数分别是 X 和 Y，相应加减运算在图 2.8 所示的电路中执行。若 X=A6H、Y=3FH，则 x、y、$x+y$ 和 $x-y$ 的值分别是多少？若 X=A6H、Y=FFH，则 x、y、$x+y$ 和 $x-y$ 的值又分别是多少？（说明：这里的 $x+y$ 和 $x-y$ 的值是指经过运算电路处理后得到的 result 对应的值。）

解： 若 X=A6H、Y=3FH，则 $x+y$ 的机器数 $X+Y$=1010 0110+0011 1111=1110 0101=E5H、$x-y$ 的机器数 $X-Y$=1010 0110+1100 0001=0110 0111=67H。因为带符号整数用补码表示，所

以，x、y、$x+y$ 的 result 和 $x-y$ 的 result 分别是 −90、63、−27 和 103，经验证，运算结果符合式（2.3）和式（2.4）。

验证如下：因为 $-2^7 \leqslant x+y=-90+63<2^7$，所以，$x+y$ 的值 (result) 应等于 $x+y=-90+63=-27$；因为 $x-y=-90-63<-2^7$，即负溢出，所以 $x-y$ 的值 (result) 应等于 $x-y+2^8=-90-63+256=103$，验证正确。

若 X=A6H、Y=FFH，则 $X+Y$=1010 0110+1111 1111=1010 0101=A5H、$X-Y$=1010 0110+0000 0001=1010 0111=A7H。x、y、$x+y$ 的 result 和 $x-y$ 的 result 分别是 −90、−1、−91 和 −89，经验证，运算结果符合式（2.3）和式（2.4）。

验证如下：因为 $-2^7 \leqslant x+y=-90+(-1)<2^7$，所以，$x+y$ 的值 (result) 应等于 $x+y=-90+(-1)=-91$；因为 $-2^7 \leqslant x-y=-90-(-1)<2^7$，所以 $x-y$ 的值 (result) 应等于 $x-y=-90-(-1)=-89$，验证正确。

例 2.28 和例 2.29 中给出的机器数 X 和 Y 完全相同，因而在同样的电路中计算，得到的和（差）的机器数也完全相同。对于同一个机器数，作为无符号整数解释和作为带符号整数解释时的值不同，因而例 2.28 和例 2.29 中得到的和（差）的值完全不同。从这里可看出，在电路中执行运算时所有的数都只是一个 0/1 序列，在微架构层次上，并不区分操作数是什么类型，只是编译器根据高级语言程序中的数据类型定义对机器数进行不同的解释而已。

由于无符号整数和带符号整数的加减运算在同一个运算电路中进行，得到的机器数完全相同，因此在一些指令集体系结构中，并不区分无符号还是带符号的整数加/减指令，如 Intel x86 就是如此。在 Intel x86 架构中，不管高级语言程序中定义的变量是带符号整型还是无符号整型，对应的加（减）指令都是 add（sub）指令，都在如图 2.8 所示的电路中执行。执行每条加/减指令时，总是把运算电路中结果的低 n 位（result）送到目的寄存器，同时根据运算结果产生相应的进/借位标志 CF、符号标志 SF、溢出标志 OF 和零标志 ZF，并将这些标志信息保存到标志寄存器（FLAGS/EFLAGS）中。

有些指令系统也会提供专门的带符号整数加/减指令和无符号整数加/减指令。例如，MIPS 架构就是如此。MIPS 架构中提供了专门的带符号整数加/减指令（如 add、sub 指令）和无符号整数加/减指令（如 addu、subu 指令），它们之间的不同仅在于是否判断和处理溢出，得到的机器数完全一样。CPU 执行带符号整数加/减指令时会判断溢出并对溢出进行处理，而执行无符号整数加/减指令时不判断溢出，其余处理两者完全一样。

由于在微架构层次并不区分无符号整数还是带符号整数的加/减运算，因此在高级语言程序执行过程中，带符号整型数隐式地转换为无符号整数运算时，会出现像例 2.27 中那样意想不到的错误或存在漏洞。杜绝使用无符号整型变量可以避免这类问题，也有一些语言为避免这类问题，采用不支持无符号整数类型的方式。例如，Java 语言就不支持无符号整数类型。

例 2.30 对于以下 C 程序段：

```
1  unsigned char x=134;
2  unsigned char y=246;
3  signed char m=x;
4  signed char n=y;
5  unsigned char z1=x-y;
```

```
6   unsigned char z2=x+y;
7   signed char k1=m-n;
8   signed char k2=m+n;
```

请说明程序执行过程中，变量 m、n、z1、z2、k1、k2 在计算机中的机器数和真值各是什么？计算 z1、z2、k1、k2 时得到的标志 CF、SF、ZF 和 OF 各是什么？要求用上述公式进行验证。

解：x 和 y 是无符号整数，因此 x=134=1000 0110B，y=246=1111 0110B。m 和 x 的机器数相同，都是 1000 0110，故 m 的真值为 −111 1010B=−(127−5)=−122；n 和 y 的机器数相同，都是 1111 0110，故 n 的真值为 −000 1010B=−10。

因为无符号整数和带符号整数都在同一个整数加减运算器中执行，所以 z1 和 k1 的机器数相同，且生成的标志也相同；z2 和 k2 的机器数相同，且生成的标志也相同。

对于 z1 和 k1 的计算，可通过 x 的机器数加 y 的机器数"各位取反、末位加 1"得到，即 1000 0110+0000 1010=(0)1001 0000。此时，CF=Sub⊕C=1⊕0=1，SF=1，ZF=0，OF=0（加法器中进行的是两个异号数相加，一定不会溢出）。显然，z1 的真值为 +1001 0000B=144，因为 CF=1，说明相减时有借位，结果应为负数，属于式（2.2）中的非正常情况（负数），结果发生错误；k1 的真值为 −111 0000B=−112，因为 OF=0，说明结果没有溢出，属于式（2.4）中的正常情况。

验证如下：z1=134−246+256=144；k1=−122−(−10)=−112。验证结果正确。

对于 z2 和 k2 的计算，可通过 x 的机器数加 y 的机器数得到，即 1000 0110+1111 0110=(1)0111 1100。此时，CF=Sub⊕C=0⊕1=1，SF=0，ZF=0，OF=1（加法器中是两个负数相加，但结果为正数，故溢出）。显然，z2 的真值为 +111 1100B=124，因为 CF=1，说明相加时有进位，属于式（2.1）中的溢出情况，结果发生溢出错误。k2 的真值为 +111 1100B=124，因为 OF=1，说明结果溢出，属于式（2.3）中负溢出的情况。

验证如下：z2=134+246−256=124；k2=−122+(−10)+256=124。验证结果正确。

2.6.5 整数乘除运算

高级语言中两个 n 位整数相乘得到的结果通常也是一个 n 位整数，即结果只取 $2n$ 位乘积中的低 n 位。例如，在 C 语言中，参加运算的两个操作数的类型和结果的类型必须一致，如果不一致则会先转换为一致的数据类型再进行计算。

根据二进制运算规则，在计算机算术中存在以下结论：假定两个 n 位无符号整数 x_u 和 y_u 对应的机器数为 X_u 和 Y_u，$p_u=x_u \times y_u$，p_u 为 n 位无符号整数且对应的机器数为 P_u；两个 n 位带符号整数 x_s 和 y_s 对应的机器数为 X_s 和 Y_s，$p_s=x_s \times y_s$，p_s 为 n 位带符号整数且对应的机器数为 P_s。若 $X_u=X_s$ 且 $Y_u=Y_s$，则 $P_u=P_s$。表 2.8 中给出了 4 位无符号整数和 4 位带符号整数乘法的例子，显然这些例子符合上述结论。

表 2.8　4 位无符号整数和 4 位带符号整数乘法示例

序号	运算	x	X	y	Y	$x \times y$	$X \times Y$	p	P	是否溢出
1	无符号乘	6	0110	10	1010	60	0011 1100	12	**1100**	溢出
2	带符号乘	6	0110	−6	1010	−36	1101 1100	−4	**1100**	溢出

(续)

序号	运算	x	X	y	Y	x×y	X×Y	p	P	是否溢出
3	无符号乘	8	1000	2	0010	16	0001 0000	0	0000	溢出
4	带符号乘	−8	1000	2	0010	−16	1111 0000	0	0000	溢出
5	无符号乘	13	1101	14	1110	182	1011 0110	6	0110	溢出
6	带符号乘	−3	1101	−2	1110	6	0000 0110	6	0110	不溢出
7	无符号乘	2	0010	12	1100	24	0001 1000	8	1000	溢出
8	带符号乘	2	0010	−4	1100	−8	1111 1000	−8	1000	不溢出

乘除运算的结果可能会发生溢出，因而程序员在编写程序时或者编译器在生成相应的目标代码时，需要进行相应的溢出判断。

根据上述结论，**带符号整数乘运算**可采用**无符号整数乘法器**实现，只要最终取 $2n$ 位乘积中的低 n 位即可。对于带符号整数 x 和 y 来说，送到无符号整数乘法器中的两个乘数 X 和 Y 就是 x 和 y 的补码表示。不过，因为按无符号数相乘，所以得到的乘积高 n 位不一定是高 n 位乘积的补码表示。例如，对于表 2.8 中序号 6 的例子，当 $x=-3$，$y=-2$ 时，可以把对应的机器数 1101 和 1110 送到无符号整数乘法器中运算，得到的 8 位乘积机器数为 1011 0110，虽然低 4 位与带符号整数相乘一样，但是，高 4 位不是真正的高 4 位乘积 0000。这样就无法根据高 4 位来判断结果是否溢出。

1. 无符号整数乘运算的溢出判断

对于 n 位无符号整数 x 和 y 的乘法运算，若取 $2n$ 位乘积中的低 n 位为乘积，则相当于取模 2^n。若丢弃的高 n 位乘积为非 0，则发生溢出。例如，对于表 2.8 中序号 1 的情况，0110 与 1010 相乘得到的 8 位乘积为 0011 1100，高 4 位为非 0，因而发生了溢出，说明低 4 位 1100 不是正确的乘积。

无符号整数乘运算可用公式表示如下，式中 p 是指取低 n 位乘积时对应的值。

$$p = \begin{cases} x \times y & (x \times y < 2^n) \quad 正常 \\ x \times y \bmod 2^n & (x \times y \geq 2^n) \quad 溢出 \end{cases}$$

如果无符号整数乘法指令能够将高 n 位保存到一个寄存器中，则编译器可以根据该寄存器的内容采用相应的比较指令进行溢出判断。例如，在 MIPS 32 架构中，无符号整数乘指令 multu 会将两个 32 位无符号整数相乘得到的 64 位乘积置于两个 32 位内部寄存器 Hi 和 Lo 中，因此，编译器可以根据 Hi 寄存器是否为全 0 进行溢出判断。

2. 带符号整数乘运算的溢出判断

对于带符号整数乘法，大多数处理器中会使用专门的补码乘法器进行运算。一位补码乘法称为**布斯（Booth）乘法**，两位补码乘法称为**改进的布斯乘法**（Modified Booth Algorithm，MBA），也称为**基 4 布斯乘法**。采用专门的补码乘法器实现带符号整数运算得到的结果是 $2n$ 位乘积的补码表示。例如，对于表 2.8 中序号为 2 的情况，$x=6$，$y=-6$，若采用专门的补码乘法器，则得到乘积的 $2n$ 位补码表示 1101 1100，而不是无符号整数乘法器的结果 0011 1100。

采用专门的补码乘法器进行运算的情况下，可通过乘积的高 n 位和低 n 位之间的关系进行溢出判断。判断规则是：若高 n 位中每一位都与低 n 位的最高位相同，则不溢出；否则溢出。例如，对于表 2.8 中序号 4 的情况，$x=-8$，$y=2$，得到 8 位乘积为 1111 0000，高 4 位全 1，与低 4 位的最高位不同，因而发生溢出，说明低 4 位 0000 不是正确的乘积。对于表 2.8 中序号为 6 的情况，$x=-3$，$y=-2$，得到 8 位乘积为 0000 0110，高 4 位全 0，且与低 4 位的最高位相同，因而没有发生溢出，说明低 4 位 0110 是正确的乘积。

如果带符号整数乘法指令能够将高 n 位保存到一个寄存器中，则编译器可以根据该寄存器的内容与低 n 位乘积的关系进行溢出判断。例如，在 MIPS 32 架构中，带符号整数乘指令 mult 会将两个 32 位带符号整数相乘，得到的 64 位乘积置于两个 32 位内部寄存器 Hi 和 Lo 中，因此，编译器可以根据 Hi 寄存器中的每一位是否等于 Lo 寄存器中第一位进行溢出判断。

有些指令系统中乘法指令并不保留高 n 位，也不生成溢出标志 OF，此时，编译器就无法进行溢出判断，甚至有些编译器根本不考虑溢出判断处理。这种情况下，程序就可能在发生溢出的情况下得到错误的结果。例如，在 C 程序中，若变量 x 和 y 为 int 型，$x=65\,535$，机器数为 0000 FFFFH，则 $y=x*x=-131\,071$，y 的机器数为 FFFE 0001H，因而出现 $x^2<0$ 的奇怪结论。

若要保证程序不会因编译器没有处理溢出而发生错误，那么，程序员就需要在程序中加入进行溢出判断的语句。无论 x 和 y 是带符号整型变量还是无符号整型变量，都可以根据两个乘数 x、y 与结果 $p=x*y$ 的关系来判断是否溢出。判断规则：若满足 $x!=0$ 且 $p/x==y$，则没有发生溢出；否则溢出。

例如，对于表 2.8 中序号 7 的例子，$x=2$、$y=12$、$p=8$，显然 $8/2 \neq 12$，因此，发生了溢出。对于表 2.8 中序号 8 的例子，$x=2$、$y=-4$、$p=-8$，显然 $-8/2==-4$，因此，没有发生溢出。

例 2.31 以下程序段实现数组元素的复制，将一个具有 count 个元素的 int 型数组复制到堆中新申请的一块内存区域中，请说明该程序段存在什么漏洞，引起该漏洞的原因是什么。

```
1   /* 复制数组到堆中，count 为数组元素个数 */
2   int copy_array(int *array, int count) {
3       int i;
4   /* 在堆区申请一块内存 */
5       int *myarray = (int *) malloc(count*sizeof(int));
6       if (myarray == NULL)
7           return -1;
8       for (i = 0; i < count; i++)
9           myarray[i] = array[i];
10      return count;
11  }
```

解： 该程序段存在整数溢出漏洞，当 count 值很大时，第 5 行 malloc 函数的参数 count*sizeof(int) 会发生溢出。例如，在 32 位机器上实现时，sizeof(int)=4，若参数 count=2^{30}+1，因为 (2^{30}+1)×4=2^{32}+4 (mod 2^{32})=4，因此 malloc 函数只会分配 4 字节的空间，而在后面的 for 循环执行时，复制到堆中的数组元素有 (2^{32}+4)=4 294 967 300 字节，远超过 4 字节的空间，从而会破坏堆中的其他数据，导致程序崩溃或行为异常，更可怕的是，如果攻击者利用这种漏洞，以引起整数溢出的参数来调用函数，通过数组复制过程把自己的程序置入内存中并启动执行，就会造成极大的安全问题。

2002 年，Sun Microsystems 公司的 RPC XDR 库中所带的 xdr_array() 函数发生整数溢

出漏洞，攻击者可利用这个漏洞从远程或本地获取 root 权限。xdr_array() 函数中需要计算 nodesize 变量的值，它采用的方法可能会由于乘积太大而导致整数溢出，使得攻击者可以构造一个特殊的参数来触发整数溢出事件，以一段事先设置好的信息覆盖一个已经分配的堆缓冲区，造成远程服务器崩溃或者改变内存数据并执行任意代码。当时，由于很多厂商的操作系统都使用了 Sun 公司的 XDR 库或者基于 XDR 库进行开发，因此很多厂商的程序也受到了此问题影响。

3. 整数除运算的溢出判断

对于带符号整数除法，只有当最小负整数（如 32 位系统中的 −2 147 483 648）除以 −1 时才会发生溢出，其他情况下，商的绝对值不可能比被除数的绝对值更大，因而肯定不会发生溢出。但是，在不能整除时需要进行舍入，通常按照朝 0 方向舍入，即正数商取比自身小的最接近整数，负数商取比自身大的最接近整数。此外，除数不能为 0，根据 C 语言标准，除数为 0 与最小负整数除以 −1 一样，都属于未定义行为。在 x86 架构中，除法结果溢出和除数为 0 都会发生"整除异常"，此时，处理器会调出操作系统中的异常处理程序来处理。

2.6.6 常量的乘除运算

由于整数乘法运算所用时间比移位和加法等运算所用时间长得多，通常一次乘法运算需要多个时钟周期，而一次移位、加法和减法等运算只要一个或更少的时钟周期，因此，编译器在处理变量与常数相乘时，往往以移位、加法和减法的组合运算来代替乘运算。例如，对于表达式 $x*20$，编译器可以利用 $20=16+4=2^4+2^2$，将 $x*20$ 转换为 $(x<<4)+(x<<2)$，这样，一次乘法转换成了两次移位和一次加法。不管是无符号整数的乘法还是带符号整数的乘法，即使乘积溢出，利用移位和加减运算组合的方式得到的结果和直接相乘的结果都是一样的。

对于整数除法运算，由于计算机中除法运算比较复杂，而且不能用流水线方式实现，因此一次除法运算大致需要 30 多个时钟周期。为了缩短除法运算时间，编译器在处理一个变量与一个 2 的幂形式的整数相除时，常采用右移运算实现。无符号整数除法采用逻辑右移方式，带符号整数除法采用算术右移方式。两个整数相除，结果也一定是整数，在不能整除时，其商采用朝零方向舍入的方式，也就是截断方式，即将小数点后的数直接去掉，例如 $7/3=2$、$-7/3=-2$。

对于无符号整数来说，采用逻辑右移时，高位补 0，低位移出，因此，移位后得到的商的值只可能变小而不会变大，即商朝零方向舍入。因此，不管是否能够整除，采用移位方式和直接相除得到的商完全一样，如表 2.9 给出的例子所示。表 2.9 中给出了无符号整数 32 760 除以 2^k（k 为正整数）的例子，无符号整数 32 760 的机器数为 0111 1111 1111 1000。

表 2.9 无符号数 32 760 除以 2^k 的示例

k	32 760>>k		32 760/2^k	
1	0 0111 1111 1111 100	16 380	16 380.0	16 380
3	000 0111 1111 1111 1	4095	4095.0	4095
6	00 0000 0111 1111 11	511	511.875	511
8	0000 0000 0111 1111	127	127.96 875	127

对于带符号整数来说，采用算术右移时，高位补符号，低位移出。因此，当符号为 0 时，与无符号整数相同，采用移位方式和直接相除得到的商完全一样。当符号为 1 时，若低位移出的是全 0，则说明能够整除，移位后得到的商与直接相除的完全一样；若低位移出的非全 0，则说明不能整除，移出一个非 0 数相当于把商中小数点后面的值舍去。因为符号是 1，所以商是负数，一个补码表示的负数舍去小数部分的值后变得更小，因此移位后的结果是更小的负数商。例如，对于 $-3/2$，假定补码位数为 4，则进行算术右移操作 1101>>1=1110.1B（小数点后面部分移出）后得到的商为 -2，而精确商是 -1.5（整数商应为 -1）。算术右移后得到的商比精确商少了 0.5，显然朝 $-\infty$ 方向进行了舍入，而不是朝零方向舍入。因此，这种情况下，移位得到的商与直接相除得到的商不一样，需要进行校正。

校正的方法是，对于带符号整数 x，若 $x<0$，则在算术右移前，先将 x 加上偏移量 2^k-1，然后再右移 k 位。例如，上述例子中，在对 -3 右移 1 位之前，先将 -3 加 1，即先得到 1101+0001=1110，然后再算术右移，即 1110>>1=1111，此时商为 -1。

表 2.10 给出了带符号整数 $-32\,760$ 除以 2^k（k 为正整数）的例子，带符号整数 $-32\,760$ 的补码表示为 1000 0000 0000 1000。

表 2.10 带符号整数 $-32\,760$ 除以 2^k 的示例

k	偏移量	$-32\,760+$ 偏移量	$(-32\,760+$ 偏移量$)>>k$		$-32\,760/2^k$	
1	1	1000 0000 0000 1001	1 1000 0000 0000 100	$-16\,380$	$-16\,380.0$	$-16\,380$
3	7	1000 0000 0000 1111	111 1000 0000 0000 1	$-4\,095$	$-4\,095.0$	$-4\,095$
6	63	1000 0000 0100 0111	11 1111 1000 0000 01	-511	-511.875	-511
8	255	1000 0001 0000 0111	1111 1111 1000 0001	-127	$-127.96\,875$	-127

从表 2.10 可以看出，对带符号整数 $-32\,760$ 先加一个偏移量后再进行算术右移，避免了商朝 $-\infty$ 方向舍入的问题。例如，对于表中 $k=6$ 的情况，若不进行偏移校正，则算术右移 6 位后商的补码表示为 11 1111 1000 0000 00，即商为 -512，而校正后得到的商等于 $-32\,760/64$ 的整数商 -511。

2.6.7 浮点数运算

浮点数不像整数那样有移位、扩展和截断等运算，浮点数运算主要是加、减、乘、除运算。

1. 浮点数加减运算

先看一个十进制数加法运算的例子：$0.123\times 10^5 + 0.456\times 10^2$。显然，不可以把 0.123 和 0.456 直接相加，必须把阶调整为相等后才可实现两数相加。其计算过程如下。

$0.123\times 10^5 + 0.456\times 10^2 = 0.123\times 10^5 + 0.000\,456\times 10^5 = (0.123 + 0.000\,456)\times 10^5 = 0.123\,456\times 10^5$

从上面的例子不难理解实现浮点数加减法的运算规则。

设两个规格化浮点数 x 和 y 表示为 $x = M_x \times 2^{E_x}$、$y = M_y \times 2^{E_y}$，M_x、M_y 分别是浮点数 x 和 y 的尾数，E_x、E_y 分别是浮点数 x 和 y 的阶，不失一般性，设 $E_x \leq E_y$，那么

$$x+y = (M_x \times 2^{E_x-E_y} + M_y) \times 2^{E_y}$$
$$x-y = (M_x \times 2^{E_x-E_y} - M_y) \times 2^{E_y}$$

计算机中实现上述计算过程需要经过对阶、尾数加减、尾数规格化和尾数舍入 4 个步骤，此外，还必须考虑运算结果的溢出判断和处理问题。

（1）对阶

对阶的目的是使两数的阶相等，以便尾数可以相加减。对阶的原则是：小阶向大阶看齐，阶小的那个数的尾数右移，右移的位数等于两个阶的差的绝对值。大多数机器采用 IEEE 754 标准表示浮点数，因此，阶小的那个数的尾数右移时按原码小数方式右移，符号位不参加移位，数值位要将隐含的"1"右移到小数部分，前面空出的位补 0。为了保证运算的精度，尾数右移时，低位移出的位不能丢掉，应保留并参加尾数部分的运算。

可以通过计算两个阶的差的补码判断阶的大小。对于 IEEE 754 单精度格式来说，计算公式如下：

$$[E_x - E_y]_{补} = 256 + E_x - E_y = 256 + 127 + E_x - (127 + E_y)$$
$$= 256 + [E_x]_{移} - [E_y]_{移} = [E_x]_{移} + [-[E_y]_{移}]_{补} \pmod{256}$$

例 2.32 若 x 和 y 为 float 型变量，$x=1.5$，$y=-125.25$，请给出计算 $x+y$ 过程中的对阶结果。

解： $x=1.5=1.1B=1.1B \times 2^0$，机器数为 0 0111 1111 100 0000 0000 0000 0000 0000。

$y=-125.25=-111\ 1101.01B=-1.1111\ 0101B \times 2^6$，机器数为 1 1000 0101 111 1010 1000 0000 0000 0000。

在计算 $x+y$ 的过程中，首先需要进行对阶，这里，$[E_x]_{移}=0111\ 1111$，$[E_y]_{移}=1000\ 0101$。因此，$[E_x-E_y]_{补}=[E_x]_{移}+[-[E_y]_{移}]_{补}=0111\ 1111+0111\ 1011=1111\ 1010$，即 $E_x-E_y=-110B=-6$。应将 x 的尾数右移 6 位，对阶后 x 的阶码为 1000 0101，尾数为 0.00 0001 **1**00 0000⋯0000。

（2）尾数加减

对阶后两个浮点数的阶码相等，此时，可以进行对阶后的尾数加减。因为 IEEE 754 采用定点原码小数表示尾数，所以，尾数加减实际上是定点原码小数的加减运算。在进行尾数加减时，必须把隐藏位还原到尾数部分（如例 2.32 中对阶后的 x 尾数中粗体的 **1**），对阶过程中尾数右移时保留的附加位也要参加运算。

（3）尾数规格化

IEEE 754 的规格化尾数形式为：$\pm 1.bb\cdots b$。在进行尾数加减后可能会得到各种形式的结果，例如：

$$1.bb\cdots b + 1.bb\cdots b = \pm 1b.bb\cdots b$$
$$1.bb\cdots b - 1.bb\cdots b = \pm 0.00\cdots 01bb\cdots b$$

- 对于结果为 $\pm 1b.bb\cdots b$ 的情况，需要进行**右规**：尾数右移一位，阶码加 1。最后一位移出时，要考虑舍入。

- 对于结果为 $\pm 0.00\cdots 01bb\cdots b$ 的情况，需要进行**左规**：数值位逐次左移，阶码逐次减 1，直到将第一位 1 移到小数点左边或遇到阶码为全 0。尾数左移时数值部分最左 k 个 0 被移出，因此，相对来说，小数点右移了 k 位。因为进行尾数相加时，默认小数点位置在第一个数值位（即隐藏位）之后，所以小数点右移 k 位后被移到了第一位 1 后面，这个 1 就是隐藏位。

（4）尾数的舍入

在对阶和尾数右规时，可能会对尾数进行右移，为保证运算精度，一般将低位移出的位保留下来，并让其参与中间过程的运算，最后再将运算结果进行舍入，还原成 IEEE 754 格式。

2. 浮点数的附加位和舍入方式

前面提到，在对阶和右规过程中需要将低位移出的部分位保留下来，因此需要考虑以下两个问题。

- 保留多少附加位才能保证运算的精度？
- 最终如何对保留的附加位进行舍入？

对于第一个问题，可能无法给出准确答案。但是无论如何，保留附加位应该可以得到比不保留附加位更高的精度。IEEE 754 标准规定，所有浮点运算的中间结果右边都必须至少额外保留两位附加位。这两位附加位中，紧跟浮点数尾数右边那一位为 保护位 或 警戒位（guard），紧跟保护位右边的是 舍入位（round）。在 IEEE 754 标准中，为了进一步提高精度，在保护位和舍入位后还引入了额外的 粘位（sticky），只要舍入位右边有任何非 0 数字，粘位就为 1；否则，粘位为 0。

对于第二个问题，IEEE 754 提供了 4 种可选模式：就近舍入（中间值舍入到偶数）、朝 $+\infty$ 方向舍入、朝 $-\infty$ 方向舍入、朝 0 方向舍入。

1）就近舍入到偶数。这种方式下，结果舍入为最近可表示数。当结果是两个可表示数的非中间值时，实际上是"0 舍 1 入"方式；当结果正好在两个可表示数中间时，根据就近舍入原则无法操作，此时结果强迫变为偶数，具体操作如下：若舍入后最低位为 1（奇数），则末位加 1；否则直接舍入。

使用粘位可减少运算结果正好在两个可表示数中间的情况。不失一般性，可用十进制数的例子说明粘位的好处。假设计算 $1.24 \times 10^4 + 5.03 \times 10^1$（假定科学记数法的精度保留两位小数），若只使用保护位和舍入位而不使用粘位，即仅保留两位附加位，则结果为 $1.240\ 0 \times 10^4 + 0.005\ 0 \times 10^4 = 1.245\ 0 \times 10^4$。这个结果位于两个相邻可表示数 1.24×10^4 和 1.25×10^4 的中间，采用就近舍入到偶数时，则结果为 1.24×10^4。若同时使用保护位、舍入位和粘位，则结果为 $1.24\ 000 \times 10^4 + 0.005\ 03 \times 10^4 = 1.245\ 03 \times 10^4$。这个结果不在 1.24×10^4 和 1.25×10^4 的中间，而更接近于 1.25×10^4，采用就近舍入方式，结果为 1.25×10^4。显然，后者更精确。

2）朝 $+\infty$ 方向舍入。总是取数轴上右边最近可表示数，也称为 正向舍入 或 朝上舍入。

3）朝 $-\infty$ 方向舍入。总是取数轴上左边最近可表示数，也称为 负向舍入 或 朝下舍入。

4）朝 0 方向舍入。直接截取所需位数，丢弃后面所有位，也称为 截取、截断 或 恒舍法。这种舍入处理最简单。对正数或负数来说，都是取数轴上更靠近原点的那个可表示数，是一种趋向原点的舍入，因此，又称为 趋向零舍入。

表 2.11 以十进制小数为例给出了若干示例，以说明这 4 种舍入方式，表中假定结果保留小数点后面三位数，最后两位（加黑的数字）为附加位，需要舍去。

表 2.11 以十进制小数为例对 4 种舍入方式举例

方式	2.051 **40**	2.051 **50**	2.051 **60**	−2.051 **40**	−2.051 **50**	−2.051 **60**
就近舍入到偶数	2.051	2.052	2.052	−2.051	−2.052	−2.052

(续)

方式	2.051 **40**	2.051 **50**	2.051 **60**	−2.051 **40**	−2.051 **50**	−2.051 **60**
朝 +∞ 方向舍入	2.052	2.052	2.052	−2.051	−2.051	−2.051
朝 −∞ 方向舍入	2.051	2.051	2.051	−2.052	−2.052	−2.052
朝 0 方向舍入	2.051	2.051	2.051	−2.051	−2.051	−2.051

例 2.33 将同一实数 123 456.789e4 分别赋值给单精度和双精度类型变量,然后打印输出,结果相差 46,为何打印结果不同?float 型相邻数之间的最小间隔和最大间隔各是多少?

```
#include <stdio.h>
int main(){
    float a;
    double b;
    a = 123456.789e4;
    b = 123456.789e4;
    printf("%f\n%f\n",a,b);
    return 0;
}
```

运行结果如下:

1234567936.000000
1234567890.000000

解:float 和 double 型各自采用 IEEE 754 单精度和双精度格式,可分别精确表示 7 个和 17 个十进制有效数位。实数 123 456.789e4 共有 10 个有效数位,对于 float 型来说,后面 3 位是舍入后的结果,因为就近舍入到偶数,所以舍入后的值可能会更大,也可能更小。

如 2.3.3 节中图 2.5 所示,数值越大,越远离原点,相邻可表示数之间的间隔也越大,因此舍入误差随着数值的增大而变大。对于 float 型,最小规格化数间隔区间为 $[2^{-126}, 2^{-125}]$,因此,相邻可表示数之间的间隔最小是 $(2^{-125}-2^{-126})/2^{23}=2^{-149}$,而最大规格化数间隔区间为 $[2^{126}, 2^{127}]$,因此,相邻可表示数之间的间隔最大是 $(2^{127}-2^{126})/2^{23}=2^{103}$。

3. 浮点数的阶溢出判断

在进行尾数规格化和尾数舍入时,可能会对结果的阶码执行加 1 或减 1 运算。因此,必须考虑结果的阶溢出问题。

尾数右规或结果舍入时,阶码可能加 1。若加 1 后阶码变为全 1,说明结果的阶比最大允许值 127(单精度)或 1023(双精度)还大,发生**阶码上溢**,产生"阶上溢"异常。有的机器在发生阶上溢时,可能会把结果置为 +∞(数符为 0 时)或 −∞(数符为 1 时),而不产生阶上溢异常。

尾数左规时,先进行阶码减 1 操作。若减 1 后为阶码变为全 0,说明结果的阶比最小允许值 −126(单精度)或 −1023(双精度)还小,结果应为非规格化形式,此时应使结果的尾数不变,阶码为全 0。

例 2.34 若 x_1 和 y_1 为 float 型变量,其真值分别为 $x_1=1.1B\times 2^{-126}$、$y_1=1.0B\times 2^{-126}$,则 x_1 和 y_1 的机器数各是什么?x_1-y_1 的机器数和真值各是多少?若 float 型变量 x_2 和 y_2 的真值分别为 $x_2=1.1B\times 2^{-125}$、$y_2=1.0B\times 2^{-125}$,则 x_2 和 y_2 的机器数各是什么?x_2-y_2 的机器数和真值各是多少?

解： x_1 的机器数为 0 0000 0001 100 0000 0000 0000 0000 0000，y_1 的机器数为 0 0000 0001 000 0000 0000 0000 0000 0000。阶码都为 0000 0001，故尾数直接相减，得 0.1。需对尾数进行左规：先进行阶码减 1 操作，得阶码为全 0，故结果是非规格化数，尾数不变，x_1-y_1 的尾数为 0.100 0000 0000 0000 0000 0000，阶码为 0000 0000。即机器数为 0 0000 0000 100 0000 0000 0000 0000 0000（0040 0000H），真值为 $0.1 \times 2^{-126} = 2^{-127}$。

x_2 的机器数为 0 0000 0010 100 0000 0000 0000 0000 0000，y_2 的机器数为 0 0000 0010 000 0000 0000 0000 0000 0000。阶码都为 0000 0010，故尾数直接相减，得 0.1。需对尾数进行左规：先进行阶码减 1 操作，得阶码为 0000 0001，再尾数左移一位，故结果的尾数为 1.0，x_2-y_2 的尾数为 1.000 0000 0000 0000 0000 0000，阶码为 0000 0001。即机器数为 0 0000 0001 000 0000 0000 0000 0000 0000（0080 0000H），真值为 $1.0 \times 2^{-126} = 2^{-126}$。

从浮点数加、减运算过程可以看出，浮点数的溢出并不以尾数溢出来判断，尾数溢出可以通过右规操作得到纠正。结果是否溢出应通过判断阶码是否上溢来确定。

4. 浮点数乘除运算

在进行浮点数乘除运算前，首先应对参加运算的操作数进行判 0 处理、规格化操作和溢出判断，并确定参加运算的两个操作数是否是正常的规格化或非规格化浮点数。

浮点数乘、除运算步骤类似于浮点数加、减运算步骤，两者的主要区别是，加、减运算需要对阶，而对乘、除运算来说，不需要这一步。两者对结果的后处理步骤一样，都包括规格化、舍入和阶码溢出处理。

已知两个浮点数 $x = M_x \times 2^{E_x}$、$y = M_y \times 2^{E_y}$，则乘、除运算的结果如下。

$$x \times y = (M_x \times 2^{E_x}) \times (M_y \times 2^{E_y}) = (M_x \times M_y) \times 2^{E_x+E_y}$$

$$x / y = (M_x \times 2^{E_x}) / (M_y \times 2^{E_y}) = (M_x / M_y) \times 2^{E_x-E_y}$$

5. 浮点运算时异常和精度等问题

计算机中的浮点数运算比较复杂，从浮点数的表示来说，有规格化浮点数和非规格化浮点数，有 $+\infty$、$-\infty$ 和非数（NaN）等特殊数据的表示。利用这些特殊表示，程序可以实现诸如 $+\infty+(-\infty)$、$+\infty-(+\infty)$、∞/∞、8.0/0 等运算。

此外，由于浮点加减运算中需要对阶并最终进行舍入，因此可能导致"大数吃小数"的问题，使得浮点数运算不能满足加法结合律和乘法结合律。

例如，在 x 和 y 是单精度浮点类型时，若 $x=-1.5 \times 10^{30}$、$y=1.5 \times 10^{30}$、$z=1.0$，则：

$$(x+y)+z = (-1.5 \times 10^{30} + 1.5 \times 10^{30}) + 1.0 = 1.0$$
$$x+(y+z) = -1.5 \times 10^{30} + (1.5 \times 10^{30} + 1.0) = 0.0$$

根据上述计算可知，$(x+y)+z \neq x+(y+z)$，其原因是，当一个"大数"和一个"小数"相加时，因为对阶使得"小数"尾数中的有效数字右移后被丢弃，从而使"小数"变为 0。

例如，在 x 和 y 是单精度浮点类型时，若 $x=y=1.0 \times 10^{30}$、$z=1.0 \times 10^{-30}$，则：

$$(x \times y) \times z = (1.0 \times 10^{30} \times 1.0 \times 10^{30}) \times 1.0 \times 10^{-30} = +\infty$$
$$x \times (y \times z) = 1.0 \times 10^{30} \times (1.0 \times 10^{30} \times 1.0 \times 10^{-30}) = 1.0 \times 10^{30}$$

显然，$(x \times y) \times z \neq x \times (y \times z)$，这主要是两个大数相乘后可能超出可表示范围造成的。

补充说明一下，上述例子中的数在机器中可能无法精确表示，例如，$x\times(y\times z)$ 的实际输出值并不是 10^{30}，而是 1 000 000 015 047 466 219 876 688 855 040。

海湾战争中，美国在沙特阿拉伯达摩地区设置的爱国者导弹拦截伊拉克的飞毛腿导弹失败。这是由于爱国者导弹系统时钟内的一个软件错误造成的，引起这个软件错误的原因是浮点数的精度问题。爱国者导弹系统中有一个内置时钟，用计数器实现，每隔 0.1s 计数一次。程序用 0.1 的一个 24 位定点二进制小数 x 乘以计数值作为以秒为单位的时间。0.1 的二进制表示是一个无限循环序列 0.00011[0011]…，x=0.000 1100 1100 1100 1100 1100B。显然，x 只是 0.1 的近似表示，$0.1-x$=0.000 1100 1100 1100 1100 1100 [1100]…−0.000 1100 1100 1100 1100 1100B，即误差为：

$$0.000\ 0000\ 0000\ 0000\ 0000\ 0000\ 1100\ [1100]\cdots B = 2^{-20}\times 0.1 \approx 9.54\times 10^{-8}$$

在爱国者导弹准备拦截飞毛腿导弹之前，已经连续工作了 100 小时，相当于计数 $100\times 60\times 60\times 10 = 36\times 10^5$ 次，因而导弹的时钟已经偏差了 $9.54\times 10^{-8}\times 36\times 10^5 \approx 0.343s$。

爱国者根据飞毛腿的速度乘以它被侦测到的时间来预测位置，飞毛腿的速度大约为 2000m/s，因此，由系统时钟误差导致的距离误差相当于 $0.343\times 2000 \approx 687$m。因此，由于存在时钟误差，纵使雷达系统侦察到飞毛腿导弹并且预计了它的弹道，爱国者导弹却找不到实际上来袭的导弹。这种情况下，起初的目标发现被视为一次假警报，侦测到的目标也在系统中被删除。

例 2.35 对于上述爱国者导弹拦截飞毛腿导弹的例子，回答下列问题。

① 如果用精度更高一点的 24 位定点小数 x=0.000 1100 1100 1100 1100 1101B 来表示 0.1，则 0.1 与 x 的偏差是多少？系统运行 100h 后的时钟偏差是多少？在飞毛腿速度为 2000m/s 的情况下，预测的距离偏差为多少？

② 假定用一个类型为 float 的变量 x 来表示 0.1，则变量 x 的机器数是什么（要求写成十六进制形式）？0.1 与 x 的偏差是多少？系统运行 100h 后的时钟偏差是多少？在飞毛腿速度为 2000m/s 的情况下，预测的距离偏差为多少？

③ 如果将 0.1 用 32 位二进制定点小数 x=0.000 1100 1100 1100 1100 1100 1100 1101 B 表示，则其误差比用 32 位 float 表示的误差更大还是更小？试分析这两种方案的优缺点。

解：① 0.1 与 x 的偏差计算如下：

|0.000 1100 1100 1100 1100 1100 [1100]…−0.000 1100 1100 1100 1100 1101B|=

$$0.000\ 0000\ 0000\ 0000\ 0000\ 0000\ 1100\ [1100]\cdots B = 2^{-22}\times 0.1 \approx 2.38\times 10^{-8}$$

100h 后的时钟偏差是 $2.38\times 10^{-8}\times 36\times 10^5 \approx 0.086s$，预测的距离偏差为 $0.086\times 2000 \approx 171$m。比爱国者导弹系统精确约 4 倍。

② 0.1= 0.0 0011[0011]B=+1.1 0011 0011 0011 0011 0011 0011…B×2^{-4}，float 类型采用 IEEE 754 单精度浮点数格式。符号位 s 为 0，阶码 e=127−4=0111 1011B，尾数的小数部分为 0.100 1100 1100 1100 1100 1101，因此，在机器中 float 型变量 x 表示为 0 0111 1011 100 1100 1100 1100 1100 1101，用十六进制形式表示为 3DCC CCCDH。

float 类型有 24 位有效位数，尾数从最前面的 1 开始一共只能表示 24 位，后面的有效数字全部被截断，故 x 与 0.1 之间的误差为：$|x-0.1|$=0.000 0000 0000 0000 0000 0000 0000 00 1100 [1100]…B。这个值等于 $2^{-26}\times 0.1$。100h 后的时钟偏差是 $2^{-26}\times 0.1\times 36\times 10^5 \approx 0.0054s$，

预测的距离偏差仅为 $0.0054 \times 2000 \approx 10.8m$。比爱国者导弹系统精确约 64 倍。

③ 当 x=0.000 1100 1100 1100 1100 1100 1100 1101 B 时，与 0.1 之间的误差为 $|x-0.1|$= 0.000 0000 0000 0000 0000 0000 0000 0000 00 1100 [1100]…B。这个值等于 $2^{-30} \times 0.1$，大约为 9.31×10^{-11}。100h 后时钟偏差是 $9.31 \times 10^{-11} \times 36 \times 10^5 \approx 0.000\ 335s$。预测距离偏差仅为 $0.000\ 335 \times 2000 \approx 0.67m$。比爱国者导弹系统精确约 1024 倍。

从上述结果可以看出，如果爱国者导弹系统中的 0.1 采用 32 位二进制定点小数表示，那么将比采用 32 位 IEEE 754 浮点数标准（float）精度更高，精确度大约高 2^4=16 倍。而且，采用 float 表示在计算速度上也会有很大影响，因为必须先把计数值转换为 IEEE 754 格式浮点数，再对两个 IEEE 754 格式的数进行相乘，显然比直接将两个二进制数相乘要慢。

2.7 本章小结

对指令来说数据就是一串 0/1 序列。根据指令的类型，可以将对应的 0/1 序列看成是一个无符号整数或带符号整数或浮点数或位串（如逻辑值或 ASCII 码或汉字内码）。无符号整数是正整数，用来表示地址等；带符号整数用补码表示；浮点数表示实数，大多用 IEEE 754 标准表示。

对于计算机硬件来说，数据是没有类型的，所有数据就是一串 0/1 序列，称为机器数，机器数被送到特定的电路，按照指令规定的动作在计算机中进行运算、存储和传送。因此，机器数只能写成二进制形式，为了简化书写，在屏幕或纸上通常将二进制形式缩写成十六进制形式。

数据的宽度通常以字节为基本单位表示，数据长度单位（如 MB、GB、TB 等）在表示容量和带宽等不同量时所代表的大小不同。数据的排列有大端和小端两种方式。

对于数据的运算，在用高级语言编程时需要注意带符号整数和无符号整数之间的转换问题。例如，C 语言支持隐式强制类型转换，可能会因为强制类型转换而出现一些意想不到的问题，并导致程序运行的结果出错。此外，计算机中运算部件位数有限，导致计算机中算术运算的结果可能发生溢出，因而，在某些情况下，计算机世界里的算术运算不同于日常生活中的算术运算，不能想当然地用日常生活中算术运算的性质来判断计算机世界中的算术运算结果。例如，计算机世界中浮点运算不支持结合律，但可以给负数开根号。

习题

1. 给出以下概念的解释说明。

真值	机器数	数值数据	非数值数据	BCD 码	无符号整数
带符号整数	定点数	原码	补码	变形补码	溢出
浮点数	尾数	阶	阶码	移码	阶码下溢
阶码上溢	规格化数	左规	右规	非规格化数	机器零
非数 NaN	逻辑数	ASCII 码	汉字输入码	汉字内码	机器字长
大端方式	小端方式	最高有效位	最高有效字节	最低有效位	最低有效字节
MSB	LSB	掩码	算术移位	逻辑移位	零扩展

符号扩展　　零标志 ZF　　溢出标志 OF　　符号标志 SF　　进/借位标志 CF

2. 简单回答下列问题。

   （1）为什么计算机内部采用二进制表示信息？既然计算机内部所有信息都用二进制表示，为什么还要用到十六进制或八进制数？

   （2）常用的定点数编码方式有哪几种？通常它们各自用来表示什么信息？

   （3）为什么现代计算机中大多用补码表示带符号整数？

   （4）在浮点数的基数和总位数一定的情况下，浮点数的表示范围和精度分别由什么决定？两者如何相互制约？

   （5）为什么要对浮点数进行规格化？有哪两种规格化操作？

   （6）为什么计算机处理汉字时会涉及不同的编码（如输入码、内码、字模码）？说明这些编码中哪些用二进制编码，哪些不用二进制编码，为什么？

3. 实现下列各数的转换。

   （1）$(28.125)_{10}$ = (＿＿)$_2$ = (＿＿)$_8$ = (＿＿)$_{16}$

   （2）$(1001111.01)_2$ = (＿＿)$_{10}$ = (＿＿)$_8$ = (＿＿)$_{16}$

   （3）$(8A.B)_{16}$ = (＿＿)$_{10}$ = (＿＿)$_2$

4. 假定机器数为 8 位（1 位符号，7 位数值），写出下列各二进制数的原码表示。

   +0.10011, −0.10011, +1.0, −1.0, +0.01101, −0.01101, +0, −0

5. 假定机器数为 8 位（1 位符号，7 位数值），写出下列各二进制数的补码和移码表示。

   +10011, −10011, +1, −1, +1101, −1101, +0, −0

6. 已知 $[x]_{补}$，求 x。

   （1）$[x]_{补}$=1100 0101　（2）$[x]_{补}$=1000 0000　（3）$[x]_{补}$=0111 0010　（4）$[x]_{补}$=1111 0010

7. 某 32 位字长的机器中带符号整数用补码表示，浮点数用 IEEE 754 标准表示，寄存器 R1 和 R2 的内容分别为 0000 108BH 和 8080 108BH。不同指令对寄存器进行不同的操作，因而不同指令执行时寄存器内容对应的真值不同。假定执行下列运算指令时，操作数为寄存器 R1 和 R2 的内容，则 R1 和 R2 中操作数的真值分别为多少？

   （1）无符号整数加法指令

   （2）带符号整数乘法指令

   （3）单精度浮点数减法指令

8. 假定机器 M 的字长为 32 位，用补码表示带符号整数。表 2.12 中第一列给出了在机器 M 上执行的 C 程序中的关系表达式，请参照已有的表栏内容完成表中后三栏内容的填写。

表 2.12　题 8 表

关系表达式	运算类型	结果	说明
0 == 0U			
−1 < 0			
−1 < 0U	无符号整数	0	11⋯1B (2^{32}−1) > 00⋯0B(0)
2147483647 > −2147483647 − 1	带符号整数	1	011⋯1B (2^{31}−1) > 100⋯0B (−2^{31})
2147483647U > −2147483647 − 1			
2147483647 > (int) 2147483648U			
−1 > −2			
(unsigned) −1 > −2			

9. 在 32 位计算机中运行一个 C 程序，该程序中出现了以下变量的初值，请写出它们对应的机器数（用十六进制表示）。

   （1）int x=−32768　　　　（2）short y=522　　　　（3）unsigned z=65530

   （4）char c='@'　　　　　（5）float a=−1.5　　　　（6）double b=10.5

10. 在 32 位计算机中运行一个 C 程序，该程序中出现了一些变量，已知这些变量在某一时刻的机器数（用十六进制表示）如下，请写出它们对应的真值。

    （1）int x：FFFF 0006H　　（2）short y：DFFCH　　（3）unsigned z：FFFF FFFAH

    （4）char c：2AH　　　　　（5）float a：C448 0000H　（6）double b：C024 8000 0000 0000H

11. 以下给出的是一些字符串变量的机器码，请根据 ASCII 码定义写出对应的字符串。

    （1）char *mystring1：68H 65H 6CH 6CH 6FH 2CH 77H 6FH 72H 6CH 64H 0AH 00H

    （2）char *mystring2：77H 65H 20H 61H 72H 65H 20H 68H 61H 70H 70H 79H 21H 00H

12. 以下给出的是一些字符串变量的初值，请写出对应的机器码。

    （1）char *mystring1="./myfile"　　　　　　（2）char *mystring2="OK, good!"

13. 已知 C 语言中的按位异或运算（XOR）用符号"^"表示。对于任意一个位序列 a，$a \wedge a=0$，C 程序可利用该特性实现两个数值交换的功能。以下是相应的 C 函数：

    ```
    1  void xor_swap(int *x, int *y)
    2  {
    3      *y=*x ^ *y; /* 第一步 */
    4      *x=*x ^ *y; /* 第二步 */
    5      *y=*x ^ *y; /* 第三步 */
    6  }
    ```

    假定执行该函数时 *x 和 *y 的初始值分别为 a 和 b，即 *x=a 且 *y=b，请给出每一步执行结束后，x 和 y 各自指向的存储单元中的内容分别是什么？

14. 假定某个实现数组元素倒置的函数 reverse_array() 时调用了第 13 题中给出的 xor_swap() 函数：

    ```
    1  void reverse_array(int a[], int len)
    2  {
    3      int left, right=len-1;
    4      for (left=0; left<=right; left++, right--)
    5          xor_swap(&a[left], &a[right]);
    6  }
    ```

    当 len 为偶数时，reverse_array() 函数执行没问题。但当 len 为奇数时，函数执行结果不正确。请问：当 len 为奇数时会出现什么问题？最后一次循环中 left 和 right 各取什么值？最后一次循环中调用 xor_swap() 函数后返回值是什么？怎样改动 reverse_array() 函数就可消除该问题？

15. 假设表 2.13 中的 x 和 y 是某 C 程序中的 char 型变量，根据 C 语言中的按位运算和逻辑运算的定义，填写表 2.13，要求用十六进制形式填写。

表 2.13　题 15 表

x	y	x^y	x&y	x|y	~x|~y	x&!y	x&&y	x || y	!x || !y	x&&~y
0x3E	0xAB									
0xC8	0xF0									
0x8F	0x70									
0x09	0x55									

16. 对于一个 n（$n \geqslant 8$）位的变量 x，请根据 C 语言中按位运算的定义，写出满足下列要求的 C 语言表达式。

   （1）x 的最高有效字节不变，其余各位全变为 0。

   （2）x 的最低有效字节不变，其余各位全变为 0。

   （3）x 的最低有效字节全变为 0，其余各位取反。

   （4）x 的最低有效字节全变 1，其余各位不变。

17. 以下是一个由反汇编器生成的一段针对某小端方式处理器的机器级代码表示文本，其中，最左边是指令所在的存储单元地址，冒号后是指令的机器码，最右边是对应汇编指令。已知反汇编输出的机器数用补码表示，给出指令代码中画线部分机器数对应的真值。

    ```
    80483d2: 81 ec b8 01 00 00        sub    $0x1b8, %esp
    80483d8: 8b 55 08                 mov    0x8(%ebp), %edx
    80483db: 83 c2 14                 add    $0x14, %edx
    80483de: 8b 85 58 fe ff ff        mov    0xfffffe58(%ebp), %eax
    80483e4: 03 02                    add    (%edx), %eax
    80483e6: 89 85 74 fe ff ff        mov    %eax, 0xfffffe74(%ebp)
    80483ec: 8b 55 08                 mov    0x8(%ebp), %edx
    80483ef: 83 c2 44                 add    $0x44, %edx
    80483f2: 8b 85 c8 fe ff ff        mov    0xfffffec8(%ebp), %eax
    80483f8: 89 02                    mov    %eax, (%edx)
    80483fa: 8b 45 10                 mov    0x10(%ebp), %eax
    80483fd: 03 45 0c                 add    0xc(%ebp), %eax
    8048400: 89 85 ec fe ff ff        mov    %eax, 0xffffffec(%ebp)
    8048406: 8b 45 08                 mov    0x8(%ebp), %eax
    8048409: 83 c0 20                 add    $0x20, %eax
    ```

18. 假设以下 C 语言函数 compare_str_len() 用来判断两个字符串的长度，当字符串 str1 的长度大于 str2 的长度时函数返回值为 1，否则为 0。

    ```
    1  int compare_str_len(char *str1, char *str2)
    2  {
    3      return strlen(str1) - strlen(str2) > 0;
    4  }
    ```

    已知 C 标准库函数 strlen() 原型声明为 " size_t strlen(const char *s);"，其中，size_t 定义为 unsigned int 类型。请问：函数 compare_str_len() 在什么情况下返回结果不正确？为什么？为使函数正确返回结果，应如何修改代码？

19. 考虑以下 C 程序代码：

    ```
    1  int func1(unsigned word)
    2  {
    3      return (int) (( word <<24) >> 24);
    4  }
    5
    6  int func2(unsigned word)
    7  {
    8      return ( (int) word <<24 ) >> 24;
    9  }
    ```

第 2 章 数据的机器级表示与处理

假设在一个 32 位机器上执行这些函数,该机器使用二进制补码表示带符号整数。无符号整数采用逻辑移位,带符号整数采用算术移位。请填写表 2.14,并说明函数 func1() 和 func2() 的功能。

表 2.14 题 19 表

w		func1(w)		func2(w)	
机器数	值	机器数	值	机器数	值
	127				
	128				
	255				
	256				

20. 填写表 2.15,注意对比无符号整数和带符号整数的乘法结果及截断操作前后的结果。

表 2.15 题 20 表

模式	x		y		x×y(截断前)		x×y(截断后)	
	机器数	值	机器数	值	机器数	值	机器数	值
无符号	1101		0101					
带符号	1101		0101					
无符号	0011		1111					
带符号	0011		1111					
无符号	1111		1111					
带符号	1111		1111					

21. 以下 C 函数 arith() 是直接用 C 语言写的,而 optarith() 是对 arith() 函数以某个确定的 M 和 N 编译生成的机器代码反编译生成的。根据 optarith() 推断函数 arith() 中 M 和 N 的值各是多少,并推断编译器对 arith() 函数做了哪些优化。

```
1  #define M
2  #define N
3  int arith(int x, int y)
4  {
5      int result = 0 ;
6      result = x*M + y/N;
7      return result;
8  }
9
10 int optarith ( int x, int y)
11 {
12     int t = x;
13     x << = 4;
14     x - = t;
15     if ( y < 0 ) y += 3;
16     y>>=2;
17     return x+y;
18 }
```

22. 下列几种情况所能表示的数的范围是什么?

(1) 16 位无符号整数

(2) 16 位原码定点小数

（3）16 位移码定点整数（偏置常数为 32 768）

（4）16 位移码定点整数（偏置常数为 32 767）

（5）16 位补码定点整数

（6）下述格式的浮点数（基为 2，移码的偏置常数为 128）

数符	阶码	尾数
1 位	8 位移码	7 位原码小数数值部分

23. 以 IEEE 754 单精度浮点数格式表示下列十进制数。
    +1.75，+19，−1/8，258

24. 设一个变量的值为 4098，要求分别用 32 位补码整数和 IEEE 754 单精度浮点格式表示该变量（结果用十六进制形式表示），并说明哪段二进制位序列在两种表示中完全相同，为什么会相同？

25. 设一个变量的值为 −2 147 483 647，要求分别用 32 位补码整数和 IEEE 754 单精度浮点格式表示该变量（结果用十六进制形式表示），并说明哪种表示其值完全精确，哪种表示是近似值（提示：2 147 483 647=$2^{31}-1$）。

26. 表 2.16 给出了有关 IEEE 754 浮点格式表示中一些重要的非负数的取值，表中已经有最大规格化数的相应内容，要求填入其他浮点数格式的相应内容。

表 2.16 题 26 表

项目	阶码	尾数	单精度		双精度	
			以 2 的幂次表示的值	以 10 的幂次表示的值	以 2 的幂次表示的值	以 10 的幂次表示的值
0						
1						
最大规格化数	11111110	1⋯11	$(2-2^{-23}) \times 2^{127}$	3.4×10^{38}	$(2-2^{-52}) \times 2^{1023}$	1.8×10^{308}
最小规格化数						
最大非规格化数						
最小非规格化数						
+∞						
NaN						

27. 已知下列字符编码：A 为 100 0001，a 为 110 0001，0 为 011 0000。求 E、e、f、7、G、Z、5 的 7 位 ACSII 码和在第一位前加入奇校验位后的 8 位编码。

28. 假定在一个程序中定义了变量 x、y 和 i，其中，x 和 y 是 float 型变量，i 是 16 位 short 型变量（用补码表示）。程序执行到某一时刻，x= −251.25、y=130.125、i=1000，它们都被写到了主存（按字节编址），其地址分别是 100、108 和 112。请分别画出在大端机器和小端机器上变量 x、y 和 i 中每个字节在主存中的存放位置。

29. 对于图 2.8，假设 n=8，机器数 X 和 Y 的真值分别是 x 和 y。请按照图 2.8 的功能填写表 2.17 并给出对每个结果的解释。要求机器数用十六进制形式填写，真值用十进制形式填写。

表 2.17 题 29 表

表示	X	x	Y	y	$X+Y$	$x+y$	OF	SF	CF	$X-Y$	$x-y$	OF	SF	CF
无符号	0x4F		0xAE											
带符号	0x4F		0xAE											
无符号	0x70		0xC2											
带符号	0x70		0xC2											

30. 在字长为 32 位的计算机上,有一个 C 函数原型声明为 "int ch_mul_overflow(int x, int y);",该函数用于对两个 int 型变量 x 和 y 的乘积判断是否溢出,若溢出则返回 1,否则返回 0。请使用 64 位整型 long long 来编写该函数。

31. 对于 2.6.5 节中例 2.31 存在的整数溢出漏洞,如果将其中的第 5 行改为以下两个语句:

    ```
    unsigned long long arraysize=count*(unsigned long long)sizeof(int);
    int *myarray = (int *) malloc(arraysize);
    ```

    已知 C 标准库函数 malloc() 的原型声明为 "void *malloc(size_t size);",其中,size_t 定义为 unsigned int 类型,则上述改动能否消除整数溢出漏洞?若能则说明理由;若不能则给出修改方案。

32. 已知一次整数加法、一次整数减法和一次移位操作都只需一个时钟周期,一次整数乘法操作需要 10 个时钟周期。若 x 为一个整型变量,现要计算 55*x,请给出一种计算表达式,使所用时钟周期数最少。

33. 假设 x 为一个 int 型变量,请给出一个用来计算 x/32 的值的函数 div32。要求不能使用除法、乘法、模运算、比较运算、循环语句和条件语句,可以使用右移、加法以及任何按位运算。

34. 无符号整数变量 ux 和 uy 的声明和初始化如下:

    ```
    unsigned ux=x;
    unsigned uy=y;
    ```

    若 sizeof(int)=4,则对于任意 int 型变量 x 和 y,判断以下关系表达式是否永真。若永真则给出证明;若不永真,则给出结果为假时 x 和 y 的取值。

    （1）(x*x) >= 0　　　　　　　　　　（2）(x-1<0) || x>0
    （3）x<0 || -x<=0　　　　　　　　　（4）x>0 || -x>=0
    （5）x&0xf!=15 || (x<<28)<0　　　（6）x>y==(-x<-y)
    （7）~x+~y==~(x+y)　　　　　　　　（8）(int) (ux-uy) == -(y-x)
    （9）((x>>2)<<2) <= x　　　　　　（10）x*4+y*8==(x<<2)+(y<<3)
    （11）x/4+y/8==(x>>2)+(y>>3)　　（12）x*y==ux*uy
    （13）x+y==ux+uy　　　　　　　　 （14）x*~y+ux*uy==-x

35. 变量 dx、dy 和 dz 的声明和初始化如下:

    ```
    double dx = (double) x;
    double dy = (double) y;
    double dz = (double) z;
    ```

    若 float 和 double 分别采用 IEEE 754 单精度和双精度浮点数格式,sizeof(int)=4,则对于任意 int 型变量 x、y 和 z,判断以下关系表达式是否永真。若永真则给出证明;若不永真则给出结果为假时 x、y 和 z 的取值。

    （1）dx*dx >= 0　　　　　　　　　　（2）(double)(float) x == dx
    （3）dx+dy == (double) (x+y)　　 （4）(dx+dy)+dz == dx+(dy+dz)
    （5）dx*dy*dz == dz*dy*dx　　　　（6）dx/dx == dy/dy

36. 在 IEEE 754 浮点数运算中,当结果的尾数出现什么形式时需要进行左规,什么形式时需要进行右规?如何进行左规,如何进行右规?

37. 在 IEEE 754 浮点数运算中,如何判断浮点运算的结果是否溢出?

38. 分别给出不能精确用 IEEE 754 单精度和双精度格式表示的最小正整数。

39. 采用 IEEE 754 单精度浮点数格式计算下列表达式的值。

（1）0.75+(−65.25)　　（2）0.75−(−65.25)

40. 以下是函数 fpower2() 的 C 程序，用于计算 2^x 的浮点数表示，其中调用了函数 u2f()。u2f() 用于将一个无符号整数表示的 0/1 序列作为 float 类型返回。请填写 fpower2() 函数中的空白部分，以使其能正确计算结果。

```
1   float fpower2(int x) {
2
3       unsigned exp, frac, u;
4
5       if (x<_____) {          /* 值太小，返回 0.0 */
6           exp = _____;
7           frac = _____;
8       } else if (x<_____) {   /* 返回非规格化结果 */
9           exp = _____;
10          frac = _____;
11      } else if (x<_____) {   /* 返回规格化结果 */
12          exp = _____;
13          frac = _____;
14      } else {                   /* 值太大，返回 +∞ */
15          exp = _____;
16          frac = _____;
17      }
18      u = exp << 23 | frac;
19      return u2f(u);
20  }
```

41. 以下是一组关于浮点数按位级进行运算的编程题目，其中用到一个数据类型 float_bits，它被定义为 unsigned int 类型。以下程序代码必须采用 IEEE 754 标准规定的运算规则，例如，舍入应采用就近舍入到偶数的方式。此外，代码中不能使用任何浮点数类型、浮点数运算和浮点常数，只能使用 float_bits 类型；不能使用任何复合数据类型，如数组、结构体和联合等；可以使用无符号整数或带符号整数的数据类型、常数和运算。要求编程实现以下功能并进行正确性测试。

（1）计算变量 f 的绝对值 |f|。若 f 为 NaN，则返回 f，否则返回 |f|。函数原型如下：

　　float_bits float_abs(float_bits f);

（2）计算变量 f 的负数 −f。若 f 为 NaN，则返回 f，否则返回 −f。函数原型如下：

　　float_bits float_neg(float_bits f);

（3）计算 0.5*f。若 f 为 NaN，则返回 f，否则返回 0.5*f。函数原型如下：

　　float_bits float_half(float_bits f);

（4）计算 2.0*f。若 f 为 NaN，则返回 f，否则返回 2.0*f。函数原型如下：

　　float_bits float_twice(float_bits f);

（5）将 int 型变量 i 的位序列转换为 float 型位序列。函数原型如下：

```
float_bits float_i2f(int i);
```

（6）将变量 f 的位序列转换为 int 型位序列。若 f 为非规格化数，则返回值为 0；若 f 是 NaN 或 ±∞ 或超出 int 型数可表示范围，则返回值为 0x8000 0000；若 f 带小数部分，则考虑舍入。函数原型如下：

```
int float_f2i(float_bits f);
```

第 3 章　程序转换与指令系统

计算机硬件只能识别和理解机器语言程序，用高级语言编写的源程序要通过编译、汇编、链接等处理，生成以机器指令形式表示的机器语言，才能在计算机上直接执行。高级语言程序的编写必须遵循编程语言标准，机器语言程序也有相应的标准规范，这就是位于软件和硬件交界面的指令集体系结构（Instruction Set Architecture，ISA）。ISA 是一台计算机的抽象模型，是计算机的功能规范说明书，通常将其简称为指令系统。

所有程序最终都必须转换为基于 ISA 规范的机器指令代码，机器指令用 0 和 1 表示，因而难以记忆和理解，通常用汇编指令表示机器指令的含义，机器指令和汇编指令统称为机器级代码。

本章将介绍程序的转换以及指令集体系结构相关的基本内容，主要包括程序转换概述、操作数类型及寻址方式、操作类型、Intel 架构指令系统 IA-32 和 x86-64。

本章所用机器级代码主要以汇编语言形式为主。本章中多处需要对指令功能进行描述，为简化对指令功能的说明，将采用寄存器传送语言（Register Transfer Language，RTL）来说明。

本书 RTL 规定：R[r] 表示寄存器 r 的内容，M[addr] 表示存储单元 addr 的内容；M[PC] 表示 PC 所指存储单元的内容；M[R[r]] 表示寄存器 r 的内容所指的存储单元的内容。传送方向用←表示，即传送源在右，传送目的在左。例如，对于汇编指令"movw 4(%ebp), %ax"，其功能为 R[ax] ← M[R[ebp]+4]，含义是：将寄存器 EBP 的内容和 4 相加得到的地址开始的两个连续存储单元中的内容送到寄存器 AX 中。

本书中寄存器名称的书写约定如下：寄存器的名称若出现在汇编指令或寄存器传送语言 RTL 中，则用小写表示，若出现在正文段落或其他部分，则用大写表示。

本书对汇编指令或汇编指令名称的书写约定如下：具体一条汇编指令或指令名称用小写表示，但在泛指某一类指令的指令类别名称时用大写表示。

3.1　程序转换概述

采用编译执行方式时，通常应先将高级语言程序通过编译器转换为汇编语言程序，然后将汇编语言程序通过汇编程序（汇编器）转换为机器语言目标程序。

3.1.1　机器指令和汇编指令

在第 1 章中曾提到，冯·诺依曼结构计算机的功能通过执行机器语言程序实现，程序的执行过程就是所包含的指令的执行过程。机器语言程序是一个由若干条机器指令组成的序列。每条机器指令由若干字段组成，例如，操作码字段用来指出指令的操作性质，立即数字段用来指出操作数或偏移量，寄存器编号字段给出操作数或其地址所在的寄存器编号。每个字段都是一串由 0 和 1 组成的二进制数字序列，例如，在 MIPS 架构指令中，操作码字段为 100011 时表示字加载（lw）指令，操作码字段为 000010 时表示无条件跳转（jump）指令。因此，机器指令实际上就是一个 0/1 序列，即位串，人类很难记住这些位串的含义，因此机器指令的可读性很差。

为了能直观地表示机器语言程序，引入了一种与机器语言一一对应的符号化表示语言——汇编语言。在汇编语言中，通常用容易记忆的英文单词或缩写来表示指令操作码的含义，用标号、变量名称、寄存器名称、常数等表示操作数或地址码。这些英文单词或其缩写、标号、变量名称等都称为<u>汇编助记符</u>。用若干个助记符表示的与机器指令一一对应的指令称为<u>汇编指令</u>，用汇编语言编写的程序称为<u>汇编语言程序</u>，因此，汇编语言程序主要由汇编指令及一些汇编指示符构成。

对于如图 3.1 所示的 Intel 8086/8088 的机器指令 "88 49 FAH"，其指令格式包含若干字段，每个字段对应不同的含义。其中，开始的 6 位

100010 DW	mod	reg	r/m	disp8
100010 0 0	01	001	001	11111010

图 3.1 机器指令举例

"100010"表示是 mov 指令；位 D 表示 reg 字段给出的是否为目的操作数，D=1 说明 reg 字段给出的是目的操作数，否则是源操作数；位 W 表示操作数的宽度，W=0 时为 8 位，W=1 时为 16 位；mod 字段表示寻址方式；reg 字段是源或目操作数所在的寄存器编号；r/m 字段给出源或目操作数所在寄存器编号或有效地址计算方式；disp8 给出在有效地址计算时用到的 8 位位移量。

通过查阅 Intel 8086/8088 指令系统手册，根据指令字段划分可知，在图 3.1 中，D=0，W=0，mod=01，reg=001，r/m=001，disp8=11111010。说明该指令的操作数为 8 位；reg 指出的是源操作数；目的操作数的有效地址由 mod 和 r/m 两个字段组合确定；根据寄存器编号查表可知，001 是寄存器 CL 的编号；根据 mod=01 且 r/m=001 的情况查表可知，目的操作数的有效地址为 R[bx]+R[di]+disp8；根据 disp8 字段为 1111 1010 可知，位移量 disp8 的值为 −110B=−6。因此，对应的 Intel 格式汇编指令表示为 "mov [bx+di−6], cl"，其功能为 M[R[bx]+R[di]−6] ← R[cl]，即将 CL 寄存器的内容传送到一个存储单元中，该存储单元的有效地址计算方法为 BX 和 DI 两个寄存器的内容相加再减 6。这里，汇编指令中的 mov、bx、di、cl 等都是汇编助记符。可以看出，汇编指令描述的功能和对应机器指令的功能完全相同，而可读性比机器指令更好。

显然，对于人类来说，明白汇编指令的含义比弄懂机器指令中的一串二进制数字要容易得多。但是，对于计算机硬件来说，情况却相反，计算机硬件不能直接执行汇编指令而只能执行机器指令。用来将汇编语言程序中的汇编指令翻译成机器指令的程序称为<u>汇编程序</u>。而将机器指令反过来翻译成汇编指令的程序称为<u>反汇编程序</u>。

机器语言和汇编语言统称为<u>机器级语言</u>；用机器指令表示的机器语言程序和用汇编指令表示的汇编语言程序统称为<u>机器级程序</u>，是对应高级语言程序的机器级表示。任何一个高级语言程序一定存在一个与之对应的机器级程序，而且是不唯一的。如何将高级语言程序生成对应的机器级程序并在时间和空间上达到最优，是编译优化要解决的问题。

3.1.2 指令集体系结构概述

第 1 章详细介绍了计算机系统的层次结构，说明了计算机系统是由多个不同的抽象层

构成的，每个抽象层的引入，都是为了对它的上层屏蔽或隐藏其下层的实现细节，从而为其上层提供简单的使用接口。在计算机系统的抽象层中，最重要的抽象层就是指令集体系结构（ISA），它作为计算机硬件之上的抽象层，对使用硬件的软件屏蔽了底层硬件的实现细节，将物理上的计算机硬件抽象成一个逻辑上的虚拟计算机，该虚拟计算机被称为**机器语言级虚拟机**。

ISA 定义了机器语言级虚拟机的属性和功能特性，主要包括如下信息。
- 可执行的指令的集合，包括指令格式、操作种类以及每种操作对应的操作数的相应规定。
- 指令可以接受的操作数的类型。
- 操作数或其地址所能存放的通用寄存器组的结构，包括每个寄存器的名称、编号、长度和用途。
- 操作数或其地址所能存放的存储空间的大小和编址方式。
- 操作数在存储空间存放时按照大端还是小端方式存放。
- 指令获取操作数以及下一条指令的方式，即寻址方式。
- 指令执行过程的控制方式，包括程序计数器、条件码定义。

除了上述与机器指令密切相关的内容外，ISA 还定义了控制寄存器的定义、I/O 空间的编址方式、异常/中断处理机制、机器特权模式和状态的定义与切换、输入/输出组织和数据传送方式、存储保护方式等与操作系统密切相关的内容。

ISA 规定了机器级程序的格式和行为，也就是说，ISA 属于软件看得见（即能感觉到）的特性。用机器指令或汇编指令编写机器级程序的程序员必须对程序所运行机器的 ISA 非常熟悉。不过，在工作中大多数程序员不用汇编指令编写程序，更不会用机器指令编写程序。大多数情况下，程序员用抽象层更高的高级语言（如 C/C++、Java）编写程序，这样程序开发效率会更高，也更不容易出错。高级语言程序在机器硬件上执行之前，由编译器将其在转换为机器级程序的过程中进行语法检查、数据类型检查等工作，因而能帮助程序员发现许多错误。

程序员现在大多用高级语言编写程序而不再直接编写机器级程序，似乎不需要了解 ISA 和底层硬件的执行机理。但是，高级语言抽象层太高，隐藏了许多机器级程序的行为细节，使得高级语言程序员不能很好地利用与机器结构相关的一些优化方法来提升程序的性能，也不能很好地预见和防止潜在的安全漏洞或发现他人程序中的安全漏洞。如果程序员对 ISA 和底层硬件实现细节有充分的了解，则可以更好地编制高性能程序，并避免程序的安全漏洞。有关这方面的情况，在第 2 章中已经有过一些论述，下面将在后续章节中提供更多的例子来说明了解高级语言程序的机器级表示的重要性。

从硬件设计的角度来看，ISA 规定了一台计算机需要具备的基本功能，软件将使用这些功能来对计算机的行为进行控制；从软件编程的角度来看，ISA 定义了系统程序员为了对计算机硬件进行控制和编程而需要了解的所有内容。ISA 位于软件和硬件之间的交界面，定义了构成程序代码的指令的格式和功能，同时，ISA 也是硬件设计的依据，反映硬件对软件支持的程度。ISA 设计的好坏直接影响计算机的性能和成本，因而至关重要。

一条指令中必须明显或隐含地包含以下信息。

- 操作码。指定操作类型，如移位、加、减、乘、除、传送、跳转等。
- 源操作数或其地址。指出一个或多个源操作数或其所在的地址，可以是主（虚）存地址、寄存器编号，也可在指令中直接给出一个立即操作数。
- 结果的地址。结果所存放的地址，可以是主（虚）存地址、寄存器编号。
- 下一条指令地址。下一条指令所存放的主（虚）存地址。

通常，下一条指令的地址不在指令中明显给出，而是隐含在程序计数器 PC 中。指令按顺序执行时，只要自动将 PC 的值加上指令的长度，就可以得到下一条指令的地址，当遇到跳转指令而不按顺序执行时，需由指令给出跳转到的目标地址，跳转指令执行的结果就是将 PC 的内容变成跳转目标地址。

综上所述可知，一条指令由一个操作码和几个地址码构成。根据指令显式给出的地址码个数，指令可分为三地址指令、二地址指令、单地址指令和零地址指令。

3.1.3 指令系统设计风格

早期指令系统规定其中一个操作数隐含在累加器中，指令执行的结果也总是送到累加器中。这种累加器型指令系统的指令字短，但每次运算都要通过累加器，因而在进行复杂表达式运算时，程序中会多出许多移入/移出累加器的指令，从而使程序变长，影响程序执行的效率。

现代计算机都采用通用寄存器型指令系统，使用通用寄存器而不是累加器来存放运算过程中所用的临时数据，其指令的操作数可以是立即数（I）或来自通用寄存器（R）或来自存储单元（S）。指令类型可以是 RR 型（两个操作数都来自寄存器）、RS 型（两个操作数分别来自寄存器和存储单元）、SI 型（两个操作数分别来自存储单元和立即数）、SS 型（两个操作数都来自存储单元）等。

通用寄存器型指令系统占主导地位的原因是：通用寄存器集成在 CPU 中，作为 ALU 的操作数来源，两者靠得很近，因而可缩短传输延迟；寄存器位于存储器层次结构的顶端，速度快且容易使用。寄存器个数不能太多，否则成本高且会延长存取时间而使时钟周期变长。当然，寄存器个数也不能太少，否则编译器只能把许多变量分配到存储单元，每次都要到内存访问操作数，因而会影响程序的性能。因此，通用寄存器的设计和有效使用是程序性能好坏的关键之一。

Load/Store 型指令系统使用通用寄存器而不是累加器来存放运算过程中所用的临时数据。同时，它有一个显著的特点：只有取数（Load）和存数（Store）指令才可以访问存储器，运算类指令不能访问存储器。Load/Store 型指令系统中的指令比较规整，体现在每条指令的指令字长度和指令执行时间等比较一致。

Java 虚拟机采用的是**栈型指令系统**，它规定指令的操作数总是来自栈顶和/或次栈顶。栈型指令系统中的指令都是零地址或一地址指令，因此指令字短。但由于指令所用操作数只能来自栈顶，因此在对表达式进行编译时，所生成的指令顺序以及操作数在栈中的排列都有严格的规定，因而不灵活，带来指令条数的增加。因此栈型指令系统很少被通用计算机使用。

按指令格式的复杂度来分，可分为 CISC 与 RISC 两种类型的指令系统。

（1）CISC 类型指令系统

随着 VLSI 技术的迅速发展，计算机硬件成本不断下降，软件成本不断上升。为此，人们在设计指令系统时增加了越来越多功能强大的复杂指令，以使指令的功能接近高级语言语句的功能，给软件提供较好的支持。例如，VAX 11/780 指令系统包含了 16 种寻址方式、9 种数据格式、303 条指令，而且一条指令包含 1~2 个字节的操作码和下续 N 个操作数说明符，而一个操作数说明符的长度可达 1~10 个字节。人们把这类计算机称为**复杂指令集计算机**（Complex Instruction Set Computer，CISC）。本书介绍的 Intel x86 指令系统就是典型的 CISC 架构。

复杂的指令系统使计算机的结构越来越复杂，不仅增加了研制周期和成本，而且难以保证其正确性，甚至降低了系统性能。

对大量典型的 CISC 程序调查结果表明，占程序代码 80% 以上的常用简单指令只占指令系统的 20%，而需要大量硬件支持的复杂指令在程序中的出现频率却很低，造成了硬件资源的大量浪费。因此，20 世纪 70 年代中期，一些高校和公司开始研究指令系统的合理性问题，提出了**精简指令集计算机**（Reduced Instruction Set Computer，RISC）的概念。

（2）RISC 类型指令系统

RISC 的着眼点不是简单地放在简化指令系统上，而是通过简化指令使计算机结构更加简单合理，从而提高机器的性能。与 CISC 相比，RISC 指令系统的主要特点如下。

- 指令数目少。只包含使用频度高的简单指令。
- 指令格式规整。采用定长指令字方式，操作码和操作数地址等字段的长度和位置固定，寻址方式少，指令格式少。
- 采用 Load/Store 型指令设计风格。

采用 RISC 技术后，由于指令系统简单，CPU 的控制逻辑被大大简化，芯片上可设置更多的通用寄存器，指令系统也可以采用速度较快的硬连线逻辑实现，且更适合采用指令流水技术，这些都可以使指令的执行速度得到进一步提高。虽然指令数量少，使编译工作量加大，但由于指令系统中的指令都是精选的，编译时间少，反过来对编译程序的优化又是有利的。

20 世纪 70 年代中期，IBM 公司、斯坦福大学、加州大学伯克利分校等先后开始对 RISC 技术进行研究，其成果分别用于 IBM、SUN、MIPS 等公司的产品中，如美国加州伯克利大学的 RISC I、斯坦福大学的 MIPS、IBM 公司的 IBM 801 相继宣告完成，这些机器被称为第一代 RISC 机。到 20 世纪 80 年代中期，RISC 技术被广泛使用，并以每年翻番的速度发展，先后出现了 PowerPC、MIPS、Sun SPARC、Compaq Alpha 等高性能 RISC 芯片以及相应的计算机。

虽然 RISC 技术在性能上有优势，但最终 RISC 机并没有在 PC 市场上占优势，反而 Intel x86 架构一直保持处理器市场的较大份额，这是为什么呢？其原因主要有两点：第一，因为软件的向后兼容性，许多用户先期投资购买了 Intel 系列机上开发的软件，如果换成 RISC 机，就意味着所有软件要重新投资；其次，随着处理器速度和芯片密度的不断提高，RISC 系统也日趋复杂，而 CISC 由于采用了部分 RISC 技术（如 Intel Pentium 4 中将简单指令直接转换为类 RISC 指令，复杂指令用微码实现），其性能得到进一步提高。虽然这种混合方案不如纯 RISC 方案速度快，但能在保证软件兼容的前提下达到具有较强竞争力的整体性能。

不过，随着后 PC 时代的到来，个人移动设备的使用和嵌入式系统的应用越来越广泛，像 ARM 处理器等这些采用 RISC 技术的产品又迎来了新的机遇，在嵌入式系统中占有绝对优势，因而将被更广泛使用。

3.1.4 机器代码的生成过程

在 1.2.2 节中描述了使用 GCC 工具将一个 C 语言程序转换为可执行目标代码的过程，图 1.8 给出了一个示例。通常，这个转换过程分为以下 4 个步骤。

1）预处理。在 C 语言源程序中有一些以 # 开头的语句，可以在预处理阶段对这些语句进行处理，在源程序中插入所有用 #include 命令指定的文件和用 #define 声明指定的宏。

2）编译。由编译器将预处理后的源程序文件编译生成相应的汇编语言程序文件。

3）汇编。由汇编程序将汇编语言程序文件转换为可重定位的机器语言目标文件。

4）链接。由链接器将多个可重定位的机器语言目标文件以及库例程［如 printf() 库函数］链接起来，生成最终的可执行文件。

小贴士

GNU 是"GNU's Not UNIX"的递归缩写。GNU 计划是由 Richard Stallman 在 1983 年 9 月 27 日公开发起的。它的目标是创建一套完全自由的类 UNIX 操作系统，其源代码可以被自由地"使用、复制、修改和发布"。GNU 包含 3 个协议条款，如 GNU 通用公共许可证（GNU General Public License，GPL）和 GNU 较宽松公共许可证（GNU Lesser General Public License，LGPL）。

1985 年 Richard Stallman 又创立了自由软件基金会（Free Software Foundation）来为 GNU 计划提供技术、法律以及财政支持。当 GNU 计划获得成功时，一些商业公司开始介入开发和技术支持。当中最著名的就是之后被 Red Hat 兼并的 Cygnus Solutions。到 1990 年，GNU 计划开发的软件包含一个功能强大的文字编辑器——Emacs。1991 年，Linus Torvalds 编写了与 UNIX 兼容的 Linux 操作系统内核并在 GPL 条款下发布。Linux 之后在网上广泛流传，许多程序员参与了开发与修改。1992 年，Linux 与其他 GNU 软件结合，完全自由的操作系统正式诞生。该操作系统往往被称为 GNU/Linux 或简称 Linux。

GCC（GNU Compiler Collection，GNU 编译器套件）是一套由 GNU 项目开发的编程语言编译器。它是一套以 GPL 及 LGPL 许可证所发行的自由软件，也是 GNU 计划的关键部分，是自由的类 UNIX 及 macOS X 操作系统的标准编译器。GCC 原名为 GNU C 语言编译器，因为它原本只能处理 C 语言。后来 GCC 也可处理 C++、Fortran、Pascal、Objective-C、Java，以及 Ada 与其他语言。GCC 通常是跨平台软件的编译器首选。有别于一般局限于特定系统与执行环境的编译器，GCC 在所有平台上都使用同一个前端处理程序。

gcc 是 GCC 套件中的编译驱动程序名。C 语言编译器所遵循的部分约定规则为：源程序文件后缀名为 .c；源程序所包含的头文件后缀名为 .h；预处理过的源代码文件后缀名为 .i；汇编语言源程序文件后缀名为 .s；编译后的可重定位目标文件后缀名为 .o；最终生成的可执行目标文件可以没有后缀。

使用 GCC 编译器时，必须给出一系列必要的编译选项和文件名称。最基本的用法是

gcc [−options] [filenames]，其中 [−options] 指定编译选项，filenames 给出相关文件名。

GCC 可以基于不同的编译选项选择按照不同的 C 语言版本进行编译。因为 ANSI C 和 ISO C90 两个 C 语言版本一样，所以，编译选项 −ansi 和 −std=C89 的效果相同，目前是默认选项。C90 有时也称为 C89，因为 C90 的标准化工作是从 1989 年开始的。若指定编译选项 −std=C99，则会使 GCC 按照 ISO C99 的 C 语言版本进行编译。

下面以 C 编译器 GCC 为例，来说明一个 C 语言程序转换为可执行文件的过程。假定一个 C 程序包含两个源程序文件 prog1.c 和 prog2.c，最终生成的可执行文件为 prog，则可用以下命令一步到位地生成最终的可执行文件。

```
linux> gcc -O1 prog1.c prog2.c -o prog
```

该命令中的选项 −o 指出输出文件名，选项 −O1 表示采用最基本的第一级优化，提高优化级别通常会得到更好的性能，但会使编译时间增长，而且使目标代码与源程序的对应关系变得更复杂。从程序执行的性能来说，通常认为对应选项 −O2 的第二级优化是更好的选择。为了较准确地建立高级语言源程序与机器级程序之间的对应关系，后面的例子都采用默认的优化选项 −O0 或 −Og（比 −O0 更适合生成可调试的代码）。

也可以将上述完整的预处理、汇编、编译和链接过程，通过以下多个不同的编译选项命令分步骤进行。

1）使用命令"gcc −E prog1.c −o prog1.i"，对 prog1.c 进行预处理，生成预处理结果文件 prog1.i。

2）使用命令"gcc −S prog1.i −o prog1.s"或"gcc −S prog1.c −o prog1.s"，对 prog1.i 或 prog1.c 进行编译，生成汇编代码文件 prog1.s。

3）使用命令"gcc −c prog1.s −o prog1.o"，对 prog1.s 进行汇编，生成可重定位目标文件 prog1.o。

4）使用命令"gcc prog1.o prog2.o −o prog"，将两个可重定位目标文件 prog1.o 和 prog2.o 链接起来，生成可执行文件 prog。

gcc 编译选项具体的含义可使用命令 man gcc 进行查看。附录 A 给出了 gcc 常用编译选项说明。

例 3.1 在 IA-32+Linux 平台上，对下列源程序 test.c 使用 GCC 命令进行相应的处理，分别得到预处理后的文件 test.i、汇编代码文件 test.s 和可重定位目标文件 test.o。这些输出文件中，哪些是可显示的文本文件？哪些是不能显示的二进制文件？请给出所有可显示文本文件的输出结果。

```
1  // test.c
2
3  int add(int i, int j ) {
4
5      int x = i + j;
6      return x;
7  }
```

解： 使用命令"gcc −E test.c −o test.i"可生成 test.i；使用命令"gcc −S test.i −o test.s"可

生成 test.s；使用命令"gcc -c test.s -o test.o"可生成 test.o。其中，可显示的文本文件有 test.i 和 test.s，而 test.o 是不可显示的二进制文件。

对于预处理后的文件 test.i，不同版本的 gcc 输出结果可能不同，gcc 4.4.7 版本输出的结果有 800 多行。篇幅有限，在此省略其内容。

汇编代码文件 test.s 是可显示文本文件，其内容如下：

```
1       .file   "test.c"
2       .text
3       .globl  add
4       .type   add, @function
5   add:
6   .LFB0:
7       .cfi_startproc
8       pushl   %ebp
9       .cfi_def_cfa_offset 8
10      .cfi_offset 5, -8
11      movl    %esp, %ebp
12      .cfi_def_cfa_register 5
13      subl    $16, %esp
14      movl    8(%ebp), %edx
15      movl    12(%ebp), %eax
16      leal    (%edx,%eax,1), %eax
17      movl    %eax, -4(%ebp)
18      movl    -4(%ebp), %eax
19      leave
20      .cfi_restore 5
21      .cfi_def_cfa 4, 4
22      ret
23      .cfi_endproc
24  .LFE0:
25      .size   add, .-add
26      .ident  "GCC: (Debian 10.2.1-6) 10.2.1 20210110"
27      .section        .note.GNU-stack,"",@progbits
```

GCC 生成的可重定位目标文件（.o 文件）采用可执行可链接格式（Executable and Linkable Format，ELF），其中包含许多不同的节（section）。例如，.text 节中存储机器指令代码；.rodata 节中存储只读数据；.data 节中存储已初始化的全局静态数据。有关 ELF 文件格式和程序的链接等内容详见第 5 章。

汇编代码文件中除了汇编指令以外，还会包含一些**汇编指示符**（assemble directive），主要用于为汇编器和链接器提供一些处理指导信息。文件中以"."开头的行都属于汇编指示符。以下是对一些常用汇编指示符含义的说明。

- .file：给出对应的源程序文件名。
- .text：指示代码节（.text）从此处开始。
- .globl add：声明 add 是一个全局符号。
- .type add, @function：声明 add 是一个函数。
- .data：指示已初始化数据节（.data）从此处开始。
- .bss：指示未初始化数据节（.bss）从此处开始。

- .section .rodata：指示只读数据节（.rodata）从此处开始。
- .align 2：指示代码从此处开始按 2^2=4 字节对齐。
- .balign 4：指示数据从此处开始按 4 字节对齐。
- .string "Hello, %s!\n"：定义以 null 结尾的字符串 "Hello, %s!\n"。

因为汇编指示符仅用于指示汇编器如何生成机器代码，而并不属于指令本身，所以在考察程序对应的机器级表示时可以忽略这些以"."开头的行。本书后面给出的机器级代码中通常不包含这些行。

对于不可显示的二进制目标文件，可用反汇编工具查看其内容。在 Linux 中可用带 –d 选项的 objdump 命令对目标代码进行反汇编。若需进一步对机器级程序进行分析，则可用 GNU 调试工具 GDB 跟踪和调试。附录 B 给出了 GDB 工具中常用命令的说明。

对于例 3.1 中的 test.o 程序，使用反汇编命令 "objdump -d test.o"，可得到以下显示结果：

```
00000000 <add>:
   0:   55                      push   %ebp
   1:   89 e5                   mov    %esp, %ebp
   3:   83 ec 10                sub    $0x10, %esp
   6:   8b 45 0c                mov    0xc(%ebp), %eax
   9:   8b 55 08                mov    0x8(%ebp), %edx
   c:   8d 04 02                lea    (%edx,%eax,1), %eax
   f:   89 45 fc                mov    %eax, -0x4(%ebp)
  12:   8b 45 fc                mov    -0x4(%ebp), %eax
  15:   c9                      leave
  16:   c3                      ret
```

test.o 是可重定位目标文件，因而目标代码从相对地址 0 开始，冒号前为每条指令相对于起始地址 0 的偏移量，冒号后紧接着的是用十六进制表示的机器指令，右边是对应的汇编指令。从该例可看出，每条机器指令长度可能不同，如第 1 条指令只有 1 字节，第 2 条指令是 2 字节。这说明 IA-32 指令系统采用的是变长指令字结构，有关 IA-32/x86-64 指令系统将在 3.2 节和 3.3 节介绍。

将上述用 objdump 反汇编得到的汇编代码与直接由 gcc 汇编得到的汇编代码（test.s 输出结果）进行比较后可发现，它们几乎相同，只是在数值形式和指令助记符的后缀方面稍有不同。gcc 生成的汇编指令中用十进制形式表示数值，而 objdump 反汇编生成的汇编指令中则用十六进制形式表示数值。两者中立即数都以 $ 开头。

gcc 生成的汇编指令助记符（如 pushl、movw）结尾带有 l 或 w 等长度后缀，其中，l 表示指令操作数为双字，即 32 位，w 表示指令操作数为单字，即 16 位。对于 IA-32，大多数情况下操作数都是 32 位，因而多数情况下可以像 objdump 工具那样省略后缀 l。上述汇编格式称为 AT&T 格式，它是 objdump 和 gcc 使用的默认格式。

细心的读者可能会发现，在 3.1.1 节介绍的关于 Intel 8086/8088 机器指令和汇编指令例子中，汇编指令为 "mov [bx+di-6], cl"，它与例 3.1 中给出的 AT&T 格式有较大不同，常出现在 Intel 指令系统手册中，称为 Intel 格式，微软的宏汇编程序 MASM 采用的就是这种格式，它是大小写不敏感的，汇编指令 "mov [bx+di-6], cl" 可写成 "MOV [BX+DI-6], CL"。

Intel 格式与 AT&T 格式最大的不同是，Intel 格式中的目的操作数在左而源操作数在右，

AT&T 格式则相反。此外，Intel 格式不带长度后缀，不在寄存器前加 %，偏移量写在中括号中。本书主要使用 AT&T 格式。

小贴士

AT&T 格式

长度后缀 b 表示指令中处理的操作数长度为字节，即 8 位；w 表示字，即 16 位；l 表示双字，即 32 位；q 表示四字，即 64 位。

寄存器操作数形式为 "%+寄存器名"，例如，"%eax" 表示操作数为寄存器 EAX 中的内容，即 R[eax]。

存储器操作数形式为 "偏移量(基址寄存器，变址寄存器，比例因子)"，例如，"100(%ebx，%esi,4)" 表示存储单元的地址为 EBX 的内容加 ESI 的内容乘以 4 再加 100，即操作数为 M[R[ebx]+4*R[esi]+100]，偏移量、基址寄存器、变址寄存器和比例因子都可以省略。

汇编指令形式为 "op src,dst"，含义为 "dst ← dst op src"。例如，"subl (,%ebx,2),%eax" 的含义为 "R[eax] ← R[eax] − M[2*R[ebx]]"。

假设调用 add() 函数的源程序文件 main.c 的内容如下，则可以用命令 "gcc -o test main.c test.o" 生成可执行文件 test。

```
1  // main.c
2  int main(){
3      return add(20,13);
4  }
```

若用反汇编命令 "objdump -d test" 对 test 进行反汇编，则得到与 add() 函数对应的一段输出结果（反汇编后的汇编指令中没有长度后缀）：

```
080483d4 <add>:
 80483d4:   55                  push   %ebp
 80483d5:   89 e5               mov    %esp, %ebp
 80483d7:   83 ec 10            sub    $0x10, %esp
 80483da:   8b 45 0c            mov    0xc(%ebp), %eax
 80483dd:   8b 55 08            mov    0x8(%ebp), %edx
 80483e0:   8d 04 02            lea    (%edx,%eax,1), %eax
 80483e3:   89 45 fc            mov    %eax, -0x4(%ebp)
 80483e6:   8b 45 fc            mov    -0x4(%ebp), %eax
 80483e9:   c9                  leave
 80483ea:   c3                  ret
```

上述输出结果与 test.o 反汇编后的输出结果差不多，只是左边的地址不是从 0 开始。链接器将代码定位在一个特定的存储区域，其中 add() 函数对应的指令序列存放在 0804 83d4H 开始的一个存储区。上述源程序中没有用到库函数调用，因而无须考虑与静态库或动态库的链接。

小贴士

在程序设计时可以将汇编语言和 C 语言结合起来编程，发挥其各自的优点。这样既能满足实时性要求又能实现所需的功能，同时兼顾程序的可读性和编程效率。一般有三种混合编程方法：分别编写 C 语言程序和汇编语言程序，然后独立编译将其转换成目标代码模块，再进行链接；在 C 语言程序中直接嵌入汇编语句；对 C 语言程序编译转换后形成的汇编程序进行手工修改与优化。

第一种方法是混合编程常用的方式之一。在这种方式下，C 语言程序与汇编语言程序均可使用另一方定义的函数与变量。此时代码应遵守相应的调用约定，否则属于未定义行为，程序可能无法正确执行。

第二种方法适用于 C 语言与汇编语言之间编程效率差异较大的情况，通常操作系统内核程序采用这种方式。内核程序中有时需要直接对设备或特定寄存器进行读写操作，这些功能通过汇编指令实现更方便、更高效。这种方式下，一方面能尽可能地减少与机器相关的代码，另一方面又能高效实现与机器相关部分的代码。

第三种编程方式要求对汇编与 C 语言都极其熟悉，而且这种编程方式程序可读性较差，程序修改和维护困难，一般不建议使用。

在 C 语言程序中直接嵌入汇编语句，其方法是使用编译器的内联汇编（inline assembly）功能，用 asm 命令将一些简短的汇编代码插入 C 程序中。不同编译器的 asm 命令格式有一些差异，嵌入的汇编语言格式也可能不同。

例如，IA-32+Windows 平台下，用 VS（Microsoft Visual Studio）开发 C 程序时，可以使用以下两种格式嵌入汇编代码，其中的汇编指令为 Intel 格式。

格式一：

```
    __asm
{
    汇编代码（每行汇编指令末尾不需要分号）
}
```

格式二：

```
    __asm  汇编指令
    ...
    __asm  汇编指令
```

在 IA-32+Linux 平台下，GCC 的内联汇编命令比较复杂，嵌入的汇编指令为 AT&T 格式，如需了解，请参考相关资料。

3.2　IA-32/x86-64 指令系统

ISA 规定了机器语言程序的格式和行为，因而这里先介绍相应的 Intel 指令集体系结构。x86 是 Intel 开发的一种处理器体系结构的泛称。该系列中较早期的处理器名称以数字来表示，并以"86"结尾，包括 Intel 8086、80286、i386 和 i486 等，因此其架构被称为"x86"。由于数字并不能作为注册商标，因此 Intel 及其竞争者均对新一代处理器使用了可注册的名称，如 Pentium、Pentium Pro、Core 2、Core i7 等。现在 Intel 把 32 位 x86 架构的名称 x86-32 改称为 IA-32，全名为"Intel Architecture, 32-bit"。

1985 年推出的 Intel 80386 处理器是 IA-32 家族中的第一款产品，在随后的 20 多年间，

IA-32 体系结构一直是市场上最流行的通用处理器架构，它是典型的 CISC 类型指令集体系结构，IA-32 处理器都与 Intel 80386 保持向后兼容。

Intel 最早推出的 64 位架构是基于超长指令字（Very Long Instruction Word，VLIW）技术的 IA-64 体系结构，Intel 称其为显式并行指令计算机（Explicitly Parallel Instruction Computer，EPIC）。Intel 的安腾（Itanium）和安腾 2（Itanium 2）处理器分别在 2000 年和 2002 年问世，它们是 IA-64 体系结构最早的具体实现。安腾体系结构试图完全脱离 IA-32 CISC 架构的束缚，最大限度地提高软件和硬件之间的协同性，力求将处理器的处理能力和编译软件的功能结合起来，在指令中将并行执行信息以明显的方式告诉硬件。但是，这种思路被证明是不易实现的，而且，因为安腾采用了全新的指令集，虽然可以在兼容模式中执行 IA-32 代码，但是性能不太好，所以安腾并没有在市场上获得成功。

AMD 公司利用 Intel 公司在 IA-64 架构上的失败，抢先在 2003 年推出了兼容 IA-32 的 64 位版本指令集 x86-64，它在保留 IA-32 指令集的基础上，增加了新的数据格式及其操作指令，寄存器长度扩展为 64 位，并将通用寄存器个数从 8 个扩展到 16 个。通过 x86-64，AMD 获得了以前属于 Intel 的一些高端市场。AMD 后来将 x86-64 更名为 AMD 64。

Intel 发现用 IA-64 直接替换 IA-32 行不通，于是，在 2004 年推出了 IA32-EM64T（Extended Memory 64 Technology，64 位内存扩展技术），它支持 x86-64 指令集。Intel 为了表示 EM64T 的 64 位模式特点，又使其与 IA-64 有所区别，2006 年开始把 EM64T 改名为 Intel 64。因此，Intel 64 是与 IA-64 完全不同的体系结构，它与 IA-32 和 AMD 64 兼容。

目前，AMD 的 64 位处理器架构 AMD 64 和 Intel 的 64 位处理器架构 Intel 64 都支持 x86-64 指令集，因而，通常人们直接使用 x86-64 代表 64 位 Intel 指令集架构。x86-64 有时也简称为 x64。

3.2.1 操作数类型

在 IA-32/x86-64 中，操作数是整数类型还是浮点数类型由操作码字段 op 来区分，操作数的长度也由 op 中相应的位来说明，例如，在图 3.1 中的位 W 可指出操作数是 8 位还是 16 位。对于 8086/8088 来说，因为整数只有 8 位和 16 位两种长度，所以用一位即可。但是，发展到 IA-32，已经有 8 位（字节）、16 位（字）、32 位（双字）等不同长度，因而至少要有两位才能表示操作数长度。在对应的汇编指令中，通过在指令助记符后面加一个长度后缀或通过专门的数据长度指示符来指出操作数长度。IA-32/x64 由 16 位架构发展而来，因此，Intel 最初规定一个字为 16 位，因而 32 位为双字，64 位为四字。

高级语言中的表达式最终通过指令指定的运算来实现，表达式中出现的变量或常数就是指令中指定的操作数，因而高级语言所支持的数据类型与指令中指定的操作数类型之间有密切的关系。这一关系由 ABI 规范定义。在第 1 章中提到，ABI 与 ISA 有关。对于同一种高级语言数据类型，在不同的 ABI 定义中可能会对应不同的长度。例如，C 语言中的 int 类型在 IA-32+Linux 平台中的存储长度是 32 位，但在 8086+DOS 平台中的存储长度则是 16 位；C 语言中的 long 类型在 IA-32+Linux 平台中的存储长度是 32 位，但在 x86-64+Linux 中的存储长度则是 64 位。因此，同一个 C 语言源程序，使用遵循不同 ABI 规范的编译器进行编译，其执行结果可能不一样。程序员将程序从一个系统移植到另一个系统时，一定要仔细阅读目标系统的 ABI 规范。

表 3.1 给出了 System V ABI 规范中 C 语言基本数据类型和 IA-32/x86-64 中操作数长度之间的对应关系。在 System V ABI 规范中，char 默认是带符号整型。

表 3.1　C 语言基本数据类型和 IA-32/x86-64 中操作数长度的对应关系

C 语言声明	IA-32 中操作数			x86-64 中操作数		
	类型	后缀	位数	类型	后缀	位数
(unsigned) char	整数 / 字节	b	8	整数 / 字节	b	8
(unsigned) short	整数 / 字	w	16	整数 / 字	w	16
(unsigned) int	整数 / 双字	l	32	整数 / 双字	l	32
(unsigned) long int	整数 / 双字	l	32	整数 / 四字	q	64
(unsigned) long long int	—	—	—	整数 / 四字	q	64
char *	整数 / 双字	l	32	整数 / 四字	q	64
float	单精度浮点数	s	32	单精度浮点数	s	32
double	双精度浮点数	l	64	双精度浮点数	l	64
long double	扩展精度浮点数	t	80/96	扩展精度浮点数	t	80/128

GCC 生成的汇编代码中的指令助记符大部分都有长度后缀，例如，传送指令可以有 movb（字节传送）、movw（字传送）、movl（双字传送）、movq（四字传送）等，这里，指令助记符最后的 b、w、l 和 q 等是长度后缀。从表 3.1 中可看出，双字整数和双精度浮点数的长度后缀都一样。因为已经通过指令操作码区分了是浮点数还是整数，所以长度后缀相同不会产生歧义。在微软 MASM 工具生成的 Intel 汇编格式中，并不用长度后缀来表示操作数长度，而是直接通过寄存器的名称和长度指示符 PTR 等来区分操作数长度，有关信息可以查看微软和 Intel 的相关资料。

IA-32/x86-64 中大部分指令需要区分操作数类型。例如，指令 fdivs 的操作数为 float 类型，指令 fdivl 的操作数为 double 类型，指令 imulw 的操作数为带符号整数 short 类型，指令 mull 的操作数为 unsigned int 类型。

C 语言程序中的基本数据类型主要有以下几类。

- 指针或地址：用来表示字符串或其他数据区域的指针或存储地址，可声明为 char * 等类型，其宽度在 IA-32 中为 32 位（双字），在 x86-64 中为 64 位（四字）。
- 序数、位串等：用来表示序号、元素个数、元素总长度、位串等的无符号整数，可声明为 unsigned char、unsigned short [int]、unsigned [int]、unsigned long [int]、unsigned long long [int]（括号中的 int 可省略）类型。ISO C99 规定 long long 型数据至少是 64 位，而 IA-32 中没有能处理 64 位数据的指令，因而对于 ISO C99 编译器来说，大多将 unsigned long long 型数据运算转换为多条 32 位运算指令来实现。
- 带符号整数：它是 C 语言中运用最广泛的基本数据类型，可声明为 signed char、short [int]、int、long [int]、long long [int] 类型，用补码表示。与 unsigned long long 数据一样，在 IA-32 中的 C99 编译器可将 long long 型数据运算转换为多条 32 位运算指令来实现。
- 浮点数：用来表示实数，可声明为 float、double 和 long double 类型，分别采用 IEEE 754 的单精度、双精度和扩展精度标准表示。long double 类型是 ISO C99 中新引入的，对于许多处理器和编译器来说，它等价于 double 类型，但是由于与 x86 处理器配合的协处理器 x87 中使用了深度为 8 的 80 位浮点寄存器栈，对于 Intel 兼容机来说，GCC 采用了 80 位的扩展精度格式表示。x87 中定义的 80 位扩展浮点格式包含 4 个字段：1 位符号位 s、15 位阶码 e（偏置常数为 16 383）、1 位显式首位有效位（explicit leading significant bit）j 和 63 位尾数 f。Intel 采用的这种扩展浮点数格式与 IEEE 754 规定的单精度和双精度浮点数格式的一个重要的区别是，它没有隐藏位，有效位数共 64 位。对于 long double 类型，在 IA-32+Linux 平台中要求按 4 字节边界对齐，因此存储长度为 12B（96 位），其中前两字节不用，仅用后 10 字节，即低 80 位；在 x86-64+Linux 平台中要求按 16 字节边界对齐，存储长度为 16B（128 位），低 10 字节存放 80 位数据，高 6 字节不用。

3.2.2 寄存器组织

不考虑 I/O 指令，IA-32/x86-64 指令中给出的操作数有三类：立即数、寄存器操作数和存储器操作数。立即数就在指令中，无须指定其存放位置。寄存器操作数需要指定操作数所在寄存器的编号，例如，图 3.1 中的指令指定了源操作数寄存器的编号为 001。当操作数为存储单元内容时，需要指定操作数所在存储单元的地址，例如，图 3.1 中的指令指定了目的操作数的存储单元地址为 BX 和 DI 两个寄存器的内容相加再减 6，得到的是一个 16 位偏移地址，它和相应的段寄存器内容进行特定的运算就可以得到操作数所在的存储单元的地址。当然，图 3.1 给出的是早期 8086 实地址模式下的指令，因而存储地址的计算方式比较简单。现在，IA-32/x86-64 引入了保护模式，采用的是段页式存储管理方式，因而存储地址计算变得比较复杂。相关的细节内容请参见第 7 章。

IA-32/x86-64 指令中用到的寄存器主要分为定点寄存器组、浮点寄存器栈和多媒体扩展寄存器组。下面分别介绍 IA-32/x86-64 的定点寄存器组、浮点寄存器栈和多媒体扩展寄存器组。

1. IA-32 的定点寄存器组

IA-32 由最初的 8086/8088 向后兼容扩展而来，因此，寄存器的结构也体现了逐步扩展的特点。图 3.2 给出了定点（整数）寄存器组的结构。

如图 3.2 所示，IA-32 的定点寄存器中共有 8 个通用寄存器、两个专用寄存器和 6 个段寄存器。8 个通用寄存器的长度为 32 位，其中 EAX、EBX、ECX 和 EDX 主要用于存放操作数，可根据操作数长度是字节、字还是双字确定存取寄存器的最低 8 位、最低 16 位还是全部 32 位。ESP、EBP、ESI 和 EDI 主要用于存放变址值或指针，可作为 16 位或 32 位寄存器使用，其中，ESP 是栈指针寄存器，EBP 是基址指针寄存器。

两个专用寄存器分别是指令指针寄存器 EIP 和标志寄存器 EFLAGS。EIP 从 16 位的 IP 扩展而来，指令指针（Instruction Pointer，IP）寄存器与程序计数器（PC）的功能完全相同，名称不同而已，在本教材中两者通用，都用于存放将要执行的下一条指令的地址。EFLAGS 从 16 位的 FLAGS 寄存器扩展而来。实地址模式中，使用 16 位的 IP 和 FLAGS 寄存器；保护模式中，使用 32 位的 EIP 和 EFLAGS 寄存器。

EFLAGS 寄存器主要用于记录机器的状态和控制信息，如图 3.3 所示。

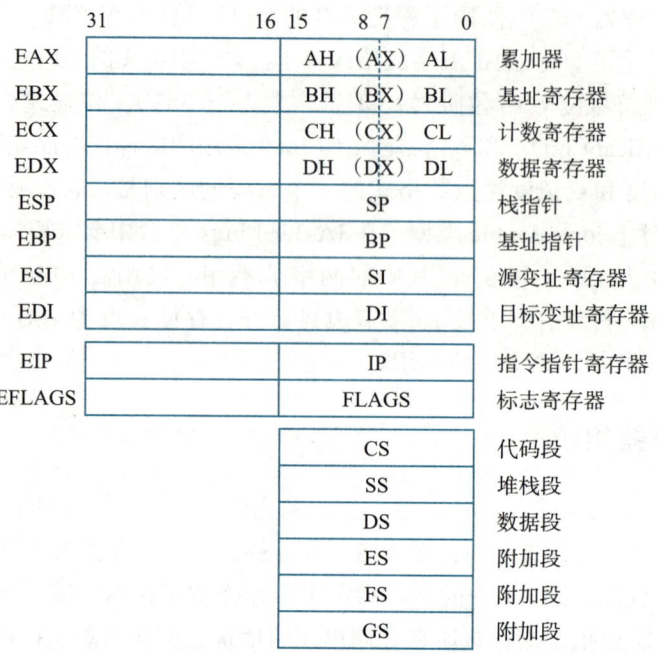

图 3.2　IA-32 中的定点寄存器组

31-22	21	20	19	18	17	16	15	14	13、12	11	10	9	8	7	6	5	4	3	2	1	0
保留	ID	VIP	VIF	AC	VM	RF	0	NT	IOPL	O	D	I	T	S	Z	0	A	0	P	1	C

图 3.3　状态标志寄存器 EFLAGS

EFLAGS 寄存器中第 0 ～ 11 位中的 9 个标志位是从最早的 8086 微处理器延续下来的，它们按功能可以分为 6 个条件标志和 3 个控制标志。其中，<u>条件标志</u>用来存放运行的状态信息，由硬件自动设定，条件标志有时也称为<u>条件码</u>；<u>控制标志</u>由软件设定，用于中断响应、串操作和单步执行等控制。

常用条件标志的含义说明如下。

- OF（Overflow Flag）：溢出标志，反映带符号数的运算结果是否超过相应数值范围。例如，字节运算结果超出 −128 ～ +127 或字运算结果超出 −32 768 ～ +32 767 时，称为<u>溢出</u>，此时 OF=1；否则 OF=0。
- SF（Sign Flag）：符号标志，反映带符号整数运算结果的符号。运算结果为负数时，SF=1；否则 SF=0。
- ZF（Zero Flag）：零标志，反映运算结果是否为 0。若结果为 0，则 ZF=1；否则 ZF=0。
- CF（Carry Flag）：进/借位标志，反映无符号整数加（减）运算后的进（借）位情况。有进（借）位则 CF=1；否则 CF=0。

综上可知，OF 和 SF 对于无符号整数运算来说没有意义，而 CF 对于带符号整数运算来说没有意义。

控制标志的含义说明如下。

- DF（Direction Flag）：方向标志，用来确定串操作指令执行时变址寄存器 SI（ESI）和 DI（EDI）中的内容是自动递增还是自动递减。若 DF=1，则为递减；否则为递增。可用 std 指令和 cld 指令分别将 DF 置 1 和清 0。
- IF（Interrupt Flag）：中断允许标志。若 IF=1，表示允许响应中断；否则禁止响应中断。IF 对非屏蔽中断和内部异常不起作用，仅对外部可屏蔽中断起作用。可用 sti 指令和 cli 指令分别将 IF 置 1 和清 0。
- TF（Trap Flag）：陷阱标志，用来控制单步执行操作。TF=1 时，CPU 按单步方式执行指令，此时，可以控制在每执行完一条指令后，就把该指令执行得到的结果（包括各寄存器和存储单元的值等）显示出来。没有专门指令用于对该标志的修改，但可用栈操作指令（如 pushf/pushfd 和 popf/popfd）改变其值。

EFLAGS 寄存器的第 12~31 位中的其他状态或控制信息是从 80286 以后逐步添加的，包括用于表示当前程序的 I/O 特权级（IOPL）、当前任务是否是嵌套任务（NT）、当前处理器是否处于虚拟 8086 方式（VM）等状态或控制信息。

图 3.2 中的 CS、SS、DS 等 6 个段寄存器都是 16 位，CPU 根据段寄存器的内容与寻址方式确定的有效地址，结合其他用户不可见的内部寄存器，生成操作数所在的存储地址。

2. x86-64 的定点寄存器组

相比 32 位的 IA-32 架构，64 位的 x86-64 架构中具有更多的通用寄存器和更宽的寄存器位数。

x86-64 中新增了 8 个 64 位通用寄存器，名称分别为 R8、R9、R10、R11、R12、R13、R14 和 R15。它们可作为 8 位寄存器（R8B～R15B）、16 位寄存器（R8W～R15W）或 32 位寄存器（R8D～R15D）使用，以存取其中的低 8 位、低 16 位或低 32 位信息。

原来在 IA-32 中的 8 个 32 位寄存器，在 x86-64 中都从 32 位扩充到了 64 位，名称也发生了变化。8 个 32 位通用寄存器 EAX、EBX、ECX、EDX、EBP、ESP、ESI 和 EDI 对应的 64 位寄存器名分别为 RAX、RBX、RCX、RDX、RBP、RSP、RSI 和 RDI。

在 IA-32 中，EBP、ESP、ESI 和 EDI 的低 8 位不能使用，而在 x86-64 架构中，可以使用这些寄存器的低 8 位，其对应的寄存器名为 BPL、SPL、SIL 和 DIL，加上原来的 AL、BL、CL、DL，再加上新的 8 个 8 位寄存器 R8B~R15B，共 16 个 8 位寄存器。

字长从 32 位变为 64 位，因而 x86-64 中地址也变为 64 位，对应的 64 位指令指针寄存器名为 RIP，对应的 64 位标志寄存器名为 RFLAGS。

3. 浮点寄存器栈和多媒体扩展寄存器组

IA-32 的浮点处理架构有两种。一种是与 x86 配套的浮点协处理器 x87 架构，它是一种栈结构 FPU，x87 中进行运算的浮点数来源于浮点寄存器栈的栈顶；另一种是由 MMX 发展而来的 SSE 架构，采用单指令多数据（Single Instruction Multi Data，SIMD）技术。SIMD 技术可实现单条指令同时并行处理多个数据元素的功能，其操作数来源于专门新增的 8 个 128 位寄存器 XMM0～XMM7。

小贴士

FPU（Float Point Unit，浮点运算器）是专用于浮点运算的处理器，以前的 FPU 是单独的芯片，在 80486 之后，英特尔把 FPU 集成在 CPU 之内。

MMX 是 MultiMedia eXtensions（多媒体扩展）的缩写。MMX 指令于 1997 年首次运用于 P54C Pentium 处理器，该处理器称为多能奔腾。MMX 技术主要是指在 CPU 中加入了特地为视频信号 (video signal)、音频信号 (audio signal) 以及图像处理 (graphical manipulation) 而设计的 57 条指令，因此，MMX CPU 可以提高多媒体（如立体声、视频、三维动画等）处理能力。

x87 FPU 中有 8 个数据寄存器，每个 80 位。此外，还有 1 个控制寄存器、1 个状态寄存器和 1 个标记寄存器，它们的长度都是 16 位。数据寄存器被组织成一个浮点寄存器栈，栈顶记为 ST(0)，下一个元素是 ST(1)，再下一个元素是 ST(2)，以此类推。栈的大小是 8，当栈被装满时，可访问的元素为 ST(0)~ST(7)。控制寄存器主要用于指定浮点处理单元的舍入方式及最大有效数据位数（即精度），Intel 浮点处理器的默认精度是 64 位，即 80 位扩展精度浮点数中的 64 位尾数；状态寄存器用来记录比较结果，并标记运算是否溢出、是否产生错误等，此外还记录了数据寄存器栈的栈顶位置；标记寄存器指出了 8 个数据寄存器各自的状态，比如是否为空、是否可用、是否为零、是否是特殊值（如 NaN、$+\infty$、$-\infty$）等。

SSE 指令集由 MMX 指令集发展而来。MMX 指令使用的 8 个 64 位寄存器 MM0～MM7 借用了 x87 FPU 中 8 个 80 位浮点数据寄存器 ST(0)～ST(7)，每个 MM 寄存器实际上是对应 80 位浮点数据寄存器中 64 位尾数所占的位，因此，每条 MMX 指令可以同时处理 8 个字节、4 个字、2 个双字或一个 64 位的数据。

由于 MMX 指令并没有带来 3D 游戏性能的显著提升，1999 年 Intel 公司在 Pentium III CPU 产品中首推 SSE 指令集，后来又陆续推出了 SSE2、SSE3、SSSE3 和 SSE4 等采用 SIMD 技术的指令集，这些统称为 SSE 指令集。SSE 指令集兼容 MMX 指令，并通过 SIMD 技术在单个时钟周期内并行处理多个浮点数来有效提高浮点运算速度。因为在 MMX 技术中借用了 x87 FPU 的 8 个浮点寄存器，导致 x87 浮点运算速度的降低，因此 SSE 指令集增加了 8 个 128 位的 SSE 指令专用的多媒体扩展通用寄存器 XMM0～XMM7。这样，SSE 指令的寄存器位数是 MMX 指令的寄存器位数的两倍，因而一条 SSE 指令可以同时并行处理 16 个字节，或 8 个字，或 4 个双字（32 位整数或单精度浮点数），或 2 个四字的数据，而且从 SSE2 开始，还支持 128 位整数运算，或同时并行处理两个 64 位双精度浮点数。

在 x86-64 中，128 位的 XMM 寄存器从原来的 8 个增加到了 16 个，浮点操作采用基于 SSE 的面向 XMM 寄存器的 SIMD 指令集，浮点数存放在 128 位的 XMM 寄存器中，而不采用基于浮点寄存器栈 ST(0)～ST(7) 的指令集 x87 FPU。

较近版本的 x86-64 处理器（如 Core i7 Sandy Bridge）中又引入了新的高级向量扩展（Advanced Vector Extension，AVX）指令集，其中使用的 16 个寄存器为 256 位 YMM 寄存器，因此每个 YMM 寄存器中可以存放 32 个字节，或 16 个字，或 8 双字，或 4 个四字的数据，这些数据可以是整数，也可以是浮点数。

4. 通用寄存器的编号

综上所述，IA-32 中通用寄存器共有三类：8 个 8/16/32 位定点通用寄存器、8 个 MMX 指令 /x87FPU 使用的 64/80 位寄存器 MM0/ST(0)～MM7/ST(7)、8 个 SSE 指令使用的 128 位寄存器 XMM0～XMM7。x86-64 中通用寄存器也有三类：16 个 8/16/32/64 位定点通用寄存器、16 个 SSE 指令使用的 128 位寄存器 XMM0~XMM15、16 个 AVX 指令使用的 256 位寄存器 YMM0~YMM15。这些寄存器的编号如表 3.2 所示。

表 3.2　IA-32/x86-64 中通用寄存器的编号

编号	8 位寄存器	16 位寄存器	32 位寄存器	64/80 位寄存器	128 位寄存器	256 位寄存器
0000	AL	AX	EAX	MM0/ST(0) / RAX	XMM0	YMM0
0001	CL	CX	ECX	MM1/ST(1) / RCX	XMM1	YMM1
0010	DL	DX	EDX	MM2/ST(2) / RDX	XMM2	YMM2
0011	BL	BX	EBX	MM3/ST(3) / RBX	XMM3	YMM3
0100	AH / SPL	SP	ESP	MM4/ST(4) / RSP	XMM4	YMM4
0101	CH / BPL	BP	EBP	MM5/ST(5) / RBP	XMM5	YMM5
0110	DH / SIL	SI	ESI	MM6/ST(6) / RSI	XMM6	YMM6
0111	BH / DIL	DI	EDI	MM7/ST(7) / RDI	XMM7	YMM7
1000	R8B	R8W	R8D	R8	XMM8	YMM8
1001	R9B	R9W	R9D	R9	XMM9	YMM9
1010	R10B	R10W	R10D	R10	XMM10	YMM10
1011	R11B	R11W	R11D	R11	XMM11	YMM11
1100	R12B	R12W	R12D	R12	XMM12	YMM12
1101	R13B	R13W	R13D	R13	XMM13	YMM13
1110	R14B	R14W	R14D	R14	XMM14	YMM14
1111	R15B	R15W	R15D	R15	XMM15	YMM15

3.2.3　寻址方式

根据指令给定信息得到操作数或操作数地址的方式称为寻址方式。通常把指令中给出的操作数所在存储单元的地址称为有效地址。

1. 基本寻址方式

常用的基本寻址方式有以下几种。

（1）立即寻址

在指令中直接给出操作数本身，这种操作数称为立即数。

（2）直接寻址

指令中给出的地址码是操作数的有效地址，这种地址称为直接地址或绝对地址。这种方式下的操作数在存储器中。

（3）间接寻址

指令中给出的地址码是存放操作数有效地址的存储单元的地址。这种方式下的操作数和操作数的地址都在存储器中。

（4）寄存器寻址

指令中给出的地址码是操作数所在的寄存器编号，操作数在寄存器中。这种方式下操作数已在 CPU 中，不用访存，因而指令执行速度快，也称为寄存器直接寻址方式。

（5）寄存器间接寻址

指令中给出的地址码是一个寄存器编号，该寄存器中存放的是操作数的有效地址，这种方式下的操作数在存储器中。因为只要给出寄存器编号而不必给出有效地址，所以指令较短，但由于要访存，因此其取数时间比寄存器寻址方式下的取数时间更长。

（6）变址寻址

变址寻址方式主要用于对线性表之类的数组元素进行的访问。指令中的地址码字段称为**形式地址**，这里的形式地址是**基准地址** A，而**变址寄存器**中存放的是**偏移量**（或称**位移量**）。例如，数组的起始地址可以作为形式地址在指令地址码中明显给出，而数组元素的下标在指令中明显或隐含地由变址寄存器 I 给出，这样，每个数组元素的有效地址就是形式地址（基准地址）加变址寄存器的内容，即数据元素的有效地址 EA= A+ (I)。通常用符号 (x) 表示寄存器编号 x 或存储单元地址 x 中的内容。

如果任何一个通用寄存器都可作为变址寄存器，则必须在指令中明确给出一个通用寄存器的编号，并标明作为变址寄存器使用；若处理器中有一个专门的变址寄存器，则无须在指令中明确给出变址寄存器。

图 3.4 为数组元素的变址寻址示意图，指令中的地址码 A 为数组在存储器中的首地址，变址寄存器 I 中存放的是数组元素的下标。若存储器按字节编址，且每个数组元素占 1 字节，则 C 语句 " for (i=0;i<N;i++) { x=A[i]; … }"对应的循环体中，A[i] 的访问可按如下过程实现：第一次执行循环体时，变址寄存器 I 的值为 0，执行取数指令取出 A[0] 后，寄存器 I 的内容加 1，第二次执行循环体时，取数指令就能取出 A[1]，……，

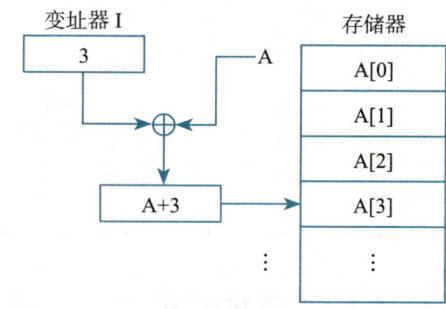

图 3.4　数组元素的变址寻址

如此循环以实现循环语句的功能。如果数组元素占 4 字节，则每次 I 的内容加 4。

（7）相对寻址

如果某指令操作数的有效地址或转移目标地址位于该指令所在位置的前、后某个位置上，则该操作数或转移目标可用相对寻址方式。采用相对寻址方式时，指令中的地址码字段 A 给出一个偏移量，基准地址隐含由 PC 给出，即操作数有效地址或转移目标地址 EA=（PC）+A。这里的偏移量 A 是形式地址，有效地址或目标地址可以在当前指令之前或之后，因而偏移量 A 是一个带符号整数。相对寻址方式可用来实现公共子程序（如共享库代码）的浮动或实现相对转移。

（8）**基址寻址**

基址寻址方式下，指令中的地址码字段 A 给出一个偏移量，基准地址可以明显或隐含地由**基址寄存器** B 给出。操作数有效地址 EA=（B）+A。与变址方式一样，若任意一个通用寄存器都可用作基址寄存器，则指令中必须明确给出通用寄存器的编号，并标明将该通用寄存器用作基址寄存器。

基址寻址过程如图 3.5 所示，其中，基址寄存器 R 可以指定为任何一个通用寄存器。寄存器

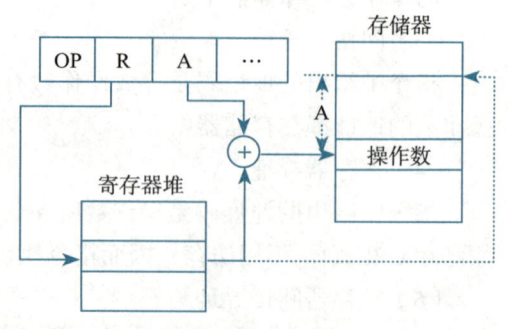

图 3.5　基址寻址过程

R 的内容是基准地址，加上形式地址 A，形成操作数有效地址。基址寻址为逻辑地址到物理地址变换提供了支持，用以实现程序的动态重定位，此时只要把重定位后的首地址作为基地址存放在一个基址寄存器中即可。

变址寻址、基址寻址和相对寻址三种寻址方式非常类似，都是将某个寄存器的内容与一个形式地址相加来生成操作数的有效地址。通常把它们统称为偏移寻址。有些指令系统还将变址寻址和基址寻址两种寻址方式结合，形成基址加变址的寻址方式，如 Intel x86 架构。

为缩短指令字长度，有些指令采用隐含地址码方式，指令中不明显给出操作数地址或变址寄存器和基址寄存器编号，而是由操作码隐含指出。例如，单地址指令中只给出一个操作数地址，另一个操作数隐含规定为累加器的内容。

2. IA-32/x86-64 中的寻址方式

存储器操作数的寻址方式与微处理器的工作模式有关。IA-32/x86-64 处理器主要有两种工作模式，即实地址模式和保护模式。

实地址模式是为与 8086/8088 兼容而设置的，在加电或复位时处于这一模式。此模式下的存储管理、中断控制以及应用程序运行环境等都与 8086/8088 相同。其最大寻址空间为 1MB，32 条地址线中的 $A_{31} \sim A_{20}$ 不起作用，存储管理采用分段方式，每段的最大地址空间为 64KB，物理地址由段地址乘以 16 加上偏移地址构成，其中段地址位于段寄存器中，偏移地址用来指定段内的一个存储单元。例如，当前指令地址为 (CS)<<4+(IP)，其中 CS（Code Segment）为代码段寄存器，用于存放当前代码段地址，IP 寄存器中存放的是当前指令在代码段内的偏移地址，这里，(CS) 和 (IP) 分别表示寄存器 CS 和 IP 中的内容。

保护模式的引入是为了实现在多任务方式下对不同任务使用的虚拟存储空间进行完全的隔离，以保证不同任务之间不会相互破坏各自的代码和数据。保护模式是 80286 以后的微处理器的常用工作模式。系统启动后总是先进入实地址模式，对系统进行初始化，然后转入保护模式进行操作。在保护模式下，处理器采用虚拟存储管理方式。

图 3.6 给出了 IA-32/x86-64 中的各种寻址方式，其中，除立即寻址和寄存器寻址外，其他寻址方式下的操作数都在存储单元中，称为存储器操作数。为了减少指令执行过程中的访存次数，IA-32/x86-64 规定，一条指令指定的源操作数和目的操作数中，只能有一个是存储器操作数。

存储器操作数的访问过程需要计算线性地址（LA），图中除了最后一行（相对寻址）计算的可能是转移目标指令的线性地址外，其他都是指操作数的线性地址。相对寻址的线性地址与 PC（即 EIP 或 RIP）有关，操作数的线性地址取决于某个段寄存器内容和有效地址。根据段寄存器能确定操作数所在段的起始地址，而有效地址则给出了操作数在所在段的段内偏移地址。

从图 3.4 可看出，在存储器操作数情况下，指令必须显式或隐式地给出以下信息：
- 段寄存器 SR（可用段前缀显式给出，也可使用默认段寄存器）；
- 8/16/32 位位移量 A（由位移量字段显式给出，如图 3.1 中的字段 disp8）；
- 基址寄存器 B（由相应字段显式给出，可指定为任一通用寄存器）；
- 变址寄存器 I（由相应字段显式给出，可指定除 ESP/RSP 外的任一通用寄存器）。

寻址方式	说明
立即寻址	指令直接给出操作数
寄存器寻址	指定的寄存器 R 的内容为操作数
位移	LA=（SR）+A
基址寻址	LA=（SR）+（B）
基址加位移	LA=（SR）+（B）+A
比例变址加位移	LA=（SR）+（I）×S+A
基址加变址加位移	LA=（SR）+（B）+（I）+A
基址加比例变址加位移	LA=（SR）+（B）+（I）×S+A
相对寻址	LA=（PC）+A

注：LA：线性地址　（X）：X 的内容　SR：段寄存器　PC：程序计数器
　　R：寄存器　　A：指令中给定地址段的位移量　B：基址寄存器
　　I：变址寄存器　S：比例系数

图 3.6　IA-32/x86-64 的寻址方式

有效地址由指令中给出的寻址方式来确定如何计算。有比例变址和非比例变址两种变址方式。变址方式为**比例变址**时，变址值等于变址寄存器的内容乘以**比例系数** S（也称**比例因子**），S 的含义为操作数的字节数，取值可以是 1、2、4 或 8。例如，若数组元素类型为 short，则比例系数为 2；若数组元素类型为 float，则比例系数为 4。**非比例变址**相当于比例系数为 1 的情况，此时变址值就是变址寄存器的内容，无须乘以比例系数。例如，若数组元素类型为 char，则比例系数就是 1，即非比例变址方式。

指令系统提供基址加位移、基址加比例变址加位移等复杂存储器操作数寻址方式的目的是方便地访问高级语言程序中的数组、结构体、联合等复合数据类型中的元素。

假设在 x86-64 机器中某 C 语言程序有变量声明 "int a[100];"，若数组 a 的首地址存在 RBX 寄存器中，下标变量 i 存在 RSI 寄存器中，则实现 "将 a[i] 送 EAX" 功能的指令可以是 "movl (%rbx,%rsi,4), %eax"，这里 a[i] 中每个数组元素的长度为 4B，每个数组元素相对于数组首地址的位移为变址寄存器 RSI 的内容乘以比例系数 4，因而 a[i] 的有效地址通过将基址寄存器 RBX 的内容和变址值（变址寄存器 RSI 的内容乘以比例系数 4）相加得到。

对于结构体类型中数组元素的访问，可以采用 "基址加比例变址加位移" 方式。假设在 IA-32 机器中某 C 语言程序有 "struct { int x; short a[100]; …}"，若该结构体类型数据的首地址存在 EBX 中，数组 a 的下标变量 i 存在 ESI 中，则实现 "将 a[i] 送 EAX" 功能的指令可以是 "movl 4(%ebx,%esi,2), %eax"，这里，a[i] 的首地址相对于该结构体类型变量首地址的位移为 4，a[i] 数组元素的长度为 2，因而 a[i] 的有效地址通过将基址寄存器 EBX 的内容、变址值（变址寄存器 ESI 的内容乘以比例系数 2）和位移量 4 三者相加得到。

对于存储器操作数，在 IA-32 架构中，其基址寄存器和变址寄存器一定都是 32 位寄存器，如上述 IA-32 中指令 "movl 4(%ebx,%esi,2), %eax"，而在 x86-64 架构中，其基址寄存器和变址寄存器一定都是 64 位寄存器，如上述 x86-64 指令 "movl (%rbx,%rsi,4), %eax"。

3.2.4　机器指令格式

机器指令（instruction）是用 0 和 1 表示的一串 0/1 序列，用来指示 CPU 完成一个特定的操作。Intel x86 是典型的 CISC 架构，因此指令格式较复杂，指令长度和操作码长度都可变且字段划分不规整。

1. IA-32 架构指令格式

图 3.7 所示是 IA-32 架构的机器指令格式，包含前缀（prefix）和指令本身的代码部分。

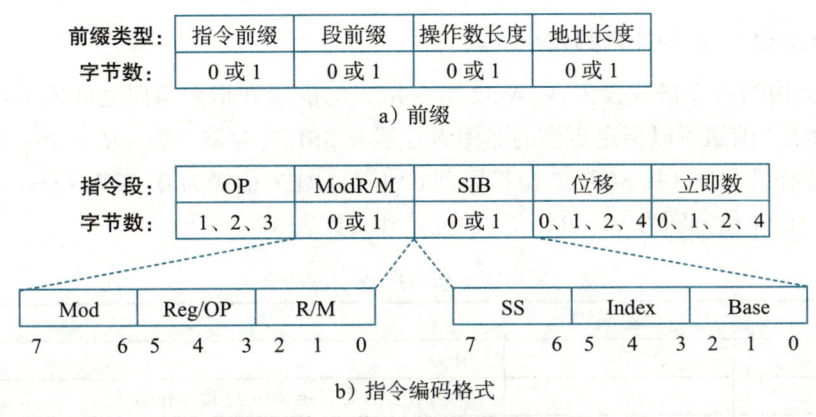

图 3.7　IA-32 架构的机器指令格式

如图 3.7a 所示，有 4 种前缀类型，每个前缀占 1B，无先后顺序关系。指令前缀包括加锁（LOCK）和重复执行（REP/REPE/REPZ/REPNE/REPNZ）两种，LOCK 前缀编码为 F0H，REPNE 和 REP 前缀编码分别为 F2H 和 F3H；段前缀用于指定指令所使用的非默认段寄存器；操作数长度和地址长度前缀分别为 66H 和 67H，用于指定非默认的操作数长度和地址长度。若指令使用默认的段寄存器、操作数长度或地址长度，则无须在指令前加相应的前缀字节。

如图 3.7b 所示，指令本身最多有 5 个字段：主操作码（OP）、ModR/M、SIB、位移和立即数。主操作码字段是必需的，长度为 1~3B。ModR/M 字段长度为 0~1B，可再分成 Mod、Reg/OP 和 R/M 三个字段。其中，Reg/OP 可能是 3 位扩展操作码，也可能是寄存器编号；Mod 和 R/M 共 5 位，表示其中一个操作数的寻址方式，可组合成 32 种情况，当 Mod=11 时，为寄存器寻址方式，3 位 R/M 表示寄存器编号，其他 24 种情况都是存储器寻址方式。SIB 字段的长度为 0~1B。是否在 ModR/M 字节后跟一个 SIB 字节，由 Mod 和 R/M 组合确定，例如，当 Mod=00 且 R/M=100 时，ModR/M 字节后一定跟 SIB 字节，寻址方式由 SIB 确定。SIB 字节有比例因子（SS）、变址寄存器（Index）和基址寄存器（Base）三个字段。如果寻址方式中需要有位移量，则由位移字段给出，其长度为 0~4B。最后一个是立即数字段，用于给出指令中的一个源操作数，其长度为 0~4B。

例如，指令"movl $0x1, 0x4(%esp)"的机器码用十六进制表示为"C7 44 24 04 01 00 00 00"，第二字节的 ModR/M 字段（44H）展开后为 01 000 100，指令操作码为"C7/0"，即主操作码 OP 为 C7H、扩展操作码 Reg/OP 为 000B，查询 Intel 指令编码表可知，操作码为"C7/0"的指令功能为"MOV r/m32, imm32"（注意：Intel 手册中汇编指令采用 Intel 格式）。这里 r/m32 表示 32 位寄存器操作数或存储器操作数。查询 ModR/M 字节定义表可知，当 Mod=01、R/M=100 时，寻址方式为 disp8[--][--]，表示位移量占 8 位并后跟 SIB 字节，因而

24H=00 100 100B 为 SIB 字节。查询 SIB 字节定义表可知，当 SS=00、Index=100 时，比例变址为 none，因而只有 Base 字段 100 有效。查表可知 100 对应的寄存器为 ESP，即基址寄存器为 ESP。SIB 字节随后是一个字节的位移，即 disp8=04H=0x4。最后是 4 字节的立即数，由于 IA-32 为小端方式，因而立即数为 00 00 00 01H=0x1。综上所述，AT&T 格式和 Intel 格式的汇编指令分别为 "movl $0x1, 0x4(%esp)" 和 "MOV [ESP+4], 1"。

2. 兼容 IA-32 的 x86-64 架构指令格式

x86-64 架构的指令格式仅需在 IA-32 指令格式的前缀和指令编码之间增加可选的 REX 前缀。通过 REX 前缀可以指定更多的通用寄存器和 SSE 寄存器个数（从 8 个扩展到 16 个）、指定更宽的操作数位数（从 8/16/32 位扩展到 64 位）。REX 前缀为 0100WRXB，共 8 位，高 4 位为 0100，低 4 位分别为 W、R、X、B 位，含义如表 3.3 所示。

表 3.3　REX 前缀中各字段的含义

字段名	位置（位）	含义
-	7:4	0100
W	3	1=64 位操作数；0=8/16/32 位操作数
R	2	ModR/M 中 Reg 字段的扩展位
X	1	SIB 中 Index 字段的扩展位
B	0	ModR/M 中 R/M 字段或 SIB 中 Base 字段或 Reg 字段的扩展位

若 W=1，说明指令中操作数为 64 位；R 是 ModR/M 中 Reg 字段的扩展位；X 是 SIB 中 Index 字段的扩展位，B 是 ModR/M 中 R/M 字段的扩展位，或者是 SIB 中 Base 字段的扩展位，或者是 Reg 字段的扩展位。图 3.8、图 3.9 和图 3.10 分别给出了 REX 前缀中字段 B 的 3 种扩展方式。

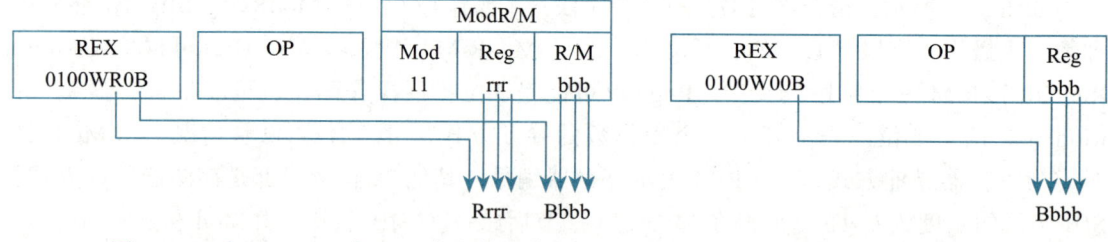

图 3.8　B 为 ModR/M 中 R/M 字段扩展位　　　　图 3.9　B 为 Reg 字段扩展位

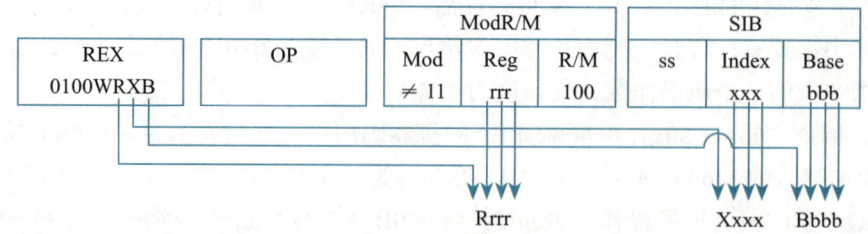

图 3.10　B 为 SIB 中 Base 字段扩展位

因为 IA-32 中只有一字节长指令的高 4 位可能是 0100，所以，对于长度为 2 字节及以上的指令，若以 0100 开头，则开始的 1 字节一定是 REX 前缀。

在 64 位架构中，立即数操作数的典型长度仍然是 32 位，当操作数长度为 64 位时，处理器会将 32 位立即数符号扩展成 64 位后，再进行相应的运算，如 3.3.1 节中提到的 movq 指令。

IA-32 架构中指令 "MOV reg, imm16/32" 用于将一个 16/32 位立即数扩展后存入某通用寄存器，这些指令的操作码为 B8H ~ BFH，其中低 3 位表示寄存器编号。在 x86-64 架构中，通过在该指令前加适当的 REX 前缀，可实现将 64 位立即数存入一个 64 位通用寄存器中，如 3.3.1 节中的 movabsq 指令。例如，对于指令机器码 "48 B8 8877665544332211H"，展开后高 16 位为 0100 1000 10111 000，即 W=1 表示操作数为 64 位；B=0 且 OP=10111，Reg=000，对照图 3.9 可知寄存器编号为 0000B，表示 RAX 寄存器，且 Intel 架构采用小端方式，因此，该指令功能为 "R[rax] ← 1122334455667788H"。

3.3 IA-32/x86-64 常用指令类型及操作

与大多数 ISA 一样，IA-32/x86-64 提供了数据传送、算术和逻辑运算、程序流程控制等常用指令类型。x86-64 是兼容 IA-32 的 64 位架构，即 x86-64 支持 IA-32 定义的指令，因此以下给出的指令在 x86-64 中基本都能支持，而带长度后缀 q 的指令则不属于 IA-32 架构所支持的指令。

3.3.1 传送指令

传送指令用于在寄存器、存储单元或 I/O 端口之间传送信息，分为通用数据传送指令、数据交换指令、入栈/出栈指令、地址传送指令、标志传送指令和输入/输出指令等几类，除部分标志传送指令外，其他指令均不影响标志位的状态。

1. 通用数据传送指令

通用数据传送指令主要有以下几类。
- MOV：一般的传送指令，包括 movb、movw、movl 和 movq 等。源操作数可以是立即数，也可以是寄存器或存储单元内容，目的地址可以是寄存器或存储单元地址。
- MOVS：符号扩展传送指令，将短的源数据高位符号扩展后传送到目的地址，源操作数可以是寄存器或存储单元内容，目的地址只能是寄存器。如 movsbw 表示把一个字节进行符号扩展后送入 16 位寄存器。
- MOVZ：零扩展传送指令，将短的源数据高位零扩展后传送到目的地址，源操作数可以是寄存器或存储单元内容，目的地址只能是寄存器。如 movzwq 表示把一个字进行零扩展后送入 64 位寄存器。

对于 x86-64 架构，需注意以下几点：movl 指令的目的地址为寄存器时，会将目的寄存器高 32 位清 0，此时 movl 指令相当于 movzlq 指令；当 movq 指令的源操作数为立即数时，最多只能指定 32 位立即数，因此需按符号扩展 64 位后进行传送；movabsq 指令用于将一个 64 位立即数送到 64 位目的寄存器中；cltq 指令的功能是将 EAX 内容符号扩展为 64 位后送

RAX，相当于 movslq %eax,%rax 指令的功能，cltq 指令无须显式指定操作数，因而其机器码短。

2. 数据交换指令

XCHG：将两个寄存器的内容或一个寄存器和存储单元内容互换，如 xchgb 表示对两个 1 字节数据进行互换，xchgq 表示对两个 8 字节数据进行互换。

3. 入栈 / 出栈指令

PUSH：先执行 R[sp] ← R[sp]-2、R[esp] ← R[esp]-4 或 R[rsp] ← R[rsp]-8，然后将一个字、双字或四字从指定寄存器送到 SP、ESP、RSP 指示的栈单元中。如 pushw、pushl 和 pushq 分别表示字压栈、双字压栈和四字压栈。

POP：先将一个字、双字或四字从 SP、ESP 或 RSP 指示的栈单元送到指定寄存器中，再执行 R[sp] ← R[sp]+2、R[esp] ← R[esp]+4 或 R[rsp] ← R[rsp]+8。如 popw、popl 和 popq 分别表示字出栈、双字出栈和四字出栈。

4. 地址传送指令

地址传送指令的源操作数必须是存储器寻址方式。其中，**加载有效地址**（Load Effect Address，**LEA**）指令用于将源操作数的存储地址送入目的寄存器。如 leal、leaq 指令分别把一个 32 位、64 位地址存入 32 位、64 位寄存器。通常利用该指令执行一些简单运算，例如，对于例 3.1 中的语句"int x=i+j;"，编译器使用指令"leal (%edx,%eax), %eax"，实现了 R[eax] ← R[edx]+R[eax] 的功能，该指令执行前，R[edx]=i，R[eax]=j，执行后 R[eax]=i+j。

5. 输入 / 输出指令

输入 / 输出指令专门用于在累加器和 I/O 端口之间进行数据传送。例如，in 指令用于将 I/O 端口内容送到累加器，out 指令将累加器内容送到 I/O 端口。

6. 标志传送指令

标志传送指令专门用于对标志寄存器进行操作。如 pushf 指令用于将标志寄存器的内容压栈，popf 指令将栈顶内容送到标志寄存器，因而 popf 指令可能会改变标志。

例 3.2 将以下 Intel 格式的汇编指令转换为 GCC 默认的 AT&T 格式汇编指令。说明每条指令的含义。

```
1    push    ebp
2    mov     ebp,esp
3    mov     edx,DWORD PTR [ebp+8]
4    mov     bl,255
5    mov     rax,QWORD PTR [rbp+rdx*4+8]
6    mov     WORD PTR [ebp+20],dx
7    lea     rax,[rcx+rdx*4+8]
```

解：上述 Intel 格式汇编指令转换为 AT&T 格式汇编指令及其指令的含义说明如下（右边 # 后描述的是相应指令的含义）。

```
1  pushl    %ebp                    #R[esp]←R[esp]-4, M[R[esp]]←R[ebp], 双字
2  movl     %esp,%ebp               #R[ebp]←R[esp], 双字
3  movl     8(%ebp),%edx            #R[edx]←M[R[ebp]+8], 双字
4  movb     $255,%bl                #R[bl]←255, 字节
5  movq     8(%rbp,%rdx,4),%rax     #R[rax]←M[R[rbp]+R[rdx]×4+8], 四字
6  movw     %dx,20(%ebp)            #M[R[ebp]+20]←R[dx], 字
7  leaq     8(%rcx,%rdx,4),%rax     #R[rax]←R[rcx]+R[rdx]×4+8, 四字
```

从第 7 条指令的功能可看出，LEA 指令是 MOV 指令的一个变形，相当于实现 C 语言中的地址操作符 & 的功能。同时，LEA 指令可实现一些简单操作，例如，假定上述第 7 条指令中寄存器 RCX 和 RDX 内分别存放变量 x 和 y 的值，即 R[rcx]=x，R[rdx]=y，则通过该指令可计算 $x+4y+8$ 的值，并将其存入寄存器 RAX 中。

例 3.3 在 IA-32 系统中，假设变量 val 和 ptr 的类型声明如下：

```
val_type val;
contofptr_type *ptr;
```

已知上述类型 val_type 和 contofptr_type 是用 typedef 声明的数据类型，且 val 存储在累加器 AL/AX/EAX 中，ptr 存储在 EDX 中。现有以下两条 C 语言语句：

```
1  val=(val_type) *ptr;
2  *ptr=(contofptr_type) val;
```

当 val_type 和 contofptr_type 是表 3.4 中给出的组合类型时，应分别使用什么样的 MOV 指令来实现这两条 C 语句？要求用 GCC 默认的 AT&T 形式写出。

表 3.4　例 3.3 中 val_type 和 contofptr_type 的类型

val_type	contofptr_type	val_type	contofptr_type
char	int	int	unsigned char
int	char	unsigned	unsigned short
unsigned	int	unsigned short	int

解：可将 C 操作符 * 看成取值操作。语句 1 的含义是将 ptr 所指的存储单元中的内容送到 val 变量所在处，即将地址为 R[edx] 的存储单元内容送到累加器 AL/AX/EAX 中；语句 2 的含义是将 val 变量的值送到 ptr 所指的存储单元中，即将累加器 AL/AX/EAX 中的内容送到地址为 R[edx] 的存储单元中。其对应 MOV 指令如表 3.5 所示。

表 3.5　例 3.3 的答案

序号	val_type	contofptr_type	语句 1 对应的指令及操作	语句 2 对应的指令及操作
1	char	int	movl (%edx), %eax # 传送	movsbl %al, %eax # 符号扩展 movl %eax, (%edx) # 传送
2	int	char	movsbl (%edx), %eax # 符号扩展，传送	movb %al, (%edx) # 截断，传送
3	unsigned	int	movl (%edx), %eax # 传送	movl %eax, (%edx) # 传送
4	int	unsigned char	movzbl (%edx), %eax # 零扩展，传送	movb %al, (%edx) # 截断，传送
5	unsigned	unsigned short	movzwl (%edx), %eax # 零扩展，传送	movw %ax, (%edx) # 截断，传送
6	unsigned short	int	movl (%edx), %eax # 传送	movzwl %ax, %eax # 零扩展 movl %eax, (%edx) # 传送

表 3.5 中给出的 6 种情况中，序号 3 的情况较简单，赋值语句两边操作数长度一样，即使两个操作数中，一个是带符号整型，另一个是无符号整型，传送前、后其位串也不会改变，软件通过对位串进行不同的解释来反映不同的值，因此，用直接传送指令即可。

对于序号 1 和 2，因为 C 语言标准没有规定 char 型变量是带符号整数还是无符号整数，所以序号 1 的语句 2 和序号 2 的语句 1 都存在"实现定义行为"，此处假定编译器按带符号整数处理，因而采用符号扩展传送指令 movsbl。

因为 MOVS 指令的目的地址只能是寄存器，所以序号 1 的语句 2 需要用两条指令实现其功能；序号 2 的语句 2 要求把 32 位寄存器中内容截断为 8 位数据后送到存储单元中，因此可直接丢弃寄存器中的高 24 位，仅将低 8 位（即 R[al]）送到存储单元。

对于序号 4 和 5，语句 1 将存储单元中的 8 位无符号整数零扩展为 32 位后送到目的寄存器，而语句 2 则将 32 位寄存器内容截断为 8 位数据后送到存储单元。

对于序号 6，语句 1 要求把存储单元中一个 int 型数据截断为 16 位数据后送到寄存器，可直接用"movl (%edx), %eax"指令实现其功能。当然，也可以用传送指令"movw (%edx), %ax"实现截断操作。那么，截断操作时该留下 4 个字节地址中哪两个地址的内容呢？IA-32 中数据在存储单元中按小端方式存放，因而留下是小地址中数据的低位部分。假定将被截断的 int 型数据是 1234 5678H，如图 3.11 所示，12H、34H、56H 和 78H 的地址分别是 R[edx]+3、R[edx]+2、R[edx]+1、R[edx]，截断操作后应该留下 5678H，即存放在地址 R[edx] 和 R[edx]+1 中的两个字节。

图 3.11　小端方式下 int 型数据的存放位置

例 3.4　以下是一个在 x86-64 系统上的 C 语言函数，其功能是将类型为 source_type 的参数转换为 dest_type 类型的数据并返回。

```
dest_type convert(source_type x) {
        dest_type y = (dest_type) x;
        return y;
}
```

根据过程调用时的参数传递约定可知，x 存放在寄存器 RDI 对应的适合宽度的寄存器（如 RDI、EDI、DI 和 DIL）中，y 存放在 RAX 对应的寄存器（RAX、EAX、AX 或 AL）中，填写表 3.6 中的汇编指令，以实现 convert 函数中的赋值语句。

解：根据 x86-64 数据传输指令的功能，得到表 3.6 中各种组合对应的汇编指令（AT&T 格式），结果如表 3.7 所示。

表 3.6　例 3.4 中 source_type 和 dest_type 不同组合对应的汇编指令

source_type	dest_type	汇编指令
char	long	
int	long	
long	long	
long	int	
unsigned int	unsigned long	
unsigned long	unsigned int	
unsigned char	unsigned long	

表 3.7 例 3.4 中各种情况对应的汇编指令

序号	source_type	dest_type	汇编指令
1	char	long	movsbq %dil, %rax
2	int	long	movslq %edi, %rax
3	long	long	movq %rdi, %rax
4	long	int	movslq %edi, %rax # 符号扩展到 64 位，使 RAX 中高 32 位为符号 或 movl %edi, %eax # 零扩展到 64 位，使 RAX 中高 32 位为 0
5	unsigned int	unsigned long	movl %edi, %eax # 零扩展到 64 位，使 RAX 中高 32 位为 0
6	unsigned long	unsigned int	movl %edi, %eax # 零扩展到 64 位，使 RAX 中高 32 位为 0
7	unsigned char	unsigned long	movzbq %dil, %rax # 零扩展到 64 位，使 RAX 中高 56 位为 0

与例 3.3 的序号 2 中的情况一样，本例的序号 1 中存在"实现定义行为"代码，此处假定编译器将 char 型变量按带符号整数解释，在 64 位机器中 (unsigned) long 型为 64 位，因此生成的指令为符号扩展传送指令 movsbq。

序号 4 中，将 long 型数据转换为 int 型数据时，可以用两种不同的指令 movslq 和 movl。虽然这两种指令得到的 RAX 中高 32 位内容可能不同，但 EAX 中结果一样。因为函数返回的是 int 型数据，所以 RAX 中高 32 位没有意义，只要 EAX 中 32 位正确即可。

3.3.2 定点算术运算指令

定点算术运算指令用于二进制整数算术运算和无符号十进制整数算术运算。IA-32/x86-64 中二进制整数可以是 8 位、16 位、32 位数，此外 x86-64 还支持 64 位数；无符号十进制整数（BCD 码）采用 8421 码表示。高级语言中的算术运算都被转换为二进制整数运算指令，因此，本书所讲的运算指令都是指二进制整数运算指令。

1. 加 / 减运算指令

加 / 减运算指令（ADD/SUB）用于对给定长度的两个位串相加或相减，两个操作数中最多只能有一个是存储器操作数，不区分是无符号整数还是带符号整数，将产生的和 / 差送到目的地，将生成的标志信息送到标志寄存器。

2. 增 1/ 减 1 运算指令

增 1/ 减 1 运算指令（INC/DEC）对给定长度的位串加 1 或减 1，给定操作数既是源操作数又是目的操作数，不区分无符号整数还是带符号整数，将生成的标志信息送到标志寄存器，注意不生成 CF 标志。

3. 取负指令

取负指令（NEG）用于将给定长度的位串"各位取反、末位加 1"，也称为**取补指令**。给定操作数既是源操作数又是目的操作数，生成的标志信息送标志寄存器。若源操作数是最小负数（如 8 位长度的操作数 −128），则结果无变化，但 OF=1。若源操作数为 0，则结果仍为 0 且 CF 置 0，否则使 CF 置 1。

4. 比较指令

比较指令（CMP）用于两个寄存器操作数的比较，用目的操作数减源操作数，根据减运算结果生成标志信息并送到标志寄存器。通常，该指令后跟条件转移指令或条件设置指令。

5. 乘运算指令

乘运算指令分成 MUL（无符号整数乘）和 IMUL（带符号整数乘）两类。对于 IMUL 指令，可以明显地给出一个、两个或三个操作数，但是，对于 MUL 指令，则只能明显给出一个操作数。

若指令中只给出一个操作数 SRC，则另一个源操作数隐含在累加器 AL/AX/EAX/RAX 中，将 SRC 和累加器内容相乘，并将乘积存放在 AX（16 位时）或 DX-AX（32 位时）或 EDX-EAX（64 位时）或 RDX-RAX（128 位时）中。这里，DX-AX 表示 32 位乘积的高 16 位、低 16 位分别在 DX 和 AX 中，EDX-EAX 和 RDX-RAX 的含义类似。其中，SRC 可以是存储器操作数或寄存器操作数。IMUL 和 MUL 两种指令都可以采用这种格式，实现的是两个 n 位数相乘，结果取 $2n$ 位乘积。

若指令中给出两个操作数 DST 和 SRC，则将 DST 和 SRC 相乘，结果存放在 DST 中。这种情况下，SRC 可以是存储器操作数或寄存器操作数，而 DST 只能是寄存器操作数。IMUL 指令可采用这种格式，实现的是两个 n 位带符号整数相乘，结果仅取 n 位乘积。

若指令中给出三个操作数 REG、SRC 和 IMM，则将 SRC 和立即数 IMM 相乘，结果存放在寄存器 REG 中。这种情况下，SRC 可以是存储器操作数或寄存器操作数。IMUL 指令可采用这种格式，实现的是两个 n 位数相乘，结果仅取 n 位乘积。

对于 MUL 指令，若乘积高 n 位为全 0，则标志 OF 和 CF 皆为 0，否则皆为 1。对于 IMUL 指令，若乘积的高 n 位为全 0 或全 1，并且等于低 n 位中最高位，即乘积高 $n+1$ 位为全 0（乘积为正数）或全 1（乘积为负数），则 OF 和 CF 皆为 0，否则皆为 1。

虽然后两种形式的指令得到的乘积是截断后的低 n 位，但在截断前乘法器可获得 $2n$ 位乘积，因此 CPU 可以按照截断前的 $2n$ 位乘积来设置 OF 和 CF。

因为带符号整数和无符号整数的低 n 位乘积总是相同的，所以后两种形式的指令也可用于无符号整数的乘运算，不过，此时得到的 OF 和 CF 并不反映无符号整数相乘的标志信息。

6. 除运算指令

除运算指令分 DIV（无符号数除）和 IDIV（带符号整数除）两类，指令中只明显指出除数，用累加器 AX/EAX/RAX 中的内容除以指令中指定的除数。若源操作数为 8 位，则 16 位被除数隐含在 AX 中，商被送回 AL，余数在 AH 中；若源操作数为 16 位，则 32 位被除数隐含在 DX-AX 中，商被送回 AX，余数在 DX 中；若源操作数是 32 位，则 64 位被除数在 EDX-EAX 中，商被送回 EAX，余数在 EDX 中；若源操作数是 64 位，则 128 位被除数在 RDX-RAX 中，商被送回 RAX，余数在 RDX 中。需要说明的是，若除法指令的商超过目的寄存器能存放的最大值（即溢出）或除数为 0，则系统产生中断类型号为 0 的异常。

为支持将 n 位被除数扩展成 $2n$ 位，专门设置了 CWD、CDQ 和 CQO 三条指令，分别用于将 AX、EAX、RAX 中的内容符号扩展成双字、四字和八字（oct word）后送入 DX-AX、EDX-EAX、RDX-RAX 中。这些指令的 AT&T 格式助记符分别为 cwtl、cltq 和 cqto。

以上所有定点算术运算指令汇总如表 3.8 所示。

表 3.8 定点算术运算指令汇总

指令	显式操作数	影响的常用标志	操作数类型	AT&T 指令助记符	对应 C 运算符
ADD	2个	OF、ZF、SF、CF	无/带符号整数	addb、addw、addl、addq	+
SUB	2个	OF、ZF、SF、CF	无/带符号整数	subb、subw、subl、subq	−
INC	1个	OF、ZF、SF	无/带符号整数	incb、incw、incl、incq	++
DEC	1个	OF、ZF、SF	无/带符号整数	decb、decw、decl、decq	--
NEG	1个	OF、ZF、SF、CF	无/带符号整数	negb、negw、negl、negq	−
CMP	2个	OF、ZF、SF、CF	无/带符号整数	cmpb、cmpw、cmpl、cmpq	<, <=, >, >=
MUL	1个	OF、CF	无符号整数	mulb、mulw、mull、mulq	*
IMUL	1个	OF、CF	带符号整数	imulb、imulw、imull、imulq	*
IMUL	2个	OF、CF	带(无)符号整数	imulb、imulw、imull、imulq	*
IMUL	3个	OF、CF	带(无)符号整数	imulb、imulw、imull、imulq	*
CWD / CDQ / CQO	0个	无	带符号整数	cwtl / cltq / cqto	除运算的被除数扩展为 2n 位
DIV	1个	无	无符号整数	divb、divw、divl、divq	/, %
IDIV	1个	无	带符号整数	idivb、idivw、idivl、idivq	/, %

例 3.5 假设 R[ax]=FFF0H、R[bx]=FFFAH,则执行 Intel 格式指令"sub ax,bx"后,AX、BX 中的内容各是什么?标志 CF、OF、ZF、SF 各是什么?要求分别将操作数作为无符号整数和带符号整数解释并验证指令执行结果。(注意:Intel 格式与 AT&T 格式不同,其目的操作数位置在左边。)

解: 根据 Intel 格式规定可知,指令"sub ax,bx"的功能是 R[ax] ← R[ax]−R[bx]。sub 指令的执行在 2.6.4 节图 2.8 所示的补码加减运算器中进行,执行后的差存放在 AX 中,标志信息送标志寄存器。

因为在补码加减运算器中做减法,所以 Sub=1,加法器的 Y' 输入端为反相器的输出(各位取反),FFF0H−FFFAH=FFF0H+0005H+1=(0)FFF6H,即 R[ax]=FFF6H、Cout=0,因此,标志 CF=Sub $\oplus$ Cout=1、SF=1、OF=0(不同符号的两个数相加,结果一定不溢出)、ZF=0。BX 的内容不变,即 R[bx]=FFFAH。

若作为无符号整数来解释,则根据 CF=1 可判断被减数小于减数,即结果负溢出;若作为带符号整数来解释,则根据 OF=0 可判断其结果不溢出,差的机器数为 FFF6H,对应真值为 −1010B=−10。

无符号整数减运算结果验证如下:R[ax]=FFF0H,值为 65 520,R[bx]=FFFAH,值为 65 530,显然被减数小于减数,结果负溢出,按照 2.6.4 节中的式(2.2),即 $F=x-y+2^n$,结果应等于 65 520−65 530+65 536=65 526,上述运算的结果 R[ax]=FFF6H 作为无符号整数解释时,其真值确实为 65 526,验证结果正确。

带符号整数减运算结果验证如下:R[ax]=FFF0H,值为 −10000B=−16,R[bx]=FFFAH,值为 −110B=−6,结果为 −16−(−6)=−10,验证结果正确。

例 3.6 假设 R[eax]=0000 00B4H、R[ebx]=0000 0011H、M[0000 00F8H]=0000 00A0H,请问:

① 执行指令"mulb %bl"后,哪些寄存器的内容会发生变化?是否与执行"imulb %bl"

指令所发生的变化一样？为什么？两条指令得到的 CF 和 OF 标志各是什么？请用该例给出的数据验证你的结论。

② 执行指令"imull $-16, (%eax,%ebx,4), %eax"后，哪些寄存器和存储单元发生了变化？乘积的机器数和真值各是多少？

解：因为 R[eax]=0000 00B4H，R[ebx]=0000 0011H，所以 R[al]=B4H、R[bl]=11H。

① 指令"mulb %bl"指出的操作数为 8 位 (长度后缀为 b)，故指令的功能为"R[ax]←R[al]×R[bl]"，因此，改变内容的寄存器是 AX，指令执行后 R[ax]=B4H×11H=0BF4H，即十进制数 3060，因为乘积的高 8 位为 0BH，不为全 0 (即乘积高 8 位中含有效数位)，故 CF 和 OF 皆为 1。

执行指令"imulb %bl"后，R[ax]= B4H×11H=FAF4H，即十进制数 -1292。因为乘积高 9 位不为全 0 或全 1 (即乘积高 8 位中含有效数位)，故 CF 和 OF 皆为 1。

由此可见，两条指令执行后发生变化的寄存器都是 AX，但是存入 AX 的内容不一样。mulb 指令执行的是无符号整数乘法，而 imulb 执行的是带符号整数乘法，根据 2.6.5 节中给出的无符号整数和带符号整数乘运算之间的关系可知，若乘积只取低 8 位，则两者的机器数一样，此例中乘积的低 8 位都是 F4H，不过两种乘运算的乘积都发生了溢出；若乘积取 16 位，则高 8 位不同，此例中一个是 0BH，一个是 FAH。

验证：此例中 mulb 指令执行的运算是 180×17=3060，而 imulb 指令执行的运算是 -76×17=-1292。

② 指令"imull $-16, (%eax,%ebx,4), %eax"的功能是"R[eax] ← (-16)×M[R[eax]+R[ebx]×4]"，其中，第二个乘数所在的存储单元地址为 R[eax]+R[ebx]×4=0xB4+(0x11<<2)=0xF8=0000 00F8H，因为 M[0000 00F8H]=0000 00A0H，与 -16 相乘 (可先乘以 16，再取负) 后得到一个负的乘积，所以乘积的符号为负。仅考虑低 32 位乘积，其数值部分绝对值的机器数为 0000 00A0H<<4=0000 0A00H (乘以 16 相当于左移 4 位)，对其各位取反末位加 1 (取负操作)，得到机器数为 FFFF F600H，即指令执行后 EAX 中存放的内容为 FFFF F600H，其真值为 -2560。

例 3.7 以下是 C 语言赋值语句"x=a*b+c*d;"对应的 x86-64 汇编代码，已知变量 x、a、b、c 和 d 分别在寄存器 RAX、RDI、RSI、RDX 和 RCX 对应宽度的寄存器中。根据以下汇编代码，推测变量 x、a、b、c 和 d 的数据类型。

```
1    movslq      %ecx, %rcx
2    imulq       %rdx, %rcx
3    movsbl      %sil, %esi
4    imull       %edi, %esi
5    movslq      %esi, %rsi
6    leaq        (%rcx, %rsi), %rax
```

解：根据第 1 行可知，在 ECX 中的变量 d 从 32 位符号扩展为 64 位，因此，变量 d 的数据类型为 int 型；第 2 行指令实现的是 RCX 中的内容和 RDX 中的内容按带符号整数相乘，两个都是 64 位寄存器，因此，在 RDX 中的变量 c 为 64 位带符号整型，即 c 的数据类型为 long 型；根据第 3 行可知，在 SIL 中的变量 b 为 signed char 型数据；根据第 4 行可知，在 EDI 中的 a 是 int 型数据；根据第 5 行和第 6 行可知，存放在 RAX 中的 x 是 long 型数据。

例 3.8 在 x86-64 系统中,假设 long 型变量 x 和 y 分别存放在 RDI 和 RSI 寄存器中,x 除以 y 后所得商和余数分别存放在寄存器 RDX 和 RCX 所指的主存单元中,给出相应的指令序列。若 x 和 y 为 64 位无符号整数,则指令序列有什么不同?

解:指令序列如下:

```
1   movq    %rdx, %r9       #R[r9] ← R[rdx]（商所存放的主存首地址）
2   movq    %rdi, %rax      #R[rax] ← R[rdi]（被除数 x）
3   cqto                    #R[rdx]:R[rax] ← SEXT(R[rax])
4   idivq   %rsi            #R[rdx]:R[rax] 除以 R[rsi]（x 除以 y）
5   movq    %rax, (%r9)     #M[R[r9]] ← R[rax]（商存入主存单元）
6   movq    %rdx, (%rcx)    #M[R[rcx]] ← R[rdx]（余数存入主存单元）
```

若 x 和 y 为 64 位无符号整数,则第 3 条指令应改为 "movl $0,%edx",以将 RDX 内容设置为 0,第 4 条指令应改为 "divq %rsi"。

3.3.3 按位运算指令

按位运算指令用来对不同长度的操作数进行按位操作,立即数只能作为源操作数,不能作为目的操作数,并且最多只能有一个是存储器操作数。按位运算指令主要分为逻辑运算指令和移位指令。

1. 逻辑运算指令

在以下 5 类逻辑运算指令中,仅 NOT 指令不影响条件标志位,其他指令执行后,OF=CF=0,而 ZF 和 SF 则根据运算结果设置:若结果为全 0,则 ZF=1;若最高位为 1,则 SF=1。

- NOT:单操作数的取反指令,它将操作数每一位取反,然后把结果送回对应位。
- AND:对两个操作数按位逻辑与,用于实现掩码操作。例如,执行指令 "andb $0xf, %al" 后,AL 的高 4 位被屏蔽而变成 0,低 4 位被析取出来。
- OR:对两个操作数按位逻辑或,常用于使目的操作数的特定位置 1。例如,执行指令 "orw $0x3, %bx" 后,BX 寄存器的最后两位置 1。
- XOR:对两个操作数按位逻辑异或,常用于判断两个操作数中哪些位不同或用于改变指定位的值。例如,执行指令 "xorw $0x1, %bx" 后,BX 寄存器最低位被取反。
- TEST:根据两个操作数进行按位与的结果设置标志,常用于需检测某种条件但不能改变原操作数的场合。例如,可通过执行 "testb $0x1, %al" 指令判断 AL 最后一位是否为 1。判断规则如下:若 ZF=0,则说明 AL 最后一位为 1;否则为 0。也可通过执行 "testb %al, %al" 指令来判断 AL 为 0、正数还是负数。判断规则如下:若 ZF=1,则说明 AL 为 0;若 SF=0 且 ZF=0,则说明 AL 为正数;若 SF=1,则说明 AL 为负数。

2. 移位指令

移位指令将寄存器或存储单元中的 8/16/32/64 位二进制数进行算术移位、逻辑移位或循环移位。所移位数可以是立即数或存放在 CL 寄存器中低 m 位所确定的值,CL 中高位会被忽略，被移位的操作数位数 $w=2^m$。例如，当 CL 中为 FFH 时，shlb 指令左移 7 位，shlw 指令左移 15 位，shll 指令左移 31 位，shlq 指令左移 63 位。

- SHL：逻辑左移，每左移一次，最高位送入 CF，并在低位补 0。
- SHR：逻辑右移，每右移一次，最低位送入 CF，并在高位补 0。
- SAL：算术左移，操作与 SHL 指令类似，每次移位，最高位送入 CF，并在低位补 0。执行 SAL 指令时，如果移位前后符号位发生变化，则 OF=1，表示左移后结果溢出。这是 SAL 与 SHL 的不同之处。
- SAR：算术右移，每右移一次，操作数的最低位送入 CF，并在高位补符号。
- ROL：循环左移，每左移一次，最高位移到最低位，并送入 CF。
- ROR：循环右移，每右移一次，最低位移到最高位，并送入 CF。
- RCL：带循环左移，将 CF 作为操作数的一部分循环左移。
- RCR：带循环右移，将 CF 作为操作数的一部分循环右移。

例 3.9 假设 short 型变量 x 被编译器分配在寄存器 AX 中，R[ax]=FF80H，则以下汇编代码段执行后变量 x 的机器数和真值分别是多少？

```
1   movw    %ax, %dx        #R[dx] ← R[ax], 字
2   salw    $2, %ax         #R[ax] ← R[ax]<<2, 字
3   addl    %dx, %ax        #R[ax] ← R[ax]+R[dx], 字
4   sarw    $1, %ax         #R[ax] ← R[ax]>>1, 字
```

解： 显然这里的汇编指令是 GCC 默认的 AT&T 格式，$2 和 $1 分别表示立即数 2 和 1。假设上述代码段执行前 R[ax]=x，则执行 ((x<<2)+x)>>1 后，R[ax]=5x/2。因为 short 型变量为带符号整数，所以采用算术移位指令 salw，这里 w 表示操作数的长度为一个字，即 16 位。算术左移时，AX 中的内容在移位前、后符号未发生变化，故 OF=0，没有溢出。最终 AX 的内容为 FEC0H，解释为 short 型整数时，其值为 −320。

验证： x=−128，5x/2=−320。经验证，结果正确。

若例 3.9 中变量 x 为 unsigned short，则 x 对应的左移和右移运算指令应该是逻辑左移指令 shlw 和逻辑右移指令 shrw，4 条指令对应的运算公式相同，但因为是对无符号整数的逻辑运算，所以执行的结果不同。第 1 次逻辑左移时，AX 中最高位为 1，即 CF=1，表示有有效数位被移出，结果溢出。执行 ((x<<2)+x)>>1 后，最终的结果为 7EC0H，解释为 unsigned short 型整数时，其值为 32 448，因为在第一次左移时就发生了溢出，所以这是一个发生了溢出的错误结果。

例 3.10 已知 x86-64 系统中 C 语言函数的前 3 个 long 型入口参数依次存放在 RDI、RSI 和 RDX 中，返回参数在 RAX 中，给出下列函数对应的 AT&T 格式汇编代码。

```
long func(long x,long y,long n) {
    long t1=x*80;
    long t2=t1&y;
    long t3=t2>>n;
    return t3;
}
```

解： 由题意知，入口参数 x、y 和 n 分别存放在 RDI、RSI 和 RDX 中，因此在 x86-64

系统中实现上述 C 语言函数的 AT&T 格式汇编代码如下:

```
1   leaq    (%rdi,%rdi,4), %rax     #R[rax] ← 5*x
2   salq    $4, %rax                #R[rax] ← 16*5*x
3   andq    %rsi, %rax              #R[rax] ← t1&y
4   movl    %edx, %ecx              #R[cl] ← n（移位位数）
5   sarq    %cl, %rax               #R[rax] ← t2>>n
```

3.3.4 程序执行流控制指令

指令执行的顺序在 IA-32 中由 EIP 确定，在 x86-64 中由 RIP 确定。正常情况下，指令按照它们在存储器中的存放顺序一条一条地按序执行，但是，在有些情况下，程序需要跳转到另一段代码去执行，此时可通过直接将指令指定的跳转目标地址送到 EIP 或 RIP 的方法实现跳转。

有直接跳转和间接跳转两种方式。直接跳转指跳转目标地址由出现在指令机器码中的立即数作为偏移量而计算得到；间接跳转则是指跳转目标地址间接存储在某寄存器或存储单元中。

跳转目标地址的计算方法有两种。一种是通过将当前 EIP 或 RIP 的值加偏移量计算得到，因为偏移量是带符号整数，所以跳转目标地址为 EIP 或 RIP 内容增加或减少某一个数值得到，也就是采用相对寻址方式得到，可以看成是以当前 EIP 或 RIP 内容为基准往前或往后跳转，称为相对跳转；另一种是直接将指令中的目标地址设置到 EIP 或 RIP 中，称为绝对跳转。

通常直接跳转采用相对跳转方式，在汇编语言代码中，跳转目的地通常用一个标号（lable）指明，如 .Loop；间接跳转通常采用绝对跳转方式，在汇编语言代码中，跳转目的地通常用 * 后跟一个操作指示符表示，例如，在 IA-32 中的"*%eax"或"*(%eax)"，前者表示 EAX 寄存器内容为跳转目标地址，后者表示 EAX 寄存器所指的存储单元中的内容为跳转目标地址。

程序执行流控制指令有无条件跳转指令、条件跳转指令、条件设置指令、条件传送指令调用和返回指令、陷阱指令等。这些指令中，除陷阱指令外，其他指令都不影响标志位，但有些指令的执行受标志位的影响。与条件跳转指令和条件设置指令类似的还有条件传送指令。

1. 无条件跳转指令

无条件跳转指令 JMP 的执行结果就是直接跳转到目标地址处执行。例如，直接跳转方式下，汇编指令 jmp .L1 的含义就是直接跳转到标号".L1"处执行，在生成机器语言目标代码时，汇编器和链接器会根据跳转目标地址和当前 jmp 指令之间的相对距离，计算出 jmp 指令中的立即数（即偏移量）字段。间接跳转方式下，IA-32 中的汇编指令 jmp *.L8(,%eax, 4) 功能为直接跳转到由存储地址 ".L8+R[eax]*4" 中的内容所指出的目标地址处执行，即 R[eip] ← M[.L8+R[eax]*4]。这种间接跳转方式可用于利用跳转表进行 switch 语句实现的情形，有关内容详见 4.2.1 节。

2. 条件跳转指令

条件跳转指令 Jcc（其中 cc 为条件助记符）以标志位或标志位组合作为跳转依据。如果满足条件,则跳转到由标号 label 确定的目标地址处执行;否则继续执行下一条指令。这类指令都采用相对寻址方式的直接跳转。表 3.9 列出了常用条件跳转指令及其跳转条件。

表 3.9 常用条件跳转指令及其跳转条件

序号	指令	跳转条件	说明
1	jc label	CF=1	有进位 / 借位
2	jnc label	CF=0	无进位 / 借位
3	je/jz label	ZF=1	相等 / 等于零
4	jne/jnz label	ZF=0	不相等 / 不等于零
5	js label	SF=1	是负数
6	jns label	SF=0	是非负数
7	jo label	OF=1	有溢出
8	jno label	OF=0	无溢出
9	ja/jnbe label	CF=0 AND ZF=0	无符号整数 A > B
10	jae/jnb label	CF=0	无符号整数 A ≥ B
11	jb/jnae label	CF=1	无符号整数 A < B
12	jbe/jna label	CF=1 OR ZF=1	无符号整数 A ≤ B
13	jg/jnle label	SF=OF AND ZF=0	带符号整数 A > B
14	jge/jnl label	SF=OF	带符号整数 A ≥ B
15	jl/jnge label	SF ≠ OF	带符号整数 A < B
16	jle/jng label	SF ≠ OF OR ZF=1	带符号整数 A ≤ B

2.6.4 节中曾提到,不管 C 语言程序中定义的变量是带符号整数还是无符号整数类型,对应的加 / 减指令和比较指令都在如图 2.8 所示的电路中执行。每条加 / 减指令和比较指令执行后,都会产生进 / 借位标志 CF、符号标志 SF、溢出标志 OF 和零标志 ZF,并保存到标志寄存器 EFLAGS/RFLAGS 中。

对于比较大小后进行分支转移的情况,通常在条件转移指令前是比较指令 CMP 或减法指令 SUB,即先通过减法获得标志位,然后再根据标志位判定两个数的大小,从而决定跳转到何处执行指令。

对于无符号整数,判断大小时使用的是 CF 和 ZF 标志。ZF=1 说明两数相等,CF=1 说明有借位,是小于关系,通过 ZF 和 CF 的组合,得到表 3.9 中序号 9、10、11 和 12 这 4 条指令中的结论。汇编指令助记符中用 above 的首字母 a 表示大于 / 高于,用 below 的首字母 b 表示小于 / 低于。

对于带符号整数,判断大小时使用 SF、OF 和 ZF 标志。ZF=1 说明两数相等,SF=OF 时说明结果是以下两种情况之一:两数之差为 0 或正数(SF=0)且结果未溢出(OF=0);两数之差为负数(SF=1)且结果溢出(OF=1)。这两种情况显然反映的是大于或等于关系。若 SF ≠ OF,则反映小于关系。带符号整数比较时对应表 3.9 中序号 13、14、15 和 16 这 4 条指令。汇编指令助记符中用 greater 的首字母 g 表示大于,用 less 的首字母 l 表示小于。

下面举两个例子说明上述无符号整数和带符号整数的大小判断规则。假设被减数的机器数为 X,减数的机器数为 Y,则在如图 2.8 所示的补码加减运算器中计算两个数的差时,计算公式为 $X-Y=X+(-Y)_{补}=X+\bar{Y}+1$。

假定 $X=1001$、$Y=1100$,则 $Y'=\bar{Y}=0011$、Sub=1,在图 2.8 所示运算器中的运算为 1001–1100 = 1001 + 0011+1 = (0) 1101,因此 ZF=0、Cout=0。若是无符号整数比较,则是 9 和 12 相比,属于小于关系,此时 CF=Sub $\oplus$ Cout =1,满足表 3.9 中序号 11 对应指令中的条件;若是带符号整数比较,则是 –7 和 –4 相比,显然也是小于关系,此时符号位为 1,即 SF=1,而根据两个加数符号相异一定不会溢出的原则,得知在加法器中对 1001 和 0100 相加一定不会溢出,故 OF=0,因而 SF ≠ OF,满足表 3.9 中序号 15 对应指令中的条件。

假定 $X=1100$、$Y=1001$,则 $Y'=\bar{Y}=0110$、Sub=1,在图 2.8 所示运算器中的运算为 1100–1001 = 1100 + 0110+1 = (1) 0011,因此 ZF=0、Cout=1。若是无符号整数比较,则是 12 和 9 相比,属于大于关系,显然此时 CF=Sub $\oplus$ Cout=0,确实没有借位,满足表 3.9 中序号 9 对应指令中的条件;若是带符号整数比较,则是 –4 和 –7 相比,也是大于关系,显然此时 SF=0 且 OF=0,即 SF=OF,满足表 3.9 中序号 13 对应指令中的条件。

例 3.11 已知下列条件跳转指令(je、jg、ja 等)和无条件跳转指令(jmp)对应的机器代码中,第 1 字节为操作码字段,其余部分为立即数字段,用于指定相对寻址方式中的偏移量,在机器指令中偏移量按小端方式存放。在以下给出的 x86-64 系统 4 段反汇编代码中,下划线处对应的跳转目标地址或指令的地址各是什么

```
1   4005fc: 74 80              je      _____
    4005fe: 48 89 f8           movq    %rdi,%rax
2   4003a2: 7f 08              jg      _____
    4003a4: 48 85 c0           testq   %rax,%rax
3   _____: 77 86            ja      4003c2
    _____: 5d               popq    %rbp
4   400448: e9 86 ff ff ff     jmp     _____
    _____: 48 d1 f8         sarq    %rax
```

解:反汇编代码中最左边的是用十六进制表示的指令地址,冒号后紧接着的是机器指令代码,最右边是汇编指令。4 段反汇编代码中跳转指令都采用了相对寻址的直接跳转方式,跳转目标地址 = 基准地址 + 偏移量。注意,这里偏移量是带符号整数,故应采用符号扩展,基准地址为跳转指令下一条指令的地址。

对于第 1 段代码,跳转目标地址 =0x4005fe+0x80=0x40057e,因此下划线处内容为 40057e。在机器中计算地址时,应该是两个 64 位数在如图 2.8 所示的 64 位补码加减运算器中进行加运算,第 1 个数为 0000 0000 0040 05FEH,第 2 个数是 0x80 符号扩展后的 64 位数,这里 0x80 的第一位为 1,因此扩展后为 FFFF FFFF FFFF FF80H(偏移量真值为 –80H=–128),这两个数直接相加后的结果为 0000 0000 0040 057EH。

对于第 2 段代码,跳转目标地址 =0x4003a4+0x08=0x4003ac,因此下划线处内容为 4003ac。这里 0x08 的符号位为 0。在运算器中执行的是 0000 0000 0040 03A4H + 0000 0000 0000 0008 = 0000 0000 0040 03ACH。

对于第 3 段代码,已知跳转目标地址为 0x4003c2,偏移量为 0x86,因此 ja 指令的下一条指令(popq)的地址为 0x4003c2–0x86=0x40043c,从而推导出 ja 指令的地址为 0x40043c。这里 0x86 的第一位为 1,因此扩展后为 FFFF FFFF FFFF FF86H(偏移量真值为 –7AH=–122),在如图 2.8 所示的 64 位补码加减运算器中进行以下运算:0000 0000 0040 03C2H – FFFF FFFF FFFF FF86H = 0000 0000 0040 03C2H + 000 0000 0000 007AH = 0000 0000 0040

043CH。下一条 popq 指令地址为 0x40043e。

对于第 4 段代码，因为 jmp 指令占 5 字节，因此下一条指令 sarq 的地址为 0x400448+5=0x40044d。因为 jmp 指令中的偏移量字段采用小端方式存放，因此跳转目标地址为 0x40044d+0xffffff86=0x4003d3。这里偏移量的真值为 −7AH=−122。

3. 条件设置指令

条件设置指令根据标志位组合确定将一个通用寄存器内容设置为 1 还是 0，其设置条件与表 3.9 中的跳转条件完全一样，指令助记符也类似，只要将条件跳转指令中的 J 换成 SET 即可。其格式如下：

SETcc DST

DST 通常是一个 8 位寄存器。例如，假定将 CF 标志存放在 DL 寄存器中，则对应表 3.9 中序号 1 的指令为 "setc %dl"，其含义如下：若 CF=1，则 R[dl]=1；否则 R[dl]=0。对应表 3.9 中序号 14 的条件设置指令为 "setge %dl"，其含义如下：若 SF=OF，则 R[dl]=1；否则 R[dl]=0。每种条件跳转指令都有对应的条件设置指令。

例 3.12 以下各组指令序列用于将比较测试结果记录到 CL 寄存器。根据以下各组指令序列，分别判断数据 x 和 y 在 C 语言程序中的数据类型，并说明指令序列的功能。

```
第一组： cmpl    %eax, %edx    #R[eax]=y, R[edx]=x
        setb    %cl
第二组： cmpl    %eax, %edx    #R[eax]=y, R[edx]=x
        setne   %cl
第三组： cmpw    %ax, %dx      #R[ax]=y, R[dx]=x
        setl    %cl
第四组： cmpq    %rax, %rdx    #R[rax]=y, R[rdx]=x
        setae   %cl
第五组： testw   %ax, %ax      #R[ax]=x
        setns   %cl
第六组： testb   %al, $15      #R[al]=x
        setz    %cl
```

解：CMP 指令通过执行减法来设置标志位，每组中第二条 SETcc 指令中使用的标志位都是由 x 和 y 相减后设置的。

第一组 cmpl 的长度后缀为 l，因此 x 和 y 都是 32 位数据，指令 setb 对应表 3.9 中序号为 11 的条件设置指令，即设置条件为 CF=1，说明是无符号整数的小于比较，因此，x 和 y 可能是 unsigned、unsigned long（32 位架构）或指针型数据（32 位架构）。

第二组 cmpl 的长度后缀为 l，因此 x 和 y 都是 32 位数据，指令 setne 对应表 3.9 中序号为 4 的条件设置指令，即设置条件为 ZF=0，说明是两个位串的不相等比较，因此，x 和 y 可能是 unsigned、int、unsigned long（32 位架构）、long（32 位架构）或指针型数据（32 位架构）。

第三组 cmpw 的长度后缀为 w，因此 x 和 y 都是 16 位数据，指令 setl 对应表 3.9 中序号为 15 的条件设置指令，即设置条件为 SF≠OF，说明是带符号整数的小于比较，因此，x 和 y 只能是 short 型数据。

第四组 cmpq 的长度后缀为 q，因此 x 和 y 都是 64 位数据，指令 setae 对应表 3.9 中序号为 10 的条件设置指令，即设置条件为 CF=0，说明是无符号整数的大于等于比较，因此，x 和 y 可能是 64 位架构中的 unsigned long、unsigned long long 或指针型数据。

第五组 x 为 16 位数据，指令 setns 对应表 3.9 中序号为 6 的条件设置指令，设置条件为 SF=0，说明是带符号整数的非负数比较，即判断 x 是否大于等于 0，因此，x 只能是 short 型数据。

第六组的 TEST 指令对 x 和 0x0F 相与，析取 x 的低 4 位，x 为 8 位数据，指令 setz 对应表 3.9 中序号为 3 的条件设置指令，设置条件为 ZF=1，用于对 TEST 指令析取出的位串判断是否为 0，即判断 x 的低 4 位是否为 0，因此，x 可能是 signed char 或 unsigned char 型数据。

4. 条件传送指令

条件传送指令 的功能是，如果符合条件就进行传送操作，否则什么都不做。设置的条件和表 3.9 中的条件跳转指令的跳转条件完全一样，指令助记符也类似，只要将 J 换成 CMOV 即可，其 AT&T 格式如下：

$$\text{CMOVcc SRC, DST}$$

源操作数 SRC 可以是 16/32/64 位寄存器或存储器操作数，传送目的地 DST 必须是 16/32/64 位寄存器。例如，对应表 3.9 中序号 1 的条件传送指令 "cmovc %eax, %edx" 含义是：若 CF=1，则 R[edx] ← R[eax]；否则什么都不做。对应表 3.9 中序号 14 的条件传送指令 "cmovge (%eax), %edx" 含义是：若 SF=OF，则 R[edx] ← M[R[eax]]；否则什么都不做。

5. 调用和返回指令

为便于进行模块化程序设计，往往把程序中具有特定功能的部分编写成独立的程序模块，称为**子程序**。这些子程序可以被主程序调用，执行结束时需返回主程序继续执行。子程序的使用有助于提高程序的可读性，并有利于代码重用，它是程序员进行模块化编程的重要手段。子程序的使用主要通过**过程调用**或**函数调用**实现，为叙述方便起见，本书将 C 语言中的函数调用称为过程调用。为实现这一功能，指令系统必须提供相应的调用指令和返回指令。

调用指令 CALL 是一种无条件跳转指令，跳转方式与 JMP 指令类似，也有直接跳转和间接跳转两种方式。它具有两个功能：将返回地址入栈（相当于 PUSH 指令操作）；跳转到指定地址处执行。执行时，首先将当前 EIP 或 RIP 的内容（**返回地址**，即 CALL 指令下条指令的地址）入栈，然后将**调用目标地址**（即子程序的首地址）装入 EIP 或 RIP，以将控制转移到被调用的子程序执行。显然，CALL 指令会修改栈指针 ESP 或 RSP。

返回指令 RET 也是一种无条件转移指令，通常放在子程序的末尾，使子程序执行后返回主程序继续执行。该指令执行过程中，先从栈顶取出返回地址（相当于 POP 指令操作），然后送到 EIP 或 RIP 寄存器。显然，RET 指令会修改栈指针。若 RET 指令带有一个立即数 n，则当它完成上述操作后，还会执行 R[esp] ← R[esp]+n 或 R[rsp] ← R[rsp]+n 操作，从而实现预定的修改栈指针 ESP 或 RSP 的目的。

6. 陷阱指令

陷阱也称为**自陷**或**陷入**，它是预先安排的一种"异常"事件，就像预先设定的"陷阱"一样。当执行到**陷阱指令**（也称**自陷指令**）时，CPU 就调出特定的程序进行相应处理，处理结束后返回到陷阱指令的下一条指令执行。

陷阱的重要作用之一是在用户程序和操作系统内核之间提供一个类似过程调用的接口，称为**系统调用**，用户程序通过系统调用可方便地使用操作系统内核提供的服务。为了使用户程序能够向内核提出系统调用请求，指令集架构会定义若干条特殊的**系统调用指令**，如 IA-32 中的 int 指令和 sysenter 指令、RISC-V 中的 ecall 指令、MIPS 中的 syscall 指令等。这些系统调用指令属于陷阱指令，执行时 CPU 通过一系列步骤调出内核中对应的系统调用服务例程执行。此外，利用陷阱机制还可以实现程序调试功能，包括设置断点和单步跟踪。

陷阱是一种特殊的中断当前程序运行的"异常"事件，以下是 IA-32/x86-64 中提供的部分异常/中断类指令，其中，INT、into 和 sysenter 为陷阱指令。

- INT n：n 为中断类型号，取值范围为 $0 \sim 255$。
- iret：中断返回指令，执行后将回到被中断的程序继续运行。
- into：溢出中断指令，若 OF=1，产生类型号为 4 的异常，进入相应的溢出异常处理。
- sysenter：快速进入系统调用指令。
- sysexit：快速退出系统调用指令。

有关陷阱指令和异常/中断的详细内容，请参考第 8 章相关内容。

*3.3.5 x87 浮点处理指令

IA-32 的浮点处理架构有两种。较早的一种是与 x86 配套的浮点协处理器 x87 架构；另一种是由 MMX 发展而来的 SSE 指令集架构，采用的是单指令多数据（Single Instruction Multi Data，SIMD）技术。GCC 默认生成 x87 代码，如果想要生成 SSE 指令代码，则需要设置适当的编译选项。

x87 FPU 有一个浮点寄存器栈，栈的深度为 8，每个浮点寄存器有 80 位。根据指令的操作功能，x87 浮点数指令可分为浮点数装入（FLD、FILD）、浮点数存储（FST 和 FSTP、FIST 和 FISTP）、浮点数算术运算（FADD/FSUB/FMUL/FDIV 及其对应各种变形指令）等几种类型。其中，助记符加 P 表示从 ST(0) 栈顶弹出，助记符加 I 表示要把操作数当成带符号整数并等值转换为浮点数，或把浮点数等值转换为带符号整数。

浮点数装入指令 FLD 用来将存储单元中的浮点数装入浮点寄存器栈的栈顶 ST(0)，FILD 则是将存储器中的数据从带符号整数等值转换为浮点数后装入 ST(0)。由于浮点寄存器宽度为 80 位，因此这些指令中指定的从存储单元中取出的浮点数不管是 32 位（float 型，flds 指令）还是 64 位（double 型，fldl 指令)，都要先转换为 80 位扩展精度格式后再装入栈顶 ST(0)。

浮点数存储指令 FST 和 FSTP 用来将浮点寄存器栈顶 ST(0) 中的元素（FSTP 指令会弹出栈）存储到存储单元中，FIST 和 FISTP 则将 ST(0) 中的浮点数转换为带符号整数后，再存入存储单元。由于浮点寄存器宽度为 80 位，因此需要先将 80 位扩展精度格式转换为 32 位

（float 型，fsts 或 fstps 指令）或 64 位（double 型，fstl 或 fstpl 指令）格式后，再存储到指定存储单元中。

浮点数算术指令用于对栈顶 ST(0) 和次栈顶 ST(1) 两个浮点数（或等值转换为 int 型数）进行算术运算。

由于 x87 中浮点寄存器为 80 位，而在内存中的浮点数可能占 32 位、64 位或 96 位，因此在内存单元和浮点数寄存器之间进行数据传送的过程中，可能会丢失精度而造成错误计算结果，需要引起注意。

图 3.12 所示是两个功能完全相同的程序，但是，使用 gcc 的一些旧版本对它们进行编译时，会发生以下情况：使用 gcc -O2 编译程序时，程序一的输出结果是 0，也就是说 a 不等于 b；程序二的输出结果是 1，也就是说 a 等于 b。两个几乎一模一样的程序运行结果不一致。

```
程序一:
#include <stdio.h>
double f(int x) {
    return 1.0 / x ;
}
int main() {
    double a, b;
    int i ;
    a = f(10) ;
    b = f(10) ;
    i = a == b ;
    printf("%d\n" , i ) ;
    return 0;
}
```

```
程序二:
#include <stdio.h>
double f(int x) {
    return 1.0 / x ;
}
int main() {
    double a, b, c;
    int i ;
    a = f(10) ;
    b = f(10) ;
    c = f(10) ;
    i = a == b ;
    printf("%d\n" , i ) ;
    return 0;
}
```

图 3.12 浮点运算示例

出现上述情况的主要原因是存储单元和浮点数寄存器之间进行数据传送过程中丢失了有效数位。

gcc 对于程序一的处理过程如下：先计算 a=f(10)=1.0/10=0.1，然后将其写到存储单元，由于 0.1=0.0 0011[0011]B，即转换为二进制数时是无限循环小数，因此无法用有限位数的二进制精确表示。在将其从 80 位的浮点寄存器写入 64 位（double 型）存储区时，产生了精度损失。然后计算 b=f(10)，该结果并没有被写入存储器中，这样，在计算关系表达式"a==b"时，直接将损失了精度的 a 与栈顶 ST(0) 中的 b 进行比较，由于 b 没有精度损失，因此 a 与 b 不相等。

gcc 对于程序二的处理过程如下：a 与 b 在计算完成后，由于程序中多了 c=f(10) 的计算，gcc 必须把先前计算的 a 和 b 都写入存储器，于是都产生了精度损失，因而它们的值完全一样，再把它们读到浮点寄存器栈中进行比较时，得出的结果就是 a 等于 b。

使用较新版本的 gcc（如 gcc 4.4.7）编译时，用 -O2 优化选项的情况下，两个程序输出的结果都为 1，并没有发生上述情况，对它们反汇编后发现，两个程序都没有计算 f(10) 就直接把 i 设置成 1 了，显然编译器进行了相应的优化。

上述 gcc 旧版本出现的问题主要是编译器没有处理好。从这个例子可以看出，编译器的设计和指令集体系结构是紧密相关的。对于编译器设计者来说，只有真正了解底层指令集体系结构，才能够翻译出没有错误的目标代码，并为高级语言程序员完全屏蔽掉底层实现细节，方便应用程序员开发出可靠的程序。对于应用程序开发者来说，也只有真正了解底层实现原理，才能编制出高效的程序，并且能够快速定位出错的地方，对程序的行为做出正确的判断。

例 3.13 以下是关于函数调用传递参数时进行类型转换的一个 C 语言程序：

```
1   #include <stdio.h>
2   int funct(int r) {
3       return 2*3.14*r;
4   }
5
6   int main() {
7       float x = funct(5.6);
8       printf("%f\n", x);
9       return 0;
10  }
```

先将上述程序在 IA-32+x87 架构上进行编译、汇编生成可重定位目标文件，然后对可重定位目标文件进行反汇编，根据反汇编结果分析该程序执行过程中进行了哪些类型转换，并分析 main 函数的两条 call 指令的功能，给出其中立即数字段和被调用过程首地址之间的关系。

解：可重定位目标文件反汇编部分结果如下（省略了部分指令并加了注释）：

```
1   000011ed <funct>:
2     11ed:   55                      push   %ebp
         … # M[R[ebp]+8]←r,ST(0)←2*3.14*r
5     11f3:   db 45 08                fildl  0x8(%ebp)
6     11f6:   dd 05 10 20 00 00       fldl   0x2010
7     11fc:   de c9                   fmulp  %st,%st(1)
         … # M[R[ebp]-8]←ST(0),R[eax]← M[R[ebp]-8]
13    120f:   db 5d f8                fistpl -0x8(%ebp)
14    1212:   d9 6d fe                fldcw  -0x2(%ebp)
15    1215:   8b 45 f8                mov    -0x8(%ebp),%eax
16    1218:   c9                      leave
17    1219:   c3                      ret
18
19  0000121a <main>:
20    121a:   8d 4c 24 04             lea    0x4(%esp),%ecx
         … # M[R[esp]]←5, ST(0)←M[R[ebp]-0x1c]←funct(5)=x
28    122e:   6a 05                   push   $0x5
29    1230:   e8 b8 ff ff ff          call   11ed <funct>
30    1235:   83 c4 08                add    $0x8,%esp
31    1238:   89 45 e4                mov    %eax,-0x1c(%ebp)
32    123b:   db 45 e4                fildl  -0x1c(%ebp)
         … # M[R[esp]]←ST(0)=funct(5)=x, printf("%f\n",x)
37    124b:   dd 1c 24                fstpl  (%esp)
38    124e:   68 08 20 00 00          push   $0x2008
39    1253:   e8 e8 fd ff ff          call   1040 <printf@plt>
         …
45    1267:   c3                      ret
```

从上述机器级代码看，在该程序执行过程中共进行了由加粗指令实现的以下 4 次类型转换。

- 在 main() 函数中调用 funct(5.6) 时，在第 28 行中通过指令 "push $0x5" 传递参数 5.6，显然将浮点型常数 5.6 转换成了整型常数 5。
- 在 funct() 函数中计算 2*3.14*r 时，在第 5 行中通过指令 "fildl 0x8(%ebp)" 将存放在地址 "R[ebp]+8" 处的入口参数 r 从带符号整数转换成浮点数并装入浮点寄存器栈顶 ST(0)。
- 在 funct() 函数中执行 return 语句返回结果时，在第 13 行中通过指令 "fistpl -0x8(%ebp)" 将浮点寄存器栈顶 ST(0) 中的浮点数转换为带符号整数后，存入地址为 "R[ebp]-8" 的存储单元处，再通过第 15 条指令，将 "R[ebp]-8" 处的返回值送到 EAX 中。
- 在 main() 函数中将 funct(5.6) 的返回值赋给 float 型变量 x 时，在第 32 行中通过指令 "fildl -0x1c(%ebp)" 将从 funct() 返回的 int 型带符号整数（存放在地址 "R[ebp]-0x1c" 处）转换为浮点数并装入 ST(0)，然后通过第 37 行中的指令 "fstpl (%esp)"，将其作为 printf() 函数的第 2 个入口参数存入栈中入口参数所在位置。

main() 函数中两条 call 指令的功能以及跳转目标地址计算过程分析如下。

- 第 29 行 call 指令实现对 funct() 函数的调用，其具体功能为 "R[esp] ← R[esp]-4，M[R[esp]] ← 0000 1235H, R[eip] ← 0000 11EDH"。funct 过程首地址 0x11ed 为 call 指令的跳转目标地址，指令中的立即数字段为 FFFF FFB8H（即偏移量为 -72），基准地址为 call 指令下条指令地址 0x1135。根据 0000 11EDH = 0000 1135H + FFFF FFB8 可以看出，该 call 指令跳转目标地址 =call 指令下条指令的地址 + 立即数字段表示的偏移量。
- 第 39 行 call 指令实现对 printf() 函数的调用。该指令下条指令地址为 0x1253+0x5=0x1258，跳转目标地址为 0x1040，立即数字段为 FFFF FDE8H，根据上述 call 指令跳转目标地址计算公式，应存在如下关系：0000 1040H = 0000 1258H + FFFF FDE8H。显然，等式两边结果一致，验证正确。

*3.3.6　MMX/SSE/AVX 指令

MMX 指令、SSE 指令和 AVX 指令都属于采用 SIMD 技术的**数据级并行处理指令**。下面用一个简单的例子来比较普通指令与数据级并行指令的执行速度。为了使比较结果尽量不受访存操作的影响，以下例子中的运算操作数主要是寄存器操作数。此外，为了使比较结果尽量准确，例子中设置了较大的循环次数值，为 0x400 0000=2^{26}。例子只是为了说明指令执行速度的快慢，并没有考虑结果是否溢出。

图 3.13 给出了采用普通指令的累加函数 dummy_add() 对应的汇编代码，其中粗体字部分为循环体，循环控制指令 loop 执行时，先检测寄存器 ECX 的内容，若为 0 则退出循环，否则 ECX 的内容减 1，并再次进入循环体的第一条指令开始执行，循环体的第一条指令地址由 loop 指令指出。

```
080484f0 <dummy_add>:
 80484f0:       55                      push    %ebp
 80484f1:       89 e5                   mov     %esp, %ebp
 80484f3:       b9 00 00 00 04          mov     $0x4000000, %ecx
 80484f8:       b0 01                   mov     $0x1, %al
 80484fa:       b3 00                   mov     $0x0, %bl
 80484fc:       00 c3                   add     %al, %bl
 80484fe:       e2 fc                   loop    80484fc <dummy_add+0xc>
 8048500:       5d                      pop     %ebp
 8048501:       c3                      ret
```

图 3.13 采用普通指令的累加函数

图 3.14 给出了采用数据级并行指令的累加函数 dummy_add_sse() 对应的汇编代码，其中粗体字部分为循环体。

```
08048510 <dummy_add_sse>:
 8048510:       55                      push    %ebp
 8048511:       b8 00 9d 04 10          mov     $0x10049d00, %eax
 8048516:       89 e5                   mov     %esp, %ebp
 8048518:       53                      push    %ebx
 8048519:       bb 20 9d 04 14          mov     $0x14049d20, %ebx
 804851e:       b9 00 00 40 00          mov     $0x400000, %ecx
 8048523:       66 0f 6f 00             movdqa  (%eax), %xmm0
 8048527:       66 0f 6f 0b             movdqa  (%ebx), %xmm1
 804852b:       66 0f fc c8             paddb   %xmm0, %xmm1
 804852f:       e2 fa                   loop    804852b <dummy_add_sse+0x1b>
 8048531:       5b                      pop     %ebx
 8048532:       5d                      pop     %ebp
 8048533:       c3                      ret
```

图 3.14 采用 SSE 指令的累加函数

从图 3.13 可看出，dummy_add() 函数中，每次循环只完成一个字节的累加，而在图 3.14 所示的 dummy_add_sse() 函数中，每次循环执行的指令为 "paddb %xmm0,%xmm1"，即每次循环并行完成两个 XMM 寄存器中 16 个 1 字节数据的累加，对于与 dummy_add 同样的工作量，循环次数应为其十六分之一，即 (0x400 0000>>4) = 0x40 0000 = 2^{22}，可以预期所用时间大约只有 dummy_add 的十六分之一。

我们在相同环境下测试了两个函数的执行时间，dummy_add 所用时间约为 22.643816s，而 dummy_add_sse 所用时间约为 1.411588s，两者大约相差 16.041378 倍。这与预期结果一致。

dummy_add_sse() 函数中用到的 SSE 指令有两条，除 paddb 指令外，另一条是 movdqa (move aligned double quadword) 指令，其功能是将双四字（128 位）从源操作数处移到目标处，可用于在 XMM 寄存器与 128 位存储单元之间移入/移出双四字，或在两个 XMM 寄存器之间移动。该指令的源操作数或目的操作数是存储器操作数时，操作数必须是 16 字节边界对齐，否则将发生一般保护性异常（#GP）。若需要在未对齐的存储单元中移入/移出双四字，可以使用 movdqu 指令。

不同版本的 SSE 代码和第一个版本的 AVX 代码结构类似，只是指令名称和格式有些不同，例如，对于 SSE 指令 movdqa，对应的 AVX 指令名称为 vmovdqa，该 AVX 指令可以与

SSE 指令一样，在 XMM 寄存器之间或 XMM 寄存器和主存之间传送 128 位数据，也可以在 YMM 寄存器之间或 YMM 寄存器和主存之间传送 256 位数据。

*3.3.7　x86-64 中的浮点处理指令

在 x86-64 中，浮点处理架构有 SSE 和 AVX 两种，浮点运算采用基于 XMM 寄存器的 SSE 指令或者基于 YMM 寄存器的 AVX 指令进行处理。GCC 默认生成 SSE 代码，当编译选项中给出 -mavx2 时，GCC 会生成 AVX2（即 AVX 的第 2 个版本）指令代码。

若采用 AVX 浮点架构，则数据存储在 16 个 YMM 寄存器中，每个 YMM 寄存器占 32 字节，其中，低 16 字节是对应的 XMM 寄存器。若指令给出的 XMM/YMM 寄存器操作数是一组打包的（packed）同类型数据，则为向量指令。当对标量数据进行操作时，这些寄存器仅用于存放浮点数，而且仅使用低 32 位存放 float 型数，或使用低 64 位存放 double 型数，在汇编代码中使用 XMM 寄存器名称来引用这些低位寄存器，因此，标量指令中的浮点数寄存器名称为 XMM0～XMM15。

以下简要介绍 SSE/AVX 架构中的部分浮点操作指令。

1. 浮点数传送向量指令

movaps（vmovaps）、movapd（vmovapd）指令分别用于在两个 XMM（或 YMM）寄存器之间或者在 XMM（或 YMM）寄存器和 16B（或 32B）长度存储单元之间传送打包的 float 型、double 型浮点数，涉及存储单元读写时，要求按 16 字节（与 XMM 寄存器交换数据时）和 32 字节（与 YMM 寄存器交换数据时）边界对齐，否则会产生一般保护性异常（#GP）。在指令助记符中，a 表示 aligned（对齐），ps 表示 packed single-precision（打包的单精度），pd 表示 packed double-precision（打包的双精度）。

movaps 和 movapd 为 SSE 架构指令，指令中只能使用 XMM 寄存器，而不能使用 YMM 寄存器。因此，movaps 指令可传送 4 个 float 型数，movapd 指令可传送 2 个 double 型数。

以 v 开头的指令为 AVX 架构指令，对应指令中可使用 XMM 寄存器，也可以使用 YMM 寄存器。若使用 YMM 寄存器，则 vmovaps 指令可传送 8 个 float 型数，vmovapd 指令可传送 4 个 double 型数。

2. 浮点数传送标量指令

movss（vmovss）、movsd（vmovsd）指令分别用于在两个 XMM 寄存器之间或者在 XMM 寄存器和存储单元之间传送 float 型、double 型浮点数。在指令助记符中，ss 表示 scalar single-precision（标量单精度），sd 表示 scalar double-precision（标量双精度）。

movss 和 movsd 为 SSE 架构指令，而 vmovss 和 vmovsd 为 AVX 架构指令。movss 和 vmovss 都可实现在 4B 长度存储单元与 XMM 寄存器之间或者两个 XMM 寄存器之间传送一个 float 型数；movsd 和 vmovsd 可实现在 8B 长度存储单元与 XMM 寄存器之间或者两个 XMM 寄存器之间传送一个 double 型数。

例 3.14　C 语言函数 fmovfun() 定义如下：

```
1  float fmovfunc(float x, float *src, float *dst) {
```

```
2       float y = *src;
3       *dst = x;
4       return y;
5   }
```

已知在 x86-64 系统中浮点参数 x 存放在 xmm0 中，指针型参数 src 和 dst 分别存放在 RDI 和 RSI 中，返回的浮点值存放在 xmm0 中，要求写出该函数在 x86-64 中 SSE 架构和 AVX 架构的 AT&T 格式汇编代码。

解：SSE 架构的 AT&T 格式汇编代码如下：

```
1   fmovfunc:
2       movss  %xmm0,%xmm1      # R[xmm1]←x
3       movss  (%rdi),%xmm0     # R[xmm0]←*src
4       movss  %xmm1,(%rsi)     # *dst←R[xmm1]
5       ret
```

上述汇编代码中，第一条指令也可改为"movaps %xmm0,%xmm1"，其功能与 movss 指令一样，也是将 XMM0 中的内容传送到 XMM1 中。

只要将上述 movss（movaps）指令名改为 vmovss（vmovaps）即可变成 AVX 架构的 AT&T 格式汇编代码。

3. 浮点数转换为整数标量指令

cvttss2si（vcvttss2si）、cvttsd2si（vcvttsd2si）指令用于分别将单个 float 型、double 型浮点数按**截断方式**转换为 32 位整数并存入 32 位通用寄存器，而 cvttss2siq（vcvttss2siq）、cvttsd2siq（vcvttsd2siq）指令则转换为 64 位整数并存入 64 位通用寄存器。这里的截断方式指将浮点数等值转换为整数时直接舍去小数部分，相当于向 0 舍入。指令助记符中，第 2 个 t 表示 truncation（截断），ss 表示 scalar single-precision（标量单精度），sd 表示 scalar double-precision（标量双精度），si 表示 dword integer（双字整数，即单个 32 位整数），在指令后加长度后缀 q，表示对应整数长度为四字，即 64 位整数。

当源操作数为 float 型浮点数时，其 32 位机器数可以在 XMM 寄存器的低 32 位中，也可以在 4B 长度存储单元中。类似地，double 型源操作数可以在 XMM 寄存器的低 64 位中，或者在 8B 长度存储单元中。

例如，指令"vcvttss2si (%rdx), %eax"的功能是，将 RDX 所指向的 4 个存储单元中的 32 位 float 型数据，以截断方式转换为 32 位整数，并存入 EAX 寄存器。指令"vcvttsd2siq %xmm1, %rax"的功能是，将 XMM1 寄存器中的 64 位 double 型数据，以截断方式转换为 64 位整数，并存入 RAX 寄存器。

4. 整数转换为浮点数标量指令

cvtsi2ss（vcvtsi2ss）、cvtsi2sd（vcvtsi2sd）指令用于将 32 位整数分别转换为单个 float 型、double 型浮点数并存入 XMM 寄存器，而 cvtsi2ssq（vcvtsi2ssq）、cvtsi2sdq（vcvtsi2sdq）指令则将 64 位整数分别转换为 float 型、double 型浮点数。在指令后加长度后缀 q，表示对应整数长度为四字，即 64 位整数。

当源操作数为 32 位整数时，其 32 位机器数可以在 32 位通用寄存器中，也可以在 4B

长度存储单元中。类似地,64 位整数源操作数可以在 64 位通用寄存器中,也可以在 8B 长度存储单元中。

这类整数转浮点数标量指令中,SSE 指令为双操作数格式,而 AVX 指令则为三操作数格式,其中,第 2 源操作数和目的操作数都指定为 XMM 寄存器内容,通常将两者设定为同一个 XMM 寄存器,即第 2 源操作数可忽略。

例如,SSE 指令 "cvtsi2sd %eax,%xmm3" 的功能是,将 EAX 中的 32 位整型数转换为 64 位 double 型浮点数,并存入 XMM3 寄存器的低 64 位。AVX 指令 "vcvtsi2sdq (%rax),%xmm1,%xmm1" 的功能是,将 RAX 所指向的 8 个存储单元中的 64 位整数转换为 64 位 double 型数据,并存入 XMM1 寄存器的低 64 位。

5. 浮点数运算向量指令

表 3.10 给出了部分 AVX 架构浮点数运算向量指令。每条指令有一个源操作数 S1,或者两个源操作数 S1 和 S2,还有一个目的操作数 D。第一个源操作数 S1 可以是一个 XMM 或 YMM 寄存器内容,也可以是 16B 或 32B 长度存储单元内容,而第二个源操作数和目的操作数都必须是 XMM 或 YMM 寄存器内容。每种操作都有针对 float 型和 double 型的指令。

表 3.10　部分 AVX 架构浮点数运算向量指令

指令	单精度指令助记符	双精度指令助记符	功能描述
向量加运算	vaddps	vaddpd	D ← S2+S1
向量减运算	vsubps	vsubpd	D ← S2−S1
向量乘运算	vmulps	vmulpd	D ← S2×S1
向量除运算	vdivps	vdivpd	D ← S2/S1
向量最大值	vmaxps	vmaxpd	D ← max(S2,S1)
向量最小值	vminps	vminpd	D ← min(S2,S1)
向量平方根	vsqrtps	vsqrtpd	D ← sqrt(S1)

指令助记符中,ps 和 pd 分别表示打包的单精度和双精度浮点数。因此,对于 128 位操作数,一条指令可同时进行 4 个单精度或 2 个双精度浮点数运算;对于 256 位操作数,一条指令可同时进行 8 个单精度或 4 个双精度浮点数运算。

表 3.10 中的所有指令都有对应的 SSE 架构指令,除了其指令助记符中不带首字母 v 以外,SSE 指令中仅包含一个源操作数 S1 和一个目的操作数 D,其中目的操作数相当于 AVX 指令中的第二个源操作数 S2。例如,SSE 指令 "divps %xmm0,%xmm1" 的功能相当于 AVX 指令 "vdivps %xmm0,%xmm1,%xmm1" 的功能。SSE 指令 "subpd (%rdx),%xmm3" 的功能相当于 AVX 指令 "vsubpd (%rdx),%xmm3,%xmm3" 的功能。

6. 浮点数运算标量指令

只要将表 3.10 中所有向量指令助记符中的 p 改成 s,就是对应的标量运算指令,用于实现单个 float 型或 double 型浮点数的运算。同样,所有 AVX 标量运算指令都有对应的 SSE 架构指令。例如,SSE 指令 "divsd %xmm0,%xmm1" 的功能相当于 AVX 指令 "vdivsd %xmm0,%xmm1,%xmm1" 的功能,都是将 XMM1 中低 64 位表示的双精度浮点数除以 XMM0 中低 64 位表示的浮点数,结果存放在 XMM1 寄存器中。SSE 指令 "subss (%rdx),

%xmm3"的功能相当于 AVX 指令"vsubss (%rdx), %xmm3, %xmm3"的功能,都是将 XMM3 中低 32 位表示的单精度浮点数减去 RDX 指向的 4B 长度存储单元中的单精度浮点数,结果存放在 XMM3 寄存器中。

除了上述部分浮点处理指令以外,还有位操作和浮点数大小比较等指令,详细内容可参考 Intel 相关指令系统手册。

3.4 本章小结

任何一个 C 语言程序都要转换为对应机器所采用的指令集体系结构规定的机器代码才能执行。本章主要介绍 IA-32/x86-64 指令集体系结构的基础内容,包括 IA-32/x86-64 支持的数据类型、寄存器组织、寻址方式、常用指令类型、指令格式和指令的功能,从而为下一章介绍 C 语言程序在 IA-32/x86-64 架构上的机器级表示奠定基础。

习题

1. 给出以下概念的解释说明。

机器语言程序	机器指令	汇编语言	汇编指令
汇编语言程序	汇编助记符	汇编程序	反汇编程序
机器级代码	通用寄存器	变址寄存器	基址寄存器
栈指针寄存器	指令指针寄存器	标志寄存器	标志位(条件码)
寻址方式	立即寻址	寄存器寻址	存储器操作数
相对寻址	基址寻址	变址寻址	实地址模式
保护模式	有效地址	比例变址	非比例变址
比例系数(比例因子)	MMX 指令	SSE 指令集	SIMD
AVX 指令集	多媒体扩展寄存器	数据级并行处理指令	

2. 简单回答下列问题。
   (1)一条机器指令通常由哪些字段组成?
   (2)将一个高级语言源程序转换成计算机能直接执行的机器代码通常需要哪几个步骤?
   (3)IA-32/x86-64 中的逻辑运算指令如何生成标志位信息?移位指令可能会改变哪些标志位?
   (4)执行条件跳转指令时所用到的标志信息从何而来?请举例说明。
   (5)无条件跳转指令和调用指令的相同点和不同点是什么?

3. 对于以下 AT&T 格式汇编指令,根据操作数的长度确定对应指令助记符中的长度后缀,并说明每个操作数的寻址方式。
   (1) mov   8(%ebp, %ebx, 4), %ax
   (2) mov   %al, 12(%ebp)
   (3) add   (, %ebx, 4), %eax
   (4) or   (%ebx), %dh
   (5) push   %rcx

（6）mov $0xFFF0, %eax
（7）test   %rax, %rax
（8）lea   8(%ebx, %esi), %eax

4. 使用汇编器处理以下 IA-32/x86-64 中 AT&T 格式代码时都会产生错误，请说明每一行代码存在什么错误。

（1）movl   0xFF, (%eax)
（2）movb   %ax, 12(%ebp)
（3）addl   %ecx, $0xF0
（4）orw $0xFFFF0, (%ebx)
（5）addb $0xF8, (%dl)
（6）movl   %bx, %eax
（7）andl   %esi, %esx
（8）movq   8(%ebp, , 4), %rax
（9）leaq   20(%rdi, %rsi), %eax

5. 假设变量 x 和 ptr 的类型声明如下：

```
src_type x;
dst_type *ptr;
```

这里，src_type 和 dst_type 是用 typedef 声明的数据类型。有以下 C 语言赋值语句：

```
*ptr=(dst_type) x;
```

若 x 在寄存器 EAX 或 AX 或 AL 中，ptr 在寄存器 EDX 中，则对于表 3.11 中给出的 src_type 和 dst_type 类型组合，写出实现上述赋值语句的 IA-32 机器级代码，要求用 AT&T 格式汇编指令表示。

表 3.11 题 5 表

src_type	dst_type	机器级表示
char	int	
int	char	
int	unsigned	
short	int	
unsigned char	unsigned	
char	unsigned	
int	int	

6. 假设变量 x 和 y 分别存放在寄存器 RAX 和 RCX 中，给出以下各指令执行后寄存器 RDX 中的结果。

```
（1）leaq  (%rax), %rdx
（2）leaq  4(%rax, %rcx), %rdx
（3）leaq  (%rax, %rcx, 8), %rdx
（4）leaq  16(%rcx, %rax, 2), %rdx
（5）leaq  ( , %rax, 4), %rdx
（6）leaq  (%rax, %rcx), %rdx
```

7. 假设在 IA-32 系统中以下地址以及寄存器中存放的机器数如表 3.12 所示。

表 3.12 题 7 表

地址	机器数	寄存器	机器数
0x0804 9300	0xffff fff0	EAX	0x0804 9300
0x0804 9400	0x8000 0008	EBX	0x0000 0100
0x0804 9384	0x80f7 ff00	ECX	0x0000 0010
0x0804 9380	0x908f 12a8	EDX	0x0000 0080

分别说明执行以下指令后，哪些存储单元地址或寄存器中的内容会发生改变？改变后的内容是什

么？条件标志 OF、SF、ZF 和 CF 会发生什么改变？

(1) `addl    (%eax), %edx`

(2) `subl    (%eax, %ebx), %ecx`

(3) `orw     4(%eax, %ecx, 8), %bx`

(4) `testb   $0x80, %dl`

(5) `imull   $32, (%eax, %edx), %ecx`

(6) `mulw    %bx`

(7) `decw    %cx`

8. 已知 IA-32 采用小端方式，根据给出的 IA-32 代码反汇编结果（部分信息用 x…x 表示）回答问题。

(1) 已知 je 指令的操作码为 0111 0100，je 指令的跳转目标地址是什么？call 指令中的跳转目标地址 0x80483b1 是如何反汇编出来的？

```
804838c: 74 08                je      xxxxxxx
804838e: e8 1e 00 00 00       call    0x80483b1<test>
```

(2) 已知 jb 指令的操作码为 0111 0010，jb 指令的跳转目标地址是什么？movl 指令中的目的地址是如何反汇编出来的？

```
8048390: 72 f6                jb      xxxxxxx
8048392: c6 05 00 a8 04 08 01 movl    $0x1, 0x804a800
8048399: 00 00 00
```

(3) 已知 jle 指令的操作码为 0111 1110，jle 和 mov 指令的地址各是什么？

```
xxxxxxx: 7e 16                jle     0x80492e0
xxxxxxx: 89 d0                mov     %edx, %eax
```

(4) 已知 jmp 指令的跳转目标地址采用相对寻址方式，jmp 指令操作码为 1110 1001，其跳转目标地址是什么？

```
8048296: e9 00 ff ff ff  jmp   xxxxxxx
804829b: 29 c2           sub   %eax, %edx
```

9. 对于以下 x86-64 中的 AT&T 格式汇编指令，根据操作数的长度确定对应指令助记符中的长度后缀，并说明每个操作数的寻址方式。

(1) `mov    8(%rbp, %rbx, 4), %ax`

(2) `mov    %al, 12(%rbp)`

(3) `add    (%rbp, %rsi, 4), %r9w`

(4) `or     (%rbx), %dil`

(5) `sub    %bpl, 8(%rsp, %rdi, 4)`

(6) `mov    $0xFFF0, %eax`

(7) `test   %r8d, %r8d`

(8) `lea    8(%rbx, %rsi), %rax`

(9) `xor    $0xF0, %rax`

10. 假设 x86-64 系统某程序中变量 x 和 ptr 的类型声明如下：

    ```
    src_type x;
    dst_type *ptr;
    ```

    这里，src_type 和 dst_type 是用 typedef 声明的数据类型。有以下一个 C 语言赋值语句：

    ```
    *ptr=(dst_type) x;
    ```

    若 x 存储在寄存器 RAX 或 EAX 或 AX 或 AL 中，ptr 存储在寄存器 RDX 中，则对于表 3.13 给出的 src_type 和 dst_type 的类型组合，写出实现上述赋值语句对应的汇编指令。

    表 3.13　题 10 表

src_type	dst_type	汇编指令（AT&T 格式）
char	long	
int	char	
int	unsigned long	
short	int	
unsigned char	unsigned	
char	unsigned long	
unsigned long	int	

第 4 章 程序的机器级表示

用任何高级语言编写的源程序最终都必须转换成以指令形式表示的机器语言才能在计算机上运行。本章将介绍高级语言源程序对应的机器级代码，也就是程序转换前后高级语言程序与机器级代码之间的对应关系。为方便起见，本章选择具体语言进行说明，高级语言和机器级代码分别选用 C 语言和 IA-32/x86-64 指令系统。其他情况下，其基本原理不变。

本章主要介绍 C 语言程序与 IA-32/x86-64 机器级代码之间的对应关系，主要包括 C 语言中的过程调用和各类控制语句的机器级代码表示、复杂数据类型（数组、结构体、联合体等）对应处理程序段的机器级代码、越界访问和缓冲区溢出等内容。本章所用的机器级表示主要以汇编语言形式为主，对机器级指令功能描述的 RTL 规定与第 3 章一致。

4.1 过程调用的机器级表示

为便于模块化程序设计，通常把程序中具有特定功能的部分编写成独立的程序模块，称之为**子程序**。子程序的使用主要通过过程调用实现。程序员可使用参数将过程与其他程序及数据进行分离。调用过程只要传送输入参数给被调用过程，最后再由被调用过程返回结果参数给调用过程。

引入过程使每个程序员只需要关注本模块过程的编写任务。本书主要介绍 C 语言程序的机器级表示，而 C 语言用函数来实现过程，因此，本书中的过程和函数是等价的。

4.1.1 IA-32 的过程调用约定

将程序分成若干模块后，编译器对每个模块分别进行编译。为了彼此统一，编译的模块代码之间必须遵循一些调用接口约定，这些约定称为**调用约定**（calling convention），具体由 ABI 规范定义，由编译器强制执行。汇编语言程序员也必须按照这些约定执行，包括寄存器的使用、栈帧的建立和参数传递等。

1. IA-32 中用于过程调用的指令

在 3.3.4 节中提到的调用指令 CALL 和返回指令 RET 是用于过程调用的主要指令，它们都属于无条件跳转指令，都会改变程序执行的顺序。为了支持嵌套和递归调用，通常利用栈来保存**返回地址**、**入口参数**和过程内部定义的**非静态局部变量**（auto 变量）。CALL 指令在跳转到被调用过程执行前先要把返回地址压栈，RET 指令在返回调用过程之前要从栈中取出返回地址。

有些指令系统的调用指令会将返回地址存放在专门的返回地址寄存器中，而不是存入栈中，如 RISC 指令架构 RISC-V、ARM 和 MIPS 等都设置了专门的返回地址寄存器。

2. 过程调用的执行步骤

假定过程 P 调用过程 Q，则 P 称为**调用者**（caller），Q 称为**被调用者**（callee）。**过程调用**的执行步骤如下。

① P 将入口参数（实参）放到 Q 能访问到的地方。
② P 将返回地址存到特定的地方，然后将控制转移到 Q。
③ Q 保存 P 的现场，并为自己的非静态局部变量分配空间。
④ 执行 Q 的过程体（函数体）。
⑤ Q 恢复 P 的现场，并释放所占的栈空间。
⑥ Q 取出返回地址，将控制转移到 P。

上述步骤中，①和②步在过程 P 中完成，其中②步由 CALL 指令实现，通过 CALL 指令将控制从过程 P 转移到 Q。③~⑥步都在被调用过程 Q 中完成，在执行 Q 过程体前的③步称为**准备阶段**，用于保存 P 的**现场**并为 Q 的非静态局部变量分配空间，在执行 Q 过程体后的⑤步称为**结束阶段**，用于恢复 P 的现场并释放 Q 所占的栈空间，最后在⑥步通过执行 RET 指令返回到过程 P。

每个过程的功能主要通过**过程体**的执行完成。若过程 Q 有嵌套调用，则在 Q 的过程体和被 Q 调用的过程（函数）中又会有上述 6 步执行过程。

小贴士

因为每个处理器只有一套通用寄存器，所以通用寄存器是每个过程共享的资源，当从调用过程跳转到被调用过程执行时，原来在通用寄存器中存放的调用过程中的内容不能因为被调用过程要使用这些寄存器而被破坏掉，因此，在被调用过程使用这些寄存器前，在准备阶段应先将寄存器内容保存到栈中，在结束阶段再从栈中将这些内容重新写回寄存器，这样，回到调用过程后，寄存器中存放的还是调用过程中的值。通常将通用寄存器内容称为**现场**。

并不是所有通用寄存器内容都由被调用过程保存，而是调用过程和被调用过程各保存一部分寄存器。通常由应用程序二进制接口给出**寄存器使用约定**，其中规定哪些寄存器由调用者保存，哪些由被调用者保存。

3. 过程调用所使用的栈

从上述执行步骤看，在调用过程 P 和被调用过程 Q 中，需要为入口参数、返回地址、调用过程执行时用到的通用寄存器、被调用过程中的 auto 变量、过程返回结果等数据找到存放空间。如果有足够的寄存器，最好都保存在寄存器中，这样，CPU 执行指令时可快速从寄存器取得这些数据。但是，用户可见寄存器数量有限且被所有过程共享；此外，对于过程中使用的复杂类型非静态局部变量（如数组和结构体等类型变量）也不可能保存在寄存器中。因此，除了通用寄存器外，还需要有一个专门的存储区来保存这些数据，这个存储区就是**栈**（stack），同时，实现过程的嵌套调用或递归调用也需要使用栈保存信息。那么，上述数据中哪些存放在寄存器中，哪些存放在栈中呢？寄存器和栈的使用又有哪些规定呢？

尽管硬件对寄存器的用法几乎没有任何规定，但是，因为寄存器是所有过程共享的资源，若一个寄存器在调用过程中存放了特定的值 x，在被调用过程执行时，它又被写入了新的值 y，那么当从被调用过程返回到调用过程执行时，该寄存器中的值就不是当初的值 x，这样，调用过程的执行结果就会发生错误。因而，使用寄存器需遵循一定的惯例，使机器级程序员、编译器和库函数等都按照统一的约定处理。

4. IA-32 寄存器使用约定

i386 System V ABI 规范规定，寄存器 EAX、ECX 和 EDX 是调用者保存寄存器（caller saved register）。当过程 P 调用 Q 时，Q 可以直接使用这三个寄存器，不用将它们保存到栈中，这意味着，若 P 在从 Q 返回后还要用这三个寄存器，则 P 应在转到 Q 之前先保存它们，并在从 Q 返回后先恢复再使用。寄存器 EBX、ESI、EDI 是被调用者保存寄存器（callee saved register），Q 必须先将它们保存到栈中再使用它们，并在返回 P 之前先恢复。另外两个寄存器 EBP 和 ESP 则是帧指针寄存器和栈指针寄存器，分别指向当前栈帧的底部和顶部。此外，函数返回的整数类型参数存放在 EAX 寄存器中。

5. IA-32 的栈、栈帧及其结构

IA-32 使用栈支持过程的嵌套调用，过程的入口参数、返回地址、通用寄存器内容、被调用过程中的非静态局部变量等都会被压栈。IA-32 中可通过执行 MOV、PUSH 和 POP 指令存取栈中的元素，用 ESP 寄存器指示栈顶，栈从高地址向低地址增长。

每个过程都有自己的栈区，称为栈帧（stack frame），因此，一个栈由若干栈帧组成，每个栈帧用专门的帧指针寄存器 EBP 指定起始位置。因而，当前栈帧的范围在 EBP 和 ESP 指向区域之间。过程执行时，由于不断有数据入栈，因此栈指针会动态移动，而帧指针则固定不变。对程序来说，用固定的帧指针访问变量要比用变化的栈指针访问变量方便，也不易出错，因此，在一个过程内对栈中信息的访问大多通过 EBP 进行，即通常将 EBP 作为基址寄存器使用。

假定 P 是调用过程，Q 是被调用过程。图 4.1 给出了 IA-32 在过程 Q 被调用前、过程 Q 执行中和从 Q 返回到过程 P 这三个时间点栈中的状态变化。

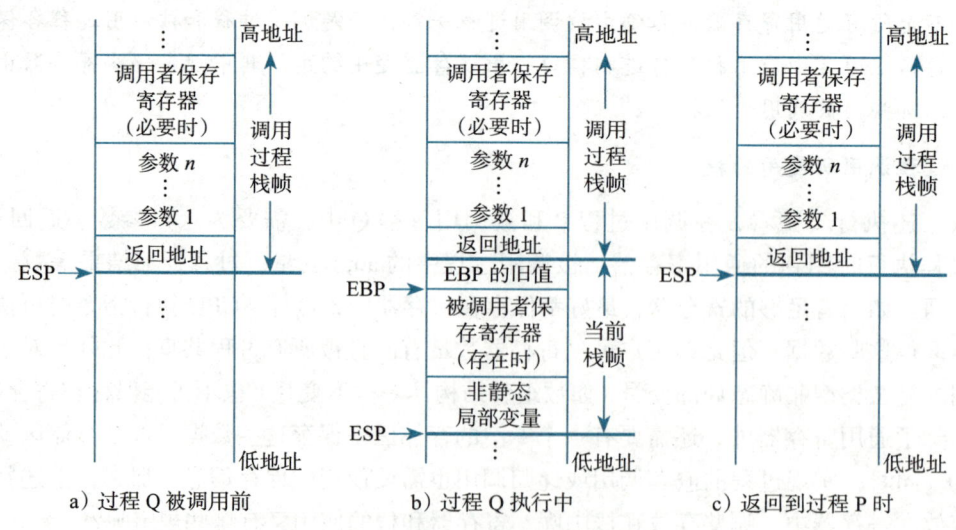

图 4.1 IA-32 中过程调用时栈和栈帧的变化

在 P 中遇到一个函数调用（被调用函数为 Q）时，在 P 的栈帧中保存的内容如图 4.1a 所示。首先，P 确定是否需要将某些调用者保存寄存器（如 EAX、ECX 和 EDX）保存到自己

的栈帧中；其次，将入口参数按顺序保存到栈帧中，参数压栈顺序是先右后左；最后，执行 CALL 指令，先将返回地址保存到栈帧中，然后转去执行被调用过程 Q。

在被调用函数 Q 的准备阶段，Q 栈帧中保存的内容如图 4.1b 所示。首先，Q 将 EBP 内容保存到栈帧中，并设置 EBP 指向它，即 EBP 指向当前栈帧底部；其次，根据需要确定是否将被调用者保存寄存器（如 EBX、ESI 和 EDI）保存到栈帧中；最后，在栈中为 Q 中的非静态局部变量分配空间。通常，如果非静态局部变量为简单变量且有空闲的通用寄存器，则编译器会将通用寄存器分配给局部变量使用，但是，对于非静态局部变量是数组或结构体等复杂数据类型的情况，只能在栈中为其分配空间。

在 Q 过程的结束阶段，将恢复被调用者保存寄存器和 EBP 的值，并使 ESP 指向返回地址所在位置，这样，栈中状态又回到了开始执行 Q 时的状态，如图 4.1c 所示。这时，执行 RET 指令便能取出返回地址，从而回到过程 P 继续执行。

i386 System V ABI 规定，栈中参数按 4 字节对齐，因此若参数类型为 char、unsigned char、short、unsigned short，其空间也占 4 字节，使入口参数的地址总是 4 的倍数。从图 4.1 可看出，在 Q 的过程体执行时，参数 1 的地址总是 R[ebp]+8，参数 2 的地址总是 R[ebp]+12，参数 3 的地址总是 R[ebp]+16，依此类推。

4.1.2 变量的作用域和生存期

从图 4.1 所示的过程调用前后栈的变化过程可看出，在当前过程 Q 栈帧中保存的 Q 非静态局部变量只在 Q 执行过程中有效，当从 Q 返回 P 后，这些变量所占空间被全部释放，因此，在 Q 过程以外，这些变量无效。了解该过程能很好地理解 C 语言中关于变量的作用域和生存期的问题。C 语言中自动（auto）变量就是函数内的非静态局部变量，因为它是通过执行指令而动态、自动地在栈中分配并在函数执行结束时释放的，所以其作用域仅限于函数内部且具有的仅是"局部生存期"。此外，auto 变量可以和其他函数中的变量重名，因为其他函数中的同名变量实际占用的是自己栈帧中的空间（同名 auto 变量时）或静态数据区（同名静态局部变量时）。也就是说，变量名虽相同但实际占用的存储单元不同，它们分别存放在不同的栈帧中，或者一个在栈中，另一个在静态数据区中。C 语言中的外部（全局）变量和静态变量（包括全局静态变量和局部静态变量）都分配在静态数据区，而不是分配在栈中，因而这些变量在整个程序运行期间一直占据着固定的存储单元，它们具有"全局生存期"。栈区、堆区、静态数据区、只读数据区和代码区等位置的划分也可以由 ABI 规范规定，有关内容将在第 5 章详细介绍。

下面用一个简单的例子说明过程调用的机器级实现。假定函数 add() 实现两个数相加，过程 caller() 调用 add()，以计算 125+80 的值，对应的 C 语言程序如下。

```
1   int add(int x,int y) {
2       return x+y;
3   }
4
5   int caller(){
6       int temp1 = 125;
7       int temp2 = 80;
```

```
 8        int sum = add(temp1,temp2);
 9        return sum;
10  }
```

经 GCC 编译生成的 .s 文件中 caller 过程对应的 IA-32 机器级代码如下（# 后面的文字是注释）。

```
 1  caller:
 2        pushl     %ebp
 3        movl      %esp, %ebp
 4        subl      $24, %esp
 5        movl      $125, -12(%ebp)   #M[R[ebp]-12]←125，即 temp1=125
 6        movl      $80, -8(%ebp)     #M[R[ebp]-8]←80，即 temp2=80
 7        movl      -8(%ebp), %eax    #R[eax]←M[R[ebp]-8]，即 R[eax]=temp2
 8        movl      %eax, 4(%esp)     #M[R[esp]+4]←R[eax]，即 temp2 入栈
 9        movl      -12(%ebp), %eax   #R[eax]←M[R[ebp]-12]，即 R[eax]=temp1
10        movl      %eax, (%esp)      #M[R[esp]]←R[eax]，即 temp1 入栈
11        call      add               # 调用 add，将返回值保存在 EAX 中
12        movl      %eax, -4(%ebp)    #M[R[ebp]-4]←R[eax]，即 add 返回值送至 sum
13        movl      -4(%ebp), %eax    #R[eax]←M[R[ebp]-4]，即 sum 作为 caller 返回值
14        leave
15        ret
```

图 4.2 给出了 caller 栈帧的状态，其中，假定 caller 被过程 P 调用。图中 ESP 的位置是执行了第 4 条指令后 ESP 的值所指的位置，可以看出 GCC 为 caller 首先分配了 24 字节的空间。从汇编代码可看出，caller 只使用了调用者保存寄存器 EAX，没有使用任何被调用者保存寄存器，因而在 caller 栈帧中无须保存除 EBP 以外的任何寄存器；caller 有三个自动变量 temp1、temp2 和 sum，都被分配在其栈帧中，地址依次是 R[ebp]-12、R[ebp]-8 和 R[ebp]-4；在用 call 指令调用 add() 函数前，caller 先从右向左依次将 temp2 和 temp1 的值（即 80 和 125）保存到栈中。在执行 call 指令时将把返回地址压栈。此外，在最初进入 caller 时，还将 EBP

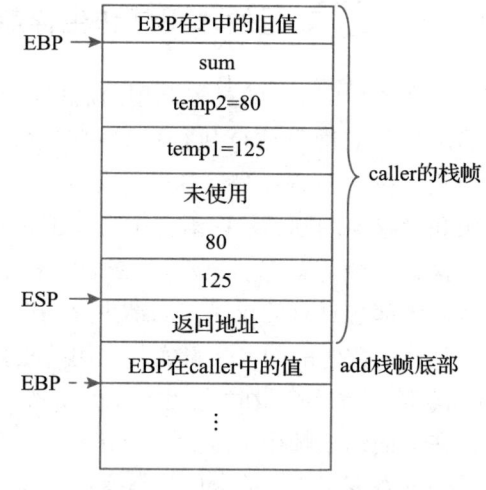

图 4.2 caller 和 add 的栈帧

压入了栈中，因此 caller 的栈帧总共有 4 字节 +24 字节 +4 字节 =32 字节，其中浪费了 4 字节空间（未使用）。这是因为 GCC 为保证 x86 架构中数据的严格对齐而规定每个函数的栈帧大小必须是 16 字节的倍数。

add() 函数的返回参数存放在 EAX 中，因而 call 指令后面的两条指令中，序号为 12 的 movl 指令用来将 add 过程返回的结果存入 sum 变量的存储空间，其地址为 R[ebp]-4；序号为 13 的 movl 指令用来将 sum 变量的值送至返回值寄存器 EAX 中。

在执行 ret 指令之前，应将当前过程的栈帧释放并恢复旧 EBP 的值，上述序号为 14 的 leave 指令实现了这个功能，它等价于以下两条指令。

```
movl      %ebp, %esp
```

```
popl        %ebp
```

其中，第一条指令使 ESP 指向当前 EBP 的位置，第二条指令执行后，EBP 恢复为 P 中的旧值，并使 ESP 指向返回地址。因此执行完 leave 指令后，ret 指令就可以从 ESP 所指处取返回地址，以返回 P 执行。当然，编译器也可通过 pop 指令和对 ESP 内容做加法来进行退栈操作，而不一定要使用 leave 指令。

由此可见，执行完 leave 指令后，caller 栈帧所在空间就被释放了，也就意味着自动变量 temp1、temp2 和 sum 的生存期结束。因此，这三个自动变量的作用域仅在 caller() 函数内，生存期仅在 caller 代码的执行过程中。

add 过程比较简单，经 GCC 编译并链接后生成的可执行文件被反汇编后的对应代码（反汇编得到的汇编指令中不包含长度后缀）如下。

```
1   8048469:    55              push    %ebp
2   804846a:    89 e5           mov     %esp, %ebp
3   804846c:    8b 45 0c        mov     0xc(%ebp), %eax
4   804846f:    8b 55 08        mov     0x8(%ebp), %edx
5   8048472:    8d 04 02        lea     (%edx,%eax,1), %eax
6   8048475:    5d              pop     %ebp
7   8048476:    c3              ret
```

一个过程对应的机器级代码包含三部分：准备阶段、过程体和结束阶段。

上述序号 1 和 2 的指令序列构成准备阶段代码，这是最简单的准备阶段代码段，它通过将当前栈指针 ESP 传送到 EBP，使 EBP 指向当前栈帧底部。如图 4.2 所示，EBP 指向 add 栈帧底部，从而可方便地通过 EBP 获取入口参数。这里 add 过程的入口参数 x 和 y 对应的值 125 和 80 分别在地址为 R[ebp]+8、R[ebp]+12 的存储单元中，R[ebp]+4 处是返回地址。

上述序号 3、4 和 5 的指令序列是过程体代码，过程体结束时将返回值放入 EAX。这里没有加法指令，实际上序号 5 的 lea 指令执行的是加法运算，lea 指令的功能是将操作数的存储地址加载到目的寄存器，因此，该指令实现的功能是将 R[edx]+R[eax]*1=x+y 送到 EAX 寄存器。

上述序号 6 和 7 的指令序列是结束阶段代码，通过将 EBP 弹出栈帧来恢复 EBP 在 caller 过程中的值，并释放 add 过程的栈帧，使执行到 ret 指令时栈顶中已经是返回地址。这里的返回地址应该是 caller 代码中序号为 12 的那条 movl 指令的地址。

add 过程中没有用到任何被调用者保存寄存器，没有局部变量。此外，add 是一个被调用过程，并且不再调用其他过程，即它是**叶子过程**，没有入口参数和返回地址要保存，因此，在 add 的栈帧中除了需要保存 EBP 以外，无须保留其他任何信息。

4.1.3 按值传递参数和按地址传递参数

使用参数传递数据是 C 语言函数间传递数据的主要方式。C 语言中的数据类型分为**基本数据类型**和**复杂数据类型**，而复杂数据类型又分为**构造类型**和**指针类型**。基本数据类型有整型、浮点型等，构造类型包括数组、结构体、联合体等类型。

C 语言中函数的**形式参数**可以是基本类型变量名、构造类型变量名和指针类型变量名。

对于不同类型的形式参数，传递参数的方式不同，总体来说分为两种：**按值传递**和**按地址传递**。当形参是基本类型变量名时，采用按值传递方式；当形参是指针类型变量名或构造类型变量名时，采用按地址传递方式。显然，上面的 add 过程采用的是按值传递方式。

下面通过例子说明两种方式的差别。图 4.3 给出了两个相似的程序。

```
程序一
#include <stdio.h>
int main(){
    int a=15, b=22;
    printf("a=%d\tb=%d\n", a, b);
    swap(&a, &b);
    printf("a=%d\tb=%d\n", a, b);
    return 0;
}
void swap(int *x, int *y){
    int t=*x;
    *x=*y;
    *y=t;
}
```

```
程序二
#include <stdio.h>
int main(){
    int a=15, b=22;
    printf("a=%d\tb=%d\n", a, b);
    swap(a, b);
    printf("a=%d\tb=%d\n", a, b);
    return 0;
}
void swap(int x, int y){
    int t=x;
    x=y;
    y=t;
}
```

图 4.3　按值传递参数和按地址传送参数的程序示例

图 4.3 中两个程序的输出结果如图 4.4 所示。

```
程序一的输出：
    a=15    b=22
    a=22    b=15
```

```
程序二的输出：
    a=15    b=22
    a=15    b=22
```

图 4.4　图 4.3 中程序的输出结果

从图 4.4 中程序执行的结果可看出，程序一实现了 a 和 b 值的交换，而程序二并没有实现对 a 和 b 值进行交换的功能。下面从这两个程序的机器级代码来分析为何有这种差别。

图 4.5 中给出了两个程序对应的参数传递代码（IA-32 中的 AT&T 格式），不同之处用粗体字表示。给出的代码假定 swap() 函数的局部变量 t 分配在 EDX 中。

从图 4.5 可看出，在给 swap 过程传递参数时，程序一用了 leal 指令，而程序二用的是 movl 指令，因而程序一传递的是 a 和 b 的地址，而程序二传递的是 a 和 b 的内容。

```
程序一汇编代码片段：
main:
    ...
    leal    -8(%ebp), %eax
    movl    %eax, 4(%esp)
    leal    -4(%ebp), %eax
    movl    %eax, (%esp)
    call    swap
    ...
    ret
```

```
程序二汇编代码片段：
main:
    ...
    movl    -8(%ebp), %eax
    movl    %eax, 4(%esp)
    movl    -4(%ebp), %eax
    movl    %eax, (%esp)
    call    swap
    ...
    ret
```

图 4.5　两个程序中传递 swap 过程参数的汇编代码片段

图 4.6 给出了执行 swap 之前 main 的栈帧状态。在 main 过程中，因为没有用到任何被调用者保存寄存器，所以不需要将这些寄存器内容保存到栈帧中；自动变量只有 a 和 b，分别分配在 main 栈帧的 R[ebp]-4 和 R[ebp]-8 的位置。因此，这两个程序对应栈中的状态，仅在于调用 swap() 函数前压入栈中的参数不同。在图 4.6a 所示的程序一的栈帧中，main() 函数把变量 a 和 b 的地址作为实参压栈，而在图 4.6b 所示的程序二的栈帧中，则把变量 a 和 b 的值作为实参压栈。图 4.6 粗体字处给出了这两个程序对应栈帧的差别。

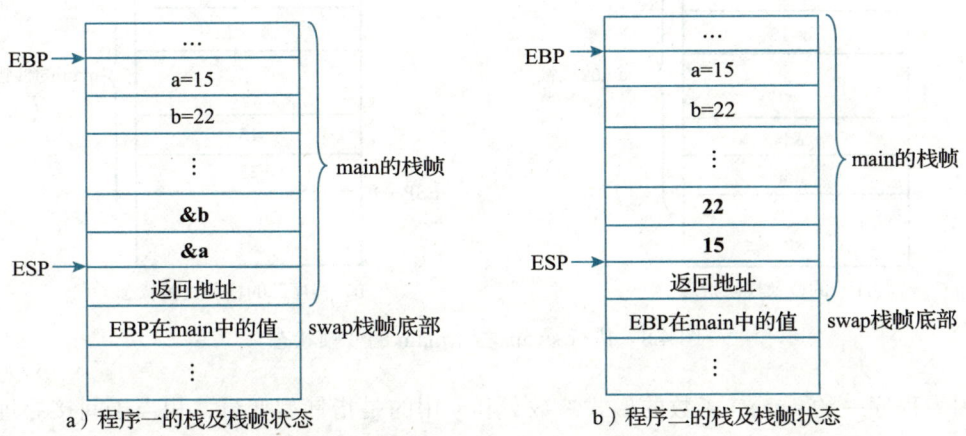

图 4.6　执行 swap 之前 main 的栈帧状态

程序一和程序二对应的 swap() 函数的机器级代码也不同。图 4.7 给出了两个程序中 swap() 函数对应的汇编代码。

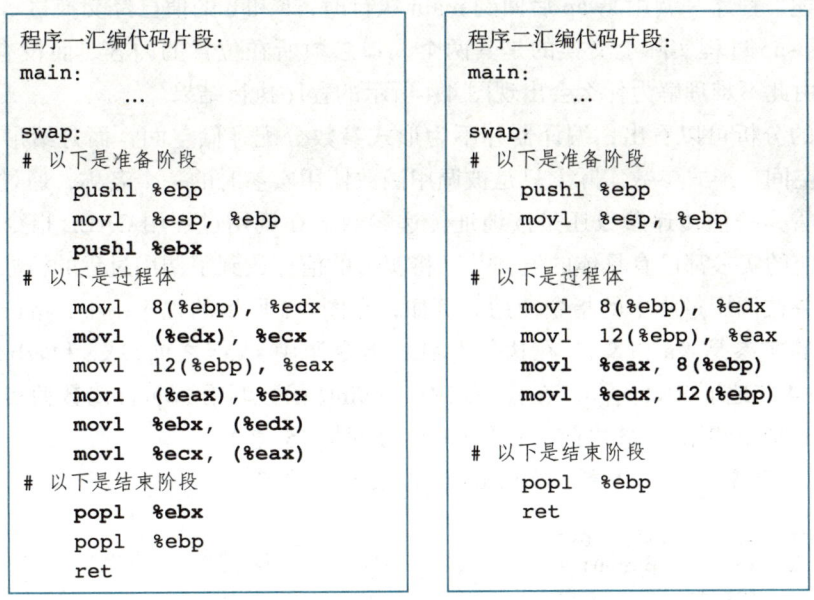

图 4.7　两个程序中 swap() 函数对应的汇编代码

从图 4.7 可看出，程序一的 swap 过程体比程序二的 swap 过程体多了两条指令。而且，由于程序一的 swap 过程体更复杂，使用了较多的寄存器，除了三个调用者保存寄存器外，还使用了被调用者保存寄存器 EBX，它的值必须在准备阶段被保存到栈中，在结束阶段从栈中恢复，因此程序一比程序二又多了一条 pushl 指令和一条 popl 指令。

图 4.8 反映了执行 swap 过程后 main 的栈帧中的状态，与图 4.6 中反映的执行 swap 前的情况进行对照发现，粗体字处发生了变化。

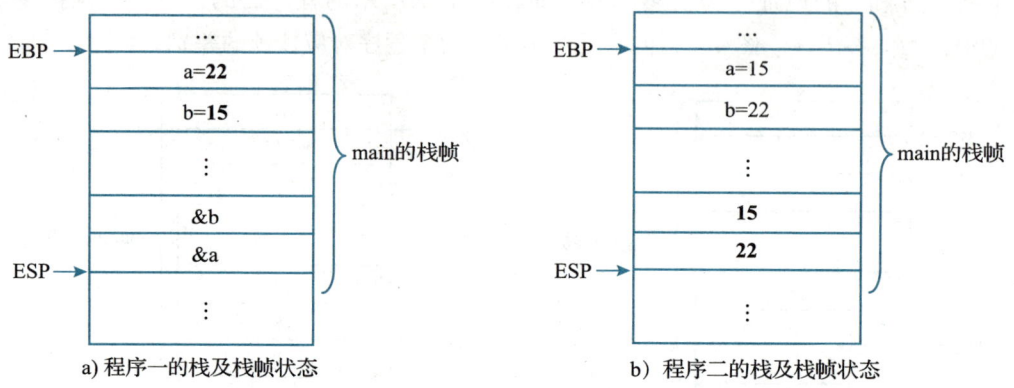

图 4.8 执行 swap 之后 main 的栈帧状态

因为程序一的 swap() 函数的形式参数 x 和 y 用的是指针型变量，相当于间接寻址，需要先取出地址，根据地址再存取 x 和 y 的值，所以改变了调用过程 main 的栈帧中局部变量 a 和 b 所在位置的内容，如图 4.8a 中粗体字所示；而程序二中 swap() 函数的形参 x 和 y 用的是基本类型变量，直接存取 x 和 y 的内容，因而改变的是 swap() 函数的入口参数 x 和 y 所在位置的值，如图 4.8b 中粗体字所示。

综上所述，程序一调用 swap 后回到 main 执行时，a 和 b 的值已经交换过，而在程序二的执行中，swap 过程实际上交换的是其两个入口参数所在位置的内容，而没有真正交换 a 和 b 的值。由此不难理解为什么会出现图 4.4 所示的程序执行结果。

从上面的分析可以看出，编译器并不为形式参数分配存储空间，而是给形式参数对应的实参分配空间，形式参数实际上只是被调用函数使用实参时的一个名称，通过形参名来引用实参。不管是按值传递参数还是按地址传递参数，在调用过程用 CALL 指令调用被调用过程时，对应的实参都已有具体的值，并已将实参的值存放到了调用过程的栈帧中作为入口参数，以等待被调用过程中的指令使用。例如，在图 4.3 所示的程序一中，main() 函数调用 swap() 函数的实参是 &a 和 &b，在执行 CALL 指令调用 swap 之前，&a 和 &b 的值分别是地址 R[ebp]-4 和地址 R[ebp]-8。在程序二中，main() 函数调用 swap() 函数的实参是 a 和 b，在执行 CALL 指令调用 swap 之前，a 和 b 的值分别是 15 和 22。

例 4.1 以下是两个 C 语言函数 test() 和 caller() 的定义：

```
1    void test(int x,int *ptr) {
2        if (x>0 && *ptr>0)
3            *ptr+=x;
4    }
5
6    void caller(int a,int y) {
7        int x = a>0 ? a : a+100;
```

```
    8       test (x, &y);
    9   }
```

假定调用 caller 的过程为 P，P 中给出的对应 caller 形参 a 和 y 的实参分别是 100 和 200，对于上述两个 C 语言函数，画出相应的栈帧中的状态，并回答下列问题。

① test 的形参是按值传递还是按地址传递的？test 的形参 ptr 对应的实参是一个什么类型的值？

② test 中被改变的 *ptr 的结果如何返回给它的调用过程 caller？

③ caller 中被改变的 y 的结果能否返回给过程 P？为什么？

解：过程 P、caller 和 test 对应的栈帧状态如图 4.9 所示。

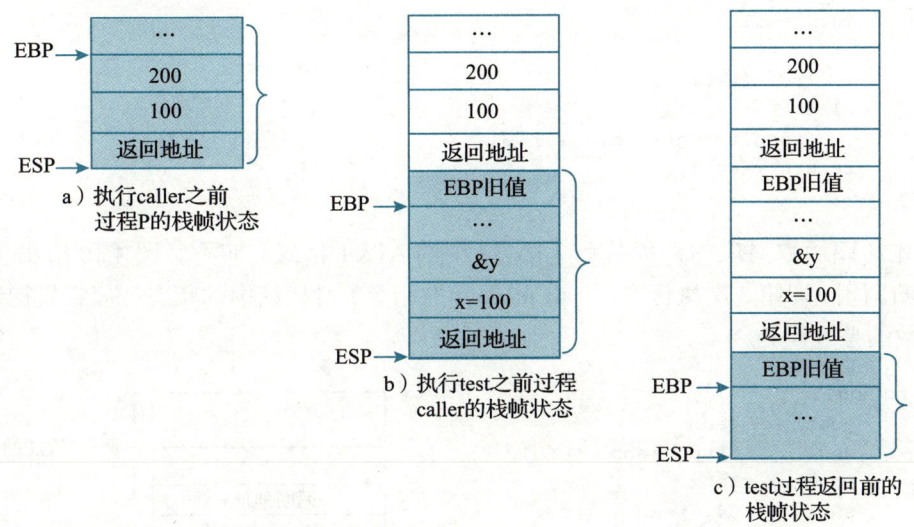

图 4.9　执行 caller 之前和执行 test 之前的栈帧状态

根据图 4.9 中所反映的栈帧状态，可给出以下答案。

① test 的两个形参中，前者是基本类型变量名，后者是指针型变量名，因此前者按值传递，后者按地址传递。形参 ptr 是指向 int 型的一个指针，因而对应的实参一定是一个地址。形参 ptr 对应实参的值反映了实参所指向的目标数据所在的存储地址。若是栈区某地址，则说明目标数据是非静态局部变量；若是静态数据区某地址，则说明目标数据是全局变量或静态变量。此例中，形参 ptr 对应实参所指目标数据就是栈中 caller 的参数 y 对应的入口参数 200，即实参为参数 y（值为 200）所在存储单元地址，因而在 caller 中用一条取地址指令 lea 即可得到该地址 &y。

② test 执行的结果反映对形参 ptr 对应实参所指向的目标单元进行的修改，即将 200 修改为 300。因为所修改的存储单元不在 test 的栈帧内，不会因 test 栈帧的释放而丢失，所以 y 的值可在 test 执行结束后继续在 caller 中使用，即第 8 行语句执行后，y 的值为 300。

③ caller 执行过程中对 y 所在单元内容的改变不能返回给它的调用过程 P。caller 执行的结果就是调用 test 后由 test 留下的对地址 &y 处所做的修改，即 200 被修改为 300。虽然这个修改结果不会因为 caller 栈帧的释放而丢失，似乎在过程 P 中可以访问到这个结果，但

是，当从 caller 回到过程 P 后，caller 的形参 y 并不能被 P 所用，所以，P 中无法对存储单元 &y 进行引用，因而 y 的值 300 不能在 caller 执行结束后继续传递到 P 中。

4.1.4 递归过程调用

通过过程调用中使用的栈机制和寄存器使用约定，可以进行过程的**嵌套调用**和**递归调用**。下面用一个简单的例子来说明递归调用过程的执行。

以下是一个计算自然数之和的递归函数（自然数求和可以直接用公式计算，这里的程序仅为了说明问题而给出）。

```
1   int nn_sum(int n) {
2       int result;
3       if (n<=0)
4           result=0;
5       else
6           result=n+nn_sum(n-1);
7       return result;
8   }
```

上述递归函数对应的汇编代码（IA-32 中的 AT&T 格式）如下。图 4.10 给出了第 3 次进入递归调用（即第 3 次执行完 "call nn_sum" 指令）时栈帧中的状态，假定最初调用 nn_sum 函数的是过程 P。

```
1   nn_sum:
2       pushl       %ebp
3       movl        %esp, %ebp
4       pushl       %ebx
5       subl        $4, %esp
6       movl        8(%ebp), %ebx
7       movl        $0, %eax
8       cmpl        $0, %ebx
9       jle         .L2
10      leal        -1(%ebx), %eax
11      movl        %eax, (%esp)
12      call        nn_sum
13      addl        %ebx, %eax
14  .L2:
15      addl        $4, %esp
16      popl        %ebx
17      popl        %ebp
18      ret
```

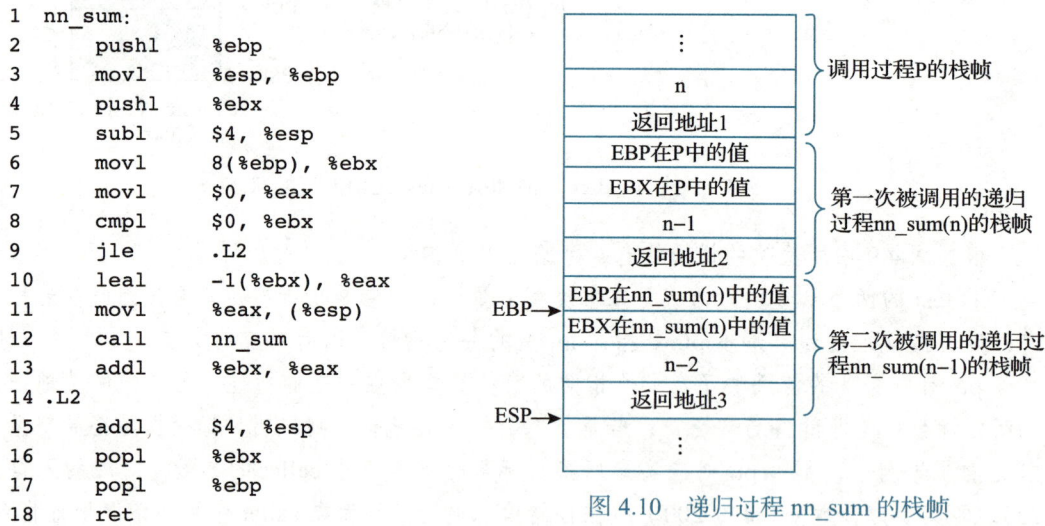

图 4.10　递归过程 nn_sum 的栈帧

递归过程 nn_sum 对应的汇编代码中，用到了一个被调用者保存寄存器 EBX，所以其栈帧中除了保存常规的 EBP 外，还要保存 EBX。过程的入口参数只有一个，因此，序号 5 对应的指令 "subl $4, %esp" 实际上是为参数 n-1（或 n-2～0 中的一个数）在栈帧中申请了 4 字节的空间，递归过程直到参数为 0 时才第一次退出 nn_sum 过程，并回到序号为 12 的指令 call nn_sum 的后一条指令（序号为 13 的指令）执行。在递归调用过程中，应该每次都回到同样的地方执行，因此，图 4.10 中的返回地址 2 和返回地址 3 是相同的，但不同于返回地址 1，因为返回地址 1 是过程 P 中指令 call nn_sum 的后一条指令的地址。

图 4.11 给出了递归过程 nn_sum 的执行流程。

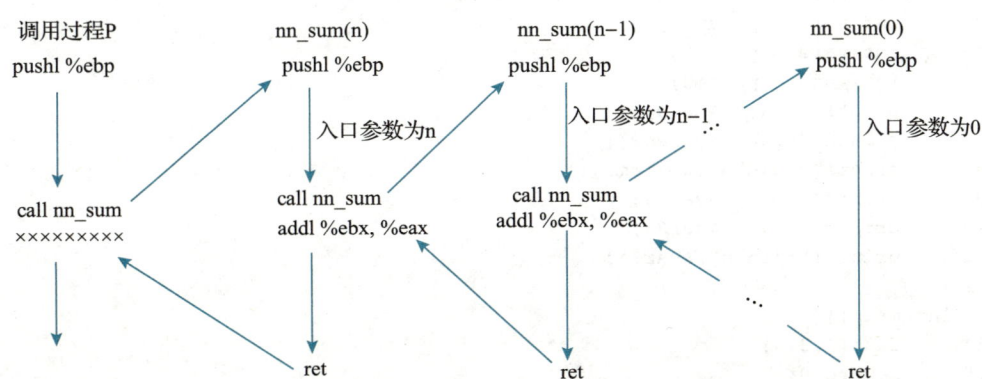

图 4.11　递归过程 nn_sum 的执行流程

从图 4.11 可看出，递归调用过程的执行一直要等到满足跳出过程的条件时才结束，这里跳出过程的条件是入口参数为 0，只要入参不为 0，就一直递归调用 nn_sum 函数自身。因此，在递归调用 nn_sum 的过程中，栈中最多会形成 $n+1$ 个 nn_sum 栈帧。每个 nn_sum 栈帧占用 16B 的空间，因而 nn_sum 过程在执行中至少占用 ($16n+12$) 字节的栈空间（以入参为 0 调用 nn_sum 时，没有返回地址入栈，故只分配 12 字节的空间）。虽然占用的栈空间是临时的，过程执行结束后其所占的所有栈空间都会被释放，但是，若递归深度非常大，则栈空间的开销会很大。操作系统为程序分配的栈会有默认的大小限制，若栈大小为 2MB，则在不考虑其他调用过程所用栈帧的情况下，当递归深度 n 达到大约 $2MB/16B=2^{17}=131\,072$ 时，发生**栈溢出**（stack overflow）。

此外，还必须考虑过程调用的时间开销，虽然过程的功能由过程体中的指令来实现，但是，为了支持过程调用，每个过程中还包含了准备阶段和结束阶段。每增加一次过程调用，就要增加许多条包含在准备阶段和结束阶段的额外指令，这些额外指令的执行时间开销对程序的性能影响很大，因而，应该尽量避免不必要的过程调用，特别是递归调用。

4.1.5　非静态局部变量的存储分配

对于非静态局部变量的分配顺序，C 标准规范中没有规定必须按顺序从大地址到小地址分配，或从小地址到大地址分配，因而它属于**未定义行为**（undefined behavior），不同的编译器有不同的处理方式。

编译器在给非静态局部变量分配空间时，通常将其占用的空间分配在本过程的栈帧中。有些编译器在编译优化的情况下，也可能会把属于基本数据类型的非静态局部变量分配在通用寄存器中，但是，对于复杂的数据类型变量，如数组、结构体和联合体等数据类型变量，一定会分配在栈帧中。

以下是一个 C 语言程序的例子，可以看出，在 Linux 系统和 Windows 系统平台下的处理方式不同，即使在 Windows 系统下，不同的编译器的处理方式也不同。

已知某 C 语言源程序如下：

```
 1  #include <stdio.h>
 2  void func(int param1,int param2,int param3){
 3      int var1 = param1;
 4      int var2 = param2;
 5      int var3 = param3;
 6      printf("%p\n",&param1);
 7      printf("%p\n",&param2);
 8      printf("%p\n\n",&param3);
 9      printf("%p\n",&var1);
10      printf("%p\n",&var2);
11      printf("%p\n\n",&var3);
12  }
13  int main(){
14      func(1,3,5);
15      return 0;
16  }
```

在 IA-32+Linux+GCC 平台下处理该程序,其运行结果如下:func() 函数的参数 param1、param2、param3 的地址分别为 0xffff2b50、0xffff2b54 和 0xffff2b58;func() 函数的非静态局部变量 var1、var2、var3 的地址分别为 0xffff2b34、0xffff2b38 和 0xffff2b3c。可以看出,函数参数的地址大于局部变量的地址,因为参数在调用 func() 函数之前已存入栈中,而局部变量在 func 过程中才存入栈中,所以栈是从高地址向低地址方向增长的。此外,该例中局部变量的分配是按顺序连续地从小地址到大地址进行的。

但是,有些程序在同样的 IA-32+Linux+GCC 平台下,局部变量按从大地址到小地址方向分配。例如,在例 4.2 中的局部变量就是按从大地址到小地址方向分配的。有些编译器为了节省空间,并不一定完全按变量声明的顺序分配空间。

事实上,C 语言标准和 ABI 规范都没有定义按何种顺序分配变量的空间。相反,C 语言标准明确指出,对不同变量的地址进行除 == 和 != 之外的关系运算都属于未定义行为。因此,不可依赖变量所分配的顺序来确定程序的行为。例如,对于上述程序中定义的自动变量 var1 和 var2,语句 "if(&var1 < &var2) {…};" 属于未定义行为,程序员应注意不要编写此类代码。

例 4.2 某 C 语言程序 main.c 如下:

```
 1  #include <stdio.h>
 2  int main(){
 3      unsigned int a=1;
 4      unsigned short b=1;
 5      char c=-1;
 6      int d;
 7      d=(a>c) ? 1 : 0;
 8      printf("%d\n",d);
 9      d=(b>c) ? 1 : 0;
10      printf("%d\n",d);
11      return 0;
12  }
```

对应的可执行文件通过 objdump -d 命令反汇编得到如下结果。

```
1  0804841c <main>:
2   804841c:    55                      push    %ebp
3   804841d:    89 e5                   mov     %esp, %ebp
4   804841f:    83 e4 f0                and     $0xfffffff0,%esp
```

```
 5  8048422:      83 ec 20                sub     $0x20,%esp
 6  8048425:      c7 44 24 1c 01 00 00    movl    $0x1,0x1c(%esp)
 7  804842c:      00
 8  804842d:      66 c7 44 24 1a 01 00    movw    $0x1,0x1a(%esp)
 9  8048434:      c6 44 24 19 ff          movb    $0xff,0x19(%esp)
10  8048439:      0f be 44 24 19          movsbl  0x19(%esp),%eax
11  804843e:      3b 44 24 1c             cmp     0x1c(%esp),%eax
12  8048442:      0f 92 c0                setb    %al
13  8048445:      0f b6 c0                movzbl  %al,%eax
14  8048448:      89 44 24 14             mov     %eax,0x14(%esp)
15  804844c:      8b 44 24 14             mov     0x14(%esp),%eax
16  8048450:      89 44 24 04             mov     %eax,0x4(%esp)
17  8048454:      c7 04 24 20 85 04 08    movl    $0x8048520,(%esp)
18  804845b:      e8 a0 fe ff ff          call    8048300 <printf@plt>
19  8048460:      0f b7 54 24 1a          movzwl  0x1a(%esp),%edx
20  8048465:      0f be 44 24 19          movsbl  0x19(%esp),%eax
21  804846a:      39 c2                   cmp     %eax,%edx
22  804846c:      0f 9f c0                setg    %al
23  804846f:      0f b6 c0                movzbl  %al,%eax
24  8048472:      89 44 24 14             mov     %eax,0x14(%esp)
25  8048476:      8b 44 24 14             mov     0x14(%esp),%eax
26  804847a:      89 44 24 04             mov     %eax,0x4(%esp)
27  804847e:      c7 04 24 20 85 04 08    movl    $0x8048520,(%esp)
28  8048485:      e8 76 fe ff ff          call    8048300 <printf@plt>
29  804848a:      c9                      leave
30  804848b:      c3                      ret
```

根据源程序代码和反汇编结果，回答下列问题或完成下列任务。

① 局部变量 a、b、c、d 在栈中的存放地址各是什么？

② 在反汇编得到的机器级代码中，分别找出 C 程序第 7 行和第 9 行语句对应的指令序列，并解释每条指令的功能。这两行语句执行后，d 的值分别为多少？为什么？

③ 第 13~17 行指令的功能各是什么？

④ 画出局部变量和 printf() 函数入口参数在栈中的存放情况。

解：① 局部变量 a、b、c、d 在栈中的存放地址分别是 R[esp]+0x1c、R[esp]+0x1a、R[esp]+0x19、R[esp]+0x14。

② C 程序第 7 行语句对应的指令序列为第 10~12 行指令。第 10 行指令 "movsbl 0x19(%esp),%eax" 的功能是将变量 c 符号扩展为 32 位后送到 EAX 中；第 11 行指令 "cmp 0x1c(%esp),%eax" 的功能是通过将变量 c 与 a 相减来对 c 和 a 进行比较，标志信息记录在 EFLAGS 中；第 12 行指令 "setb %al" 的功能是按无符号整数比较，若小于（CF=1）则 AL 中置 1，否则清 0。

第 7 行语句执行后，d 的值为 0。这里，变量 c 是 char 型（IA-32 中的 GCC 编译器将 char 视为带符号整型），故按符号扩展。因为 a 为 unsigned int 型，所以 c 和 a 按无符号整数比较大小。变量 c 符号扩展后为全 1，而变量 a 为 1，c>a，因而 d=0。

C 程序第 9 行语句对应的指令序列为第 19~22 行指令。第 19 行指令 "movzwl 0x1a(%esp),%edx" 的功能是将变量 b 零扩展为 32 位后送到 EDX 中；第 20 行指令 "movsbl 0x19(%esp),%eax" 的功能是将变量 c 符号扩展为 32 位后送到 EAX 中；第 21 行指令 "cmp %eax,%edx" 的功能是通过将变量 b 与 c 相减来对其进行比较，标志信息记录在 EFLAGS

中；第 22 行指令 "setg %al" 的功能是按带符号整数比较，若大于（SF=OF 且 ZF=0）则 AL 中置 1，否则清 0。

第 9 行语句执行后，d 的值为 1。这里，char 型变量 c 符号扩展后结果为全 1，而变量 b 是 unsigned short 型，故按零扩展，结果为 1。在 b 和 c 比较时，根据 C 表达式中的数据类型自动转换规则可知，unsigned short 和 char 型都应提升为 int 型，故按带符号整数比较大小，结果为 b>c，因而 d=1。

③ 第 13~17 行指令用于将函数 printf() 的参数存到栈帧中相应的地方。第 13 和 14 行指令将 AL 中的内容零扩展 32 位后，存到局部变量 d 所对应的存储单元 R[esp]+0x14；第 15 和 16 行指令将存储单元 R[esp]+0x14 中的变量 d 作为参数，存到栈帧中 R[esp]+4 处；第 17 行指令将字符串 "%d\n" 所在的首地址 0x8048520 作为参数，存到栈帧中 R[esp] 处。

④ 局部变量和 printf() 函数入口参数在 main 栈帧中的存放情况如图 4.12 所示。

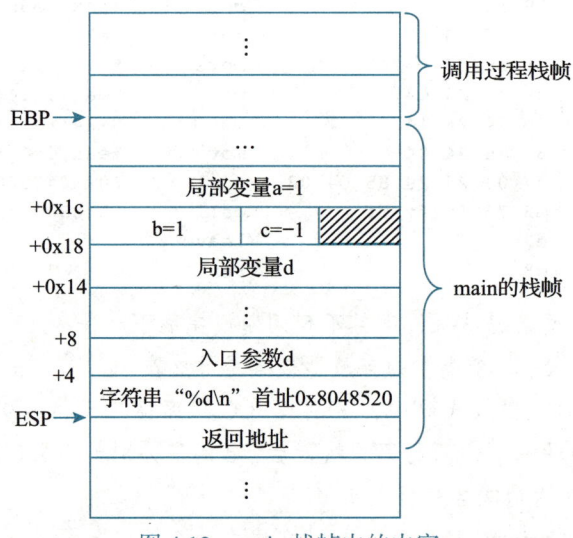

图 4.12　main 栈帧中的内容

4.1.6　x86-64 的过程调用

前面介绍的 IA-32 架构因为通用寄存器只有 8 个，所以采用栈进行参数传递。x86-64 中通用寄存器个数增加到 16，因而前 6 个参数通过寄存器传递。x86-64 中通用寄存器的使用约定主要包含以下几个方面。

- 在 IA-32 中通常使用帧指针寄存器 EBP 指向栈帧底部，通过将 EBP 作为基址寄存器来访问自动变量和入口参数；而在 x86-64 中，不再使用帧指针寄存器 RBP 指向栈帧底部，而是使用栈指针寄存器 RSP 作为基址寄存器来访问栈帧中的信息，RBP 则作为普通寄存器使用。
- 传送入口参数的寄存器依次为 RDI、RSI、RDX、RCX、R8 和 R9，返回参数存放在 RAX 中。
- 调用者保存的寄存器为 R10 和 R11，被调用者保存的寄存器为 RBX、RBP、R12、R13、R14 和 R15。

如果入口参数是整数类型或指针类型且少于或等于 6 个,则无须用栈来传递参数,如果同时该过程无须在栈中存放局部变量和被调用者保存寄存器内容,那么,该过程就不需要栈帧。传递参数时,如果参数是 32/16/8 位,则参数被置于对应宽度的寄存器部分。例如,若第一个入口参数是 char 型,则放在 RDI 中对应字节宽度的寄存器 DIL 中;若返回参数是 short 型,则放在 RAX 中对应 16 位宽度的寄存器 AX 中。表 4.1 给出了每个入口参数和返回参数所在的对应寄存器。

表 4.1 x86-64 过程调用时参数对应的寄存器

操作数宽度/字节	入口参数						返回参数
	1	2	3	4	5	6	
8	RDI	RSI	RDX	RCX	R8	R9	RAX
4	EDI	ESI	EDX	ECX	R8D	R9D	EAX
2	DI	SI	DX	CX	R8W	R9W	AX
1	DIL	SIL	DL	CL	R8B	R9B	AL

在 x86-64 中,最多可以有 6 个整型或指针型入口参数通过寄存器传递,入口参数超过 6 个时,后面的参数通过栈传递,在栈中传递的参数若是基本类型数据,则不管是什么基本类型都被分配 8 字节。当入口参数少于 6 个或者入口参数已经被用过而不再需要时,存放对应参数的寄存器可以作为临时寄存器使用。对于存放返回结果的 RAX 寄存器,在产生最终结果前,也可以作为临时寄存器被重复使用。

在 x86-64 中,调用指令 call(或 callq)将一个 64 位返回地址保存在栈中,故包含执行 R[rsp]←R[rsp]−8 操作。返回指令 ret 也是从栈中取出 64 位返回地址,故包含执行 R[rsp]←R[rsp]+8 操作。关于 x86-64 调用约定的详细内容,可以参考 AMD64 System V ABI 手册。

例 4.3 写出以下 C 语言函数 caller() 对应的 x86-64 汇编代码,并画出第 4 行语句执行结束时栈中信息的存放情况。

```
1 long caller(long x) {
2     long a=1000;
3     long b=test(&a,2000);
4     return x*32+b;
5 }
```

解: 函数 caller() 对应的 x86-64 汇编代码如下:

```
1  caller:
2      pushq   %rbx              # 被调用者保存寄存器 RBX 入栈
3      subq    $16, %rsp         # R[rsp]←R[rsp]-16,生成栈帧
4      movq    %rdi, %rbx        # R[rbx]←入口参数 x
5      movq    $1000, 8(%rsp)    # M[R[rsp]+8]←1000,对变量 a 赋值
6      movl    $2000, %esi       # R[esi]←2000,第二个参数送 ESI 寄存器
7      leaq    8(%rsp), %rdi     # R[rdi]←R[rsp]+8,第一个参数送 RDI 寄存器
8      callq   test              # 调用 test(R[rsp]←R[rsp]-8,返址入栈,R[rip]←test)
9      movq    %rax, (%rsp)      # M[R[rsp]]←R[rax],test 返回结果存入 b 处
10     salq    $5, %rbx          # R[rbx]←R[rbx]<<5,计算 x×32
11     movq    (%rsp), %rax      # R[rax]←M[R[rsp]],取局部变量 b 的内容
12     addq    %rbx, %rax        # R[rax]←R[rax]+R[rbx],计算 x×32+b
13     addq    $16, %rsp         # R[rsp]←R[rsp]+16,释放栈帧
14     popq    %rbx              # 被调用者保存寄存器 RBX 出栈
15     ret
```

第 4 行 C 语句执行结束相当于执行完上述第 8 行汇编指令。此时，栈中信息的存放情况如图 4.13 所示。因为汇编代码中，将入口参数 x（按约定存放在寄存器 RDI 中）分配在寄存器 RBX 中，而 RBX 为被调用者保存寄存器，所以在 caller 栈帧中应最先保存 RBX 的内容；然后，给局部变量 a 和 b 分配空间，其各占 8 字节，共 16 字节，因此，第 3 行汇编指令中，将 RSP 的内容减 16。

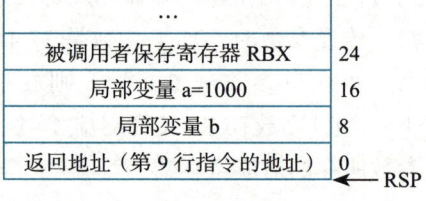

图 4.13　例 4.3 的栈中信息存放状态

在执行调用指令"callq test"前，应先准备好入口参数，在 x86-64 架构中，前 6 个入口参数都通过寄存器进行传递，因此，这里的两个参数分别存放在 RDI 和 ESI 寄存器中，前者存放一个指针类型的参数 &a，后者存放一个 int 型常数 2000（如 2.2.2 节中的图 2.2 所示，常数 2000 在 ISO C90 和 C99 中都是 int 型）。在执行调用指令 callq 的过程中，会将返回地址压栈，即执行完 callq 指令后，RSP 指向栈中的返回地址处，并跳转到 test 过程执行。从 test 过程返回后，RSP 又回到指向局部变量 b 所在的位置。test 过程返回的结果在 RAX 中。

例 4.4　以下是函数 caller 和 test 的 C 语言源程序。

```
1  long caller(){
2      char a=1; short b=2; int c=3; long d=4;
3      test(a, &a, b, &b, c, &c, d, &d);
4      return  a*b+c*d;
5  }
6  void test(char a, char *ap, short b, short *bp, int c, int *cp, long d, long *dp){
7      *ap+=a; *bp+=b; *cp+=c; *dp+=d;
8  }
```

假定函数 caller() 对应的 x86-64 汇编代码如下。

```
1   caller:
2       subq     $32, %rsp              # R[rsp]←R[rsp]-32
3       movb     $1, 16(%rsp)           # M[R[rsp]+16]←1
4       movw     $2, 18(%rsp)           # M[R[rsp]+18]←2
5       movl     $3, 20(%rsp)           # M[R[rsp]+20]←3
6       movq     $4, 24(%rsp)           # M[R[rsp]+24]←4
7       leaq     24(%rsp), %rax         # R[rax]←R[rsp]+24
8       movq     %rax, 8(%rsp)          # M[R[rsp]+8]←R[rax]
9       movq     $4, (%rsp)             # M[R[rsp]]←4
10      leaq     20(%rsp), %r9          # R[r9]←R[rsp]+20
11      movl     $3, %r8d               # R[r8d]←3
12      leaq     18(%rsp), %rcx         # R[rcx]←R[rsp]+18
13      movw     $2, %dx                # R[dx]←2
14      leaq     16(%rsp), %rsi         # R[rsi]←R[rsp]+16
15      movb     $1, %dil               # R[dil]←1
16      call     test
17      movslq   20(%rsp), %rcx         # R[rcx]←M[R[rsp]+20], 符号扩展
18      movq     24(%rsp), %rdx         # R[rdx]←M[R[rsp]+24]
19      imulq    %rdx, %rcx             # R[rcx]←R[rcx]×R[rdx]
20      movsbw   16(%rsp), %ax          # R[ax]←M[R[rsp]+16], 符号扩展
21      movw     18(%rsp), %dx          # R[dx]←M[R[rsp]+18]
22      imulw    %dx, %ax               # R[ax]←R[ax]×R[dx]
23      movswq   %ax, %rax              # R[rax]←R[ax], 符号扩展
```

```
24    leaq    (%rax, %rcx), %rax    # R[rax]←R[rax]+ R[rcx]
25    addq    $32, %rsp             # R[rsp]←R[rsp]+32
26    ret
```

函数 test() 对应的 x86-64 汇编代码如下。

```
1  test:
2     movq   16(%rsp), %r10    # R[r10]←M[R[rsp]+16]
3     addb   %dil, (%rsi)      # M[R[rsi]]←M[R[rsi]]+R[dil]
4     addw   %dx, (%rcx)       # M[R[rcx]]←M[R[rcx]]+R[dx]
5     addl   %r8d, (%r9)       # M[R[r9]]←M[R[r9]]+R[r8d]
6     movq   8(%rsp), %rax     # R[rax]←M[R[rsp]+8]
7     addq   %rax, (%r10)      # M[R[r10]]←M[R[r10]]+R[rax]
8     ret
```

要求根据上述汇编代码，分别画出在执行到 caller() 函数的 call 指令时、执行到 test 函数的 ret 指令时栈中信息的存放情况，并说明 caller 是如何把实参传递给 test 中的形参的，而 test 执行时其每个入口参数又是如何获得的。

解： 从 caller 汇编代码可以看出，栈指针寄存器 RSP 仅在第 2 行指令处做了一次减法，申请了 32 字节的空间，在第 25 行指令恢复 RSP 之前一直没有变化，说明 caller 栈帧就是 32 字节。第 3~6 行指令用来在栈帧中分配局部变量 a、b、c 和 d，并将初值存入相应单元。可以看出，这 4 个变量一共占用了 16 字节。第 7~15 行指令用来将实参存入 test 入口参数对应的寄存器中，因为有 8 个入口参数，所以还有两个参数需要通过栈进行传递，其中第 7～8 行指令用于在栈中存入第 8 个参数，第 9 行指令用于在栈中存入第 7 个参数，第 10～15 行指令分别用于在相应的寄存器中存入第 6 个、第 5 个、第 4 个、第 3 个、第 2 个和第 1 个参数。因此，在执行到第 16 行的 call 指令时，前 6 个参数分别在寄存器 DIL、RSI、DX、RCX、R8D 和 R9 中，第 7 和 8 个参数在栈中的位置分别由 R[rsp] 和 R[rsp]+8 指出。图 4.14a 给出了此时 caller 栈帧中信息的存放情况。

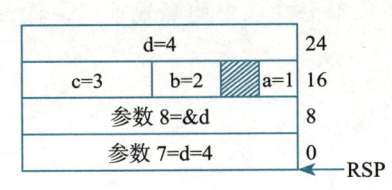 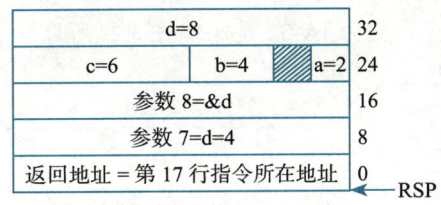

a) 执行到 caller 的 call 指令时栈中的情况   b) 执行到 test 的 ret 指令时栈中的情况

图 4.14 caller 和 test 执行时栈中信息的存放情况

在 caller 中的 call 指令执行后，栈指针寄存器 RSP 的内容减 8，并将 call 指令下一条指令的地址（第 17 行指令所在地址）作为返回地址存入当前 RSP 所指单元，然后跳转到 test 执行。在 test 执行过程中，第 2 行指令用来取出第 8 个参数，第 3 行、第 4 行和第 5 行分别用于实现赋值语句 "*ap+=a;" "*bp+=b;" 和 "*cp+=c;"。其中，指针类型变量 ap、bp 和 cp 的值分别是 caller 中局部变量 a、b 和 c 在栈中的地址，即 *ap=a、*bp=b、*cp=c。执行完第 3～5 行指令后，栈中 a、b 和 c 处的内容为原来的两倍。第 6 行指令用于取第 7 个参数（其值为 4），第 7 行指令用于将 4 加到第 8 个参数所指单元 d 处，使 d 处的内容变为 8。综上所述，在执行到 test 的 ret 指令时，栈中信息存放情况如图 4.14b 所示。

x86-64 架构对应的 AMD64 System V ABI 规定，栈中参数按 8 字节对齐。因此，对于该例的情况要特别说明的是，若在栈中传递的最后两个参数不是 long 型或指针类型，也都应分配 8 字节的空间。例如，假定上述 test 函数的原型为 void test(char a, char *ap, short b, short *bp, long d, long *dp, int c, int *cp)，即在栈中传递的最后两个参数类型是 4 字节的 int 型和 8 字节的指针型，它们在栈中所占的空间也都是 8 字节。

例 4.5 以下是一段 C 语言代码：

```
1  #include <stdio.h>
2
3  int main(){
4      double a = 10;
5      printf("a = %d\n", a);
6      return 0;
7  }
```

上述代码在 IA-32 平台上运行时，打印出来的结果总是 a=0，但是在 x86-64 平台上运行时，打印出来的 a 却是一个不确定的值，为什么？

解：本题代码的功能是，将一个 64 位双精度浮点数 10 转换为一个 32 位二进制数，然后以十进制数形式打印出来。

IEEE 754 双精度浮点数由 64 位组成，最高位为符号位 s，随后的 11 位为阶码 e，其偏置常数为 1023，余下 52 位为尾数 f。因为 $10 = 1010B = 1.01B \times 2^3$，所以 $s = 0$、$e = 1023 + 3 = 100\ 0000\ 0010B$、$f = 0100\ 0\cdots0B$，即 64 位机器数为 0 100 0000 0010 0100 0000 0000 0000 0000 0000 0000 0000 0000 0000 0000 0000。因此，a 的机器数用十六进制形式表示的字节序列为 40H、24H、00H、00H、00H、00H、00H、00H。将其高 32 位转换为十进制数，其值为 1 076 101 120，低 32 位的值为 0。

在 IA-32 中，过程之间采用栈传递参数。图 4.15 给出了 IA-32 中 printf() 的参数在栈中的存放情况。因为 IA-32 是小端方式，所以 a 的高位部分在栈中的高地址上，低位部分在栈中的低地址上。

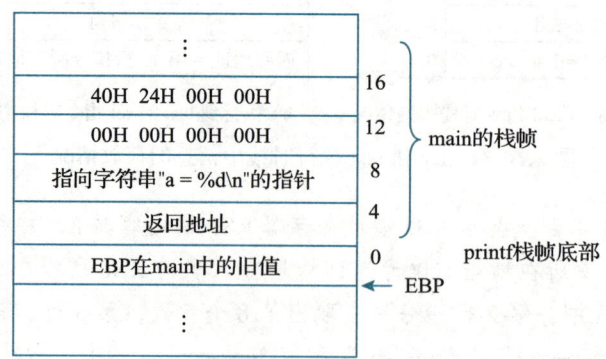

图 4.15　IA-32 平台使用栈进行参数传递

当 printf() 函数将变量 a 的值使用"%d"格式输出时，对应的数据类型是 int 型，因此取 a 中低 4 字节作为第 2 个参数。显然，printf 过程会从栈中 R[ebp]+12 的位置开始从低地址到高地址读取 4 字节作为 int 型数据来解释并输出，因此，代码打印输出的结果为"a=0"。

在 x86-64 中，过程之间采用通用寄存器传递参数，因为该题 printf() 函数共有两个参数且使用"%d"输出，所以，这两个参数应该各自通过 RDI 和 ESI 进行传递，其中 RDI 中存放字符串"a = %d\n"的首地址，而 ESI 中存放 a 的低 32 位，printf() 函数会到约定的参数寄存器 RDI 和 ESI 中取相应的参数进行处理。但是，因为本题中 a 是 double 型浮点数，所以在 x86-64 中会把 a 的值送到浮点寄存器 XMM 中，而不会传到 ESI 中。因此，在 printf 过程执行时，当从 ESI 中读取要打印的 int 型变量时，实际上不会得到 a 的低 32 位，而是当时 ESI 寄存器的内容。实际上，正如 8.4.3 节所述，main() 函数被调用时会传入 3 个参数，其中第 2 个参数 argv 是栈中某地址，通过 RSI 寄存器传入。若采用如 4.4.3 节所述的地址空间随机化策略，ESI 寄存器中就是一个数据。因此，每次执行上述代码时，ESI 中的内容都可能发生变化，因而每次打印出来的值都可能不同。

以下是在某个 x86-64 平台上对上述源代码进行编译的结果。

```
1           .file   "double_as_int.c"
2           .section    .rodata.str1.1,"aMS",@progbits,1
3       .LC1:
4           .string "a = %d\n"
5           .text
6       .globl main
7           .type   main, @function
8       main:
9       .LFB11:
10          .cfi_startproc
11          subq    $8, %rsp
12          .cfi_def_cfa_offset 16
13          movsd   .LC0(%rip), %xmm0
14          movl    $.LC1, %edi
15          movl    $1, %eax
16          call    printf
17          addq    $8, %rsp
18          .cfi_def_cfa_offset 8
19          ret
20          .cfi_endproc
21      .LFE11:
22          .size   main, .-main
23          .section    .rodata.cst8,"aM",@progbits,8
24          .align 8
25      .LC0:
26          .long   0
27          .long   1076101120
28          .ident  "GCC: (GNU) 4.4.6 20120305 (Red Hat 4.4.6-4)"
29          .section    .note.GNU-stack,"",@progbits
```

从上述汇编代码可看出，第 13 行的 SSE 架构指令 movsd 用于将标号 .LC0 处的双精度浮点数 10.0（其机器数的低 32 位值为 0，高 32 位值为 1 076 101 120）送入 XMM0 寄存器，第 14 行的 movl 指令将标号 .LC1 处的值（指向字符串"a=%d\n"）送入 EDI 寄存器（上述代码是在编译选项 -mcmodel 默认为 small 的情况下生成的，其数据和代码存放在低 2GB 的地址空间，因此标号 .LC1 可用 32 位表示）。上述代码中并没有任何指令将变量 a 的低 32 位送到 ESI 寄存器，而是在转到 main 函数执行前就已有信息存于 ESI 中了。

事实上，C 语言标准规定，当 printf() 函数的格式说明符和参数类型不匹配时，输出结果是未定义的。这个例子只是为了分析调用约定相关知识而列举的，程序员编写正规程序时应该注意避免编写这种未定义行为的代码。

小贴士

在机器级代码中，浮点常数不能像整数常数那样出现在指令的立即数字段，因此，编译器必须为所有浮点常数分配存储空间并将机器数定义在所分配处。这样，在机器级代码中，通过加载（LOAD）指令将存储单元中的浮点数送到浮点寄存器中，然后通过浮点运算指令对其进行操作。

编译器通常用一个标号表示所分配的浮点常数存储区，例 4.5 的程序对应的 x86-64 代码中第 25 行的标号 .LC0 就是双精度浮点常数 10 所在存储区的开始位置，该存储区由两个以汇编指示符 .long 表示的 32 位子存储区组成，其中，高 32 位为全 0，低 32 位机器数为无符号十进制数 1 076 101 120 对应的二进制表示，即 4024 0000H。

同样，字符串的机器级表示也不能出现在立即数字段，因此，编译器必须为字符串分配存储空间并将机器数定义在所分配处。同样，也是通过标号来表示字符串所在空间的开始位置，在指令中通过标号对应的存储单元地址来引用字符串。例 4.5 的程序对应的 x86-64 代码中第 3 行开始定义了字符串"a=%d\n"的位置 .LC1 和值，字符串值由汇编指示符 .string 来定义。

在第 5 章介绍程序的链接时会提到目标文件由多个不同的节（section）组成，其中有只读数据节（.rodata）。上面提到的浮点常数和字符串所定义的存储区都属于只读数据节，它们在程序执行过程中不会被修改。

*4.1.7　x86-64 过程的浮点参数传递

在 x86-64 中，通过 XMM 寄存器进行浮点参数的传递，主要规则如下。
- 最多可以传送 8 个浮点参数，按顺序分别存放在 XMM0 ~ XMM7 中，若多于 8 个浮点入口参数则通过栈来传递。
- 使用寄存器 XMM0 存放浮点返回值。
- 所有 XMM 都是调用者保存寄存器，被调用过程无须保存任何 XMM 寄存器便可以直接使用它们。

当过程入口参数列表中同时包含整数类型、浮点类型和指针类型参数时，整数类型和指针类型参数通过通用寄存器传递，而浮点类型参数通过 XMM 寄存器传递。每个入口参数与寄存器之间的映射关系取决于参数类型和排列顺序。

例 4.6　以下是 C 语言函数 funct() 的定义：

```
1   double funct(int i,double x,long j, double y,double *yptr) {
2       *yptr = y;
3       return i*x/j;
4   }
```

写出上述函数对应的 x86-64 上 AVX 架构汇编指令（AT&T 格式）序列。

解：根据 x86-64 过程调用约定可知，funct() 的入口参数 i、j 和 yptr 分别存放在通用寄存器 EDI、RSI 和 RDX 中，入口参数 x 和 y 分别存放在 XMM0 和 XMM1 中，返回结果存放在 XMM0 中。编译后得到的 x86-64 上的 AVX 架构汇编代码如下：

```
1  vmovsd      %xmm1,(%rdx)          # M[R[rdx]]←y
2  vcvtsi2sd   %edi,%xmm2,%xmm2      # R[xmm2]←i(int 型等值转换为 double 型)
3  vmulsd      %xmm0,%xmm2,%xmm2     # R[xmm2]←i*x
4  vcvtsi2sdq  %rsi,%xmm0,%xmm0      # R[xmm0]←j(long 型等值转换为 double 型)
5  vdivsd      %xmm0,%xmm2,%xmm0     # R[xmm0]←i*x/j
6  ret
```

4.2 流程控制语句的机器级表示

C 语言主要通过选择结构（条件分支）和循环结构语句来控制程序中语句的执行顺序。有 9 种流程控制语句，分为选择语句、循环语句和辅助控制语句三类，如图 4.16 所示。

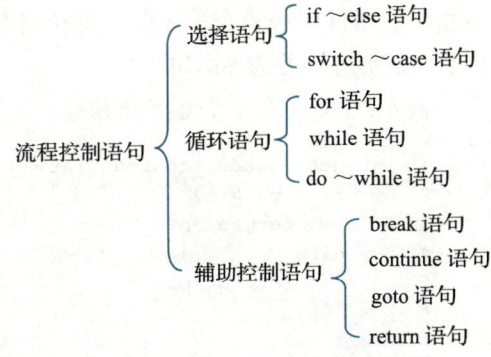

图 4.16 C 语言中的流程控制语句

4.2.1 选择语句的机器级表示

选择语句主要有 if ~ else 语句和 switch ~ case 语句，此外，条件运算表达式也需要根据条件选择执行哪个表达式的计算功能，其对应的机器级表示与选择语句类似。

1. 条件运算表达式的机器级表示

C 语言中唯一的三目运算由符号"?"和":"组成，可构成一个条件运算表达式，其值可赋给一个变量。通用形式如下：

```
x=cond_expr ? then_expr : else_expr;
```

对应的机器级代码可使用比较指令、条件传送指令或条件设置指令，如例 4.2 中的第 11 行和第 12 行指令。

2. if ~ else 语句的机器级表示

if~(then)、if~(then)~else 选择结构根据判定条件来控制一些语句是否被执行。其通用形式如下。

```
if (cond_expr)
    then_statement
else
    else_statement
```

其中，cond_expr 是条件表达式，根据其值为非 0（真）或 0（假），分别选择 then_statement 或 else_statement 执行。通常，编译后得到的对应汇编代码可以有两种不同的结构，如图 4.17 所示。

```
     c=cond_expr;
     if(!c)
         goto false_label;
     then_statement
     goto done;
false_label:
     else_statement
done:
```

```
     c=cond_expr;
     if(c)
         goto true_label;
     else_statement
     goto done;
true_label:
     then_statement
done:
```

图 4.17　if~ else 语句对应的汇编代码结构

图 4.17 中的 "if () goto …" 语句对应条件跳转指令，"goto …" 语句对应无条件跳转指令。编译器可以使用在底层 ISA 中提供的各种条件标志位设置功能、条件跳转指令、条件设置指令、条件传送指令、无条件跳转指令等相应的机器级代码支持机制（参见 3.3.4 节有关内容）来实现这类选择语句。

例 4.7　以下是一个 C 语言函数：

```
1  int get_lowaddr_content(int *p1,int *p2){
2      if ( p1 > p2 )
3          return *p2;
4      else
5          return *p1;
6  }
```

写出上述函数对应的 x86-64 汇编代码，要求用 AT&T 格式表示。

解：p1 和 p2 为指针类型参数，故占 64 位。根据 x86-64 过程调用约定，参数 p1 和 p2 分别存放在通用寄存器 RDI 和 RSI 中，返回值存放在 EAX 中。比较指令 cmpq 执行后得到各个标志位，程序需根据标志位的组合选择执行不同的指令，因此需要用到条件跳转指令，跳转目标地址用标号 .L1 和 .L2 等标识。上述函数对应的 x86-64 汇编代码如下：

```
1      cmpq    %rsi, %rdi      # 比较 p1 和 p2，即根据 p1-p2 的结果置标志
2      jbe     .L1             # 若 p1<=p2，则转 .L1 处执行
5      movl    (%rsi), %eax    # R[eax]←M[R[rsi]]，即 R[eax]=*p2
6      jmp     .L2             # 无条件跳转到 .L2 执行
7  .L1:
8      movl    (%rdi), %eax    # R[eax]←M[R[rdi]]，即 R[eax]=*p1
9  .L2:
10     ret
```

本例中参数 p1 和 p2 都是指针型变量，因此是按地址调用的。第 1 条 cmpq 指令实际上是两个地址大小的比较，因此随后的条件跳转指令应该使用无符号整数比较跳转指令。

例 4.8　以下是两个 C 语言函数：

```
1  void test(int x, int *ptr) {
2      if (x>0 && *ptr>0)
3          *ptr+=x;
4  }
5
6  void caller(int a, int y) {
7      int x = a>0 ? a : a+100;
```

```
8        test(x, &y);
9    }
```

对于上述两个 C 语言函数，完成下列任务（汇编代码用 x86-64 中的 AT&T 格式）。

① 写出函数 test 的过程体对应的汇编代码。

② 基于条件传送指令写出第 7 行语句对应的汇编代码（假定结果 x 存放在 EAX 中）。

解：① 根据 x86-64 过程调用约定，test 的入口参数 x 在 EDI 寄存器中，ptr 在 RSI 寄存器中。test() 函数对应的汇编代码如下：

```
1    testl   %edi, %edi        # 根据 x 与 x 相 " 与 " 的结果置标志
2    jle     .L1               # 若 x <=0，则转 .L1 处执行
3    movl    (%rsi), %ecx      # R[ecx] ← *ptr
4    testl   %ecx, %ecx        # 根据 *ptr 与 *ptr 相 " 与 " 的结果置标志
5    jle     .L1               # 若 *ptr <=0，则转 .L1 处执行
6    addl    %edi, (%rsi)      # 实现 *ptr+=x 的功能
7  .L1:
8    ret
```

这里有两条条件跳转指令，分别用来判断条件表达式 "(x>0 && *ptr>0)" 分解后的两个结果为假的条件 "x<=0" 和 "*ptr<=0"，在这两个条件下，都不会执行语句 "*ptr+=x;"。

② 根据 x86-64 过程调用约定，caller 的入口参数 a 和 y 分别在 EDI 和 ESI 寄存器中。第 7 行语句 "int x = a>0 ? a : a+100;" 对应的汇编代码如下，其中第 4 行为条件传送指令。

```
1    movl    %edi, %eax        # R[eax] ← R[edi]，即 R[eax]=a
2    addl    $100, %eax        # R[eax] ← a+100
3    testl   %edi, %edi        # 根据 a 与 a 相 " 与 " 的结果置标志
4    cmovg   %edi, %eax        # 若 a>0，则 R[eax] ← R[edi]，即 R[eax]=a
```

3. switch 语句的机器级表示

解决多分支选择问题可以用连续的 if~else~if 语句，不过，这种情况下，只能按顺序一一测试条件，直到满足条件时才执行对应分支的语句。若用 switch 语句实现多分支选择功能，可以直接跳到某个条件处的语句执行，而不用一一测试条件。那么，switch 语句对应的机器级代码是如何实现直接跳转的呢？下面用一个简单的例子来说明 switch 语句的机器级表示。

图 4.18a 是一个含有 switch 语句的过程，图 4.18b 是对应过程体在 IA-32 中的汇编代码表示和跳转表。

从图 4.18a 可知，过程 switch_test 的 switch 语句中共有 6 个 case 分支，在机器级代码中分别用标号 .L1、.L2、.L3、.L3、.L4、.L5 来标识这 6 个分支，它们分别对应条件 a=15、a=10、a=12、a=17、a=14 和其他（default）情况。其中，a=15 时所执行的语句（与 .L1 分支对应）包含了 a=10 时的语句（与 .L2 分支对应）；a=12 和 a=17 所执行的语句一样，都对应 .L3 分支。其他（default）包含了 a=11、a=13、a=16 或 a>17 的情况，与 .L5 分支对应。

因而，可以用一个跳转表来实现 a 的取值与跳转标号之间的对应关系。在所有 case 条件中，最小的是 10，当 a=10 时，a-10=0，因此可以将 a-10 得到的值作为跳转表的索引，每个跳转表的表项中存放一个某分支对应的标号（4 字节地址，汇编指示符为 .long），通过每个表项中的标号，可以分别跳转到对应 a=10（.L2）、a=11（.L5）、a=12（.L3）、a=13

（.L5）、a=14（.L4）、a=15（.L1）、a=16（.L5）、a=17（.L3）时的分支处。因为每个表项占 4 字节，所以每个表项相对于表的起始位置，其偏移量分别为 0、4、8、12、16、20、24 和 28，即偏移量等于"索引值 ×4"。偏移量与跳转表的首地址（由标号 .L8 指定）相加得到每个表项的地址。因此，可以用图 4.18b 中第 5 行的指令"jmp *.L8(,%eax, 4)"实现直接跳转，这里，寄存器 EAX 中存放的就是索引值。3.3.4 节介绍过，用 * 后跟一个操作指示符表示跳转地址时，属于间接跳转，因此，这里 jmp 指令中的 * 表示间接跳转，跳转目标地址为 M[.L8+R[eax]*4]，即跳转表某个表项中存放的地址。

```
1   int switch_test(int a,
        int b, int c)
2   {
3       int result;
4       switch(a) {
5       case 15:
6           c=b&0x0f;
7       case 10:
8           result=c+50;
9           break;
10      case 12:
11      case 17:
12          result=b+50;
13          break;
14      case 14:
15          result=b;
16          break;
17      default:
18          result=a;
19      }
20      return result;
21  }
```

```
1   movl    8(%ebp), %eax
2   subl    $10, %eax
3   cmpl    $7, %eax
4   ja      .L5
5   jmp     *.L8( , %eax, 4)
6  .L1:
7   movl    12(%ebp), %eax
8   andl    $15, %eax
9   movl    %eax, 16(%ebp)
10 .L2:
11  movl    16(%ebp), %eax
12  addl    $50, %eax
13  jmp     .L7
14 .L3:
15  movl    12(%ebp), %eax
16  addl    $50, %eax
17  jmp     .L7
18 .L4:
19  movl    12(%ebp), %eax
20  jmp     .L7
21 .L5:
22  addl    $10, %eax
23 .L7:
```

```
1   .section .rodata
2   .align  4
3  .L8
4   .long   .L2
5   .long   .L5
6   .long   .L3
7   .long   .L5
8   .long   .L4
9   .long   .L1
10  .long   .L5
11  .long   .L3
```

a) switch 语句所在的函数　　　　　　　b) switch 语句对应的汇编代码表示

图 4.18　switch 语句与对应的汇编代码表示

从上例可以看出，对 switch 语句进行编译转换的关键是构造跳转表，并正确设置索引值。一旦生成可执行文件，所有指令的地址就已经确定，因此就可以确定跳转表表项中标号对应的跳转地址，在程序执行过程中不可改写，即属于只读数据节。因此，图 4.18b 中右边的跳转表的数据段属性为".section .rodata"，并且在跳转表中的每个表项都必须在 4 字节边界上，即"align 4"。

当然，当 case 的条件值相差较大时，如同时存在 case 10、case 100、case 1000 等，就很难构造一个有限表项个数的跳转表，在这种情况下，编译器会生成分段跳转代码，而不会采用构造跳转表来进行跳转。

例 4.9 以下是 C 语言函数 switch_test() 的部分代码：

```
1   void switch_test(int x, int *ptr) {
2       switch(x) {
3           ...
```

```
4       default:
5           …
6       }
7       *ptr+=x;
8   }
```

假定对上述函数编译后得到的部分 x86-64 汇编代码如下：

```
1   addl    $3, %edi
2   cmpl    $6, %edi
3   ja      .L3
4   movl    %edi, %eax
5   jmp     *.L7(,%rax,8)
    …
```

生成的跳转表如下：

```
1   .section    .rodata
2   .align 8
3   .L7:
4       .quad .L2
5       .quad .L3
6       .quad .L4
7       .quad .L5
8       .quad .L3
9       .quad .L5
10      .quad .L6
```

请问：switch_test() 函数的 switch 语句中共有几个 case 分支？case 取值各是什么？分别对应跳转表中哪个标号？

解：根据 x86-64 过程调用约定，参数 x 存放在 EDI 寄存器中，由汇编代码第 1~3 行指令可知，当 x+3>6 时为其他取值（default）情况，对应处理代码段的标号为 .L3。这里 ja 指令按无符号整数大于比较，因此，当 x+3 为负数（数的高位部分为 1）时，x+3>6 一定满足 ja 指令条件，也属于其他取值情况。只有在 0 ≤ x+3 ≤ 6（即 x 取值在 −3 ~ 3 之间）时才不满足 ja 指令条件，从而需要执行第 5 行的 jmp 指令，通过跳转表进行指令跳转。

跳转表中每个表项对应的索引在 RDI 寄存器中，其值为 x+3。因此，当 x+3 分别为 0、1、2、3、4、5、6 时各自跳转到 .L2、.L3、.L4、.L5、.L3、.L5、.L6。由此可知：当 x=−2 和 x=1 时，对应标号为 .L3，属于 default 情况；当 x=0 和 x=2 时，对应标号都是 .L5。因此，switch 语句中共有 6 个分支，对应的 x 取值分别 −3（.L2）、−1（.L4）、0（.L5）、2（.L5）、3（.L6）和 default（.L3）。

4.2.2 循环语句的机器级表示

图 4.16 总结了 C 语言中所有程序控制语句，其中循环语句有三种：for 语句、while 语句和 do~while 语句。大多数编译器将这三种循环结构都转换为 do~while 形式来产生机器级代码，下面按照与 do~while 结构相似程度由大到小的顺序介绍三种循环语句的机器级表示。

1. do~while 循环的机器级表示

C 语言中的 do~while 语句形式如下。

```
do {
    loop_body_statement
} while (cond_expr);
```

该循环结构的执行过程可以用以下更接近于机器级语言的低级行为描述结构来描述。

```
loop:
    loop_body_statement
    c=cond_expr;
    if (c) goto loop;
```

上述结构对应的机器级代码中，loop_body_statement 用一个指令序列来完成，然后用一个指令序列实现对 cond_expr 的计算，并将计算或比较的结果记录在标志寄存器中，最后用一条条件跳转指令来实现"if (c) goto loop;"的功能。

2. while 循环的机器级表示

C 语言中的 while 语句形式如下。

```
while (cond_expr)
    loop_body_statement
```

该循环结构的执行过程可以用以下更接近于机器级语言的低级行为描述结构来描述。

```
    c=cond_expr;
    if (!c) goto done;
loop:
    loop_body_statement
    c=cond_expr;
    if (c) goto loop;
done:
```

从上述结构可看出，与 do~while 循环结构相比，while 循环仅在开头多了一段计算条件表达式的值并根据条件选择是否跳出循环体执行的指令序列，其他与 do~while 语句一样。

3. for 循环的机器级表示

C 语言中的 for 语句形式如下。

```
for (begin_expr; cond_expr; update_expr)
    loop_body_statement
```

for 循环结构的执行过程大多可以用以下更接近于机器级语言的低级行为描述结构来描述。

```
    begin_expr;
    c=cond_expr;
    if (!c) goto done;
loop:
    loop_body_statement
```

```
        update_expr;
        c=cond_expr;
        if (c) goto loop;
done:
```

从上述结构可看出，与 while 循环结构相比，for 循环仅在两个地方多了一段指令序列。一个是开头多了一段循环变量赋初值的指令序列（begin_expr)，另一个是循环体中多了更新循环变量值的指令序列（update_expr)，其他与 while 语句一样。

4.1.4 节中以计算自然数之和的递归函数为例，说明了递归过程调用的原理，该递归函数仅是为了说明原理而给出的，实际上可直接用公式计算。为了说明循环结构的机器级表示，下面的程序用 for 语句来实现这个功能。

```
1    int nn_sum (int n) {
2        int i;
3        int result=0;
4        for (i=1; i<=n; i++)
5            result+=i;
6        return result;
7    }
```

根据上述对应 for 循环的低级行为描述结构，不难写出上述过程对应的汇编表示，以下是在 IA-32 中其过程体的 AT&T 格式汇编代码。

```
1    movl    8(%ebp), %ecx
2    movl    $0, %eax
3    movl    $1, %edx
4    cmpl    %ecx, %edx
5    jg      .L2
6  .L1:
7    addl    %edx, %eax
8    addl    $1, %edx
9    cmpl    %ecx, %edx
10   jle     .L1
11 .L2
```

从上述汇编代码可以看出，过程 nn_sum 中的非静态局部变量 i 和 result 被分别分配在寄存器 EDX 和 EAX 中，ECX 中始终存放入口参数 n，返回参数在 EAX 中。这个过程体中没有用到被调用过程保存寄存器。因而，可以推测在该过程的栈帧中仅保留了 EBP 的原值，即其栈帧仅占用了 4 字节的空间，而 4.1.4 节给出的递归方式则占用了 $(16n+12)$ 字节的栈空间，多用了 $(16n+8)$ 字节的栈空间。特别是每次过程调用都要执行 16 条指令，递归情况下共多了 n 次过程调用，因而，递归方式比非递归方式至少多执行了 $16n$ 条指令。由此可以看出，为提高程序性能，最好使用非递归方式实现。

例 4.10 一个 C 语言函数通过 GCC 编译后的 x86-64 汇编代码如下。

```
1    movslq  %edi, %rdi
2    movq    $0, %rax
3    movl    $0, %ecx
4  .L1:
5    leaq    (%rax,%rax), %rdx
```

```
 6   movq    %rdi, %rax
 7   andq    $15, %rax
 8   orq     %rdx, %rax
 9   shrq    $1, %rdi
10   addl    $1, %ecx
11   cmpl    $10, %ecx
12   jle     .L1
```

该 C 语言函数的整体框架结构如下。

```
long func_test(int x) {
    long result=0;
    int i;
    for (_____①_____ ; _____②_____ ; _____③_____) {
              _____④_____
    }
    return result;
}
```

根据对应的汇编代码填写函数中缺失的部分①、②、③和④。

解：从对应汇编代码来看，因为 ECX 初始为 0，在比较指令 cmpl 之前 ECX 做了一次加 1 操作后，再与 10 比较，最后根据比较结果选择是否转到 .L1 继续执行，因此循环变量 i 分配在 ECX 中，①处为 i=0，②处为 i<=10，③处为 i++。

第 5～9 行的汇编指令对应④处的语句，入口参数 x 在 EDI 中，返回参数 result 在 RAX 中。第 5 条指令 leaq 实现 "2*result"，相当于将 result 左移一位；第 6 条和第 7 条指令则实现 "x&0x0f"；第 8 条指令实现 "result=(result<<1) | (x & 0x0f)"，第 9 条指令实现 "x>>=1"。综上所述，④处的两条语句是 "result=(result<<1) | (x & 0x0f); x>>=1;"。

因为本例中循环终止条件是 i>10，而循环变量 i 的初值为 0，可以确定第一次终止条件肯定不满足，所以可以省掉循环体前面的一次条件判断。从本例中给出的汇编代码来看，它确实只有一条条件转移指令，而不像前面给出的 for 循环对应低级行为描述结构那样有两条条件转移指令。显然，本例结构更简洁。

4.3 复杂数据类型的分配和访问

本节以 C 语言为例说明复杂类型数据处理的机器级代码，包括在寄存器和存储器中的存储与访问。在 IA-32/x86-64 机器级代码中，基本类型对应的数据通常通过单条指令就可以访问和处理，这些数据在指令中或者以立即数的形式出现，或者以寄存器或存储器数据的形式出现。而对于构造类型数据，由于其包含多个基本类型数据，因此不能直接用单条指令访问和运算，通常需要特定的代码结构和寻址方式对其进行处理。本节主要介绍构造类型和指针类型的数据在机器级程序中的访问和处理。

4.3.1 数组的分配和访问

数组可以将同一类型数据组合起来形成一个大的数据集合。因为数组是数据的集合，所以它不可能存放在一个寄存器中或作为指令中的立即数，而一定是分配在存储器中。数组中的每个元素在存储器中连续存放，可用一个索引值访问数组元素。对于数组的访问和处理，编译器最重要的是要找到一种简便的数组元素地址的计算方法。

1. 数组元素在存储空间的存放和访问

在程序中使用数组，必须遵循定义在前、使用在后的原则。一维数组定义的一般形式如下：

存储类型 数据类型 数组名 [元素个数];

其中，存储类型可以缺省。例如，定义一个具有 4 个元素的静态存储型 short 型数组 A，可写成 "static short A[4];"。这 4 个数组元素为 A[0]、A[1]、A[2] 和 A[3]，它们连续存放在静态数据存储区中，每个数组元素都为 short 型数据，故占 2B 的空间，数组 A 共占 8B 空间，首地址是元素 A[0] 的地址，因而通常用 &A[0] 表示，也可简单用 A 表示数组 A 的首地址，第 i（0≤i≤3）个元素的地址计算公式为 &A[0]+2*i。

假定数组 A 的首地址存放在 RDX 中，i 存放在 RCX 中，现需要将 A[i] 取到 AX 中，则对应汇编指令为 "movw (%rdx, %rcx, 2), %ax"。

表 4.2 给出了在 x86-64 中若干数组的定义以及它们在内存中的存放情况说明。

表 4.2 数组定义及其内存存放情况示例

数组定义	数组元素类型	元素大小 /B	数组大小 /B	起始地址	元素 i 的地址
int S[10]	int	4	40	&S[0]	&S[0]+4*i
char *SA[10]	char *	8	80	&SA[0]	&SA[0]+8*i
long D[10]	long	8	80	&D[0]	&D[0]+8*i
float *DA[10]	float *	8	80	&DA[0]	&DA[0]+8*i

表 4.2 给出的 4 个数组定义中，数组 SA 和 DA 中每个元素都是一个指针，x86-64 中指针占 64 位，SA 中每个元素指向一个 char 型数据，DA 中每个元素指向一个 float 型数据。

2. 数组的存储分配和初始化

数组可以定义为静态（static）存储型数组、外部（extern）存储型数组、自动（auto）存储型数组，其中，只有 auto 型数组分配在栈中，其他存储型数组都分配在静态数据区。

数组的初始化就是在定义数组时给数组元素赋初值。例如，声明 "static short A[4]={-3,80,90,65};" 可以对数组 A 的 4 个元素初始化。

由于在编译、链接时就可以确定在静态区中数组的首地址，因此在编译、链接阶段就可将数组首址和数组变量建立关联。对于分配在静态区的已被初始化的数组，机器级指令中可通过数组首地址和数组元素的下标来访问相应的数组元素。例如，对于以下 IA-32 系统中的例子：

```
int buf[2] = {10, 20};
int main(){
    int i, sum=0;
    for (i=0; i<2; i++)
        sum+=buf[i];
    return sum;
}
```

其中，buf 是一个在静态数据区分配的可被其他程序模块使用的全局数组型变量，编译、链接后，buf 在可执行目标文件的可读写数据段中分配相应的空间。假定 buf 首地址为 0x8048908，则在该地址开始的 8B 空间中存放数据的情况如下：

```
1   08048908 <buf>:
2   08048908: 0A 00 00 00 14 00 00 00
```

编译器在处理语句"sum+=buf[i];"时，假定 i 分配在 ECX 中，sum 分配在 EAX 中，则该语句可转换为指令"addl buf(,%ecx, 4), %eax"，其中 buf 的值可重定位为 0x8048908。

对于 auto 型数组，因为被分配在栈中，所以数组首地址通过 ESP 或 EBP 来定位，机器级代码中数组元素地址由首地址与数组元素的下标值计算得到。例如，对于以下 IA-32 系统中的例子：

```
int add(){
    int buf[2] = {10, 20};
    int i, sum=0;
    for (i=0; i<2; i++)
        sum+=buf[i];
    return sum;
}
```

其中，buf 是一个在栈区分配的非静态局部数组，在栈中分配了相应的 8B 空间。假定 add() 函数的调用函数为 P，并且在 add 过程中没有使用被调用者保存寄存器 EBX、ESI、EDI，局部变量 i 和 sum 分别分配在寄存器 ECX 和 EAX 中，则 add 对应的栈帧状态如图 4.19 所示。

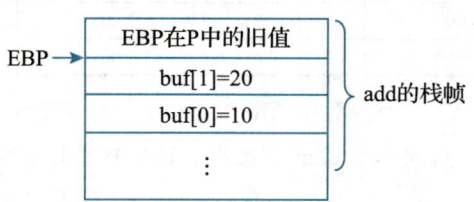

图 4.19 add 对应的栈帧状态

在处理 auto 型数组赋初值的语句"int buf[2]={10,20};"时，编译器可以生成以下指令序列：

```
1   movl    $10, -8(%ebp)        #buf[0]的地址为 R[ebp]-8，将 10 赋给 buf[0]
2   movl    $20, -4(%ebp)        #buf[1]的地址为 R[ebp]-4，将 20 赋给 buf[1]
3   leal    -8(%ebp), %edx       #buf[0]的地址为 R[ebp]-8，将 buf 首址送 EDX
```

执行完上述指令序列后，数组 buf 的首地址在 EDX 中，因此，在处理语句"sum+=buf[i];"时，编译器可以将该语句转换为汇编指令"addl (%edx, %ecx, 4), %eax"。

3. 数组与指针

C 语言中指针与数组之间的关系十分密切，它们均用于处理存储器中连续存放的一组数据，因而在访问存储器时两者的地址计算方法是一致的，数组元素的引用可以用指针来实现。

在指针变量的目标数据类型与数组元素的数据类型相同的前提下，指针变量可以指向数组或者数组中的任意元素。例如，对于存储器中连续的 10 个 int 型数据，可以用数组 a 来说明，也可以用指针变量 ptr 来说明。以下两个程序段的功能完全相同，都是使指针 ptr 指向数组 a 的第 0 个元素 a[0]。

```
/* 程序段 1 */
int a[10];
int *ptr=&a[0];
/* 程序段 2 */
int a[10], *ptr;
ptr=&a[0];
```

数组变量 a 的值就是其首地址，即 a=&a[0]，因而 a=ptr，从而有 &a[i]=ptr+i=a+i 和 a[i]=ptr[i]=*(ptr+i)=*(a+i)。

假定 0x8048A00 处开始的存储区有 10 个 int 型数据，部分内容如图 4.20 所示，以小端方式存放。

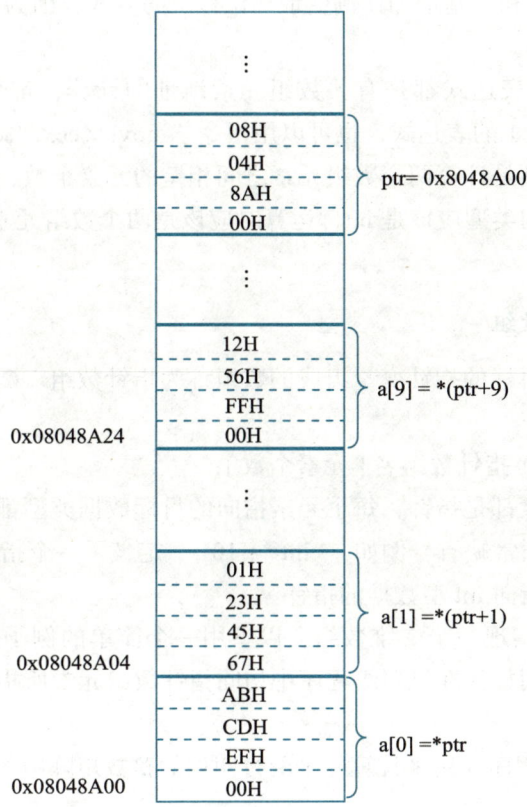

图 4.20 用指针和数组表示连续存放的一组数据

图 4.20 给出了用数组和指针表示的存储器中连续存放的数据，以及指针和数组元素之间的关系。图中 a[0]=0xABCDEF00、a[1]=0x01234567、a[9]=0x1256FF00。数组首地址 0x8048A00 存放在指针变量 ptr 中，从图中可以看出，ptr+i 的值并不是用 0x8048A00 加 i 得到，而是等于 0x8048A00+4*i。

表 4.3 给出了在 IA-32 中数组元素或指针变量的表达式及其计算方式。表中数组 A 为 int 型，其首地址 SA 在 ECX 中，数组的下标变量 i 在 EDX 中，表达式的结果在 EAX 中。

表 4.3 数组元素和指针变量的表达式计算示例

序号	表达式	类型	值的计算方式	汇编代码
1	A	int *	SA	leal (%ecx), %eax
2	A[0]	int	M[SA]	movl (%ecx), %eax
3	A[i]	int	M[SA+4*i]	movl (%ecx, %edx, 4), %eax
4	&A[3]	int *	SA+12	leal 12(%ecx), %eax
5	&A[i]−A	int	(SA+4*i−SA)/4=i	movl %edx, %eax
6	*(A+i)	int	M[SA+4*i]	movl (%ecx, %edx, 4), %eax
7	*(&A[0]+i−1)	int	M[SA+4*i−4]	movl −4(%ecx, %edx, 4), %eax
8	A+i	int *	SA+4*i	leal (%ecx, %edx, 4), %eax

表 4.3 中序号为 2、3、6 和 7 的表达式都是引用数组元素，其中 3 和 6 是等价的。对应的汇编指令都需要有访存操作，指令中源操作数的寻址方式分别是"基址""基址加比例变址""基址加比例变址"和"基址加比例变址加位移"的方式，因为数组元素的类型都为 int 型，所以比例因子都为 4。

序号为 1、4 和 8 的表达式都是有关数组元素地址的计算，都可以用取有效地址指令 leal 来实现。对于序号为 1 的表达式，也可以用指令"movl %ecx, %eax"实现。

序号为 5 的表达式则是计算两个数组元素之间相差的元素个数，即是两个指针之间的运算，因此，表达式的值的类型应该是 int，运算时应该是两个数组元素地址之差再除以 4，结果就是 i。

4. 指针数组和多维数组

由若干个指向同类目标的指针变量组成的数组称为指针数组。C 程序中的指针数组定义形式如下：

存储类型 数据类型 * 指针数组名 [元素个数]；

指针数组中每个元素都是指针，每个元素指向的目标数据类型都相同，就是上述定义中的数据类型，存储类型通常缺省。例如，"int *a[10];"定义了一个指针数组 a，它有 10 个元素，每个元素都是一个指向 int 型数据的指针。

一个指针数组可以实现一个二维数组。以下用一个简单的例子来说明指针数组和二维数组之间的关联，并说明如何在机器级程序中访问指针数组元素所指的目标数据和二维数组元素。

以下是一个 C 语言程序，用来计算一个两行四列的整数矩阵中每一行数据的和。

```
1   #include <stdio.h>
2   int main(){
3       static short num[ ][4]={{2, 9, -1, 5}, {3, 8, 2, -6}};
4       static short *pn[ ]={num[0], num[1]};
5       static short s[2]={0, 0};
6       int i, j;
7       for (i=0; i<2; i++) {
8           for (j=0; j<4; j++)
9               s[i]+=*pn[i]++;
10          printf ("sum of line %d:%d\n", i, s[i]);
11      }
```

```
12      return 0;
13 }
```

该例中，num 是一个在静态数据区分配的静态数组，因而在可执行目标文件的可读写数据段中分配了相应的空间。假定在 IA-32 系统中编译、运行，分配给 num 的地址为 0x8049300，则在该地址开始的一段存储区中存放数据的情况如下。

```
1 08049300 <num>:
2 08049300:   02 00 09 00 ff ff 05 00 03 00 08 00 02 00 fa ff
3 08049310 <pn>:
4 08049310:   00 93 04 08 08 93 04 08
```

因此，num=num[0]=&num[0][0]=0x8049300，pn=&pn[0]=0x8049310，pn[0]=num[0]=0x8049300，pn[1]=num[1]=0x8049308。

编译器在处理第 9 行语句 "s[i]+=*pn[i]++;" 时，若 i 在 ECX 中，s[i] 在 AX 中，则可通过指令 "movl pn(,%ecx,4),%edx" 先将 pn[i] 送到 EDX 中，再通过以下两条指令实现其功能。

```
addw    (%edx), %ax
addl    $2, pn(, %ecx, 4)
```

执行上述第一条加法指令 addw 时，pn[i] 已在 EDX 中，因为是 short 型数据，所以数据宽度为 16 位，即指令助记符长度后缀为 w；因为 pn 为指针数组，所以在引用 pn 的元素时其比例因子为 4。例如，当 i=1 时，pn[i]=*(pn+i)=M[pn+4*i]=M[0x8049310+4]=M[0x8049314]=0x8049308。

第二条加法指令 addl 用来实现 "pn[i]+1 → pn[i]" 的功能，因为 pn[i] 是指针，故 "pn[i]+1 → pn[i]" 是指针运算，因此，操作数长度为 4B，即助记符长度后缀为 l，而指针变量每次增量时应加目标数据的长度。因为目标数据类型为 short，即每个目标数据的长度为 2，所以指针变量增量时每次加 2。

4.3.2 结构体数据的分配和访问

C 语言的结构体（也称结构）可以将不同类型的数据结合在一个数据结构中。组成结构体的每个数据称为结构体的成员或字段。

1. 结构体成员在存储空间的存放和访问

结构体中的数据成员存放在存储器中一段连续的存储区中，指向结构的指针就是其第一个字节的地址。编译器在处理结构型数据时，根据每个成员的数据类型获得相应的字节偏移量，然后通过每个成员的字节偏移量来访问结构成员。

例如，以下是一个关于个人联系信息的结构体：

```
struct cont_info {
    char id[8];
    char name[12];
    unsigned post;
    char address[100];
```

```
        char phone[20];
};
```

该结构体定义了关于个人联系信息的数据类型 struct cont_info，可以把一个变量 x 定义成这个类型并赋初值，例如，在定义了上述数据类型 struct cont_info 后，可以对变量 x 进行如下声明。

```
struct cont_info x={"0000000", "ZhangS", 210022, "273 long street, High Building
    #3015", "12345678"};
```

与数组一样，分配在栈中的 auto 型结构类型变量的首地址由 EBP 或 ESP 来定位，分配在静态存储区的静态和外部结构变量首地址是一个确定的静态存储区地址。

结构体变量 x 的每个成员的首地址等于 x 加上一个固定的偏移量。假定上述变量 x 分配在地址 0x8049200 开始的区域，那么，x=&(x.id)=0x8049200，其他成员的地址计算如下。

- &(x.name)= 0x8049200+8=0x8049208
- &(x.post)= 0x8049200+8+12=0x8049214
- &(x.address)=0x8049200+8+12+4=0x8049218
- &(x.phone)=0x8049200+8+12+4+100=0x804927C

可以看出 x 初始化后，对于 name 字段，在地址 0x8049208~0x804920D 处存放的是字符串 "ZhangS"，地址 0x804920E 处存放的是字符 '\0'，在地址 0x804920F~0x8049213 处存放的都是空字符。

访问结构体变量的成员时，对应的机器级代码可以通过"基址加偏移量"的寻址方式来实现。例如，假定编译器在处理语句 "unsigned xpost=x.post;" 时，x 被分配在 EDX 中，xpost 被分配在 EAX 中，则转换得到的汇编指令为 "movl 20(%edx), %eax"。这里的基址就是 0x8049200，它被存放在 EDX 中，偏移量为 8+12=20。

2. 结构体数据作为入口参数

当结构体变量需要作为一个函数的形式参数时，形式参数和调用函数中的实参应该具有相同的结构。与普通变量传递参数的方式一样，也有按值传递和按地址传递两种方式。如果采用按值传递方式，则结构的每个成员都要被复制到栈中的参数区，这既会增加时间开销又会增加空间开销，因而对于结构体变量通常采用按地址传递的方式。也就是说，对于结构类型参数，通常不会直接作为参数，而是把指向结构的指针作为参数，这样，在执行 call 指令之前，就无须把结构成员复制到栈中的参数区，而只要把相应的结构体首地址送到参数区，即仅传递指向结构体的指针而不复制每个成员。

例如，以下是处理学生电话信息的两个函数：

```
1  void stu_phone1(struct cont_info *stu_info_ptr) {
2    printf("%s phone number: %s", (*stu_info_ptr).name, (*stu_info_ptr).phone);
3  }
4
5  void stu_phone2(struct cont_info stu_info) {
6    printf("%s phone number: %s", stu_info.name, stu_info.phone);
7  }
```

函数 stu_phone1() 按地址传递参数，而 stu_phone2() 按值传递参数。对于上述结构体变量 x，若被调用函数为 stu_phone1()，则调用函数中使用的语句应为"stu_phone1(&x);"；若被调用函数为 stu_phone2()，则调用函数中使用的语句应为"stu_phone2(x);"。这两种情况下对应的栈中状态如图 4.21 所示。

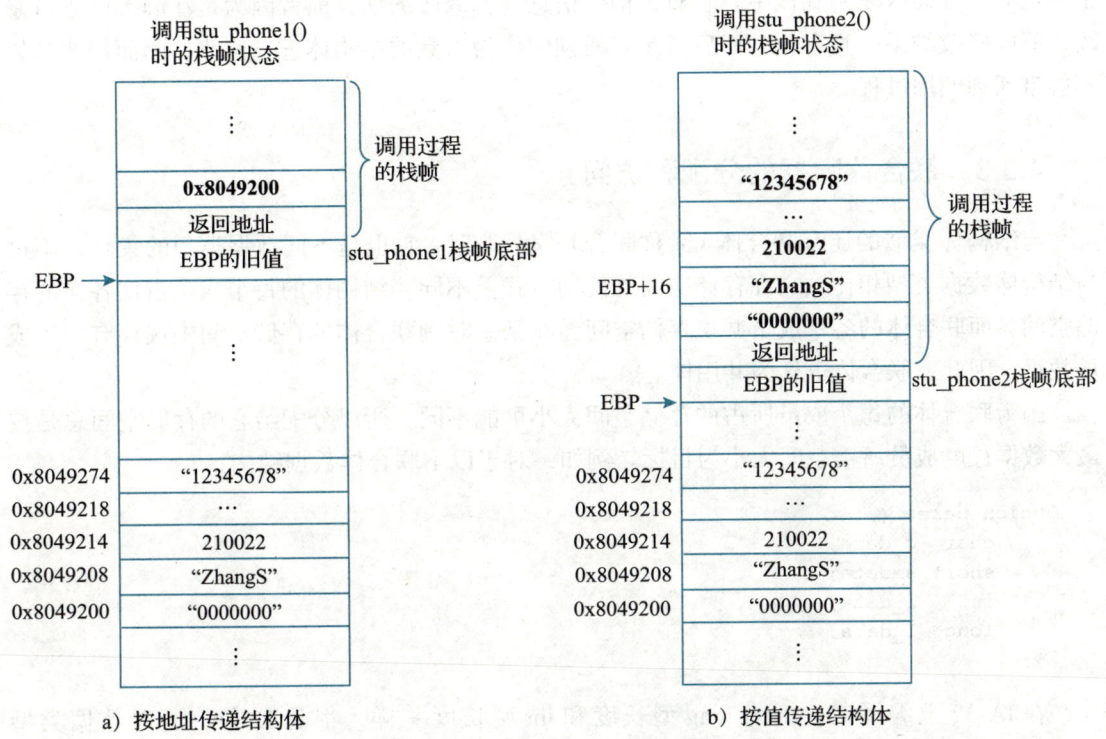

图 4.21 按地址传递和按值传递结构体数据

如图 4.21a 所示，按地址传递方式下，调用函数将会把 x 的地址 0x8049200 作为实参存到参数区，此时，M[R[ebp]+8]=0x8049200。在函数 stu_phone1() 中，使用表达式 (*stu_info_ptr).name 来引用结构体成员 name，也可以将 (*stu_info_ptr).name 写成 stu_info_ptr->name。实现将表达式 (*stu_info_ptr).name 的结果送到 EAX 的指令序列如下：

```
movl    8(%ebp), %edx
leal    8(%edx), %eax
```

执行完上述两条指令后，EAX 中存放的是字符串"ZhangS"在静态存储区内的首地址 0x8049208。

如图 4.21b 所示，在按值传递方式下，调用函数将会把 x 的所有成员值作为实参保存到参数区，此时，形参 stu_info 的地址为 R[ebp]+8。在函数 stu_phone2() 中，使用表达式 stu_info.name 来引用结构体成员 name。实现将表达式 stu_info.name 的结果送到 EAX 的指令序列如下：

```
leal    8(%ebp), %edx
leal    8(%edx), %eax
```

上述两条指令的功能实际上是将 R[ebp]+16 的值送到 EAX 中，EAX 中存放的是字符串"ZhangS"在栈中参数区内的首地址。

从图 4.21 可看出，虽然调用 stu_phone1 和 stu_phone2 可以实现完全相同的功能，但是两种方式下的时间和空间开销都不一样。显然，后者的开销更大，因为它需要对结构体成员整体从静态存储区复制到栈中。若对结构体信息进行修改的话，前者因为是在静态区进行修改，所以修改结果一直有效；而后者是对栈帧中作为参数的结构体进行修改，因而修改结果不能带回到调用过程。

4.3.3 联合体数据的分配和访问

与结构体类似的还有联合体（简称联合）数据类型，它也是不同数据类型的集合，不过与结构体数据类型相比，它在存储空间的使用方式上不同。结构体的每个成员占用各自的存储空间，而联合体的各个成员共享存储空间，在某一时刻联合体的存储空间中仅存有一个成员数据。因此，联合体也称为共用体。

因为联合体的每个成员所占的存储空间大小可能不同，所以分配给它的存储空间总是按最大数据长度成员所需空间大小为目标。例如，对于以下联合体数据结构：

```
union uarea {
    char   c_data;
    short  s_data;
    int    i_data;
    long   l_data;
};
```

在 IA-32 上编译时，因为 long 型长度和 int 型长度一样，都是 32 位，所以数据类型 uarea 所占的存储空间大小为 4B。而对于与 uarea 有相同成员的结构体数据类型来说，其占用存储空间至少有 1+2+4+4=11B，若考虑数据对齐的话，则占用的空间更大。

联合体数据结构通常用于一些特殊的场合，例如，如果事先知道某种数据结构中的不同字段（成员）的使用时间是互斥的，就可以将这些字段声明为联合体，以减少分配的存储空间。但有时这种做法会得不偿失，它可能只会减少少量的存储空间，却会大大增加处理复杂性。

利用联合体数据结构，还可以实现对相同位序列进行不同数据类型的解释。例如，以下函数可以将一个 float 型数据重新解释为一个无符号整数。

```
1  unsigned float2unsign(float f) {
2      union {
3          float f;
4          unsigned u;
5      } tmp_union;
6      tmp_union.f=f;
7      return tmp_union.u;
8  }
```

上述函数的形式参数是 float 型，按值传递参数，因而从调用过程传递过来的实参是一个 float 型数据，该数据被赋值给了一个非静态局部变量 tmp_union 中的成员 f，由于成员 u 和 f 共享同一个存储空间，因此在执行第 7 行的 return 语句后，32 位的浮点数被转换成了 32

位无符号整数。在 IA-32 系统中，函数 float2unsign 的过程体中主要指令是"movl 8(%ebp), %eax"，它实现了将存放在地址 R[ebp]+8 处的入口参数 f 送到返回值所在寄存器 EAX 的功能。

从上述例子可以看出，机器级代码在很多时候并不区分所处理对象的数据类型，不管高级语言中将其说明成 float 型、int 型还是 unsigned 型，都把它当成一个 0/1 序列来处理。明白这一点非常重要！

联合体数据结构可以嵌套，以下是一个关于联合体数据结构 node 的定义：

```
union node {
    struct {
        int *ptr;
        int data1;
    } node1;
    struct {
        int data2;
        union node *next;
    } node2;
};
```

可以看出数据结构 node 是一个如图 4.22 所示的链表，在这个链表中，除最后一个节点采用 node1 结构类型外，前面节点的数据类型都是 node2 结构，其中有一个字段 next 又指向了一个 node 结构。

图 4.22 node 数据结构示意图

假设一个处理 node 数据结构的过程 node_proc 如下：

```
1  void node_proc(union node *np) {
2      np->node2.next->node1.data1=*(np->node2.next->node1.ptr)+np->node2.data2;
3  }
```

过程 node_proc 中形式参数是一个指向 node 联合体的指针，按地址传递参数，因此，在调用过程栈帧的参数区存放的实参是一个地址，这个地址是 node 型数据（链表）首地址。假定处理的链表被分配在某个存储区（通常像链表这种动态生成的数据结构都被分配在动态的堆区），其首地址为 0x0f493000。根据过程 node_proc 中的第 2 行语句可知，所处理的链表共有两个节点，其中第一个节点是 node2 型结构，第二个节点是 node1 型结构，图 4.23 给出了其存放情况示意图。

过程 node_proc 的过程体对应的汇编代码如下。

```
1  movl    8(%ebp), %ecx     # 将实参（链表首址 0x0f493000）送 ECX
2  movl    4(%ecx), %edx     # 将地址 0x0f493004 中的 next 送 EDX
3  movl    (%edx), %eax      # 将 next 所指单元的内容 ptr 送 EAX
4  movl    (%eax), %eax      # 将 ptr 所指单元的内容送 EAX
5  addl    (%ecx), %eax      # 将 EAX 内容与 data2 相加
6  movl    %eax, 4(%edx)     # 将相加结果送 data1 所在单元
```

显然，执行完上述第 1、2 两行机器级代码后，ECX 中存放的内容是链表首地址 0x0f493000,

EDX 中存放的是指针 next。

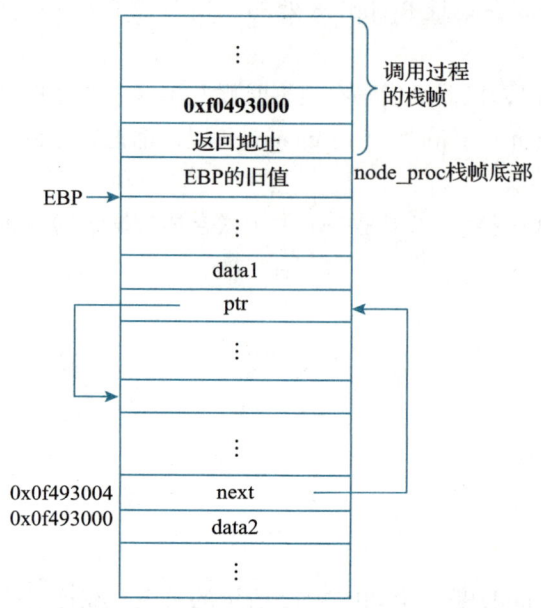

图 4.23　过程 node_proc 处理的 node 链表存放情况示意图

4.3.4　数据的对齐

可以把存储器看作由连续的位构成，每 8 位为一个字节，每个字节有一个地址编号，这种方式称为**按字节编址**。假定每次访存最多只能读写 64 位，即 8B，那么，第 0~7 字节可同时读写，第 8~15 字节可同时读写，以此类推，这称为 **8 字节宽存储机制**。若指令访问的数据不在地址为 $8i$~$8i+7$（i=0,1,2,…）之间的存储单元内，则需多次访存，因而会延长指令执行时间。例如，若访问数据在第 6~9 字节这 4 字节中，则需访存两次。因此，数据在存储器中对齐存放可避免多次访存而带来的指令执行效率的降低。

对于机器级代码来说，它应该能支持按任意地址访存，因此，无论数据是否对齐都能正确工作，只是在对齐方式下程序执行效率更高。为此，操作系统通常按对齐方式分配管理内存，编译器也按对齐方式转换代码。

最简单的对齐策略是，要求各基本类型数据按照其长度对齐，例如，int 型数据的长度是 4B，因此规定 int 型数据地址是 4 的倍数，称为 **4 字节边界对齐**，简称 **4 字节对齐**。同理，short 型数据地址是 2 的倍数，double 和 long long 型数据地址是 8 的倍数，float 型数据地址是 4 的倍数，char 型数据则无须对齐。Windows 采用的就是这种对齐策略，具体对齐策略在 Windows 遵循的 ABI 规范中有明确定义。这种情况下，对于 8 字节宽存储机制来说，所有基本类型数据都仅需访存一次。

Linux 使用的对齐策略更为宽松，i386 System V ABI 中定义的对齐策略规定：short 数据地址是 2 的倍数，其他如 int、float、double 和指针等类型数据的地址都是 4 的倍数。这种情况下，对于 8 字节宽存储机制来说，double 型数据就可能需要两次访存。对于扩展精度浮点数，IA-32 中规定长度是 80 位，即 10B，为了使随后的相同类型数据能够落在 **4 字节地址**

边界上，i386 System V ABI 规范定义 long double 型数据长度为 12B，因而 GCC 遵循该定义，为其分配 12B 的空间。

例如，对于以下 C 语言程序：

```c
#include <stdio.h>
int main() {
    int a;
    cha b;
    int c;
    printf("0x%08x\n",&a);
    printf("0x%08x\n",&b);
    printf("0x%08x\n",&c);
    return 0;
}
```

在 IA-32+Windows 系统中，VS 编译器下的运行结果为 0x0012ff7c、0x0012ff7b 和 0x0012ff80；Dev-C++ 编译器下的运行结果为 0x0022ff7c、0x0022ff7b 和 0x0022ff74。可以看出，这两种编译器下，变量 a 和 c 的地址都是 4 的倍数，而变量 b 没有对齐。VS 编译器下，调整了变量的分配顺序，并没有按照 a、b、c 的顺序按小地址→大地址（或大地址→小地址）进行分配，而是为无须对齐的变量 b 先分配一个字节，然后再依次分配 a 和 c 的空间。需要注意的是，ABI 规范只定义了变量的对齐方式，并没有定义变量的分配顺序，因此编译器可以自由决定使用何种顺序来分配变量。

对于由基本数据类型构成的结构体数据，为了保证其中每个字段都满足对齐要求，Linux 采用的 i386 System V ABI 对结构体数据有如下几条**对齐规则**：①整个结构体变量的对齐方式与其中对齐方式最严格的成员相同；②每个成员在满足其对齐方式的前提下，取最小的可用位置作为成员在结构体中的偏移量，这可能导致内部插空；③结构体大小应为对齐边界长度的整数倍，这可能会导致尾部插空。前两条规则是为了保证结构体中的任意成员都能以对齐的方式访问。

例如，考虑下面的结构体定义：

```c
struct SD {
    int    i;
    short  si;
    char   c;
    double d;
};
```

如果不按对齐方式分配空间，那么，SD 所占的存储空间大小为 4+2+1+8=15B，每个成员的首地址偏移如图 4.24a 所示，成员 i、si、c 和 d 的偏移地址分别是 0、4、6 和 7，因此，即使 SD 的首地址按 4 字节边界对齐，成员 d 也不满足 4 字节或 8 字节的对齐要求。

如果设定为按对齐方式分配空间，则根据上述第②条规则，需要在字段 c 后插入一个空字节，使成员 d 的偏移从 8 开始，此时，每个成员的首地址偏移如图 4.24b 所示；根据上述第①条规则，应保证 SD 首地址按 4 字节边界对齐，这样所有成员都能按要求对齐。而且，因为 SD 所占空间大小为 16B，因此，当定义一个数据元素为 SD 类型的结构体数组时，其中每个数组元素也都能在 4 字节边界上对齐。

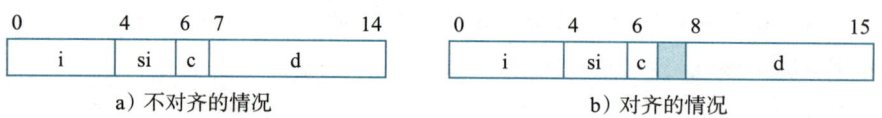

图 4.24 结构体 SD 的存储分配情况

上述第③条规则是为了保证结构体数组中的每个元素都能满足对齐要求，例如，对于下面的结构体数组定义：

```
struct SDT {
    int    i;
    short  si;
    double d;
    char   c;
} sa[10];
```

如果按照图 4.25a 的方式在字段中插空，那么对于第一个元素 sa[0] 来说，能够保证每个成员的对齐要求，但是，因为 SDT 所占总长度为 17B，所以，对于 sa[1] 来说，其首地址就不是按 4 字节方式对齐，因而导致 sa[1] 中各成员不能满足对齐要求。若编译器遵循上述第③条规则，则在 SDT 结构体中最后一个成员的后面插入 3 字节空间，如图 4.25b 所示。此时，SDT 总长度变为 20B，即 sizeof(SDT)=20，从而保证结构体数组中所有元素的首地址都是 4 的倍数。

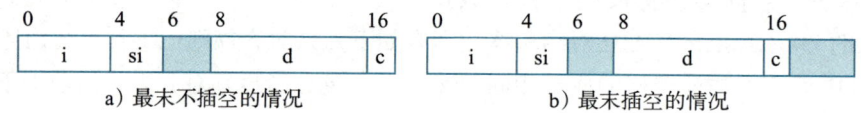

图 4.25 结构体 SDT 的存储分配情况

例 4.11 假定 C 语言程序中定义了以下结构体数组。

```
1  struct {
2      char  a;
3      int   b;
4      char  c;
5      short d;
6  } record[100];
```

在对齐方式下该结构体数组 record 占用的存储空间为多少字节？每个成员的偏移量为多少？如何调整成员变量的顺序使 record 占用的空间最少？

解： 数组 record 中的每个元素都是结构体类型，在对齐方式下，不管是在 Windows 还是 Linux 系统中，该结构体占用的存储空间都是 12B，因此，数组 record 共占用 1200B 的空间。为保证每个数组元素都能对齐存放，该数组的起始地址一定是 4 的倍数，并且成员 a、b、c、d 的偏移量分别为 0、4、8、10。

为了使 record 占用的空间最少，可以按照数据类型宽度从短到长（或从长到短）调整成员变量的声明顺序。从短到长调整后的声明如下：

```
1  struct {
```

```
2      char  a;
3      char  c;
4      short d;
5      int   b;
6   } record[100];
```

调整后每个数组元素占 8B 的空间，数组共占 800B 的空间，比原来节省 400B 的空间。

与 IA-32 一样，x86-64 中各种类型数据也应遵循一定的对齐规则，而且对齐要求更加严格。因为 x86-64 中存储器的访问接口被设计成以 8B 或 16B 为单位进行存取，其对齐规则是，任何 K 字节宽的基本数据类型和指针类型数据的起始地址一定是 K 的倍数，所以 long 型、double 型数据和指针型变量都必须按 8 字节边界对齐，long double 型数据必须按 16 字节边界对齐。例如，在例 4.5 对应的 x86-64 汇编代码中，第 24 行中的汇编指示符".align 8"用来指示 double 型常量 10 对应的只读存储区起始地址为 8 的倍数。具体的对齐规则可以参考 AMD64 System V ABI 手册。

4.4 越界访问和缓冲区溢出

4.3.1 节介绍了 C 语言中数组的分配和访问，C 语言中的数组元素可以使用指针来访问，因而对数组的引用没有边界约束，即程序中对数组的访问可能会有意或无意地超出数组存储区范围而无法发现。C 语言标准规定，数组越界访问属于未定义行为。以下几种情况下访问结果是不可预知的：可能访问了一个空闲的内存位置；可能访问了某个不该访问的变量；可能访问了非法地址而导致程序异常终止。在这些未定义行为情况下，可能存在安全漏洞，导致被恶意攻击。

4.4.1 数组的越界访问

4.1 节介绍了有关 C 语言过程调用的机器级代码表示。在 C 语言程序执行过程中，当前正在执行的过程（即函数）在栈中会形成本过程的栈帧，一个过程的栈帧中除了保存 EBP 和被调用者保存寄存器的值外，还会保存本过程的非静态局部变量和过程调用的返回地址。如果在非静态局部变量中定义了数组变量，那么，有可能在对数组元素访问时发生超出数组存储区的越界访问。通常把这种数组存储区看作一个**缓冲区**，这种超出数组存储区范围的访问称为**缓冲区溢出**。例如，对于一个有 10 个元素的 char 型数组，其定义的缓冲区占 10B 空间。如果将一个字符串写入这个缓冲区，只要写入的字符串多于 9 个字符（结束符'\0'占 1 字节），则这个缓冲区就会发生"写溢出"。缓冲区溢出会导致程序执行结果错误，甚至存在相当危险的安全漏洞。

以下就是由于缓冲区溢出而导致程序发生错误的例子。某 C 语言函数 fun() 的源程序如下：

```
double fun(int i) {
    volatile double d[1]={3.14};
    volatile long int a[2];
    a[i]=1073741824; /* 1073741824=2^30*/
    return d[0];
}
```

在 IA-32+Linux 平台上，函数 fun(i) 在 i=1、2、3、4 时的执行情况分别如下：
- fun(1)=3.14。
- fun(2)=3.1399998664856。
- fun(3)=2.00000061035156。
- fun(4)=3.14 且随后发生存储保护错（segmentation fault）。

在 IA-32+Linux 平台上对上述程序进行编译，得到对应的机器级代码如下：

```
<fun>:
1   push    %ebp
2   mov     %esp,%ebp
3   sub     %0x10,%esp
4   fldl    0x8048518
5   fstpl   -0x8(%ebp)
6   mov     0x8(%ebp),%eax
7   movl    $0x40000000,-0x10(%ebp,%eax,4)
8   fldl    -0x8(%ebp)
9   leave
10  ret
```

编译器通常将浮点型常数（如程序中的 3.14）分配在 .rodata 节（即只读数据节），而只读数据节在链接时将被映射到虚拟地址空间的只读代码段（在 IA-32+Linux 系统中起始地址为 0x8048000）中，从上述机器级代码可看出，从 0x8048518 开始的 8 字节空间存放的是 3.14 的 double 型表示。只读数据节、虚拟地址空间划分等相关概念将在第 5 章详细介绍。

第 4 行的 fldl 指令将从存储单元 0x8048518 开始的 8 字节装入浮点寄存器 ST(0)，第 5 行的 fstpl 指令将 ST(0) 中的数据保存到地址为 R[ebp]−8 的 8 个存储单元中。因此第 4 行和第 5 行指令用于将 3.14 存入 R[ebp]−8 处。

第 6 行和第 7 行指令用于将常数 1 073 741 824（2^{30}=4000 0000H）存入 a[i]。数组 a 起始地址为 R[ebp]−16。第 8 行指令用于将 R[ebp]−8 开始处 8 个单元数据（即 64 位的 d[0]）装入 ST(0) 作为返回值。

根据对机器级代码的分析可知，fun 栈帧中数据的存放情况如图 4.26 所示。图中 $d_{63}d_{62}\cdots d_{33}d_{32}d_{31}d_{30}\cdots d_1d_0$ 为 double 型数据 3.14 的机器数。

从图 4.26 可看出，当 i=1 时，程序将 0x4000 0000 存入 a[1] 处，数组 a 未发生缓冲区溢出，fun() 返回 3.14，结果正确；当 i>1 时，数组 a 发生缓冲区溢出，程序执行发生错误，甚至出现存储保护错。

当 i=2 时，0x4000 0000 存入了 a[1] 之上的 4 个单元，从而把 $d_{31}d_{30}\cdots d_1d_0$ 替换为 0x4000 0000，破坏了 3.14 对应机器数的尾数低位部分，因而 fun() 返回值为 3.1399998664856；当 i=3 时，程序将 $d_{63}d_{62}\cdots d_{33}d_{32}$ 替换为 0x4000 0000，破坏了 3.14 对应机器数的高位部分，误差比

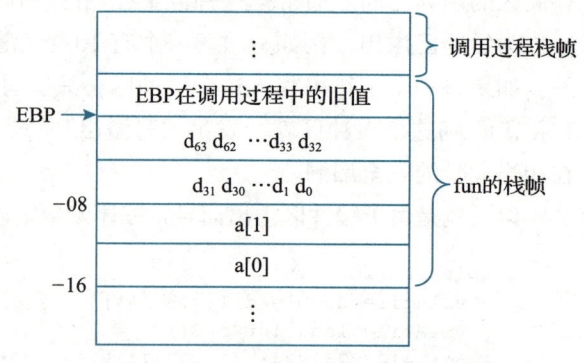

图 4.26 fun 栈帧中数据的存放情况

i=2 时更大，返回值为 2.00000061035156；当 i=4 时，程序将 EBP 在调用过程中的旧值替换为 0x4000 0000，虽然 fun() 能够返回 d[0] 处（地址为 R[ebp]−8）的 3.14，但是，返回到调用过程后，在调用过程使用 EBP 作为基址寄存器访问数据时，因为访问的是地址 0x4000 0000 附近的单元，本例中，在地址 0x4000 0000 附近的存储区应该属于没有内容的"空洞"区，对"空洞"区页面的访问会导致发生存储保护错。

4.4.2 缓冲区溢出攻击

缓冲区溢出是一种非常普遍、非常危险的漏洞，在各种操作系统和应用软件中广泛存在。**缓冲区溢出攻击**是利用缓冲区溢出漏洞所进行的攻击行为。缓冲区溢出攻击可以导致程序运行失败、系统关机、系统重新启动等后果。如果攻击者恶意利用在栈中分配的缓冲区的写溢出，悄悄地将一个恶意代码段的首地址作为"返回地址"覆盖写到原先正确的返回地址处，那么，程序就会在执行 ret 指令时悄悄地转到恶意代码段执行，从而可以轻易取得系统特权，进行各种非法操作。

造成缓冲区溢出的一个原因是程序没有对作为缓冲区的数组进行越界检查。下面用一个简单的例子说明攻击者如何利用缓冲区溢出跳转到自己设定的程序 hacker。

以下是文件 test.c 中的三个函数，假定编译、链接后的可执行代码为 test。

```
1  #include <stdio.h>
2  #include "string.h"
3
4  void outputs(char *str) {
5      char buffer[16];
6      strcpy(buffer, str);
7      printf("%s \n", buffer);
8  }
9
10 void hacker(void) {
11     printf("being hacked\n");
12 }
13
14 int main(int argc, char *argv[]){
15     outputs(argv[1]);
16     return 0;
17 }
```

上述函数 outputs 是一个有漏洞的程序，当命令行中给定的字符串超过 25 个字符时，使用 strcpy 函数就会使缓冲区 buffer 造成写溢出。首先来看一下 IA-32 系统中使用反汇编工具得到的 outputs 汇编代码。

```
1  0x080483e4 <outputs+0>:      push    %ebp
2  0x080483e5 <outputs+1>:      mov     %esp, %ebp
3  0x080483e7 <outputs+3>:      sub     $0x18, %esp
4  0x080483ea <outputs+6>:      mov     0x8(%ebp), %eax
5  0x080483ed <outputs+9>:      mov     %eax, 0x4(%esp)
6  0x080483f1 <outputs+13>:     lea     0xfffffff0(%ebp), %eax
7  0x080483f4 <outputs+16>:     mov     %eax, (%esp)
8  0x080483f7 <outputs+19>:     call    0x8048330 <__gmon_start__@plt+16>
```

```
 9 0x080483fc <outputs+24>:      lea    0xfffffff0(%ebp), %eax
10 0x080483ff <outputs+27>:      mov    %eax, 0x4(%esp)
11 0x08048403 <outputs+31>:      movl   $0x8048500, (%esp)
12 0x0804840a <outputs+38>:      call   0x8048310
13 0x0804840f <outputs+43>:      leave
14 0x08048410 <outputs+44>:      ret
```

第 3 行的指令说明编译器在栈帧中分配了 0x18=24B 空间；在第 8 行的 call 指令调用 strcpy 函数之前，栈中存放了两个参数，一个是 outputs() 入口参数 str（存放在栈中地址为 R[ebp]+8 之处），另一个是 buffer 数组在栈中的首地址 R[ebp]-16；第 6 行指令中的偏移量为 0xfffffff0（真值为 -16）；第 12 行用 call 指令调用 printf() 函数。根据上述分析，可以画出如图 4.27 所示的 outputs 栈帧中数据的存放状态。

在图 4.27 中，传递给 strcpy 的实参 M[R[ebp]+8] 实际上就是在 main 函数中指定的**命令行参数**首地址 argv[1]，它是一个字符串的起始地址。程序中函数 strcpy() 实现的功能是，将命令行中指定的字符串复制到缓冲区 buffer 中，如果攻击者在命令行中构造一个长度为 16+4+4+1=25 个字符的字符串，并将攻击代码 hacker() 的首地址置于字符串结束符 '\0' 前面 4 字节，则在执行完 strcpy() 函数后，hacker 代码首地址将置于 main 栈帧最后的返回地址处。当执行到 outputs 代码的第 14 行 ret 指令时，便会转到 hacker() 执行以实施攻击。这里，25 个字符中的前 16 个字符填满 buffer 缓冲区，4 个字符覆盖掉 EBP 的旧值，4 个字节的 hacker 代码首地址覆盖返回地址，还有一个字符是字符串结束符。

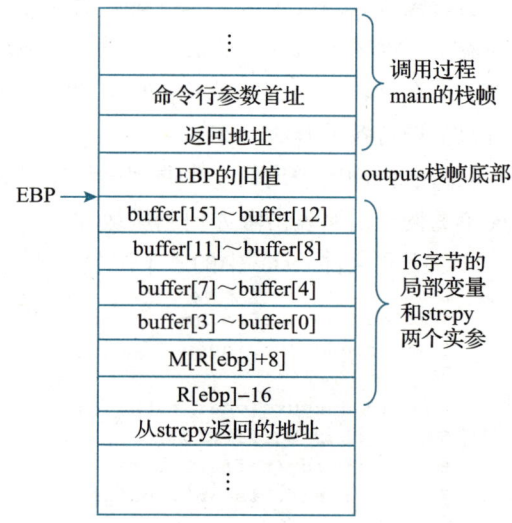

图 4.27 outputs 栈帧中数据的存放状态

假定 hacker 代码的首地址为 0x8048410，则可编写如下的攻击代码实施攻击。

```
 1  #include <stdio.h>
 2
 3  char code[]=
 4  "0123456789ABCDEFXXXX"
 5  "\x10\x84\x04\x08"
 6  "\x00";
 7
 8  int main() {
 9      char *arg[3];
10      arg[0]="./test";
11      arg[1]=code;
12      arg[2]=NULL;
13      execve(arg[0], arg, NULL);
14      return 0;
15  }
```

执行上述程序，可通过**系统调用** execve() 装入 test 可执行文件，并将 code 中的字符串作为命令行参数启动执行 test。因此，字符串中的前 16 个字符 '0''1''2''3''4''5' '6''7''8''9''A''B''C''D''E''F' 被复制到 buffer 中，4 个 'X' 字符覆盖掉 EBP 的旧值，地址 0x08048410 覆盖掉返回地址。

执行上述攻击程序后的输出结果为：

```
0123456789ABCDEFXXXX▇ ▇ ▇ ▇
being hacked
Segmentation fault
```

输出结果中第 1 行为执行 outputs 函数后的结果，其中最后 4 个字符为不可显示字符（对应 ASCII 码 10H、84H、04H 和 08H）。执行完 outputs 后程序被恶意地跳转到 hacker() 函数执行，因此会显示第 2 行的字符串。最后一行显示 "Segmentation fault"（段错误），原因是在调用 hacker() 时并没有保存其调用函数的返回地址，所以在执行到 hacker 过程的 ret 指令时获取的"返回地址"是一个不可预知的值，因而可能跳转到数据区或系统区或其他非法访问的存储区去执行，造成段错误。

上面的错误主要是 strcpy() 函数没有进行**缓冲区边界检查**而直接把 str 参数所指的内容复制到 buffer 造成的。存在这种问题的标准函数还有 strcat()、sprintf()、vsprintf()、gets()、scanf() 等。

缓冲区溢出攻击有多个英文名称：buffer overflow，buffer overrun，smash the stack，trash the stack，scribble the stack，mangle the stack，memory leak，overrun screw 等。第一个缓冲区溢出攻击是 Morris 蠕虫，发生在 1988 年 11 月，它曾造成全世界 6000 多台网络服务器瘫痪。

随意向缓冲区填内容造成溢出一般只会出现段错误，而不能达到攻击的目的。最常见的手段是通过制造缓冲区溢出使程序运行一个用户 shell，再通过 shell 执行其他命令。如果该程序属于 root 且有 suid 权限的话，攻击者就可获得一个有 root 权限的 shell，从而可对系统进行任意操作。

缓冲区溢出攻击之所以成为一种常见的安全攻击手段，是因为缓冲区溢出漏洞太普遍，并且易于实现。缓冲区溢出成为远程攻击的主要手段，其原因在于缓冲区溢出漏洞使攻击者能够植入并且执行攻击代码。被植入的攻击代码以一定的权限运行有缓冲区溢出漏洞的程序，从而得到被攻击主机的控制权。

4.4.3 对缓冲区溢出攻击的防范

缓冲区溢出攻击的存在给计算机的安全带来了很大威胁。对于缓冲区溢出攻击，主要可以从两个角度采取相应的防范措施，一方面是从程序员的角度进行防范，另一方面是从编译器和操作系统的角度进行防范。

对于程序员来说，应该尽量编写没有漏洞的正确代码。对于编写像 C 这种语法灵活、风格自由的高级语言程序，要编写出正确代码，通常需要花费较多的时间和精力。为了帮助经验不足的程序员编写安全、正确的程序，人们开发了一些辅助工具和技术。最简单的方法是用 grep 搜索源代码中易产生漏洞的库函数调用，如对 strcpy() 和 sprintf() 的调用，这两个函数都不会检查输入参数的长度；此外，人们还开发了一些高级的查错工具，如 fault injection 等，这些工具通过人为随机地产生一些缓冲区溢出来寻找代码安全漏洞；还有一些静态分析工具，用于侦测是否存在缓冲区溢出的情况。虽然这些工具能帮助程序员开发更安全的程序，但是，由于 C 语言的特点，这些工具不一定能找出所有的缓冲区溢出漏洞，只能减少缓冲区溢出的可能。

对于编译器和操作系统来说，应该尽量生成没有漏洞的安全代码。现代编译器和操作系统采取了多种机制来保护程序免受缓冲区溢出攻击，例如，有地址空间随机化、栈破坏检测和可执行代码区域限制等方式。

1. 地址空间随机化

地址空间随机化（Address Space Layout Randomization，ASLR）是一种比较有效的防御缓冲区溢出攻击的技术，目前 Linux、FreeBSD 和 Windows Vista 等主流操作系统中都使用了该技术。

基于缓冲区溢出漏洞的攻击者必须了解缓冲区的起始地址，以便将一个"溢出"的字符串以及指向攻击代码的指针植入具有漏洞的程序的栈中。对于早先的系统，每个程序的栈位置是固定的，在不同机器上生成和运行同一个程序时，只要操作系统相同，栈的位置就完全一样。因而，程序中函数的栈帧首地址非常容易预测。如果攻击者可以确定一个有漏洞的常用程序所使用的栈地址空间，就可以设计一个针对性的攻击，在使用该程序的多个机器上实施攻击。

地址空间随机化的基本思路是，将加载程序时生成的代码段、静态数据段、堆区、动态库和栈区各部分的首地址进行随机化处理（起始位置在一定的范围内是随机的），使得每次启动执行时，程序各段被加载到不同的地址起始处。由此可见，在不同机器上运行相同的程序时，程序加载的地址空间是不同的，显然，这种不同包括了栈地址空间的不同，因此，对于一个随机生成的栈起始地址，基于缓冲区溢出漏洞的攻击者不太容易确定栈的起始位置。通常将这种使程序加载的栈空间的起始位置随机变化的技术称为**栈随机化**。下面的例子说明在 Linux 系统中采用了栈随机化机制。

有以下的 C 语言程序：

```
1   #include <stdio.h>
2   int main(){
3       int a=10;
4       double *p=(double*)&a;
5       printf("%e\n", *p);
6       return 0;
7   }
```

上述程序在一个 IA-32+Linux 系统中进行编译、汇编和链接后，生成了一个可执行文件。运行该可执行文件多次，每次都得到不同的结果。根据该可执行文件反汇编的结果发现，局部变量 a 和 p 在栈帧中分别被分配在 R[esp]+0x28、R[esp]+0x2c 的位置，显然，p 在高地址上，a 在低地址上，且存储位置相邻。因而 *p 对应的 double 型数据就是 &a 开始的 64 位数据，其中的高 32 位就是 p 的值（即 &a），低 32 位就是 a 的值（即 10=0AH）。

如果采用栈随机化策略，每次 main 栈帧的栈顶指针 ESP 随机变化，使局部变量 a 和 p 所分配的地址也随机变化，&a 的变化使 *p 的高 32 位每次都不同，因而每次的打印结果也不同。不过，因为随机变化的地址限定在一定的范围内，所以每次打印出来的 *p 的值仅在一定范围内变化。例如，其中的 3 次结果为 $-4.083169e-02$、$-1.102164e-02$、$-3.986657e-02$，对应的 &a 分别为 BFA4 E7E4H、BF86 9284H、BFA4 6964H。可以验证：机器数为 BFA4 E7E4 0000 000AH 的 double 型数据的真值为 $-4.083169e-02$；机器数 BF86 9284 0000 000AH 对应的真值为 $-1.102164e-02$。

这里需要补充说明的是，C 语言标准规定，对于一个变量，通过与其类型不兼容的另一种类型去访问该变量属于未定义行为。因此，上述程序使用 double 类型来访问一个 int 类型的变量，其行为是未定义的。在此给出这个程序，只是为了对栈随机化机制进行说明，程序员编写正规程序时应避免上述未定义行为。

对于栈随机化策略，如果攻击者多次反复使用不同的栈地址进行试探性攻击，那么随机化防范措施还是有可能被攻破的。这时可采用下面介绍的栈破坏检测措施。

2. 栈破坏检测

如果在程序跳转到攻击代码执行之前，能够检测出程序的栈已被破坏，就可避免受到严重攻击。新的 GCC 版本在产生的代码中加入了一种**栈保护者**（stack protector）机制，用于检测缓冲区是否越界，主要思想是：在函数的准备阶段，在其栈帧中的缓冲区底部与保存的寄存器状态之间（例如，在图 4.27 中 outputs 栈帧的 buffer[15] 与 EBP 之间）加入一个随机生成的特定值，该值被称为**金丝雀（哨兵）值**；在函数的恢复阶段，在恢复寄存器并返回到调用过程前，先检查该值是否被改变，若值发生改变，则程序异常中止。因为插入在栈帧中的特定值是随机生成的，所以攻击者很难猜测出金丝雀值的内容。

在 GCC 新版本中，会自动检测某种代码特性，以确定一个函数是否容易遭受缓冲区溢出攻击，在确定函数有可能遭受攻击的情况下，自动插入**栈破坏检测代码**。如果不想让 GCC 插入栈破坏检测代码，则需用命令行选项 "-fno-stack-protector" 进行编译。

在 Windows 系统的 VS 开发环境中，也可以使用栈破坏检测技术。以下是某程序在 Debug 版本下 main() 函数准备阶段的机器级代码（注意：VS 的汇编指令采用 Intel 格式，在 ; 后面的是注释）。

```
int main(){
00CF17A0  push      ebp                    ;EBP 内容压栈
00CF17A1  mov       ebp, esp               ;使 EBP 指向当前栈帧底部
00CF17A3  sub       esp, 0DCh              ;将当前栈帧大小增长 DCH=220B
00CF17A9  push      ebx                    ;将被调用者保存寄存器 EBX 压栈
00CF17AA  push      esi                    ;将被调用者保存寄存器 ESI 压栈
00CF17AB  push      edi                    ;将被调用者保存寄存器 EDI 压栈
00CF17AC  lea       edi, [ebp-0DCh]        ;在 EDI 中设置重复传送首地址为当前栈顶
00CF17B2  mov       ecx, 37h               ;在 ECX 中设置传送次数为 220/4=55=37H
00CF17B7  mov       eax, 0CCCCCCCCh;       ;在 EAX 中设置传送内容为 CCCC CCCCH
00CF17BC  rep stos  dword ptr es:[edi]     ;重复传送（EDI 加 4，ECX 减 1）直到 ECX=0
00CF17BE  mov       eax, dword ptr[_security_cookie (0CF9004h)];将 security
          cookie 送 EAX
00CF17C3  xor       eax, ebp               ;将 EBP 内容和 security cookie 进行异或
```

```
00CF17C5   mov      dword ptr[ebp-4], eax ;异或后的内容存入 R[ebp]-4 处
   ...
}
```

从上面的代码可以看出，在对栈帧用 0xCC（Debug 模式下的断点设置指令 int 3 的机器指令）进行初始化以后，在 R[ebp]-4 的位置存入了一个由 _security_cookie 处存放的内容（security cookie）和 R[ebp] 异或得到的特殊值，这个值就是金丝雀（哨兵）值。EBP 是当前栈帧底部指针，若采用栈随机化机制，则 EBP 内容每次都是一个随机值，而且 _security_cookie 所在区域通常设置为不可更改的"只读"区，攻击者很难猜测这个值。

3. 可执行代码区域限制

通过将程序的数据段地址空间设置为不可执行，使攻击者不可能执行被植入在输入缓冲区的代码，这种技术称为**不可执行缓冲区技术**。早期 UNIX 系统只允许程序代码在代码段中执行，即只有代码段的访问属性是可执行，其他区域的访问属性是可读或可读可写。但是，近年来 UNIX 和 Windows 系统由于要实现更好的性能和功能，往往允许在数据段中动态地加入可执行代码，这是造成缓冲区溢出攻击的根源。当然，为了保持程序的兼容性，不可能使所有数据段都设置成不可执行。不过，可以将动态的栈段设置为不可执行，这样既可以保证程序的兼容性，又可以有效防止把代码植入栈（自动变量缓冲区）的溢出攻击。因为除了信息传递等少数情况会使栈中存在可执行代码外，几乎没有任何合法的程序会在栈中存放可执行代码，因此这种做法几乎不产生任何兼容性问题。

不幸的是，栈的"不可执行"保护对于将攻击代码植入堆或者静态数据段的攻击没有效果，通过引用一个驻留程序的指针，就可以跳过这种保护措施。

4.5 本章小结

本章对 C 语言中的各类语句和各种复合数据类型及其在 IA-32/x86-64 上的机器级代码进行了详细的介绍。虽然高级语言选用了 C 语言，机器级表示选用了 IA-32/x86-64 架构，但是，实际上从其他高级语言到其他体系结构的对应关系也是类似的。

编译器在将高级语言源程序转换为机器级代码时，必须对目标代码对应的指令集体系结构有充分的了解。编译器需要决定高级语言程序中的变量和常量应该使用哪种数据表示格式，需要为高级语言程序中的常数和变量合理地分配寄存器或存储空间，需要确定哪些变量应该分配在静态数据区、哪些变量应该分配在动态的堆区或栈区，需要选择合适的指令序列来实现选择结构和循环结构。对于过程调用，编译器需要按调用约定实现参数传递、保存和恢复寄存器的状态等。

由于 C 语言对数组边界没有约束检查，容易导致缓冲区溢出漏洞，因此，需要程序员、操作系统和编译器采取相应的防范措施。

如果一个应用程序员能够熟练掌握应用程序所运行的平台与环境，包括指令集体系结构、操作系统和编译工具，并且能够深刻理解高级语言程序与机器级代码之间的对应关系，那么，他就更容易理解程序的行为和执行结果，更容易编写出高效、安全、正确的程序，并在程序出现问题时能够较快地确定错误发生的根源。

习题

1. 给出以下概念的解释说明。

   过程调用　　　　　　调用约定　　　　　　非静态局部变量　　　现场信息
   栈（stack）　　　　　ABI 规范　　　　　　叶子过程　　　　　　当前栈帧
   调用者保存寄存器　　　被调用者保存寄存器　　帧指针寄存器　　　　按值传递参数
   按地址传递参数　　　　嵌套调用　　　　　　递归调用　　　　　　栈溢出
   缓冲区溢出　　　　　　缓冲区溢出攻击　　　　栈随机化　　　　　　金丝雀值

2. 简单回答下列问题。

   （1）按值传递参数和按地址传递参数两种方式有哪些不同点？

   （2）为什么在递归深度较深时递归调用的时间开销和空间开销都会较大？

   （3）对于 auto 型变量，编译器如何分配其空间？通常被分配在什么存储区？对于 auto 型变量地址进行大小比较，是否有意义？为什么？

   （4）为什么数据在存储器中最好按对齐方式存放？

   （5）有哪几种防止缓冲区溢出攻击的基本方法？

3. 假设某个 C 语言函数 func() 的原型声明如下：

   ```
   void func(int *xptr, int *yptr, int *zptr);
   ```

   函数 func() 的过程体对应的机器级代码用 AT&T 汇编形式表示如下：

   ```
   1    movl    8(%ebp), %eax
   2    movl    12(%ebp), %ebx
   3    movl    16(%ebp), %ecx
   4    movl    (%ebx), %edx
   5    movl    (%ecx), %esi
   6    movl    (%eax), %edi
   7    movl    %edi, (%ebx)
   8    movl    %edx, (%ecx)
   9    movl    %esi, (%eax)
   ```

   回答下列问题或完成下列任务。

   （1）上述机器级代码是在 IA-32 系统还是 x86-64 系统中生成的？为什么？

   （2）在过程体开始时，三个入口参数对应实参所存放的存储单元地址是什么？（提示：当前栈帧底部由帧指针寄存器 EBP 指示。）

   （3）根据上述机器级代码写出函数 func() 的 C 语言代码。

4. 假设函数 operate() 的部分 C 语言代码如下：

   ```
   1    int operate(int x, int y, int z, int k) {
   2        int v = _____ ;
   3        return v;
   4    }
   ```

   以下 IA-32 汇编代码用来实现第 2 行语句的功能：

   ```
   1    movl    12(%ebp), %ecx
   2    sall    $8, %ecx
   ```

```
3    movl    8(%ebp), %eax
4    movl    20(%ebp), %edx
5    imull   %edx, %eax
6    movl    16(%ebp), %edx
7    andl    $65520, %edx
8    addl    %ecx, %edx
9    subl    %edx, %eax
```

回答下列问题或完成下列任务。

（1）写出每条汇编指令的注释，并填写 operate() 函数中缺失的部分。

（2）给出函数 operate() 对应的 x86-64 汇编代码，并和 IA-32 汇编代码进行性能比较。

5. 假设函数 product() 的 C 语言代码如下，其中 num_type 是用 typedef 声明的数据类型。

```
1    void product(num_type *d, unsigned x, num_type y ) {
2        *d = x*y;
3    }
```

函数 product() 的过程体对应的 IA-32 汇编代码如下：

```
1    movl    12(%ebp), %eax
2    movl    20(%ebp), %ecx
3    imull   %eax, %ecx
4    mull    16(%ebp)
5    leal    (%ecx, %edx), %edx
6    movl    8(%ebp), %ecx
7    movl    %eax, (%ecx)
8    movl    %edx, 4(%ecx)
```

给出上述每条汇编指令的注释，并说明 num_type 是什么类型。

6. 已知函数 comp() 的 C 语言代码及其过程体对应的汇编代码如图 4.28 所示。回答下列问题或完成下列任务。

（1）图中给出的是 IA-32 还是 x86-64 对应的汇编代码？为什么？

（2）给出每条汇编指令的注释，并说明为什么 C 语言代码中只有一个 if 语句而汇编代码中有两条条件跳转指令。

```
1    void comp(char x, int *p) {
2
3        if (p && x<0)
4            *p += x;
5    }
```

```
1    testq   %rsi, %rsi
2    je      .L1
3    testb   $0x80, %dil
4    jns     .L1
5    movsbl  %dil, %edi
6    addl    %edi, (%rsi)
7    .L1:
```

图 4.28 题 6 图

7. 已知函数 func() 的 C 语言代码框架及其过程体对应的 IA-32 汇编代码如图 4.29 所示，根据对应的汇编代码填写 C 语言代码中缺失的表达式。

8. 已知函数 do_loop() 的 C 语言代码如下：

```
1    short do_loop(short x, short y, short k) {
2        do {
```

```
3        x*=(y%k) ;
4        k--;
5    } while ((k>0) && (y>k));
6    return x;
7 }
```

```
1 int func(int x, int y) {
2
3     int z = _____ ;
4     if (_____) {
5         if (_____)
6             z = _____ ;
7         else
8             z = _____ ;
9     } else if (_____)
10        z = _____ ;
11    return z;
12 }
```

```
1     movl    8(%ebp), %eax
2     movl    12(%ebp), %edx
3     cmpl    $-100, %eax
4     jg      .L1
5     cmpl    %eax, %edx
6     jle     .L2
7     addl    %edx, %eax
8     jmp     .L3
9  .L2:
10    subl    %edx, %eax
11    jmp     .L3
12 .L1:
13    cmpl    $16, %eax
14    jl      .L4
15    andl    %edx, %eax
16    jmp     .L3
17 .L4:
18    imull   %edx, %eax
19 .L3:
```

图 4.29 题 7 图

函数 do_loop() 的过程体对应的 IA-32 汇编代码如下：

```
1     movw    8(%ebp), %bx
2     movw    12(%ebp), %si
3     movw    16(%ebp), %cx
4  .L1:
5     movw    %si, %dx
6     movw    %dx, %ax
7     sarw    $15, %dx
8     idiv    %cx
9     imulw   %dx, %bx
10    decw    %cx
11    testw   %cx, %cx
12    jle     .L2
13    cmpw    %cx, %si
14    jg      .L1
15 .L2:
16    movswl  %bx, %eax
```

回答下列问题或完成下列任务。

（1）给每条汇编指令添加注释，并说明每条指令执行后，目的寄存器中存放的是什么内容？

（2）上述函数过程体中用到了哪些被调用者保存寄存器和哪些调用者保存寄存器？在该函数过程体前面的准备阶段，哪些寄存器必须保存到栈中？

（3）为什么第 7 行中的 DX 寄存器需要算术右移 15 位？

（4）给出 do_loop() 函数对应的 x86-64 汇编代码。

9. 已知函数 fl() 的 C 语言代码框架及对应的 x86-64 汇编代码如图 4.30 所示，根据汇编代码填写 C 语言代码中缺失部分，并说明函数 fl() 的功能。

```
1  int f1(unsigned x) {
2
3      int y = 0 ;
4      while (_____) {
5          _____ ;
6      }
7      return _____ ;
8  }
```

```
1   movl    $0, %eax
2   testl   %edi, %edi
4   je      .L1
5  .L2:
6   xorl    %edi, %eax
7   shrl    $1, %edi
8   jne     .L2
9  .L1:
10  andl    $1, %eax
```

图 4.30 题 9 图

10. 已知函数 sw() 的 C 语言代码框架如下：

```
int sw(int x) {
    int v=0;
    switch (x) {
        /* switch 语句中的处理部分省略 */
    }
    return v;
}
```

函数 sw() 过程体中开始部分的 IA-32 汇编代码以及跳转表如图 4.31 所示。

```
1   movl    8(%ebp), %eax
2   addl    $3, %eax
3   cmpl    $7, %eax
4   ja      .L7
5   jmp     *.L8( , %eax, 4)
6  .L7:
7   …
8   …
```

```
1  .L8:
2       .long   .L7
3       .long   .L2
4       .long   .L2
5       .long   .L3
6       .long   .L4
7       .long   .L5
8       .long   .L7
9       .long   .L6
```

图 4.31 题 10 图

回答下列问题。

（1）函数 sw() 中的 switch 语句处理部分标号的取值情况如何？

（2）标号的取值在什么情况下执行 default 分支？哪些标号的取值会执行同一个 case 分支？

11. 已知 C 语言函数 test() 的入口参数有 a、b、c 和 p，过程体代码如下：

```
*p = a;
return b*c;
```

函数 test() 过程体对应的 IA-32 汇编代码如下：

```
1   movl    20(%ebp), %edx
2   movsbw  8(%ebp), %ax
3   movw    %ax, (%edx)
4   movzwl  12(%ebp), %eax
5   movzwl  16(%ebp), %ecx
```

```
6    mull    %ecx
```

完成下列任务。

（1）写出函数 test() 的原型，以给出返回参数的类型以及入口参数 a、b、c 和 p 的类型和顺序。

（2）写出对应的 x86-64 汇编代码。

12. 已知函数 funct() 的 C 语言代码如下：

```
1    #include <stdio.h>
2    int funct(void) {
3        int x, y;
4        scanf("%d %d", &x, &y);
5        return x-y;
6    }
```

函数 funct() 对应的 IA-32 汇编代码如下：

```
1    funct:
2        pushl    %ebp
3        movl     %esp, %ebp
4        subl     $40, %esp
5        leal     -8(%ebp), %eax
6        movl     %eax, 8(%esp)
7        leal     -4(%ebp), %eax
8        movl     %eax, 4(%esp)
9        movl     $.LC0, (%esp)       # 将指向字符串 "%d %d" 的指针入栈
10       call     scanf               # 假定 scanf 执行后 x=15，y=20
11       movl     -4(%ebp), %eax
12       subl     -8(%ebp), %eax
13       leave
14       ret
```

假设函数 funct() 开始执行时，R[esp]=0xbc00 0020，R[ebp]=0xbc00 0030，指向字符串 "%d %d" 的指针为 0x804 c000。回答下列问题或完成下列任务。

（1）执行第 3、10 和 13 行的指令后，寄存器 EBP 中的内容分别是什么？

（2）执行第 3、10 和 13 行的指令后，寄存器 ESP 中的内容分别是什么？

（3）局部变量 x 和 y 所在存储单元的地址分别是什么？

（4）画出执行第 10 行指令后 funct 的栈帧，给出栈帧中的内容及其地址。

13. 已知递归函数 refunc() 的 C 语言代码框架如下：

```
1    int refunc(unsigned x) {
2        if ( _____ )
3            return _____ ;
4        unsigned nx = _____ ;
5        int rv = refunc(nx) ;
6        return _____ ;
7    }
```

上述递归函数过程体对应的 IA-32 汇编代码如下：

```
1    movl     8(%ebp), %ebx
2    movl     $0, %eax
```

```
3        testl      %ebx, %ebx
4        je         .L2
5        movl       %ebx, %eax
6        shrl       $1, %eax
7        movl       %eax, (%esp)
8        call       refunc
9        movl       %ebx, %edx
10       andl       $1, %edx
11       leal       (%edx, %eax), %eax
12  .L2:
```

根据对应的汇编代码填写 C 语言代码中缺失的部分，并说明函数的功能。

14. 针对 IA-32 和 x86-64 两种系统，填写表 4.4，说明每个数组元素的大小、整个数组的大小以及第 i 个元素的地址。

表 4.4 题 14 表

数组	元素大小 /B	数组大小 /B	起始地址	元素 i 的地址
int A[10]			&A[0]	
long B[100]			&B[0]	
short*C[5]			&C[0]	
short**D[6]			&D[0]	
long double E[10]			&E[0]	
long double *F[10]			&F[0]	

15. 假设在 x86-64 系统中，short 型数组 S 的首地址 AS 和数组下标（索引）变量 i 分别存放在寄存器 RDX 和 RCX 中，表 4.5 给出的表达式的结果存放在 RAX 或 AX 中，仿照例子填写表 4.5，说明表达式的类型、值和相应的汇编代码。

表 4.5 题 15 表

表达式	类型	值	汇编代码
S			
S+i−3			
S[i]	short	M[AS+2*i]	movw (%rdx, %rcx, 2), %ax
&S[10]			
&S[i+2]	short *	AS+2*i+4	leaq 4(%rdx, %rcx, 2), %rax
&S[i]−S			
S[4*i+4]			
*(S+i−2)			

16. 假设函数 sumij() 的 C 语言代码如下，其中，M 和 N 是用 #define 声明的常数。

```
1   int a[M][N], b[N][M];
2
3   int sumij(int i, int j) {
4       return a[i][j] + b[j][i];
5   }
```

已知函数 sumij() 的 IA-32 过程体对应的汇编代码如下：

```
1    movl    8(%ebp), %ecx
2    movl    12(%ebp), %edx
3    leal    ( ,%ecx, 8), %eax
4    subl    %ecx, %eax
5    addl    %edx, %eax
6    leal    (%edx, %edx, 4), %edx
7    addl    %ecx, %edx
8    movl    a( , %eax, 4), %eax       # a 表示数组 a 的首地址
9    addl    b( ,%edx, 4), %eax        # b 表示数组 b 的首地址
```

根据上述汇编代码，确定 M 和 N 的值。

17. 假设函数 st_ele() 的 C 语言代码如下，其中，L、M 和 N 是用 #define 声明的常数。

```
1    int a[L][M][N];
2
3    int st_ele(int i, int j, int k, int *dst) {
4        *dst = a[i][j][k];
5        return sizeof(a);
6    }
```

已知函数 st_ele() 的过程体对应的 IA-32 汇编代码如下：

```
1    movl    8(%ebp), %ecx
2    movl    12(%ebp), %edx
3    leal    (%edx,%edx, 8), %edx
4    movl    %ecx, %eax
5    sall    $6, %eax
6    subl    %ecx, %eax
7    addl    %eax, %edx
8    addl    16(%ebp), %edx
9    movl    a(, %edx, 4), %eax        # a 表示数组 a 的首地址
10   movl    20(%ebp), %edx
11   movl    %eax, (%edx)
12   movl    $4536, %eax
```

根据上述汇编代码确定 L、M 和 N 的值，并写出函数 st_ele() 对应的 x86-64 汇编代码。

18. 假设函数 trans_matrix() 的 C 语言代码如下，其中，M 是用 #define 声明的常数。

```
1    void trans_matrix(int a[M][M]) {
2        int i, j, t;
3        for (i = 0; i < M; i++)
4            for (j = 0; j < M; j++) {
5                t = a[i][j];
6                a[i][j] = a[j][i];
7                a[j][i] = t;
8            }
9    }
```

已知采用优化编译（选项 -O2）后函数 trans_matrix() 的内循环对应的 IA-32 汇编代码如下：

```
1    .L2:
2        movl    (%ebx), %eax
3        movl    (%esi, %ecx, 4), %edx
```

```
4       movl    %eax, (%esi, %ecx, 4)
5       addl    $1, %ecx
6       movl    %edx, (%ebx)
7       addl    $76, %ebx
8       cmpl    %edi, %ecx
9       jl      .L2
```

根据上述汇编代码，回答下列问题或完成下列任务。

（1）M 的值是多少？常数 M 和变量 j 分别存放在哪个寄存器中？

（2）写出上述优化汇编代码对应的函数 trans_matrix() 的 C 代码。

19. 假设结构体类型 node 的定义、函数 np_init() 部分 C 语言代码及对应的 IA-32 部分汇编代码如图 4.32 所示。

```
struct node {
    int *p;
    struct {
        int x;
        int y;
    } s;
    struct node *next;
};
```

```
void np_init(struct node *np)
{
    np->s.x = _____ ;
    np->p = _____ ;
    np->next= _____ ;
}
```

```
movl    8(%ebp), %eax
movl    8(%eax), %edx
movl    %edx, 4(%eax)
leal    4(%eax), %edx
movl    %edx, (%eax)
movl    %eax, 12(%eax)
```

图 4.32　题 19 图

回答下列问题或完成下列任务。

（1）结构体 node 所需存储空间为多少字节？成员 p、s.x、s.y 和 next 的偏移地址分别为多少？

（2）根据汇编代码填写 np_init() 中缺失的表达式。

（3）写出图 4.32 中 IA-32 汇编代码对应的 x86-64 汇编代码。

20. 假设联合体类型 utype 的定义如下：

```
typedef union {
    struct {
        int     x;
        short   y;
        short   z;
    } s1;
    struct {
        short   a[2];
        int     b;
        char    *p;
    } s2;
} utype;
```

若存在具有如下形式的一组函数：

```
void getvalue(utype *uptr, TYPE *dst) {
    *dst = EXPR;
}
```

该组函数用于计算不同表达式 EXPR 的值，返回值的数据类型根据表达式的类型确定。假设函数 getvalue() 的入口参数 uptr 和 dst 分别被装入寄存器 EAX 和 EDX 中，仿照例子填写表 4.6，说明在不同表达式下的 TYPE 类型以及表达式对应的 IA-32 汇编指令序列（要求尽量只使用 EAX 和 EDX，不够用时再使用 ECX）。

表 4.6 题 20 表

表达式 EXPR	TYPE 类型	汇编指令序列
uptr->s1.x	int	movl (%eax), %eax movl %eax, (%edx)
uptr->s1.y		
&uptr->s1.z		
uptr->s2.a		
uptr->s2.a[uptr->s2.b]		
*uptr->s2.p		

21. 分别给出在 IA-32+Linux、x86-64+Linux 平台下，下列各个结构体类型中每个成员的偏移量、结构体总大小以及结构体起始位置的对齐要求。

    (1) struct S1 {short s; char c; int i; char d;};
    (2) struct S2 {int i; short s; char c; char d;};
    (3) struct S3 {char c; short s; int i; char d;};
    (4) struct S4 {short s[3]; char c; };
    (5) struct S5 {char c[3]; short *s; int i; char d; double e;};
    (6) struct S6 {struct S1 c[3]; struct S2 *s; char d;};

22. 以下是结构体 test 的声明：

    ```
    struct {
        char      c;
        double    d;
        int       i;
        short     s;
        char      *p;
        long      l;
        long long g;
        void      *v;
    } test;
    ```

    假设在 Windows 平台上编译，则这个结构体中每个成员的偏移量是多少？结构体总大小为多少字节？如何调整成员的先后顺序使结构体所占空间最小？

23. 图 4.33 给出了函数 getline() 存在漏洞和问题的 C 语言代码实现，右边是其对应的 IA-32 反汇编部分结果。

    ```
    char *getline() {
        char buf[8];
        char *result;
        gets(buf);
        result=malloc(strlen
            (buf));
        strcpy(result, buf);
        return result;
    }
    ```

    ```
    1  0804840c <getline>:
    2    804840c:  55              push  %ebp
    3    804840d:  89 e5           mov   %esp, %ebp
    4    804840f:  83 ec 28        sub   $0x28, %esp
    5    8048412:  89 5d f4        mov   %ebx, -0xc(%ebp)
    6    8048415:  89 75 f8        mov   %esi, -0x8(%ebp)
    7    8048418:  89 7d fc        mov   %edi, -0x4(%ebp)
    8    804841b:  8d 75 ec        lea   -0x14(%ebp), %esi
    9    804841e:  89 34 24        mov   %esi, (%esp)
    10   8048421:  e8 a3 ff ff ff  call  80483c9 <gets>
    ```

    图 4.33 题 23 图

假定过程 P 调用了函数 getline()，其返回地址为 0x804 85c8，为调用 getline() 函数而执行 call 指令时，部分寄存器内容如下：R[ebp]=0xbffc 0800，R[esp]=0xbffc 07f0，R[ebx]=0x5，R[esi]=0x10，R[edi]=0x8。执行程序时从标准输入读入的一行字符串为 "0123456789ABCDEF0123456789\n"，此时，程序会发生段错误（segmentation fault）并中止执行，经调试确认错误是在执行 getline() 的 ret 指令时发生的。回答下列问题或完成下列任务。

（1）画出执行第 7 行指令后栈中的信息存放情况。要求给出存储地址和存储内容，并指出存储内容的含义（如返回地址、EBX 旧值、局部变量、入口参数等）。

（2）画出执行第 10 行指令并调用 gets() 函数后回到第 10 行指令的下一条指令执行时栈中的信息存放情况。

（3）当执行到 getline() 的 ret 指令时，假如程序不发生段错误，则正确的返回地址是什么？发生段错误是因为执行 getline() 的 ret 指令时得到了什么样的返回地址？

（4）执行完 gets() 函数后，哪些寄存器的内容已被破坏？

（5）除了可能发生缓冲区溢出以外，getline() 的 C 语言代码还有哪些错误？

24. 假定函数 abc() 的入口参数有 a、b 和 c，每个参数都可能是带符号整数或无符号整数类型，而且它们的长度也可能不同。该函数具有如下过程体：

```
*b += c;
*a += *b;
```

在 x86-64 机器上编译后的汇编代码如下：

```
1   abc:
2       addl     (%rdx), %edi
3       movl     %edi, (%rdx)
4       movslq   %edi, %rdi
5       addq     %rdi, (%rsi)
6       ret
```

分析上述汇编代码，以确定 3 个入口参数的顺序和可能的数据类型，写出函数 abc() 可能的 4 种合理的函数原型。

25. 函数 lproc() 的过程体对应的 IA-32 汇编代码如下：

```
1       movl     8(%ebp), %edx
2       movl     12(%ebp), %ecx
3       movl     $255, %esi
4       movl     $-0x80000000, %edi
5   .L3:
6       movl     %edi, %eax
7       andl     %edx, %eax
8       xorl     %eax, %esi
9       movl     %ecx, %ebx
10      shrl     %bl, %edi
11      testl    %edi, %edi
12      jne      .L3
13      movl     %esi, %eax
```

上述代码根据以下 lproc() 函数的 C 语言代码编译生成：

```
1    int lproc(int x, int k) {
2        int val = _____ ;
3        int i;
4        for (i= _____ ; i _____ ; i= _____ ) {
5            val ^= _____ ;
6        }
7        return val;
8    }
```

回答下列问题或完成下列任务。

（1）给每条汇编指令添加注释。

（2）参数 x 和 k 分别存放在哪个寄存器中？局部变量 val 和 i 分别存放在哪个寄存器中？

（3）局部变量 val 和 i 的初始值分别是什么？

（4）循环终止条件是什么？循环控制变量 i 是如何被修改的？

（5）填写 C 语言代码中缺失的部分。

（6）写出 lproc() 函数对应的 x86-64 汇编代码。

26. 假设你需要维护一个大型 C 语言程序，其部分代码如下：

```
1    typedef struct {
2        unsigned    l_data;
3        line_struct x[LEN];
4        unsigned    r_data;
5    } str_type;
6
7    void proc(int i, str_type *sptr) {
8        unsigned val = sptr->l_data + sptr->r_data;
9        line_struct *xptr = &sptr->x[i];
10       xptr->a[xptr->idx] = val;
11   }
```

编译时常量 LEN 以及结构类型 line_struct 的声明都在一个你无权访问的文件中，但是，你有代码的 .o 版本（可重定位目标）文件，通过 OBJDUMP 反汇编该文件后，得到函数 proc() 对应的 IA-32 反汇编结果如图 4.34 所示，根据反汇编结果推断常量 LEN 的值以及结构类型 line_struct 的完整声明（假设其中只有成员 a 和 idx）。

```
1   00000000 <proc >:
2      0:    55                      push   %ebp
3      1:    89 e5                   mov    %esp, %ebp
4      3:    53                      push   %ebx
5      4:    8b 45 08                mov    0x8(%ebp), %eax
6      7:    8b 4d 0c                mov    0xc(%ebp), %ecx
7      a:    6b d8 1c                imul   $0x1c, %eax, %ebx
8      d:    8d 14 c5 00 00 00 00    lea    0x0(, %eax, 8), %edx
9     14:    29 c2                   sub    %eax, %edx
10    16:    03 54 19 04             add    0x4(%ecx, %ebx, 1), %edx
11    1a:    8b 81 c8 00 00 00       mov    0xc8(%ecx), %eax
12    20:    03 01                   add    (%ecx), %eax
13    22:    89 44 91 08             mov    %eax, 0x8(%ecx, %edx, 4)
14    26:    5b                      pop    %ebx
15    27:    5d                      pop    %ebp
16    28:    c3                      ret
```

图 4.34　题 26 图

27. 假设嵌套的联合体数据类型 node 声明如下：

```
1  union node {
2      struct {
3          int *ptr;
4          int data1;
5      } n1;
6      struct {
7          int data2;
8          union node *next;
9      } n2;
10 };
```

有一个进行链表处理的函数 chain_proc() 的部分 C 语言代码如下：

```
1  void chain_proc(union node *uptr) {
2      uptr-> _____ = *(uptr-> _____ ) - uptr-> _____ ;
3  }
```

过程 chain_proc 的过程体对应的 IA-32 汇编代码如下：

```
1      movl    8(%ebp), %edx
2      movl    4(%edx), %ecx
3      movl    (%ecx), %eax
4      movl    (%eax), %eax
5      subl    (%edx), %eax
6      movl    %eax, 4(%ecx)
```

回答下列问题或完成下列任务。

（1）node 类型中结构成员 n1.ptr、n1.data1、n2.data2、n2.next 的偏移量分别是多少？

（2）node 类型的总大小占多少字节？

（3）根据汇编代码写出 chain_proc 的 C 语言代码中缺失的表达式。

（4）写出 chain_proc() 对应的 x86-64 汇编代码。

28. 以下声明用于构建一棵二叉树：

```
1  typedef struct TREE *tree_ptr;
2  struct TREE {
3      tree_ptr left;
4      tree_ptr right;
5      long    val;
6  };
```

有一个进行二叉树处理的函数 trace() 的原型为 " long trace(tree_ptr tptr) ; "，其过程体对应的 x86-64 汇编代码如下：

```
1  trace:
2      movl    $0, %eax
3      testq   %rdi, %rdi
4      je      .L2
5  .L3:
6      movq    16(%rdi), %rax
7      movq    (%rdi), %rdi
```

```
8       testq   %rdi, %rdi
9       jne     .L3
10 .L2:
11      rep             # 在此相当于空操作指令，避免使 ret 指令作为跳转目标指令
12      ret
```

回答下列问题或完成下列任务。

（1）函数 trace 的入口参数 tptr 通过哪个寄存器传递？

（2）写出函数 trace 完整的 C 代码。

（3）说明函数 trace() 的功能。

29. 对于以下 C 语言程序：

```
1   #include <stdio.h>
2   int main() {
3       int a = 10;
4       double *p = (double*)&a;
5       printf("%f\n", *p);
6       printf("%f\n", (double(a)));
7       return 0;
8   }
```

分别在 Linux、Windows 系统的各种开发平台上生成相应的可执行文件并运行，回答以下问题。

（1）说明第 5 行和第 6 行中 printf() 语句的差别。

（2）在 Linux 和 Windows 系统中，该程序的执行结果是否完全相同？

（3）在 Linux 系统中，多次执行同一个可执行文件，每次执行的结果是否相同？

（4）在 Windows 系统中，使用 VS（Microsoft Visual Studio）和 Dev-C++ 等不同编译开发工具，得到的执行结果是否完全相同？

（5）在 Windows 下的 VS 开发环境中，Debug 和 Release 版本的执行结果是否完全相同？

（6）利用反汇编后的机器级代码来解释你所得到的结果。

（7）在对程序机器级代码分析过程中，你发现了哪些预防缓冲区溢出攻击的措施？

第 5 章　程序的链接与加载执行

一个大的程序往往会分成多个源程序文件来编写，因而需要分别对不同的源程序文件进行编译和汇编，生成多个可重定位目标文件，这些目标文件中包含指令、数据和其他说明信息。此外，在程序中还会调用一些标准库函数。为了生成可执行文件，需要将所有关联到的可重定位目标文件，包括用到的标准库函数目标文件，按照某种形式组合在一起，形成一个具有统一地址空间的可被加载到存储器直接执行的程序。这种将一个程序的所有关联模块对应的目标代码文件结合在一起，以形成一个可执行文件的过程称为**链接**。在早期计算机系统中，链接是手动完成的，而现在则由专门的**链接程序**（linker，也称为**链接器**）实现。

了解链接器的工作原理和可执行文件的存储器映像，有助于编程人员养成良好的程序设计习惯，增强程序调试能力，并能够深入理解进程的虚拟地址空间概念。本章主要内容包括静态链接的概念、目标文件格式、符号及符号表、符号解析、使用静态库链接、可执行文件的存储器映像、重定位信息及重定位过程、共享库动态链接和可执行文件的加载与执行等。

5.1　编译、汇编和静态链接

链接的概念早在高级编程语言出现之前就已存在。例如，在汇编语言代码中，可以用一个标号表示某个转移目标指令的地址（即给定了一个标号的定义），而在另一条转移指令中引用该标号；也可以用一个标号表示某个操作数的地址，而在某条使用该操作数的指令中引用该标号。因而，在对汇编语言源程序进行汇编的过程中，需要对每个标号的引用，找到该标号对应的定义，建立每个标号的引用和其定义之间的关联关系，从而在引用标号的指令中正确地填入对应的地址码字段，以保证能访问到所引用的符号定义处的信息。

在高级编程语言出现之后，程序功能越来越复杂，程序规模越来越大，需要多人开发不同的程序模块。在每个程序模块中，包含一些变量和子程序（函数）的定义。这些被定义的变量和子程序的起始地址就属于符号定义，子程序的调用或者在表达式中使用变量进行计算就是符号引用。某一个模块中定义的符号可能被另一个模块引用，因而最终必须通过链接将程序包含的所有模块合并起来，合并时须在符号引用处填入定义处的地址。

5.1.1　编译和汇编

第 1 章和第 3 章中都提到过，将高级语言源程序文件转换为可执行目标文件分为预处理、编译、汇编和链接等过程。前三步用来对各模块（即源程序文件）生成**可重定位目标文件**（relocatable object file）。GCC 生成的可重定位目标文件的文件名后缀为 .o，VS 输出的可重定位目标文件的文件名后缀为 .obj。最后一步是链接，用来将若干可重定位目标文件（包括若干标准库函数目标模块）组合起来，生成一个**可执行目标文件**（executable object file）。

本书将可重定位目标文件和可执行目标文件分别简称为**可重定位文件**和**可执行文件**。

下面以 GCC 处理 C 语言程序为例说明处理过程。可以通过 -v 选项查看 GCC 每一步的处理结果。如果想得到每个处理过程的结果，则可分别使用 -E、-S 和 -c 选项来进行预处理、编译和汇编，对应的处理工具分别为 cpp、cc1 和 as，处理后得到的文件的文件名后缀分别是 .i、.s 和 .o。

1. 预处理

预处理是从源程序变成可执行程序的第一步，C 语言预处理程序为 cpp（即 C Preprocessor），主要用于 C 语言编译器对各种预处理命令进行处理，包括对头文件的包含、宏定义的扩展、条件编译的选择等，例如，对于 #include 指示的处理结果，就是将相应 .h 文件中的内容插入源程序文件中。

GCC 中的预处理命令是"gcc -E"或"cpp"，例如，可用命令"gcc -E main.c -o main.i"或"cpp main.c -o main.i"将 main.c 转换为预处理后的文件 main.i。预处理后的文件是可显示的文本文件。

2. 编译

C 编译器在进行具体的程序翻译之前，会先对源程序进行词法分析、语法分析和语义分析，然后根据分析的结果进行代码优化和存储分配，最终把 C 语言源程序翻译成汇编语言程序。编译器通常采用对源程序进行多次扫描的方式进行处理，每次扫描集中完成一项或几项任务，也可以将一项任务分散到几次扫描完成。如可按以下四趟扫描处理：词法分析、语法分析、代码优化及存储分配、代码生成。

GCC 可直接产生机器代码，也可先产生汇编代码，再通过汇编程序将汇编代码转换为机器代码。

GCC 中的编译命令是"gcc -S"或"cc1"，例如，可使用命令"gcc -S main.i -o main.s"或"cc1 main.i -o main.s"对 main.i 进行编译并生成汇编代码文件 main.s，也可以使用命令"gcc -S main.c -o main.s"或"gcc -S main.c"直接对 main.c 预处理并编译生成汇编代码文件 main.s。

3. 汇编

汇编的功能是将编译生成的汇编代码转换为机器代码。通常，最终的可执行文件由多个不同模块对应的机器代码组合而成，在生成单个模块的机器目标代码时，不可能确定每条指令或每个数据最终的地址，需要重新定位，因此，通常把汇编生成的机器代码文件称为可重定位文件。

GCC 中的汇编命令是"gcc -c"或"as"命令。例如，可以使用命令"gcc -c main.s -o main.o"或"as main.s -o main.o"对汇编代码文件 main.s 进行汇编，以生成可重定位文件 main.o，也可以使用命令"gcc -c main.c -o main.o"或"gcc -c main.c"直接对 main.c 进行预处理并编译生成可重定位文件 main.o。

5.1.2 可执行文件的生成

链接的功能是将所有关联的可重定位文件合并以生成可执行文件。例如，对于图 5.1 所示的两个模块 main.c 和 test.c，假定通过预处理、编译和汇编分别生成了可重定位文件 main.o 和 test.o，则可用命令 "gcc -o test main.o test.o" 或 "ld -o test main.o test.o" 生成可执行文件 test。这里，ld 是**静态链接器**命令。

```
1   int add(int, int);
2   int main( )
3   {
4       return add(20, 13);
5   }
```
a) main.c 文件

```
1   int add(int i, int j)
2   {
3       int x = i + j;
4       return x;
5   }
```
b) test.c 文件

图 5.1　两个源程序文件

当然，也可用命令 "gcc -o test main.c test.c" 实现对源程序文件 main.c 和 test.c 的预处理、编译和汇编，并将两个可重定位文件 main.o 和 test.o 进行链接，最终生成可执行文件 test，如图 5.2 所示。

可重定位文件和可执行文件都是机器语言目标文件，不同的是前者由单个模块生成，后者由多个模块组合而成。对于前者，代码总是从 0 开始，对于后者，代码在 ABI 规范规定的**虚拟地址空间**中产生。有关虚拟地址空间的概念参见 5.2.4 节。

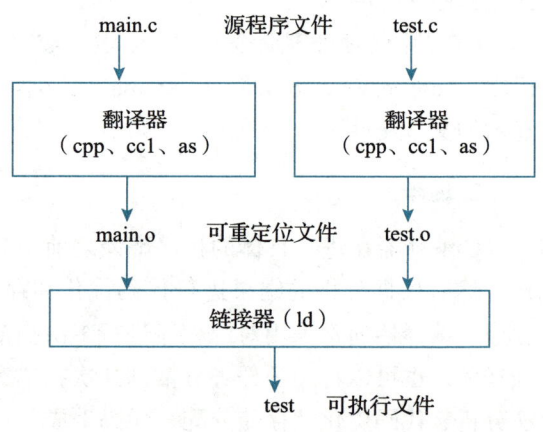

图 5.2　可执行文件 test 的生成过程

例如，在 IA-32 中通过 "objdump -d test.o" 命令显示的可重定位文件 test.o 的结果如下。

```
00000000 <add>:
    0:   55                   push   %ebp
    1:   89 e5                mov    %esp, %ebp
    3:   83 ec 10             sub    $0x10, %esp
    6:   8b 45 0c             mov    0xc(%ebp), %eax
    9:   8b 55 08             mov    0x8(%ebp), %edx
    c:   8d 04 02             lea    (%edx,%eax,1), %eax
    f:   89 45 fc             mov    %eax, -0x4(%ebp)
   12:   8b 45 fc             mov    -0x4(%ebp), %eax
   15:   c9                   leave
   16:   c3                   ret
```

通过 "objdump -d test" 命令显示的可执行文件 test 的结果如下。

```
080483d4 <add>:
 80483d4:   55                   push   %ebp
 80483d5:   89 e5                mov    %esp, %ebp
 80483d7:   83 ec 10             sub    $0x10, %esp
 80483da:   8b 45 0c             mov    0xc(%ebp), %eax
 80483dd:   8b 55 08             mov    0x8(%ebp), %edx
 80483e0:   8d 04 02             lea    (%edx,%eax,1), %eax
```

```
80483e3:   89 45 fc         mov    %eax, -0x4(%ebp)
80483e6:   8b 45 fc         mov    -0x4(%ebp), %eax
80483e9:   c9               leave
80483ea:   c3               ret
```

上述给出的通过 objdump 命令输出的结果包括指令的地址、指令机器代码和反汇编得到的汇编指令代码。可以看出，在可重定位文件 test.o 中 add 模块代码的起始地址为 0，而在可执行文件 test 中 add 函数的起始地址为虚拟地址 0x804 83d4。

实际上，可重定位文件和可执行文件都不是可以直接显示的文本文件，而是不可显示的二进制文件，它们都按照一定的格式以二进制字节序列构成目标文件，其中包含二进制代码区、只读数据区、初始化数据区和未初始化数据区等。

链接器在将多个可重定位文件组合成一个可执行文件时，主要完成以下两个任务。

1. 符号解析

符号解析的目的是将每个符号的引用与一个确定的符号定义建立关联。符号包括全局变量名、静态变量名和函数名，而非静态局部变量名则不是符号。例如，对于图 5.1 所示的两个源程序文件 main.c 和 test.c，在 main.c 中定义了符号 main，并引用了符号 add，在 test.c 中则定义了符号 add，而 i、j 和 x 都不是符号。链接时需要将 main.o 中引用的符号 add 和 test.o 中定义的符号 add 建立关联。对于全局变量声明"int *xp = &x;"，则是通过引用符号 x 对符号 xp 进行定义。编译器将所有符号存放在可重定位文件的符号表（symbol table）中。

2. 重定位

可重定位文件中的代码区和数据区都从地址 0 开始，链接器将不同模块中相同的节合并生成新的单独的节，并将合并后的代码区和数据区按照 ABI 规范确定的虚拟地址空间划分（也称存储器映像）重新确定位置。例如，对于 IA-32+Linux 系统，其只读代码段总是从地址 0x8048000 开始，而可读写数据段总是在只读代码段后面的第一个 4KB 对齐的地址处开始。因而链接器需要重新确定每条指令和每个数据的地址，并且在指令中需要明确给定所引用符号的地址，这种重新确定代码和数据的地址并更新指令中被引用符号地址的工作称为重定位（relocation）。

使用链接的第一个好处是模块化，它能使一个程序被划分成多个模块，由不同的程序员编写不同的模块，并且可以构建公共的函数库（如数学函数库、标准 I/O 函数库等）以提供给不同的程序进行重用。使用链接的第二个好处是效率高，各模块可分开编译，在程序修改时只需重新编译修改过的源程序文件，然后重新链接即可，因而从时间上来说，能够提高程序开发的效率；同时，因为源程序文件不包含共享库中的代码，只需直接调用，而且在可执行文件运行时，内存中也只包含所调用函数的代码而不包含整个共享库，因而链接也有效提高了空间利用率。

5.2 目标文件格式

目标代码（object code）是指编译器或汇编器处理源代码后所生成的机器语言目标代码。

目标文件（object file）是指存放目标代码的文件。通常目标文件有 3 类：可重定位目标文件、可执行目标文件和共享库目标文件。**共享库目标文件**是特殊的可重定位目标文件，能在装入或运行时被加载到内存并自动被链接，也称为**共享库文件**。

5.2.1 ELF 目标文件格式

目标文件中包含可直接被 CPU 执行的机器代码以及代码在运行时使用的数据，还包含重定位信息和调试信息等，不过，目标文件中唯一与运行时相关的要素是机器代码及其使用的数据，例如，用于嵌入式系统的目标文件可能仅仅含有机器代码及其使用数据。

目标文件格式有许多不同的种类。早期计算机都拥有自身独特的格式，随着 UNIX 和其他可移植操作系统的问世，人们定义了一些标准目标文件格式，并在不同的系统上使用它们。最简单的目标文件格式是 DOS 操作系统的 COM 文件格式，它是一种仅由代码和数据组成的文件，而且始终被加载到某个固定位置。其他的目标文件格式（如 COFF 和 ELF）都比较复杂，由一组严格定义的数据结构序列组成，这些复杂目标文件格式的规范说明书一般会有许多页。System V UNIX 的早期版本使用的是**通用目标文件格式**（Common Object File Format，**COFF**）。Windows 使用的是 COFF 的一个变种，称为**可移植可执行**（Portable Executable，**PE**）**格式**。现代 UNIX 操作系统，如 Linux、BSD UNIX 等，主要使用**可执行可链接格式**（Executable and Linkable Format，**ELF**），本章采用 ELF 标准二进制文件格式进行说明。

目标文件既可用于程序的链接，又可用于程序的执行。图 5.3 说明了 ELF 目标文件格式的基本框架。图 5.3a 是**链接视图**，主要由不同的**节**（section）组成，节是 ELF 文件中具有相同特征的最小可处理信息单位，不同的节描述了目标文件中不同类型的信息及其特征，例如，**代码节**（.text）、**只读数据节**（.rodata）、**已初始化全局数据节**（.data）、**未初始化全局数据节**（.bss）等。图 5.3b 是**执行视图**，主要由不同的**段**（segment）组成，描述了目标文件中的节如

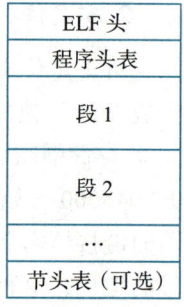

图 5.3 ELF 目标文件格式的基本框架

何映射到存储空间的段中，可以将多个节合并后映射到同一个段，例如，可以合并节 .data 和节 .bss 的内容，并把该内容映射到一个**可读写数据段**中。

前面曾提到，通过预处理、编译和汇编三个步骤可生成可重定位文件，多个关联的可重定位文件经链接后生成可执行文件。这两类目标文件对应的 ELF 视图不同，显然，可重定位文件对应链接视图，而可执行文件对应执行视图。

节头表包含文件中各节的说明信息，每个节在该表中都有一个与之对应的项，每一项都指定了节名和节大小等信息，用于链接的可重定位文件中须有节头表。**程序头表**用来指示系统如何创建进程的存储器映像，用于创建进程存储器映像的可执行文件和共享库文件中须有程序头表。

5.2.2 可重定位文件格式

可重定位文件主要包含代码和数据等部分,它可以与其他可重定位文件链接,从而创建可执行文件或共享库文件。如图 5.4 所示,ELF 可重定位文件由 ELF 头、节头表和不同的节组成。

1. ELF 头

ELF 头位于目标文件的起始位置,包含文件结构说明信息。ELF 头的数据结构分为 32 位系统对应的数据结构和 64 位系统对应的数据结构。以下是 32 位系统对应的数据结构,共占 52 字节。

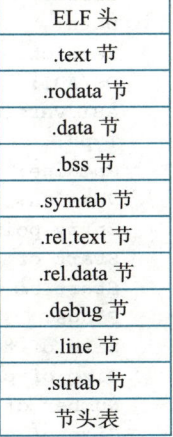

图 5.4 ELF 可重定位文件

```
#define EI_NIDENT 16
typedef struct {
    unsigned char       e_ident[EI_NIDENT];
    Elf32_Half          e_type;
    Elf32_Half          e_machine;
    Elf32_Word          e_version;
    Elf32_Addr          e_entry;
    Elf32_Off           e_phoff;
    Elf32_Off           e_shoff;
    Elf32_Word          e_flags;
    Elf32_Half          e_ehsize;
    Elf32_Half          e_phentsize;
    Elf32_Half          e_phnum;
    Elf32_Half          e_shentsize;
    Elf32_Half          e_shnum;
    Elf32_Half          e_shstrndx;
} Elf32_Ehdr;
```

文件开头若干字节称为**魔数**,用来确定文件的类型或格式。在加载或读取文件时,可用魔数确认文件类型是否正确。在 32 位 ELF 头数据结构中,字段 e_ident 是长度为 16 的字节序列,最开始 4 字节为魔数,用于标识是否为 ELF 文件,其中第一字节为 0x7F,后三字节为 'E' 'L' 'F'。随后的 12 字节中主要包含一些标识信息,如标识是 32 位还是 64 位格式、小端还是大端方式、ELF 头的版本号等。

字段 e_type 用于说明目标文件类型是可重定位文件、可执行文件还是共享库文件;e_machine 指定机器结构类型,如 IA-32、SPARC V9、AMD64 等;e_version 标识目标文件版本;e_entry 指定系统将控制权转移到的起始虚拟地址(入口点),可重定位文件中此字段为 0;e_ehsize 说明 ELF 头大小;e_shoff 指出节头表在文件中的偏移量;e_shentsize 表示节头表中一个表项的大小,所有表项大小相同;e_shnum 表示节头表中的项数。e_shentsize 和 e_shnum 共同指定节头表大小。偏移量和各字段大小都以字节为单位。

ELF 头在文件中总是在最开始的位置,其他部分的位置由 ELF 头和节头表指出,不具有固定顺序。

可以使用 readelf -h 命令对可重定位文件的 ELF 头进行解析。例如,以下是通过 "readelf -h main.o" 对某 main.o 文件进行解析的结果。

```
ELF Header:
  Magic:   7f 45 4c 46 01 01 01 00 00 00 00 00 00 00 00 00
  Class:                             ELF32
  Data:                              2's complement, little endian
  Version:                           1 (current)
  OS/ABI:                            UNIX - System V
  ABI Version:                       0
  Type:                              REL (Relocatable file)
  Machine:                           Intel 80386
  Version:                           0x1
  Entry point address:               0x0
  Start of program headers:          0 (bytes into file)
  Start of section headers:          516 (bytes into file)
  Flags:                             0x0
  Size of this header:               52 (bytes)
  Size of program headers:           0 (bytes)
  Number of program headers:         0
  Size of section headers:           40 (bytes)
  Number of section headers:         15
  Section header string table index: 12
```

从上述解析结果可以看出，该 main.o 文件中，ELF 头长度（e_ehsize）为 52B，因为是可重定位文件，所以 e_entry（Entry point address）为 0，无程序头表（Size of program headers=0）。节头表的偏移量（e_shoff）为 516B，表项大小（e_shentsize）占 40B，表项数（e_shnum）为 15。字符串表（.strtab 节）在节头表中的索引（e_shstrndx）为 12。

2. 节

节（section）是 ELF 文件中的主体信息，包含了链接过程中所用的目标代码信息，包括指令、数据、符号表和重定位信息等。典型的 ELF 可重定位文件中包含下面几个节。

- .text：目标代码部分。
- .rodata：只读数据，如 printf 语句中的格式串、浮点常数、switch～case 语句的跳转表等。
- .data：已初始化且初值不为 0 的全局变量和静态变量。
- .bss：所有未初始化或者初始化为 0 的全局变量和静态变量。因为未初始化变量没有具体的值，所以无须在目标文件中分配用于保存值的空间，即它在目标文件中不占据实际的磁盘空间，只是一个占位符。运行时在存储器中再为这些变量分配空间，并设定初始值为 0。目标文件中区分初始化和未初始化变量是为了提高磁盘空间利用率。auto 型变量分配在栈中，因此不会出现在 .data 节和 .bss 节。
- .symtab：符号表（symbol table）。程序中的函数名、全局变量名和静态变量名都属于符号，与这些符号相关的信息保存在符号表中。
- .rel.text：.text 节相关的可重定位信息。当链接器将某个目标文件和其他目标文件组合时，.text 节中的代码被合并后，一些指令中引用的操作数地址信息或跳转目标指令位置信息等都可能被修改。通常，调用外部函数或者引用全局变量的指令中的地址字段需要修改。
- .rel.data：.data 节相关的可重定位信息。当链接器将某个目标文件和其他目标文件组合时，.data 节中的代码被合并后，一些全局变量的地址可能被修改。
- .debug：调试用符号表，有些表项对定义的局部变量和类型定义进行说明，有些表项对定义和引用的全局静态变量进行说明。只有使用带 -g 选项的 gcc 命令才会得到这张表。
- .line：C 程序中的行号和 .text 节中机器指令之间的映射。只有使用带 -g 选项的 gcc 命令才会得到这张表。
- .strtab：字符串表，包括 .symtab 节和 .debug 节中的符号以及节头表中的节名。字符串表就是以 NULL 结尾的字符串序列。

3. 节头表

节头表由若干表项组成，每个表项描述某个节的节名、在文件中的偏移、大小、访问属性、对齐方式等信息，目标文件中每个节都有一个表项与之对应。以下是 32 位系统对应的数据结构，节头表中每个表项占 40 字节。

```
typedef struct {
    Elf32_Word      sh_name;        //节名字符串在 .strtab 中的偏移
    Elf32_Word      sh_type;        //节类型：无效/代码或数据/符号/字符串/…
    Elf32_Word      sh_flags;       //该节在存储空间中的访问属性
    Elf32_Addr      sh_addr;        //若可被加载，则对应虚拟地址
    Elf32_Off       sh_offset;      //在文件中的偏移，.bss 节则无意义
    Elf32_Word      sh_size;        //节在文件中所占的长度
    Elf32_Word      sh_link;
    Elf32_Word      sh_info;
    Elf32_Word      sh_addralign;   //节的对齐要求
    Elf32_Word      sh_entsize;     //节中每个表项的长度
} Elf32_Shdr;
```

64 位系统对应的数据结构为 Elf64_Shdr，占 64 字节，其中描述的成员与 Elf32_Shdr 类似。

可以使用 readelf -S 命令对某个可重定位文件的节头表进行解析。例如，以下是通过 "readelf -S test.o" 命令对某 test.o 文件进行解析的结果，对应的文件结构如图 5.5 所示。

```
There are 11 section headers, starting at offset 0x120:
Section Headers:
  [Nr] Name              Off     Size    ES Flg Lk Inf Al
  [ 0]                   000000  000000  00      0  0  0
  [ 1] .text             000034  00005b  00  AX  0  0  4
  [ 2] .rel.text         000498  000028  08      9  1  4
  [ 3] .data             000090  00000c  00  WA  0  0  4
  [ 4] .bss              00009c  00000c  00  WA  0  0  4
  [ 5] .rodata           00009c  000004  00  A   0  0  1
  [ 6] .comment          0000a0  00002e  00      0  0  1
  [ 7] .note.GNU-stack   0000ce  000000  00      0  0  1
  [ 8] .shstrtab         0000ce  000051  00      0  0  1
  [ 9] .symtab           0002d8  000120  10     10 13  4
  [10] .strtab           0003f8  00009e  00      0  0  1
Key to Flags:
  W (write), A (alloc), X (execute), M (merge), S (strings)
  I (info), L (link order), G (group), x (unknown)
  ...
```

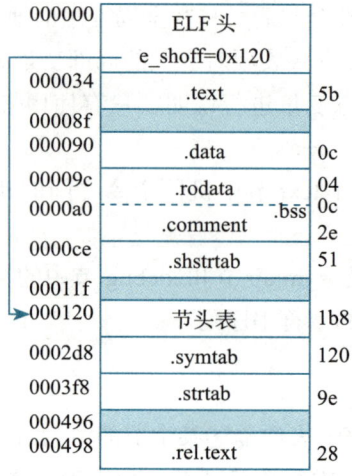

图 5.5 test.o 文件结构

从上述解析结果可以看出，该 test.o 文件中共有 11 个节，节头表从 0x120 字节处开始。其中，.text、.data、.bss 和 .rodata 节需在存储器分配空间，.text 节可执行，.data 节和 .bss 节可读写，.rodata 节只读不可写。

根据每个节在文件中的偏移地址和长度，可画出 test.o 的结构，如图 5.5 所示。图中左边是对应节的偏移地址，右边是对应节的长度。例如，.text 节从文件的第 0x34=52B 开始，共占 0x5b=91B。从节头表解析结果看，.bss 节和 .rodata 节的偏移地址都是 0x00009c，占用区域重叠，因此可推断出 .bss 节在磁盘文件中不占空间，但节头表中记录了 .bss 节的长度为 0x0c=12，因而，需在主存中为 .bss 节分配 12B 的空间。

5.2.3 可执行文件格式

链接器将相互关联的可重定位文件中相同的代码和数据节（如 .text 节、.rodata 节、.data 节和 .bss 节）合并，以形成可执行文件中对应的节。因为相同的代码和数据节合并后，在可执行文件中各指令和数据的位置就可确定，所以定义的函数（过程）和变量的起始位置就可确定，即每个符号的定义（即符号所在的首地址）就可确定，从而在符号的引用处可以根据确定的符号定义进行重定位。

ELF 可执行文件由 ELF 头、程序头表、节头表以及各个不同的节组成，如图 5.6 所示。

可执行文件格式与可重定位文件格式类似。在这两种格式中，ELF 头的数据结构一样，.text 节、.rodata 节和 .data 节中除了有些重定位地址不同外，其余大部分都相同。与可重定位文件

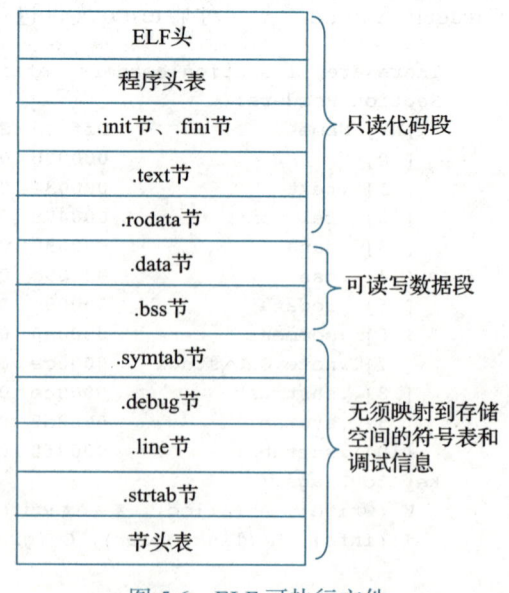

图 5.6 ELF 可执行文件

格式相比，可执行文件主要有如下不同点。

- ELF 头中字段 e_entry 给出**程序执行入口地址**，可重定位文件中此字段为 0。
- 通常会有 .init 节和 .fini 节。其中，.init 节定义 _init 函数，用于可执行文件开始执行时的初始化工作，当程序开始运行时，系统会在进程进入主函数 main 之前，先执行这个节中的指令代码；.fini 节包含进程终止时要执行的指令代码，当程序退出时，系统会执行这个节中的指令代码。
- 少了 .rel.text 和 .rel.data 等重定位信息节。因为可执行文件中的指令和数据已被重定位，所以不需要用于重定位的节。
- 多了一个**程序头表**，也称**段头表**（segment header table），它是一个结构体数组。

可执行文件中所有代码位置连续，所有只读数据位置连续，所有可读可写数据位置连续。如图 5.6 所示，在可执行文件中，ELF 头、程序头表、.init 节、.fini 节、.text 节和 .rodata 节合起来可构成一个**只读代码段**（read-only code segment）；.data 节和 .bss 节合起来可构成一个**可读写数据段**（read/write data segment）。显然，在可执行文件启动运行时，这两个段必须被装入内存并分配存储空间，因而称为**可装入段**。

为了在可执行文件执行时能够在内存中访问到代码和数据，必须将可执行文件中这些连续的具有相同访问属性的代码和数据段映射到存储空间（通常是虚拟地址空间）中。程序头表就用于描述这种映射关系，每个表项对应一个连续的**存储段**或**特殊节**。程序头表的表项大小和表项数分别由 ELF 头中的字段 e_phentsize 和 e_phnum 指定。

32 位系统的程序头表中每个表项具有以下数据结构：

```
typedef struct {
    Elf32_Word      p_type;
    Elf32_Off       p_offset;
    Elf32_Addr      p_vaddr;
    Elf32_Addr      p_paddr;
    Elf32_Word      p_filesz;
    Elf32_Word      p_memsz;
    Elf32_Word      p_flags;
    Elf32_Word      p_align;
} Elf32_Phdr;
```

64 位系统对应的数据结构为 Elf64_Phdr，其中描述的成员与 Elf32_Phdr 类似，出于对齐考虑，Elf64_Phdr 将 p_flags 移到了 p_offset 之前。

p_type 描述存储段的类型或特殊节的类型，如是否为**可装入段**（PT_LOAD）、是否是特殊的**动态节**（PT_DYNAMIC）、是否是特殊的**解释程序节**（PT_INTERP）；p_offset 指出本段首字节在文件中的偏移地址；p_vaddr 指出本段首字节的虚拟地址；p_paddr 指出本段首字节的物理地址，因为物理地址由操作系统根据情况动态确定，所以该信息通常是无效的；p_filesz 指出本段在文件中所占的字节数，可以为 0；p_memsz 指出本段在存储器中所占的字节数，也可以为 0；p_flags 指出存取权限；p_align 指出对齐方式，值为 2 的正整数幂，例如，若可分配段的页大小为 4KB，则为 0x1000=2^{12}。

图 5.7 给出了使用"readelf –l main"命令显示的可执行文件 main 的程序头表中的部分信息。

```
Program Headers:
  Type           Offset   VirtAddr   PhysAddr   FileSiz  MemSiz   Flg  Align
  PHDR           0x000034 0x08048034 0x08048034 0x00100  0x00100  R E  0x4
  INTERP         0x000134 0x08048134 0x08048134 0x00013  0x00013  R    0x1
      [Requesting program interpreter: /lib/ld-linux.so.2]
  LOAD           0x000000 0x08048000 0x08048000 0x004d4  0x004d4  R E  0x1000
  LOAD           0x000f0c 0x08049f0c 0x08049f0c 0x00108  0x00110  RW   0x1000
  DYNAMIC        0x000f20 0x08049f20 0x08049f20 0x000d0  0x000d0  RW   0x4
  NOTE           0x000148 0x08048148 0x08048148 0x00044  0x00044  R    0x4
  GNU_STACK      0x000000 0x00000000 0x00000000 0x00000  0x00000  RW   0x4
  GNU_RELRO      0x000f0c 0x08049f0c 0x08049f0c 0x000f4  0x000f4  R    0x1
```

图 5.7 可执行文件 main 的程序头表中的部分信息

图 5.7 给出的程序头表中有 8 个表项，其中有两个是可装入段（Type=LOAD）对应的表项信息。

第一个可装入段对应可执行文件中第 0x00000~0x004d3 字节的内容（包括 ELF 头、程序头表以及 .init 节、.text 节和 .rodata 节等），映射到虚拟地址 0x8048000 开始的长度为 0x004d4 字节的区域，按 $0x1000=2^{12}=4KB$ 对齐，具有只读/执行权限（Flg=RE），它是一个只读代码段。

第二个可装入段对应可执行文件中第 0x000f0c 开始的长度为 0x00108 字节的内容（即 .data 节），映射到虚拟地址 0x8049f0c 开始的长度为 0x00110 字节的存储区域，在 0x00110=272 字节的存储区中，前 0x00108=264 字节用 .data 节的内容初始化，而后面的 272-264=8 字节对应 .bss 节，被初始化为 0，该段按 0x1000=4KB 对齐，具有可读可写权限（Flg=RW），因此，它是一个可读写数据段。

从这个例子可看出，.data 节在可执行文件中占用了相应的外存空间，在存储器中也需要给它分配相同大小的空间；而 .bss 节在文件中不占外存空间，但在存储器中需要给它分配相应大小的空间。

5.2.4 可执行文件的存储器映像

特定系统中每个可执行文件都采用统一的存储器映像，映射到一个统一的**虚拟地址空间**。对于特定系统，可执行文件与虚拟地址空间之间的**存储器映像**（memory mapping）由 ABI 规范定义。例如，对于 IA-32+Linux 系统，i386 System V ABI 规范规定，只读代码段总是映射到从虚拟地址为 0x8048000 开始的一段区域；可读写数据段映射到只读代码段后面按 4KB 对齐的高地址上，其中 .bss 节所在存储区在运行时被初始化为 0。**运行时堆**（run-time heap）则在可读写数据段后面 4KB 对齐的高地址处，通过调用 malloc 库函数动态向高地址分配空间，而运行时**用户栈**(user stack)则从用户空间的最大地址向低地址方向增长。堆区和栈区中间有一块空间保留给共享库目标代码，用户栈区以上的高地址区是操作系统内核的虚拟存储区。

对于图 5.7 所示的可执行文件 main，对应的存储器映像如图 5.8 所示，其中，左边为可执行文件 main 中的存储信息，右边为虚拟地址空间中的存储信息。可以看出，可执行文件最开始长度为 0x004d4 的可装入段映射到从虚拟地址 0x8048000 开始的只读代码段；可执行文件中从 0x00f0c 到 0x01013 之间为 .data 节和 .bss 节（实际上都是 .data 节的信息，.bss

节不占磁盘空间），映射到从虚拟地址 0x8049000 开始的可读写数据段，其中，.data 节从 0x8049f0c 开始，共占 0x00108=264 字节，随后的 8 字节空间分配给 .bss 节中定义的变量，初值为 0。

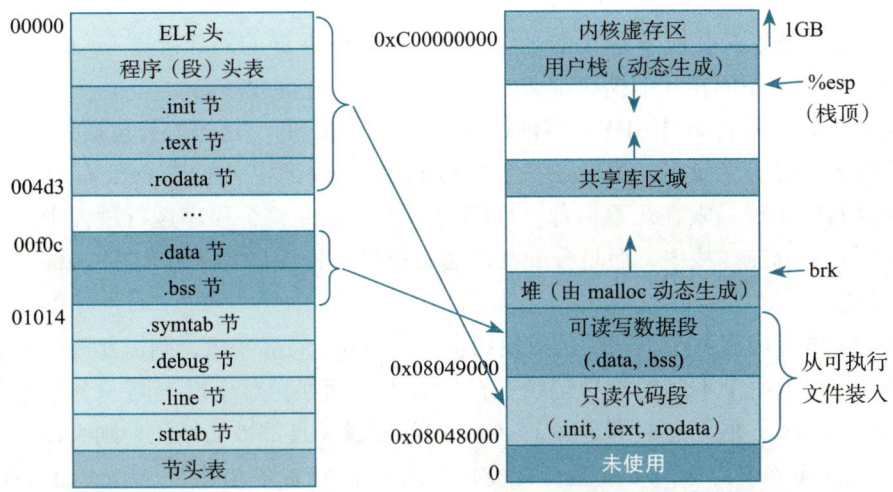

图 5.8　Linux 下可执行文件运行时的存储器映像

当启动可执行文件时，首先会通过某种方式调出常驻内存的一个称为**加载器**的操作系统程序。例如，任何 Linux 程序的加载执行都通过调用 execve 系统调用函数来启动加载器。加载器根据可执行文件中的程序头表，将可执行文件中的相关内容与虚拟地址空间中的只读代码段和可读写数据段建立映射，然后启动可执行文件中的第一条指令并执行。

特定系统平台中每个可执行文件映射到一个统一的虚拟地址空间，使得链接器在重定位时可以按照统一的虚拟存储空间来确定每个符号的地址，而不用管其数据和代码将来存放在主存或磁盘的何处。因此，引入统一的虚拟地址空间简化了链接器的设计和实现。

同样，引入虚拟地址空间也简化了程序加载过程。因为统一的虚拟地址空间映像使得每个可执行文件的只读代码段都映射到从 0x8048000 开始的一块连续区域，而可读写数据段也映射到虚拟地址空间中的一块连续区域，所以加载器可以非常容易地对这些连续区域进行分页，并初始化相应页表项的内容。IA-32 中页大小通常是 4KB，因而，这里的可装入段都按 2^{12}=4KB 对齐。

程序在加载过程中，实际上并没有真正从硬盘上加载代码和数据到主存，而是仅仅创建了只读代码段和可读写数据段对应的页表项。只有在执行代码过程中发生了缺页异常，才会真正从硬盘加载代码和数据到主存。有关虚拟存储管理、虚拟地址空间、页表和页表项、缺页异常等相关内容参见第 7 章。

5.3　符号表和符号解析

5.3.1　符号和符号表

链接器在生成可执行文件时，必须完成符号解析，而要进行符号解析，则需要用到符号表。通常目标文件中都有一个符号表，表中包含了在程序模块中定义的所有符号的相关信息。对于模块 m 来说，包含在其符号表中的符号有以下三种不同类型。

- 在 m 中定义并被其他模块引用的**全局符号**（global symbol）。这类符号包括非静态的函数名和全局变量名。
- 由其他模块定义并被 m 引用的全局符号，称为模块 m 的**外部符号**（external symbol），包括 m 所引用的在其他模块定义的外部函数名和外部变量名。
- 在 m 中定义并在 m 中引用的**本地符号**（local symbol）。这类符号包括带 static 属性的函数名和静态变量名。虽然在一个过程（函数）内部定义的带 static 属性的静态局部变量的作用域局限在函数内部，但因为其生存期在整个程序运行过程中，所以这种变量并不分配在栈中，而是分配在**静态数据区**，即编译器为它们在 .data 节或 .bss 节中分配空间。

如果在模块 m 内有两个不同的函数使用了同名 static 局部变量，则需要为这两个变量都分配空间，并作为两个不同的符号记录在符号表中。例如，对于以下同一个模块中的两个函数 func1 和 func2，假定它们都定义了 static 局部变量 x 且都被初始化，则编译器在该模块的 .bss 节和 .data 节中为这两个变量分配空间，并在符号表中构建符号 func1.x（在 .bss 节）和 func2.x（在 .data 节）的相关信息。

```
1   int func1()
2   {
3       static int x=0;
4       return x;
5   }
6
7   int func2()
8   {
9       static int x=1;
10      return x;
11  }
```

注意上述三类符号不包括分配在栈中的非静态局部变量（auto 变量），链接器不需要这类变量的信息，因而它们不包含在由 .symtab 节定义的符号表中。

例如，对于图 5.9 给出的两个源程序文件 main.c 和 swap.c 来说，在 main.c 中的全局符号有 buf 和 main，外部符号有 swap，在 swap.c 中的全局符号有 bufp0、bufp1 和 swap，外部符号有 buf。swap.c 中的 temp 是 auto 变量，是在运行时动态分配的，因此它不是符号，不会被记录在符号表中。

ELF 文件中包含的符号表中的每个表项具有以下数据结构。

```
typedef struct {
    Elf32_Word      st_name;
    Elf32_Addr      st_value;
    Elf32_Word      st_size;
    unsigned char   st_info;
    unsigned char   st_other;
    Elf32_Half      st_shndx;
} Elf32_Sym;
```

64 位系统对应的数据结构为 Elf64_Sym，其中成员的描述与 Elf32_Sym 类似。

字段 st_name 给出符号在字符串表中的索引（字节偏移量），指向在**字符串表**（.strtab 节）中的一个以 NULL 结尾的字符串，即符号名。st_value 给出符号的值，在可重定位文件中，是指符号所在位置相对于所在节起始位置的字节偏移量。例如，图 5.9 中 main.c 的符号 buf 在 .data 节中，其偏移量为 0。在可执行文件和共享目标文件中，st_value 则是符号所在的虚拟地址。st_size 给出符号所表示对象的字节数。若是函数名，则指函数所占字节数；若是变量名，则指变量所占字节数。如果符号没有大小或大小未知，则值为 0。

```
1  void swap (void);
2
3  int buf[2] = {1, 2};
4
5  int main() {
6
7      swap () ;
8      return 0;
9  }
```

a）main.c 文件

```
1   extern int buf[];
2   int *bufp0 = &buf[0];
3   int *bufp1;
4
5   void swap(){
6     int temp;
7     bufp1 = &buf[1];
8     temp = *bufp0;
9     *bufp0 = *bufp1;
10    *bufp1 = temp;
11  }
```

b）swap.c 文件

图 5.9　两个源程序文件

字段 st_info 指出符号的类型（type）和绑定属性（bind），从以下定义的宏可看出，符号类型占低 4 位，符号绑定属性占高 4 位。

```
#define ELF32_ST_BIND(info)          ((info)>>4)
#define ELF32_ST_TYPE(info)          ((info)&0xf)
#define ELF32_ST_INFO(bind,type)     (((bind)<<4)+((type)&0xf))
```

符号类型可以是未指定（NOTYPE）、变量（OBJECT）、函数（FUNC）、节（SECTION）等。当类型为"节"时，其表项主要用于重定位。绑定属性可以是本地（LOCAL）、全局（GLOBAL）、弱（WEAK）等。其中，本地符号指本模块内定义和引用的带 static 属性的符号，外部模块不可见，名称相同的本地符号可存在于多个文件中而不会相互干扰；全局符号对于所有被合并的目标文件都可见；**弱符号**是通过 GCC 扩展的属性指示符 __attribute__ ((weak)) 指定的符号，它与全局符号一样，对于所有被合并目标文件都可见。

字段 st_other 指出符号的可见性。通常在可重定位文件中指定可见性，它定义了当符号成为可执行文件或共享目标库的一部分后访问该符号的方式。

字段 st_shndx 指出符号所在节在节头表中的索引，有些符号属于三种特殊**伪节**（pseudosection）之一，伪节在节头表中没有相应的表项，无法表示其索引值，因而用以下特殊的索引值表示：ABS 表示该符号不会被重定位；UNDEF 表示未定义符号，即在本模块引用而在其他模块定义的外部符号；COMMON 表示未被分配位置的未初始化全局变量，称为 **COMMON 符号**，对应 st_value 字段给出其对齐要求，st_size 字段给出其最小长度。

可通过 GNU READELF 工具显示符号表。例如，对于图 5.9 中的 main.c 和 swap.c，可使用命令"readelf -s main.o"查看 main.o 中的符号表，最后三项显示结果如图 5.10 所示。

Num:	Value	Size	Type	Bind	Ot	Ndx	Name
8:	0	8	OBJECT	GLOBAL	0	3	buf
9:	0	17	FUNC	GLOBAL	0	1	main
10:	0	0	NOTYPE	GLOBAL	0	UND	swap

图 5.10　main.o 中部分符号表的信息

可看出，main 模块的三个全局符号中，buf 是变量（Type=OBJECT），位于节头表中第三个表项（Ndx=3）对应的 .data 节中偏移量为 0（Value=0）处，占 8 字节（Size=8）；main 是函数（Type=FUNC），位于节头表中第一个表项对应的 .text 节中偏移量为 0 处，占 17 字节；sawp 是未指定（Type=NOTYPE）且无定义（Ndx=UND）的符号，说明 swap 是在 main 中被引用的由外部模块定义的符号。

swap.o 符号表中最后 4 项结果如图 5.11 所示。

Num:	Value	Size	Type	Bind	Ot	Ndx	Name
8:	0	4	OBJECT	GLOBAL	0	3	bufp0
9:	0	0	NOTYPE	GLOBAL	0	UND	buf
10:	0	39	FUNC	GLOBAL	0	1	swap
11:	4	4	OBJECT	GLOBAL	0	COM	bufp1

图 5.11　swap.o 中部分符号表的信息

可以看出，swap 模块的 4 个符号都是全局符号，其中，bufp0 位于节头表中第三个表项对应的 .data 节中偏移量为 0 处，占 4 字节；buf 是未指定的且无定义的全局符号，说明 buf 是在 swap 中被引用的由外部模块定义的符号；swap 是函数，位于节头表中第一个表项对应的 .text 节中偏移量为 0 处，占 39 字节；bufp1 是未分配位置且未初始化（Ndx=COM）的全局变量，是一个 COMMON 符号，按 4 字节边界对齐，至少占 4 字节。注意，swap 模块中的变量 temp 是自动变量，因而不在符号表中说明。

汇编器在对汇编代码文件进行处理时，是如何生成可重定位文件中的符号表的呢？首先，编译器在对源程序进行编译时，会把每个符号的属性信息记录在汇编代码文件中。例如，在 3.1.4 节的例 3.1 中，汇编代码文件 test.s 中记录了符号 add 的信息如下：

```
            ...
2           .text
3           .globl  add
4           .type   add, @function
5   add:
            ...
```

上述几行代码表明 add 是一个函数（.type add, @function）类型的全局符号（.globl add），定义在 .text 节中，"add:" 后面的内容即为 add 符号的定义。

当汇编器对汇编代码文件进行进一步处理时，汇编器根据其中的汇编指示符（以"."

开头的行）对符号的属性进行解释，以生成可重定位文件（如 test.o）中的符号表。例如，对于 test.s 中的情况，汇编器会根据第 3 行和第 4 行中的汇编指示符，将符号 add 设定为全局变量（Bind=GLOBAL）和函数类型（Type=FUNC），并根据第 2 行确定其定义的内容位于节头表中 .text 节对应表项的某处（例如，节头表中的第 1 个表项为 .text 节时，设置 Ndx=1），符号表中 add 的 Value 设定为"add:"后面第 1 条指令的第 1 字节所在的地址，Size 则设定为 add 过程所有机器指令代码所占字节数。

5.3.2 符号解析

符号解析的目的是将每个模块中引用的符号与某个目标模块中的定义符号建立关联。每个定义符号在代码段或数据段中都被分配了存储空间，因此，将引用符号与对应的定义符号建立关联后，就可以在重定位时将引用符号的地址重定位为相关联的定义符号的地址。

对于在同一个模块中定义且被引用的本地符号的符号解析比较容易，因为编译器会检查每个模块中的本地符号是否具有唯一的定义，所以只要找到第一个本地定义符号与之关联即可。本地符号在可重定位文件的符号表中特指绑定属性为 LOCAL 的符号，包括所有在 .text 节中定义的带 static 属性的函数，以及在 .data 节和 .bss 节中定义的所有被初始化或未被初始化的带 static 属性的静态变量。

对于跨模块的全局符号，因为在多个模块中可能会出现对同名全局符号进行多重定义的情况，所以链接器需要确认以哪个定义为准来进行符号解析。

1. 全局符号的解析规则

编译器在对源程序进行编译时，会把每个全局符号的定义输出到汇编代码文件中，汇编器通过对汇编代码文件的处理，在可重定位文件的符号表中记录全局符号的特性，以供链接时全局符号的符号解析所用。

一个全局符号可能是函数、.data 节中具有特定初始值的全局变量、.bss 节中被初始化为 0 的全局变量、说明为 COMMON 伪节的未初始化全局变量（即 COMMON 符号），还可能是绑定属性为 WEAK 的**弱符号**。为便于说明全局符号的多重定义问题，本书将前三类全局符号（即函数、.data 节和 .bss 节中的全局变量）统称为**强符号**。

在 Linux 系统中，GCC 链接器根据以下规则处理多重定义的同名全局符号。

- 规则 1：强符号不能多次定义，否则会出现链接错误。
- 规则 2：若出现一次强符号定义和多次 COMMON 符号或弱符号定义，则以强符号定义为准。
- 规则 3：若同时出现 COMMON 符号定义和弱符号定义，则以 COMMON 符号定义为准。
- 规则 4：若一个 COMMON 符号出现多次定义，则以其中占空间最大的一个符号为准。因为符号表中仅记录 COMMON 符号的最小长度，而不会记录变量的类型，所以在链接器确定多重 COMMON 符号的唯一定义时，以最小长度中的最大值为准进行符号解析，能够保证满足所有同名 COMMON 符号的空间要求。
- 规则 5：若使用编译选项 -fno-common，则不考虑 COMMON 符号，相当于将 COMMON

符号作为强符号处理。

例如，对于图 5.12 所示的两个模块 main.c 和 p1.c，因为强符号 x 被重复定义了两次，所以链接器将输出一条出错信息。

```
int x=10;
int p1(void);
int main() {
    x=p1();
    return x;
}
```
a）main.c 文件

```
int x=20;
int p1() {
    return x;
}
```
b）p1.c 文件

图 5.12　两个强定义符号的例子

考察图 5.13 所示例子中的符号 y 和符号 z 的情况。

```
#include <stdio.h>
int y=100;
int z;
void p1(void);
int main() {
    z=1000;
    p1( );
    printf("y=%d, z=%d\n", y, z);
    return 0;
}
```
a）main.c 文件

```
int y;
short z;
void p1( ) {
    y=200;
    z=2000;
}
```
b）p1.c 文件

图 5.13　COMMON 符号定义的例子

图 5.13 中，符号 y 在 main.c 中是强符号，在 p1.c 中是 COMMON 符号，根据规则 2 可知，链接器将 main.o 符号表中的符号 y 作为其唯一定义符号，而将 p1 模块中的 y 作为引用符号，其地址等于 main 模块中定义符号 y 的地址，即这两个 y 是同一个变量。在 main 函数调用 p1 函数后，y 的值从初始的 100 被修改为 200，因而在 main 函数中用 printf 打印出来后 y 的值为 200，而不是 100。

符号 z 在 main 和 p1 模块中都没有初始化，在两个模块中都是 COMMON 符号，根据规则 4 可知，链接器将其中占空间较大的符号作为唯一定义符号，因此，链接器将 main 模块中定义的符号 z 作为唯一定义符号，而将 p1 模块中的 z 作为引用符号，符号 z 的地址为 main 模块中定义的地址。在 main 函数调用 p1 函数后，z 的值从 1000 被修改为 2000，因而，在 main 函数中用 printf 打印出来后 z 的值为 2000，而不是 1000。

上述例子说明，如果在两个不同的模块中定义相同的变量名，那么很可能会发生程序员意想不到的结果。

特别是当两个重复定义的变量具有不同类型时，更容易出现难以理解的结果。例如，对于图 5.14 所示的例子，全局变量 d 在 main 模块中为 int 型强符号，在 p1 中是 double 型 COMMON 符号。根据规则 2 可知，链接器将 main.o 符号表中的符号 d 作为其唯一定义符号，因而其地址和长度等于 main 模块中定义符号 d 的地址和字节数，即符号长度为 4 字节，而不是 double 型变量的 8 字节。由于 p1.c 中的 d 为引用，因此其地址与 main 中变量 d 的地址相同，在 main 函数调用 p1 函数后，地址 &d 中存放的是 double 型浮点数 1.0 对应的低 32 位机器数 0000 0000H，地址 &x 中存放的是 double 型浮点数 1.0 对应的高 32 位机器数 3FF0 0000H（对应真值为 1 072 693 248），如图 5.14c 所示。因而，在 main() 函数中用 printf 打印出来后 d 的值为 0，x 的值是 1 072 693 248。可见 x 的值被 p1.c 中的变量 d 给冲掉了。这里，double 型浮点数 1.0 对应的机器数为 3FF0 0000 0000 0000H。

```
1   #include <stdio.h>
2   int d=100;
3   int x=200;
4   void p1(void);
5   int main() {
6     p1();
7     printf("d=%d,x=%d\n",d,x);
8     return 0;
9   }
```
a) main.c

```
1   double d;
2
3   void p1() {
4
5       d=1.0;
6   }
```
b) p1.c

	0	1	2	3
&x	00	00	F0	3F
&d	00	00	00	00

c) p1 执行后变量 d 和 x 中的内容

图 5.14　不同类型定义符号例子

上述由于多重定义变量引起的值的改变往往是在没有任何警告的情况下发生的，而且通常在程序执行了一段时间后才表现出来，并且远离错误发生源，甚至错误发生源在另一个模块中。对于由成千上万个模块组成的大型程序的开发，这种问题更加麻烦，如果没有对变量定义进行规范，那么将很难避免这类错误的发生。最好使用相应的选项命令 -fno-common，告诉链接器在遇到多重定义的全局符号时，触发一个错误，或者使用 -Werror 选项命令将所有警告变为错误。

解决上述问题的办法是，尽量避免使用全局变量，一定需要用的话，可以定义为 static 属性的静态变量。此外，要尽量给全局变量赋初值使其变成强符号，而外部全局变量则尽量使用 extern。程序员最好能了解链接器是如何工作的，并养成良好的编程习惯。

2. 符号解析过程

编译系统通常会提供一种将多个目标模块打包成一个单独的库文件的机制，如**静态库**（static library）文件。在构建可执行文件时只需指定库文件名，链接器会自动到库文件中寻找应用程序用到的目标模块，并且只把用到的模块从库中拷贝出来。

程序中的符号包括全局变量名、静态变量名和函数名，它们在程序中可能出现在定义处，称为符号的定义，也可能出现在引用处，称为符号的引用。为叙述方便起见，本书将定义处的符号和引用处的符号分别称为**定义符号**和**引用符号**。例如，对于图 5.14 中的符号 d，在 main.c 第 2 行中是定义符号，其余地方都是引用符号，如 main.c 中有一处（第 8 行）引用，在 p1.c 中有一处（第 5 行）引用。

链接器按照所有可重定位文件和静态库文件出现在命令行中的顺序从左至右依次扫描它们，在此期间链接器要维护多个集合。其中，集合 E 是指将被合并到一起组成可执行文件的所有可重定位文件集合；集合 U 是指未解析符号的集合，**未解析符号**是指还未与对应定义符号关联的引用符号；集合 D 是指当前为止已被加入 E 的所有可重定位文件中定义符号的集合。

符号解析开始时，集合 E、U、D 中都是空的，按照以下过程进行符号解析。

1) 对命令行中的每一个输入文件 f，链接器确定它是可重定位文件还是库文件，如果它是可重定位文件，就把 f 加入 E，根据 f 中未解析符号和定义符号分别对集合 U、D 进行修改，然后处理下一个输入文件。例如，对于图 5.14 中的符号 d，在处理 main.o 文件时，因为 d 是定义符号，所以 d 被加入 D 中；对于 d 的引用，因为其可以与 d 的定义关联，所以 d 不被加入 U 中。然后，再处理可重定位文件 p1.o，因为其对 d 的引用可以与 D 中已有的定义符号 d 建立关联，所以也不会将 d 加入 U 中。

2) 如果 f 是一个库文件，链接器会尝试把 U 中的所有未解析符号与 f 中各目标模块定义的符号进行匹配。如果某个目标模块 m 定义了一个 U 中的未解析符号 x，那么就把 m 加入 E 中，并把符号 x 从 U 移入 D 中。不断地对 f 中的所有目标模块重复这个过程，直到 U 和 D 不再变化为止。那些未加入 E 中的 f 里的目标模块就被丢弃，链接器继续处理下一输入文件。

3) 如果处理过程中往 D 加入一个已存在的符号（出现双重定义符号），或者当扫描完所有输入文件时 U 非空，则链接器报错并停止动作。否则，链接器把 E 中的所有可重定位文件进行重定位后合并在一起，以生成可执行文件。

5.3.3 与静态库的链接

在类 UNIX 系统中，静态库文件采用一种称为**存档档案**（archive）的特殊文件格式，使用 .a 作为后缀。例如，标准 C 函数库文件名为 libc.a，其中包含一组广泛使用的标准 I/O 函数、字符串处理函数和整数处理函数，如 atoi、printf、scanf、strcpy 等，libc.a 是默认的用于静态链接的库文件，无须在链接命令中显式指出。还有其他的函数库，例如浮点数运算函数库文件名为 libm.a，其中包含 sin、cos 和 sqrt 函数等。

用户也可以自定义一个静态库文件。以下通过一个简单的例子来说明如何生成自己的静态库文件。

假定有两个源文件 myproc1.c 和 myproc2.c，如图 5.15 所示。

```
#include <stdio.h>
void myfunc1()
{
    printf("%s","This is myfunc1
        from mylib!\n");
}
```

```
#include <stdio.h>
void myfunc2()
{
    printf("%s","This is myfunc2
        from mylib!\n");
}
```

a) myproc1.c 文件　　　　　　　　　　　　b) myproc2.c 文件

图 5.15　静态库 mylib 中包含的函数的源文件

可以使用 AR 工具生成静态库，在此之前需要先用 "gcc –c" 命令将静态库中包含的目标模块生成可重定位文件。以下命令可以生成静态库文件 mylib.a，其中包含两个目标模块 myproc1.o 和 myproc2.o。

```
linux> gcc –c myproc1.c
linux> gcc –c myproc2.c
```

```
linux> ar rcs mylib.a myproc1.o myproc2.o
```

假定有一个 main.c 程序,其中调用了静态库 mylib.a 中的函数 myfunc1()。

```
1   void myfunc1(void);
2   int main(){
3       myfunc1();
4       return 0;
5   }
```

为了生成可执行文件 myproc,可以先将 main.c 编译并汇编为可重定位文件 main.o,再将 main.o 和 mylib.a 以及标准 C 函数库 libc.a 进行链接。以下两条命令可以完成上述功能。

```
linux> gcc –c main.c
linux> gcc –static –o myproc main.o ./mylib.a
```

命令中使用 -static 选项指示链接器生成一个完全链接的可执行文件,即生成的可执行文件应能直接加载到存储器执行,而不需要在加载或运行时再动态链接其他目标模块。此外该命令行默认最终需链接 C 标准库 libc.a。

命令"gcc –static –o myproc main.o ./mylib.a"中的符号解析过程如下。

1)一开始 E、U、D 都是空集,链接器首先扫描到 main.o,把它加入 E,同时把其中未解析符号 myfun1 加入 U,把定义符号 main 加入 D。

2)处理完 main.o 后,接着扫描到 mylib.a,因为这是静态库文件,所以会将当前 U 中所有符号(本例中仅有符号 myfunc1)与 mylib.a 中的所有目标模块(本例中有 myproc1.o 和 myproc2.o)依次匹配,看是否有哪个模块定义了 U 中的符号,结果发现在 myproc1.o 中定义了 myfunc1,于是 myproc1.o 被加入 E,myfunc1 从 U 转移到 D。在 myproc1.o 中发现还有未解析符号 printf,因而将其加入 U。不断在静态库 mylib.a 的各模块上进行迭代以匹配 U 中的符号,直到 U、D 都不再变化。显然,此时 U 和 D 不再发生变化,U 中只有一个未解析符号 printf,而 D 中有 main 和 myfunc1 两个定义符号。因为模块 myproc2.o 没有被加入 E 中,所以它被丢弃。

3)接着扫描下一个输入文件,即默认的库文件 libc.a。链接器发现 libc.a 中的目标模块 printf.o 定义了符号 printf,于是 printf 也从 U 移到 D,同时 printf.o 被加入 E,并把它定义的所有符号都加入 D,而所有未解析符号加入 U。链接器还会把每个程序都要用到的一些初始化操作所在的目标模块(如 crt0.o 等)以及它们所引用的模块(如 malloc.o、free.o 等)自动加入 E,并更新 U 和 D 以反映这个变化。事实上,标准库中各目标模块里的未解析符号都可以在标准库内的其他模块中找到定义,因此当链接器处理完 libc.a 时,U 一定是空的。此时,链接器合并 E 中的目标模块并输出可执行文件。

图 5.16 概括了上述链接器中符号解析的全过程。

从以上描述的符号解析过程来看,符号解析结果与命令行中指定的输入文件的顺序相关。如果上述链接命令改为以下形式,则会发生链接错误。

```
linux> gcc -static –o myproc ./mylib.a main.o
```

因为一开始先扫描到 mylib.a,而 mylib.a 为静态库文件,所以会根据其中是否存在 U 中的未解析符号对应的定义符号来确定是否将相应的目标模块加入 E 中。显然,开始时 U 是空的，因而在 mylib.a 中没有任何一个目标模块被加入 E 中，当扫描到 main.o 时，其引用符号 myfunc1 便不能被解析而被加入 U 中，这样，U 中的 myfunc1 在后面将一直无法得到解析，最终因为 U 不空而导致链接器输出错误信息并终止。

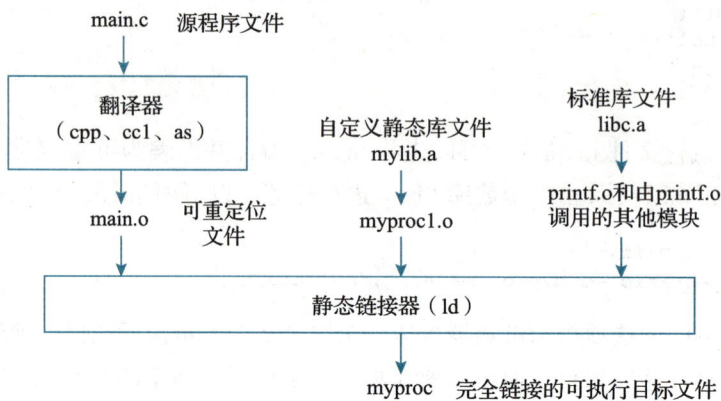

图 5.16 可重定位文件与静态库的链接

关于静态库的链接顺序问题，通常的准则是将静态库文件放在命令行文件列表的后面，如果有多个静态库文件，则根据这些静态库文件的目标模块中的符号是否有引用关系来确定顺序。若相互之间都没有引用关系，则说明它们之间相互独立，顺序可任意；若相互之间有引用关系，则必须按照引用关系在命令行中排列静态库文件，使得对于每个静态库目标模块中的外部引用符号，在命令行中至少有一个包含其定义的静态库文件排在后面。例如，假设 func.o 调用了静态库 libx.a 和 liby.a 中的函数，而 libx.a 又调用了 libz.a 中的函数，且 libx.a 和 liby.a 之间、liby.a 和 libz.a 之间是相互独立的，则命令行中 libx.a 必须在 libz.a 之前，而无须考虑 libx.a 和 liby.a 之间、liby.a 和 libz.a 之间的顺序关系，即以下几个命令行都是可行的。

```
linux> gcc -static -o myfunc func.o libx.a liby.a libz.a
linux> gcc -static -o myfunc func.o liby.a libx.a libz.a
linux> gcc -static -o myfunc func.o libx.a libz.a liby.a
```

如果两个静态库的目标模块有相互引用关系，则在命令行中可以重复静态库文件名。例如，假设 func.o 调用了静态库 libx.a 中的函数，而 libx.a 又调用了 liby.a 中的函数，同时，liby.a 也调用了 libx.a 中的函数，则可用以下命令进行链接。

```
linux> gcc -static -o myfunc func.o libx.a liby.a libx.a
```

5.4 重定位

重定位的目的是在符号解析的基础上将所有关联的目标模块（即上述集合 E 中的模块）合并，并确定运行时每个定义符号在虚拟地址空间中的地址，在定义符号的引用处重定位引用的地址。例如，对于图 5.16 中的例子，因为编译 main.c 时，编译器还不知道函数 myproc1 的地址，所以编译器只是将一个"临时地址"放到可重定位文件 main.o 的过程调用指令中,在链接阶段,这个"临时地址"将被修正为正确的引用地址,这个过程称为**重定位**。具体来说,重定位包含以下两方面的工作。

(1)节和定义符号的重定位。

链接器将相互关联的所有可重定位文件中相同类型的节合并,生成一个同一类型的新节。例如,所有模块中的 .data 节合并为一个大的 .data 节,它就是生成的可执行文件中的 .data 节。然后链接器根据每个新节在虚拟地址空间中的位置以及新节中每个定义符号的位置,为新节中的每个定义符号确定地址。

(2)引用符号的重定位。

链接器对合并后新代码节(.text)和新数据节(.data)中的引用符号进行重定位,使其指向对应的定义符号起始处。为了实现该操作,链接器要知道目标文件中哪些引用符号需要重定位、所引用的是哪个定义符号等,这些称为**重定位信息**,存放在重定位节(例如 .rel.text 和 .rel.data)中。

5.4.1 重定位信息

在 IA-32 可重定位文件的 .rel.text 节和 .rel.data 节中,存放着每个需要重定位的符号的重定位信息。.rel.text 节和 .rel.data 节采用的数据类型是结构数组,每个数组元素是一个表项,每个表项对应一个需要重定位的符号,表项的数据结构如下:

```
typedef struct {
    Elf32_Addr    r_offset;
    Elf32_Word    r_info;
} Elf32_Rel;
```

字段 r_offset 指出当前需要重定位的位置相对于所在节的字节偏移量。若重定位的是变量的位置,则所在节为 .data 节;若重定位的是函数的位置,则所在节是 .text 节。r_info 指出当前重定位所引用的符号在符号表中的索引值以及相应的重定位类型。从以下宏定义中可看出,符号索引(r_sym)是 r_info 的高 24 位,重定位类型(r_type)是其低 8 位。

```
#define ELF32_R_SYM(info)          ((info)>>8)
#define ELF32_R_TYPE(info)         ((unsigned char)(info))
#define ELF32_R_INFO(sym, type)    (((sym)<<8)+(unsigned char)(type))
```

重定位类型与特定的处理器有关,具体由 ABI 规范定义。IA-32 处理器的重定位类型有多种,最基本的是以下两种。

- R_386_PC32:指明引用处采用 PC 相对寻址方式,即有效地址为 PC 内容加上重定位后的 32 位地址,PC 的内容是下一条指令的地址。例如,调用指令 call 中的跳转目标地址就采用相对寻址方式。
- R_386_32:指明引用处采用绝对地址方式,即有效地址就是重定位后的 32 位地址。

重定位表的信息可以用命令"readelf –r"来显示,例如,可用命令"readelf -r main.o"来显示 main.o 中的重定位表项。为方便起见,以下叙述中把重定位后的 32 位地址简称为**重定位值**。

5.4.2 重定位过程

重定位过程对 .text 节和 .data 节中由相应重定位节 .rel.text 和 .rel.data 的重定位表项所指出的每一处按顺序进行。例如，对于图 5.9 所示的例子，其中，目标模块 main.o 的 .rel.text 节中有表项"r_offset=0x7, r_sym=10, r_type=R_386_PC32"，该表项说明，需要在其 .text 节中偏移量为 0x7 的地方按照 PC 相对地址方式进行重定位，所引用的符号为 main.o 的符号表中第 10 个表项代表的符号，根据图 5.10 可知，该符号为 swap；另一个目标模块 swap.o 的 .rel.data 中有表项"r_offset=0x0, r_sym=9, r_type=R_386_32"，该表项说明需要在其 .data 节中偏移量为 0 的地方按绝对地址方式进行重定位，所引用的符号为 swap.o 的符号表中第 9 个表项代表的符号，根据图 5.11 可知，该符号为 buf。

以下举例介绍在 IA-32 架构下的重定位过程，其他指令架构下的重定位过程原理与此相同。

1. R_386_PC32 方式的重定位

对于图 5.9 所示的例子，模块 main.o 的 .text 节中主要是 main 函数的机器代码，其中有一处需要重定位，即与 main.c 中第 7 行 swap 函数对应的调用指令中的目标地址。

图 5.17 给出了 main.o 中 .text 节和 .rel.text 节的内容通过 OBJDUMP 工具反汇编出来的结果。

```
1  Disassembly of section .text:
2  00000000 <main>:
3     0:   55                      push   %ebp
4     1:   89 e5                   mov    %esp,%ebp
5     3:   83 e4 f0                and    $0xfffffff0,%esp
6     6:   e8 fc ff ff ff          call   7 <main+0x7>
7           7: R_386_PC32          swap
8     b:   b8 00 00 00 00          mov    $0x0,%eax
9    10:   c9                      leave
10   11:   c3                      ret
```

图 5.17 main.o 中 .text 节和 .rel.text 节的内容

从图 5.17 可看出，符号 main 的定义从 .text 节中偏移量为 0 处开始，共占 18（0x12）字节；.rel.text 节中有一个重定位表项"r_offset=0x7, r_sym=10, r_type=R_386_PC32"被 OBJDUMP 工具以"7: R_386_PC32 swap"的可重定位信息显示在需要重定位的 call 指令的下一行。call 指令中需要重定位的是离 .text 节头偏移量为 0x7 的 4 字节地址，采用 PC 相对地址方式，重定位后应指向符号 swap 的定义处（swap 函数的首地址）。

假定链接后在可执行文件中 main 函数对应的机器代码从 0x8048380 开始，紧跟在 main 后的是 swap 函数的机器代码，且首地址按 4 字节边界对齐，则 swap 的机器代码将从 0x8048394 开始，即符号 swap 的定义处首地址为 0x8048394，因为 0x8048380+0x12=0x8048392，要求 4 字节对齐的情况下就是 0x8048394。

IA-32 中跳转目标地址计算公式为：跳转目标地址 =PC+ 偏移地址。这里 PC 是下一条指令的地址。call 指令中的重定位值就是偏移地址，因此重定位值 = 跳转目标地址 −PC。这里的跳转目标地址为符号 swap 的定义处首地址 0x8048394，PC 内容为 0x8048380+0x7+4=

0x804838b，重定位值应为 0x8048394−0x804838b=0x9。因此，在可执行文件的 .text 节中，main 函数机器代码中 call 指令的机器码应为"e8 09 00 00 00"。

根据图 5.17 中 call 指令的机器码"e8 fc ff ff ff"可知，需要重定位的 4 字节地址的初始值（init）为 0xffff fffc（注意，IA-32 为小端方式），即 −4。汇编器用 −4 作为偏移量，其原因是在 call 指令的执行过程中，需要进行跳转目标地址计算，此时，PC 指向的是 call 指令的下一条指令开始处，此处相对于需要重定位的地址处偏移 4 个字节。

从上面的分析过程可看出，PC 相对地址方式下，重定位值计算公式如下：

$$ADDR(r\_sym) - ((ADDR(.text) + r\_offset) - init)$$

其中 ADDR(r_sym) 表示符号 r_sym 在运行时的存储地址。ADDR(.text) 表示 .text 节在运行时的起始地址，它加上偏移量 r_offset 后得到需要重定位处的地址，再减初值 init（相当于加 4）后，便得到 PC 值。ADDR(r_sym) 减 PC 值就是重定位值。例如，在上述例子中，ADDR(swap)=0x8048394，ADDR(.text)= 0x8048380，r_offset=0x7，init=−4。

2. R_386_32 方式的重定位

对于图 5.9 所示的例子，因为 main.c 中只有一个已初始化的全局变量 buf，并且 buf 的定义没有引用其他符号，所以 main.o 中的 .data 节对应的重定位节 .rel.data 中没有任何重定位表项。main.o 中的 .data 节和 .rel.data 节通过 OBJDUMP 工具反汇编出来的结果如图 5.18a 所示。

对于图 5.9 所示例子中的 swap.c，其中第 2 行有一个对全局变量 bufp0 赋初值的语句，bufp0 被初始化为外部数组变量 buf 的首地址。因而，在 swap.o 的 .data 节中有相应的对 bufp0 的定义，在 .rel.data 节中有对应的重定位表项。图 5.18b 给出了 swap.o 中 .data 节和 .rel.data 节通过 OBJDUMP 工具反汇编出来的结果。

```
Disassembly of section .data:

00000000 <buf> :
    0:  01 00 00 00 02 00 00 00
```

a）main.o 中 .data 节和 .rel.data 节的内容

```
Disassembly of g section .data:

00000000 <bufp0>:
    0:  00 00 00 00

            0:R_386_32_buf
```

b）swap.o 中 .data 节和 .rel.data 节的内容

图 5.18 main.o 和 swap.o 中 .data 节和 .rel.data 节的内容

从图 5.18b 可看出，swap.o 中全局符号 bufp0 的定义在 .data 节中偏移量为 0 处开始，占 4 字节，初始值（init）为 0x0。对应重定位节 .rel.data 中有一个重定位表项"r_offset=0x0, r_sym=9, r_type=R_386_32"，通过 OBJDUMP 工具解释后显示为"0：R_386_32 buf"。重定位类型是 R_386_32，即绝对地址方式，因而重定位值应是初始值加所引用符号地址。假定所引用符号 buf 在运行时的存储地址 ADDR(buf)=0x8049620，则在可执行文件中重定位后的 bufp0 内容变为 0x8049620，即"20 96 04 08"。

可执行文件中的 .data 节是将 main.o 中的 .data 节和 swap.o 中的 .data 节合并后生成的，经过重定位后得到合并后的 .data 节的内容，如图 5.19 所示。

```
Disassembly of section .data:

08049620 <buf>:
 8049620:            01 00 00 00 02 00 00 00

08049628 <bufp0>:
 8049628:            20 96 04 08
```

图 5.19 可执行文件中的 .data 节的内容

可以看出，链接器进行重定位后，确定了运行时 .data 节在虚拟存储空间中的首地址为 0x8049620，该地址就是 main.o 中定义的 buf 数组的第一个元素的地址，buf 有两个 int 型元素，因而占用了 8 字节。从 swap.o 的 .data 节合并过来的 bufp0 从 0x8049628 开始，其内容为 buf 的首地址 0x8049620。

图 5.20 给出了 swap.o 中的 .text 节和 .rel.text 节的内容通过 OBJDUMP 工具反汇编出来的结果（大括弧部分是后加的功能说明）。

```
 1  Disassembly of section .text:
 2  00000000 <swap>:
 3    0: 55                       push   %ebp
 4    1: 89 e5                    mov    %esp,%ebp
 5    3: 83 ec 10                 sub    $0x10,%esp
 6    6: c7 05 00 00 00 00 04     movl   $0x4,0x0      ⎫
 7    d: 00 00 00                                       ⎬ bufp1=&buf[1]
 8             8: R_386_32    .bss                      ⎪
 9             c: R_386_32    buf                       ⎭
10   10: a1 00 00 00 00           mov    0x0,%eax      ⎫
11            11: R_386_32    bufp0                     ⎬ temp=*bufp()
12   15: 8b 00                    mov    (%eax),%eax   ⎪
13   17: 89 45 fc                 mov    %eax,-0x4(%ebp) ⎭
14   1a: a1 00 00 00 00           mov    0x0,%eax      ⎫
15            1b: R_386_32    bufp0                     ⎪
16   1f: 8b 15 00 00 00 00        mov    0x0,%edx      ⎬ *bufp()=*bufp1
17            21: R_386_32    .bss                      ⎪
18   25: 8b 12                    mov    (%edx),%edx   ⎪
19   27: 89 10                    mov    %edx,(%eax)   ⎭
20   29: a1 00 00 00 00           mov    0x0,%eax      ⎫
21            2a: R_386_32    .bss                      ⎬ *bufp1=temp
22   2e: 8b 55 fc                 mov    -0x4(%ebp),%edx ⎪
23   31: 89 10                    mov    %edx,(%eax)   ⎭
24   33: c9                       leave
25   34: c3                       ret
```

图 5.20 swap.o 中的 .text 节和 .rel.text 节的内容

从图 5.20 可看出，符号 swap 从 .text 节中偏移为 0 处开始，占 52 字节。在对应的 .rel.text 节中有 6 个表项，分别指出需要在第 0x8、0xc、0x11、0x1b、0x21 和 0x2a 处（即指令中加粗部分）进行重定位，全部为绝对地址方式（即 R_386_32），分别引用符号 bufp1、buf、bufp0、bufp0、bufp1、bufp1 的存储地址，而符号 bufp1 的地址就是链接合并后 .bss 节的首地址。

由图 5.19 可知，buf 和 bufp0 的存储地址分别是 0x8049620 和 0x8049628，符号 bufp1

的地址为 .bss 节首地址，假定为 0x8049700，则链接生成的可执行文件的 .text 节中的内容如下所示。

```
08048380 <main>:
 8048380:   55                      push   %ebp
 8048381:   89 e5                   mov    %esp,%ebp
 8048383:   83 e4 f0                and    $0xfffffff0,%esp
 8048386:   e8 09 00 00 00          call   8048394 <swap>
 804838b:   b8 00 00 00 00          mov    $0x0,%eax
 8048390:   c9                      leave
 8048391:   c3                      ret
 8048392:   90                      nop
 8048393:   90                      nop

08048394 <swap>:
 8048394:   55                      push   %ebp
 8048395:   89 e5                   mov    %esp,%ebp
 8048397:   83 ec 10                sub    $0x10,%esp
 804839a:   c7 05 00 97 04 08       mov    $0x8049624,0x8049700
 80483a0:   24 96 04 08
 80483a4:   a1 28 96 04 08          mov    0x8049628,%eax
 80483a9:   8b 00                   mov    (%eax),%eax
 80483ab:   89 45 fc                mov    %eax,-0x4(%ebp)
 80483ae:   a1 28 96 04 08          mov    0x8049628,%eax
 80483b3:   8b 15 00 97 04 08       mov    0x8049700,%edx
 80493b9:   8b 12                   mov    (%edx),%edx
 80493bb:   89 10                   mov    %edx,(%eax)
 80493bd:   a1 00 97 04 08          mov    0x8049700,%eax
 80493c2:   8b 55 fc                mov    -0x4(%ebp),%edx
 80493c5:   89 10                   mov    %edx,(%eax)
 80493c7:   c9                      leave
 80493c8:   c3                      ret
```

上述可执行文件中的 .text 节由 main.o 和 swap.o 两个目标模块中的 .text 节合并而来，在可执行文件的 .text 节中真正存储的信息只是中间的机器代码，左边的地址和右边的汇编指令都是 OBJDUMP 工具根据图 5.7 所示的可执行文件中程序头表和指令代码本身反汇编出来的。合并过程如图 5.21 所示。从图 5.21 可以看出，在可执行文件的 .text 节和 .data 节中还分别包含系统代码（system code）和系统数据（system data）。

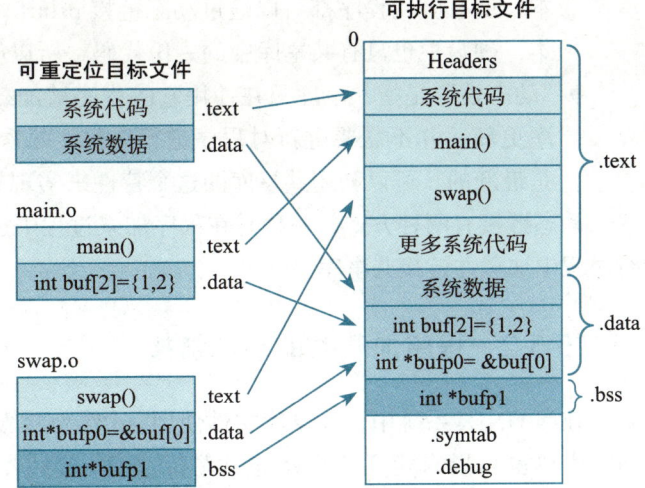

图 5.21 main.o 和 swap.o 合并成可执行文件

*5.5 动态链接

前面介绍了可重定位和可执行两种目标文件，还有一类目标文件是**共享目标文件**

（shared object file），也称共享库文件。它是一种特殊的可重定位目标文件，其中记录了相应的代码、数据、重定位和符号表信息，能在可执行文件加载或运行时被动态地装入到内存并自动被链接，这个过程称为动态链接（dynamic link），由一个称为动态链接器（dynamic linker）的程序来完成。类UNIX系统中共享库文件采用.so作为后缀，Windows系统中称其为动态链接库（Dynamic Link Libraries，简称DLLs），采用.dll作为后缀。

*5.5.1 动态链接的特性

对于5.3.3节介绍的静态链接方式，由于静态库函数代码被合并在可执行文件中，因此会造成磁盘空间和主存空间的浪费。例如，静态库libc.a中的printf模块会在静态链接时被合并到每个引用printf的可执行文件中，其中的printf代码会各自占用不同的磁盘空间。通常硬盘上存放有数千个可执行文件，因而静态链接方式会造成磁盘空间的极大浪费；在引用printf的应用程序同时在系统中运行时，这些程序中的printf代码也都会占用内存空间，对于并发运行几十个进程的系统来说，会造成极大的主存资源的浪费。

此外，静态链接方式下，程序员还需要定期维护和更新静态库，关注它是否有新版本出现，在出现新版本时需要重新对程序进行链接操作，以便将静态库中最新的目标代码合并到可执行文件中。因此，静态链接方式更新困难、使用不便。

针对上述静态链接方式下的缺点，一种共享库的动态链接方式被提出。共享库以动态链接的方式被正在加载或执行中的多个应用程序共享，因而，共享库的动态链接有以下两个特点：一是"共享性"，二是"动态性"。

- "共享性"是指共享库中的代码段在内存只有一个副本，当应用程序在其代码中需要引用共享库中的符号时，在引用处通过某种方式确定指向共享库中对应定义符号的地址即可。例如，对于动态共享库libc.so中的printf模块，内存中只有一个printf副本，所有应用程序都可以通过动态链接printf模块来使用它。因为内存中只有一个副本，硬盘中也只有共享库中的一份代码，所以能节省主存资源和磁盘空间。
- "动态性"是指共享库只在使用它的程序被加载或执行时才加载到内存，因而在共享库更新后并不需要重新对程序进行链接，每次加载或执行程序时所链接的共享库总是最新的。可以利用共享库的这个特性来实现软件分发或生成动态Web网页等。

动态链接有两种方式，一种是在程序加载过程中加载并链接共享库，另一种是在程序执行过程中加载并链接共享库。

*5.5.2 程序加载时的动态链接

在类UNIX系统中，共享库文件使用.so作为后缀。例如，标准C函数库文件名为libc.so。用户也可以自定义一个动态共享库文件。例如，对于图5.15所示的两个源程序文件myproc1.c和myproc2.c，可以使用以下GCC命令生成动态链接的共享库mylib.so。

```
gcc -shared -fPIC -o mylib.so myproc1.c myproc2.c
```

其中，选项-shared告诉链接器生成一个共享库目标文件，选项-fPIC告诉编译器生成位置

无关代码（Position Independent Code，PIC），因此共享库被任何不同程序引用时都不需要修改共享库代码。这保证了共享库代码的存储位置可以不确定，而且即使共享库代码的长度发生改变也不会影响调用它的程序。

下列 main.c 程序中调用了 mylib.so 中的函数 myfunc1。

```
void myfunc1(void);
int main() {
    myfunc1();
    return 0;
}
```

为生成可执行文件 myproc，可先将 main.c 编译并汇编为可重定位文件 main.o，然后再将 main.o 和 mylib.so 以及标准 C 函数共享库 libc.so 进行链接。以下命令可以完成上述功能：

```
gcc -o myproc main.c ./mylib.so
```

通过上述命令得到可执行文件 myproc，这个命令与静态链接命令"gcc –static –o myproc main.c mylib.a"的执行过程不同。静态链接生成的可执行文件包含了所有外部函数，因此加载后可直接运行，而动态链接生成的可执行文件在加载执行过程中需要与共享库进行动态链接，否则不能运行。这是因为在动态链接生成可执行文件时，其中对外部函数的引用地址是未知的。因此，在动态链接生成的可执行文件运行前，系统会首先将动态链接器以及所使用的共享库文件加载到内存。动态链接器和共享库文件的路径都包含在可执行目标文件中，其中，动态链接器由加载器加载，而共享库由动态链接器加载。

图 5.22 给出了动态链接全过程，整个过程被分成以下两步。

1）进行静态链接以生成部分链接的可执行文件 myproc，该文件中仅包含共享库（包括指定的共享目标文件 mylib.so 和默认的标准共享库 libc.so）中的符号表和重定位表信息，而共享库中的代码和数据并没有被合并到 myproc 中。

2）在加载 myproc 时，由加载器将控制权转移到指定的动态链接器，由动态链接器对共享目标 libc.so、mylib.so 和 myproc 中的相应模块内的代码和数据进行重定位并加载共享库，以生成最终的存储空间中完全链接的可执行目标。在完成重定位和加载共享库后，动态链接器把控制权转移到程序 myproc。在执行 myproc 的过程中，共享库中的代码和数据在存储空间的位置一直是固定的。

在上述过程中有一个重要的问题，即如何在加载过程中将控制权从加载器转移到动态链接器。参看图 5.7 可发现，在可执行文件的程序头表中有一个 type=INTERP 的段。可通过在可执行文件 myproc 中添加一个特殊的 .interp 节实现控制权转移。当加载

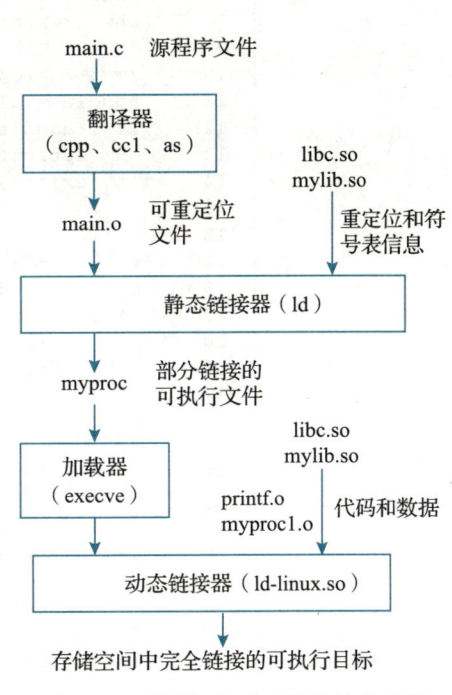

图 5.22 采用加载时动态链接的过程

myproc 时，加载器会发现在 myproc 的程序头表中包含了 .interp 节构成的段，其 p_type 字段取值为 PT_INTERP，该节中包含了动态链接器的路径名，而动态链接器本身也是一个共享目标，在 Linux 系统中为 ld-linux.so 文件，.interp 节中有这个文件的路径信息，因而可以由加载器根据指定的路径来加载并启动动态链接器。动态链接器完成相应的重定位工作后再把控制权交给 myproc，启动并执行其第一条指令。

*5.5.3 程序运行时的动态链接

图 5.22 描述的是在程序被加载时对共享库进行动态链接的过程，实际上，共享库也可以在程序运行过程中进行动态链接。在一些类 UNIX 系统中提供了一个**动态链接器接口**，其中定义了相应的几个函数，如 dlopen、dlsym、dlerror、dlclose 等，其头文件为 dlfcn.h。以下给出一个例子，说明如何在应用程序中使用动态链接器接口函数对共享库进行动态链接。

图 5.23 给出了一个运行时进行动态链接的应用程序示例 main.c。对于由图 5.15 所示的文件 myproc1.c 和 myproc2.c 生成的共享库 mylib.so，在 main.c 中调用了共享库 mylib.so 中的函数 myfunc1()。要编译该程序并生成可执行文件 myproc，通常使用以下 GCC 命令：

```
linux> gcc -rdynamic -o myproc main.c -ldl
```

```
1   #include <stdio.h>
2   #include <stdlib.h>
3   #include <dlfcn.h>
4   int main() {
5
6       void *handle;
7       void (*myfunc1)();
8       char *error;
9
10      /* 动态装入包含函数 myfunc1() 的共享库文件 */
11      handle = dlopen("./mylib.so", RTLD_LAZY);
12      if (!handle) {
13          fprintf(stderr, "%s\n", dlerror());
14          exit(1);
15      }
16
17      /* 获得一个指向函数 myfunc1() 的指针 myfunc1*/
18      myfunc1 = dlsym(handle, "myfunc1");
19      if ((error = dlerror()) != NULL) {
20          fprintf(stderr, "%s\n", error);
21          exit(1);
22      }
23
24      /* 现在可以像调用其他函数一样调用函数 myfunc1() */
25      myfunc1();
26
27      /* 关闭（卸载）共享库文件 */
28      if (dlclose(handle) < 0) {
29          fprintf(stderr, "%s\n", dlerror());
30          exit(1);
31      }
32      return 0;
32  }
```

图 5.23　采用运行时动态链接的应用程序 main.c

选项 –rdynamic 指示链接器在链接时使用共享库中的函数，选项 –ldl 说明采用动态链接器接口中的 dlopen()、dlsym() 等函数进行运行时的动态链接。

如图 5.23 所示，若应用程序要在运行时动态链接一个共享库并引用库中的函数或变量，则必须经过以下几个步骤。

1）通过 dlopen() 函数加载和链接共享库，如第 11 行代码所示。参数 RTLD_LAZY 指示链接器对共享库中外部符号的引用不在加载时进行重定位，而是延迟到第一次函数调用时进行重定位，称为延迟绑定（lazy binding）。

2）在 dlopen() 函数正常返回的情况下，通过 dlsym() 函数获取共享库中所需的函数，如第 18 行代码所示，dlsym() 函数返回指定共享库 mylib.so 中指定符号 myfunc1 的地址。

3）在 dlsym() 函数正常返回的情况下，可使用共享库中的函数，如第 25 行代码所示。

4）在使用完共享库内的函数或变量后，可使用 dlclose() 函数卸载该共享库，如第 28 行代码所示。

若调用 dlopen、dlsym 和 dlclose 时出错，则出错信息可通过调用 dlerror() 函数获得。

*5.5.4 位置无关代码

共享库代码在硬盘上和内存中都只有一个备份，在硬盘上就是一个共享库文件，如类 UNIX 系统中的 .so 文件或 Windows 系统中的 .dll 文件。为了让一份共享库代码可以与不同的应用程序进行链接，共享库代码必须与地址无关，也就是说，在生成共享库代码时，要保证将来不管共享库代码加载到哪个位置都能够正确执行，即共享库代码的加载位置可以是不确定的，而且共享库代码的长度发生变化也不影响调用它的程序。满足上述特征的代码称为位置无关代码（PIC）。在生成共享库文件时，须使用 GCC 选项 -fPIC 来生成位置无关代码。

编译器通常通过 PC 相对寻址方式实现位置无关代码，例如，对于 4.2.1 节例 4.9 中的 switch_test() 函数，通过编译选项 -fPIC 得到的对应 PIC 汇编代码如下。

```
1   addl    $3, %edi
2   cmpl    $6, %edi
3   ja      .L3
4   movl    %edi, %eax
5   leaq    .L7(%rip), %rdx
6   movslq  (%rdx,%rax,4), %rax
7   addq    %rdx, %rax
8   jmp     *%rax
    ...
```

生成的跳转表如下：

```
1       .section    .rodata
2       .align 4
3       .align 4
4   .L7:
5       .long   .L2-.L7
6       .long   .L3-.L7
7       .long   .L4-.L7
8       .long   .L5-.L7
```

```
    9        .long    .L3-.L7
    10       .long    .L5-.L7
    11       .long    .L6-.L7
```

与例 4.9 中的汇编代码相比，此处增加了第 5 行和第 6 行两条指令，使得对跳转表的访问采用基于当前指令地址 RIP 的 PC 相对寻址方式实现。因为同一模块内指令所在的代码节 .text 和跳转表所在的 .rodata 节的相对位置不会发生变化，所以不管其只读代码段被映射到地址空间的何处，通过第 5 行和第 6 行两条指令都能访问到相应的跳转表项。此外，因为 PC 相对寻址方式采用"PC 加相对偏移地址"方式计算目标地址，所以这里跳转表中存放的是 4 字节相对地址，而不是例 4.9 中 8 字节的绝对地址。

符号之间的所有引用包含以下 4 种情况：模块内过程调用和跳转；模块内数据引用；模块间数据引用；模块间过程调用和跳转。

对于前两种情况，因为是在模块内进行函数调用和数据引用，所以采用 PC 相对寻址方式就可以方便地实现位置无关代码。对于后两种情况，由于涉及模块之间的访问，因此无法通过 PC 相对寻址来生成 PIC 代码，需要有专门的实现机制。

```
static int a;
static int b;
extern void ext();
void bar()
{
    a=1;
    b=2;
}
void foo()
{
    bar();
    ext();
}
```

1. 模块内过程调用和跳转

图 5.24 给出了一个源程序代码，其中，函数 foo() 调用了模块内的函数 bar()，因此属于模块内的过程调用。foo() 和 bar() 在同一模块，因而其代码都在 .text 节中，相对位置固定，只要在实现过程调用的 call 指令中采用 PC 相对寻址方式，即可生成位置无关代码。显然，不管 .so 中的代码加载到哪里，call 指令中的偏移量都不变。

以下是图 5.24 中的源程序经编译后得到的 IA-32 中部分机器级代码示例。

图 5.24 模块内过程调用

```
0000344  <bar>:
    0000344:    55                  pushl    %ebp
    0000345:    89 e5               movl     %esp, %ebp
       ...
    0000362:    c3                  ret
    0000363:    90                  nop
0000364  <foo>:
    0000364:    55                  pushl    %ebp
       ...
    0000374:    e8 cb ff ff ff      call     0000344 <bar>
    0000379:
       ...
```

编译器在生成 call 指令时，只要根据被引用函数 bar() 的起始位置和 call 指令下一条指令的起始位置之间的位移量就可算出偏移地址为 0x0000344-0x0000379=0xffff ffcb= −0x35。同样，模块内的跳转也可用 jmp 指令通过 PC 相对寻址方式来生成 PIC 代码。

2. 模块内数据引用

在图 5.24 中，函数 bar() 引用了模块内的静态变量 a 和 b，因此属于模块内的数据访问。

因为在同一个模块内数据段总是紧跟在代码段后面，所以任何引用某符号的指令与数据段起始处之间的位移量，以及本地局部符号在数据段内的位移量都是确定的。编译器可以利用这些特性生成位置无关代码。

以下是图 5.24 中的源程序经编译后得到的 IA-32 中部分机器级代码示例，主要给出了赋值语句"a=1;"的编译结果。可以看出，为了生成位置无关代码，编译器对语句"a=1;"生成了多条指令，这里假设 call 指令的下一条指令到数据段起始位置之间的位移量为 0x118c，数据段起始位置到变量 a 之间的位移量为 0x28。

```
0000344 <bar>:
    0000344:    55                      pushl   %ebp
    0000345:    89 e5                   movl    %esp, %ebp
    0000347:    e8 50 00 00 00          call    39c <__get_pc>
    000034c:    81 c1 8c 11 00 00       addl    $0x118c, %ecx
    0000352:    c7 81 28 00 00 00       movl    $0x1, 0x28(%ecx)
    ...
    0000362:    c3                      ret

000039c <__get_pc>:
    000039c:    8b 0c 24                movl    (%esp), %ecx
    000039f:    c3                      ret
```

上述机器级代码 0000347 处开始的三条指令对应函数 bar 中的语句"a=1;"。先通过指令"call 39c<__get_pc>"将下一条指令的地址保存在栈顶位置，然后通过 000039c 处的"movl (%esp),%ecx"指令将当前栈顶位置中的内容送到 ECX 中，这样，不管这段共享代码加载到哪里，都会将引用 a 的指令的地址记录在 ECX 中。下一条指令再将该地址值加上 0x118c，得到数据段首地址送 ECX，然后通过"基址加偏移量"的方式得到 a 的地址，从而实现对静态变量 a 的引用。通常，生成位置无关代码会带来一些额外的开销，可以看出，模块内数据访问情况下的位置无关代码多用了 4 条指令。在 x86-64 中，因为允许将 RIP 寄存器作为基址寄存器，所以使用一条指令即可实现模块内数据引用，从而可以减少额外开销。

3. 模块间数据引用

图 5.25 给出了一个源程序部分代码，其中，函数 bar() 中的赋值语句"b=2;"引用了模块外的一个外部变量 b，因此属于模块间的数据访问。因为变量 b 是外部符号，所以在对赋值语句"b=2;"进行编译转换时，无法事先计算出变量 b 到引用 b 的指令之间的相对距离。不过，因为任何引用符号的指令与本模块数据段起始处之间的位移量是确定的，所以，可以在数据段开始处设置一个表，只要在程序执行时外部变量 b 的地址已记录在这个表中，引用 b 的指令就可以通过访问这个表中的地址来实现对 b 的引用。

以下是图 5.25 中源程序经编译后得到的 IA-32 中部分机器级代码示例。此例中，假设引用 b 的指令序列开始处（即 popl 指令起始处）到变量 b 所在的表项之间的位移量为 0x1180。

```
0000344 <bar>:
    0000344:    55                      pushl   %ebp
    ...
    0000357:    e8 00 00 00 00          call    000035c
```

```
000035c:         5b                popl    %ebx
000035d:                           addl    $0x1180, %ebx
  ...                              movl    (%ebx), %eax
  ...                              movl    $2, (%eax)
```

上述代码段中，通过 0000357 处开始的 "call 000035c" 和 "popl %ebx" 指令，将赋值语句 "b=2;" 对应的指令序列首地址送到 EBX；通过加上位移量 0x1180，得到外部变量 b 的地址所存放的位置值并把它送到 EBX；然后根据 EBX 访问变量 b 所对应的表项，得到变量 b 的地址并把它送到 EAX；最后通过 EAX 引用变量 b。

这个设置在数据段起始处的、用于存放全局变量地址的表称为**全局偏移量表**（Global Offset Table，GOT），其中每个表项对应一个全局变量，用于在动态链接时记录对应的全局变量的地址。

```
static int a;
extern int b;
extern void ext();
void bar()
{
    a=1;
    b=2;
}
...
```

图 5.25　模块间数据引用

ABI 规范定义了 GOT 的具体结构与相应的处理过程。编译器为 GOT 中的每一个表项生成一个重定位项，指示动态链接器在加载并进行动态链接时必须对这些 GOT 表项中的内容进行重定位，即在动态链接时需要对这些表项绑定一个符号定义，并填入所引用的符号的地址。例如，对于上述例子，在加载并进行动态链接时，动态链接器应将符号 b 在其他模块中定义的地址，填入本模块 GOT 中变量 b 对应的表项中。这样，在指令执行时，就可以从 GOT 中获取变量 b 在外部模块中的地址了。

模块间数据访问时的位置无关代码会带来额外开销，除多用 4 条指令外，还增加了用于实现 GOT 的空间和时间，并多使用了一个被调用者保存寄存器 EBX。

4. 模块间过程调用和跳转

图 5.26 给出了一个源程序的部分代码，其中，函数 foo() 调用了一个外部函数 ext()，因此，属于模块间过程调用。与模块间数据引用一样，模块间过程调用也可以通过在数据段起始处增加一个全局偏移量表 GOT 来解决位置无关代码的生成问题，只要在 GOT 中增加外部函数对应的表项即可。

对于图 5.26 所示的源程序，可以在 GOT 中设置一个与外部函数 ext() 对应的表项。以下是该源程序经编译后得到的 IA-32 中部分机器级代码示例。此例中，假设调用 ext() 函数的指令序列起始处（即 popl 指令起始处）与 GOT 中 ext 对应表项之间的位移量为 0x1204。

```
static int a;
extern int b;
extern void ext();
void foo()
{
    bar();
    ext();
}
...
```

图 5.26　模块间过程调用

```
000050c <foo>:
000050c:        55                    pushl   %ebp
  ...
0000557:        e8 00 00 00 00        call    000055c
000055c:        5b                    popl    %ebx
000055d:                              addl    $0x1204, %ebx
  ...                                 call    *(%ebx)
  ...
```

上述代码中，从 0000557 开始的三条指令用于将数据段起始处的 GOT 中 ext 对应表项的地址送到 EBX，随后的"call *(%ebx)"指令将 EBX 所指向的 GOT 表项中的地址作为调用函数的目标地址，转到 ext() 函数去执行。这里，*(%ebx) 为间接地址，即通过"R[eip] ← M[R[ebx]]"实现过程调用。

与模块间数据引用一样，编译器也要为 GOT 中 ext 对应表项生成一个重定位项，GOT 中的 ext() 函数地址也是在加载时通过动态链接进行重定位而得到的。

如果 GOT 中的外部函数地址很多，则每次加载时都需要对 GOT 中的所有外部函数地址进行重定位。一般来说，程序的一次运行只会调用其中一部分外部函数，但加载时无法得知程序将会调用哪些外部函数，对 GOT 中所有外部函数地址进行重定位会花费很多不必要的时间。为此，GCC 编译器采用了一种**延迟绑定**（lazy binding）技术，以节省不必要的重定位开销。

延迟绑定技术的基本思想是，对于模块间过程的引用不在加载时进行重定位，而是延迟到第一次函数调用时进行重定位。延迟绑定技术除了需要使用 GOT 外，还需要使用**过程链接表**（Procedure Linkage Table，**PLT**）。其中，GOT 是 .data 节（包含在数据段中）的一部分，而 PLT 是 .text 节（包含在代码段中）的一部分。如图 5.27 所示，图中给出了图 5.26 对应可执行文件 foo 中的 PLT 和 GOT。

采用延迟绑定技术时，GOT 中开始三项总是固定的，含义如下：GOT[0] 为 .dynamic 节首址，该节中包含动态链接器所需要的基本信息，如符号表位置、重定位表位置等；GOT[1] 为动态链接器的标识信息；GOT[2] 为动态链接器延迟绑定代码的入口地址。此外，所有被调用的外部函数在 GOT 中都有对应的表项，例如，图 5.27 中的 GOT[3] 就是外部函数 ext() 对应的表项。

在 IA-32 中，PLT 中每个表项占 16B，它是 .text 节的一部分，每个表项中包含的实际上是 3 条指令。除 PLT[0] 外，其余各项各自对应一个共享库函数，例如，以下的 PLT[1] 对应 ext() 函数。

```
PLT[0]
    0804833c:   ff 35 88 95 04 08    pushl   0x8049588
    8048342:    ff 25 8c 95 04 08    jmp     *0x804958c
    8048348:    00 00 00 00

PLT[1] <ext>
    0804834c:   ff 25 90 95 04 08    jmp     *0x8049590
    8048352:    68 00 00 00 00       pushl   $0x0
    8048357:    e9 e0 ff ff ff       jmp     804833c
```

地址	内容	表项
804833c	...	PLT[0]
804834c	...	PLT[1]
	.text	
8049584	0804956c	GOT[0]
8049588	4000a9f8	GOT[1]
804958c	4000596f	GOT[2]
8049590	08048352	GOT[3]
	.data	

图 5.27 可执行文件中的 PLT 和 GOT

编译器在处理外部过程 ext 的调用时，先在 GOT 和 PLT 中填入以上相应信息，然后生成以下机器级代码：

```
804845b:   e8 ec fe ff ff    call    804834c <ext>
```

启动并运行对应的可执行文件后，当第一次执行到上述 call 指令时，将根据目标地址 0x804834c，转到 PLT[1] 处执行。第一条间接跳转指令的执行过程是，先根据地址 0x8049590 找到 ext 对应的表项 GOT[3]，然后根据其中的内容跳转到 0x08048352 处执行。此处是一条 pushl 指令，用于将 ext 对应的 ID 压栈，然后执行 jmp 指令，跳转到 0x804833c 处的 PLT[0]

处执行。

PLT[0] 中第一条指令将 GOT[1] 的地址 0x8049588 压栈，然后通过间接跳转指令转到 GOT[2] 指出的动态链接器延迟绑定代码处执行。这样，动态链接器延迟绑定代码将根据 GOT[1] 中记录的动态链接器标识信息和 ext 对应的 ID 信息，对外部过程 ext 进行重定位，即在 GOT[3] 中填入真正的外部过程 ext 的地址，并控制程序转到 ext 过程执行。

这样，以后再调用外部过程 ext 时，每次只要执行"jmp *0x8049590"就可以直接跳转到 ext 执行了，仅仅多执行了一条 jmp 指令，而不是多执行三条指令。

可以看出，延迟绑定的开销主要是在第一次过程调用中需要额外执行多条指令，以后每次都只是多执行一条指令，这对于同一个外部过程被多次调用的情况非常有益。此外，延迟绑定技术使得符号解析过程推迟到第一次函数调用时，从而加速了程序加载过程。

*5.6 库打桩机制

Linux 系统中的 GCC 支持一种称为**库打桩**（library interpositioning）的技术，通过某种打桩机制可截获对共享库函数的调用，转而替代调用程序员自己编写的函数。被截获的共享库函数称为**目标函数**（target function），程序员自己编写的替代函数称为**封装函数**（wrapper function），其函数原型与目标函数应该完全一致。

有多种打桩机制，程序在编译时、链接时或者加载运行时都可以进行打桩。库打桩技术提供了一种"欺骗"系统在特定的程序中调用自行编写的封装函数而不是目标函数的功能，因此，可以通过库打桩技术追踪某个共享库函数的调用次数以及每次调用的入口参数值和返回值，也可以将目标函数替换成与其完全不同的功能实现，甚至可以将包含恶意代码的封装函数预先生成动态链接库，借助加载运行时打桩机制设置软件后门。

*5.6.1 编译时打桩

可以按如下方式实现编译时打桩：
- 在当前目录中生成一个头文件，在该头文件中使用 #define 预处理命令将目标函数的调用替换为对封装函数的调用，并给出封装函数的原型声明；
- 编写封装函数对应的源程序文件，并用 #include 预处理命令将生成的头文件内容"嵌入"源程序中；
- 在生成可执行文件的 GCC 命令行中使用 -I. 参数，以设定预处理程序最先查找并使用当前目录中的头文件，从而在程序编译过程中实现函数的替换调用。

下面用一个简单的例子说明如何进行编译时打桩处理。例子中的目标函数是 C 标准库 libc 中求整数绝对值的函数 abs()。首先在当前目录中，编写生成头文件 myabs.h。

```
1  #define abs(x) myabs(x)
2  int myabs(int x);
```

在当前目录中，编写生成以下定义相应封装函数的源程序文件 myabs.c。

```
1  #ifdef COMPILE_INTERPOSITION
```

```
 2 #include <stdio.h>
 3 #include <stdlib.h>
 4 #include <myabs.h>
 5 /* abs wrapper function */
 6 int myabs(int x){
 7     int y=abs(x);
 8     printf("abs(%d)=%d\n",x,y);
 9     return 0;
10 }
11 #endif
```

调用上述封装函数的源程序文件 abs.c 如下。

```
1 #include <stdio.h>
2 #include <stdlib.h>
3 #include <myabs.h>
4 int main(){
5     int y=abs(-10);
6     return 0;
7 }
```

通过以下 GCC 命令实现编译时打桩功能，在对 abs.c 进行编译时，编译器将 main() 函数中对目标函数 abs() 的调用替换为对封装函数 myabs() 的调用。

```
linux> gcc -DCOMPILE_INTERPOSITION -c myabs.c
linux> gcc -I. -o myabs abs.c myabs.o
```

上述第 2 条 GCC 命令可生成可执行文件 myabs，其中，–I. 参数指明 C 预处理程序首先在当前目录中查找需要的头文件 myabs.h。运行可执行文件 myabs，程序得到的打印结果为"abs(−10)=10"。

如果改变 myabs.c 中封装函数的实现，则得到不同的执行结果。例如，若将 myabs.c 中第 8 行语句或者第 7 行和第 8 行语句改为"printf("this is abs wrapper function.");"，则程序打印结果为"this is abs wrapper function."。

*5.6.2 链接时打桩

Linux 系统中的 GCC 链接器可以使用 -Wl, --wrap, func 或者 -Wl, --wrap=func 参数进行打桩，该参数指示链接器按如下方式对符号 func 进行符号解析：如果在当前模块中没有定义符号 func，就将符号 func 的引用解析成符号 __wrap_func，同时，如果在当前模块中没有定义符号 __real_func，就将符号 __real_func 的引用解析成符号 func。

以下给出链接时打桩的一个简单例子。假设 main.c 文件中的内容如下。

```
1 #include <stdio.h>
2
3 void __wrap_test(){
4     printf("File: %s, Function: %s\n",__FILE__,__FUNCTION__);
5 }
6 void foo1(){
7     test();
8 }
```

```
 9  int main(){
10      test();
11      foo1();
12      foo2();
13      return 0;
14  }
```

另一个 C 源程序文件 test.c 中的内容如下。

```
1  #include <stdio.h>
2  void __real_test();
3  /* test wrapper function */
4  void test(){
5      printf("File: %s, Function: %s\n",__FILE__,__FUNCTION__);
6  }
7  void foo2(){
8      __real_test();
9  }
```

通过以下 GCC 命令可实现链接时打桩，该命令对源程序文件 test.c 和 main.c 分别生成可重定位文件，并将这些目标文件模块与 C 标准库 libc.a 进行静态链接以生成可执行文件 test。

```
linux> gcc -Wl,--wrap=test -o test test.c main.c
```

因为在命令行中使用了 -Wl, --wrap=test，所以，对于模块 main.o 中符号 test 的引用，因该模块不存在 test 定义，故解析为 __wrap_test，而对于模块 test.o 中符号 test 的引用，因模块内定义了 test 符号，故不会解析为 __wrap_test，同时，对于模块 test.o 中符号 __real_test 的引用，因模块内没有定义 __real_test 符号，故解析为符号 test。

执行上述可执行文件 test 后，程序输出结果如下：

```
File: main.c, Function: __wrap_test
File: main.c, Function: __wrap_test
File: test.c, Function: test
```

*5.6.3 运行时打桩

运行时打桩通过设置 LD_PRELOAD 环境变量来实现。LD_PRELOAD 是类 UNIX 系统中动态链接器使用的一个环境变量，可以利用该环境变量设置共享目标库路径名的一个列表，列表项用空格或分号分隔。一旦设定该环境变量，则在加载运行一个可执行文件过程中，动态链接器在对未定义符号的引用进行符号解析时，将优先搜索在 LD_PRELOAD 中设置的共享目标库，然后才搜索其他共享目标库。因此，可以将目标函数对应的封装函数定义在使用 LD_PRELOAD 环境变量设置的共享库中，这样动态链接器在对程序中未定义的引用进行符号解析时，就会先解析成封装函数中定义的符号，而不会解析成 C 标准函数库中目标函数定义的符号。

以下通过一个例子来说明如何实现运行时打桩。例子中的目标函数为 C 标准库 libc 中的 gets() 函数，对应封装函数定义在 mygets.c 文件中。

```
1  #define _GNU_SOURCE
2  include <stdio.h>
3  #include <dlfcn.h>
4  /* gets wrapper function */
5  char *gets(char *str) {
6      char *(*getsp)(char*);
7      char *error;
8      printf("wrapper function gets str: %s\n",str);
9      getsp=dlsym(RTLD_NEXT,"gets");   // 获得标准库 libc 中的 gets 函数指针
10     if ((error = dlerror()) != NULL) {
11         fprintf(stderr, "%s\n", error);
12         exit(1);
13     }
14     getsp(str); // 调用目标函数 gets
15     return ptr
16 }
```

假定调用函数 gets() 的主函数所在源程序文件 main.c 中的内容如下。

```
1  #include <stdio.h>
2  int main(){
3      char str[10]="\0";
4      printf("Input:\n",);
5      gets(str);
6      return 0;
7  }
```

首先，通过以下 GCC 命令生成包含封装函数的共享库文件 mygets.so。

```
linux> gcc -shared -fPIC -ldl -o mygets.so mygets.c
```

其次，通过以下 GCC 命令生成可执行文件 test。

```
linux> gcc -o test main.c
```

最后，设置 LD_PRELOAD 环境变量并运行可执行文件 test。在不同**命令行解释程序**（shell）下，命令格式可能不同。例如，在 bash shell 中的命令行如下：

```
linux> LD_PRELOAD="./mygets.so" ./test
```

在 csh 或 tcsh 中的命令行如下：

```
linux> (setenv LD_PRELOAD "./mygets.so"; ./test; unsetenv LD_PRELOAD)
```

上述 shell 命令行指定了在解析 main.o 中的未定义符号（如 gets）的引用时，应先到当前目录中的共享库 mygets.so 中查找定义符号，因而 gets 引用的应是 mygets.so 中定义的符号。假定可执行文件 test 的执行过程中从键盘输入的字符串为"012345678"，则输出结果如下：

```
Input:
wrapper function gets str:
    (在键盘上输入) 012345678
```

若在未设置环境变量 LD_PRELOAD 的前提下执行 test，则在 main() 中调用 gets() 函数

时，会直接转到标准库 libc 中的函数 gets() 执行，因而输出结果中不会出现第 2 行的字符串 "wrapper function gets str: "。

5.7 可执行文件的加载和执行

经过预处理、编译、汇编和链接所生成的可执行文件可被直接加载执行。可执行文件中的主要组成部分是程序的机器指令代码以及指令所要处理的数据，所有代码和数据都以二进制形式存放，在指令和数据被取到 CPU 中处理之前，需要先将其从硬盘上的可执行文件加载到内存中。

5.7.1 可执行文件的加载

在 Linux 系统的 **shell 命令行提示符**下输入可执行文件名以及相应的参数就可启动可执行文件的加载执行。例如，对于 5.6.3 节中可执行文件 test，若不实现库打桩功能，则只要输入以下命令即可加载运行 test。

```
linux> ./test
```

命令行解释程序 shell 接收到输入的 "./test" 命令后，首先检查 test 是否为内置 shell 命令，当检测到 test 不是内置 shell 命令时，就通过执行 execve() 函数调用驻留在内存中的**加载器**（loader）执行，加载器是操作系统内核代码，它将可执行文件中的只读代码段和可读写数据段从硬盘"拷贝"到内存，然后跳转到可执行文件的第一条指令处执行，此处由 ELF 头中的入口点地址（entry point address）e_entry 字段指定。通常把上述过程称为可执行文件的**加载**。

正如 5.2.4 节中提到的那样，加载过程中实际上并没有真正将代码和数据从硬盘上读到主存，而是仅仅创建了只读代码段和可读写数据段对应的初始页表项，以及对应进程的初始描述信息。只有在执行代码过程中发生了缺页异常，才会真正将代码和数据从硬盘加载到主存。在生成可执行文件的过程中，链接器会按照 ABI 规范规定的如图 5.8 所示的存储器映像来确定所有指令和数据的地址，在可执行文件的程序头表中，对只读代码段和可读写数据段在文件位置与虚拟地址空间区段之间建立映射关系。因此，在加载器对可执行文件进行加载处理的过程中，可以利用 ELF 文件程序头表中的映射关系构建可执行文件对应进程的初始描述信息（进程描述信息通常称为**进程控制块**），并生成对应进程的初始页表，以完成将只读代码段和可读写数据段从硬盘"拷贝"到内存的工作。有关程序和进程的关系、进程描述信息、进程的页表等概念将在后续章节进行说明。

当加载器完成"拷贝"任务后，加载器跳转到程序入口地址处执行，该地址对应全局符号 _start 的取值，因此，函数 _start() 是可执行文件调用的第一个函数，在启动例程 crtl.o 中定义，符号 _start 的定义位于可执行文件的 .text 节，每个 C 程序都是如此。

可执行文件 _start 处定义的启动代码主要通过一系列过程调用初始化**运行时环境**。在动态链接方式下首先调用**系统启动函数** __libc_start_main()，该函数在 libc.so 中定义，对应符号定义位于可执行文件的 .plt 节。在静态链接方式下会依次调用 __libc_init_first 和 _init 两个初始化过程；随后通过调用 atexit() 过程登记注册程序正常结束时需要调用的函数，这些函数称为**终止处理函数**，由 exit() 函数自动调用执行；然后，再调用可执行目标中的主函数 main()；最后调用 exit() 过程，结束进程的执行，返回到操作系统内核。因此，在静态链接方式下，启动代码的过程调用顺序为：__libc_init_first → _init → atexit → main[其中可能会调用 exit() 函数] → exit。由此可见，即使 main() 函数中没有调用 exit() 函数，程序从 main() 函数返回后也会自动调用 exit() 结束进程的执行。

5.7.2 程序和指令的执行过程

从前面介绍的内容可知，可执行文件中指令按顺序存放在存储空间的连续单元中，正常情况下，指令按其存放顺序执行，遇到需要改变程序执行流程的情况时，用相应的跳转类指令（包括无条件跳转、条件跳转、调用及返回等指令）改变程序执行流程。可以通过把即将执行的跳转目标指令的地址送到程序计数器来改变程序执行流程。CPU 取出并执行一条指令的时间称为**指令周期**。不同指令所要完成的功能不同，因而所用的时间可能不同，因此不同指令的指令周期可能不同。

例如，对于 5.3.1 节图 5.9 中的例子，其链接生成的可执行目标文件的 .text 节中的 main 函数包含的指令序列如下。

```
1   08048380 <main>:
2   8048380:    55                  push    %ebp
3   8048381:    89 e5               mov     %esp,%ebp
4   8048383:    83 e4 f0            and     $0xfffffff0,%esp
5   8048386:    e8 09 00 00 00      call    8048394 <swap>
6   804838b:    b8 00 00 00 00      mov     $0x0,%eax
7   8048390:    c9                  leave
8   8048391:    c3                  ret
```

可以看出，指令按顺序存放在地址 0x08048380 开始的存储空间中，每条指令的长度可能不同，如 push、leave 和 ret 指令各占 1 字节，第 3 行的 mov 指令占 2 字节，第 4 行的 and 指令占 3 字节，第 5 行和第 6 行的指令都占 5 字节。每条指令对应的 0/1 序列的含义有不同的规定，如 "push %ebp" 指令为 55H=0101 0101B，其中高 5 位 01010 为 push 指令操作码，后三位 101 为 EBP 的编号，"leave" 指令为 C9H=1100 1001B，没有显式操作数，8 位都是指令操作码。指令执行的顺序是：第 2～5 行指令按顺序执行，执行第 5 行指令后跳转到 swap() 函数执行，执行完 swap() 函数后回到第 6 行指令执行，然后顺序执行到第 8 行指令，执行完第 8 行指令后，再转到另一处开始执行。

CPU 为了能完成指令序列的执行，必须解决以下一系列问题：如何判定每条指令有多长？如何判定指令操作类型、寄存器编号、立即数等？如何区分第 3 行和第 6 行 mov 指令的不同？如何确定操作数是在寄存器中还是在存储器中？一条指令执行结束后如何正确地从存储器中获取下一条指令？

CPU 执行一条指令的大致过程如图 5.28 所示，分成取指令、指令译码、计算源操作数地址并取操作数、执行数据操作、计算目的操作数地址并存结果、计算下一条指令地址这几个步骤。

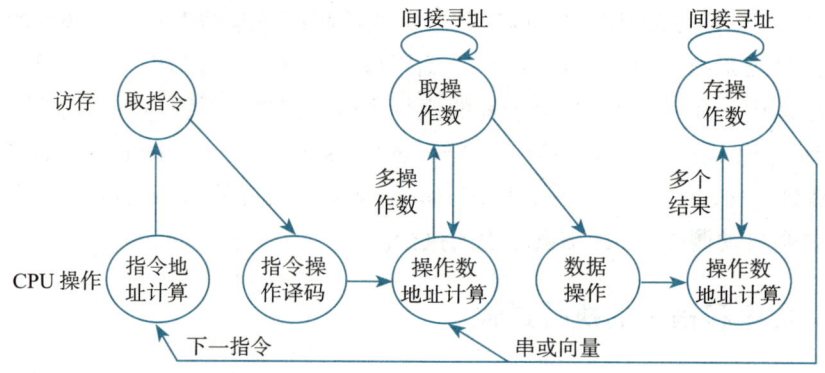

图 5.28　指令执行过程

1）取指令。马上将要执行指令的地址总是在程序计数器（PC）中，因此，取指令操作就是从 PC 所指的存储单元中取出指令送**指令寄存器**（IR）。例如，对于上述过程 main 的执行，开始时，PC（即 IA-32 中的 EIP）中存放的是首地址 0x0804 8380，CPU 根据 PC 取到一串 0/1 序列送 IR，可以每次总是取最长指令字节数，假定最长指令是 4 字节，即 IR 为 32 位，此时，从 0x0804 8380 开始取 4 字节到 IR 中，即将 55H、89H、E5H 和 83H 送 IR。

2）对 IR 中的指令操作码译码。不同指令的功能不同，即指令涉及操作过程不同，因而需要不同的操作控制信号。例如，上述第 6 行 "mov \$0x0,%eax" 指令要求将立即数 0x0 送寄存器 EAX 中；而第 3 行 "mov %esp,%ebp" 指令则要求从寄存器 ESP 中取数送寄存器 EBP 中。因而，CPU 应根据不同的指令操作码译出不同的控制信号。例如，对取到 IR 中的 5589 E583H 进行译码时，可根据对高 5 位（01010）的译码结果得到 push 指令的控制信号。

3）计算源操作数地址并取操作数。根据寻址方式确定源操作数地址计算方式，若是存储器数据，则需要一次或多次访存，例如，当指令为间接寻址或两个操作数都在存储器中的双目运算时，就需要多次访存；若是寄存器数据，则直接从寄存器取数后，转到下一步进行数据操作。

4）执行数据操作。在 ALU 或加法器等**运算部件**中对取出的操作数进行运算。

5）计算目的操作数地址并存结果。根据寻址方式确定目的操作数地址计算方式，若是存储器数据，则需要一次或多次访存（间接寻址时）；若是寄存器数据，则在进行数据操作时直接存结果到寄存器。

如果是**串操作**或向量运算指令，则可能会并行执行或循环执行第 3～5 步多次。

6）计算指令地址并将其送 PC。顺序执行时，下一条指令地址的计算比较简单，只要将 PC 加上当前指令长度即可，例如，当对 IR 中的 5589 E583H 进行操作码译码时，得知是 push 指令，指令长度为 1 字节，因此，指令译码生成的控制信号会控制使 PC 加 1（即 0x0804 8380+1），得到即将执行的下一条指令的地址为 0x0804 8381。如果译码结果是跳转类指令时，则需要根据标志位、操作码和寻址方式等确定下一条指令地址。

对于上述过程的第 1、2 步，所有指令的操作都一样；而对于第 3～5 步，不同指令的操作可能不同，它们完全由第 2 步译码得到的控制信号控制，即指令的功能由第 2 步译码得到的控制信号决定。对于第 6 步，若是定长指令字，处理器会在第 1 步取指令的同时计算出下一条指令的地址并送 PC，然后根据指令译码结果和标志位决定是否在第 6 步修改 PC 的值，因此，在顺序执行时，实际上是在取指令的同时计算下一条指令的地址，第 6 步什么也不做。

根据对上述指令执行过程的分析可知，每条指令的功能总是通过对以下 4 种基本操作进行组合实现的，即每条指令的执行可以分解成若干个以下基本操作。

- 读取指定存储地址中的内容（可能是指令或操作数或操作数地址），并将其装入某个寄存器。
- 把一个数据从某个寄存器存储到给定的存储地址中。
- 把一个数据从某个寄存器传送到另一个寄存器或者 ALU 中。
- 在 ALU 中进行某种算术运算或逻辑运算，并将结果送入某个寄存器。

5.7.3　CPU 的基本功能和基本组成

CPU 的基本职能是周而复始地执行指令，指令执行过程中的全部操作由 CPU 中的控制器控制执行。随着超大规模集成电路技术的发展，更多的功能逻辑被集成到 CPU 芯片中，包括 cache、MMU、浮点运算逻辑、异常和中断处理逻辑等，因而 CPU 的内部组成越来越复杂，甚至可以在一个 CPU 芯片中集成许多处理器核。但是，不管 CPU 多么复杂，其最基本部件还是**数据通路**（data path）和**控制器**（control unit）。控制器根据每条指令功能的不同生成对数据通路的控制信号，并正确控制指令的执行。

CPU 的基本功能决定了 CPU 的基本组成，图 5.29 所示是 CPU 基本组成原理图。

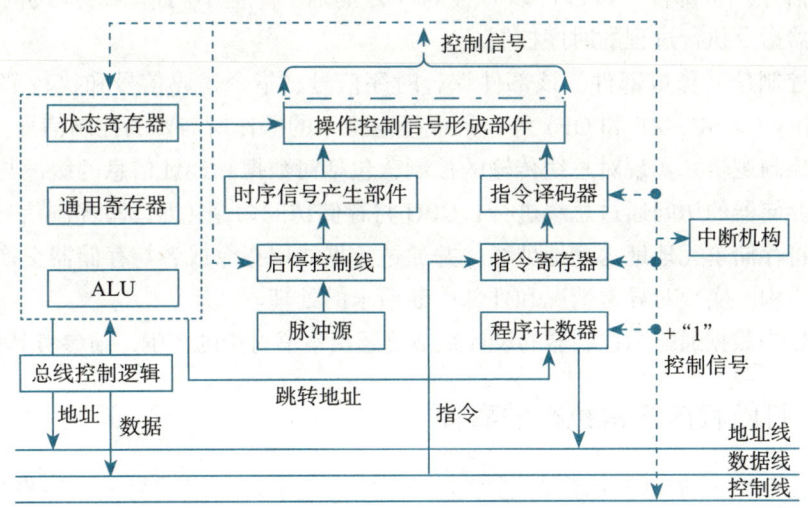

图 5.29　CPU 基本组成原理图

图 5.29 中的**地址线**、**数据线**和**控制线**并不属于 CPU，构成**系统总线**的这三组线主要用来使 CPU 与 CPU 外部的部件（如主存）交换信息，交换的信息包括地址、数据和控制信号三类，分别通过地址线、数据线和控制线进行传送。数据信息包含指令，即数据和指令都被看成是**数据信息**，因为对总线和主存来说，指令和数据在形式上没有区别，而且数据和指令的访存过程也完全一样。除了地址和数据（包括指令）以外的所有信息都属于**控制信息**。地址线是单向的，由 CPU 送出地址，用于指定需要访问的指令或数据所在的存储单元地址。

图 5.29 所示的数据通路非常简单，只包括最基本的操作部件和状态部件，如 ALU、通用寄存器和状态寄存器等，其余都是控制逻辑或与其密切相关的逻辑，主要包括以下几个部分。

- 程序计数器（PC）。PC 又称指令计数器或指令指针寄存器（IP），用来存放即将执行指令的地址。正常情况下，指令地址的形成有以下两种方式。
  - 顺序执行时，PC+"1"形成下条指令地址（这里的"1"是指一条指令的字节数）。在有的机器中，PC 本身具有"+1"计数功能，也有的机器借用运算部件完成 PC+"1"。
  - 需要改变程序执行顺序时，通常会根据跳转类指令提供的信息生成目标指令的跳转地址，并将其作为下一条指令的地址送到 PC。每个程序开始执行前，总是把程序中第一条指令的地址送到 PC 中。
- 指令寄存器（IR）。IR 用于存放现行指令。上文提到，每条指令总是先从存储器取出后才能在 CPU 中执行，指令取出后存放在指令寄存器中，以便送到指令译码器进行译码。
- 指令译码器（ID）。ID 对指令寄存器中的操作码进行分析解释，将产生的相应的译码信号提供给操作控制信号形成部件，以产生控制信号。
- 启停控制逻辑。脉冲源产生一定频率的脉冲信号作为整个机器的时钟信号，是 CPU 时序的基准信号。启停控制逻辑在需要时能保证可靠地开放或封锁时钟脉冲，控制时序信号的发生与停止，并实现对机器的启动与停机。
- 时序信号产生部件。该部件以时钟脉冲为基础，产生不同指令对应的时序信号，实现机器指令执行过程的时序控制。
- 操作控制信号形成部件。该部件综合时序信号、指令译码信号和执行部件反馈的标志（如 CF、SF、ZF 和 OF）等，形成不同指令的操作所需要的控制信号。
- 总线控制逻辑。实现对总线传输的控制，包括对数据和地址信息的缓冲与控制。CPU 对于存储器的访问通过总线进行，CPU 将存储访问命令（即读写控制信号）送到控制线，将存储单元地址送到地址线，并通过数据线取指令或者与存储器交换数据信息。
- 中断机构。实现对异常情况和外部中断请求的处理。

有关 CPU 中数据通路和控制器的设计细节已超出本书讨论的范围，请参考其他相关资料。

5.7.4 打断程序正常执行的事件

从开机后 CPU 被加电开始到断电为止，CPU 自始至终一直重复做一件事情：读出 PC 所指存储单元的指令并执行它。每条指令的执行都会改变 PC 中的值，因而 CPU 能够不断地执行新的指令。

正常情况下，CPU 按部就班地按照程序规定的顺序一条指令接着一条指令地执行，或者按顺序执行，或者跳转到目标指令执行，这两种情况都属于正常执行顺序。

当然，程序并不总是能按正常顺序执行，有时 CPU 会遇到一些特殊情况而无法继续执行当前程序。例如，以下事件可能会打断程序的正常执行。

- 对指令操作码进行译码时，发现是不存在的"非法操作码"，因此，CPU 不知道如何实现当前指令而无法继续执行。

- 在访问指令或数据时，发现"段错误"或"缺页"，因此，CPU 没有获得正确的指令或数据而无法继续执行当前指令。
- 在 ALU 中运算的结果发生溢出，或者整数除法指令的除数为 0，因此，CPU 发现运算结果不正确而无法继续执行程序。
- 在执行指令过程中，CPU 外部发生了采样计时时间到、网络数据包到达网络适配器、磁盘完成数据读写等外部事件，要求 CPU 中止当前程序的执行，转去执行专门的外部事件处理程序。

因此，CPU 除了能够正常地不断执行指令以外，还必须具有程序的正常执行被打断时的处理机制，这种机制称为**异常处理机制**或**中断处理机制**，CPU 中相应的异常和中断处理逻辑称为**中断机构**，如图 5.29 中所示。

计算机中很多事件的发生都会中断当前程序的正常执行，使 CPU 转到操作系统中预先设定的与所发生事件相关的处理程序执行，有些事件处理完后可回到被中断的程序继续执行，此时相当于执行了一次过程调用，有些事件处理完后则不能回到原被中断的程序继续执行。所有这些打断程序正常执行的事件都被分成两大类：**内部异常**和**外部中断**。有关内部异常和外部中断更详细的内容，参见第 8 章和第 9 章。

5.8 本章小结

链接器位于编译器、指令集体系结构和操作系统的交叉点上，涉及指令系统、代码生成、机器语言、程序转换和虚拟地址空间等诸多概念，因而它对于理解整个计算机系统来说非常重要。

链接涉及三种目标文件格式：可重定位文件、可执行文件和共享库文件。共享库文件是一种特殊的可重定位文件。ELF 文件格式有链接视图和执行视图两种，前者是可重定位目标格式，后者是可执行目标格式。链接视图中包含 ELF 头、各个节及节头表；执行视图中包含 ELF 头、程序头表（段头表）及各种节组成的段。

链接分为静态链接和动态链接，静态链接将多个可重定位目标模块中相同的节合并，以生成完全链接的可执行文件，其中所有符号的引用都是在虚拟地址空间中确定的最终地址，因而可直接被加载执行。动态链接方式下的可执行文件是部分链接的，还有部分符号的引用地址没有确定，需要利用共享库中定义的符号进行重定位，因而需要由动态链接器来加载共享库并重定位部分符号的引用。动态链接有两种方式，一种是加载时的动态链接，另一种是运行时的动态链接。

链接过程需要完成符号解析和重定位工作，符号解析的目的是将符号的引用与符号的定义关联起来，重定位的目的是分别合并代码和数据，并根据代码和数据在虚拟地址空间中的位置，确定每个符号的最终存储地址，然后根据符号的确切地址修改符号引用处的地址。

在不同的目标模块中可能会定义相同的符号，链接器需要确定以哪个符号为准。编译器通过将定义符号标识为强符号、COMMON 符号还是弱符号来确定多重定义符号中哪个是唯一的定义符号。

加载器在加载可执行文件时，实际上只是把其中只读代码段和可读写数据段的映射信息记录在特定的数据结构中,并没有把代码和数据从硬盘装入主存。在程序执行过程中,会因为从存储器中取指令或取数据发生缺失而引起缺页异常,操作系统通过对缺页异常的处理将代码或数据真正从硬盘装入主存。

习题

1. 给出以下概念的解释说明。

链接	可重定位目标文件	可执行目标文件	符号解析
重定位	ELF 目标文件格式	ELF 头	节头表
程序头表(段头表)	只读代码段	可读写数据段	全局符号
外部符号	本地符号	COMMON 符号	弱符号
强符号	多重定义符号	静态库	符号的定义
符号的引用	未解析符号	重定位信息	运行时堆
用户栈	动态链接	共享库(目标)文件	位置无关代码(PIC)
全局偏移量表(GOT)	延迟绑定	过程链接表(PLT)	库打桩
目标函数	封装函数	加载器	指令周期
数据通路	控制器	异常处理机制	中断处理机制

2. 简单回答下列问题。

   (1) 如何将多个 C 语言源程序模块组合起来生成一个可执行文件?简述从源程序到可执行代码的转换过程?

   (2) 引入链接的好处是什么?

   (3) 可重定位文件和可执行文件的主要差别是什么?

   (4) 静态链接方式下,静态链接器主要完成哪两方面的工作?

   (5) 可重定位文件的 .text 节、.rodata 节、.data 节和 .bss 节中分别主要包含什么信息?

   (6) 可执行文件中的 .text 节、.rodata 节、.data 节和 .bss 节中分别主要包含什么信息?

   (7) 可执行文件中有哪两种可装入段?哪些节组合成只读代码段?哪些节组合成可读写数据段?

   (8) 加载可执行文件时,加载器根据其中的哪个表的信息对可装入段进行映射?

   (9) 在可执行文件中,可装入段被映射到虚拟存储空间,这种做法有什么好处?

   (10) 静态链接和动态链接的主要差别是什么?

3. 假设一个 C 程序有两个源文件 main.c 和 test.c,其内容如图 5.30 所示。

```
1    /* main.c */
2    int sum();
3
4    int a[4]={1, 2, 3, 4};
5    extern int val;
6    int main() {
7        val=sum();
8        return val;
9    }
```

```
1    /* test.c */
2    extern int a[];
3    int val=0;
4    int sum(){
5        int i;
6        for (i=0; i<4; i++)
7            val += a[i];
8        return val;
9    }
```

图 5.30　题 3 图

对于编译生成的可重定位文件 test.o，填写表 5.1 中各符号的情况，说明每个符号是否出现在 test.o 的符号表（.symtab 节）中，如果是的话，则确定定义该符号的模块是 main.o 还是 test.o，该符号的类型是全局、外部还是本地符号，该符号出现在 test.o 中的哪个节（.text 节、.data 节或 .bss 节）。

表 5.1 题 3 表

符号	是否在 test.o 的符号表中	定义模块	符号类型	节
a				
val				
sum				
i				

4. 假设一个 C 程序有两个源文件 main.c 和 swap.c，其中 main.c 中的内容如图 5.9a 所示，swap.c 中的内容如下：

```
1   extern int buf[];
2   int *bufp0 = &buf[0];
3   static int *bufp1;
4
5   static void incr() {
6       static int count=0;
7       count++;
8   }
9   void swap() {
10      int temp;
11      incr();
12      bufp1=&bufp[1];
13      temp=*bufp0;
14      *bufp0=*bufp1;
15      *bufp1=temp;
16  }
```

对于编译生成的可重定位文件 swap.o，填写表 5.2 中各符号的情况，说明每个符号是否在 swap.o 的符号表（.symtab 节）中，如果是的话，则写出定义该符号的模块是 main.o 还是 swap.o，该符号的类型是全局、外部还是本地符号，以及该符号出现在 swap.o 中的哪个节（.text 节、.data 节或 .bss 节）。

表 5.2 题 4 表

符号	是否在 swap.o 的符号表中	定义模块	符号类型	节
buf				
bufp0				
bufp1				
incr				
count				
swap				
temp				

5. 假设一个 C 语言程序有两个源文件 main.c 和 proc1.c，它们的内容如图 5.31 所示。回答下列问题。

（1）在上述两个文件中出现的符号哪些是强符号？哪些是 COMMON 符号？

（2）程序执行后打印的结果是什么？请分别画出执行第 6 行的 proc1() 函数调用前后，地址 &x 和 &z 中存放的内容。若第 3 行改为"short y=1, z=2;"，打印结果是什么？

（3）修改文件 proc1.c，使 main.c 能输出正确的结果（即 x=257、z=2）。要求修改时不能改变任何变量的数据类型和名字。

```
1  #include <stdio.h>
2  unsigned x=257;
3  short y, z=2;
4  void proc1(void);
5  int main() {
6      proc1();
7      printf("x=%u,z=%d\n", x, z);
8      return 0;
9  }
```

```
1  double x;
2
3  void proc1() {
4
5      x=-1.5;
6  }
```

a) main.c 文件   b) proc1.c 文件

图 5.31 题 5 图

6. 以下每一小题给出了两个源程序文件，它们被分别编译生成可重定位目标模块 m1.o 和 m2.o。在模块 mj 中对符号 x 的任意引用与模块 mi 中定义的符号 x 关联记为 REF(mj.x) → DEF(mi.x)。请在下列空格处填写模块名和符号名，以说明给出的引用符号所关联的定义符号，若发生链接错误则说明其原因，若从多个定义符号中任选则给出全部可能的定义符号，若是局部变量则说明不存在关联。

（1）
```
/* m1.c */                    /* m2.c */
int p1(void);                 static int main=1;
int main()                    int p1()
{                             {
    int p1= p1();                 main++;
    return p1;                    return main;
}                             }
```

① REF(m1.main) → DEF(_____._____)
② REF(m2.main) → DEF(_____._____)
③ REF(m1.p1) → DEF(_____._____)
④ REF(m2.p1) → DEF(_____._____)

（2）
```
/* m1.c */                    /* m2.c */
int x=100;                    float x=100.0;
int p1(void);                 int main=1;
int main()                    int p1()
{                             {
    x=p1();                       main++;
    return x;                     return main;
}                             }
```

① REF(m1.main) → DEF(_____._____)
② REF(m2.main) → DEF(_____._____)
③ REF(m1.x) → DEF(_____._____)

（3）
```
/* m1.c */                    /* m2.c */
int p1(void);                 int x=10;
int p1;                       int main;
int main()                    int p1()
```

```
    {                               {
        int x=p1();                     main=1;
        return x;                       return x;
    }                               }
```

① REF(m1.main) → DEF(_____ . _____)
② REF(m2.main) → DEF(_____ . _____)
③ REF(m1.p1) → DEF(_____ . _____)
④ REF(m1.x) → DEF(_____ . _____)
⑤ REF(m2.x) → DEF(_____ . _____)

(4)
```
    /* m1.c */                      /* m2.c */
    int p1(void);                   double x=10;
    int x, y;                       int y;
    int main()                      int p1()
    {                               {
        x=p1();                         y=1;
        return x;                       return y;
    }                               }
```

① REF(m1.x) → DEF(_____ . _____)
② REF(m2.x) → DEF(_____ . _____)
③ REF(m1.y) → DEF(_____ . _____)
④ REF(m2.y) → DEF(_____ . _____)

7. 以下是由两个目标模块 m1 和 m2 组成的程序，经编译、链接后在计算机上执行，结果发现即使 m2.c 中没有对数组变量 main 进行初始化，最终也能打印出字符串 "0x5589\n"。为什么？请解释原因。

```
1   /* m1.c */                  1   /* m2.c */
2   void p1(void);              2   #include <stdio.h>;
3                               3   char main[2];
4   int main()                  4
5   {                           5   void p1()
6       p1();                   6   {
7       return 0;               7       printf("0x%x%x\n", main[0], main[1]);
8   }                           8   }
```

8. 图 5.32 中给出了用 OBJDUMP 显示的某个可执行文件的程序头表的部分信息，其中，可读写数据段（Read/write data segment）的信息表明，该数据段对应虚拟存储空间中起始地址为 0x8049448、长度为 0x104 个字节的存储区，其数据来自可执行文件中从偏移地址 0x448 开始的 0xe8 个字节。这里，可执行文件中的数据长度和虚拟地址空间中的存储区大小之间相差了 28 字节。请解释可能的原因。

```
Read-only code segment
LOAD off    0x00000000 vaddr 0x08048000 paddr 0x08048000 align 2**12
    filesz 0x00000448 memsz 0x00000448 flags r-x

Read/write data segment
LOAD off    0x00000448 vaddr 0x08049448 paddr 0x08049448 align 2**12
    filesz 0x000000e8 memsz 0x00000104 flags rw-
```

图 5.32　某可执行文件程序头表的部分内容

9. 假定 *a* 和 *b* 是可重定位文件或静态库文件，*a* → *b* 表示 *b* 中定义了一个被 *a* 引用的符号。对于以下每一小题出现的情况，给出一个最短命令行（含有最少数量的可重定位文件或静态库文件参数），使链接器能够解析所有的符号引用。

   （1）p.o → libx.a → liby.a

   （2）p.o → libx.a → liby.a 同时 liby.a → libx.a

   （3）p.o → libx.a → liby.a → libz.a 同时 liby.a → libx.a → libz.a

10. 图 5.17 给出了图 5.9a 中 main.c 对应的 main.o 中 .text 节和 .rel.text 节的内容，图中显示其 .text 节中有一处需重定位。假定链接后 main() 函数代码的起始地址是 0x8048386，紧跟在 main 后的是 swap() 函数的代码，且首地址按 4 字节边界对齐。要求根据对图 5.17 的分析，指出 main.o 的 .text 节中需重定位的符号名、相对于 .text 节起始位置的位移、所在指令行号、重定位类型、重定位前的内容、重定位后的内容，并给出重定位值的计算过程。

11. 图 5.20 给出了图 5.9b 中 swap.c 对应的 swap.o 中 .text 节和 .rel.text 节的内容，图中显示 .text 节中共有 6 处需重定位。假定链接后生成的可执行文件中 buf 和 bufp0 的存储地址分别是 0x80495c8 和 0x80495d0，bufp1 的存储地址位于 .bss 节的开始，为 0x8049620。根据对图 5.20 的分析，仿照例子填写表 5.3，指出各个重定位的符号名、相对于 .text 节起始位置的位移、指令所在行号、重定位类型、重定位前的内容、重定位后的内容。

表 5.3　题 11 表

序号	符号名	位移	指令所在行号	重定位类型	重定位前的内容	重定位后的内容
1	bufp1 (.bss)	0x8	6～7	R_386_32	0x00000000	0x8049620
2						
3						
4						
5						
6						

第 6 章 存储器层次结构

计算机采用"存储程序"工作方式,意味着在程序执行时所有指令和数据都从存储器中取出并执行。存储器是计算机系统的重要组成部分,相当于计算机中的"仓库",用来存放各类程序及处理的数据。计算机中所用的存储元件有多种类型,如触发器构成的寄存器、半导体静态 RAM 和动态 RAM、闪存和固态硬盘、磁盘、磁带和光盘等,它们各自有不同的速度、容量和价格,各类存储器按照层次化方式构成计算机存储系统。

本章主要介绍构成层次化存储结构的几类存储器的基本工作原理和组织形式,内容主要包括半导体随机存取存储器、磁盘存储器、闪存和固态硬盘等不同类型存储器的基本读写原理和组织结构、程序访问的局部性特点和存储器层次结构、高速缓冲存储器的实现等。

6.1 存储器概述

6.1.1 存储器的分类

存储元件必须具有两个截然不同的物理状态,才能被用来表示二进制编码 0 和 1。目前使用的存储元件主要有半导体器件、磁性材料和光介质。用半导体器件构成的存储器称为半导体存储器;磁性材料存储器主要是磁表面存储器,如磁盘和磁带;光介质存储器称为光盘存储器。

随机存取存储器(Random Access Memory,RAM)的特点是通过对地址译码来访问存储单元,因为每个地址译码时间相同,所以在不考虑芯片内部缓冲的前提下,访问任意单元的时间均相同。不过,现在动态 RAM(Dynamic RAM,DRAM)芯片内都具有行缓冲,若待访问数据已经在行缓冲,则可缩短访问时间。半导体存储器属于随机存取存储器。

存储器按信息的可更改性分为**读写存储器**(read/write memory)和**只读存储器**(Read-Only Memory,ROM)。读写存储器中的信息可以被读出和写入,RAM 芯片是一种读写存储器;ROM 芯片中的信息一旦确定,通常情况下只读不写,但在某些情况下也可重新写入。RAM 芯片和 ROM 芯片都采用随机存取的方式读写信息。

在 ISA 定义的编程模型中,指令访问的是主存,一般由 DRAM 芯片组成。**高速缓存**(cache)由静态 RAM(Static RAM,SRAM)组成,位于主存和 CPU 之间,存取速度接近 CPU 工作速度,用来存放 CPU 经常使用的指令和数据。

存储器按断电后信息的可保存性分成非易失性(不挥发)存储器(non-volatile memory)和易失性(挥发)存储器(volatile memory)。**非易失性存储器**中的信息可一直保留,无须电源维持,如 ROM、磁表面存储器、光存储器等。**易失性存储器**在电源关闭时信息自动丢失,如 DRAM 和高速缓存。

CPU 执行指令时给出的存储地址是主存地址（在虚拟存储系统中，需要将指令给出的逻辑地址转换成主存地址）。因此，主存是存储器层次结构中的核心存储器，用来存放系统中运行的程序及其数据。系统运行时直接和主存交换信息的存储器称为**外部辅助存储器**，简称**辅存**或**外存**。磁盘相对于磁带和光盘速度更快，因此，目前大多用磁盘和固态硬盘作为辅存，辅存中的内容需要调入主存后才能被 CPU 访问。磁带和光盘容量大、速度慢，主要用于信息的备份和脱机存档，因此被用作**海量后备存储器**。

6.1.2 主存储器的组成和基本操作

图 6.1 中给出了主存储器（Main Memory，MM）的基本结构，由存储 0 或 1 的记忆单元（cell）构成的存储阵列是主存的核心部分。**记忆单元**也称**存储元**、**位元**，**存储阵列**（bank）也称**存储体**、**存储矩阵**。为了存取存储体中的信息，必须对存储单元进行编号，所编号码就是主存地址。对存储单元进行编号的方式称为**编址方式**（addressing mode）。**编址单位**（addressing unit）指具有相同地址的位元构成的一个单位，可以是一个字节（**按字节编址**）或一个字（**按字编址**）。大多数通用计算机都采用字节编址方式，即存储体内一个地址中有一个字节，图 6.1 所示的存储器每个单元中有 8 位数据，因此为字节编址方式。也有许多专用于科学计算的大型计算机采用 64 位编址，这是因为在科学计算中数据大多是 64 位浮点数。

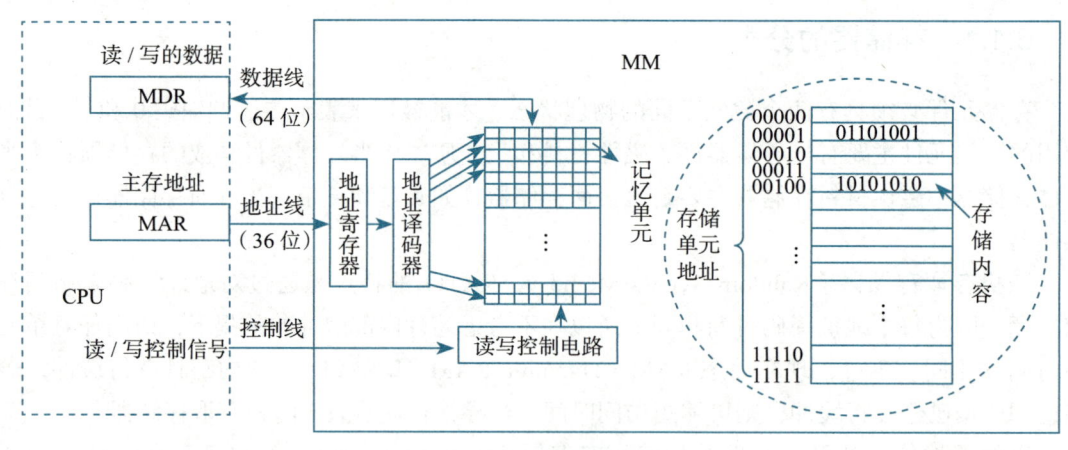

图 6.1　主存储器的基本结构

图 6.1 中连接到主存的数据线有 64 位，在字节编址方式下，每次最多可存取 8 个主存单元。地址线位数决定了主存地址空间的最大可寻址范围，如 36 位地址的最大寻址范围为 $0 \sim 2^{36}-1$，地址从 0 开始编号。

图 6.1 仅是主存基本结构及其与 CPU 连接的示意图，图中的存储器数据寄存器（Memory Data Register，MDR）和存储器地址寄存器（Memory Address Register，MAR）属于 CPU 中的**总线接口部件**。实际上，CPU 并非与主存芯片直接交互，而是先与**主存控制器**（memory controller）交互，再由主存控制器来控制主存芯片进行读写。现代处理器一般采用 DRAM 作为主存，因此主存控制器也称为 **DRAM 控制器**。

CPU 通过访存指令访问主存时一般会经历以下过程。

1）若 CPU 支持虚拟存储器，则需要将指令给出的虚拟（逻辑）地址转换成主存（物理）地址。

2）通过主存地址查询高速缓存（cache），若主存地址的内容已在高速缓存中，则直接访问高速缓存中的内容。

3）若主存地址的内容不在高速缓存中，则通过系统总线向 DRAM 控制器发送访存请求事务，具体将通过地址线发送主存地址，通过控制线发送读/写信号及其他控制信息，若为写操作，则还需要通过数据线发送写入数据。

4）DRAM 控制器接收到访存请求事务后，根据控制线上的信号将该访存请求事务转换为与 DRAM 芯片通信的存储器总线请求，具体包括 DRAM 芯片内部地址和 DRAM 芯片的命令，若为写操作，则还包括写入数据。

5）DRAM 芯片通过地址译码器对 DRAM 芯片内部地址进行译码，并根据命令访问选中的存储单元：若为写操作，则将数据写入选中的存储单元；若为读操作，则读出选中存储单元中的内容，并通过存储器总线返回给 DRAM 控制器。

6）DRAM 控制器向高速缓存返回系统总线请求事务的回复，若为读操作，则同时返回从 DRAM 芯片读出的数据。

7）高速缓存根据系统总线请求事务的回复更新缓存内容，若为读操作，则向 CPU 返回读出的数据。

有关 DRAM 芯片的内容，请参见 6.2.2 节；有关主存控制器的内容，请参见 6.2.6 节；有关高速缓存的内容，请参见 6.4 节；有关虚拟存储器的内容，请参见第 7 章；有关系统总线的内容，请参见 9.4.2 节。

6.1.3 层次化存储结构

存储器容量指存储器能存放的二进制位数或字节数。存储器的访问时间也称**存取时间**（access time），指访问一次数据所用的时间。存储器容量和访问时间应能随处理器速度的提高而同步提高，以保持系统性能的平衡。然而，随着时间的推移，处理器和存储器的性能差异越来越大。为了弥补两者之间的性能差距，通常在计算机系统中采用层次化存储器结构。

一种元件制造的存储器很难同时满足大容量、高速度和低成本的要求。例如，半导体存储器的存取速度快，但是难以构成大容量存储器。而大容量、低成本的磁表面存储器的存取速度又远低于半导体存储器，并且难以实现随机存取。因此，计算机系统通常把不同容量和不同存取速度的各种存储器按一定的结构有机结合，形成层次化存储结构，使整个存储系统在速度、容量和价格等方面获得较高的综合指标。图 6.2 是层次化存储结构示意图。

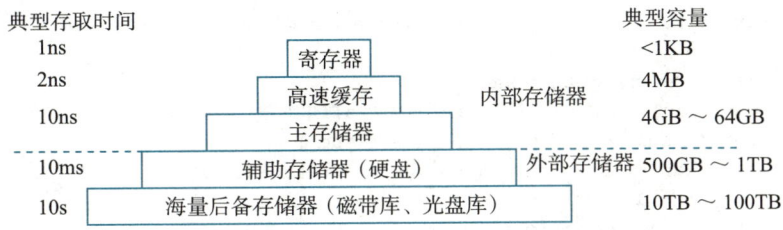

图 6.2　层次化存储结构示意图

图 6.2 中给出的典型存取时间和存储容量会随存储技术迭代变化，但这些数据仍然能反映出速度和容量之间的关系，以及层次化存储结构的构成思想。速度越快则容量越小、越靠近 CPU。CPU 可以直接访问内部存储器，而外部存储器的信息则要先取到主存后才能被 CPU 访问。

在层次结构存储系统中，数据只在相邻两层之间传送，读数据时总是从慢速存储器按固定单位传送到快速存储器，且靠近 CPU 的相邻层之间传送单位较小，远离 CPU 的相邻层之间传送单位较大。例如，在高速缓存（cache）和主存之间传送的**主存块**（block）大小通常为几十字节，而在主存与硬盘之间传送的**页**（page）大小通常为几千字节以上。

在层次化存储结构的模型中，CPU 需要访问存储器时，先访问 cache，若数据不在 cache 中，再访问主存，若数据不在主存中，则访问硬盘，此时，硬盘读出数据送到主存，然后主存将数据送到 cache。

程序访问的局部性特点使得当前访问单元所在的一块信息（如主存块）从慢速存储器装入快速存储器后的一段时间内，CPU 总能在快速存储器中访问到需要的信息，而无须访问慢速存储器，从而提升了 CPU 执行程序的性能。因此，层次结构存储系统可以在速度、容量和价格方面获得较好的综合指标。

6.1.4 程序访问的局部性

对大量典型程序运行结果分析表明，在较短时间间隔内，程序产生的访存地址往往集中在一个很小的范围内，这种现象称为**程序访问的局部性**，包括时间局部性和空间局部性。**时间局部性**指被访问的存储单元在较短时间内很可能被重复访问，**空间局部性**指被访问的存储单元的邻近单元在较短时间内很可能被访问。

程序访问局部性的原因不难理解。因为程序由指令和数据组成，指令在主存中连续存放，循环程序段或子程序段常被重复执行，因此，指令的访问具有明显的局部化特性；而数据在主存中也是连续存放的，如数组元素常被按重复访问，因此，数据也具有明显的局部化特征。

例如，对于以下 C 程序段：

```
1  sum = 0;
2  for (i = 0; i < n; i++)
3      sum += a[i];
4  *v = sum;
```

上述程序段对应的目标代码可由以下 10 条指令组成。

```
I0          sum ← 0
I1          ap ← A               ;A 是数组 a 的起始地址
I2          i ← 0
I3          if (i >= n) goto done
I4 loop:    t ← (ap)             ;数组元素 a[i] 的值
I5          sum ← sum + t        ;累加值在 sum 中
I6          ap ← ap + 4          ;计算下一个数组元素的地址
I7          i ← i + 1
I8          if (i < n) goto loop
I9 done:    V ← sum              ;累加结果保存至地址 V
```

上述目标代码描述中的 sum、ap、i、n 和 t 均为通用寄存器，A 和 V 为主存地址。假定每条指令占 4B，每个数组元素占 4B，主存按字节编址，指令和数组首地址分别为 0x0FC 和 0x400，则指令和数组元素的存放情况如图 6.3 所示。

从图 6.3 可看出，在程序执行过程中，指令先按 I0～I3 的顺序执行，然后指令 I4～I8 按顺序被循环执行 n 次。只要 n 足够大，程序将在一段时间内一直在该局部区域内执行。对于指令访问来说，程序对主存的访问过程为 0x0FC（I0）→ 0x108（I3）→ 0x10C（I4）→ 0x11C（I8）→ 0x120（I9），体现了时间局部性和空间局部性。

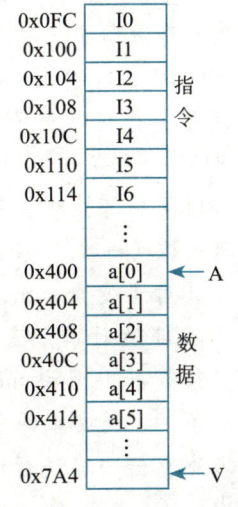

图 6.3　指令和数组元素在主存中的存放情况

上述程序在指令 I4 中访问数组，数组下标每次加 4，按每次 4 字节连续访问主存。因为数组在主存中连续存放，所以，该程序对数据的访问过程如下：0x400 → 0x404 → 0x408 → 0x40C →⋯。由此可见，程序将在一段时间内连续访问该局部区域中的数据，体现了空间局部性。

为了更好地利用程序访问的局部性，通常把当前访问单元以及邻近单元作为一个主存块一起调入 cache。主存块的大小以及程序对数组元素的访问顺序等都对程序的性能有一定影响。

例 6.1　假定数组元素按行优先存放，以下两段伪代码程序段 A 和 B 中，（1）对于数组 a 的访问，哪一个程序段空间局部性更好？哪一个程序段时间局部性更好？（2）两个程序段中，变量 sum 的空间局部性和时间局部性各如何？（3）对于指令访问来说，for 循环体的空间局部性和时间局部性如何？

程序段 A

```
1  int sum_array_rows(int a[M][N])
2  {
3      int i, j, sum=0;
4      for  (i=0; i<M; i++)
5          for (j=0; j<N; j++)
6              sum+=a[i][j];
7      return sum;
8  }
```

程序段 B

```
1  int sum_array_cols(int a[M][N])
2  {
3      int i, j, sum=0;
4      for  (j=0; j<N; j++)
5          for (i=0; i<M; i++)
6              sum+=a[i][j];
7      return sum;
8  }
```

解：假定 M、N 为 2048，主存按字节编址，指令和数据在主存中的存放情况如图 6.4 所示。

① 对于数组 a，程序段 A 和 B 的空间局部性相差较大。A 对数组 a 的访问顺序为 a[0][0], a[0][1] ,…, a[0][2047]; a[1][0], a[1][1],…,a[1][2047];…，访问顺序与存放顺序一致，故空间局部性好。B 对数组 a 的访问顺序为 a[0][0], a[1][0] ,…, a[2047][0]; a[0][1], a[1][1],… ,a[2047][1];…，访问顺序与存放顺序不一致，每次访问都要跳过 2048 个元素，即 8192 个主存单元，因而没有空间局部性。

时间局部性在程序段 A 和 B 中都较差，因为每个数组元素都只被访问一次。

② 对于变量 sum，在程序段 A 和 B 中的访问局部性一样。空间局部性对单个变量来说没有意义；而时间局部性在 A 和 B 中都较好，因为 sum 变量在 A 和 B 的每次循环中都要被访问。不过，通常编译器都将其分配在寄存器中，循环执行时只要取寄存器内容进行运算，最后再把寄存器的值写回到存储单元中。

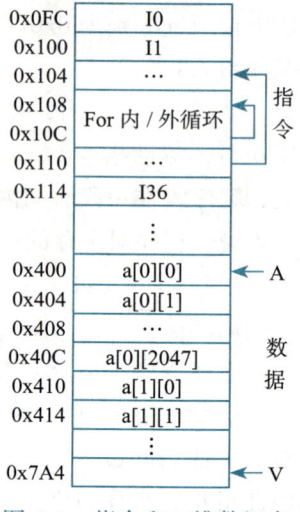

图 6.4 指令和二维数组在主存中的存放情况

③ 对于 for 循环体，程序段 A 和 B 中的访问局部性一样。因为循环体内指令按序连续存放，所以空间局部性好；内循环体被连续重复执行 2048×2048 次，因此时间局部性也好。

从上述分析可看出，虽然程序段 A 和 B 的功能相同，但因为内、外两重循环的顺序不同，所以两者访问数组 a 的空间局部性相差较大，从而导致执行时间也相差较大。在 2GHz Pentium 4 上执行这两个程序（M=N=2048），程序段 A 只需要 59 393 288 个时钟周期，而程序段 B 则需要 1 277 877 876 个时钟周期，程序段 A 比 B 快约 21.5 倍！

6.2 半导体随机存取存储器

半导体读写存储器通常被称为 RAM，具有体积小、存取速度快等优点，因而适合作为内部存储器。按工艺不同可将半导体 RAM 分为双极型 RAM 和 MOS 型 RAM 两大类，MOS 型 RAM 又分为静态 RAM 和动态 RAM。

6.2.1 基本存储元件

基本存储元件用来存储一位二进制信息，是存储器中最基本的记忆单元电路。下面介绍分别用于 SRAM 芯片和 DRAM 芯片的两种典型的存储元件。

1．六管静态 MOS 管存储元件

如图 6.5 所示，SRAM 芯片使用 6 个 MOS 管组成一个存储元件，其中一个反相器由两个 MOS 管构成。两个反相器反向连接构成 1 位锁存器，用于存储信息 Q，即，若 Q 点为高电平，则存储状态为 1，否则为 0。读写时需向门控管 M_5 与 M_6 加高电平使其导通，该元件的工作过程如下。

1）信息的保持。字选择线 WL 加低电平时，M_5 与 M_6 截止，锁存器与外界隔离，保持

原有信息不变。

2）读出。首先在两侧位线上加高电平，当字选择线 WL 上加高电平时，M_5 与 M_6 导通。由于锁存器两侧的电平相反，可通过在位线上检测电平变化来区分读出的是 0 还是 1。

3）写入。当字选择线 WL 上加高电平时，M_5 与 M_6 导通。若要写 0，则在右侧位线 BL 上加低电平，使 Q 点电位下降，将 0 写入锁存器；同理，若要写 1，则在左侧位线上加低电平。

2. 单管动态 MOS 管存储元件

DRAM 芯片中采用单管动态单元电路，动态 RAM 利用 MOS 管和电容 C_s 保存信息，如图 6.6 所示。T 管为字选门控管，在信息保持状态下，T 管截止，存储元件中没有电流流动，因而可节省功耗。读写时需向 T 管栅极加高电平使其导通，具体读写过程如下。

1）读出。若原存 1，则 C_s 上电荷通过 T 管在数据线上产生电流；若原存 0，则无电流，由此可区分读出是 0 还是 1。由于读出时 C_s 上电荷放电，电位下降，因此是破坏性读出，读后应有重写操作，称为**再生**。

2）写入。写 1 时，在数据线上加高电平，经 T 管对 C_s 充电；写 0 则加低电平，使 C_s 充分放电。

3）刷新（refresh）。由于电容 C_s 上的电荷会缓慢放电，超过一定时间，就会丢失信息，因此必须定时给电容 C_s 充电，这一过程称为**刷新**。

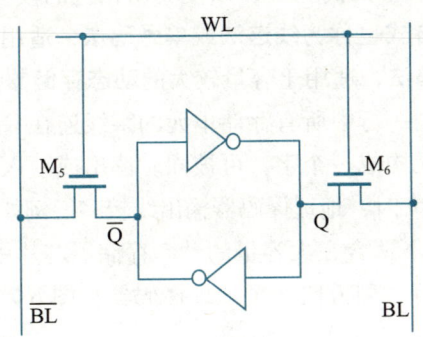

图 6.5　六管静态存储元件

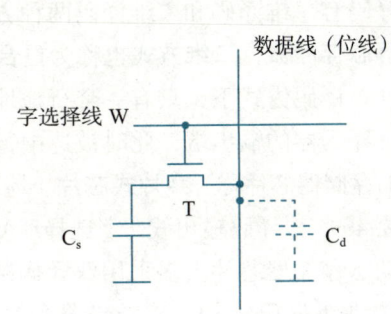

图 6.6　单管动态存储元件

3. 静态存储元件和动态存储元件的比较

根据以上对 SRAM 元件和 DRAM 元件的介绍可以看出：

- SRAM 存储元件所用 MOS 管多，占硅片面积大，因而功耗大，集成度低；只要一直供电就能保持记忆状态不变，因此无须刷新，也不会因为读操作而改变状态，故无须读后再生；其存储原理是对 SR 锁存器的读写过程，因而读写速度快。SRAM 价格较昂贵，适合做高速小容量的存储器，如 cache。
- DRAM 存储元件所用 MOS 管少，占硅片面积小，因而功耗小，集成度很高；因为采用电容存储信息，会发生漏电现象，必须定时刷新；因为读操作会改变状态，所以需读后再生；其存储原理是对电容充、放电的过程，读写速度相对 SRAM 元件要慢。相比于 SRAM，DRAM 价格较低，适合做慢速大容量的存储器，如主存。

6.2.2 DRAM 芯片

1. 存储器芯片的内部结构

如图 6.7 所示，存储器芯片由存储矩阵、I/O 电路、地址译码器和控制电路等部分组成。

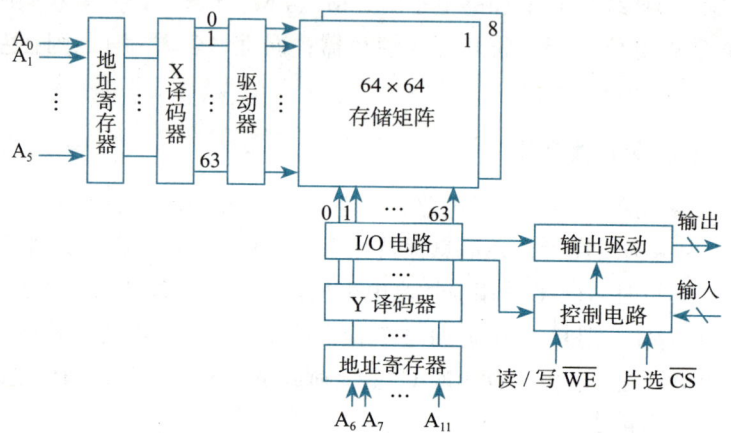

图 6.7 存储器芯片的结构

① 存储矩阵（存储体）。存储矩阵是存储单元的集合。如图 6.7 所示，4096 个存储单元被排成 64×64 的存储阵列，称为**位平面**，8 个位平面可构成 4096 字节的存储体。

② 地址译码器。用来将地址转换为译码输出线上的高电平，以便驱动相应的读写电路。地址译码有一维译码和二维译码两种方式。**一维方式**也称为**线选法**或**单译码法**，适用于小容量的**静态存储器**，**二维方式**也称为**重合法**或**双译码法**，适用于容量较大的**动态存储器**。

在单译码方式下，只有一个行地址译码器，同一行中所有存储单元的字线连在一起，接到地址译码器的输出端，此时被选中行中的各单元构成一个字，可被同时读出或写入，这种结构的存储器芯片称为**字片式芯片**。地址位数 n 较大时，地址译码器输出线较多。例如，$n=12$ 时需要 4096 根译码输出线（字选择线），故此结构不适合在大容量的动态存储器芯片中采用。

动态存储器芯片大多采用**双译码结构**，分为行、列方向两个地址译码器。图 6.7 采用的就是二维双译码结构，X 译码器和 Y 译码器分别为行、列方向地址译码器，其存储阵列组织如图 6.8 所示。

图中的存储阵列有 4096 个单元，需要 12 根地址线 $A_0 \sim A_{11}$，其中，$A_0 \sim A_5$ 送 X 地址译码器，有 64 条译码输出线 $X_0 \sim X_{63}$，各连接存储矩阵中相应一行所有记忆单元的字选择线；$A_6 \sim A_{11}$ 送 Y 地址译码器，它也有 64 条译码输出线 $Y_0 \sim Y_{63}$，分别控制一列单元的位线控制门。假如 12 位地址为 $A_0 A_1 \cdots A_{11} = 000001\ 000000$，则 X 地址译码器的译码输出线 X_1 为高电平，与它相连的 64 个存储单元的字选择线为高电平。Y 地址译码

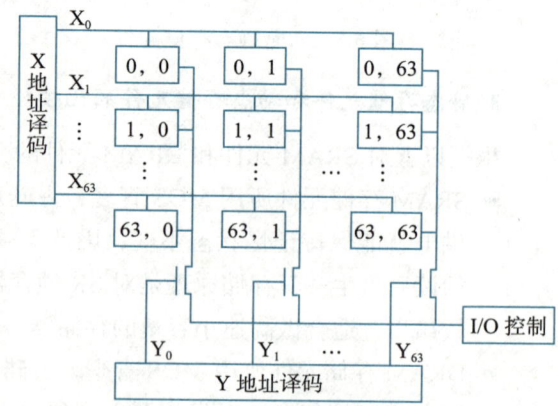

图 6.8 二维双译码结构（位片式芯片）

器的译码输出线 Y_0 为高电平。在 X、Y 译码的联合作用下，存储矩阵中坐标为（1，0）的单元被选中。

在选中的行和列交叉点上的单元只有一位，因此，采用二维双译码结构的存储器芯片称为**位片式芯片**。有些芯片的存储阵列采用三维结构，用多个位平面构成存储阵列，不同位平面在同一个坐标上的多位构成一个存储字，被同时读出或写入。

③ 驱动器。在双译码结构中，一条 X 方向的选择线要控制在其上的各个存储单元的字选择线，负载较大，因此需要在译码器输出后加驱动器。

④ I/O 控制电路。用于控制被选中单元的读出或写入，具有放大信息的作用。

⑤ 片选控制信号。单个芯片容量太小，往往满足不了计算机对存储器容量的要求，因此需将一定数量的芯片按特定方式连接成一个完整的存储器。在访问某字时，必须选中该字所在芯片，而其他芯片不被选中。因而芯片上除地址线和数据线外，还应有**片选控制信号**。片选控制信号由 DRAM 控制器产生，选中要访问的存储字所在芯片。

⑥ 读/写控制信号。根据读写命令，控制被选中存储单元进行读或写。

图 6.9 是典型的 4M×4 位 DRAM 芯片示意图。DRAM 芯片容量较大，因而地址位数较多，为了减少芯片的地址引脚数，大多采用**地址引脚复用**技术，行地址和列地址通过相同的管脚分先后两次输入，这样地址引脚数可减少一半。

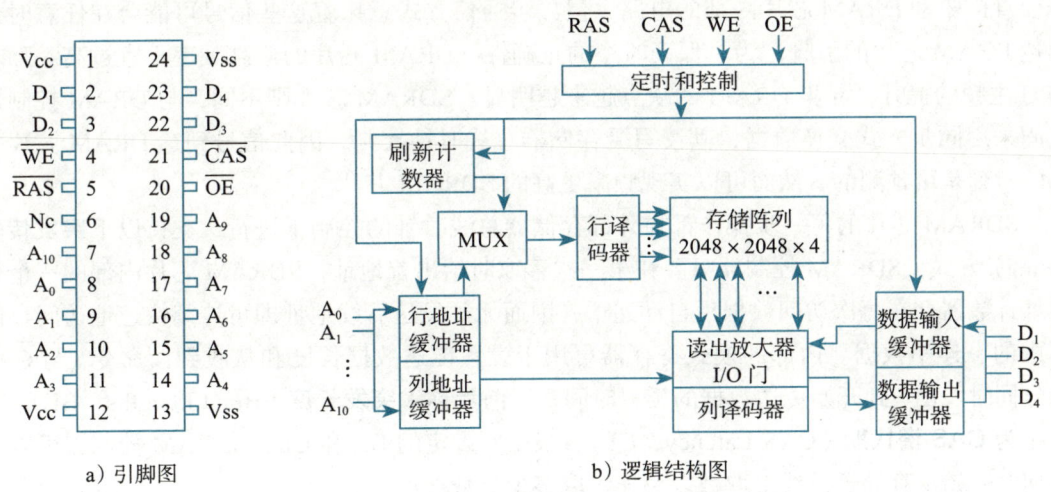

图 6.9　4M×4 位 DRAM 芯片示意图

图 6.9a 为芯片引脚图，共有 11 根地址引脚 $A_0 \sim A_{10}$，在行选通信号 $\overline{RAS}$ 和列选通信号 $\overline{CAS}$ 的控制下分时传送行、列地址，有 4 根数据引脚 $D_1 \sim D_4$，因此可同时读出 4 位，$\overline{WE}$ 为读写控制引脚，低电平时为写操作；$\overline{OE}$ 为输出使能驱动引脚，低电平有效，高电平时断开输出。

图 6.9b 给出了芯片内部的逻辑结构图，存储阵列采用三维结构，容量为 2048×2048×4 位，因此，行、列地址各 11 位，有 4 个位平面，坐标相同的 4 个位平面数据同时读写。

2. DRAM 芯片的刷新

为了避免 DRAM 存储元件中的电容漏电导致信息丢失，DRAM 芯片存储阵列中所有存储电容必须周期性地刷新。刷新按行进行，无须列寻址。由主存控制器给各芯片送行地址和 $\overline{\text{RAS}}$ 信号，选中芯片中一行的所有存储单元进行读后再生操作，即某单元读出是 0 则充分放电，读出是 1 则进行充电。一次可刷新一行的所有存储单元。例如，对于图 6.9 中芯片组成的存储器，其存储体为 2048 × 2048 × 4 结构，因此只要 2048 次刷新就可将整个存储器刷新一遍。

6.2.3 SDRAM 芯片技术

目前主存常用基于 **SDRAM**（Synchronous DRAM）芯片技术的内存条，包括 DDR SDRAM、DDR2 SDRAM、DDR3 SDRAM、DDR4 SDRAM 和 DDR5 SDRAM 等。SDRAM 是一种与当年 Intel 推出的芯片组中北桥芯片的存储器总线同步运行的 DRAM 芯片，因此，称为**同步 DRAM**。

1. SDRAM 芯片技术

SDRAM 芯片在 1992 年发售，其工作方式与之前的 DRAM 有很大不同。在 20 世纪 70 年代中期，DRAM 芯片与 DRAM 控制器之间采用异步通信方式交换数据，DRAM 控制器发出地址和控制信号后，经过一段延迟时间才读出或写入数据。DRAM 控制器发出的控制信号会直接驱动 DRAM 芯片内部的电路，但异步通信方式意味着这些信号可能会在任意时刻到达 DRAM 芯片的引脚，为了保证时序的正确性，DRAM 芯片的最高频率不宜过高。随着 CPU 主频的提升，异步 DRAM 的缺点越来越明显。SDRAM 芯片则不同，与 DRAM 控制器之间采用同步方式交换数据，其读写受存储器总线时钟控制，因此信号到达 DRAM 芯片引脚的时刻是可预测的，从而可以实现频率更高的 SDRAM 芯片。

SDRAM 芯片的每一步操作都在外部存储器总线时钟的控制下进行，支持以下**突发传输**（burst）方式：SDRAM 控制器只要在第一次存取时给出首地址，SDRAM 芯片内部的一个列地址计数器会在每次访问数据后自动递增，因而无须发送后续地址即可连续快速地访问存储体中的一连串数据。内部的模式寄存器可用于设置传送数据长度和从收到读命令（与 $\overline{\text{CAS}}$ 信号同时发出）到开始传送数据的延迟时间等，前者称为**突发长度**（Burst Lengths，BL），后者称为 **CAS 潜伏期**（CAS Latency，CL）。根据所设定的 BL 和 CL，SDRAM 控制器可以确定何时开始从存储器总线上取数以及连续取多少个数据。

在 SDRAM 芯片中，有一个由锁存器构成的**行缓冲**（row buffer），位于同一行的所有数据都被送到行缓冲中。如果存储器总线所需访问的数据已经在行缓冲中，则可以直接访问行缓冲，无须访问存储体，体现了程序访存的时间局部性。此外，由于行缓冲存放了同一行的数据，这些数据的主存地址连续，因此后续可从行缓冲快速读出主存地址相邻的数据，体现了程序访存的空间局部性。

2. DDR SDRAM 芯片技术

DDR（Double Data Rate）SDRAM 芯片在 1998 年发售，它改进了标准 SDRAM 的设计，通过芯片内部的预取缓冲区提供的双字预取功能，并利用存储器总线上时钟信号的上升沿与下降沿，实现一个时钟内传送两个存储字的功能。例如，采用 DDR SDRAM 技术的 PC3200

（DDR400）存储器芯片内时钟频率为 200MHz，意味着存储器总线的时钟频率也为 200MHz，而存储器总线的数据线位宽为 64，即每次传送 64 位，因而 PC3200（DDR400）芯片所连接的存储器总线**最大数据传输率**（即**带宽**）为 200MHz×2×64b/8=3.2GB/s。PC2100（DDR266）芯片对应的带宽为 133MHz×2×64b/8=2.1GB/s。

3. DDR2 SDRAM 芯片技术

DDR2 SDRAM 芯片在 2003 年发售，它采用与 DDR 类似的技术，利用芯片内部的预取缓冲区可以进行 4 字预取，同时通过改进接口电气特性、简化存储器总线协议等技术，使存储器总线的时钟频率达到存储器芯片内部时钟频率的两倍。例如，采用 DDR2 SDRAM 技术的 PC2-3200（DDR2-400）存储器芯片内部时钟频率为 200MHz，意味着存储器总线的时钟频率为 400MHz，存储器总线在每个时钟内传送两次数据，若每次传送 64 位，则存储器总线的带宽为 200MHz×4×64b/8=400MHz×2×64b/8=6.4GB/s。

4. DDR3 SDRAM 芯片技术

DDR3 SDRAM 芯片在 2007 年发售，其内部的预取 I/O 缓冲区可以进行 8 字预取，同时进一步优化了存储器总线的时钟频率，达到存储器芯片内部时钟频率的 4 倍。如果存储器芯片内部时钟频率为 200MHz，意味着存储器总线的时钟频率为 800MHz，存储器总线在每个时钟内传送两次数据，若每次传送 64 位，则存储器总线的带宽为 200MHz×8×64b/8=800MHz×2×64b/8=12.8GB/s。

5. DDR4 SDRAM 芯片技术

DDR4 SDRAM 芯片在 2014 年发售，它没有进一步增加预取宽度，而是通过提升存储器芯片内部时钟频率来提升带宽。如果存储器芯片内部时钟频率为 400MHz，意味着存储器总线的时钟频率为 1600MHz，存储器总线在每个时钟内传送两次数据，若每次传送 64 位，则存储器总线的带宽为 400MHz×8×64b/8=1600MHz×2×64b/8=25.6GB/s。

6. DDR5 SDRAM 芯片技术

DDR5 SDRAM 芯片在 2020 年发售，它采用了判决反馈均衡技术提升了芯片接口的速度，使存储器总线的时钟频率达到存储器芯片内部时钟频率的 8 倍。如果存储器芯片内部时钟频率为 400MHz，意味着存储器总线的时钟频率为 3200MHz，存储器总线在每个时钟内传送两次数据，若每次传送 64 位，则存储器总线的带宽为 400MHz×16×64b/8=3200MHz×2×64b/8=51.2GB/s。

6.2.4 内存条及其与 CPU 的连接

主存芯片与 CPU 之间的连接如图 6.10 所示。CPU 通过总线接口部件与系统总线⊖相连，然后再通过**主存控制器**（包含在 I/O 桥接器中）和存储器总线连接到主存芯片。

⊖ 国内教材中系统总线通常指连接 CPU、存储器和各种 I/O 模块等主要部件的总线的统称，而 Intel 公司推出的芯片组中，对系统总线赋予了特定的含义，特指 CPU 连接到北桥芯片的总线，也称为处理器总线或前端总线（Front Side Bus，FSB）。

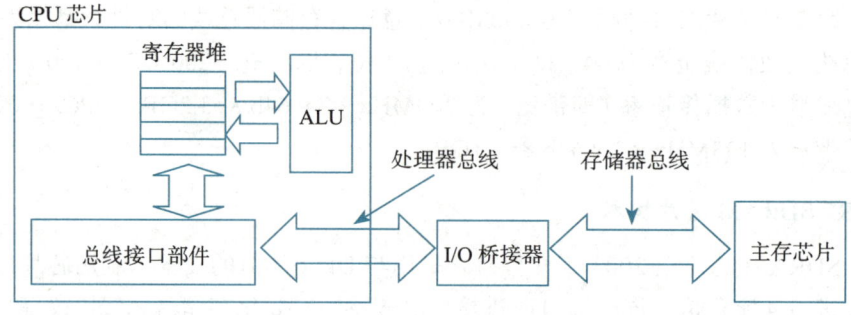

图 6.10 主存芯片与 CPU 的连接

总线是连接其上各部件的共享传输介质，通常系统总线由控制线、数据线和地址线构成。计算机中各部件之间通过总线相连，例如，主存控制器一方面通过处理器总线与 CPU 相连，另一方面通过存储器总线与主存芯片相连。在 CPU 和主存之间通信时，CPU 通过总线接口部件把地址信息和总线控制信息分别送到地址线和控制线，数据则通过数据线传输。

受集成度和功耗等因素的限制，单个芯片的容量不可能很大，往往通过存储器芯片扩展技术将多个芯片集成在**内存条**（也称**主存模块**，一种特殊的电路板）上，然后由多个内存条以及主板或扩展板上的 RAM 芯片和 ROM 芯片组成一台计算机所需的主存空间，再通过系统总线和 CPU 相连，如图 6.11 所示。图 6.11a 是内存条和内存条插槽（slot）示意图，图 6.11b 是主存控制器、存储器总线、内存条和 DRAM 芯片之间的连接关系示意图。

a) 内存条和内存条插槽

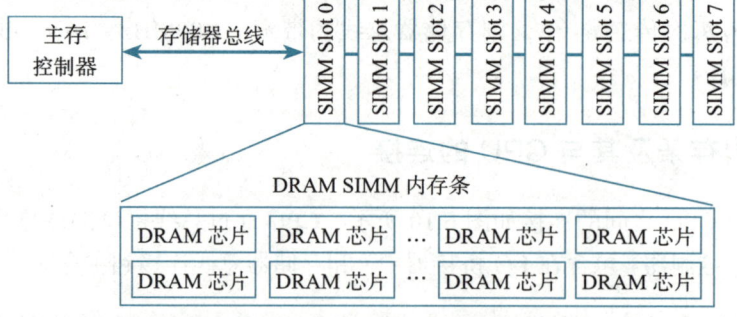

b) 主存控制器、存储器总线、内存条和 DRAM 芯片之间的连接关系

图 6.11 DRAM 芯片在系统中的位置及其连接关系

内存条插槽就是存储器总线，内存条中的信息通过内存条的引脚以及插槽内的引线连接到主板上，再通过主板上的导线连接到位于北桥芯片内或 CPU 芯片内的主存控制器。现在的计算机支持多条存储器总线同时传输数据，支持两条总线同时传输的内存条插槽为**双通道内存插槽**，还有三通道、四通道内存插槽，其总线传输带宽可以分别提高到单通道的两倍、三倍和四倍。例如，图 6.11a 所示为双通道内存插槽，相同颜色的插槽可以并行传输，如果只有两个内存条，则应该插在两个相同颜色的插槽上，其传输带宽可以增大一倍。

6.2.5 存储器芯片的扩展

若干个存储器芯片构成一个容量更大的存储器时，需要在字方向和位方向上进行扩展。

- 位扩展。用若干片字长较短的存储器芯片构成给定字长的存储器时，需要进行**位扩展**。例如，用 8 片 4096×1 位的芯片构成 4K×8 位的存储器，需要在位方向上扩展 8 倍，而字方向上无须扩展。进行位扩展时，存储器总线上的地址线及读写控制线连接到各存储器芯片。
- 字扩展。**字扩展**是容量的扩充，字长不变。例如，用 16K×8 位的存储器芯片在字方向上扩展 4 倍，可构成一个 64K×8 位的存储器。进行字扩展时，地址需要分两部分处理，高位部分用于通过地址译码器生成存储芯片的片选信号，低位部分则连同读写控制线和数据线通过存储器总线连接到各存储器芯片。
- 字、位同时扩展。当芯片在容量和字长都不满足存储器要求的情况下，需要对字和位同时扩展。例如，用 16K×4 位的存储器芯片在字方向上扩展 4 倍、位方向上扩展 2 倍，可构成一个 64K×8 位的存储器。

图 6.12 是用 8 个 16M×8 位的 DRAM 芯片扩展构成一个 128MB 内存条的示意图。每片 DRAM 芯片中有一个 4096×4096×8 位的存储阵列，其行、列地址各 12 位，有 8 个位平面。

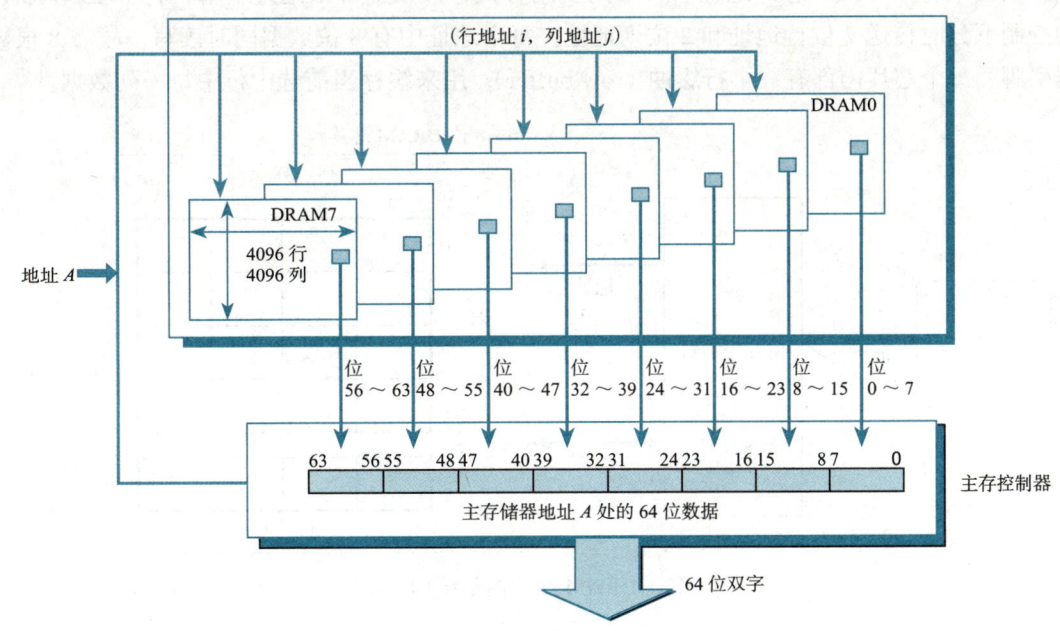

图 6.12　8 个 16M×8 位 DRAM 芯片构成的 128MB 内存条

内存条通过存储器总线连接到主存控制器，CPU通过主存控制器对内存条中的DRAM芯片进行读写，CPU读写的存储单元地址通过系统总线送到主存控制器，然后由主存控制器将存储单元地址转换为DRAM芯片的行地址i和列地址j，分别在行地址选通信号和列地址选通信号的控制下，通过DRAM芯片的地址引脚，分时送到DRAM芯片内部的行地址译码器和列地址译码器，以选择坐标(i,j)处的8位数据同时读写，8个芯片可同时读取64位，通过存储器总线将64位数据返回给主存控制器，再由主存控制器通过系统总线将该数据返回给CPU。

在图6.12所示的存储器结构中，同时读出的64位数据在所有存储器芯片中具有相同的行地址和列地址。因此，若程序访问的数据不对齐，则会降低CPU访问存储器的性能。例如，假设程序访问的一个int型数据起始地址为6，则4个字节分别在第6、第7、第8、第9这4个主存单元中，若系统总线或主存控制器不支持不对齐访问，则CPU需要分两次访问存储器；即使系统总线和主存控制器都支持不对齐访问，但由于后两个存储单元的列地址比前两个存储单元的列地址大1，因此主存控制器也需要分两次访问存储器芯片。若int型数据地址对齐，即起始地址是4的倍数，则CPU只要访问一次主存控制器，主存控制器也只要访问一次存储器芯片。

若一个$2^n \times b$位DRAM芯片的存储阵列是r行$\times c$列，则该芯片容量为$2^n \times b$位且$2^n = r \times c$，芯片内的地址位数为n，其中行地址位数为$\log_2 r$，列地址位数为$\log_2 c$，n位地址中高位部分为行地址，低位部分为列地址。为提高DRAM芯片的性价比，通常设置r和c满足$r \leqslant c$且$|r-c|$最小。例如，对于8K×8位DRAM芯片，其存储阵列设置为2^6行$\times 2^7$列，因此行地址和列地址的位数分别为6位和7位，13位芯片内地址$A_{12} A_{11} \cdots A_1 A_0$中，行地址为$A_{12} A_{11} \cdots A_7$，列地址为$A_6 \cdots A_1 A_0$。

图6.13是DRAM芯片内部结构示意图。假定芯片容量为16×8位，按字节编址，则存储阵列为4行×4列，芯片地址引脚采用复用方式，故仅需2根地址引脚，在RAS和CAS的控制下分时传送2位行地址和2位列地址。每个地址中有8位数据同时读写，故需8根数据引脚。每个芯片内部有一个**行缓冲**（row buffer），用来缓存当前选中行中每一列数据。

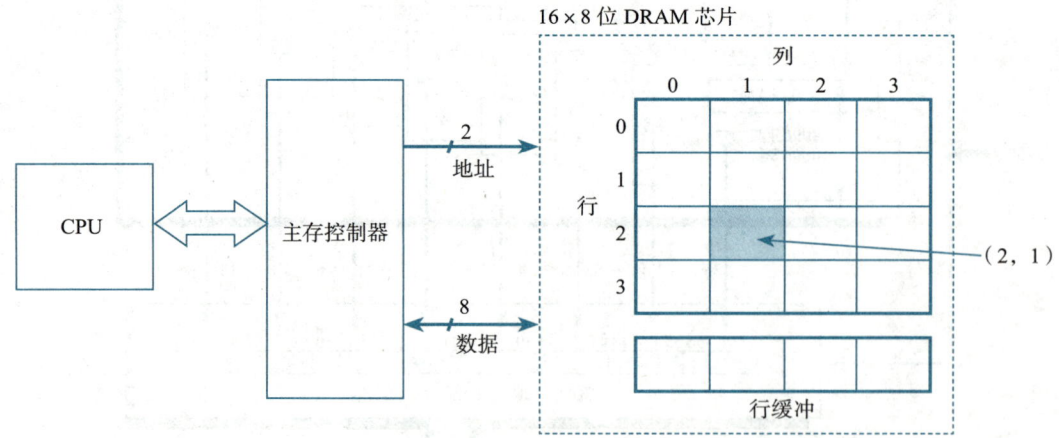

图6.13　DRAM芯片内部结构示意图

在如图6.13所示的DRAM芯片中，读取芯片内地址为9（1001B）处数据的过程如下：

首先，主存控制器根据 CPU 送来的主存地址生成片选信号，以选中该芯片；其次，在行选通信号 RAS 有效时，将行地址 2（10B）送到行译码器，以选中第 2 行，此时，第 2 行数据被送到芯片内的行缓冲中；最后，主存控制器在列选通信号 CAS 有效时，将列地址 1（01B）送到列译码器以选中第 1 列，此时，将行缓冲中第 1 列的 8 位数据送到数据线，再由主存控制器将这 8 位数据继续向 CPU 传送。

6.2.6 主存控制器

主存控制器是一个数字电路部件，一侧连接系统总线，接收来自 CPU 的访存请求，另一侧连接存储器总线，向存储器芯片发送命令进行读写和刷新。主存控制器的主要工作如下。

- 事务调度。主存控制器可能会通过系统总线收到来自多个 CPU 甚至是外设的访存请求，通常根据优先级决定先处理哪些请求。
- 地址转换。从系统总线上收到的访存请求中，其地址是物理地址，主存控制器需要根据存储器芯片的组织结构将物理地址划分成对应的行地址、列地址等字段，并根据地址高位生成片选信号，用于控制采用字扩展方案组织的多个存储器芯片。
- 命令调度。将系统总线中控制线的信号转换为发往存储器芯片的命令序列，并将其放入命令队列中。一些复杂的主存控制器为了提升性能，会对命令队列中的命令进行调度，例如，可以通过对命令重排序让访问相同行的命令依次执行，借助存储器芯片中的 I/O 控制电路快速读出同一行中不同列的数据，也可以将访问同一行相邻列的若干命令合并成一个突发传输命令，进一步降低访问的延迟。
- 访问存储器芯片。根据存储器总线协议，将命令队列中的命令转换为相应的信号，并通过状态机将这些信号通过存储器总线输出到存储器芯片的引脚，从而控制存储器芯片访问目标存储单元的数据。
- 定时刷新。主存控制器还会根据存储器芯片的电气参数计算出刷新间隔，并根据刷新间隔维护一个刷新计数器。当刷新计数器计数完毕时，主存控制器将会向存储器芯片发送刷新命令，以保证存储体中存放的数据不会因电容漏电而丢失。

因此，主存控制器为 CPU 屏蔽了存储器芯片的实现细节，包括组织方式、命令格式、电气特性等。无论计算机采用何种型号的内存条、内存条存储器芯片采用何种芯片技术，CPU 只需向主存控制器发送正确的总线事务请求，即可访问目标存储单元的数据。

通常把系统运行时直接和主存交换信息的存储器称为辅助存储器，简称辅存，它不能和 CPU 直接交换信息，相对于直接和 CPU 交换信息的内部存储器来说，它属于**外部存储器**。所有外部存储器都是非易失性的，保存的信息不会在电源掉电时丢失。目前常用的外部存储器主要包括磁盘存储器、U 盘和固态硬盘。

6.3 外部存储器

6.3.1 磁盘存储器的结构

磁盘存储器主要由磁记录介质、磁盘驱动器、磁盘控制器三大部分组成。

图 6.14 是磁盘驱动器的物理组成示意图。磁盘驱动器主要由多张磁盘片、主轴、主轴电机、移动臂、磁头和控制电路等部分组成，通过在接口插座上的电缆与磁盘控制器连接。每个盘片的两个面各有一个磁头，因此，磁头号就是盘面号。磁头和盘片相对运动形成的圆，构成一个磁道（track），磁头位于不同的半径上，则得到不同的磁道。多个盘面上半径相同的磁道形成一个柱面（cylinder），所以，磁道号就是柱面号。信息存储在每个盘面的磁道上，每个磁道被分成若干扇区（sector），磁盘以扇区为单位进行读写。

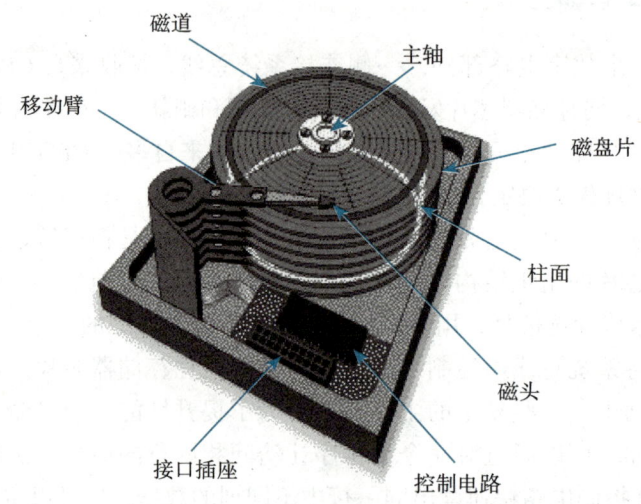

图 6.14　磁盘驱动器的物理组成

磁记录介质上的数据记录格式分为定长记录格式和不定长记录格式两种。最早的磁盘由 IBM 公司开发，称为温切斯特磁盘，简称温盘，它是几乎所有现代磁盘产品的原型。图 6.15 是温切斯特磁盘的磁道格式示意图，它采用定长记录格式。

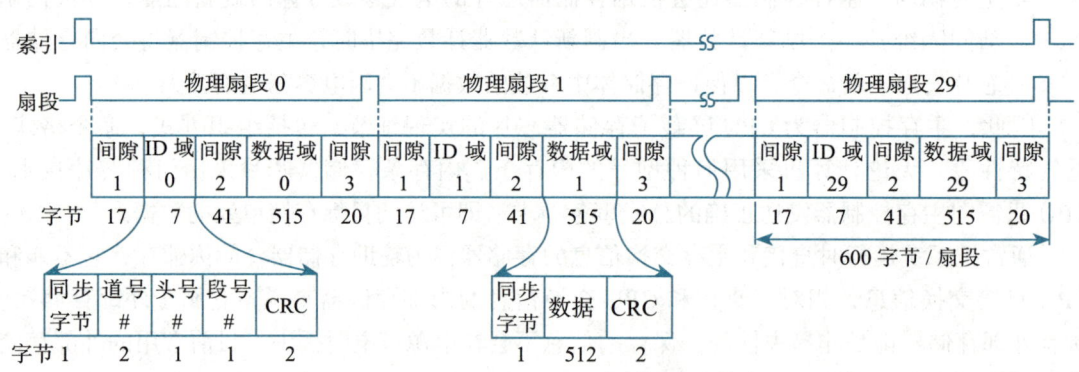

图 6.15　温切斯特磁盘的磁道格式

在温切斯特磁盘中，每个磁道由若干扇区（扇段）组成，每个扇区记录一个数据块，由头空（间隙 1）、ID 域、间隙 2、数据域和尾空（间隙 3）组成。头空占 17B，用全 1 表示，磁盘转过该区域的时间供磁盘控制器做准备；ID 域由同步字节、磁道号、磁头号、扇段号和 CRC 码组成，同步字节用于标识 ID 域的开始；数据域占 515B，由同步字节、数据和 CRC 码组成，其中真正的数据区占 512B；尾空位于数据域的 CRC 码后，占 20B，用全 1 表示。

图 6.16 所示是磁盘驱动器的内部逻辑结构。磁盘驱动器根据磁盘地址（柱面号、磁头号、扇区号）读写目标磁道中的指定扇区。

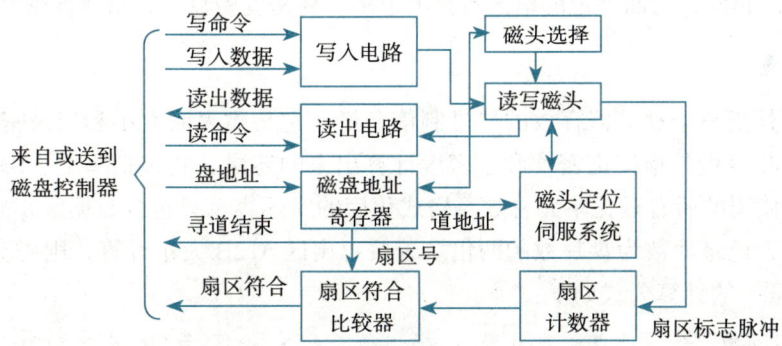

图 6.16　磁盘驱动器的内部逻辑结构

磁盘驱动器的操作可分为寻道、旋转等待和读写三个步骤。

1）寻道。磁盘控制器把磁盘地址送到磁盘驱动器的磁盘地址寄存器后，便生成寻道命令启动磁头定位伺服系统，该系统根据磁盘地址中的柱面号和磁头号，将磁头移动到指定的磁道，并选择相应的读写磁头。此操作完成后，向磁盘控制器发送"寻道结束"信号，并转入旋转等待步骤。

2）旋转等待。扇区计数器在盘片旋转开始前清零，并在收到一个扇区标志脉冲时加 1。磁盘驱动器检查计数值与磁盘地址寄存器中的扇区号是否一致，若一致，则向磁盘控制器发送"扇区符合"信号，说明目标扇区已经转到磁头下方。

3）读写。收到"扇区符合"信号后，磁盘控制器将启动读写控制电路。若是写操作，则将数据送到写入电路，写入电路根据记录方式生成相应的写电流脉冲；若是读操作，则由读出放大电路读出内容送磁盘控制器。

磁盘控制器是 CPU 与磁盘驱动器之间的接口，其中的内置固件能将 CPU 送来的请求**逻辑块号**转换为**磁盘地址**（柱面号、磁头号、扇区号），并控制磁盘驱动器工作。

通常磁盘控制器位于主板上的芯片中，因而磁盘控制器直接和主板上的 I/O 总线相连，I/O 总线与其他系统总线（如处理器总线、存储器总线）之间用桥接器连接。磁盘驱动器与磁盘控制器之间有多种接口，一般文件服务器使用 SCSI 接口，而早期的 PC 多使用并行 ATA（IDE）接口，目前大多使用串行 ATA（SATA）接口。

磁盘与 CPU 交换数据的最小单位是一个扇区，因此磁盘总是按**成批数据交换**方式访问，这种高速成批数据交换设备采用**直接存储器存取**（Direct Memory Access，DMA）方式传输数据。有关 DMA 方式的实现，请参见 9.3.2 节。

6.3.2　磁盘存储器的性能指标

磁盘存储器的性能指标包括记录密度、存储容量、数据传输速率和平均存取时间等。

1. 记录密度

记录密度可用道密度和位密度表示。**道密度**是指在沿磁道分布方向上单位长度内的磁道数。**位密度**是指在沿磁道方向上单位长度内存放的二进制信息量。采用低密度存储方式时，所有磁道的扇区数相同、位数相同，因而内道的位密度比外道高；采用高密度存储方式时，每个磁道的位密度相同，因而外道的扇区数比内道多。高密度磁盘的容量比低密度磁盘高得多。

2. 存储容量

存储容量是指整个存储器存放的二进制信息量，它与磁表面大小和记录密度密切相关。磁盘的未格式化容量是指按道密度和位密度计算出来的容量，它包括头空、ID 域、CRC 码等信息，是可使用的所有磁化单元总数。格式化后的实际容量只包含数据区，故小于未格式化容量。通常，记录面数为盘片数的两倍。若按每扇区 512B 大小计算，则磁盘实际数据容量（格式化容量）的计算公式如下：

$$磁盘实际数据容量 = 2 \times 盘片数 \times 磁道数/面 \times 扇区数/磁道 \times 512B/扇区$$

早期扇区大小一直是 512B，目前通常使用更大、更高效的 4096B 扇区。注意，关于磁盘容量和文件大小的计量单位，不同的磁盘制造商和操作系统所指的含义不同。

3. 数据传输速率

数据传输速率（data transfer rate）是指磁盘存储器完成磁头定位和旋转等待后，单位时间内读写存储介质的二进制信息量。为区别外部数据传输速率，通常称为**内部传输速率**（internal transfer rate），也称为**持续传输速率**（sustained transfer rate）。**外部传输速率**（external transfer rate）是指 CPU 中的外设控制接口读写外存储器缓存的速度，由外设采用的接口类型决定，也称为**突发数据传输速率**（burst data transfer rate）或**接口传输速率**。

4. 平均存取时间

磁盘响应读写请求的过程如下：先将读写请求放入队列中排队，出队列后由磁盘控制器解析请求命令，然后进行寻道、旋转等待和读写数据。因此，响应时间的计算公式如下：

$$响应时间 = 排队延迟 + 控制器时间 + 寻道时间 + 旋转等待时间 + 数据传输时间$$

磁盘上的信息以扇区为单位进行读写，上式中后三个时间之和称为存取时间。即：

$$存取时间 = 寻道时间 + 旋转等待时间 + 数据传输时间$$

寻道时间为磁头移动到指定磁道所需时间；**旋转等待时间**是指指定扇区旋转到磁头下方所需时间；**数据传输时间**（data transfer time）是指传输一个扇区的时间（大约 0.01ms/扇区）。由于磁头原有位置与目标位置之间的距离远近不一，故寻道时间和旋转等待时间只能取平均值。磁盘的平均寻道时间一般为 5～10ms，平均旋转等待时间取磁盘旋转一周所需时间的一半，大约为 4～6ms。假如磁盘转速为 6000 转/分，则平均等待时间约为 5ms。因为数据传输时间相对于寻道时间和旋转等待时间来说非常短，所以，磁盘的平均存取时间通常近似等于平均寻道时间和平均旋转等待时间之和。而且，磁盘读写第一位数据的延时非常长，相当于平均存取时间，而以后各位数据的读写则几乎没有延迟。

*6.3.3 闪速存储器和 U 盘

计算机中有一些相对固定的信息，需要存放在只读存储器（ROM）中，如系统启动时用到的 BIOS（Basic Input/Output System，基本输入输出系统）。早期的 BIOS 芯片通过烧录器写入，一旦安装在计算机主板中，便不能更改，除非更换芯片；而现在的主板都用 Flash 存储器芯片来存储 BIOS，可在计算机中运行主板厂商提供的擦写程序进行擦除，再重新写入。

早期使用烧录器写入方式的只读存储器有掩膜 ROM（Mask ROM，MROM）、可编程 ROM（Programmable ROM，PROM）、可擦除可编程 ROM（Erasable Programmable ROM，EPROM）和电可擦除可编程 ROM（Electrically Erasable Programmable ROM，EEPROM）等类型。**MROM** 在芯片生产过程中制造，生产后不可编程，故可靠性高，但生产周期长、不灵活；**PROM** 只可编程一次，不灵活；**EPROM** 可擦除可编程多次，但采用 MOS 工艺，且擦除时只能抹除所有信息，不灵活且速度慢；**EEPROM** 可以字为单位擦除，擦除次数可达数千次，且数据可保持一二十年。

闪速存储器也称为**闪存**或 **Flash 存储器**，是一种非易失性读写存储器，兼有 RAM 和 ROM 的优点，且功耗低、集成度高，不需要后备电源。这种器件沿用了 EPROM 的简单结构和浮栅/热电子注入的编程写入方式，又兼具 EEPROM 的可擦除特点，且可在计算机内进行擦除和编程写入，因此又称为快擦型 EEPROM。目前广泛使用的 U 盘和存储卡等都属于闪存。

1. 闪存存储元

如图 6.17 所示是一个**闪存存储元**，每个存储元由单个 MOS 管组成，包括漏极 D、源极 S、控制栅和浮空栅。当控制栅加上足够的正电压时，浮空栅将存储大量电子，即带有许多负电荷，可将存储元的这种状态定义为 0；当控制栅不加正电压，则浮空栅少带或不带负电荷，将这种状态定义为 1。

2. 闪存的基本操作

闪存有 3 种基本操作：编程（充电）、擦除（放电）、读取。

编程操作：最初所有存储元都是 1 状态，编程是指在需要改写为 0 的存储元的控制栅上加正电压 V_P，如图 6.18a 所示。一旦某存储元被编程，则数据可保持上百年且不需要外电源。

擦除操作：采用电擦除。在所有存储元的源极 S 加正电压 V_E，吸收浮空栅中的电子，从而使所有存储元都变成 1 状态，如图 6.18b 所示。

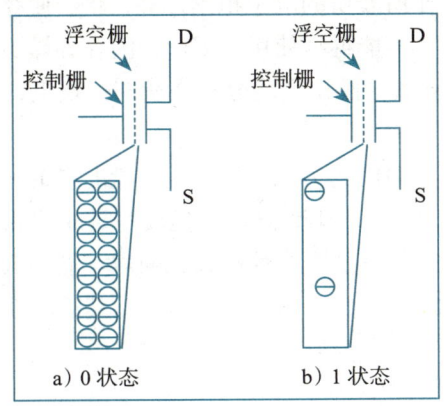

图 6.17　闪存存储元

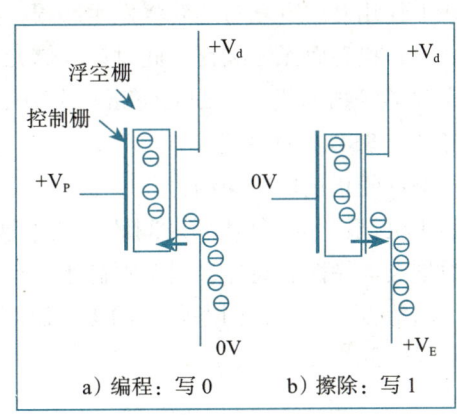

图 6.18　闪存存储元的写入

因此，写入过程实际上是先通过放电擦除一个存储块，使其存储元都变成 1 状态，再对需要写 0 的存储元充电进行编程。

读取操作：在控制栅加上正电压 V_R，若存储元为 0，则读出电路检测不到电流，如图 6.19a 所示；若存储元为 1，则浮空栅不带负电荷，控制栅上的正电压足以导通晶体管，电源 V_d 提供从漏极 D 到源极 S 的电流，读出电路检测到电流，如图 6.19b 所示。

从上述基本原理可看出，闪存读操作速度和写操作速度相差很大，其读取速度与半导体 RAM 芯片相当，而写数据（快擦 – 编程）的速度则比 RAM 芯片慢。

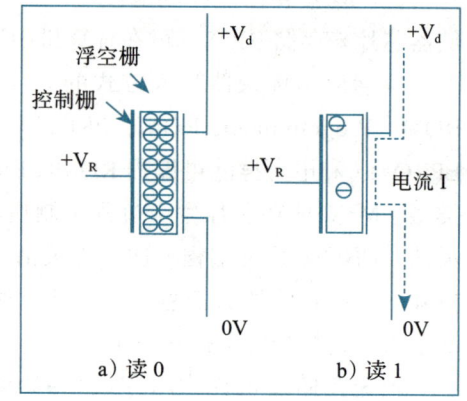

图 6.19　闪存存储元的读出

*6.3.4　固态硬盘

近年来固态硬盘（Solid State Disk，SSD）越来越流行，固态硬盘也称为电子硬盘。它并不是一种磁表面存储器，而是使用 NAND 闪存组成的外存，与 U 盘没有本质差别，只是容量更大，存取性能更好。它用闪存颗粒代替了磁盘作为存储介质，以区块写入和擦除的方式进行数据的读取和写入。

固态硬盘的接口规范/定义、功能及使用方法与传统磁盘完全相同，在产品外形和尺寸上也与普通磁盘一致。接口标准有 USB、SATA 等，因此 SSD 可通过标准磁盘接口与 I/O 总线互连，也有 SSD 使用 PCI-e 接口标准来提供更高的性能。在 SSD 中有一个闪存翻译层，它将来自 CPU 的逻辑磁盘块读写请求翻译成对底层 SSD 物理设备的读写控制信号。因此，闪存翻译层的功能相当于磁盘控制器。

SSD 中一个闪存芯片由若干区块（block）组成，每个区块由若干页（page）组成。通常，页大小为 512B ～ 4KB，每个区块由 32 ～ 128 页组成，因而区块大小为 16KB ～ 512KB，数据按页为单位进行读写。SSD 有以下三个限制：写某一页信息之前，必须先擦除该页所在的整个区块；擦除后区块内的页必须按顺序写入信息；擦除/编程次数有限。某一区块进行了几千到几万次重复写之后将发生磨损，擦除操作所残留的电子积累过多，将会使存储元永久处于 0 状态而无法编程，此时该存储元将失效，不能继续使用。因此，闪存翻译层中的软件实现了磨损均衡（wear leveling）算法，试图将擦除操作平均分布在所有区块上，从而尽可能延长 SSD 的使用寿命。

SSD 随机读取时间约为几十微秒，而随机写入时间约为几百微秒。磁盘的寻道和旋转等待属于机械操作，其访问时间约为几毫秒到几十毫秒，因此 SSD 随机读写延时比磁盘低两个数量级。除性能高外，固态硬盘还具有抗震动效果好、安全性高、无噪声、能耗低和发热量低的特点。此外，固态硬盘的工作温度范围很大（-40 ～ 85℃），因此，其适应性也远高于常规磁盘。

6.4 cache

通过提高存储器芯片本身的速度或采用并行存储器结构，可以弥补 CPU 和主存之间的性能差距。除此以外，在 CPU 和主存之间添加 cache（高速缓冲存储器）也可以提高 CPU 访存的速度。

6.4.1 cache 的基本工作原理

cache 是一种小容量高速缓冲存储器，由快速的 SRAM 存储元组成，直接集成在 CPU 芯片内，速度几乎与 CPU 一样快。在 CPU 和主存之间添加 cache，可以把程序频繁访问的活跃主存块装入 cache 中。由于程序访问的局部性特点，大多数情况下，CPU 能直接从 cache 中取得指令和数据，而不必访问慢速的主存。

为便于 cache 和主存交换信息，一般将 cache 和主存空间划分为大小相等的区域。主存中的区域称为块（block），也称为**主存块**，它是 cache 和主存之间的信息交换单位；cache 中存放一个主存块的区域称为**行**（line）或**槽**（slot）。

1. cache 的有效位

在系统启动或复位时，每个 cache 行都为空，其中的信息无效，只有装入了主存块后信息才有效。为了标识 cache 行中的信息是否有效，每个 cache 行都关联一个**有效位**（valid bit）。

有了有效位，就可通过将有效位清 0 来淘汰某 cache 行中的主存块，这称为**冲刷**（flush），装入一个新主存块时，再将有效位置 1。

2. CPU 在 cache 中的访问过程

CPU 执行程序时需要从主存取指令或读写数据，此时先检查 cache 中是否有要访问的信息。图 6.20 给出了带 cache 的 CPU 执行一次访存操作的过程。

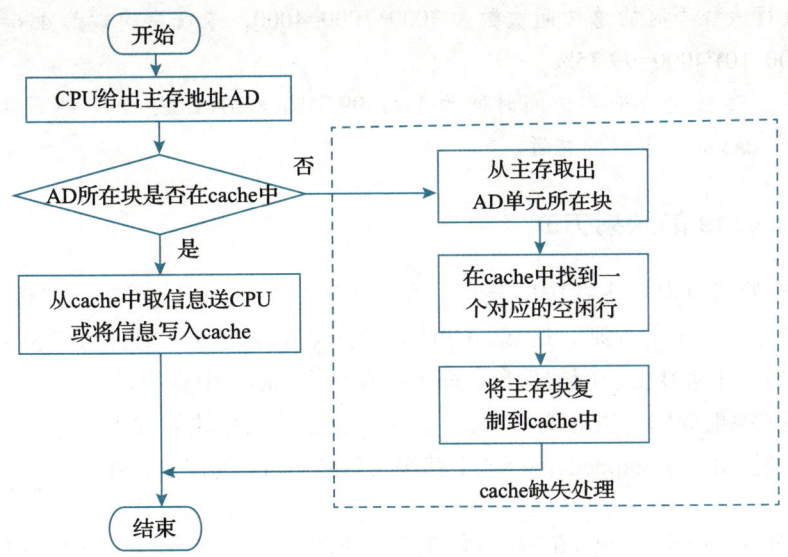

图 6.20　带 cache 的 CPU 执行一次访存操作的过程

如图 6.20 所示，整个访存过程如下：判断信息是否在 cache 中，若是，则直接从 cache 取信息；若否，则从主存取一个主存块到 cache，如果对应 cache 行已满，则需要替换 cache 中的信息，因此，cache 中的内容是主存中部分内容的副本。这些工作要求在一条指令的执行过程中完成，只能由硬件实现，因此程序员无须了解 cache 结构及其处理过程即可编写出正确的程序。但为了编写出高效的程序，程序员也需要了解 cache 的工作原理和过程，具体参见 6.4.6 节。

3. cache – 主存层次的平均访问时间

根据图 6.20 可知，在访存过程中需要判断所访问信息是否在 cache 中。若 CPU 访问单元所在的块在 cache 中，则称 cache 命中（hit），命中概率称为命中率（hit rate）p，它等于命中次数与访问总次数之比；若不在 cache 中，则为不命中或缺失（miss）⊖，其概率称为缺失率（miss rate），它等于不命中次数与访问总次数之比。命中时，CPU 在 cache 中直接存取信息，所用时间即为 cache 访问时间 T_c，称为命中时间（hit time）；缺失时，需要从主存读取一个主存块送 cache，并同时将所需信息送 CPU，因此，所用时间为主存访问时间 T_m 和 cache 访问时间 T_c 之和。通常把 T_m 称为缺失损失（miss penalty）。

CPU 在 cache– 主存层次的平均访问时间为

$$T_a = p \times T_c + (1-p) \times (T_m + T_c) = T_c + (1-p) \times T_m$$

由于程序访问的局部性特点，cache 的命中率可以很高，接近于 1。因此，虽然 $T_m \gg T_c$，但最终的平均访问时间仍可接近 T_c。

例 6.2 假定处理器时钟周期为 2ns，某程序由 3000 条指令组成，每条指令执行一次，其中 4 条指令在取指令时发生 cache 缺失，其余指令都在 cache 中命中。在执行指令过程中，该程序需要 1000 次主存数据访问，其中 6 次发生 cache 缺失。问：

① 执行该程序的 cache 命中率是多少？

② 若 cache 命中时间为 1 个时钟周期，缺失损失为 10 个时钟周期，则 CPU 在 cache– 主存层次的平均访问时间为多少？

解： ① 执行该程序时的总访问次数为 3000+1000=4000，未命中次数为 4+6=10，故 cache 命中率为 (4000–10)/4000=99.75%。

② cache– 主存层次的平均访问时间为 1+(1–99.75%)×10=1.025 个时钟周期，即 1.025×2ns=2.05ns，与 cache 命中时间相近。

6.4.2 cache 的映射方式

cache 行中的信息取自主存中的某块。在将主存块装入 cache 行时，主存块和 cache 行之间必须遵循一定的映射规则，这样，CPU 要访问某个主存单元时，可以依据映射规则直接到 cache 对应行中查找要访问的信息，而不用在整个 cache 中查找。

根据不同的映射规则，主存块和 cache 行之间有以下三种映射方式。

- 直接映射（direct-mapped）：每个主存块映射到 cache 的固定行中。

⊖ 国内教材对"不命中"的说法有多种，如"失效""失靶""缺失"等，其含义一样，本教材使用"缺失"一词。

- 全相联（fully associative）：每个主存块映射到 cache 的任意行中。
- 组相联（set associative）：每个主存块映射到 cache 的固定组的任意行中。

下面分别介绍三种映射方式。

1. 直接映射方式

直接映射的基本思想是将主存块映射到固定的 cache 行中，也称**模映射**，映射关系如下：

$$\text{cache 行号} = \text{主存块号} \bmod \text{cache 行数}$$

例如，若 cache 有 16 行，则主存第 100 块映射到 cache 第 4（即 100 mod 16）行。

通常 cache 行数是 2 的幂，如图 6.21a 所示，cache 有 2^c 行，主存有 2^m 块，以 2^c 为模映射到 cache 固定行中。由映射函数可以看出，主存块号低 c 位正好是它要装入的 cache 行号，且主存块号低 c 位相同的主存块都会映射到同一个 cache 行。为了让 cache 记录每行装入了哪个主存块，需要给每行分配一个 t 位长的标记（tag），此处 $t = m-c$，某主存块调入 cache 后，则将其块号的高 t 位填入对应 cache 行的标记中。

根据以上分析可知，主存地址被分成三个字段，其中，高 t 位为**标记**，中间 c 位为 **cache 行号**（也称**行索引**），剩下的低位地址为**块内地址**。若主存块占 2^b 字节，则块内地址占 b 位。

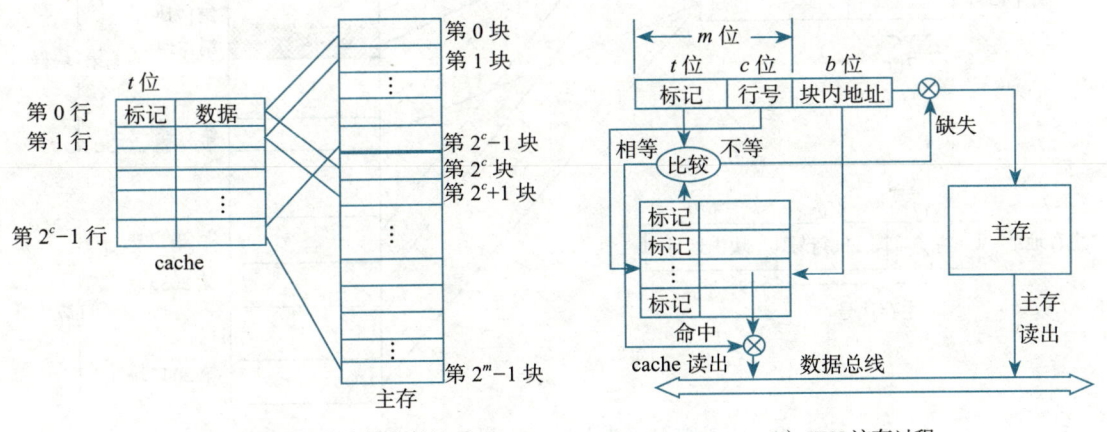

a）cache 行和主存块之间的直接映射关系　　　　b）CPU 访存过程

图 6.21　cache 行和主存块之间的映射方式及 CPU 访存过程

CPU 访存过程如图 6.21b 所示。首先根据访存地址中间 c 位，直接找到对应的 cache 行，比较该 cache 行中的标记和主存地址高 t 位。若相等并有效位为 1，则访问 cache 命中，此时，根据主存地址中最低 b 位的块内地址，在该 cache 行中存取信息；若不相等或有效位为 0，则缺失，此时，CPU 从主存中读出该地址所在主存块，根据块内地址存取信息后写入该 cache 行，将有效位置 1，并将地址高 t 位填入该 cache 行的标记中。因此，若该 cache 行中已经存放了其他主存块的数据，将会造成 cache 行的替换，新的主存块数据将覆盖原有数据。

访问 cache 行时，读操作比写操作简单。针对写操作，由于 cache 行中的信息是主存某块的副本，因此需要考虑如何使 cache 行中的数据和主存中数据保持一致，具体将在 6.4.4 节中介绍。

下面通过若干例子进一步展示 cache 设计中的细节。

例 6.3 假定 cache 采用直接映射方式，块大小为 512B，按字节编址。cache 数据区大小为 8KB，主存空间大小为 1MB。问：主存地址如何划分？要求用图表示主存块和 cache 行之间的映射关系，假定 cache 当前为空，说明 CPU 对主存单元 0240CH 的访问过程。

解：cache 数据区大小为 8KB=2^{13}B=2^4 行 ×512B/ 行 =16 行 ×512B/ 行。因为主存每 16 块和 cache 的 16 行一一对应，所以可将主存每 16 块看成一个块群，故有 1MB=2^{20}B=2^{11} 块 × 512B/ 块 =2^7 块群 ×2^4 块 / 块群 ×2^9B/ 块。因此主存地址位数 n 为 20，其中，标记位数 t 为 7，行号位数 c 为 4，块内地址位数 b 为 9。

主存地址划分以及主存块和 cache 行的对应关系如图 6.22 所示。

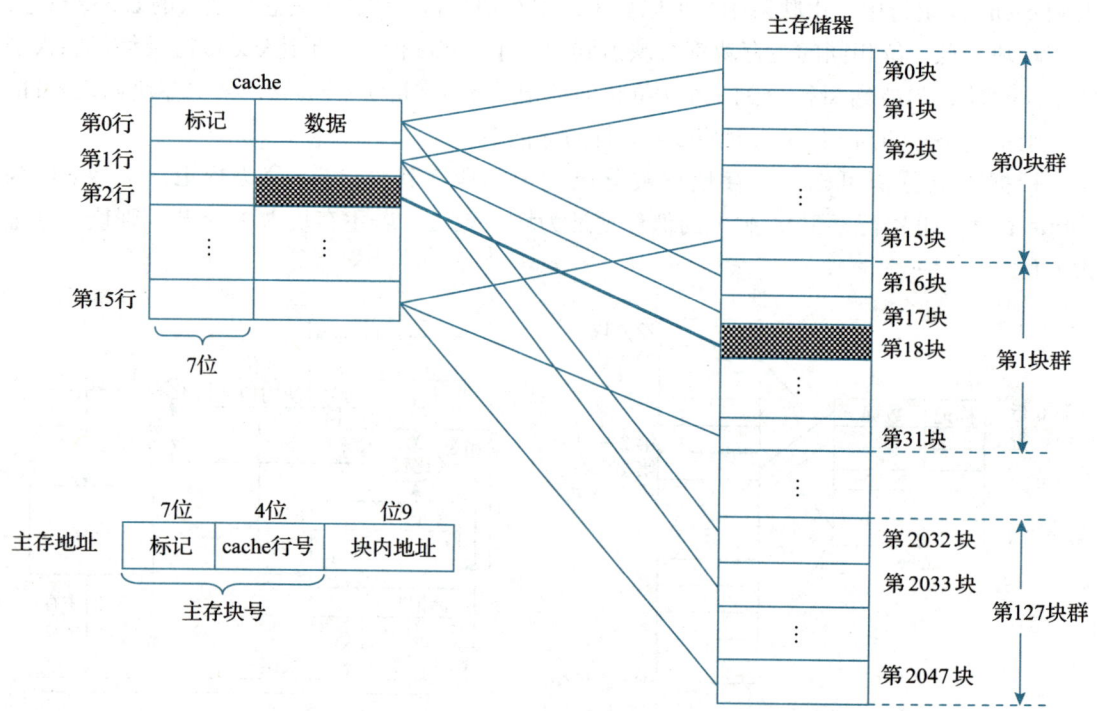

图 6.22 直接映射方式下主存块和 cache 行的对应关系

主存地址 0240CH 展开的二进制数为 0000 0010 0100 0000 1100，分为以下三个部分。

0000 001	0010	0 0000 1100

根据主存地址划分可知，该地址所在块号是 0000 001 0010（第 18 块），所属块群号为 0000 001（第 1 块群），映射到的 cache 行号为 0010（第 2 行）。

假定 cache 为空，访问 0240CH 单元的过程如下：首先根据地址中间 4 位 0010，找到 cache 第 2 行，因为 cache 开始为空，所以每个 cache 行的有效位都为 0，因此不管第 2 行的标记是否等于 0000 001 都不命中。此时，将 0240CH 单元所在的主存第 18 块装入 cache 第 2 行，并置有效位为 1，置标记为 0000 001（表示信息取自主存第 1 块群）。

例 6.4 假定 cache 采用直接映射方式，块大小为 1B。cache 数据区大小为 4B，主存地址为 32 位，按字节编址。问：主存地址如何划分？根据程序访问的局部性原理说明块大小设置为 1B 时的缺陷。

解：因块大小为 1B，故块内无须寻址，即块内地址位数为 0。cache 容量为 4B，共有 4 行。因此，32 位主存地址被划分为两个字段：标记位数 t 为 30，行号位数 c 为 2。

块大小设置为 1B 会产生以下两方面的问题：根据程序访问的空间局部性，邻近单元很可能被访问，但由于未随该字节调入 cache，因此访问邻近单元会发生缺失；在 cache 行数不变的情况下，块太小使映射到同一 cache 行的主存块数增加，发生冲突的概率增大，引起频繁信息交换。

例 6.5 假定 cache 采用直接映射方式，块大小为 16B。cache 数据区大小为 64KB，主存地址为 32 位，按字节编址。问：主存地址如何划分？说明访存过程，并计算 cache 总容量。

解：cache 数据区大小为 64KB=2^{16}B=2^{12} 行 $\times 2^4$B/行。

主存每 2^{12} 块和 cache 的 2^{12} 行一一对应，可将主存每 2^{12} 块看成一个块群，故有 2^{32}B=2^{28} 块 $\times 2^4$B/块 =2^{16} 块群 $\times 2^{12}$ 块/块群 $\times 2^4$B/块。因此主存地址位数 n 为 32，其中，标记位数 t 为 16，行号位数 c 为 12，块内地址位数 b 为 4。

主存地址划分以及访存实现如图 6.23 所示。图中 tag 表示标记字段；index 表示 cache 行索引，即行号；块内地址分为两部分：高 2 位（word 字段）为字偏移量、低 2 位（byte 字段）为字节偏移量。hit 表示命中。

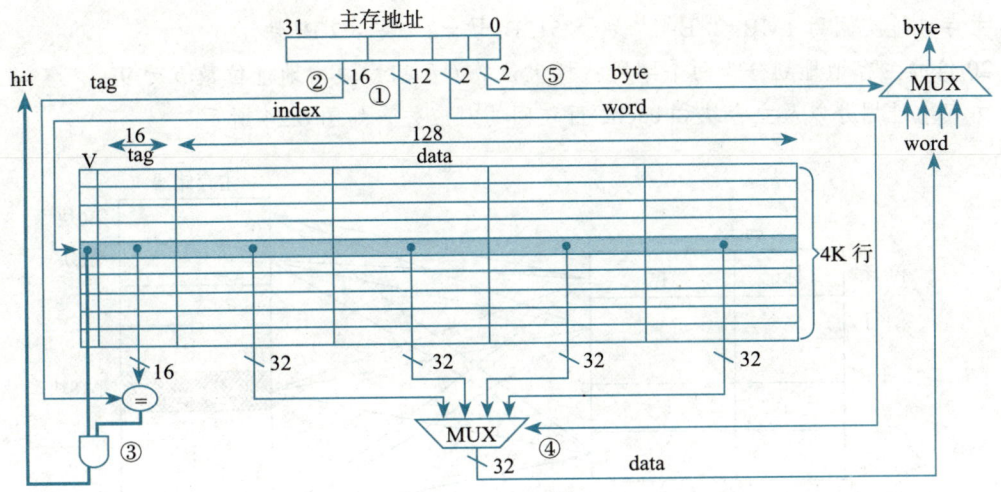

图 6.23　直接映射方式下主存地址划分及访存实现

整个访存过程由硬件实现，分为以下 5 步。①根据 12 位 cache 行索引找到对应行；②比较 16 位标记与对应行中的标记信息；③比较相等并有效位为 1 时，hit 为 1，表示命中；④由 2 位字偏移量从 4 个 32 位字中选择一个字输出；⑤由 2 位字节偏移量从 32 位字中选择一个字节输出。由此可知，在 hit 为 1 时，CPU 根据要访问的是字还是字节选择从第④步还是第⑤步得到结果。若 hit 不为 1，则 CPU 通过总线向主存发送读请求，读出相应主存块到 cache 行中。

从图 6.23 可看出，每个 cache 行由一位有效位 V、16 位标记（tag）和 4 个 32 位数据（data）组成，共有 2^{12}=4K 行，因此，cache 总容量为 $2^{12} \times (4 \times 32+16+1)$b=4K$\times$145b=580Kb=72.5KB。其中，数据占总容量的 64KB/72.5KB=88.3%。

直接映射的优点是容易实现，判断命中的电路简单，但由于 cache 行号相同的多个主存块会映射到同一个 cache 行，当访问集中在这些主存块时，就会因 cache 行的替换而引起频繁的主存访问，即使其他 cache 行都空闲，也无法充分利用。例如，在例 6.3 中若需将主存第 0 块、第 16 块都调入 cache，由于它们都对应 cache 第 0 行，即使其他行空闲，也总有一块不能调入 cache。显然，直接映射方式不够灵活，无法充分利用 cache 空间，在某些访存模式下命中率较低。

如果一个主存块并非映射到固定的 cache 行，而是可以映射到任意 cache 行，那么就能避免上述问题。

2. 全相联方式

全相联的基本思想是主存块可被装入任意 cache 行。因此，全相联 cache 需比较所有 cache 行标记才能判断是否命中，同时不需要 cache 行索引，即主存地址中只有标记和块内地址两个字段。全相联方式下，只要有空闲 cache 行，就不会发生冲突，因而块冲突概率低。

例 6.6　假定 cache 采用全相联方式，块大小为 512B，按字节编址。cache 数据区大小为 8KB，主存地址空间为 1MB。问：主存地址如何划分？要求用图表示主存块和 cache 行之间的映射关系，并说明 CPU 对主存单元 0240CH 的访问过程。

解：cache 数据区大小为 $8KB=2^{13}B=2^4$ 行 $\times 512B/$ 行。

主存地址空间为 $1MB=2^{20}B=2^{11}$ 块 $\times 512B/$ 块 $=2^{11}$ 块 $\times 2^9B/$ 块。

20 位的主存地址划分为两个字段：标记位数 t 为 11，块内地址位数 b 为 9。

主存地址划分以及主存块和 cache 行之间的对应关系如图 6.24 所示。

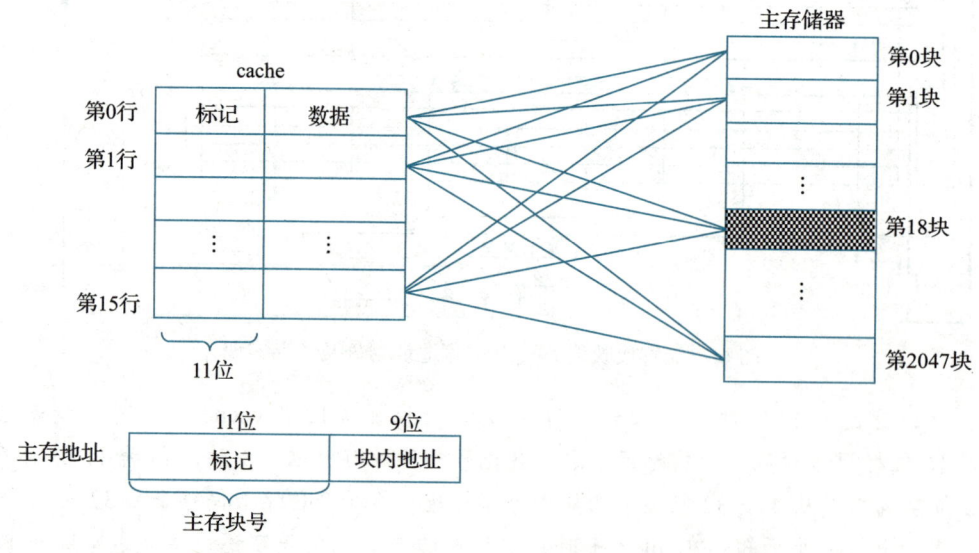

图 6.24　全相联方式下主存地址划分以及主存块和 cache 行之间的对应关系

主存地址 0240CH 展开的二进制数为 0000 0010 0100 0000 1100，因此主存地址划分如下：

0000 0010 010	0 0000 1100

访问 0240CH 单元的过程如下：首先将高 11 位标记 0000 0010 010 与所有 cache 行的标记

进行比较，若其中一行标记相等且对应有效位为 1，则命中，此时 CPU 根据块内地址 0 0000 1100 在该行中存取信息；若不存在这样的行，则不命中，此时将 0240CH 单元所在的主存第 0000 0010 010 块（第 18 块）装入任意 cache 行中，并置有效位为 1，置标记为 0000 0010 010（表示信息取自主存第 18 块）。

为了判断是否命中，通常为每个 cache 行分别添加一个比较器，其位数等于标记字段的位数。全相联方式下，cache 访存时根据标记字段的内容来查找相应的 cache 行，是一种按内容访问方式，因此，相应的电路是一种**相联存储器**。当比较器数量较多时，相联存储器的电路延迟和所用元件开销都较大，因此全相联方式不适合容量较大的 cache。

3. 组相联方式

直接映射方式和全相联方式的优缺点正好相反，二者结合可取长补短，从而形成组相联方式。

组相联方式的主要思想是，将 cache 所有行分成 2^q 个大小相等的组，每组有 2^s 行。每个主存块映射到 cache 固定组中的任意一行，即组相联采用组间模映射、组内全相联的方式，映射关系如下：

$$\text{cache 组号} = \text{主存块号} \bmod \text{cache 组数}$$

例如，若 8K 字的 cache 划分为 2^3 组 $\times 2^1$ 行 / 组 $\times 512$ 字 / 行，则主存第 100 块应映射到 cache 第 4 组的任意一行中，因为 $100 \bmod 2^3 = 4$。

上述 2^q 组 $\times 2^s$ 行 / 组的 cache 映射方式称为 2^s 路组相联，即：$s=1$ 为 2 路组相联；$s=2$ 为 4 路组相联；以此类推。通过对主存块号取模，使每 2^q 个主存块与 2^q 个 cache 组一一对应，主存地址空间实际上被分成了若干组群，每个组群中有 2^q 个主存块对应于 cache 的 2^q 个组。假设主存地址有 m 位，块内地址占 b 位，有 2^t 个组群，则 $m=t+q+b$，主存地址被划分为以下三个字段：

标记	cache 组号	块内地址

其中，高 t 位为标记，中间 q 位为组号（也称**组索引**），剩下的 b 位为块内地址。标记字段的含义表示当前 cache 行存放的主存块位于主存哪个组群。

例如，假定 cache 数据区大小为 8KB，每个主存块大小为 32B，按字节编址，则块内地址的位数 $b=5$；若采用 2 路组相联，即每组有 2 行，则 cache 有 8KB/(32B×2)=128 组，即 $q=7$，$s=1$。假定主存地址为 32 位，则标记位数 $t=32-7-5=20$，即主存共有 2^{20} 个组群，每个组群有 $2^7=128$ 块，每块有 $2^5=32$ 字节，主存地址被划分为标记 20 位、组号 7 位、块内地址 5 位。

s 的选取决定了块冲突的概率和相联比较的复杂性。s 越大，则 cache 发生块冲突的概率越低，相联比较电路越复杂。选取适当的 s，可使组相联的成本比全相联的成本低得多，而性能上仍可接近全相联方式。早期 cache 容量不大，通常选取 $s=1$ 或 2，即 2 路或 4 路组相联较常用；随着技术的发展，cache 容量不断增加，s 的值有增大的趋势，目前有许多处理器的 cache 采用 8 路或 16 路组相联方式。

例 6.7 假定 cache 采用 2 路组相联方式，块大小为 512B，按字节编址。cache 数据区大小为 8KB，主存地址空间为 1MB。问：主存地址如何划分？要求用图表示主存块和 cache 行之间的映射关系，并说明 CPU 对主存单元 0240CH 的访问过程。

解： cache 数据区大小为 $8KB=2^{13}B=2^3$ 组 $\times 2^1$ 行/组 $\times 512B$/行。

主存地址空间为 $1MB=2^{20}B=2^{11}$ 块 $\times 512B$/块 $=2^8$ 组群 $\times 2^3$ 块/组群 $\times 2^9 B$/块。

因此主存地址位数 m 为 20，其中，标记位数 t 为 8，组号位数 q 为 3，块内地址位数 b 为 9。

主存地址划分以及主存块和 cache 行之间的对应关系如图 6.25 所示。

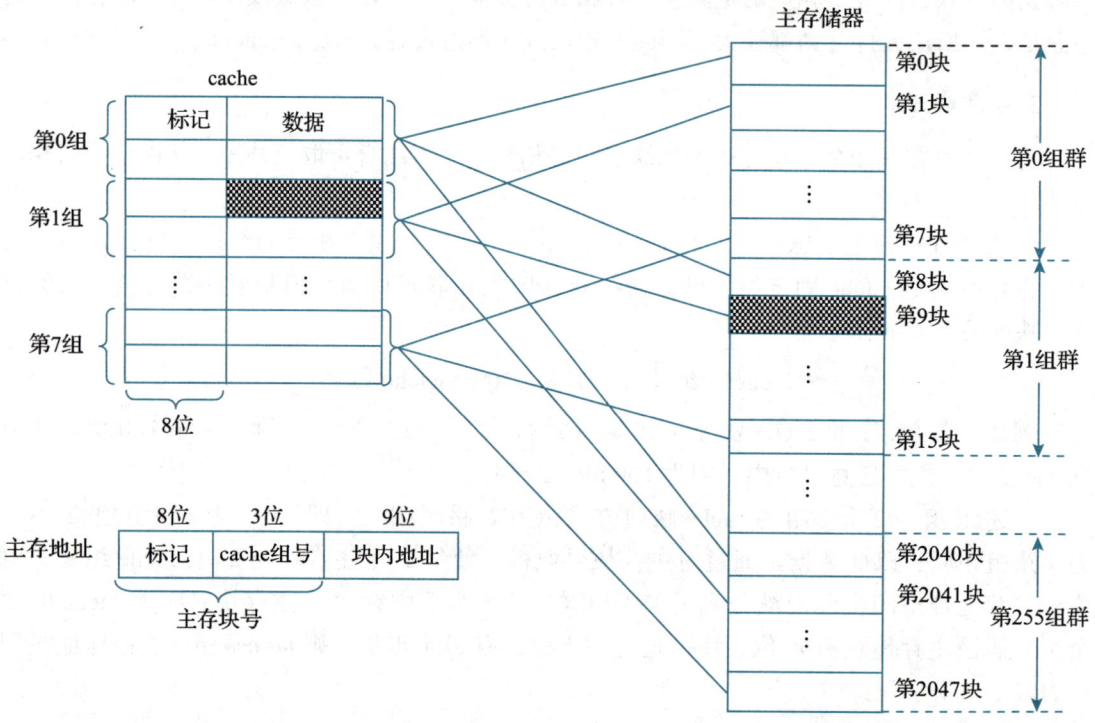

图 6.25 组相联方式下主存地址划分以及主存块和 cache 行之间的对应关系

主存地址 0240CH 展开的二进制数为 0000 0010 0100 0000 1100，所以主存地址划分如下：

| 0000 0010 | 010 | 0 0000 1100 |

访问 0240CH 单元的过程如下：首先根据地址中间 3 位 010，找到 cache 第 2 组，将标记 0000 0010 与第 2 组中两个 cache 行的标记同时比较。若其中一行标记相等且有效位为 1，则命中，此时 CPU 根据块内地址 0 0000 1100 在该行中存取信息；若不存在这样的行，则不命中，此时将 0240CH 单元所在的主存第 0000 0010 010 块（即第 18 块）装入 cache 第 010 组（即第 2 组）的任意行中，并置有效位为 1，置标记为 0000 0010（表示信息取自主存第 2 组群中对应主存块）。

组相联结合了直接映射和全相联的优点。当 cache 组数为 1 时，则为全相联；当每组只有一个 cache 行时，则为直接映射。组相联的冲突概率比直接映射低，因为只有组内各行采用全相联，所以比较器的位数和个数都比全相联少，相联存储器的电路延迟和所用元件开销都较低。

4. 三种映射方式的比较

对于一个主存块来说，三种映射方式下所能映射到 cache 行的数量不同，这种特性可用**关联度**来度量。直接映射是唯一映射，每个主存块只能映射到一个固定行，关联度最低，为 1；全相联是任意映射，可以映射到任意行，关联度最高，为 cache 总行数；N 路组相联可以映射到 N 行，关联度居中，为 N。

当 cache 大小、主存块大小一定时，关联度和命中率、命中时间、标记所占额外开销等有如下关系。

- 关联度越低，命中率越低。直接映射命中率最低，全相联命中率最高。
- 关联度越低，判断是否命中的电路开销越小，电路延迟越短。直接映射的比较电路延迟最短，全相联的比较电路延迟最长。
- 关联度越低，每个 cache 行中的标记所占额外空间越少。直接映射额外空间最少，全相联额外空间最大。

假定主存地址为 32 位，按字节编址，主存块大小为 16 字节，则关联度为 1（即直接映射）时，每组 1 行，共 4K 组，标记占 32-4-12=16 位，总位数为 4K×16=64K 位；关联度为 2（即 2 路组相联）时，每组 2 行，共 2K 组，标记占 32-4-11=17 位，总位数为 4K×17=68K 位；关联度为 4（即 4 路组相联）时，每组 4 行，共 1K 组，标记占 32-4-10=18 位，总位数为 4K×18=72K 位；全相联时，整个为 1 组，每组 4K 行，标记占 32-4=28 位，总位数为 4K×28=112K 位。

6.4.3 cache 的替换算法

cache 行数比主存块数少很多，多个主存块会映射到同一个 cache 行中。当一个新主存块装入 cache 时，可能 cache 中的对应行全部占满，此时，必须选择淘汰其中一个 cache 行中的主存块，使该行中能存放新主存块。例如，对于例 6.7 中的 2 路组相联 cache，假定第 0 组的两个行分别存放了主存第 0 块和第 8 块，此时若需装入主存第 16 块，根据映射关系，它只能存放到 cache 第 0 组，因此，必须在第 0 和第 8 两个主存块中选择淘汰其中一块。具体如何淘汰称为**淘汰策略**问题，也称为**替换算法**或**替换策略**。

常用的替换算法有先进先出（First-In-First-Out，**FIFO**）算法、最近最少用（Least-Recently Used，**LRU**）算法、最不经常用（Least-Frequently Used，**LFU**）算法和随机替换算法等。可以根据实现的难易程度以及是否能获得较高的命中率两方面来决定采用哪种算法。

1. 先进先出算法

FIFO 算法的基本思想是：总是替换最早进入 cache 的主存块。FIFO 算法容易实现，但不能正确反映程序访问局部性，因为最先进入的主存块也可能是当前经常访问的，从而造成较大的缺失率。

2. 最近最少用算法

LRU 算法的基本思想是：总是替换近期最少使用的主存块。这种算法能比较正确地反映程序访问局部性，因为当前最少使用的主存块将来被访问的概率通常很低，但实现比 FIFO

算法复杂。

以下例子说明 LRU 算法的具体实现。假定有 5 个主存块 {1,2,3,4,5} 映射到 cache 同一组，对于主存块访问地址流 {1,2,3,4,1,2,5,1,2,3,4,5}，在 3 路、4 路和 5 路组相联的情况下，采用 LRU 算法的替换过程如图 6.26 所示。这里用 3 路和 5 路组相联只是为了解释实现原理，实际中较少采用，因为 3 和 5 都不是 2 的幂。

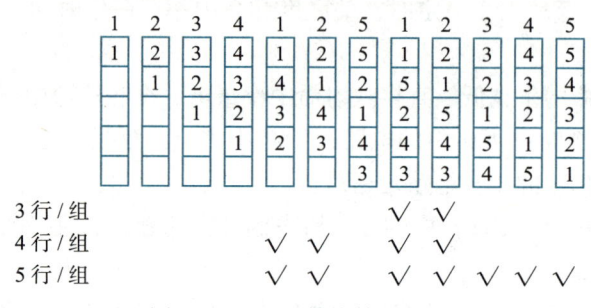

图 6.26　LRU 替换算法示例

在图 6.26 中，每一列的排列反映了访问相应主存块后组内每个主存块被访问的相对时间，靠近上方表示主存块最近被访问，靠近下方表示此刻距离主存块上次被访问时间较久。图中的对勾符号表示访问相应主存块时命中。以 4 路组相联为例，前 4 次分别访问主存块 {1,2,3,4}，由于一开始 cache 为空，因此 4 次访问均缺失，需要从主存读出相应主存块并装入 cache 组内的空闲行，同时 LRU 算法会记录访问情况。第 5 次访问的是 1 号主存块，访问命中，同时 LRU 算法将 1 号主存块更新为最近被访问。第 7 次访问的是 5 号主存块，由于之前未访问过此块，故缺失，但因为组内没有空闲块，需要根据替换算法选择一块进行替换，根据 LRU 算法的记录，此时最近最少用的是 3 号主存块，故用新的 5 号主存块替换组内的 3 号主存块，同时 LRU 算法将 5 号主存块更新为最近被访问。第 10 次访问的是 3 号主存块，但由于 3 号主存块在第 7 次访问时被替换，此时不在 cache 中，故缺失，需要根据替换算法选择一块进行替换，根据 LRU 算法的记录，此时最近最少用的是 4 号主存块，故用新的 3 号主存块替换组内的 4 号主存块，同时 LRU 算法将 3 号主存块更新为最近被访问。其他访问过程同理。

从图 6.26 可看出，对于 LRU 算法，同一组中小关联度的块集合必然是大关联度的块集合的子集。因此，在小关联度的情况下命中时，在大关联度的情况下必定命中，故 5 路组相联的命中率一定大于 4 路，4 路组相联的命中率一定大于 3 路。满足这种特性的算法称为**栈算法**。因此，LRU 算法是栈算法。当然，如前文所述，关联度并非越大越好。

当程序的工作集（即程序中某段时间集中访问的存储区）超过 cache 组的大小时，命中率可能变得很低。例如，假设上述例子中的工作集为 {1,2,3,4}，访存地址流是 1,2,3,4,1,2,3,4,1,2,3,4,…，而 cache 每组只有 3 行，则命中率为 0。这种现象称为**颠簸**或**抖动**（thrashing）。

在硬件中，LRU 算法并不像图 6.26 所示的那样通过移动块来实现。实际上，每个 cache 行有一个计数器，用计数值来记录主存块的使用情况。这个计数值称为 **LRU 位**，其位数与 cache 组大小有关，2 路时有一位，4 路时有两位。LRU 算法负责更新计数值并根据计数值选择替换某 cache 行中的主存块。替换时，只要将被替换行的有效位清 0 即可。

图 6.27 是图 6.26 中 4 路组相联示例。图中每一列左边的数字是对应 cache 行的计数值，右边的数字是存放在该行中的主存块号。

	1	2	3	4	1	2	5	1	2	3	4	5
0 1	1 1	2 1	3 1	0 1	1 1	2 1	0 1	1 1	2 1	3 1	0 5
	0 2	1 2	2 2	2 3	2 0	2 1	2 2	2 0	2 1	2 2	2 3	2 4
		0 3	1 3	2 3	3 3	3 0	5 1	5 2	5 3	5 0	4 2	3
			0 4	1 4	2 4	3 4	3 4	3 4	3 4	0 3	1 3	1 2

图 6.27　用计数器实现 LRU 算法

计数值变化规则如下。
- 命中时，被访问行的计数器清 0，比其低的计数器加 1，其余不变。
- 缺失且该组还有空行时，将新装入行的计数器设为 0，其余全加 1。
- 缺失且该组无空行时，替换计数值为 3 的行中主存块，将新装入行的计数值设为 0，其余加 1。

从计数值变化规则可以看出，计数值越大，行中主存块在最近越最少用。随着 cache 关联度的增加，LRU 计数器的总容量也明显增加。以下例子反映了 LRU 替换算法的实现成本。

例 6.8　AMD 某型号处理器采用先进工艺制造，集成了一个所有处理器核共享的 cache，数据区大小为 384MB，采用 16 路组相联，主存块大小为 64B。若该 cache 采用 LRU 替换算法，问 LRU 计数器的总容量为多少？如果采用 32 路组相联，此时 LRU 计数器的总容量又为多少？

解：cache 采用 16 路组相联，大小为 384MB=6M 行 ×64B/ 行，故 cache 共有 6M 行。每组有 16 行，即 LRU 位为 4，故 LRU 计数器的总容量为 6M 行 ×4b/ 行 =24Mb=3MB。

采用 32 路组相联时，LRU 位为 5，故 LRU 计数器的总容量为 6M 行 ×5b/ 行 =30Mb= 3.75MB。

为降低上述 LRU 位计数器的硬件实现成本，通常采用伪 LRU（Pseodu-LRU，PLRU）算法。伪 LRU 算法的思想是，仅记录 cache 组内每个主存块的近似使用情况，以区分哪些是新装入的主存块，哪些是较长时间未用的主存块，替换时在那些较长时间未用的主存块中选择一个换出。伪 LRU 算法通常有以下两种实现方式：计数器型伪 LRU 和树型伪 LRU。计数器型伪 LRU 只需为每个 cache 行维护 1 位计数器，而树型伪 LRU 只需为每个 cache 组维护（关联度 −1）位的状态位。因此，伪 LRU 是一种近似 LRU 算法，但其实现成本较低，总体性能仍接近 LRU 算法。

例 6.9　对于例 6.8 中的 cache，若采用树型伪 LRU 替换算法，则两种情况下 LRU 计数器的总容量各为多少？

解：采用 16 路组相联时，cache 数据区大小为 384MB=384K 组 ×16 行 / 组 ×64B/ 行，故 cache 共有 384K 组。关联度为 16，故每个 cache 组需要维护 15b 的状态位，因此 LRU 计数器的总容量为 384K 组 ×15b/ 组 =5760Kb=720KB。

采用 32 路组相联时，cache 共有 192K 组，每组需要维护 31b 的状态位，故 LRU 计数器的总容量为 192K 组 ×31b/ 组 =5952Kb=744KB。

3. 最不经常用算法

LFU 算法的基本思想是，替换 cache 中访问次数最少的块。LFU 算法与 LRU 类似，也用计数器实现，但不完全相同。

4. 随机替换算法

随机替换算法的基本思想是：随机替换组内的一个主存块，与使用情况无关。统计数据表明，**随机替换算法**在性能上只稍逊于基于使用情况的算法，而且实现简单。

例 6.10 假定主存空间为 32K×16 位，按字编址，每字 16 位。cache 采用 4 路组相联，数据区占 4K 字，主存块大小为 64 字。假定 cache 开始为空，CPU 按顺序访问主存单元 0,1,…,4351，共重复访问 10 次。假设 cache 比主存快 10 倍，采用 LRU 替换算法。试分析采用 cache 后速度提高了多少？

解： 主存空间大小为 32K 字 =512 块 ×64 字 / 块。cache 采用 4 路组相联，数据区为 4K 字 =16 组 ×4 行 / 组 ×64 字 / 行，故 cache 共有 64 行，分成 16 组，每组 4 行。

每块为 64 字，4352/64=68，故主存单元 0～4351 对应前 68 块（第 0～67 块），即 CPU 对主存前 68 块连续访问 10 次。

图 6.28 给出了前两次循环的主存块替换情况，图中列方向是 cache 的 16 个组，行方向是每组的 4 个 cache 行。根据组相联的特点，cache 行和主存块之间的映射关系如下：主存第 0～15 块分别对应 cache 第 0～15 组，可以放在对应组的任一行中，此处假定均存放在第 0 行；主存第 16～31 块也分别对应 cache 第 0～15 组，假

	第 0 行	第 1 行	第 2 行	第 3 行
第 0 组	0/64/48	16/0/64	32/16	48/32
第 1 组	1/65/49	17/1/65	33/17	49/33
第 2 组	2/66/50	18/2/66	34/18	50/34
第 3 组	3/67/51	19/3/67	35/19	51/35
第 4 组	4	20	36	52
⋮	⋮	⋮	⋮	⋮
第 15 组	15	31	47	63

图 6.28 主存块替换情况

定放在第 1 行；同理，主存第 32～47 块分别放在 cache 第 0～15 组的第 2 行；第 48～63 块分别放在 cache 第 0～15 组的第 3 行。这样，第 0～63 块都没有冲突，访问每块时，都是第一个字在 cache 中缺失，相应块装入 cache 后，其余各字都能在 cache 中命中。

主存的第 64～67 块分别对应 cache 的第 0～3 组，此时，这 4 组均无空闲行，每组都要选择一个 cache 行中的主存块替换。因为采用 LRU 算法，所以分别将最近最少用的第 0～3 块从第 0～3 组的第 0 行中替换出来，再把第 64～67 块分别存到对应 cache 行中。访问每块时，也是第一字在 cache 中缺失，装入后其余 63 字都能在 cache 中命中。

对于 cache 的第 0～3 组，每组都只有 4 个 cache 行，但都要依次访问 5 个主存块，此时使用 LRU 算法会造成颠簸现象，每次访问主存块的第一字时都会缺失，装入后其余 63 字都能在 cache 中命中。

综上所述，第一次循环时，对于所有 68 块都只有第一字缺失，其余 63 字命中。以后 9 次循环中，因为 cache 第 4～15 组中的 4×12=48 个 cache 行内的主存块一直未被替换，所以只有 68–48=20 个主存块的第一字未命中，其余都命中。

访问总次数为 4352×10=43 520，缺失次数为 68+9×20=248，命中率 p =(43 520–248)/43 520= 99.43%。

假定 cache 和主存的访问时间分别为 T_c 和 T_m，根据题意可知 T_m=10T_c。采用 cache 后，cache– 主存层次的平均访问时间为 $T_a = T_c + (1–p) \times T_m = T_c +(1–p)\times 10T_c$。

因此，采用 cache 后速度提高的倍数为 T_m/T_a = 10T_c /(T_c+(1–p)×10T_c)=10/(1+(1–p)×10) ≈ 9.5。

6.4.4　cache 的写策略

因为 cache 中的内容是主存块副本，当更新 cache 中的内容时，就要考虑何时更新主存中的相应内容，使两者保持一致，这称为写策略（write policy）问题。写策略有以下两种。

1. 通写法

通写法（write through）也称**全写法**、**直写法**或**写直达法**，其基本做法是：若写命中，则同时写 cache 和主存，以保持两者一致；若写缺失，则先写主存，并有以下两种处理方式。

- **写分配法**（write allocate）。分配一个 cache 行并装入更新后的主存块。这种方式可以充分利用空间局部性，但每次写缺失时都要装入主存块，因此增加了写缺失的处理开销。
- **非写分配法**（not write allocate）。不将主存块装入 cache。这种方式可以减少写缺失的处理时间，但没有充分利用空间局部性。

显然，采用通写法能充分保证 cache 和主存内容一致。但是，这种方法会大大增加写操作的开销。例如，假定一次写主存需要 100 个 CPU 时钟周期，那么 10% 的存数指令就使 CPI 增加 100 × 10%=10 个时钟周期。

为了减少写主存的开销，通常在 cache 和主存之间加一个**写缓冲**（write buffer）。在 CPU 写 cache 的同时，也将内容写入写缓冲，此时 CPU 可继续工作，不必等待内容真正写入主存，而是由写缓冲将其内容写入主存。写缓冲是一个 FIFO 队列，一般有 4 项，在写操作频率不高的情况下效果较好；若写操作频繁，则会使写缓冲饱和而阻塞，此时 CPU 需要等待。

2. 回写法

回写法（write back）也称**一次性写**、**写回法**，其基本做法是：若写命中，则只将内容写入 cache 而不写入主存；若写缺失，则分配一个 cache 行并装入主存块，然后更新该行的内容。因此，回写法通常与写分配法组合使用。

CPU 执行写操作时，回写法不会更新主存单元，只有在替换 cache 行中的主存块时，才将该块内容一次性写回主存。回写法的好处是减少了写主存的次数，因而可大大降低主存带宽需求。此外，若 cache 行的主存块未被写过，替换时则无须将其写回主存。为记录该信息，每个 cache 行会关联一个**修改位**（dirty bit，也称**脏位**）。向 cache 行装入新主存块时，将该位清 0；CPU 写入 cache 行时，将该位置 1。替换 cache 行时检查其修改位，若为 1，则需要将该主存块写回主存，若为 0，则无须写回主存。

由于回写法未及时将内容写回主存，此时，若系统中的其他模块（如外设、其他 CPU 等）访问该主存块，则将读出过时的内容，进而影响程序的正确性。通常需要其他同步机制来解决该问题。

*6.4.5 cache 的设计

决定系统访存性能的重要因素包括 cache 命中率和缺失损失，它们与 cache 设计的许多方面有关。前文提到，cache 命中率与关联度（即映射方式）和替换策略有关，同时和 cache 容量也有关。显然，cache 容量越大，命中率越高。此外，cache 命中率还与主存块大小有关。采用大的交换单位能更好地利用空间局部性，但是，较大的主存块需花费较多时间存取，因此，缺失损失会增大。由此可见，主存块的大小必须适中，不能太大，也不能太小。当然，缺失损失还与写策略和写分配法有关。

除了上述问题外，设计 cache 时，还要考虑数据 cache 和指令 cache 是联合还是分离、采用单级还是多级 cache、总线事务的传送方式、DRAM 芯片的内部结构等，这些因素都会影响 cache 的总体性能。这些问题的选择构成了 cache 的设计空间，架构师需要在设计空间中选取合适的方案，在系统总体性能、芯片面积、电路功耗等方面做出权衡。下面对这些设计选择进行简单分析说明。

1. 联合 / 分离 cache 的选择

早期计算机采用单级片外 cache，近年来，多级片内 cache 系统已成为主流。目前 cache 基本上都集成在 CPU 芯片内，且使用 L1、L2 和 L3 cache，少数 CPU 甚至有 L4 cache。通常 L1 cache 采用分离 cache，即数据 cache（data cache）和指令 cache（instruction cache）独立工作。L2 cache 和 L3 cache 通常为联合 cache，即数据和指令存放在一个 cache 中。

L1 cache 采用分离 cache 时，会带来指令 cache 和数据 cache 之间的一致性问题。具体地，程序有时需要向主存写入若干内容，然后将其解释成指令来执行。一个例子是操作系统中的加载器，它首先将一个用户程序从外存读入并存储到主存某位置，然后跳转到该主存位置开始取指令执行。在这个过程中，将程序存到该主存位置时采用存数指令，因此程序内容可能位于数据 cache 中。当从该主存位置开始取指令执行时，可能无法访问到位于数据 cache 中的程序内容，从而会取到错误的指令。即使数据 cache 的写策略采用通写法将程序内容及时写入主存，也无法完全解决上述问题，因为指令 cache 中可能已经存放了该主存位置的主存块，使得 CPU 查找指令 cache 时能命中，故取到的仍然不是主存中的最新指令。

上述问题的出现与冯·诺依曼结构有关。如 1.1.2 节所述，冯·诺依曼结构的一个特点是"存储器不仅能存放数据，也能存放指令，形式上数据和指令没有区别"。因此，同一主存块可能同时存放在指令 cache 和数据 cache，且硬件无法区分该主存块存放的是数据还是指令。为了解决该问题，需要通过额外的同步机制来保证指令 cache 可以取到最新写入的程序内容。例如，RISC-V 提供了一条特殊的屏障指令 fence.i，用于保证在该指令之后的取指操作可以取到该指令之前的存数指令写入的内容。

2. 单级 / 多级 cache 的选择

在一个采用两级 cache 的系统中，CPU 总是先访问 L1 cache，若访问缺失，再访问 L2 cache。若访问 L2 cache 命中，则缺失损失为 L2 cache 的访问时间，比访问主存快得多；若访问 L2 cache 缺失，则需访问主存，此时缺失损失较大。

根据一个主存块是否同时出现在多级 cache 中，可将多级 cache 分为包含式（inclusive）

和**互斥式**（exclusive）两类。例如，在包含式两级 cache 的系统中，若某块在 L1 cache 中，则该块也必定在 L2 cache 中；而在互斥式两级 cache 的系统中，若某块在某一级 cache 中，则该块必定不在另一级 cache 中。

包含式两级 cache 有以下好处。
- 当 L1 cache 缺失而 L2 cache 命中时，只需将主存块从 L2 cache 复制到 L1 cache；而在互斥式两级 cache 中，需要将 L2 cache 命中的主存块与 L1 cache 被替换的主存块进行交换，从而维护互斥性质，因而操作比包含式更复杂。
- L2 cache 行可以比 L1 cache 行更大，从而节省存储标记的空间，当 L2 cache 很大时，节省的存储空间甚至与 L1 cache 大小相近；但在互斥式两级 cache 中，为了实现上述的交换操作，L2 cache 行的大小必须与 L1 cache 行保持一致。

互斥式两级 cache 则有以下好处。
- 整个 cache 系统可以存储更多主存块。假设 L1 cache 容量为 C1，L2 cache 容量为 C2，则互斥式两级 cache 系统的有效容量为 C1+C2；而对于包含式两级 cache 系统，其有效容量为 C2，因为 L1 cache 中的主存块必定也在 L2 cache 中。
- 冲刷 L2 cache 中某块时，无须通知 L1 cache，该场景在多 CPU 访问共享变量时频繁出现；而对于包含式两级 cache 系统，为了维护包含性质，若该块在 L1 cache 中，则 L1 cache 也要冲刷该块。

Intel 有些处理器并不要求 L1 cache 中的主存块必须在 L2 cache 中，即 L1 cache 中的块可在 / 也可不在 L2 cache 中，这种方式称为**部分包含式**（partially-inclusive），它结合了包含式和互斥式的部分优点。

在多级 cache 中，**全局缺失率**是指在所有级 cache 中都缺失的访问次数占总访问次数的比率；**局部缺失率**是指在某级 cache 中缺失的访问次数占该级 cache 总访问次数的比率。例如，对于两级 cache，若 CPU 总访存次数为 100，在 L1 cache 命中的次数为 94，剩下的 6 次中在 L2 cache 命中的次数为 5，只有 1 次需要访问主存，则全局缺失率为 1%，L1 cache 和 L2 cache 的局部缺失率分别为 6% 和 16.7%。

由于多级 cache 中各级 cache 所处的位置不同，因此它们的设计目标也有所不同。例如，L1 cache 通常更关注命中时间而不要求有很高的命中率，一方面是因为 L1 cache 靠近 CPU 流水线，对 IPC 影响很大，另一方面即使 L1 cache 不命中，也可以访问 L2 cache，其命中时间仍然比主存快得多，故即使命中率并非很高，也不会大幅影响总体性能；而 L2 cache 则更关注命中率，因为若缺失，则必须访问慢速的主存，从而大幅影响总体性能。

3. 总线事务的传送方式

在主存和 cache 之间通过系统总线传送主存块，故总线事务的传送方式会影响缺失损失。为了降低缺失损失，必须采用合适的总线事务传送方式，从而在主存和 cache 之间构建快速的传送通道。

为了计算主存块传送到 cache 所用的时间，必须先了解 CPU 从主存取一块数据到 cache 的过程。该过程一般包含以下三个阶段。
- 发送地址和读命令到主存控制器，假定用 1 个时钟周期。

- 主存控制器从主存芯片读出一个数据，假定用 10 个时钟周期。
- 3）主存控制器通过总线传送该数据到 cache，假定用 1 个时钟周期。

总线事务可以有三种传送方式：窄形结构，每次传送一个字；宽形结构，每次传送多个字；突发传输，每次传送一个字，但一次总线事务中包含多次传送。假定主存块大小为 4 个字，那么对于这三种结构，其延迟各是多少呢？

图 6.29 给出了三种方式下的主存块传送过程。图 6.29a 对应于窄形结构，连续进行 4 次"送地址 – 读出 – 传送"操作，每次一个字，其延迟为 $4×(1+10+1)=48$ 个时钟周期。图 6.29b 对应于宽度为两个字的宽形结构，连续进行两次"送地址 – 读出 – 传送"操作，每次两个字，其延迟为 $2×(1+10+1)=24$ 个时钟周期；假定宽形结构的宽度为 4 个字，则只要进行 1 次"送地址 – 读出 – 传送"操作，其延迟为 $1×(1+10+1)=12$ 个时钟周期；但是，宽度越大，总线的数据位宽越大，电路的面积越大。图 6.29c 对应采用突发传输方式，主存控制器收到首地址和突发传输方式的控制信号后，用 10 个时钟周期读出相邻的 4 个字，并每隔一个时钟周期通过总线传送一个字，因此，其延迟为 $1+1×10+4×1=15$ 个时钟周期。通过以上分析可看出，突发传输的性能最好。

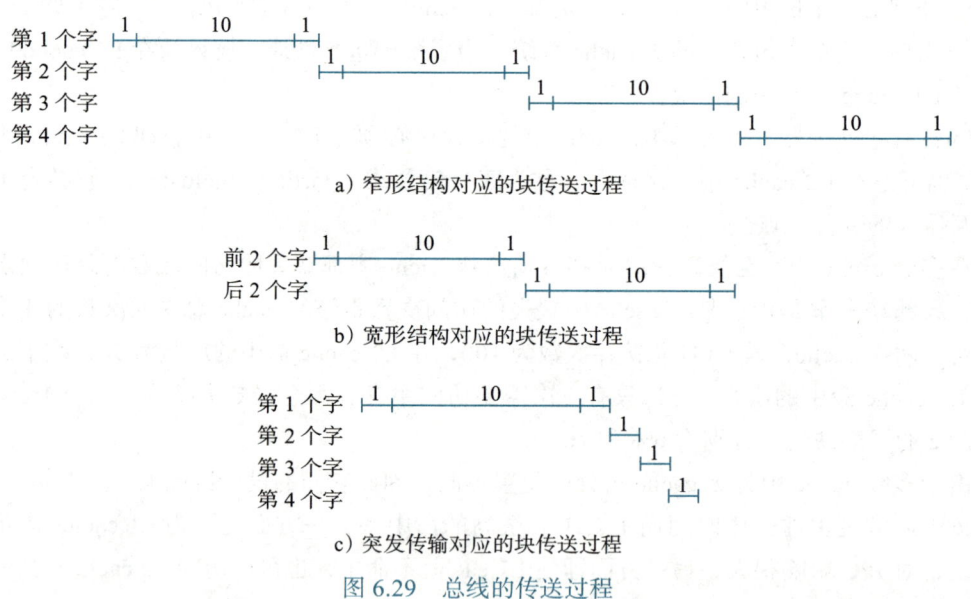

图 6.29　总线的传送过程

在现代处理器中，cache 通常采用突发传输方式装入主存块或将主存块写回主存。在多级 cache 系统中，不同层级的 cache 之间也采用突发传输方式。高性能的总线协议通常支持突发传输方式，例如，AXI 总线协议中可通过 ARBURST 或 AWBURST 控制信号指定当前总线事务采用突发传输方式。突发传输也可以和宽形结构同时使用，进一步降低缺失损失，但宽形结构会增加电路的面积，需要做出权衡。

4. DRAM 芯片的内部结构

指令执行过程中，若 cache 缺失，则需要到主存取数据或指令，而主存由 DRAM 芯片实现，并且每次缺失时，要从 DRAM 中读取一块信息到 cache。因此，合理设计 DRAM 结构,可以使 DRAM 控制器通过存储器总线在一次总线事务中高效地传送一个主存块,从而更好地支持系统总线的突发传输事务,降低 cache 的缺失损失。

图 6.30 所示的存储器总线宽度为 128 位,连接在其上的内存条一次最多能读出 128 位数据,每个内存条上包含多个 DRAM 芯片。可用 16 个 2Mb 的 DRAM 芯片集成一个 4 MB 的内存条,每个芯片内有一个 512×8 位的**行缓冲**(row buffer),16 个芯片共 8KB 行缓冲。每个芯片内的存储矩阵有 512 行 ×512 列,并有 8 个位平面,每次读写各芯片内同行同列的 8 位,共 16×8=128 位。当 DRAM 控制器访问一块连续的主存区域(即行地址相同的区域)时,可直接从行缓冲读取。当 DRAM 存储器处理来自系统总线的突发传输事务时,行缓冲结构可以帮助 DRAM 控制器快速从 DRAM 芯片中读出主存地址连续的数据,从而实现图 6.29c 所示的快速传送过程。

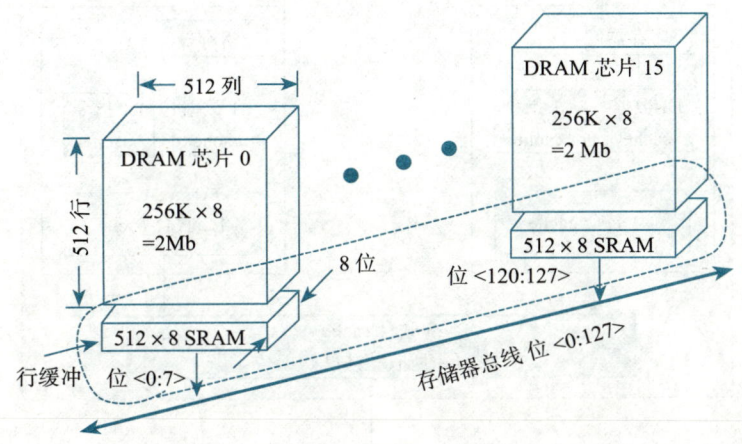

图 6.30 内存条中芯片排列示意图

此外,也可以通过交叉存储结构的组织方式来快速从 DRAM 中读出主存地址连续的数据。交叉存储结构的思想是,将主存地址连续的数据存放在不同的 DRAM 存储模块中,需要读出数据时,每隔一个时钟周期启动一个 DRAM 存储模块。经过一段时间后,第 1 模块准备好第 1 个数据并把该数据传送给 DRAM 控制器,然后 DRAM 控制器在系统总线上传送第 1 个数据;同时,第 2 模块也已经准备好第 2 个数据,DRAM 控制器在系统总线上传送第 2 个数据的同时,第 3 模块也已经准备好第 3 个数据,以此类推。在 DRAM 控制器看来,每个时钟周期分别从不同模块中读出不同数据并依次传送给 cache,因此也可以很好地支持突发传输事务的处理。

Intel 公司的 Pentium 微处理器在芯片内集成了一个指令 cache 和一个数据 cache。片内 cache 采用 2 路组相联结构,共 128 组,每组两行。片内 cache 采用 LRU 替换策略,每组有一个 LRU 位,用来表示替换该组哪一路中的 cache 行。Pentium 处理器有两条专门的指令来清除或回写 cache。Pentium 处理器采用片外二级 cache,可配置为 256KB 或 512KB,也采用 2 路组相联方式,主存块大小有 32B、64B 或 128B。

Pentium 4 微处理器芯片内集成了一个 L2 cache 和两个 L1 cache。L2 cache 是联合 cache,数据和指令共同存放,所有从主存读取的指令和数据都先送到 L2 cache 中。它有三个端口,一个对外,两个对内。对外的端口通过预取控制逻辑和总线接口部件,与处理器总线相连，用来与主存交换信息；对内的端口中，一个以 256 位位宽与 L1 数据 cache 相连，另一个以 64 位位宽与指令预取部件相连，由指令预取部件取出指令送指令译码器，指令译码器再将指令转换为微操作序列送到 cache 中，Intel 称该 cache 为踪迹高速缓存（trace cache），其中存放的并不是指令，而是指令译码后的微操作序列。

早期的 Intel Core i7 采用的 cache 结构如图 6.31 所示，每个核（core）内有各自私有的 L1 cache 和 L2 cache。其中，L1 指令 cache 和 L1 数据 cache 都是 32KB，皆为 8 路组相联，命中时间都是 4 个时钟周期；L2 cache 是联合 cache，共有 256KB，8 路组相联，存取时间是 11 个时钟周期。该多核处理器中还有一个供所有核共享的 L3 cache，大小为 8MB，16 路组相联，存取时间是 30～40 个时钟周期。上述所有 cache 的主存块大小都是 64B。

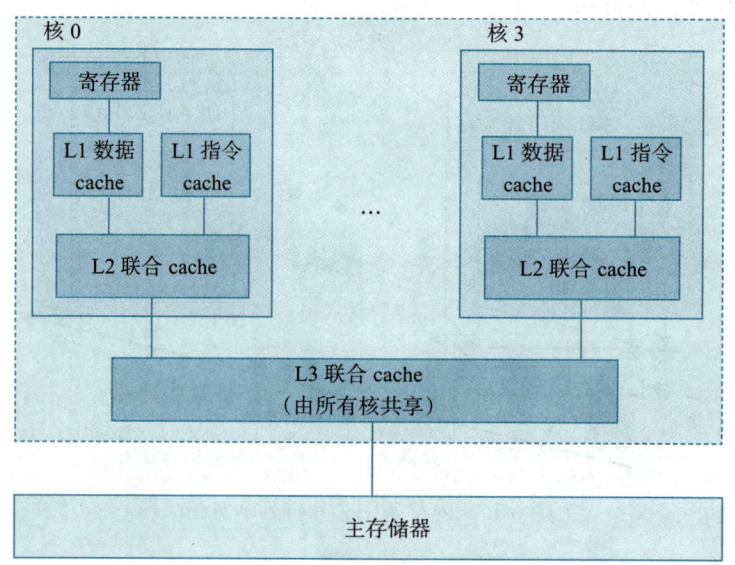

图 6.31　早期的 Intel Core i7 处理器的 cache 结构

*6.4.6　cache 和程序性能

计算机性能最直接的度量方式是 CPU 时间。执行一个程序所用的 CPU 时间等于 CPU 执行时间和等待主存访问时间之和。当 cache 缺失时，需要等待主存访问，对于顺序流水线 CPU 来说，此时 CPU 处于阻塞状态。因此 CPU 时间的计算公式如下：

CPU 时间 =（CPU 执行时钟周期数 + cache 缺失引起阻塞的时钟周期数）× 时钟周期

若写回阻塞、写缓冲阻塞忽略不计，则综合考虑读和写操作后得到如下公式：

cache 缺失引起阻塞的时钟周期数 = 程序中访存次数 × 缺失率 × 缺失损失

例 6.11　某顺序流水线 CPU 只有一级 cache，并将指令和数据分别存放在指令 cache 和数据 cache 中。指令 cache 和数据 cache 的缺失率分别为 1% 和 4%。假定在没有任何访存阻塞时 CPI 为 1，缺失损失为 200 个时钟周期，CPU 执行访存指令占比为 36%，每条访存指令存取一次数据，若 cache 缺失率为 0，CPU 速度会快多少？

解：假设程序共执行 I 条指令，每条指令的取指令操作访存一次，则取指令缺失引起阻

塞的时钟周期数为 $I\times 1\%\times 200=2.0\times I$。

访存指令占比为 36%，故访问数据缺失引起阻塞的时钟周期数为 $I\times 36\%\times 4\%\times 200=2.88\times I$。

在一条指令执行过程中，取指令和访问数据串行进行，因此两者的总阻塞时钟周期数应相加，为 $2.0\times I+2.88\times I=4.88\times I$，即平均每条指令有 4.88 个时钟周期处于访存阻塞状态，因此，访存阻塞使 CPI 从 1 增大到 1+ 4.88 = 5.88。故若 cache 缺失率为 0，则 CPU 速度会快 5.88/1=5.88 倍。访存阻塞时间占指令执行时间的比例为 4.88/5.88 ≈ 83%。

进一步分析上述例子，可以得到处理器性能与 cache 性能之间的关系，分别从以下两方面来考虑。

- 假设上例中没有任何访存阻塞时 CPI 为 2，时钟频率不变，则访存阻塞使 CPI 从 2 增加到 2+4.88=6.88。若 cache 不发生缺失，则 CPU 速度会快 6.88/2=3.44 倍。访存阻塞时间占执行时间的比例为 4.88/6.88 ≈ 71%，小于 83%。由此可得出结论：CPI 越小，cache 缺失引起的阻塞对系统总体性能的影响越大。
- 假设上例中时钟频率加倍，CPI 不变，则缺失损失变为 400 个时钟周期。此时总阻塞时钟周期数为 (1% × 400) + 36% × (4% × 400) = 9.76。因此，访存阻塞使 CPI 从 1 增大到 1+9.76=10.76。由于时钟频率加倍，加倍后两个时钟周期的时间与原机器一个时钟周期相等，因此，前者性能大约是后者的 5.88/(10.76/2) ≈ 1.1 倍。若 cache 缺失率为 0，性能应为原机器的两倍。由此可得出结论：CPU 时钟频率越高，cache 缺失损失越大。

上述两个方面共同说明：CPU 性能越高，cache 的性能就越重要！

程序性能通常指执行程序所用时间的长短，显然，它与程序执行时访问指令和数据所用时间有很大关系，而指令和数据的访问时间与相应的 cache 命中率、命中时间和缺失损失有关。对于给定的计算机系统而言，命中时间和缺失损失是确定的，因此，指令和数据的访问时间主要由 cache 命中率决定，而 cache 命中率则主要由程序的空间局部性和时间局部性决定。因此，为了提高程序的性能，程序员应编写出访问局部性良好的程序。

指令的访问模式通常比数据更规整，因此提升数据访问局部性对程序性能的影响更大，而这通常涉及通过循环语句访问数组、结构体等类型的数据元素，因此如何合理处理循环，特别是内循环，是提升数据访问局部性的关键。下面通过例子说明不同的循环处理对程序性能的影响。

例 6.12 某计算机主存地址空间大小为 256MB，按字节编址。指令 cache 和数据 cache 分离，均有 8 行，主存块大小为 64B，数据 cache 采用直接映射和通写法。现有两个功能相同的程序 A 和 B，其伪代码如图 6.32 所示。

假设 i、j、sum 均分配在寄存器中，数组 a 按行优先方式存放，其首地址为 320（十进制数）。请回答下列问题，要求说明理由或给出计算过程。

① 数据 cache 的总容量（包含标记和有效位等）为多少？

② 数组元素 a[0][31] 和 a[1][1] 各自所在主存块对应的 cache 行号分别是多少（行号从 0 开始）？

③ 程序 A 和 B 的数据访问命中率各是多少？哪个程序的执行时间更短？

```
程序 A:
    int a[256][256];
    ...
    int sum_array1 ( )
    {
        int i, j, sum = 0;
        for ( i = 0; i < 256; i++)
            for (j = 0; j < 256; j++)
                sum += a[i][j];
        return sum;
    }
```

```
程序 B:
    int a[256][256];
    ...
    int sum_array2 ( )
    {
        int i, j, sum = 0;
        for ( j = 0; j < 256; j++)
            for ( i = 0; i < 256; i++)
                sum += a[i][j];
        return sum;
    }
```

图 6.32　例 6.12 的程序伪代码

解：① 由于数据 cache 采用直接映射，因此无须实现替换算法及其使用位（如 LRU 位）。此外，由于数据 cache 采用通写法，因此无须修改位（dirty bit）。所以，数据 cache 每行信息除用于存放主存块的数据区外，还包含有效位和标记。主存地址空间大小为 256MB，按字节编址，故主存地址为 28 位；块大小为 64B，故块内地址占 6 位；数据 cache 共 8 行，故 cache 行号（行索引）为 3 位。因此，标记有 28−6−3=19 位。故数据 cache 总容量为 $8\times(19+1+64\times 8)$b=4 256b=532B。

② 对于某数组元素所在主存块对应的 cache 行号，其计算方法主要有以下两种。

- 先计算数组元素地址，然后由地址求主存块号，最后用主存块号对行数取模。a[0][31] 地址为 320+4×31=444，所在主存块号为 $\lfloor 444/64 \rfloor$=6。因为 6 mod 8=6，所以对应行号为 6。
- 将地址转换为 28 位二进制数，然后取出其中的行索引（即行号）字段，得到对应行号。地址 444 转换为二进制表示为 0000 0000 0000 0000 000 110 111100，中间 3 位 110 为对应行号 6。

同理，可得数组元素 a[1][1] 对应 cache 行号为 $\lfloor (320+4\times(1\times 256+1))/64 \rfloor$ mod 8=5。

③ i、j、sum 均分配在寄存器中，故数据访问命中率仅需要考虑数组 a 的访问情况。

程序 A 中数组访问顺序与存放顺序相同，故依次访问的数组元素位于相邻单元；程序共访问 256×256 次 =64K 次，占 64K×4B/64B=4K 个主存块；因为数组首地址正好位于一个主存块的开始处，所以访问每个主存块时，总是第一个数组元素在 cache 中缺失，相应块装入 cache 后，其余各元素都能在 cache 中命中。因此共缺失 4K 次，数据访问命中率为 (64K−4K)/64K=93.75%。（因为每个主存块的命中情况都一样，所以整体命中率与每个主存块的命中率相同。主存块大小为 64B，包含 16 个数组元素，因此，共访存 16 次，其中第一次缺失，以后 15 次全命中，因而命中率为 15/16=93.75%。）

由于程序 B 中的数组访问顺序与存放顺序不同，依次访问的数组元素分布在地址相隔 256×4=1024 的单元处，例如，a[i][0] 和 a[i+1][0] 之间相差 1024B，即 16 块，因为 16 mod 8=0，所以它们均映射到同一个 cache 行。访问后面数组元素时，总是替换上一次装入 cache 中的主存块。由此可知，所有访问都缺失，命中率为 0。

因为程序 A 的命中率更高，所以，程序 A 的执行时间更短。

例 6.13　通过对方格中每个点设置相应的 CMYK 值就可以将方格涂上相应的颜色。图 6.33

中的三个程序段都可实现在一个 8×8 的方格中涂上黄颜色的功能。

```
struct pt_color {
    int c;
    int m;
    int y;
    int k;
}
struct pt_color sq[8][8];
int i, j;
for (i=0; i<8; i++) {
    for (j=0; j<8; j++) {
        sq[i][j].c = 0;
        sq[i][j].m = 0;
        sq[i][j].y = 1;
        sq[i][j].k = 0;
    }
}
```

a) 程序段 A

```
struct pt_color {
    int c;
    int m;
    int y;
    int k;
}
struct pt_color sq[8][8];
int i, j;
for (i=0; i<8; i++) {
    for (j=0; j<8; j++) {
        sq[j][i].c = 0;
        sq[j][i].m = 0;
        sq[j][i].y = 1;
        sq[j][i].k = 0;
    }
}
```

b) 程序段 B

```
struct pt_color {
    int c;
    int m;
    int y;
    int k;
}
struct pt_color sq[8][8];
int i, j;
for (i=0; i<8; i++)
    for (j=0; j<8; j++)
        sq[i][j].y = 1;
for (i=0; i<8; i++)
    for (j=0; j<8; j++) {
        sq[i][j].c = 0;
        sq[i][j].m = 0;
        sq[i][j].k = 0;
    }
```

c) 程序段 C

图 6.33　例 6.13 中的伪代码程序

假设主存地址占 32 位，按字节编址，cache 数据区大小为 512B，采用直接映射方式，块大小为 32B；sizeof(int)=4，变量 i 和 j 分配在寄存器中，数组 sq 按行优先方式存放在 0000 0C80H 开始的主存连续区域中。要求：

① 对三个程序段 A、B、C 中数组访问的时间局部性和空间局部性进行分析和比较。

② 画出主存中的数组元素和 cache 行的对应关系。

③ 计算三个程序段 A、B、C 中数组访问的写操作次数、写不命中次数和写缺失率。

解：① 程序段 A、B 和 C 中，每个数组元素都只被访问一次，所以都没有时间局部性；程序段 A 中数组元素的访问顺序和存放顺序一致，所以空间局部性好；程序段 B 中数组元素的访问顺序和存放顺序不一致，所以空间局部性不好；程序段 C 中数组元素的访问顺序和存放顺序部分一致，所以空间局部性的优劣介于程序 A 和 B 之间。

② cache 行数为 512B/32B=16；数组首地址为 0000 0C80H，因为 0000 0C80H 正好是主存第 110 0100B（100）块的起始地址，所以数组从主存第 100 块开始存放，一个数组元素占 4×4B=16B，所以每 2 个数组元素占用一个主存块。8×8 的数组共占 32 个主存块，正好是 cache 数据区大小的 2 倍。因为 100 mod 16 =4，所以主存第 100 块映射的 cache 行号为 4。主存中的数组元素与 cache 行的映射关系如图 6.34 所示。

③ 对于程序段 A：每两个数组元素（8 次写操作）装入到一个 cache 行中，总是第一次访问时未命中，后面 7 次都命中，因而写缺失率为 1/8=12.5%。

对于程序段 B：每两个数组元素（8 次写操作）装入到一个 cache 行中，总是只有一个数组元素（4 次写操作）在淘汰之前被访问，并且总是第一次不命中，后面 3 次命中，因而写缺失率为 1/4=25%。

对于程序段 C：第一个循环共访问 64 次，每次装入两个数组元素，第一次不命中，第二次命中；第二个循环共访问 64×3 次，每两个数组元素（6 次写操作）装入到一个 cache 行中，并且总是第一次不命中，后面 5 次命中。因此总写缺失次数为 32+(3×64)×1/6=64 次，因而总的写缺失率为 64/(64×4)=25%。

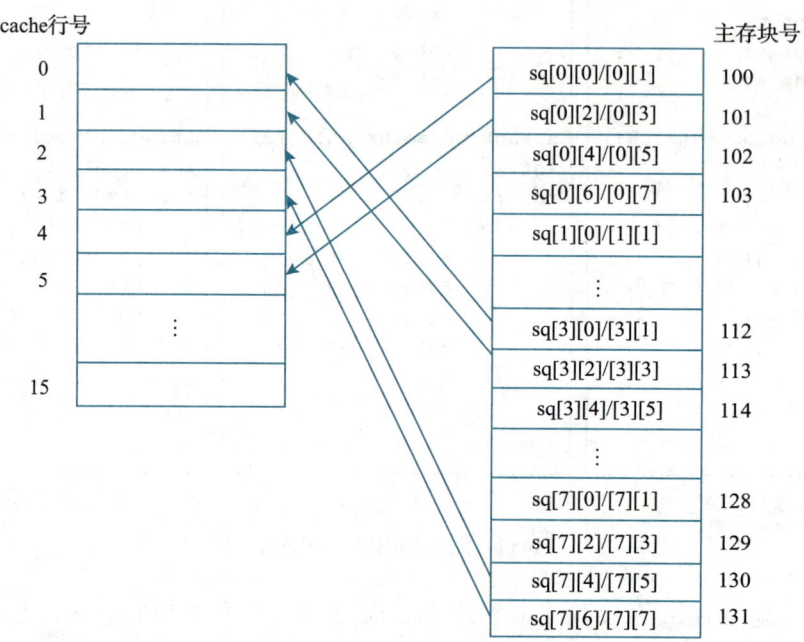

图 6.34　主存中数组元素与 cache 行的映射关系

6.5　本章小结

存储器按存取方式分为随机、顺序、直接和相联存储器；按存储介质分为半导体、磁表面、光盘存储器；按信息可更改性分为可读可写和只读存储器；按断电后信息可否保存分为易失和非易失存储器。

每一类单独的存储器都不可能又快、又大、又便宜，为了构建有效的存储系统，计算机内部采用层次化存储器体系结构。按照速度从快到慢、容量从小到大、价格从贵到便宜、与 CPU 连接的距离从近到远的顺序，将不同类型的存储器设置在计算机中，其设置的顺序为寄存器→cache→主存→硬盘→光盘和磁带。

利用程序访问的局部性特点，通常把离 CPU 较远的存储器中一块数据装入更靠近 CPU 的缓存中，例如，cache 就是主存的缓存。cache 和主存间的映射有直接映射、全相联和组相联三种映射方式；替换算法主要 FIFO 算法、LRU 算法、LFU 算法和随机替换算法等；写策略有回写法（write back）和通写法（write through）。

虽然 cache 由硬件实现，程序员不了解 cache 结构及其处理过程时也可编写出正确的程序，但为了编写出访问局部性好的高效程序，程序员也需要了解 cache 的工作原理和处理过程。

习题

1. 给出以下概念的解释说明。

随机存取存储器	只读存储器（ROM）	易失性存储器	记忆单元（cell）
存储阵列（bank）	编址单位	编址方式	最大可寻址范围
主存控制器	地址译码器	存取时间	程序访问局部性
时间局部性	空间局部性	静态 RAM（SRAM）	动态 RAM（DRAM）
字片式芯片	位片式芯片	片选控制信号	地址引脚复用
同步 DRAM	突发传输方式	行缓冲（row buffer）	总线带宽
磁盘驱动器	磁盘控制器	未格式化容量	格式化容量
寻道时间	旋转（等待）时间	数据传输时间	磁盘平均存取时间
闪存	固态硬盘（SSD）	磨损均衡	高速缓存（cache）
主存块	cache 行（槽）	cache 冲刷	命中率
命中时间	缺失率	缺失损失	直接映射
全相联映射	组相联映射	cache 关联度	替换策略
FIFO 算法	LRU 算法	LRU 位	通写法（write through）
写缓冲（write buffer）	回写法（write back）	全局缺失率	局部缺失率

2. 简单回答下列问题。

   （1）计算机内部为何要采用层次化存储体系结构？层次化存储体系结构如何构成？

   （2）SRAM 芯片和 DRAM 芯片各有哪些特点？各自用在哪些场合？

   （3）CPU 和主存之间有哪两种通信定时方式？SDRAM 芯片采用什么方式和 CPU 交换信息？

   （4）为什么在 CPU 和主存之间引入 cache 能提高 CPU 访存效率？

   （5）为什么 cache 只能由硬件实现？

   （6）什么是 cache 映射的关联度？关联度与命中率、命中时间的关系各是什么？

   （7）为什么直接映射方式不需要考虑替换策略？

   （8）为什么要考虑 cache 的一致性问题？读操作时是否要考虑 cache 的一致性问题？为什么？

   （9）为什么程序员需要了解 cache 的结构和工作原理？

3. 某计算机主存最大寻址空间为 4GB，按字节编址，假定用 64M×8 位的具有 8 个位平面的 DRAM 芯片组成容量为 512MB、传输宽度为 64 位的内存条（主存模块）。回答下列问题。

   （1）每个内存条需要多少个 DRAM 芯片？

   （2）构建容量为 2GB 的主存时，需要几个内存条？

   （3）主存地址共有多少位？其中哪几位用作 DRAM 芯片内地址？哪几位为 DRAM 芯片内的行地址？哪几位为 DRAM 芯片内的列地址？哪几位用于选择芯片？

4. 某计算机按字节编址，已配有 0000H～7FFFH 的 ROM 区域，现在再用 16K×4 位的 RAM 芯片形成 32K×8 位的存储区域，CPU 地址线为 A_{15}～A_0。回答下列问题。

   （1）RAM 区地址范围是什么？共需多少 RAM 芯片？地址线中哪一位用来区分 ROM 区和 RAM 区？

   （2）假定 CPU 地址线改为 24 根，地址范围 00 0000H～00 7FFFH 为 ROM 区，剩下的所有地址空间都用 16K×4 位的 RAM 芯片配置，则需要多少个这样的 RAM 芯片？

5. 假设一个程序重复地将磁盘上一个 4KB 的数据块读出，进行相应处理后，再把数据写回到磁盘的另外一个数据区。各数据块内的信息在磁盘上连续存放，并随机地位于磁盘的一个磁道上。磁盘转速为 7200r/min，平均寻道时间为 10ms，磁盘最大内部数据传输率为 40MB/s，磁盘控制器的开销为 2ms，没有其他程序使用磁盘和处理器，并且磁盘读写操作和磁盘数据的处理时间不重叠。若程序对磁盘数据的处理需要 20 000 个时钟周期，处理器时钟频率为 500MHz，则该程序完成一次数据块"读出—处理—写回"操作所需的时间为多少？每秒钟可以完成多少次这样的数据块操作？

6. 现代计算机中，SRAM 一般用于实现快速、小容量的 cache，而 DRAM 用于实现慢速、大容量的主存。早期超级计算机通常不提供 cache，而是用 SRAM 来实现主存（如 Cray 巨型机），请问如果不考虑成本，你还这样设计高性能计算机吗？为什么？

7. 对于数据的访问，分别给出具有下列要求的程序或程序段的示例。
    （1）几乎没有时间局部性和空间局部性。
    （2）有很好的时间局部性，但几乎没有空间局部性。
    （3）有很好的空间局部性，但几乎没有时间局部性。
    （4）空间局部性和时间局部性都好。

8. 假设某计算机主存地址空间大小为 1GB，按字节编址，cache 数据区大小为 64KB，块大小为 128B，采用直接映射和全写（write-through）方式。回答下列问题。
    （1）主存地址如何划分？要求说明每个字段的含义、位数和在主存地址中的位置。
    （2）cache 的总容量为多少位？

9. 假设某计算机的 cache 共 16 行，开始为空，块大小为 1 个字，采用直接映射方式，按字编址。CPU 执行某程序时，依次访问以下地址序列：2，3，11，16，21，13，64，48，19，11，3，22，4，27，6 和 11。回答下列问题。
    （1）访问上述地址序列得到的命中率是多少？
    （2）若 cache 行数不变，而块大小改为 4 个字，则上述地址序列的命中情况又如何？

10. 假设数组元素在主存中按从左到右的下标顺序存放，N 是用 #define 定义的常量。试改变下列函数中循环的顺序，使其数组元素的访问与排列顺序一致，并说明为什么在 N 较大的情况下修改后的程序比原来的程序执行时间更短。

    ```
    int sum_array ( int a[N][N][N] ) {
        int i, j, k, sum=0;
        for (i=0; i < N; i++)
            for (j=0; j < N; j++)
                for (k=0; k < N; k++)   sum+=a[k][i][j];
        return sum;
    }
    ```

11. 分析比较图 6.35 所示三个函数中数组访问的空间局部性，并指出哪个最好，哪个最差。

12. 以下是计算两个向量点积的程序段：

    ```
    float dotproduct (float x[8], float y[8]) {
        float sum = 0.0;
        int i,;
        for (i = 0; i < 8; i++)  sum += x[i] * y[i];
        return sum;
    }
    ```

```
# define N 1000              # define N 1000              # define N 1000
typedef struct {             typedef struct {             typedef struct {
        int vel[3];                  int vel[3];                  int vel[3];
        int acc[3];                  int acc[3];                  int acc[3];
    } point;                     } point;                     } point;
point p[N];                  point p[N];                  point p[N];
void clear1(point *p, int n) void clear2(point *p, int n) void clear3(point *p, int n)
{                            {                            {
    int i, j;                    int i, j;                    int i, j;
    for (i = 0; i < n; i++) {    for (i=0; i<n; i++) {        for (j=0; j<3; j++) {
        for (j=0; j<3; j++)          for (j=0; j<3; j++) {        for (i=0; i<n; i++)
            p[i].vel[j] = 0;             p[i].vel[j] = 0;             p[i].vel[j] = 0;
        for (j=0; j<3; j++)              p[i].acc[j] = 0;         for (i=0; i<n; i++)
            p[i].acc[j] = 0;         }                                p[i].acc[j] = 0;
    }                            }                            }
}                            }                            }
```

图 6.35　题 11 图

回答下列问题或完成下列任务。

（1）试分析该段代码中访问数组 x 和 y 的时间局部性和空间局部性，并推断命中率的高低。

（2）假设该段程序运行的计算机中的数据 cache 采用直接映射方式，数据区大小为 32B，主存块大小为 16B；变量 sum 和 i 分配在寄存器中，数组 x 存放在 0000 0040H 开始的主存区域，数组 y 紧跟在 x 后。试计算该程序中数据访问的命中率，要求说明每次访问时 cache 的命中情况。

（3）将上述（2）中的数据 cache 改用 2 路组相联映射方式，块大小改为 8B，其他条件不变，则该程序数据访问的命中率是多少？

（4）在上述（2）中条件不变的情况下，将数组 x 定义为 float x[12]，则数据访问的命中率又是多少？

13. 以下是对矩阵进行转置的程序段：

```
typedef int array[4][4];
void transpose(array dst, array src) {
    int i, j;
    for (i = 0; i < 4; i++)
        for (j = 0; j < 4; j++)  dst[j][i] = src[i][j];
}
```

假设该段程序运行的计算机中 sizeof(int)=4，且只有一级 cache，其中 L1 data cache 的数据区大小为 32B，采用直接映射、回写方式，块大小为 16B，初始时为空。数组 dst 从主存地址 0000 C000H 开始存放，数组 src 从主存地址 0000 C040H 开始存放。填写表 6.1，说明数组元素 src[row][col] 和 dst[row][col] 各自映射到 cache 哪一行，访问是命中（hit）还是缺失（miss）。若 L1 data cache 的数据区大小改为 128B，重新填写表中的内容。

表 6.1　题 13 表

	src 数组				dst 数组			
	col=0	col=1	col=2	col=3	col=0	col=1	col=2	col=3
row=0	0/miss							
row=1								
row=2								
row=3								

14. 假设某计算机的主存地址空间大小为 64MB，按字节编址，cache 数据区大小为 4KB，采用 4 路组相联映射、LRU 替换算法和回写（write back）策略，块大小为 64B。请问：

    （1）主存地址字段如何划分？要求说明每个字段的含义、位数和在主存地址中的位置。

    （2）该 cache 的总容量有多少位？

    （3）假设 cache 初始为空，CPU 依次从 0 号地址单元顺序访问到 4344 号地址单元，重复按此序列共访问 16 次。若 cache 命中时间为 1 个时钟周期，缺失损失为 10 个时钟周期，则 CPU 访存的平均时间为多少个时钟周期？

15. 假定某处理器可通过软件对高速缓存设置不同的写策略，那么，在下列两种情况下，应分别设置成什么写策略？为什么？

    （1）处理器主要运行包含大量存储器写操作的数据访问密集型应用。

    （2）处理器运行程序的性质与（1）相同，但安全性要求很高，不允许有任何数据不一致的情况发生。

16. 已知 cache 1 采用直接映射方式，共 16 行，块大小为 1 个字，缺失损失为 8 个时钟周期；cache 2 也采用直接映射方式，共 4 行，块大小为 4 个字，缺失损失为 11 个时钟周期。假定开始时 cache 为空，采用字编址方式。要求找出一个访问地址序列，使 cache 2 具有更低的缺失率，但总的缺失损失反而比 cache 1 大。

17. 提高关联度通常会降低缺失率，但并不总是这样。请给出一个地址访问序列，使得采用 LRU 替换算法的 2 路组相联 cache 比具有同样大小的直接映射 cache 的缺失率更高。

18. 假定有三个处理器，分别带有以下不同的 cache。
    - cache 1：采用直接映射方式，块大小为 1 个字，指令和数据的缺失率分别为 4% 和 6%；
    - cache 2：采用直接映射方式，块大小为 4 个字，指令和数据的缺失率分别为 2% 和 4%；
    - cache 3：采用 2 路组相联方式，块大小为 4 个字，指令和数据的缺失率分别为 2% 和 3%。

    在这些处理器上运行同一个程序，其中有一半是访存指令，在三个处理器上测得该程序的 CPI 都为 2.0。已知处理器 1 和处理器 2 的时钟周期都为 420ps，处理器 3 的时钟周期为 450ps。若缺失损失为（块大小 +6）个时钟周期，请问：哪个处理器因 cache 缺失而引起的额外开销最大？哪个处理器执行速度最快？

19. 假定某处理器带有一个数据区大小为 256B 的 cache，其主存块大小为 32B。以下 C 语言程序段运行在该处理器上，设 sizeof(int)=4，变量 i、j、c、s 都分配在通用寄存器中，因此，只要考虑数组元素的访存情况。为简化问题，假定数组 a 从一个主存块开始处存放。若 cache 采用直接映射方式，则当 s=64 和 s=63 时，缺失率分别为多少？若 cache 采用 2 路组相联映射方式，则当 s=64 和 s=63 时，缺失率又分别为多少？

    ```
    int  i, j, c, s, a[128];
    ...
    for ( i = 0; i < 10000; i++ )
        for ( j = 0; j < 128; j=j+s )
            c = a[j];
    ```

第 7 章 虚拟存储器

由于技术和成本等因素，早期计算机的主存容量受限，而程序设计时人们不希望受特定计算机物理内存大小的制约，因此，如何解决这两者之间的矛盾是一个重要问题；此外，现代操作系统都支持多任务，如何让多个程序有效而安全地共享主存是另一个重要问题。为了解决上述两个问题，计算机中采用了虚拟存储技术，其基本思想是，程序员在一个不受物理内存空间限制且比物理内存空间大得多的虚拟的逻辑地址空间中编写程序，就好像每个程序都独立拥有一个巨大的存储空间一样。程序执行过程中，把当前执行到的一部分程序和相应的数据调入主存，其他未用到的部分暂时存放在硬盘上。

本章主要介绍虚拟存储器相关的基本概念及技术，主要内容包括进程的虚拟地址空间、虚拟存储器的基本类型、页表和页表项的结构、页式虚拟存储管理及其地址转换、快表、具有 TLB 和 cache 的存储系统、存储保护机制、IA-32+Linux 中的地址转换、堆区动态分配，并给出一个带有 cache 和 TLB 的完整存储系统实例。

7.1 虚拟存储器概述

7.1.1 虚拟存储器的基本概念

在不采用虚拟存储机制的计算机系统中，CPU 执行指令时，取指令和存取操作数所用的地址都是主存物理地址，无须进行地址转换，因而计算机硬件结构比较简单，指令执行速度较快。实时性要求较高的嵌入式微控制器大多不采用虚拟存储机制。

目前，在服务器、台式计算机和笔记本计算机等各类通用计算机系统中都采用虚拟存储器技术。在采用虚拟存储技术的计算机中执行指令时，CPU 通过**存储管理单元**（Memory Management Unit，**MMU**）将指令给出的**逻辑地址**（也称**虚拟地址**或**虚地址**，简写为 VA）转换为主存的**物理地址**（也称**主存地址**或**实地址**，简写为 PA）。在地址转换过程中，MMU 还会检查访问信息是否在主存中、地址是否越界以及访问是否越权等情况。若信息不在主存中，则通知操作系统将数据从外存读到主存。若地址越界或访问越权，则通知操作系统进行相应的异常处理。由此可见，虚拟存储技术既解决了编程空间受限的问题，又解决了多个程序共享主存带来的安全等问题。

图 7.1 是具有虚拟存储器机制的 CPU 与主存的连接示意图。如图 7.1 所示，CPU 执行指令时所给出的是指令或操作数的虚拟地址，需要通过 MMU 转换为主存物理地址才能访问主存，MMU 包含在 CPU 芯片中。图中显示 MMU 将一个虚拟地址 5600 转换为物理地址 4，从而将第 4～7 这 4 个主存单元组成的 4 字节数据送到 CPU。该图仅用于简单示意，并未考虑 cache 访问等情况。

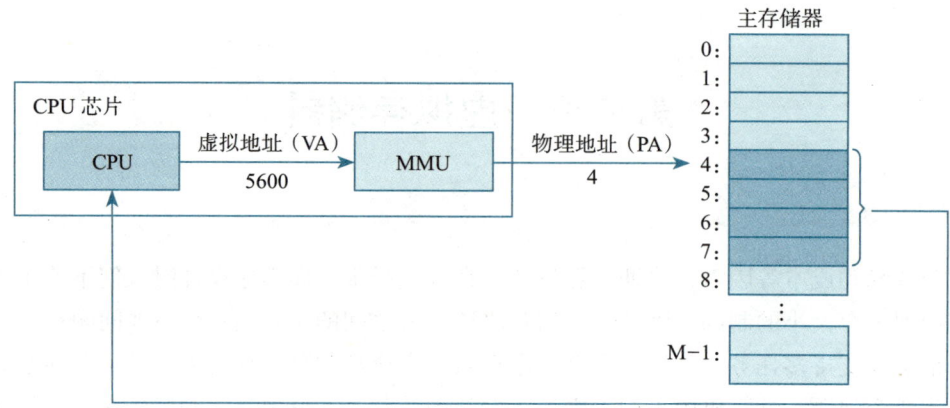

图 7.1 具有虚拟存储器机制的 CPU 和主存的连接

虚拟存储器机制（简称虚存机制）由硬件与操作系统共同协作实现，涉及计算机系统的许多层面，包括操作系统中的许多概念，如进程、存储管理、虚拟地址空间、缺页处理等。

7.1.2 进程的虚拟地址空间

在 5.2.4 节中提到，每个高级语言源程序经编译、汇编、链接等处理生成可执行的二进制机器目标代码时，都会被映射到一个统一的**虚拟地址空间**（参见图 5.8）。所谓"统一"是指不同的可执行文件所映射的虚拟地址空间大小和区域划分结构相同。**进程**是操作系统对处理器中程序运行过程的一种抽象，简单来说，进程是程序的一次运行过程。因此，一个进程一定可以对应一个用户程序（即应用程序），后者以可执行文件的方式存放在外存。可执行文件所映射的虚拟地址空间即为进程的虚拟地址空间映像。

软件约定了统一的虚拟地址空间大小和布局，从而简化了程序链接和加载过程。虚存机制给进程带来一个假象，使其认为自己独占主存，并且主存空间极大。这有三个好处：每个进程的虚拟地址空间一致，从而简化存储管理；虚存机制把主存看成外部存储器的缓存，在主存中仅保存当前活动的程序段和数据区，并根据需要在外存和主存之间交换信息，通过这种方式有效地利用有限的主存空间；每个进程的虚拟地址空间是私有的、独立的，因此，可以保护各进程的存储空间不被其他进程破坏。

1. Linux 中进程的虚拟地址空间

图 7.2 给出了在 Intel 架构下 Linux 操作系统中的一个进程对应的虚拟地址空间，进程的虚拟地址空间由内核空间和用户空间组成。

内核空间映射到操作系统内核代码和数据、物理存储区，包括与每个进程相关的系统级上下文数据结构（如进程标识信息、进程现场信息、页表等进程控制信息以及内核栈等），内核空间大小在每个进程的地址空间中都相同，用户程序无权访问。

用户空间映射到用户进程的代码、数据、堆和栈等用户级上下文信息。每个区域都有相应的起始位置，堆区和栈区相向生长，其中，栈从高地址往低地址生长。

对于 IA-32，内核空间在 0xc000 0000 以上的高端地址上，用户栈区从起始位置 0xbfff ffff 开始向低地址增长，堆栈区中的共享库映射区域从 0x4000 0000 开始向高地址增长，只读代码段从 0x804 8000 开始向高地址增长，只读代码段后是可读写数据段，其起始地址要求按 4KB 对齐。

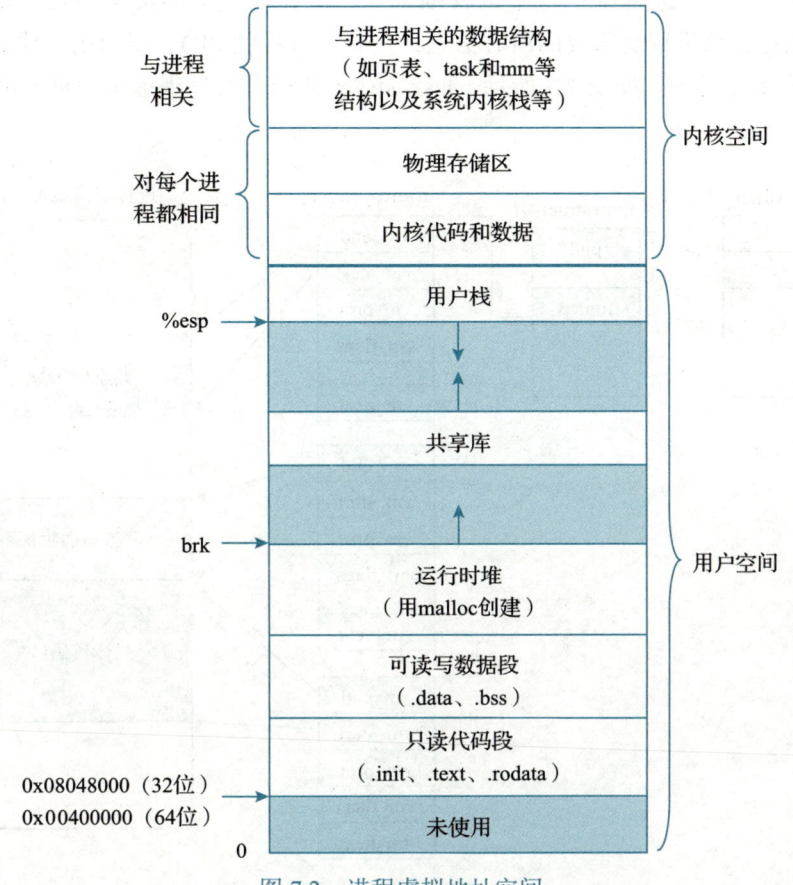

图 7.2　进程虚拟地址空间

对于 x86-64，只读代码区域从 0x40 0000 开始，用户空间的最大地址为 0x7fff ffff ffff，通常，共享库映射在 0x7fff f000 0000 ～ 0x7fff ffff ffff 的区域内，从 0x7fff f000 0000 向下是用户运行时栈（runtime stack），一般限定栈大小为 8MB，整个用户空间大小为 2^{47} 字节（128TB）。内核空间在 0x8000 0000 0000 以上的高端地址上，最大地址为 0xffff ffff ffff，整个内核空间大小也是 2^{47} 字节（128TB）。

小贴士

目前较新的 Linux 发行版，其 gcc 默认会生成位置无关可执行文件（Position Independent Executable，PIE），用 OBJDUMP 去查看这些可执行文件的反汇编代码，会发现其代码起始地址并不是在 0x804 8000（IA-32）或者 0x40 0000（x86-64），而是在地址 0 附近。这主要是为了提高代码的安全性而采用了第 4 章提到的 ASLR（Address Space Layout Randomization）技术，即地址空间随机化技术。

2. Linux 虚拟地址空间中的区域

Linux 将进程对应的虚拟地址空间组织成若干区域（area）的集合，这些区域是指虚拟地址空间中已分配的连续区块，如图 7.2 中的只读代码段、可读写数据段、运行时堆、用户栈、共享库等区域。

Linux 内核为每个进程维护一个**进程描述符**，数据类型为 task_struct 结构。task_struct 中记录了内核运行该进程所需要的所有信息，例如，进程的 PID、指向用户栈的指针、可执行目标文件的文件名等。如图 7.3 所示，task_struct 结构可对进程虚拟地址空间中的区域进行描述。

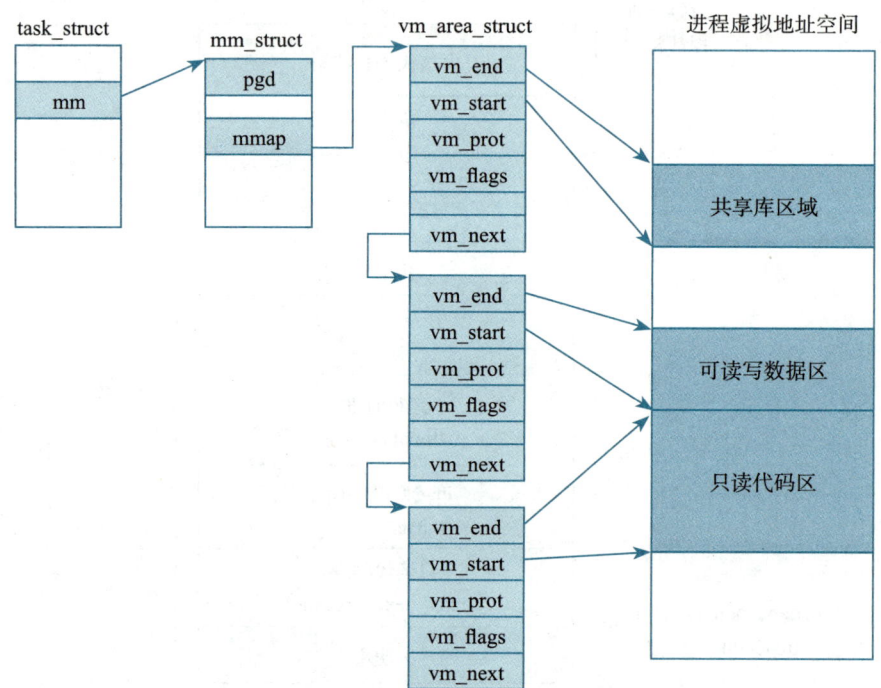

图 7.3　Linux 进程虚拟地址空间中区域的描述

task_struct 结构中的指针 mm 指向一个 mm_struct 结构，后者描述了对应进程虚拟存储空间的当前状态，其中，字段 mmap 指向一个由 vm_area_struct 结构构成的链表表头。

每个 vm_area_struct 结构描述了对应进程虚拟地址空间中的一个区域，可通过系统调用函数 mmap() 添加一个区域。vm_area_struct 中的部分字段如下。

- vm_start：指向区域的开始处。
- vm_end：指向区域的结束处。
- vm_prot：描述区域的访问权限。
- vm_flags：描述区域的属性，如是否与其他进程共享等。
- vm_next：指向链表下一个 vm_area_struct。

7.1.3　虚拟存储器的基本类型

在 cache-主存层次中 cache 是主存的缓存，类似地，在虚拟存储器机制中，可将主存看成是外存的缓存。因此，实现虚拟存储器机制与实现 cache 一样，也必须考虑交换块大小、映射、替换和写策略等问题。根据方案的不同，虚拟存储器分成三种不同的类型：段式虚拟存储器、页式虚拟存储器和段页式虚拟存储器。

1. 段式虚拟存储器

根据程序的模块化特性，可按程序的逻辑结构将其划分成多个相对独立的部分，这些相对独立的部分称为段（segment）。分段方式下，将主存空间按实际程序中的段来划分，并通过段表中的段表项记录每个段在主存中的基址、段长、访问权限、使用和装入情况等。每个进程有一个段表，指令给出的虚拟地址即为段内偏移，可将其加上对应段的基址得到实际访问的主存物理地址。

段式虚拟存储器实现机制较简单，硬件实现成本低，适合简单的嵌入式系统和实时系统。由于段的粒度较大，不易管理，且易产生主存碎片，因此现代操作系统通常不使用段式虚拟存储管理方式。

2. 页式虚拟存储器

现代操作系统主要采用页式虚拟存储管理方式。在页式虚拟存储系统中，虚拟地址空间被划分成大小相等的页，外存和主存之间以页（page）为单位交换信息。虚拟地址空间中的页称为虚拟页、逻辑页或虚页，简称 VP（Virtual Page）；主存空间也被划分成同样大小的页框（页帧），也称为物理页或实页，简称 PF（Page Frame）或 PP（Physical Page）。

虚拟存储管理采用请求分页思想，仅将当前程序需要的页从外存调入主存，而其他不活跃的页保留在外存。当访问信息所在页不在主存中时，CPU 抛出缺页异常，此时操作系统从外存将缺失页装入主存。

虚拟地址空间中有一些没有内容的"空洞"。如图 7.2 所示，堆和栈动态生长，在栈和共享库映射区之间、堆和共享库映射区之间均无内容，这些没有和任何内容关联的页称为未分配页；对于代码和数据等有内容区域所关联页，称为已分配页。已分配页中又有两类：已被缓存在主存中的页称为缓存页；未调入主存而存储在外存中的页称为未缓存页。因此，任何时刻一个进程中所有页都被划分成三个不相交的集合：未分配页集合、缓存页集合和未缓存页集合。

在主存和 cache 之间的交换单位为主存块，而在主存和外存之间的交换单位为页。通常页比主存块大得多。因为用作主存的 DRAM 比用作 cache 的 SRAM 大约慢 10～100 倍，而磁盘等外存比 DRAM 大约慢 1 000 000 倍，故缺页的代价比 cache 缺失损失大得多。因此，为了降低主存和外存之间交换数据的频率，通常采用较大的页大小，典型的页大小有 4KB、8KB 和 1MB 等，且页大小有越来越大的趋势。此外，由于外存访问速度低，因此在写策略方面通常采用回写方式，而不用通写方式。

降低主存和外存之间交换数据频率的另一个方法是提高命中率，因此，在主存页框和虚拟页之间采用全相联映射方式，即每个虚拟页可以映射到任意主存页框。因此，与 cache 一样，必须要有一种方法来维护各虚拟页与所存放的主存页框或外存位置的映射关系。通常用页表（page table）这种数据结构来维护这种映射关系。

3. 段页式虚拟存储器

段页式虚拟存储器结合分段虚拟存储器和分页虚拟存储器的特点，将程序按模块分段，段内再分页,用段表和页表(每段一个页表)进行两级定位管理。段页式虚拟存储器实现机制复杂,地址转换需查段表和页表,因此时间开销和空间开销都较大,现代操作系统通常很少使用段页式虚拟存储管理方式。

7.2 页式虚拟存储器的实现

7.2.1 页表和页表项的结构

在采用页式虚拟存储器的系统中,每个进程有一个页表,进程中每个虚拟页在页表中都有一个对应的表项,称为**页表项**。页表项内容包括该虚拟页的存放位置、装入位(valid)、修改位(dirty)、使用位、访问权限位和禁止缓存位等,如图 7.4 所示。

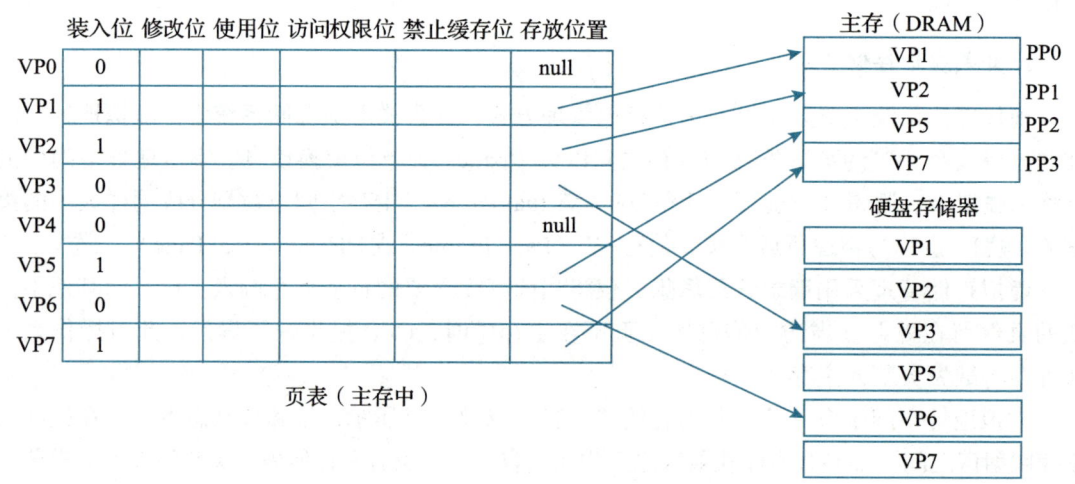

图 7.4 页表和页表项示例

页表项中的**存放位置**字段用来建立虚拟页和物理页框之间的映射,用于进行虚拟地址到物理地址的转换;**装入位**也称**有效位**或**存在位**,用来表示对应页是否在主存中,若为 1,表示该虚拟页已从外存调入主存,是一个缓存页,此时,存放位置字段指向主存物理页号(即页框号或实页号),若为 0,则表示该虚拟页没有被调入主存,此时,若存放位置字段为 null,则说明是一个未分配页,否则是一个未缓存页,其存放位置字段给出该虚拟页在外存的起始地址;**修改位**(即**脏位**)用来说明页面是否被修改过,虚存机制中采用回写策略,利用修改位可判断替换时是否需写回外存;**使用位**用来说明页面的使用情况,通常由页面替换算法读取,因此也称**替换控制位**,例如,是否最先调入(FIFO 位)、是否最近最少用(LRU 位)等;**访问权限位**用来说明页面的访问权限,通常包括读、写和执行位,用于存储保护;**禁止缓存位**用来说明页面是否可以装入 cache,通常与存储器映射 I/O 编址方式配合使用,具体可参见 9.4.4 节。

图 7.4 给出的页表示例中,有 4 个缓存页 VP1、VP2、VP5 和 VP7,两个未分配页 VP0 和 VP4,两个未缓存页 VP3 和 VP6。

对于图 7.4 所示的页表,假如 CPU 执行指令访问某个数据,若该数据正好在虚拟页

VP1 中，则根据页表得知，VP1 对应的装入位为 1，该页的信息存放在物理页 PP0 中，因此，可通过 MMU 将虚拟地址转换为物理地址，然后在 PP0 中访问该数据，若该数据在 VP6 中，则根据页表得知，VP6 对应的装入位为 0，表示页缺失，抛出缺页异常，需要调出操作系统的缺页异常处理程序进行处理。缺页异常处理程序首先找一个空闲的物理页框，用于存放缺失页的内容。若主存中没有空闲页框，则还要根据页面替换算法选择一页替换出去。因为采用回写策略，所以替换某页时，需根据修改位确定是否要将该页写回外存。找到空闲页框后，缺页异常处理程序根据 VP6 对应页表项的存放位置字段，从外存将缺失页读入该页框，并将页表项的装入位设为 1，将存放位置设为该页框的页框号。缺页异常处理结束后，程序回到原来发生缺页的指令继续执行，此时可通过 MMU 将虚拟地址转换为物理地址，然后在该页框中访问该数据。

对于图 7.4 所示的页表，虚拟页 VP0 和 VP4 是未分配页，随着进程的动态执行，这些未分配页可能会转变为已分配页。例如，调用 malloc() 函数会使堆区增长，若新增的堆区正好与 VP4 对应，则操作系统为 VP4 分配一个空闲页框，用于存放新增堆区中的内容，同时将 VP4 对应页表项的存放位置字段设为该页框的页框号，使 VP4 从未分配页转变为已缓存页。

页表属于进程控制信息，位于虚拟地址空间中的内核空间，页表在主存中的首地址记录在 CPU 的页表基址寄存器中，供 MMU 在进行地址转换时使用。图 7.3 所示的 mm_struct 结构中，其中的 pgd 字段记录了对应进程的页表在主存中的首地址。因此，当 CPU 运行对应进程时，操作系统会将 pgd 字段的内容传送到页表基址寄存器中。例如，对于 IA-32 架构，字段 pgd 指向对应进程的第一级页表（页目录表）的首地址，因此，当运行对应进程时，内核会将它传送到 CR3 控制寄存器中。

页表的项数由虚拟地址空间大小决定。前面提到，虚拟地址空间容量足够大，使得用户编程不受其限制。因此，页表项数通常很多，造成页表过大的问题。例如，在 IA-32 系统中，虚拟地址为 32 位，页大小为 4KB，因此，一个进程有 $2^{32}/2^{12}=2^{20}$ 个页面，即每个进程的页表可达 2^{20} 个页表项。每个页表项占 32 位，一个页表的大小为 4MB。显然，将页表全部放在主存中并不合适。

解决页表过大的方法有很多，可以采用限制大小的一级页表或者两级页表或多级页表方式，也可以采用哈希方式的倒置页表等方案。具体实现方案需要协同考虑指令系统和操作系统，读者可查阅指令集手册或操作系统相关书籍。

7.2.2 页式存储管理总体结构

在虚拟存储管理系统中，每个用户程序都有各自独立的虚拟地址空间，用户程序以可执行文件方式存储在外存。假定某一时刻用户程序 1、用户程序 2 和用户程序 k 都已经被加载到系统中运行，那么，此时主存中就会同时存放这些用户程序的代码和数据。因为可执行文件中的机器代码和数据所在的地址是在虚拟地址空间中的地址，所以 CPU 在执行某个用户程序时，只知道指令和数据的虚拟地址，那么，CPU 怎么知道到哪个主存单元去取指令或访问数据呢？如何建立外存（如磁盘）中的可执行文件与主存物理地址之间的关联呢？为了回答上述问题，需要了解图 7.5 给出的页式存储管理的总体结构。

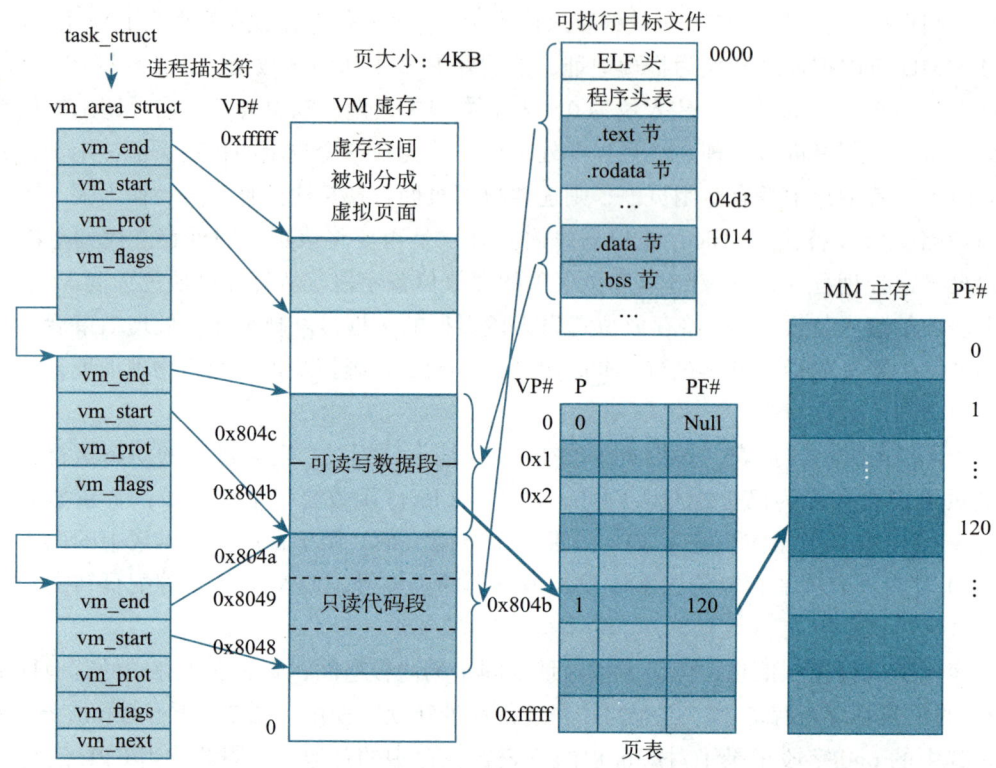

图 7.5 页式存储管理的总体结构

如图 7.5 所示，存储管理需要计算机系统各层次相互协调完成，它与链接器、操作系统等系统软件层和 CPU、主存等硬件层都有关系。

首先，生成可执行文件时，链接器会将目标文件中具有相同访问属性的代码节和数据节各自合并形成特定的段，如只读代码段、可读写数据段，将不同段映射到虚拟地址空间的不同区域中，并将段属性、虚拟地址空间区域等信息记录在可执行文件的程序头表中，供加载器加载程序时使用。

其次，加载可执行文件时，操作系统中的加载器根据可执行文件的程序头表，通过调用 mmap() 系统调用函数（函数功能参见 7.6.3 节），建立相应进程的虚拟地址空间映像（用图 7.3 中的 vm_area_struct 链表表示），以确定每个可分配段（如只读代码段、可读写数据段）在虚拟地址空间中的区域位置及其访问权限等信息，并初始化页表项，装入位 P 设为 0，存放位置指向外存中页面所在处，访问权限位可由 vm_area_struct 中的 vm_prot 字段决定，不属于任何 vm_area_struct 所描述区间的页面都是未分配页。

在进程执行过程中，CPU 第一次访问进程中的代码和数据时，因为代码和数据不在主存中，所以抛出缺页异常；操作系统在处理缺页异常的过程中，将外存中的代码或数据所在页装入所分配的主存页框中，并修改相应页表项。例如，对于图 7.5 中虚页号 VP# 为 0x804b 的页表项，操作系统将存放位置（即页框号 PF#）改为所分配的页框号 120，将装入位 P 设为 1。这样，以后 CPU 再次访问该页时，MMU 就可以根据页表将指令给出的虚拟地址转换为主存物理地址，然后到主存页框中访问信息。

在分页方式下，每个区域的长度应为页大小的整数倍，而可执行文件中的只读数据段和可读写数据段的长度并不会正好是页大小的整数倍，因而，剩余部分将补足 0，以使其正好占用一个主存页框。

7.2.3 页式虚拟存储地址转换

对于采用虚存机制的系统，指令中给出的地址是虚拟地址，因此，CPU 执行指令时，首先要将虚拟地址转换为主存物理地址，才能到主存取指令和数据。**地址转换**（address translation）工作由 CPU 中的存储器管理单元（MMU）完成。

由于页大小是 2 的幂次，因此，每一页的起点都落在低位字段为零的地址上。虚拟地址分为以下两个字段：高位字段为**虚拟页号**（即**虚页号**或**逻辑页号**），低位字段为**页内偏移地址**（简称为**页内地址**）。主存物理地址也分为两个字段：高位字段为**物理页号**，低位字段为**页内偏移地址**。由于虚拟页和物理页的大小一样，因此两者的页内偏移地址相等。

页式虚拟存储器的地址转换过程如图 7.6 所示。

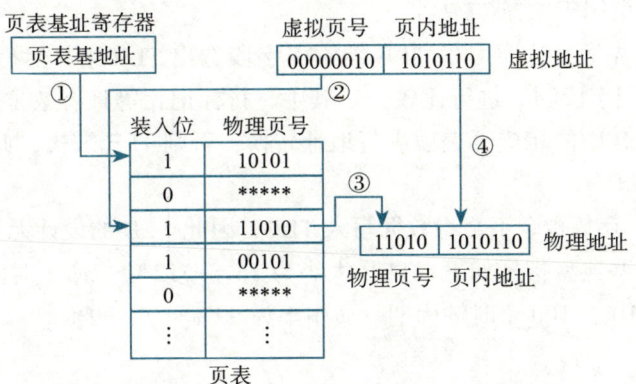

图 7.6 页式虚拟存储器的地址转换

页式虚拟存储管理方式下的地址转换过程如下。

1）MMU 根据页表基址寄存器的内容，找到主存中对应的**页表起始位置**（即**页表基地址**）。
2）将虚拟地址高位字段的虚拟页号作为页表的索引，找到对应的页表项。
3）若装入位为 1，则取出物理页号（即页框号）。
4）将物理页号和虚拟地址中的页内地址拼接，形成用于访问主存的物理地址。

若对应页表项中的装入位为 0，则 MMU 会抛出缺页异常，需要操作系统进行缺页异常处理。实际上，页表项中除装入位和物理页号（存放位置）外，还有访问权限位等其他字段，因此，在地址转换过程中，MMU 还会判断是否发生访问越权。例如，若访问权限位字段指出当前页表项对应的是只读页，但执行的是存数指令，要求对该页进行写操作，此时发生访问越权，MMU 抛出页故障异常。

7.2.4 快表

从上述地址转换过程可以看出，访存时 MMU 先到主存查页表，然后才能根据转换得到的物理地址再访问主存。如果缺页，则还要进行页面替换和页表项更新等操作。因此，采用虚拟存储器机制后，CPU 执行一条指令的访存次数反而增加了。为了减少访存次数，MMU 通常利用程序访问的局部性，把页表中最活跃的几个页表项装入一个特殊的高速缓存中，这些高速缓存中的页表项组成了一个页表，称为转换旁查缓冲器（Translation Lookaside Buffer，TLB）或快表，相应地称主存中的页表为慢表。

这样，MMU 进行地址转换时，首先查询快表，若命中，则直接取出快表中的页表项进行地址转换，若缺失，则访问主存中的慢表，这一过程称为页表遍历（page table walk 或 page walk）。因此，快表是加快地址转换过程的有效方法。TLB 的设计需要考虑以下问题。

1. TLB 基本组织结构

TLB 通常由 SRAM 或触发器实现，容量比慢表小得多。为提高命中率，TLB 通常具有较高的关联度，大多采用全相联或组相联方式。每个表项的内容由页表项内容加上 TLB 标记字段组成，TLB 标记字段用来表示该表项对应哪个虚拟页。因此，全相联 TLB 的标记即为该页表项对应的虚页号，组相联 TLB 的标记则对应虚页号的高位部分，而虚页号的低位部分作为 TLB 组索引用于选择 TLB 组。

查找 TLB 时，先通过虚页号的 TLB 组索引字段选出 TLB 组，然后将虚页号的标记字段与该组中每个标记字段同时进行比较。若其中一行标记相等且有效位为 1，则 TLB 命中，此时可直接取出 TLB 中的相应页表项进行地址转换；否则 TLB 缺失，此时需要访问主存查找慢表。

与 cache 不同，存数指令不会将数据写入 TLB，因此 TLB 的设计无须考虑写策略。

目前 TLB 的一些典型指标如下：TLB 大小为 16～512 项，命中时间为 0.5～1 个时钟周期，缺失损失为 10～100 个时钟周期，命中率为 99%～99.99%。

2. TLB 的缺失处理

TLB 缺失时，根据指令集体系结构设计，通常有以下两种处理方式。

- 硬件处理方式。首先由 MMU 在 TLB 中寻找一个空闲的 TLB 表项，若 TLB 已满，则根据替换算法进行 TLB 替换。然后由 MMU 中的页表遍历器（Page Table Walker，PTW）模块自动进行页表遍历，在主存中寻找当前访问页对应的页表项。若该页表项的装入位为 1，则将其装入上述 TLB 表项中，并在 TLB 表项的标记字段填入虚拟页号的高位部分，继续地址转换过程；若该页表项的装入位为 0，则抛出缺页异常，由操作系统处理。采用硬件处理方式时，TLB 的内部结构和缺失处理过程对软件透明，对软件的兼容性更好，但由于需要进行 TLB 替换，因此不宜使用复杂的替换算法，通常采用随机替换策略。
- 软件处理方式。MMU 抛出 TLB 缺失异常，由操作系统的 TLB 缺失异常处理程序进行 TLB 替换、页表遍历和页表项装入等一系列操作。为了让操作系统管理 TLB，指令集体系结构需要提供若干特殊寄存器和 TLB 管理指令，前者用于存放造成 TLB 缺失的虚拟地址、待装入 TLB 的表项内容等，后者用于让软件对 TLB 进行装入、清除和查找等操作。显然，软件必须了解 TLB 的内部结构，才能按照正确的格式将页表项装入 TLB。这种方式下，TLB 表项的替换由软件决定，因此可采用较复杂的替换算法来提升 TLB 的命中率。此外，由于异常处理会打断处理器流水线，因此软件处理方式的缺失损失比硬件处理方式大，而对于乱序超标量处理器，前者对 IPC 带来的损失更大。

使用硬件处理方式的典型指令集体系结构是 IA-32，操作系统无须关心 TLB 的内部结构和缺失处理过程，也无须为 IA-32 设计专门的 TLB 缺失异常处理程序。使用软件处理方式的典型指令集体系结构是 MIPS。MIPS 指令集手册中详细介绍了 TLB 的内部结构和查找过程，提供了 Index、Random、EntryLo0、EntryLo1、Context、PageMask、Wired、EntryHi 共计 8 个特殊的控制寄存器，用于 TLB 的读取和更新，以及 tlbp、tlbr、tlbwi、tlbwr 共计 4 条 TLB 管理指令；与 TLB 相关的异常包括 TLB 重填异常、TLB 无效异常和 TLB 修改异常，其中，TLB 重填异常用于 TLB 缺失处理。根据 RISC-V 指令集手册的介绍，RISC-V 架构师认为软件处理 TLB 缺失在高性能系统中会成为性能瓶颈，故 RISC-V 采用硬件处理方式。

3. 联合/分离 TLB 和多级 TLB

与 cache 的设计类似，TLB 的设计也可以考虑指令和数据 TLB 分离以及多级 TLB 等方案。现代处理器通常包含 L1 和 L2 TLB，且 L1 TLB 采用**分离 TLB**，即**数据 TLB** 和**指令 TLB** 独立工作。L2 TLB 通常为**联合 TLB**，即数据和指令两种页面的页表项存放在一个 TLB 中。与 cache 不同，存数指令不会将数据写入 TLB，因此不会产生数据 TLB 和指令 TLB 之间的一致性问题。

4. TLB 和慢表之间的一致性问题

当操作系统更新慢表中的页表项时，会带来 TLB 和慢表之间的一致性问题。例如，在某程序的堆区中，虚拟页 VP1 映射到物理页 PP1，且相应页表项在 TLB 中。随着程序的运行，堆区经历了多次分配和释放操作，操作系统对慢表进行了多次更新，此时 VP1 映射到物理页 PP2。此后，若程序访问 VP1，则会由于 TLB 命中而仍然对 PP1 进行访问，从而导致读写了错误的主存地址。

为了解决上述问题，需要通过额外的同步机制来保证地址翻译过程使用的是最新的页表项。RISC-V 提供了一条特殊的**屏障指令** sfence.vma，用于保证在该指令之后的地址转换过程中可以看到该指令之前的存数指令写入的内容。一种简单的实现方案是冲刷系统中所有 TLB，使后续 TLB 访问一定发生缺失，因而需要从慢表中装入最新的页表项。这种简单方案对性能的影响较大，可在硬件中通过更复杂的控制逻辑来实现仅冲刷 TLB 中指定页表项或指定地址空间的效果。特别地，对于流水线处理器，由于指令的执行分为多个阶段，因此在处理 sfence.vma 指令前，CPU 已经使用过时的页表项进行了取指过程中的地址转换，已经从错误的物理页中取出了若干指令，因此执行 sfence.vma 指令时还需要冲刷流水线，避免当前流水线取到并执行错误的指令。

5. TLB 和地址空间切换

由于每个进程的虚拟地址空间一致，相同的虚拟地址在不同进程中将映射到不同的物理地址，因此在切换到新进程的地址空间后，TLB 中页表项所指示的映射关系与新进程的不一致。例如，系统中运行进程 1，其地址空间中的某虚拟页 VP 映射到物理页 PP1，且相应页表项在 TLB 中。某时刻系统切换到进程 2 运行，其地址空间中的虚拟页 VP 映射到物理页 PP2，若此时进程 2 访问 VP，则会由于 TLB 命中而仍然访问 PP1，导致访问错误的物理页。关于进程的上下文切换，请参见 8.1 节。

出现上述问题的原因是仅靠虚拟地址无法区分 TLB 中某个页表项属于哪个进程。为了解决该问题，一种方法是在进程进行上下文切换时冲刷 TLB（如 RISC-V 中使用 sfence.vma 指令），使后续 TLB 访问一定发生缺失，因而需要从慢表中装入进程 2 的页表项，另一种方法是为页表基址寄存器和 TLB 中的每个页表项添加地址空间标识（Address Space Identifier，ASID）字段，前者用于标识当前运行的是哪个进程，后者用于标识该页表项属于哪个进程，并在比较 TLB 标记的同时，额外比较页表基址寄存器的 ASID 与页表项的 ASID 是否一致。此时需要由操作系统保证不同的进程使用不同的 ASID，这样，进程 2 访问 VP 时就不会匹配到进程 1 的页表项，而需要从慢表中装入进程 2 的页表项。

7.3 具有 TLB 和 cache 的存储系统

现代计算机系统中，缓存技术无处不在，仅在 CPU 芯片中就包含了用于缓存指令和数据的 cache，以及用于缓存页表项的 TLB。因此在 CPU 执行指令进行存储访问的过程中，先要查找 TLB 或主存慢表，进行地址转换，然后根据主存物理地址查找 cache，在 cache 缺失时要访问主存，在缺页时还要访问外存。

7.3.1 层次化存储系统结构

图 7.7 是一个带有 TLB 和 cache 的层次化存储系统结构示意图，图中 TLB 和 cache 都采用组相联映射方式。

在图 7.7 中，指令给出一个 32 位虚拟地址，由 CPU 中的 MMU 进行虚拟地址到物理地址的转换，然后根据物理地址访问 cache。

MMU 查找 TLB 时，将 20 位的虚拟页号分成标记（Tag）和组索引两部分，首先由组索引确定查找 TLB 的哪一组。若 TLB 缺失，则需要访问主存查找慢表。图中假设 TLB 缺失使用硬件处理方式，采用两级页表，其中第一级页表也称为页目录，此时页表基址寄存器的内容为页目录基地址，同时虚拟页号被分成页目录索引和页表索引两部分。MMU 进行地址转换的过程如下：首先根据虚拟页号中的页目录索引在页目录基地址所指的页目录中找到一个页目录项，其结构与页表项相同，但页框号指示的是页表基地址；MMU 再根据虚拟页号中的页表索引，在页表基地址所指的页表中找到一个页表项，其页框号即为物理页号，并继续地址转换过程。

在 MMU 完成地址转换后，cache 根据映射方式将转换得到的主存物理地址划分成多个字段，然后根据 cache 索引找到对应的 cache 行或 cache 组，将对应各 cache 行中的标记与物理地址中的高位地址进行比较，若其中一行标记相等且有效位为 1，则 cache 命中，此时，根据块内地址取出对应的字，需要的话，再根据字节偏移量从字中取出相应字节送 CPU。

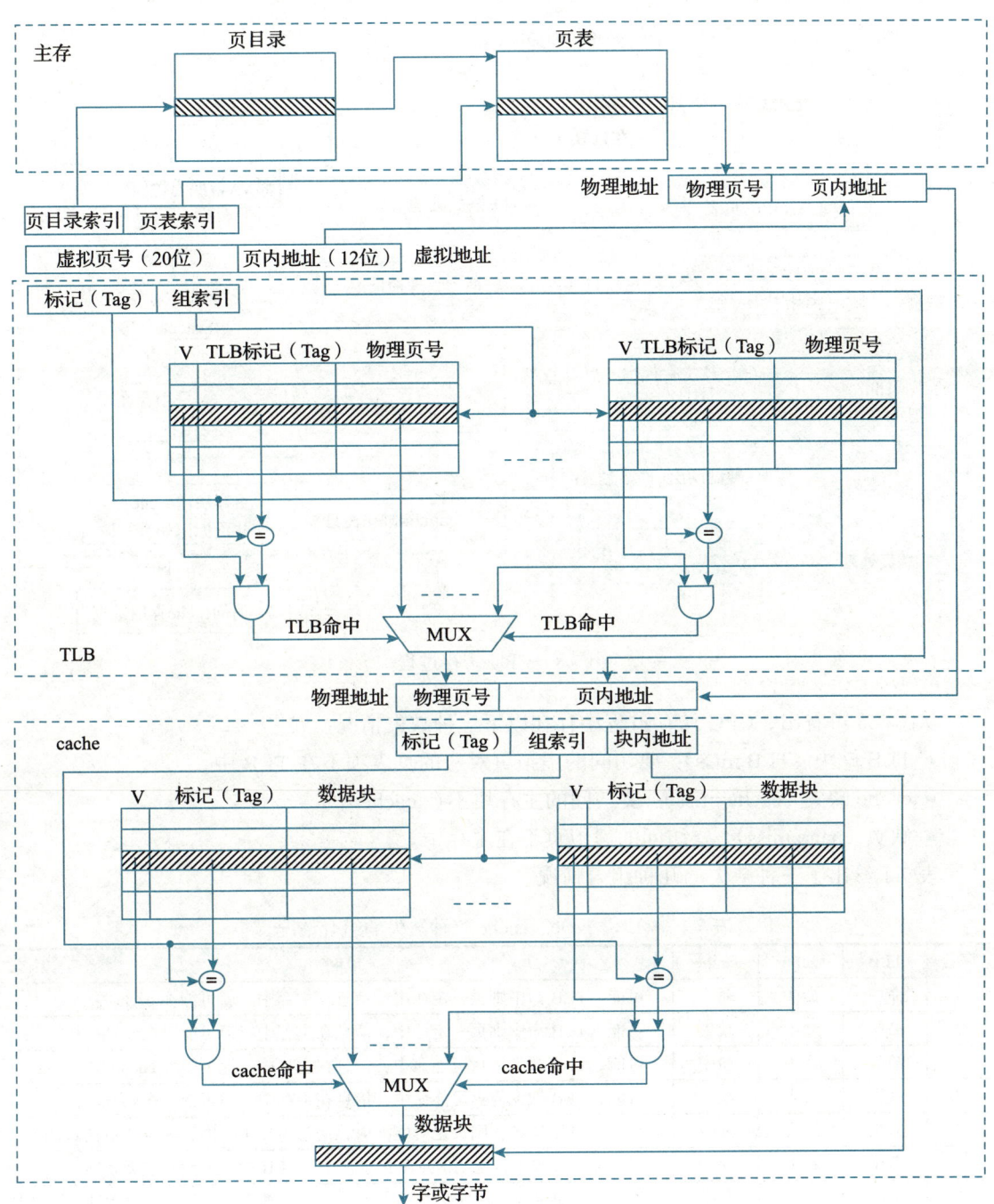

图 7.7 带有 TLB 和 cache 的层次化存储系统结构

7.3.2 CPU 访存过程

在一个具有 cache 和虚拟存储器的系统中，CPU 的一次访存操作可能涉及 TLB、页表、cache、主存和外存的访问，其访存过程如图 7.8 所示。

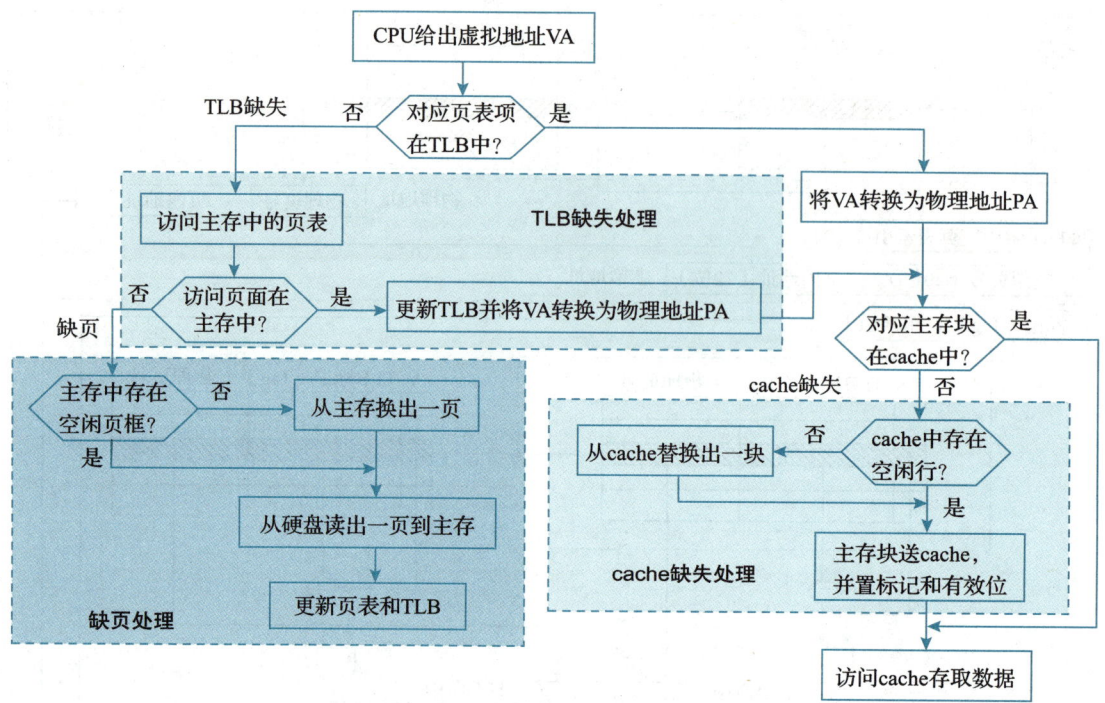

图 7.8 CPU 访存过程

从图 7.8 可看出，CPU 访存过程中存在以下三种缺失情况。
- TLB 缺失（TLB miss）：要访问的虚拟页对应的页表项不在 TLB 中。
- cache 缺失（cache miss）：要访问的主存块不在 cache 中。
- 缺页（page miss）：要访问的虚拟页不在主存中。

表 7.1 给出了三种缺失的几种组合情况。

表 7.1 TLB、page、cache 三种缺失的组合情况

序号	TLB	page	cache	说明
1	命中	命中	命中	可能，TLB 命中则页一定命中，信息在主存中，就可能在 cache 中
2	命中	命中	缺失	可能，TLB 命中则页一定命中，信息在主存中，但可能不在 cache 中
3	缺失	命中	命中	可能，TLB 缺失但页可能命中，信息在主存中，就可能在 cache 中
4	缺失	命中	缺失	可能，TLB 缺失但页可能命中，信息在主存中，但可能不在 cache 中
5	缺失	缺失	缺失	可能，TLB 缺失，则页也可能缺失，信息不在主存中，一定也不在 cache
6	命中	缺失	缺失	不可能，页缺失，说明信息不在主存中，TLB 中一定没有该页表项
7	命中	缺失	命中	不可能，页缺失，说明信息不在主存中，TLB 中一定没有该页表项
8	缺失	缺失	命中	不可能，页缺失，说明信息不在主存中，cache 中一定也没有该信息

很显然，最好的情况是第 1 种组合，此时无须访问主存；第 2 和第 3 两种组合都需要访问一次主存；第 4 种组合要访问两次主存；第 5 种组合会抛出缺页异常，需访问外存，并至少访问主存两次。

cache 缺失由硬件处理；缺页由软件处理，操作系统通过缺页异常处理程序来实现；而对于 TLB 缺失，根据指令集体系结构设计的不同，可由硬件处理，也可由软件处理。

7.3.3 cache 的 4 种查找方式

在虚拟存储系统中，可选择用物理地址或虚拟地址查找 cache 行。根据标记字段和索引字段使用的地址类型的不同，共有以下 4 种不同的查找方式。

- 实索引实标记（Physically Indexed, Physically Tagged，PIPT），即索引和标记都使用物理地址。其优点是容易实现，但每次访问前都需要先由 MMU 进行地址转换，若 TLB 缺失，则还需要等待页表项装入 TLB。通常 L2 cache 和 L3 cache 都采用 PIPT 方式。
- 虚索引虚标记（Virtually Indexed, Virtually Tagged，VIVT），即索引和标记都使用虚拟地址。其优点是查找速度快，无须经 MMU 进行地址转换即可访问，只有 cache 缺失时，才需要进行地址转换。但由于虚拟页与物理页之间的映射关系灵活且可变，VIVT 方式需额外解决以下三个问题。
    - 别名（alias）问题。若两个不同的虚拟地址映射到相同的物理地址，则该物理地址对应的主存块可能会以两个虚拟地址分别装入 cache，故需要正确维护两个 cache 行之间的数据一致性，即在写入其中一个 cache 行时，对另一个 cache 行进行更新或使其无效。但为了判断两个由虚拟地址标记的 cache 行是否为别名关系，需要在 cache 中添加额外的逻辑。
    - 同名（homonyms）问题。该问题与前文介绍的 TLB 和地址空间切换问题类似，VIVT 仅靠虚拟地址无法区分该 cache 行属于哪个进程。可在进程进行上下文切换时冲刷 cache，或为每个 cache 行添加 ASID，并在比较标记的同时比较 ASID。
    - 页表项更新问题。该问题与前文介绍的 TLB 和慢表之间的一致性问题类似，可能会通过虚拟地址在 VIVT 中访问到错误的数据，故在页表项的映射关系更新时，还需要额外写回相应的 cache 行。
- 虚索引实标记（Virtually Indexed, Physically Tagged，VIPT），即索引使用虚拟地址，但标记使用物理地址。与 PIPT 相比，VIPT 方式可在进行地址转换的同时，用虚拟地址索引查找 cache 行或组，但仍需等待地址转换得出物理地址后才能比较标记。在实际使用中，通常还会让索引字段完全落在页内地址字段中，使索引字段在地址转换前后结果一致。利用此特征，VIPT 可完全避免 VIVT 的别名问题、同名问题和页表项更新问题。但该特征也限制了 cache 大小，例如，当页大小为 4KB 时，索引字段和块内地址字段的总长度不能超过 12 位，即一路 cache 行的总大小不能超过页大小。因为该限制，通常只在 L1 cache 中采用 VIPT 方式，容量更大的 L2 cache 和 L3 cache 一般采用 PIPT 方式。
- 实索引虚标记（Physically Indexed, Virtually Tagged，PIVT），即索引使用物理地址，但标记使用虚拟地址。这类方式无明显优点，但包含了 PIPT 和 VIVT 的缺点，故实际中很少使用。

7.4 存储保护机制

为避免主存中多个程序相互干扰，防止因某个进程出错而破坏其他进程或某个进程非法访问其他进程的代码或数据区，应对每个进程进行**存储保护**。

为支持操作系统实现存储保护，硬件必须具有以下三个基本功能。

1）使部分 CPU 状态只能由操作系统内核程序访问，而用户进程只能读不能写，或者根本不能访问。

例如，对于页表基址寄存器、TLB 内容等，只有操作系统内核程序才能通过**特权指令**（也称为**管态指令**）访问。常用的特权指令有刷新 TLB、退出异常/中断处理、停止处理器执行等，若用户进程执行这些指令，CPU 将抛出非法指令异常或保护错异常。

2）至少支持两种特权模式。操作系统内核程序需要具有比用户程序更多的特权，例如，内核程序可以执行用户程序不能执行的特权指令，内核程序可以访问用户程序不能访问的存储空间等。为此，需要让内核程序和用户程序运行在不同的**特权级别**或**特权模式**。

运行内核程序时处理器所处的模式称为**监管模式**（supervisor mode）、**内核模式**（kernel mode）、**超级用户模式**或**管理程序状态**，简称为**管态**、**管理态**、**内核态**或者**核心态**；运行用户程序时处理器所处的模式称为**用户模式**（user mode）、**用户状态**或**目标程序状态**，简称为**目态**或**用户态**。用户模式特权级比其他特权级更低。

需要说明的是，这里的特权模式与 x86 处理器的工作模式不是一回事，但是两者之间具有非常密切的关系。在实地址模式下并不区分特权级，只有在保护模式下才区分特权级。x86 架构支持 4 个特权级，但操作系统通常只使用 0 级（内核模式）和 3 级（用户模式）。RISC-V 架构支持三种特权模式：U 模式为用户模式，S 模式为监管模式，M 模式为机器模式。

3）提供在不同特权模式之间相互切换的机制。通常，用户模式下可通过**系统调用**（**执行陷阱/自陷指令**）转入更高特权模式执行。同样，异常/中断的响应过程也可使处理器从用户模式转到更高特权模式执行。异常/中断处理程序中最后的异常/中断返回指令（return from exception）可使处理器从更高特权模式转到用户模式。

例如，x86+Linux 平台中可通过执行指令 int 0x80 从用户态转到内核态，而在内核态可通过执行中断返回指令 iret 转到用户态。RISC-V 架构计算机中可通过执行 mret 指令从机器模式返回原模式，或通过执行 sret 指令从监管模式返回原模式。指令 mret 和 sret 是特权指令，mret 只能在 M 模式中执行，sret 只能在 M 模式或 S 模式中执行，它们均不能在 U 模式中执行。

硬件通过提供相应的**控制状态寄存器**（如 RISC-V 中的 CSR 寄存器）、专门的自陷指令以及各种特权指令等，和操作系统协同实现上述三种功能。操作系统把页表存放在内核空间，禁止用户进程访问和修改页表，从而确保用户进程只能访问由操作系统分配的存储空间。

存储保护包括两种情况：访问权限保护和存储区域保护。

1. 访问权限保护

访问权限保护检测是否发生**访问越权**。若实际访问操作与访问权限不符，则发生存储保护错。可在页表或段表中设置访问权限位实现这种保护。通常，各程序对本程序所在的存储区可读可写，对共享区或已获授权的其他用户信息可读不可写，而对未获授权的信息（如 OS 内核、页表等）不可访问。可读写数据段指定为可读可写，只读代码段指定为只可执行或只读。

2. 存储区域保护

存储区域保护检测是否发生**地址越界**或**访问越级**，即是否访问了不该访问的区域。通常有以下几种常用的存储区域保护方式。

- **加界重定位**。有些系统用专门的一对上界寄存器和下界寄存器来记录上界和下界，在段式虚拟存储器中，通过段表记录段的上界和下界。对虚拟地址加界（即加基准地址）生成物理地址后，若物理地址超过上界和下界规定的范围，则地址越界。
- **键保护**。操作系统为主存的每一个页框分配一个存储键，为每个用户进程设置一个程序键。进程运行时，将程序状态字寄存器中的键（程序键）和所访问页的键（存储键）进行核对，相符时才可访问，如同"锁"与"钥匙"的关系。为使某个页框能被所有进程访问或某个进程可访问任何一个页框，可规定键标志为 0，此时不进行核对工作。如操作系统有权访问所有页框，可让内核进程的程序键为 0。
- **环保护**。x86 采用该方案，操作系统内核工作在 0 环（内核态），操作系统其他部分工作在 1 环，用户进程工作在 3 环（用户态）。Linux 系统只用了 0 环和 3 环。

*7.5 IA-32+Linux 中的地址转换

x86 系统启动后总是先进入实地址模式，对系统进行初始化，然后才转入保护模式。以下简要说明保护模式下 IA-32 中的地址转换过程。

IA-32 采用段页式虚拟存储器，地址转换过程涉及**逻辑地址**、**线性地址**和**物理地址**。**逻辑地址**就是通常所说的虚拟地址，IA-32 中的逻辑地址由 48 位组成，包含 16 位的**段选择符**和 32 位的**段内偏移量**（即**有效地址**）。为便于多用户、多任务下的存储管理，IA-32 采用在分段基础上的分页机制。分段过程将逻辑地址转换为线性地址，分页过程将线性地址转换为物理地址。

7.5.1 逻辑地址到线性地址的转换

为说明逻辑地址到线性地址转换过程，首先简要介绍段描述符、段描述符表、段选择符、段寄存器和用户不可见寄存器的基本概念。

1. 段描述符

段描述符是一种数据结构，实际上就是分段方式下的段表项。段描述符分为两种类型：一种是普通的代码段或数据段描述符，包括用户进程或内核的代码段和数据段描述符；另一种是系统控制段描述符。图 7.9 给出了段描述符的格式。

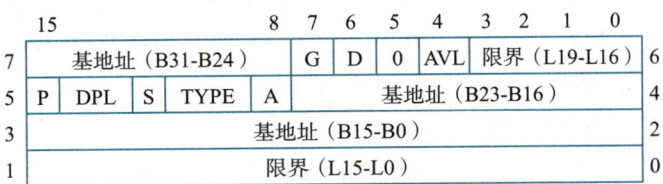

图 7.9　段描述符的格式

段描述符占 8 字节，如图 7.9 所示，包括 32 位的基地址（B31 ～ B0）、20 位的限界（L19 ～ L0）以及访问权限和特征位 G/D/P 等，其中 20 位的限界表示段中的最大页号。

特征位和访问权限含义说明如下。

- G：表示粒度大小。G=1 说明段以页（4KB）为基本单位，G=0 则段以字节为基本单位。由于限界为 20 位，因此当 G=0 时，最大的段为 $2^{20} \times 1B=1MB$，当 G=1 时，最大的段为 $2^{20} \times 4KB=4GB$。
- D：D=1 表示地址和数据为 32 位宽，D=0 表示地址和数据为 16 位宽。
- P：说明段是否已存在于主存中，P=1 表示存在，P=0 表示不存在。Linux 总是把 P 置 1，因为它从来不会把一个段交换到磁盘上，而是以页为单位进行交换。
- DPL：访问段时对当前特权级的最低等级要求。因此，只有 CPL 为 0（内核态）时才可访问 DPL 为 0 的段，任何进程（CPL=3 或 0）都可以访问 DPL 为 3 的段。
- S：S=0 表示是系统控制段描述符，S=1 表示是普通的代码段或数据段描述符。
- TYPE：指示段的访问权限或系统控制段描述符的类型。
- A：说明段是否已被访问过。A=1 表示该段已被访问过，A=0 表示该字段未被访问过。
- AVL：可以由操作系统定义使用。Linux 忽略该字段。

2. 段描述符表

段描述符表即段表，由段描述符组成，主要有三种类型：全局描述符表（GDT）、局部描述符表（LDT）和中断描述符表（IDT）。GDT 只有一个，用于存放系统内每个任务都可能访问的描述符，如后面提到的内核代码段、内核数据段、用户代码段、用户数据段以及任务状态段等都属于 GDT 中描述的段；LDT 则用于存放某一任务（即用户进程）专用的段描述符；IDT 则包含 256 个中断门、陷阱门和任务门描述符，有关 IDT 的详细说明将在 8.3.1 中介绍。

3. 段选择符和段寄存器

段选择符格式如图 7.10 所示。其中 TI 表示选择哪个段描述符表，TI=0 表示选择全局描述符表，TI=1 表示选择局部描述符表；RPL 表示特权等级，RPL=00 为 0 级，是最高级的内核态，RPL=11 为 3 级，是最低级的用户态；高 13 位表示索引值，用于确定当前使用的段描述符在段描述符表中的位置，即表示是其中第几个段表项。

15 14 … 3	2	1 0
索引	TI	RPL

图 7.10 段选择符的格式

段选择符存放在段寄存器中，共有 6 个段寄存器：CS 寄存器、SS 寄存器、DS 寄存器、ES 寄存器、FS 寄存器和 GS 寄存器。其中以下 3 个段寄存器具有专门的功能。

- CS（代码段）寄存器，指向程序代码所在的段。
- SS（栈段）寄存器，指向程序栈区所在的段。
- DS（数据段）寄存器，指向程序全局静态数据区所在的段。

其他 3 个段寄存器可指向任意的数据段。

CS 寄存器中的 RPL 字段表示正在执行的程序的当前特权级（Current Privilege Level，CPL），Linux 只使用 0 级（最高级）和 3 级（最低级），分别为内核态和用户态。

4. 用户不可见寄存器

为支持 IA-32 的分段机制，除提供段寄存器外，还有多个用户进程不可直接访问的内部寄存器，它们包括描述符 cache、任务寄存器（TR）、局部描述符表寄存器（LDTR）、全局描述符表寄存器（GDTR）和中断描述符表寄存器（IDTR），如图 7.11 所示。

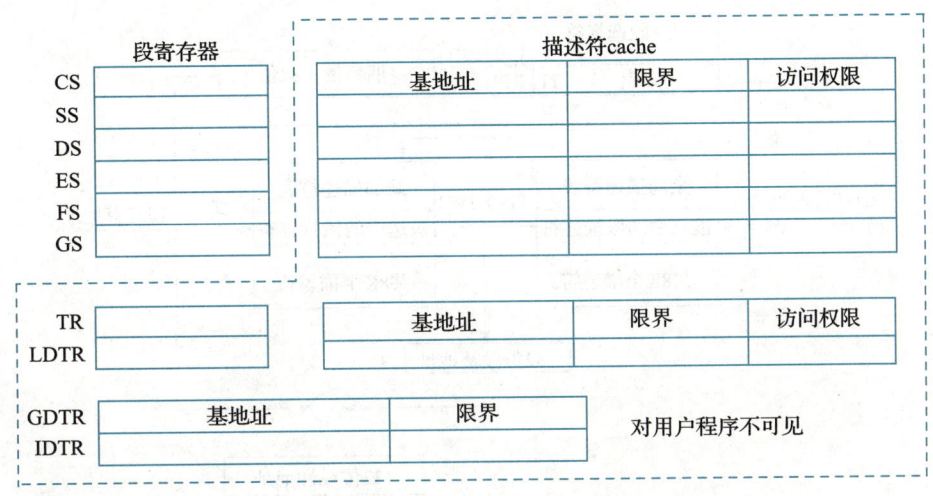

图 7.11 用户不可见寄存器

图 7.11 中虚线内的寄存器是用户程序感觉不到的，因此称为用户不可见寄存器，但是操作系统通过特权指令可对寄存器 TR、LDTR、GDTR 和 IDTR 进行读写。

描述符 cache 是一组用来存放当前段描述符信息的高速缓存，每当段寄存器装入新的段选择符时，处理器将段选择符指定的一个段描述符中的部分信息装入相应的描述符 cache。这样，在进行逻辑地址到线性地址的转换过程中，MMU 就直接用对应描述符 cache 中保存的基地址等信息来形成线性地址，而不必每次都到主存访问段表，从而大大节省地址转换时间。

装入段选择符时会进行特权级检查，若被装入的段选择符指定的段描述符中的 DPL 值大于等于 CPL 值，即 DPL 级低于 CPL 级（级别越高，值越小），则不发生访问越级。

当一个段寄存器中被装入新的段选择符时，CPU 需要将段选择符指定的段描述符装入描述符 cache 中，因此 CPU 需要知道对应段描述符表的首地址。为此，在 CPU 内设置了全局描述符表寄存器和中断描述符表寄存器。GDTR 和 IDTR 的高 32 位分别存放 GDT 首地址和 IDT 首地址，低 16 位存放限界，即最大字节数，因而两个描述符表 GDT 和 IDT 的最大长度可达 2^{16}B=64KB。如 GDT 共有 64KB，每个段描述符占 8B，因此 GDT 共有 64KB/8B=8K=2^{13} 个表项，段选择符中高 13 位的索引值用于确定是哪个表项。

局部描述符表寄存器是 16 位寄存器，存放 LDT 的段选择符，通过该选择符可把 GDT 中的 LDT 描述符中部分信息（包含 LDT 首地址、LDT 限界和访问权限等）装入 LDT 描述符 cache 中，从而使 CPU 可快速访问 LDT。任务寄存器（TR）也是 16 位，用来存放任务状态段（TSS）的段选择符，通过该段选择符可把 GDT 中的 TSS 描述符中部分信息（包含 TSS 首地址、TSS 限界和访问权限等）装入 TSS 描述符 cache 中，从而可方便地对任务（即用户进程）的状态信息进行访问。

5. 逻辑地址向线性地址的转换

逻辑地址向线性地址的转换过程如图 7.12 所示。

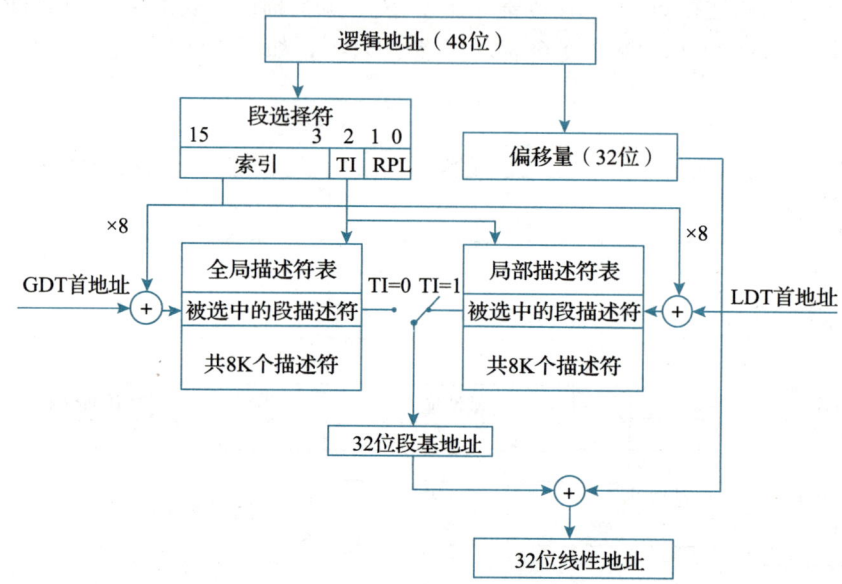

图 7.12　逻辑地址向线性地址转换的过程

逻辑地址包含 16 位段选择符和 32 位段内偏移量。如图 7.12 所示，MMU 首先根据段选择符中的 TI 确定选择全局描述符表还是局部描述符表。若 TI=0，则选用 GDT；否则，选用 LDT。确定描述符表后，再通过段选择符内的 13 位索引值，从被选中的描述符表中找到对应的段描述符。因为每个段描述符占 8 字节，所以位移量为索引值乘 8，加上描述符表首地址（GDT 首地址从 GDTR 的高 32 位获得，LDT 首地址从 LDTR 对应的 LDT 描述符 cache 中高 32 位获得），就可得到段描述符（即段表项）的地址，从中取出 32 位基地址（B31～B0），与逻辑地址中的 32 位段内偏移量相加，就得到 32 位线性地址。

MMU 在计算线性地址的过程中，可以根据段限界和段的存取权限（也称为访问权限）判断是否地址越界或访问越权（访问越权是指对指定单元所进行的操作类型不符合存取权限，例如，对存取权限为"只读"的页面进行了写操作），以实现存储保护。

通常情况下，MMU 并不需要到主存访问 GDT 或 LDT，而只需要根据如图 7.11 所示的段寄存器对应的描述符 cache 中的基地址、限界和存取权限进行逻辑地址到线性地址的转换，如图 7.13 所示。

逻辑地址中 32 位段内偏移量（也称为位移）即是有效地址，它由指令中的寻址方式确定如何得到，有关 IA-32 的寻址方式可参见 3.2.3 节中的图 3.6。如图 3.6 所示，IA-32 中有效地址的形成方式有以下几种：位移、基址、变址、比例变址、基址加位移、基址加变址、基址加比例变址、基址加变址加位移、基址加比例变址加位移等。比例变址时，变址值等于变址寄存器内容乘以比例因子。例如，对于汇编指令 "movl 0x1000(%ebp, %esi, 4), %eax"，其源操作数的有效地址的形成方式是"基址加比例变址加位移"，即通过将基址寄存器 EBP 的内容、比例变址值（变址寄存器 ESI 的内容乘以比例因子 4）、位移（即偏移量 1000H）三者相加得到有效地址。

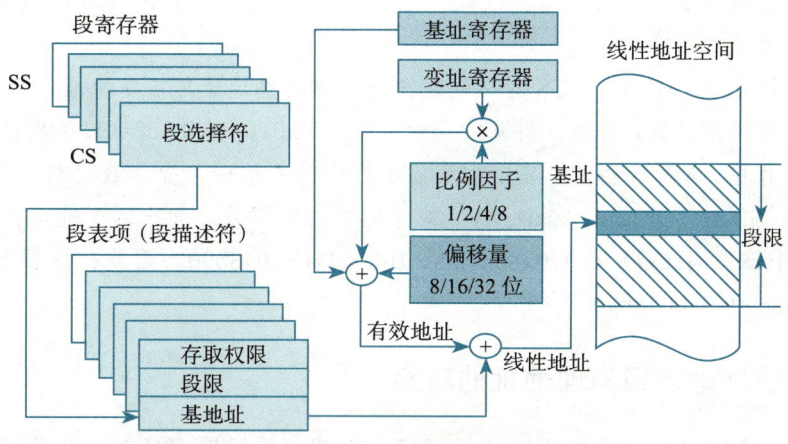

图 7.13　线性地址的形成过程

Linux 操作系统为了使得它能够移植到绝大多数流行的处理器平台，简化了段页式虚拟存储管理。因为 RISC 体系结构对分段的支持非常有限，所以 Linux 仅使用了 IA-32 架构中的分页机制，而对于分段机制，则通过在初始化时将所有段描述符的基地址全部设为 0 来简化其功能。

通常将运行在用户态的所有用户进程使用的代码段和数据段分别称为**用户代码段**和**用户数据段**；把运行在内核态的所有 Linux 内核代码段和数据段分别称为**内核代码段**和**内核数据段**。Linux 在初始化时，将上述 4 个段的段描述符中各个字段设置成表 7.2 中的值。

表 7.2　Linux 中设置的 4 个段描述符中部分字段的内容

段	基地址	G	限界	S	TYPE	DPL	D	P
用户代码段	0x0000 0000	1	0xFFFFF	1	10	3	1	1
用户数据段	0x0000 0000	1	0xFFFFF	1	2	3	1	1
内核代码段	0x0000 0000	1	0xFFFFF	1	10	0	1	1
内核数据段	0x0000 0000	1	0xFFFFF	1	2	0	1	1

注：表中 TYPE 字段包含了 A 字段，因而占 4 位。

从表 7.2 可看出，每个段基地址都为 0，且都以 4KB 为粒度（G=1），因而最大段内地址为 $4K \times 0xFFFFF = 2^{32}-1 = 0xFFFF\ FFFF$，即每个段的线性地址空间大小都是 4GB，与逻辑地址中的段内偏移量形成的空间大小一样。在 Linux 系统中，因为所有代码段和数据段的基地址都为 0，所以所有逻辑地址中段内偏移量（即有效地址）就是其线性地址。

例 7.1　已知变量 y 和数组 a 都是 int 型，a 的首地址为 0x8048a00。假设编译器将 a 的首地址分配在 ECX 中，数组的下标变量 i 分配在 EDX 中，y 分配在 EAX 中，C 语言赋值语句 "y=a[i];" 被编译为指令 "movl (%ecx, %edx, 4), %eax"。若在 IA-32+Linux 环境下执行指令地址为 0x80483c8 的该指令时，CS 段寄存器对应的描述符 cache 中存放的是表 7.2 中所示的用户代码段信息且 CPL=3，DS 段寄存器对应的描述符 cache 中存放的是表 7.2 中所示的用户数据段信息，则当 i=100 时，取指令操作过程中 MMU 得到的指令的线性地址是多少？取数操作过程中 MMU 得到的操作数的线性地址是多少？

解： IA-32 执行指令"movl (%ecx, %edx, 4), %eax"需要两次存储访问操作，一次是取指令操作，一次是取数操作，在保护模式下每次存储访问操作 MMU 都要对访存地址进行逻辑地址到线性地址的转换。

在取指令操作中，MMU 将 CS 对应的段描述符中的基地址与指令地址（指令地址即为指令在代码段的段内偏移量）相加，得到的线性地址为 0x0+0x80483c8=0x80483c8。

在取数操作中，MMU 将 DS 对应的段描述符中的基地址与操作数有效地址相加得到线性地址。因为操作数"(%ecx, %edx, 4)"的寻址方式为"基址加比例变址加偏移量"，故有效地址 EA=R[ecx]+R[edx]×4+0=0x8048a00+100×4=0x8048b90。因此，操作数的线性地址为 0x0+0x8048b90=0x8048b90。

7.5.2 线性地址到物理地址的转换

IA-32 中，将逻辑地址转换为线性地址后，需要再将线性地址转换为物理地址。IA-32 内部有多个 32 位控制寄存器，它们与分页阶段的地址转换过程相关。

1. 控制寄存器

控制寄存器保存了机器的各种控制和状态信息，这些控制和状态信息将影响系统所有任务的运行，操作系统进行任务控制或存储管理时将使用这些控制和状态信息。主要的控制寄存器以及存放的控制 / 状态信息说明如下。

CR0 控制寄存器 定义了如下多个控制位。

- 保护模式允许位 PE。设置处理器工作模式为保护模式，系统启动时 PE=0，处于实地址模式，可用 MOV 指令将 PE 置 1，使机器进入保护模式。该标志仅能开启段保护，并没启用分页机制。
- 分页允许位 PG。若 PG=1，则启用分页机制；若 PG=0，则禁止分页部件工作，此时线性地址直接作为物理地址使用。若要启用分页机制，则 PE 和 PG 都要置 1。
- 任务切换位 TS。每次任务切换时将其置 1，任务切换完毕清 0，可用 CLTS 指令将其清 0。
- 对齐屏蔽位 AM。它可与 EFLAGS 中的 AC 位配合使用。若 AM=1 且 AC=1，则进行对齐检查；若 AM=0，则禁止对齐检查。
- cache 功能控制位 NW（not write-through）和 CD（cache disable）。仅当 NW 和 CD 均为 0 时，cache 才能工作。

CR2 是页故障线性地址寄存器，存放引起页故障（即缺页）的线性地址。只有在 CR0 中的 PG=1 时，CR2 才有效。当页故障处理程序（也称缺页异常处理程序）被激活时，压入对应栈中的错误码将提供页故障的状态信息，页故障处理程序根据错误码进行不同的对应处理。

CR3 是页目录基址寄存器，用来保存页目录表的起始地址。只有当 CR0 中的 PG=1 时，CR3 才有效。

2. 线性地址向物理地址转换

图 7.14 给出了线性地址向物理地址转换的过程，采用了**两级页表**方式。

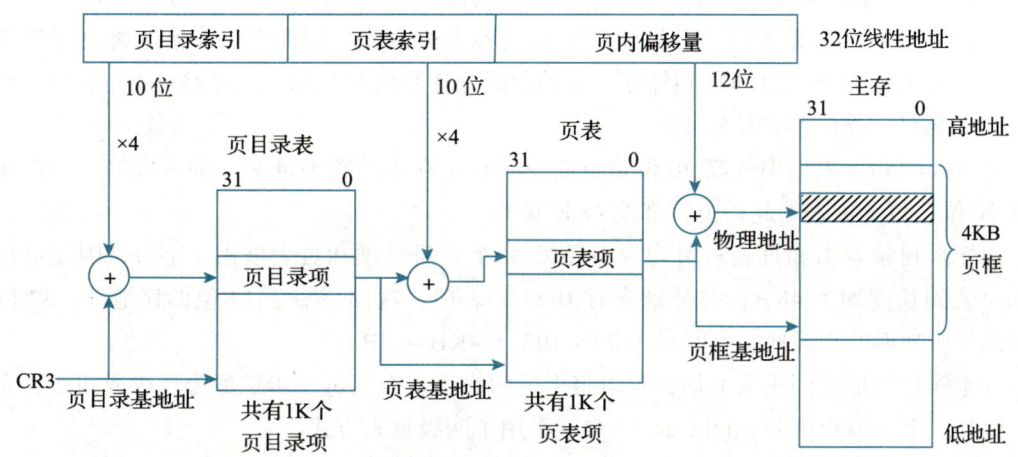

图 7.14　线性地址向物理地址转换的过程

如图 7.14 所示，两级页表方式中，32 位线性地址由 10 位**页目录索引**（DIR）、10 位**页表索引**（PAGE）和 12 位**页内偏移量**（OFFSET）组成。

首先，根据控制寄存器 CR3 中给出的页目录表首地址找到页目录表，由 DIR 字段提供的 10 位页目录索引找到对应的页目录项，每个页目录项大小为 4B；然后，根据页目录项中 20 位基地址指出的页表首地址找到对应页表，再根据线性地址中间的页表索引（PAGE 字段）找到页表中的页表项；最后，将页表项中的 20 位页框号和线性地址中 12 位页内偏移量组合成 32 位物理地址。

上述转换过程中，10 位的页目录索引和 10 位的页表索引都要乘以 4，因为每个页目录项和页表项都是 32 位，占 4 字节。**页目录项**和**页表项**的格式如图 7.15 所示。

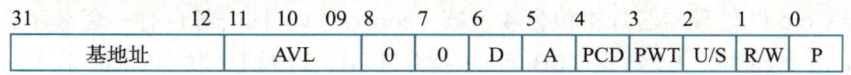

图 7.15　页目录项和页表项的格式

页目录项和页表项中部分字段的含义如下。

- P：P=1 表示页表或页在主存中；P=0 表示页表或页不在主存中，此时，发生页故障（即缺页异常），需将页故障线性地址记录在 CR2 中。操作系统在处理页故障时会将缺失的页表或页从外存装入主存，并重新执行引起页故障的指令。
- R/W：该位为 0 表示页表或页只能读不能写，为 1 表示可读可写。
- U/S：该位为 0 表示用户进程不能访问，为 1 表示允许用户进程访问。该位可以保护操作系统所使用的页不受用户进程的破坏。
- PWT：用来控制页表或页对应的 cache 是通写还是回写。
- PCD：用来控制页表或页能否被缓存到 cache 中。
- A：A=1 表示指定页表或页被访问过，初始化时操作系统将其清 0。利用该标志，操作系统可清楚地了解哪些页表或页正在使用,一般选择长期未用的页或近来最少使用的页调出主存。由 MMU 在进行地址转换时将该位置 1。
- D:修改位或称脏位(dirty bit)。该位在页目录项中没有意义,只在页表项中有意义。D=1 表示页被修改过,否则说明页面内容未被修改。因而在操作系统将页面替换出主存时,无须将页面写到外存。初始化时操作系统将其清 0,由 MMU 在进行写操作的地址转换时将该位置 1。

页目录项和页表项中的高 20 位是页表或页在主存中的首地址对应的页框号,即首地址的高 20 位。每个页表的起始位置都按 4KB 对齐。

由于页目录索引和页表索引均为 10 位,每个页目录项和页表项占 4 字节,因此页目录表和页表的长度均为 4KB,并分别含有 1024 个表项。这样,对于 12 位偏移地址,32 位的线性地址所映射的物理地址空间是 1024×1024×4KB=4GB。

如果线性地址空间更大的话,可以将上述两级页表方式进一步扩展为三级或四级页表方式。例如,下一节介绍的 Intel Core i7 中就采用了四级页表方式。

*7.6 实例:Intel Core i7+Linux 存储系统

本节主要介绍 64 位 Intel 处理器架构 Core i7 的层次化存储器结构、Core i7 的地址转换机制以及 Linux 系统的虚拟存储管理机制。本实例中的 Core i7 处理器采用 Nehalem 微架构,型号为 Core i7-965/975 Extreme Edition。虽然底层 Nehalem 微架构允许使用 64 位虚拟地址和物理地址空间,但 Core i7 体系结构采用 IA-32e 分页模式,支持 256TB(48 位)虚拟地址空间和 4PB(52 位)物理地址空间。

7.6.1 Core i7 的层次化存储器结构

图 7.16 给出了型号为 Core i7-965/975 Extreme Edition 的 Intel 处理器的层次化存储器结构。该型号 Core i7 处理器芯片中包含 4 个核(core),每个核内各自有一套寄存器、L1 数据 cache 和 L1 指令 cache、L1 数据 TLB 和 L1 指令 TLB,以及 L2 联合 cache 和 L2 联合 TLB。所有核共享同一个 L3 联合 cache 和同一个 DDR3 主存控制器。所有 L1 和 L2 高速缓存都是 8 路组相联,L3 高速缓存为 16 路组相联,L1、L2 和 L3 三类高速缓存大小分别为 32KB、256KB 和 8MB,主存块大小为 64 字节;所有 L1 和 L2 快表(TLB)都是 4 路组相联,L1 数据 TLB、L1 指令 TLB 和 L2 联合 TLB 的大小分别为 64 项、128 项和 512 项。系统启动时页大小可被配置为 4KB、2MB 或 1GB,Linux 系统采用 4KB 的页大小,故页内偏移量占 12 位。

7.6.2 Core i7 的地址转换机制

Core i7 的每个核内都有各自的 MMU 用于实现虚拟地址向物理地址的转换。CPU 通过分段方式得到线性地址,这里线性地址就是虚拟地址。图 7.17 给出了 Core i7 中根据虚拟地址进行存储访问的过程。

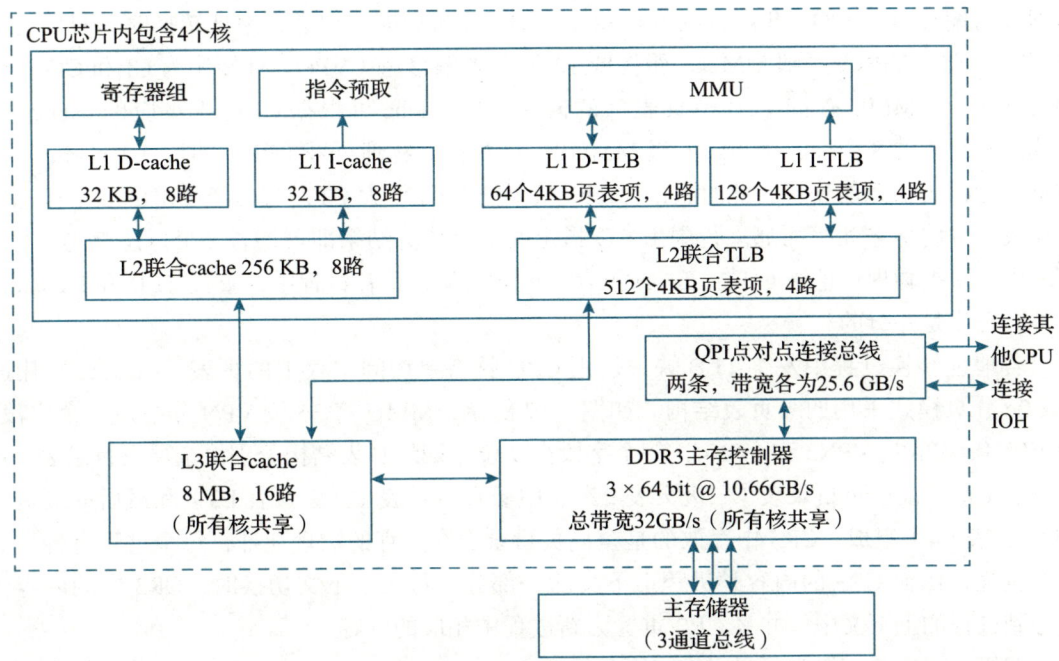

图 7.16 Core i7 的层次化存储器结构

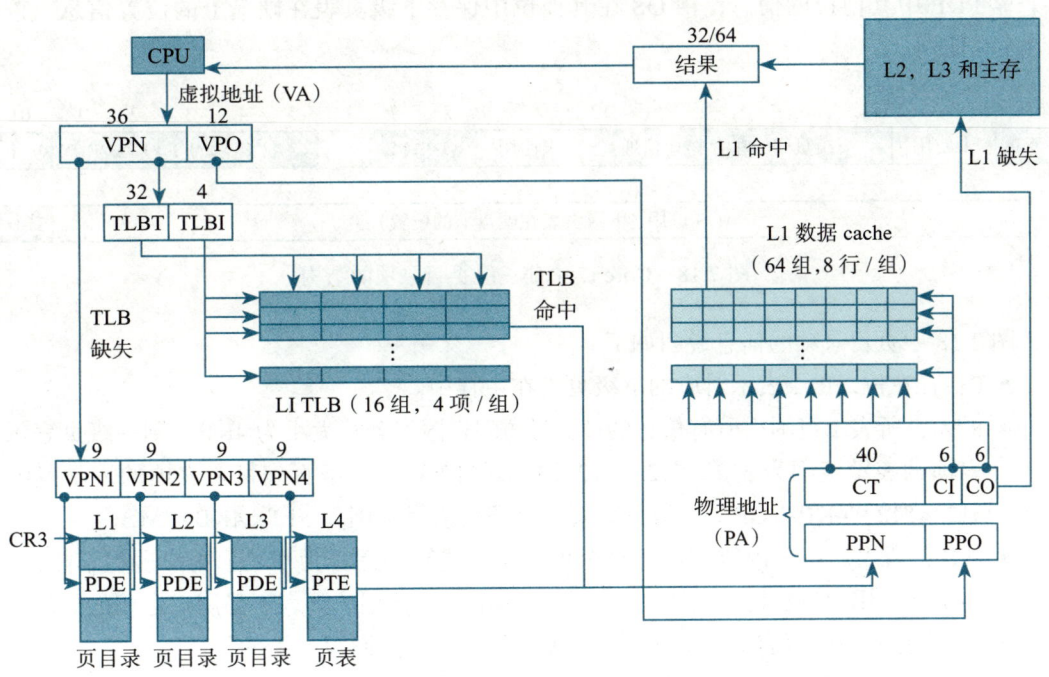

图 7.17 Core i7 中根据虚拟地址进行访存的过程

如图 7.17 所示，Core i7 采用了 VIPT cache 查找方式。L1 cache 的数据区共有 32KB，主存块大小为 64B，8 路组相联，因此，共有 32KB/64B=512 行，分成 512 行 /8 路 =64 组，因而 cache 组索引（CI）占 6 位，块内偏移量（CO）占 6 位，CI 和 CO 共占 12 位，正好与

物理页内偏移量（PPO）和虚页内偏移量（VPO）位数相同。在进行地址转换时，只要将高 36 位虚页号（VPN）送到 MMU，而将低 12 位页内偏移量（VPO）直接作为 CI 和 CO 送到 L1 cache。当 MMU 查询 TLB 中页表项的同时，L1 cache 可根据 CI 查找对应的 cache 组，并读出该组中的 8 个标志（Tag）。当 MMU 从 TLB 得到物理页号（PPN）时，L1 cache 正好准备进行标志信息的比较，此时，L1 cache 只要把 PPN 作为 CT，与已经读出的 8 个标志进行比较，并将标志相等的那一行中由 CO 指定的信息作为结果即可，若 8 个标志都与 CT 不等，则再根据物理地址访问 L2、L3 或主存。由此可见，访存过程中，查找 TLB 和 L1 cache 的部分操作是并行的。

若地址转换过程中发生 TLB 缺失，则 CPU 就需要访问主存中的页表。Core i7 所用的 IA-32e 分页模式采用四级页表结构。如图 7.17 所示，MMU 将 36 位 VPN 分解成 4 个字段，即 VPN1、VPN2、VPN3 和 VPN4，每个字段占 9 位。四级页表结构分别由全局页目录表（一级页表 L1）、上层页目录表（二级页表 L2）、中层页目录表（三级页表 L3）和最后一级页表（四级页表 L4）组成。CR3 中存放的是全局页目录表在主存的物理地址，每个进程有各自的四级页表，因而 CR3 的内容是进程上下文的一部分。每次上下文切换时，CR3 中的内容被保存到进程的上下文中，并将 CR3 重置为新进程中相应的内容。

四级页表中前三级为页目录表，页目录项（Page Directory Entry，PDE）的结构如图 7.18 所示。P=1 时指出下级页表起始处对应的主存物理基址高 40 位（即页框号）。P=0 时，硬件将忽略 PDE 中其他位的信息，由 OS 在其他位中保存下级页表在硬盘上的位置信息，该信息由 OS 使用。

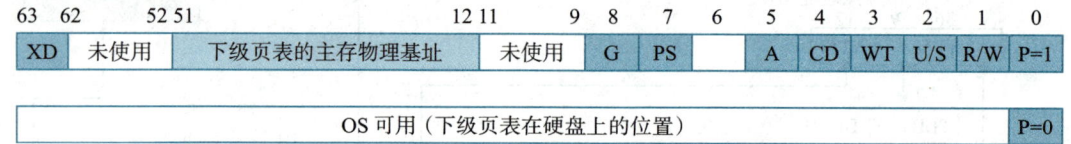

图 7.18　Core i7 中前三级页目录项的结构

图 7.18 中页目录项的信息说明如下。
- P：存在位，P=1 表示对应的下级页表在主存中。
- R/W：所表示范围内所有信息的读/写访问权限。若页大小为 4KB，则一级页表每个表项的表示范围为 $512 \times 512 \times 512 \times 4KB=512GB$，二级页表每个表项的表示范围为 $512 \times 512 \times 4KB=1GB$，三级页表每个表项的表示范围为 $512 \times 4KB=2MB$。
- U/S：所表示范围内所有信息是否可被用户进程访问，为 0 表示用户进程不能访问，为 1 允许用户进程访问。该位可保护操作系统所使用的页表不受用户进程的破坏。
- WT：指示下级页表对应的 cache 写策略是通写还是回写。
- CD：指示下级页表能否缓存到 cache 中。
- A：A=1 表示下级页表被访问过，初始化时操作系统将其清 0。利用该标志，操作系统可清楚地了解哪些页表正被使用，一般选择长期未用或近来最少使用的页表调出主存。由 MMU 在进行地址转换时将该位置 1，由软件清 0。
- PS：设置页大小为 4 KB、2MB 或 1GB，仅在二级页表或三级页表的表项中有定义。

- G：设置是否为全局页面。全局页面在进程切换时不会从 TLB 中替换出去。
- 页目录项第 12 ~ 51 位：用来表示下级页表在主存中的页框号，即主存地址的高 40 位，因此，这里默认每一级页表在主存中的起始地址低 12 位为全 0，即各级页表在主存中都按 4KB 对齐。

四级页表中最后一级为真正的页表，页表项（Page Table Entry，PTE）结构如图 7.19 所示。P=1 时指出对应虚拟页在主存的物理基址高 40 位（即页框号）。P=0 时硬件将忽略 PTE 中其他位的信息，由 OS 在其他位中保存对应虚拟页在硬盘上的位置信息，该信息由 OS 使用。

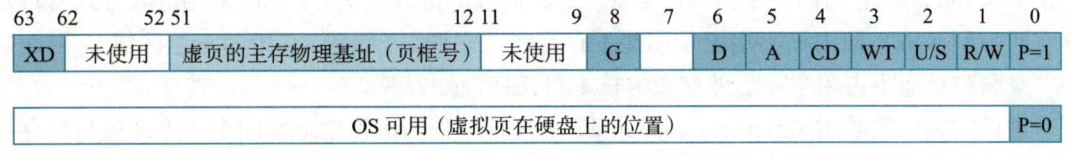

图 7.19　Core i7 中最后一级页表项的结构

图 7.19 中页表项的信息的含义说明如下。
- P：存在位，P=1 表示对应的虚拟页在主存中。
- R/W：所表示范围内所有信息的读/写访问权限。对于页大小为 4KB 的情况，所表示范围为对应虚拟页，大小为 4KB。
- U/S：所表示范围内所有信息是否可被用户进程访问，为 0 表示不能访问，为 1 表示允许访问。该位可以保护操作系统所使用的页不被用户进程破坏。若用户进程欲访问操作系统页面，则会发生访问越级。
- WT：指定对应页的 cache 写策略是通写还是回写。
- CD：指定对应页能否缓存到 cache 中。
- A：A=1 表示对应页面被访问过，初始化时操作系统将其清 0。利用该标志，操作系统可清楚地了解哪些页面正被使用，一般选择长期未使用的页或近来最少使用的页调出主存。由 MMU 在进行地址转换时将该位置 1，由软件清 0。
- D：脏位（或称修改位），进行写操作时由 MMU 将该位置 1，由软件清 0。
- G：设置是否为全局页面。全局页面在进程切换时不会从 TLB 中替换出去。
- 页表项第 12 ~ 51 位：用来表示对应页在主存中的页框号，即主存地址的高 40 位，因此，所有页面在主存中的起始地址低 12 位为全 0，即所有页面在主存中都按 4KB 对齐。

每次访存 MMU 都要进行地址转换，地址转换过程中，首先应在对应页表项中设置 A 位，也称为使用位或引用位（reference bit）。在页面中进行写操作时，都要设置 D 位。内核可以根据 A 位实现替换算法，在选择某页替换出主存时，若对应页表项中 D 为 1，则必须把该页写回外存，否则，可以不写外存。内核可使用一个特殊的特权指令使 A 和 D 位清 0。在地址转换过程中，MMU 还会根据 R/W 位和 U/S 位判断当前指令是否发生了访问违例，包括访问越权和访问越级等。

7.6.3　Linux 系统的虚拟存储管理

"进程"的引入除了为应用程序提供了一个独立的逻辑控制流之外，还为应用程序提供了一个私有的地址空间，使程序员以为自己的程序在执行过程中独占拥有存储器，这个私有地址空间就是虚拟地址空间。

7.1.2 节中的图 7.2 给出了在 Intel 架构下 Linux 进程对应的虚拟地址空间，图 7.3 给出了 Linux 进程的进程控制块结构 task_struct 描述的虚拟地址空间存储区域结构。

task_struct 结构中指针 mm 指向 mm_struct 结构，后者描述了对应进程虚拟存储空间的当前状态，其中一个字段是 pgd，它指向对应进程的第一级页表（页目录表）的首地址，因此，当处理器运行对应的进程时，内核会将它传送到 CR3 控制寄存器中。mm_struct 中还有一个字段 mmap，它指向一个由 vm_area_struct 构成的链表表头。Linux 采用链表方式管理用户空间中的区域，使内核不用记录那些不存在的"空洞"（如图 7.2 中的灰色区域），因而这种"空洞"页面不占用主存、外存或内核本身任何额外资源。

进程的**存储器映射**（memory mapping）是指将进程的虚拟地址空间中一个区域与外存中的一个对象建立关联，以初始化 vm_area_struct 结构中的信息。用户程序可以使用 mmap() 函数实现存储器映射。

1. mmap 和 munmap 函数的功能

在 Linux 系统中，可使用 mmap() 函数创建虚拟地址空间中的区域，并生成一个 vm_area_struct 结构。mmap() 函数原型如下：

```
void *mmap(void *start, size_t length, int prot, int flags, int fd, off_t
    offset);
```

若返回值为 -1（MAP_FAILED），则表示出错；否则，返回值为指向映射区域的指针。该函数的功能是，将指定文件 fd 中从偏移量 offset 开始的长度为 length 字节的一块信息，映射到虚拟地址空间中起始地址为 start、长度为 length 字节的一块区域。对应的头文件为 unistd.h 和 sys/mman.h。

参数 prot 指定该区域内页面的访问权限，对应 vm_area_struct 结构中的 vm_prot 字段，可能的取值包括以下几种。

- PROT_EXEC：区域内页面可执行。
- PROT_READ：区域内页面可读。
- PROT_WRITE：区域内页面可写。
- PROT_NONE：区域内页面不能被访问。

参数 flags 指定该区域所映射对象的属性，对应 vm_area_struct 结构中的 vm_flags 字段，一般需要在以下两种类型中选择一种。

- 普通文件。最典型的是可执行文件和共享库文件，可将文件中的数据或代码节（section）划分成页大小的片，每一片就是一个虚拟页在内存页框中的初始内容。通常，映射到只读代码区域（.init、.text、.rodata）和已初始化数据区域（.data）的对象存在于可执行文件中，这些对象都属于**私有对象**，程序对这些对象的更新不应反映到文件中，因此，采用称为**写时拷贝**（copy-on-write）的技术映射到虚拟地址空间，所映射的区域称为**私有区域**，对应对象称为**私有的写时拷贝对象**，此时参数 flags 设置为 MAP_PRIVATE；若希望程序对对象的更新反映到文件中，则这些对象属于**共享**

对象，所映射的对应区域称为共享区域，此时，flags 设置为 MAP_SHARED。用户程序第一次访问对应虚拟页时，CPU 将会抛出缺页异常，内核将在主存中找到一个空闲页框（没有空闲页框时，选择淘汰一个已存在页），然后从硬盘上的文件中装入所映射的对象信息，如果文件中的对象并非正好为页大小的整数倍，内核将用零来填充余下部分。

- 匿名文件。由内核创建，全部由 0 组成，对应区域中的每个虚拟页称为请求零页（demand-zero page）。用户程序第一次读取对应虚拟页时，CPU 将会抛出缺页异常，内核会将该虚拟页映射到其专门维护的一个内容全为 0 的页框，并将该虚拟页标记为写时拷贝；用户程序第一次写入对应虚拟页时，内核会在主存中找到一个空闲页框（没有空闲页框时，选择淘汰一个已存在页），用 0 覆盖页框内所有内容并更新页表。显然，这种情况下，并没有在硬盘和主存之间进行实际的数据传送。若参数 flags 设置为 MAP_ANON，则说明被映射的对象为匿名文件。通常，未初始化数据区（.bss）、运行时堆和用户栈等区域中都为私有的请求零页，此时，flags 设置为 MAP_PRIVATE | MAP_ANON。例如，下列语句：

```
bufp=mmap(-1,size,PROT_READ,MAP_PRIVATE|MAP_ANON,0,0);
```

将使 Linux 内核创建一个长度为 size 字节的私有的、请求零的只读虚拟存储区域，若该 mmap() 系统调用执行成功，则指针变量 bufp 将指向该新建区域。

在一个虚拟页第一次被装入内存页框后，不管是由普通文件还是由匿名文件对其进行初始化，以后都在主存页框和硬盘中的交换文件（swap file）之间进行调进调出。交换文件由内核管理和维护，也称为交换区间（swap area）或交换空间（swap space）。因为主存空间被系统中所有进程共享，所以，当系统中存在许多进程时，主存中很可能不存在空闲页框，此时，若一个进程需装入新的页，则内核会根据相应的替换策略，选择淘汰某进程的一页，若该淘汰页被修改过（dirty 位为 1），则将其从所在的主存页框写到交换文件中；若以后再次访问该淘汰页，则会触发缺页异常，内核再从交换文件中将该淘汰页调入内存。

可使用函数 munmap() 删除一个虚拟存储区域，munmap() 函数原型如下：

```
int munmap(void *start, size_t length);
```

start 指出所删除区域的首地址，length 指出删除区域的字节数。对应的头文件为 unistd.h 和 sys/mman.h。对一个已删除区域的引用将会导致段故障（segmentation fault）。

2. 共享库的映射

共享库的动态链接具有"共享性"特点，虽然很多进程都调用共享库中的代码，但是共享库代码段在内存和硬盘中都只有一个副本。如何实现多个进程共享一个共享库副本呢？这实际上是通过存储器映射机制来实现的。

共享库文件中的对象可以映射到不同进程的用户空间区域中。如图 7.20a 所示，假设进程 1 先将一个对象映射到自己的 VM 用户空间区域中，在进程 1 运行过程中，内核为该对象在主存分配了若干个页框，这些页框在主存中不一定连续，为简化示意图，图中所示页框是连续的。假定后来进程 2 也将该对象映射到自己的 VM 用户空间区域中，如图 7.20b 所示。

显然，该对象映射到两个进程的 VM 区域起始地址可能不同。

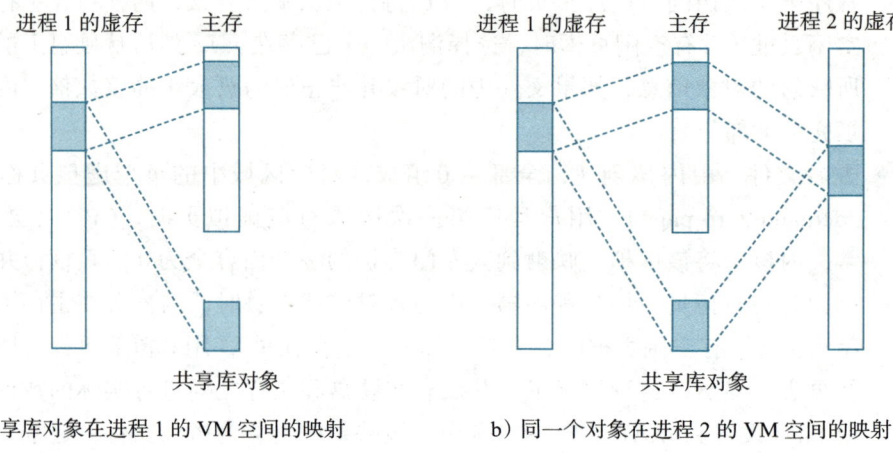

a) 共享库对象在进程 1 的 VM 空间的映射　　　　b) 同一个对象在进程 2 的 VM 空间的映射

图 7.20　同一个共享库中的对象在两个进程的 VM 空间中的映射

因为共享库中的对象在硬盘上只有一个副本，即对应的共享库文件名是唯一的，内核可以判断出进程 1 已经在主存中给该对象分配了页框，因而在进程 2 的加载运行过程中，内核只要将该页框号填入进程 2 对应区域内页表项中即可。在多个进程共享同一个对象时，在主存中仅保存一个副本，每个进程在访问各自区域时，实际上都在同一个页框中存取信息。若该对象采用 MAP_SHARED 方式映射，则一个进程对共享区域进行的写操作结果，对于所有共享该对象的进程都是可见的，而且结果也会反映在硬盘上对应的共享对象中。

3. 私有的写时拷贝对象

前面介绍进程概念时提到，一个可执行文件可被多次加载执行以形成不同进程，因而系统中多个进程可能有相同的只读代码区域和可读可写数据区域，即不同进程的区域可能会映射到同一个对象。可执行文件中的是私有对象，映射到进程的私有区域。因此，在这种私有区域中的写操作结果，对其他进程是不可见的，也不会反映在对应的硬盘对象中。要实现上述功能，内核可以为不同进程中对应区域的虚拟页在主存中分配各自独立的页框。但是，这样会浪费很多主存空间。

有没有一种技术既能节省主存空间又能实现不同进程私有区域的独立性呢？这种技术就是私有对象的写时拷贝技术，以下通过一个例子来说明该技术的基本思想。

假设可执行文件 a.out 对应的两个进程在系统中并发执行，先启动的进程 1 会将 a.out 中的私有对象映射到进程 1 的 VM 用户空间区域中，内核将这些区域中的页面标记为**私有的写时拷贝页**，并将对应页表项中的访问权限标记为只读。在进程 1 运行过程中，内核为这个私有对象在主存分配了若干个页框，同样，后启动的进程 2 也会将 a.out 中的私有对象映射到进程 2 的 VM 用户空间区域中，标记对应页为私有的写时拷贝页和只读访问权限，并在页表项中填写与进程 1 相同的页框号，如图 7.21a 所示。若两个进程对该区域没有进行写操作，如只读代码区域就不会发生写操作，那么，该区域中的虚拟页在主存就只有一个副本，可以节省主存空间。

若进程 2 对私有的写时拷贝页（如可读可写数据区域所在页）执行写操作，将与只读访问权限不相符，从而发生存储保护异常，内核将进行页故障处理。在处理过程中，内核判断出该异常是由于进程试图对私有的写时拷贝页进行写操作造成的，此时，内核就会在主存中为该页分配新页框，把页面内容拷贝到新页框中，并修改进程 2 中相应的页表项，填入新分配的页框号，将访问权限修改成可读可写，如图 7.21b 所示。

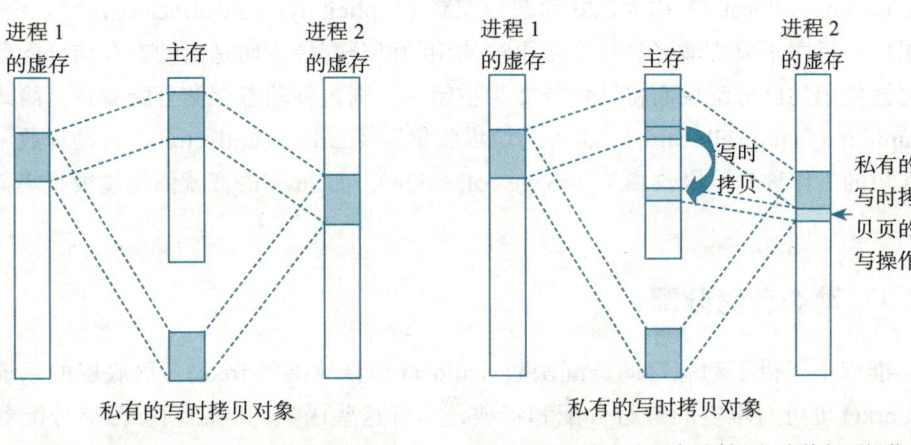

a) 私有对象在两个进程 VM 空间的映射　　b) 进程 2 在私有对象映射空间中执行写操作

图 7.21　同一个私有对象在两个进程的 VM 空间中的映射

页故障处理结束后，回到发生故障的指令重新执行，此时，进程 2 就可以正常执行写操作了。写时拷贝技术通过延迟拷贝私有对象中写操作所在的页面，节省不必要的主存物理空间。

当 MMU 对虚拟地址 VA 进行地址转换时，若检测到页故障，则转入操作系统内核进行页故障处理。Linux 内核可根据 vm_area_struct 链表结构中对虚拟地址空间各区域的描述，将 VA 与 vm_area_struct 链表中每个 vm_start 和 vm_end 进行比较，以判断 VA 是否属于"空洞"页面。若是，则发生段故障；若不是，则再判断所进行的操作是否和所在区域的访问权限（由 vm_prot 描述）相符。通常有以下几种不相符的情况。

- 对只读代码区进行了写操作。若执行了对只读代码区（vm_prot 描述的访问权限为只可执行 PROT_EXE 或只读 PROT_READ）页面的写操作，则发生访问越权。
- 对不可访问的区域进行了读写操作。若在用户态下访问属于内核的区域（vm_prot 描述的访问权限为不可访问 PROT_NONE），则发生访问越级。
- 段故障、访问越权和访问越级都会导致当前进程的终止。

若不是上述几种情况，则内核判断是否发生正常的缺页异常，若是，则操作系统只要在主存中找到一个空闲的页框，从外存将缺失的页面装入主存页框中，若主存中没有空闲页框，则根据页面替换算法，选择某个页框中的页面交换出去，然后从外存装入缺失的页面到该页框中。从页故障处理程序返回后，将回到发生缺页的指令重新执行。

*7.7　堆区动态分配

在如图 7.2 所示的进程虚拟地址空间中有一个称为运行时堆（heap）的区域，由请求零页组成，在可读写数据区后向高地址方向生长。由内核维护的变量 brk 指向堆顶。

C 程序员可使用 malloc() 函数显式地在堆区动态申请一块存储区（称为**已分配块**），通过调用 free() 函数显式地释放一个已分配块，已释放的块称为**空闲块**。这两个函数与 C++ 程序中的 new 和 delete 操作符相当。这种由应用程序显式地申请和释放存储区的**动态存储分配器**（dynamic memory allocator）称为**显式动态分配器**（explicit dynamic allocator）。

如果应用程序不显式地释放一个不再被使用的已分配块，而是由动态存储分配器自动检测出不再被使用的已分配块而将其释放变为空闲块，则这种动态存储分配器称为**隐式动态分配器**（implicit dynamic allocator），也称为**垃圾收集器**（garbage collector），自动释放不再使用的已分配块的工作称为**垃圾收集**（garbage collection），如 Java 语言就依赖垃圾收集释放已分配块。

7.7.1 动态存储分配

C 标准库中提供了动态存储分配函数 malloc() 和释放函数 free()，更底层的系统级函数 sbrk() 和 brk() 也可对堆空间进行分配和释放，实现这些函数的底层动态存储分配器需要在一定的约束条件下工作。

1. malloc 和 free 函数

malloc() 函数是 C 标准库函数，用于在堆中动态分配一个大小至少为 size 字节的存储区，其函数原型如下：

```
void *malloc(size_t size);
```

malloc 函数返回一个指针。若成功，则返回已分配块指针；若出错，则返回 −1，并设置 errno。其包含的头文件为 stdlib.h。

根据不同的系统，已分配块可能有不同的对齐要求，在有些 32 位模式（如 MIPS 32）中，malloc 返回的地址总是 8 的倍数，称为**按双字对齐**（32 位系统中一个字占 4 字节，双字占 8 字节），而在 64 位模式中，malloc 返回的地址则总是 16 的倍数。为满足对齐要求，已分配块大小可能大于所申请的块大小 size，其中，**有效载荷**（payload）为 size 字节。

malloc() 不对所分配的块初始化，而 calloc() 函数则会将所分配的块初始化为零。若想要改变一个已分配块的大小，则可使用 realloc() 函数。

通过调用 free() 函数可释放一个已分配块，free() 函数原型如下：

```
void free(void *ptr);
```

参数 ptr 必须指向通过 malloc()、calloc() 或 realloc() 申请得到的已分配块。该函数没有任何返回值，因此，在某些情况下会产生一些令人迷惑的运行时错误。函数对应的头文件为 stdlib.h。

例 7.2 在 32 位模式中，某 C 程序中依次包含了以下动态存储分配函数调用：

```
1   p1=malloc(2*sizeof(int));
2   p2=malloc(5*sizeof(int));
3   p3=malloc(4*sizeof(int));
```

```
4  free(p2);
5  p4=malloc(2*sizeof(int));
```

假定已分配块按双字边界对齐，堆的大小为 16 个字，每个字占 4B，分别画出第 3 行、第 4 行、第 5 行函数调用后堆中各块分布情况。

解：32 位模式下，按双字边界对齐，即 malloc() 返回地址是 8 的倍数。初始时，堆中全部为空闲区。图 7.22 中每个方框代表一个字，深色阴影框表示有效载荷区，浅色阴影框为已分配块中的非有效载荷区，无阴影框为空闲区。

如图 7.22a 所示，执行第 1 行 malloc() 函数调用后，p1 指向一个大小为 8B 的已分配块，全为有效载荷；执行第 2 行后，p2 指向一个大小为 24B 的已分配块，其中有效载荷区为 20B；执行第 3 行后，p3 指向一个大小为 16B 的已分配块，全为有效载荷。

如图 7.22b 所示，执行第 4 行 free() 函数调用后，p2 所指向的已分配块被释放，因此在 p2 所指位置后有大小为 24B 的空闲块。

执行第 5 行 malloc() 函数调用时，动态分配器可以在现有空闲块中进行分配，是从 p2 所指空闲块中分配，还是从 p3 所指已分配块后面的空闲块中分配，由分配器所用的配置策略决定。假定采用首次适配（first fit）策略，则在 p2 所指空闲块中分配，p4 所指已分配块位置如图 7.22c 所示。

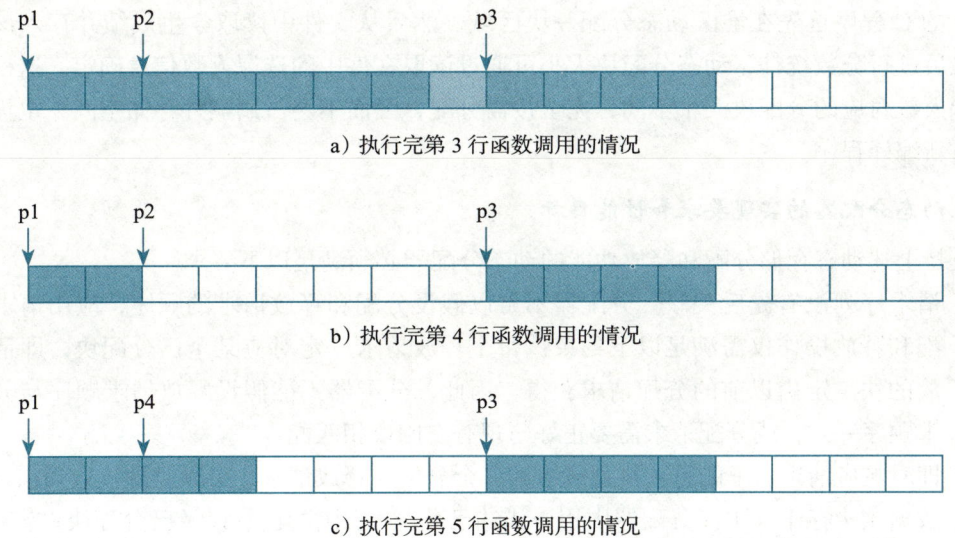

a）执行完第 3 行函数调用的情况

b）执行完第 4 行函数调用的情况

c）执行完第 5 行函数调用的情况

图 7.22　例 7.2 中动态存储分配函数执行后的情况

2. sbrk 和 brk 函数

sbrk 和 brk 函数都可实现堆空间的分配和释放，其函数原型如下：

```
void *sbrk(intptr_t incr);
int brk(void *addr);
```

sbrk 函数若成功则返回原 brk 指针；若失败则返回 −1，并将 errno 设为 ENOMEM。该函数通过将 brk 指针增加 incr 来对堆空间进行扩展和收缩。若 incr 为正，则返回值指向距新堆顶向下 incr 字节处，相当于新分配了一个 incr 字节的块；若 incr 为零，则返回 brk 的当前值；若 incr 为负，则返回值指向距新堆顶向上 abs(incr) 字节处，相当于释放了一个 incr 字节的块。

brk 函数若成功则返回 0，若失败则返回 −1，并将 errno 设为 ENOMEM。当 addr 参数合理、堆区有足够的空闲空间且不超过最大值时，brk() 函数将堆顶 brk 设置为 addr。

sbrk 和 brk 两个函数属于比 malloc 和 free 更底层的系统级函数，对应的头文件都为 unistd.h。

3. 动态存储分配的应用场景

有些应用场景下，程序在运行前可能无法获知一些处理信息的大小，因而无法通过变量类型的静态声明方式给出对应数据结构的大小。例如，对于统计选修课成绩的 C 程序，因为选修人数不确定，在编写程序时不能确定存放学生成绩的数组 score 的大小，如果用静态数据类型声明方式实现选修课成绩统计，则需要设定数组 score 的最大下标值 N_MAX。若将 N_MAX 设置得过大，则会浪费大量静态区空间；若针对某应用场景将 N_MAX 设置得过小，则程序员需要修改其值并重新编译程序。如果在大型软件开发中采用这种做法，将会给程序维护带来极大的挑战。

针对上述应用场景，应该采用动态存储分配的方式。如对于选修课成绩统计程序，通常的做法是将课程名称、编号、选课人数及每位学生的成绩等信息存放在一个文件中，进行成绩统计的 C 程序首先在堆区动态分配一块区域，然后从文件中读取学生成绩并存入该分配块，最后进行分数统计，动态分配块大小可通过读取文件中的选课人数信息确定。这样，不同选课人数对应的分配块大小不同，完全按需分配，因而不会占用额外存储空间，也无须修改和重新编译程序。

4. 动态分配器的实现要求和性能目标

支持上述动态存储分配和释放功能的动态分配器必须满足以下要求。

- **请求序列没有先后关联**。分配器不可以假设分配和释放请求的顺序，应用请求的分配和释放操作仅需满足以下约束：每个释放请求一定对应某个已分配块，即请求释放的块一定由以前的分配请求获得。因此，分配器不能假设释放请求顺序与分配请求顺序一致，或分配请求需要正好与现有空闲块相匹配。
- **即时响应请求**。不能重新排列或缓冲多个分配和释放请求，必须立即响应当前请求。
- **数据结构存于堆中**。分配器中用于描述已分配/空闲的信息以及已分配块/空闲块本身都必须在堆中。
- **必须满足对齐要求**。已分配块必须对齐，使得其可存储任何按对齐要求而分配的数据对象。
- **不修改已分配块**。分配器只能对空闲块进行分割和合并等操作，不能修改已分配块。

在满足上述要求的前提下，分配器的实现应使操作吞吐率和空间使用率达到最大，显然，这两个性能目标通常是相互冲突的。

这里，**操作吞吐率**定义为单位时间内完成的请求数。例如，若分配器 1 s 内完成 500 个分配请求和 500 个释放请求，则吞吐率为每秒 1000 次请求操作。

空间使用率可以用**峰值利用率**（peak utilization）来表示。假设前 i 个分配和释放请求的聚集有效载荷（aggregate payload）表示为 P_i，其值为前 i 次请求结束后所有已分配块的有效载荷之和，若前 k 次请求结束后堆的大小为 H_k，则前 k 个请求的峰值利用率 U_k 可用以下公式计算得到：

$$U_k = \max_{i \leq k} P_i / H_k$$

假设分配器处理的操作整体上共有 n 次请求序列 $R_0, R_1, \cdots, R_k, \cdots, R_{n-1}$，则空间使用率最大化的目标就是使整个序列峰值利用率 U_{n-1} 达到最大。

5. 内部碎片和外部碎片

一般情况下，堆空间的使用率较低，主要是因为**碎片**（fragmentation）的存在。当存在空闲块不能满足分配请求的情况时，就出现了碎片，有内部碎片和外部碎片两种形式。

内部碎片在一个已分配块大小比其中的有效载荷大时发生。例如，例 7.2 中的第 2 行分配请求执行结束后，p2 所指向的已分配块为 24B，其有效载荷为 20B，剩下的 4B 空间不能满足任何分配需求，从而将会形成内部碎片。在任何时刻，内部碎片的数量取决于之前的请求模式和分配器的实现方式。

外部碎片在空闲块总大小足够满足一个分配请求但没有一个单独的空闲块足够大到满足该分配请求时发生。例如，例 7.2 中的第 5 行分配请求执行结束后，若再需请求分配 24B 大小的空间，虽然剩下的总空闲块大小为 32B，比请求的 24B 更大，但两个单独的空闲块都只有 16B，不能满足分配需求，从而使两个空闲块都可能成为外部碎片。

外部碎片的数量不仅取决于之前的请求模式和分配器的实现方式，还取决于将来的请求模式。例如，例 7.2 中的第 5 行分配请求执行结束后，如果新的分配请求只是一个 16B 大小的空间，那么就存在一个空闲块能够满足分配需求，从而使该空闲块不会变成外部碎片。因为外部碎片难以量化且不可预测，所以分配器通常采用启发式策略来试图维持少量的大空闲块，而不是维持大量的小空闲块。

7.7.2 显式动态分配

显式动态分配方式是指在应用程序中通过 malloc() 和 free() 等函数显式地请求空间的分配和释放，显式动态分配器的设计实现涉及空闲块的组织、新分配块的选择、空闲块的分割和合并等问题。

1. 空闲块的组织

设计动态分配器时，最基础的工作是确定如何记录空闲块。通常采用一种称为**隐式空闲链表**的简单空闲块组织结构来记录空闲块。图 7.23 给出了隐式空闲链表结构中的一个节点结构，每个节点用于描述堆中一个已分配块或空闲块信息，因此每个节点称为一个**堆块**（chunk）。

假定分配器采用双字边界对齐方式，即分配的块大小为 8 的倍数，因而块大小低 3 位为 0。每个节点**头部**（header）占 32 位，用于表示块大小（包括头部在内的所有字节数），其中，低 3 位中最低位 A 表示本块是已分配块还是空闲块。若是一个已分配堆块，则由头部、有效载荷和填充三部分组成，其中，需要填充的原因可能是对齐要求、分配器的处理策略或者用于减少碎片等。

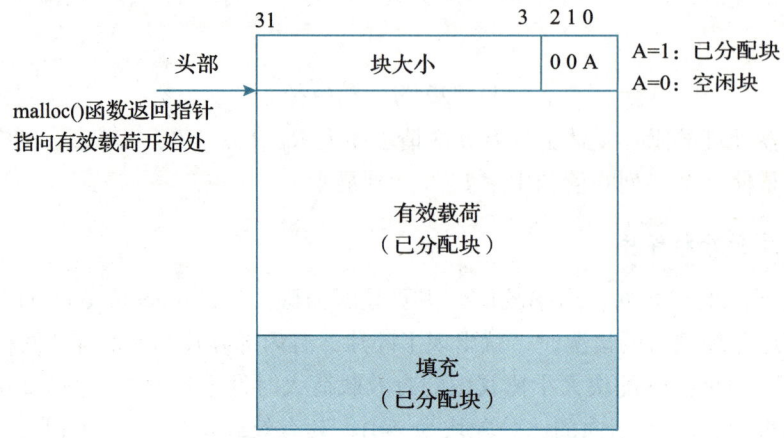

图 7.23 隐式空闲链表中一个节点的结构

例 7.3 假设 32 位系统中分配块采用双字边界对齐方式，隐式空闲链表采用图 7.23 所示的节点结构，堆的大小为 17 个字，每个字占 4B，堆中最后一个字用于标识链表的结束，称为终止头部，用大小为 0 的已分配块头部信息表示。针对以下请求操作序列，画出最终得到的隐式空闲链表，并给出每个节点头部信息（用十六进制表示）。

```
1  p1=malloc(2);
2  p2=malloc(5*sizeof(int));
3  free(p1);
4  p3=malloc(4*sizeof(int));
```

解： 图 7.23 所示的节点结构采用双字对齐方式，即每个分配请求得到的块大小一定是 8 的倍数，每个分配堆块中除请求的字节数外，还应加上头部的 4 字节以及为满足对齐要求而增加的填充部分，因此第 1 行请求返回的块大小为 4+2+2=8B，其中有 2 字节填充区，当第 3 行释放请求执行后，该 8B 大小空间变为空闲块，第 2 行请求返回的块大小为 4+5×4=24B，第 4 行请求返回的块大小为 4+4×4+4=24B，其中有 4 字节填充区（用浅色阴影表示）。得到的隐式空闲链表如图 7.24 所示。

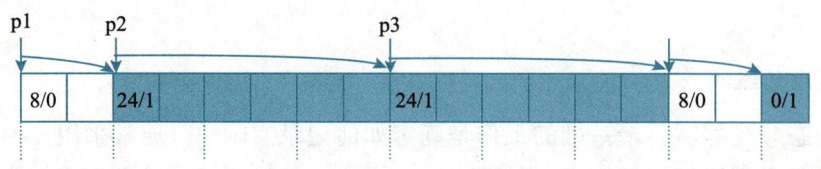

图 7.24 例 7.3 中的隐式空闲链表

图 7.24 所示隐式空闲链表中 p1、p2、p3 节点对应的头部信息分别为 0x00000008、0x00000019、0x00000019。终止头部信息为 0x00000001。

上述结构的隐式空闲链表结构简单，但时间开销较大，必须通过对每个节点头部中块大小字段进行遍历才能获得所有空闲块的集合，空闲块搜索时间与堆中已分配块和空闲块的总数呈线性关系。

2. 新分配块的选择

针对程序中的分配请求，分配器通过搜索空闲链表，选择一个足够大的空闲块作为已分配块返回。分配器所有的搜索方式由选择策略确定。常见的策略有首次适配（firstfit）策略、下次适配（nextfit）策略和最佳适配（bestfit）策略等。

- 首次适配策略。从头开始搜索空闲链表，选择第一个合适的空闲块。
- 下次适配策略。它和首次适配相似，只是每次搜索都从上一次查询结束的地方开始。
- 最佳适配策略。遍历所有空闲块，选择满足请求大小的最小空闲块。

首次适配策略的特点是，大空闲块保留在链表的后面，而在靠近链表起始处会留下小空闲块碎片，从而增加了对较大块的搜索时间。研究表明，下次适配策略的空间利用率要比首次适配低得多，而最佳适配策略比首次适配策略和下次适配策略的空间利用率都要高一些，不过，在简单的隐式空闲链表组织结构中，最佳适配策略要求搜索整个堆空间，因而时间开销较大，若采用更加精细复杂的分离式空闲链表组织，则无须搜索整个堆空间。

3. 空闲块的分割

当分配器选择一个空闲块进行分配时，必须确定将空闲块中多少字节空间分割出来作为所分配的块。一种方式是不分割而将整个空闲块全部作为已分配块。显然，这种方式快而简单，但易造成内部碎片。因此，分配器通常会将空闲块分割为两部分：一部分作为已分配块，另一部分作为新的空闲块。

4. 堆空间的增加

分配器在处理分配请求时，有可能找不到合适的空闲块，此时，可通过合并相邻空闲块来创建满足分配要求的空闲块。若通过空闲块合并还是无法满足分配要求，则分配器就需要通过调用 sbrk() 函数向内核请求额外的堆空间。分配器将请求的堆空间转换为一个大的空闲块，并将其插入空闲链表中，从而可满足分配要求。

5. 空闲块的合并

当分配器执行一个释放请求将一个已分配块变为空闲块时，可能存在相邻空闲块。若不合并相邻空闲块，则会引起假碎片现象，为此分配器通常会对相邻空闲块进行合并（coalescing）。可采取立即合并（immediate coalescing）或推迟合并（deferred coalescing）策略。

立即合并方式下，每释放一个已分配块就立即合并所有相邻块；推迟合并方式下，可以选择在释放已分配块之后的某个时刻再合并，例如，可等到某个分配请求失败时再扫描整个堆，并合并所有相邻空闲块。

对于当前释放块与其后相邻空闲块的合并，比较简单。只要根据当前块头部中的块大小信息确定下一个相邻块的头部位置，从而检测下一个相邻块是否为空闲块，若是，就将其块大小加到当前块头部的块大小信息中，因而这种向后合并操作可在常数时间内完成。

对于当前释放块前面相邻空闲块的合并，则较为复杂。需要从头开始搜索隐式空闲链表，并记录各块位置信息，直到当前块，若前一块为空闲块，则将当前块合并到前一块中。因此，若使用隐式空闲链表，则每次执行 free() 函数所需要的时间都与堆的大小呈线性关系。

Knuth 曾提出过一种加边界标记的方法，可在常数时间内完成向前合并操作。这种方法的基本思想就是在每个堆块的结尾处增加一个与头部信息相同的<u>脚部</u>（footer）作为边界标记，前一块的脚部总是距当前块开始位置一个字的距离，分配器可通过检查该脚部信息，判断前一块的起始位置和状态。这种方式要求每个块都额外增加一个头部和一个脚部，因此当程序中请求分配许多小块时，会产生较大的空间开销。

若把前面相邻块的已分配/空闲位存放在当前块头部中的低位，例如，图 7.23 中 A 位的前一位，则已分配块就不需要脚部信息，但空闲块仍需脚部信息，这样，当根据当前块头部信息判断出前面为空闲块时，可快速从前面的空闲块中取出脚部信息进行合并操作。

例 7.4 假设分配器采用隐式空闲链表，不允许有效载荷为零，头部和脚部信息存放在大小为 4B 的字中，针对以下给出的对齐要求和已分配块/空闲块头部和脚部的组合情况，确定分配器设计时应设置的最小块大小（单位为字节）。

①单字对齐、已分配块只有头部、空闲块有头部和脚部
②双字对齐、已分配块和空闲块都有头部和脚部
③双字对齐、已分配块只有头部、空闲块有头部和脚部
④四字对齐、已分配块和空闲块都有头部和脚部

解：最小块大小设置会影响内部碎片的数量。因为 free() 释放的块与之前 malloc() 请求的已分配块是同一个，所以最小块大小应该是最小已分配块和最小空闲块两者字节数的最大值。

已分配块中至少有 1 字节有效载荷，且块大小按对齐要求设置。情况①：最小已分配块至少有 4+1+3=8B，最小空闲块至少有 4+4=8B，分配器的最小块大小应设置为 8 字节。情况②：最小已分配块至少有 4+1+4+7=16B，最小空闲块至少有 4+4=8B，分配器的最小块大小应设置为 16 字节。情况③：最小已分配块至少有 4+1+3=8B，最小空闲块至少有 4+4=8B，分配器的最小块大小应设置为 8 字节。情况④：最小已分配块至少有 4+1+4+7=16B，最小空闲块至少有 4+4+8=16B，因此，分配器的最小块大小应设置为 16 字节。

动态分配器程序设计对于设计初学者来说是一项富有挑战性的任务，涉及空闲链表和堆块等多种数据结构的设计，以及新分配块的选择策略、空闲块的分割和合并策略等的实现，在不同的处理模块中，需要对空闲链表和堆块中的数据进行初始化和更新修改操作，编程设计中涉及容易出错的指针强制类型转换和指针运算等。因此，动态分配器的设计实现属于典型的底层系统编程任务。

6. 显式空闲链表

采用隐式空闲链表的分配器在进行分配和释放请求处理时，其处理时间与堆块的总数呈线性关系，因此，通用分配器不适合采用隐式空闲链表，而应采用<u>显式空闲链表</u>，如<u>双向空闲链表</u>就是一种显式空闲链表。

如图 7.25 所示，在双向空闲链表中，每个已分配块节点采用带头部和脚部的与隐式空闲链表相同的结构，每个空闲块节点可在释放前的原有效载荷区中记录其前驱和后继的指针，分别指向其前、后空闲块。

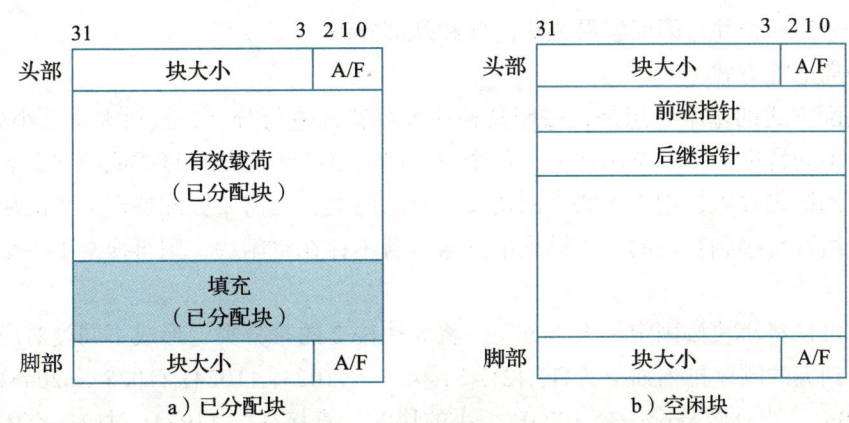

图 7.25 双向空闲链表中两种节点的结构

使用双向空闲链表并采用首次适配策略的分配器，其分配请求处理时间可减少为与空闲块数呈线性关系，而不是与总块数呈线性关系，释放请求处理则可能是线性时间或常数时间，这取决于所选择的空闲链表中块的排序策略。

显式链表的缺点是空闲块必须足够大，使最小块中能存放所需的所有指针信息，以及头部和可能的脚部信息，这导致分配器必须设置更大的最小块大小，潜在地增加了内部碎片的数量。

7. 分离的空闲链表

根据前述可知，采用单个空闲链表的分配器，其分配请求处理时间通常与空闲块数呈线性关系。为了进一步减少分配请求处理时间，可采用分离的空闲链表，即分配器维护多个空闲链表，按照块大小的特点进行分类，形成不同的空闲链表。例如，可以根据块大小为 2 的幂来分类，形成与 $2^0, 2^1, 2^2, 2^3, \cdots, 2^{11}$ 等相对应的空闲链表：$\{1\}, \{2\}, \{3,4\}, \{5 \sim 8\}, \cdots, \{1025 \sim 2048\}, \{>2048\}$。当分配器进行分配和释放请求处理时，可快速定位到对应的链表中进行操作。

以下给出两种基本的分离空闲链表方式：**简单分离存储**（simple segregated storage）方式和**分离适配**（segregated fit）方式。

（1）简单分离存储方式

一种简单的分离空闲链表方式是，每个类的空闲链表包含大小相等的块，每块的大小为该类中最大的块大小值。例如，若某类定义为 $\{9 \sim 16\}$，则该类空闲链表全部由大小为 16B 的块组成。若某个分配请求大小（参数 size）在 9 到 16 之间，则直接查询该类空闲链表。若空闲链表非空，则选择一个空闲块作为已分配块返回，无须分割以满足分配请求；若空闲链表为空，则分配器向操作系统请求一个固定大小的空间（通常是页大小的整数倍），将其分成大小相等的块，并链接形成新的空闲链表。若要释放一个块，分配器只需将释放的块插入相应的空闲链表开始处。

这种简单的分离空闲链表方式，其分配和释放处理时间都是常数，且每个块大小相等，无须分割和合并，因而已分配块不需要头部和脚部，每个空闲块中需要的唯一字段是一个字的后继指针，因此在不考虑对齐的情况下，最小块大小为一个字。不过，因为这种方式不进行空闲块的分割和合并，因而容易造成内部和外部碎片。

（2）分离适配方式

分离适配方式的基本思想是，按照某种块大小特征进行分类，按块大小从小到大排列，形成对应于不同特征的多个空闲链表，每个空闲链表被组织成某种显式或隐式链表，分配器维护一个空闲链表数组，用于关联不同块大小对应的类，当需要分配特定大小的块时，通过空闲链表数组可直接到对应的空闲链表中搜索，若不存在空闲块，则再搜索下一个块大小更大的链表。

例如，可以将小块按固定块大小分类，将大块按 2 的幂分类，形成不同类对应的空闲链表，按从小到大的顺序排列如下：{1},{2},{3},{4},…,{1023},{1024},{1025～2048},{2049～4096},{>4096}。当请求分配一个 1024B 大小的块时，直接在类 {1024} 对应的空闲链表中搜索，若找不到，再到下一个空闲链表中搜索，以此类推。

对于分配请求，可采用首次适配策略查找合适的空闲块，若找到，则按需分割该空闲块，将剩余部分插入对应的空闲链表中。若所有空闲链表中都没有合适的块，就向操作系统请求新的堆空间，从中分配一个块，并将剩余部分插入对应的链表中。对于释放请求，可合并被释放的空闲块，并将合并后的空闲块插入对应的链表中。

分离适配方式搜索范围小，因而操作速度快，而且空间利用率较高，简单首次适配搜索方式的空间利用率近似于对整个堆的最佳适配搜索空间利用率。C 标准库中提供的 GNU malloc 包即采用这种方法。

伙伴系统（buddy system）采用分离适配方式进行存储空间的分配和释放，其基本思想是，每次分配请求的块大小向上舍入到最接近的 2 的幂，如 2^k，然后对一个块大小为 2^x（$x \geq k$）的块进行二分递归，直到满足分配需求。对一个块进行二分递归时，总是将其中的半块（称为伙伴）插入对应的空闲链表中，另外半块继续递归二分。当释放一个大小为 2^k 的块时，可合并空闲伙伴。

若堆的大小为 2^m，则最初只有一个块大小为 2^m 的单个块组成的空闲链表，通过不断进行二分递归，可生成多个不同块大小对应类的空闲链表。给定一个块的地址和大小，可方便地计算出伙伴的地址。例如，若块大小为 1024 字节，块地址为 0x80c0 0010，则其伙伴块的地址为 0x80c0 0010+1024/2=0x80c0 0210。

伙伴系统的块搜索和块合并速度较快，但分配的块大小要求为 2 的幂，这会显著增加内部碎片的数量。

7.7.3 隐式动态分配

显式动态分配方式下，应用程序通过显式的释放请求［如 free() 函数］释放不再使用的已分配块。若程序未释放已分配块，则在程序执行过程中这些不再需要的块将毫无必要地占用着堆空间，这些无用的块被称为**垃圾**（garbage）。**垃圾收集器**（garbage collector）是一种隐式动态分配器，它能自动释放程序不再使用的已分配块。

在诸如 C 语言 malloc 包这类显式分配器中，应用程序通过调用 malloc() 获得一个已分配块，并使用其返回的一个指针型变量引用该块。指向已分配块的指针型变量可能位于堆区，也可能不位于堆区。例如，在以下 C 程序代码中，指针变量 citizenp 分配在栈区或寄存器中，即不位于堆区，而指针变量 carp 则位于堆区。

```
struct CAR {
    char maker[32];
    int price;
};
struct CITIZEN {
    char name[32];
    CAR *carp;
};
int main() {
    CITIZEN *citizenp = (CITIZEN *) malloc(sizeof(CITIZEN));
    (*rp).carp = (CAR *) malloc(sizeof(CAR));
    ...
}
```

垃圾收集器将已分配块之间的引用关系视为一个有向可达图，图中的节点分成**根节点**和**堆节点**两类。堆节点是指所有位于堆区的指针变量，根节点是指所有不位于堆区的指针变量，它可能位于寄存器或栈中，也可能是位于可读写数据区中的全局变量。有向边 $p \rightarrow q$ 表示从指针 p 可找到其所指块中指针变量 q 所指的块，如上述代码对应的有向可达图中，存在有向边 citizenp → carp，即 citizenp 所指块中有一个指针变量 carp 指向一个已分配块。图 7.26 给出了一个已分配块之间的引用关系图。

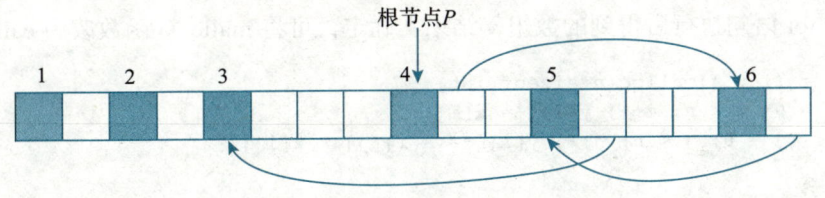

图 7.26　已分配块之间的引用关系图

在图 7.26 中，根节点 P 指向堆中的节点 4，节点 4 对应块中有一个指针指向节点 6，节点 6 对应块中有一个指针指向节点 5，节点 5 对应块中有一个指针指向节点 3。

当存在一条从任意根节点出发，能到达 P 的有向路径时，则称节点 P 可达。任何时刻不可达节点可被视为不能被应用程序使用的垃圾。垃圾收集器的功能是构造和维护有向可达图，在需要时通过释放不可达节点使其插入空闲链表来定期回收垃圾。

Jone McCarthy 提出的 Mark&Sweep 垃圾收集算法可建立在已存在的 C 语言 malloc 包的基础上，为 C 和 C++ 程序提供垃圾收集功能。该算法由标记（mark）阶段和清除（sweep）阶段组成，标记阶段对从根节点出发的所有可达的已分配块进行标记，清除阶段则释放所有未被标记的已分配块。例如，对于图 7.26 所示的情况，通过标记阶段可确定节点 1 和节点 2 为未标记的不可达节点，因此在清除阶段可将这两个节点释放，使它们成为空闲节点。

7.7.4　与存储访问相关的常见错误

相对于其他高级编程语言，C 语言更适合用于底层开发，可对虚拟存储空间地址进行直接操作，因而 C 程序中经常会出现与存储访问有关的错误，这些错误通常在形成错误源的语句之后才表现出来，在执行过程中发现错误时，可能距离错误源很远，导致查错工作相对困难。以下是一些常见的与存储访问有关错误。

1. 间接引用坏指针

7.6.3 节中提到，在进程的虚拟地址空间中存在一些"空洞"，如果间接引用一个指向空洞的指针，则会引发段故障；此外，若试图向一个只读区域中写信息，则会引发访问越权等故障。更为严重的错误是间接引用坏指针，如将非地址变量作为地址进行存储访问。

间接引用坏指针的一个常见案例是经典的 scanf() 调用错误。例如，使用 scanf() 从标准输入（stdin）读一个整数并把它存放到变量 val 中，正确做法是将第 2 个参数设为地址，即 "scanf("%d", &val);"。但对于初学者来说，很容易写成 "scanf("%d", val);"，此时，val 的值将被解释为一个地址，程序试图将键盘输入的整数写到该地址中。这样，最好的情况是，程序立即以异常状态终止；最坏的情况是，若 val 值所表示的地址正好位于虚拟空间中合法的可读写区，则程序会用一个整数覆盖原来的数据，导致在相当长的一段时间后出现令人困惑的结果，甚至发生灾难性后果。

2. 对堆中未初始化变量进行读操作

5.2 节中提到，可读写数据区中 .bss 节内未初始化全局变量在加载时会被初始化为 0，但通过 malloc() 函数在堆区分配的变量不会被初始化。例如，以下 C 程序段因数组 y 没有初始值，而使 for 语句执行后得到的数组 y 结果不确定，可将 malloc() 函数改为 calloc() 函数。

```
int *y = (int *)malloc(n*sizeof(int));
for (i = 0; i < n; i++) y[i] += x[i];
    for (j = 0; j < n; j++) y[i] += A[i][j] * x[i];
```

3. 栈中缓冲区发生溢出

4.4.1 节中提到，若将分配在栈区的非静态局部变量定义为数组变量，有可能在对数组元素访问时发生超越数组存储区的越界访问，从而造成缓冲区溢出错误。例如，以下 C 程序段中，当入口参数 str 指向的字符串较长时，会发生缓冲区溢出。

```
void str_out(char *str) {
    char buffer[16];
    strcpy(buffer, str);
    ...
}
```

4. 申请空间时将指针型变量与其指向对象混淆

一种常见的错误是在申请空间时将指针型变量和其所指向的对象混淆，由于两者长度不同而使得申请的空间大小不符合预期。例如，假定数组 a 有 *n* 个元素，每个数组元素为一个指针，指向一个包含 *m* 个 int 型变量的数组，程序需要为数组 a 动态申请一块堆区，为 a 中每个元素所指向的数组也申请一块堆区，并对数组 a 进行初始化。对应的程序段如下：

```
int **a = (int **)malloc(n*sizeof(int *));
for (i = 0; i < n; i++)
```

```
a[i] = (int *)malloc(m*sizeof(int));
```

如果程序员将第 1 行中的 sizeof(int *) 写成 sizeof(int)，则数组 a 的每个元素变成了 int 型数据，而不是指向 int 型数据的指针。在 32 位系统中，由于 sizeof(int *)=sizeof(int)=4，因此程序执行问题不大。但是，在 64 位系统中，因为 sizeof(int *)=8，而 sizeof(int)=4，所以实际申请到的数组 a 的空间只有一半，在执行 for 循环语句过程中，后面 $n/2$ 个数组元素的信息写到了所分配块范围之外。因此很可能会破坏其他已分配块中的头部、脚步或有效载荷区信息，导致动态分配器操作错误，或者程序本身发生意想不到的问题。但这种错误原因很难被察觉。

5. 所写元素个数大于请求分配的元素个数

对于上述数组 a 的空间分配和初始化操作，另一种可能的错误是为数组 a 申请的空间大小和对 a 进行初始化赋值的大小不匹配，造成对数组 a 以外的空间实施了写操作，从而破坏了其他堆区中的信息。错误代码如下：

```
int **a = (int **)malloc(n*sizeof(int *));
for (i = 0; i <= n; i++)
    a[i] = (int *)malloc(m*sizeof(int));
```

第 1 行 malloc() 为 a 请求分配了 n 个元素，而 for 循环试图对 a 初始化 $n+1$ 个元素，最终造成对 a 数组后面某个位置信息的破坏。

6. 在对指针变量进行运算时弄错了操作符的优先级

在对指针型变量进行运算时，如果弄错操作符的优先级和结合规则，则会错误地对指针进行操作，而不是所期望的对指针所指向的对象进行操作。例如，有一个指向 int 型变量 size 的指针型变量 sizep，链表的长度记录在 size 中，当删除一个链表节点后，需要通过 sizep 将 size 的值减 1，此时，应该对 *sizep 减 1，而不是对 sizep 减 1，因此对应计算表达式应该为 (*sizep)--，以实现对 sizep 所指内容减 1，而不是 *sizep--。因为 * 和 -- 两个操作符优先级相同，从右向左结合，所以表达式 *sizep-- 先对指针 sizep 减 4，然后再取内容，这显然与操作预期不相符。在对操作符优先级和结合规则不了解时，使用括号是最好的做法，如上面的表达式 (*sizep)-- 可清晰表明操作意图。

7. 对指针型变量的算术运算理解错误

4.3.1 节中提到，指针型变量的算术运算以其所指向对象的大小为单位进行，例如，对于表达式 *sizep--，应先计算 sizep--。因为 sizep 是指向 int 型的指针变量，因此，sizep-- 操作实际上是 sizep 减 sizeof(int)，即 sizep 减 4，而不是 sizep 减 1。

已知变量 ptr 指向一个 int 型数组，现要求在该数组中查找值为 val 的元素并返回其指针。以下给出的 C 程序段把指针型变量的运算方式误解成与普通型变量相同，导致程序执行结果发生错误。

```
while (*ptr && *ptr != val)
    ptr += sizeof(int);
return ptr;
```

上述程序段中，每循环一次，指针 ptr 加 4*sizeof(int)，因此程序仅对每 4 个数组元素中的第 1 个元素进行查找，后 3 个元素都被跳过而未与 val 比较。

8. 通过指针引用已释放栈帧中的局部变量

局部变量分配在所在过程对应的栈帧中，因此，局部变量的地址位于栈中，栈属于动态存储区。正如 4.1 节中所述，一个过程执行结束时，相应栈帧被释放，所占空间可能成为其他过程的栈帧，因而其中的局部变量所占空间可能被分配给了另一个过程的局部变量或参数等，若再通过指针引用该局部变量，那么，读操作获取的就是另一个过程中的信息，写操作则会修改另一个过程栈帧中的信息，从而带来令人困惑的执行结果。

例如，以下 lvalptr() 函数返回的是局部变量 lval 的地址，若通过指针型变量 p 来引用其作为参数，传递给另一个函数 foo()，并在 foo() 函数中通过引用 p 来对 lval 变量赋值，实际上 p 指向的可能是函数 foo() 对应栈帧中某信息所在的位置。

```
int *lvalptr() {
    int lval;
    return &lval;
}
void foo(int *p) {
    *p=100;
}
int main() {
    int *p=lvalptr();
    foo(p);
    return 0;
}
```

9. 引用空闲堆块中的数据

对于堆中已经释放的空闲块内信息的引用是另一种访存错误。例如，以下 C 程序段中就存在这样的错误。

```
int *a = (int *)malloc(n*sizeof(int));
int *b = (int *)malloc(n*sizeof(int));
// 以下包括对数组 a 赋值的语句
...
free(a);
// 以下包括其他块的分配和释放语句
...
for (i = 0; i < n; i++)
    b[i] = a[i];
...
```

上述程序段中，for 语句将已变为空闲块的数组 a 对数组 b 进行赋值，若该空闲块已被分配给其他请求块并被赋值，则 for 语句执行后，数组 b 中存放的就不是数组 a 中的信息。这种错误通常很难被发现。

10. 忘记释放已分配块而造成内存泄漏

内存泄漏（memory leak）是指已分配的堆块因某种原因未释放或无法释放，从而造成系统内存的浪费，导致程序运行速度减慢甚至系统崩溃的情况。

程序中多次请求分配较大空间而不释放，在堆中形成大量已分配块，最坏情况下会因为不断申请堆空间而使虚拟地址空间被占满。例如，服务器软件需长时间运行，以处理客户端请求，若每处理一次请求就产生一定的内存泄漏，则不仅影响服务器性能，还可能造成整个系统的崩溃。

7.8 本章小结

虚拟存储器机制的引入，使每个进程具有一个一致的、极大的、私有的虚拟地址空间。虚拟地址空间按等长的页来划分，主存也按等长的页框划分。进程执行时将当前用到的页面装入主存，其他暂时不用的部分放在硬盘上，通过页表建立虚拟页和主存页框之间的对应关系，对于不在主存中的页面，在页表中记录其磁盘上的地址。

在指令执行过程中，由特殊硬件（MMU）和操作系统协同实现存储访问，其中，MMU完成虚拟地址向物理地址转换的过程。虚拟存储器有段式虚拟存储器、页式虚拟存储器和段页式虚拟存储器三类，现代操作系统主要采用页式存储管理。页式虚拟存储器方式下，每个进程有一个页表，每个页表项由有效（装入）位、使用位、修改位、访问权限位、禁止缓存位、存放位置（主存页框号或磁盘地址）等字段等组成。为减少访问内存中页表的次数，通常将活跃页的页表项放到一个特殊的高速缓存 TLB（快表）中。虚拟存储器机制能实现存储保护，通常有地址越界、访问越权和访问越级等内存保护错。

计算机系统中通过将虚拟存储空间中的存储区与磁盘文件中的区域进行映射，初始化虚拟地址空间，这个过程称为存储器映射。它为创建进程、共享数据以及加载程序等提供了一种高效机制，应用程序可以使用 mmap() 或 munmap() 函数创建或删除虚拟地址空间中的区域，也可以用 malloc() 或 free() 函数动态请求分配或释放一个堆块。动态存储分配器需要解决空闲块的组织、已分配块的选择、空闲块的分割和合并等问题，其中，显式分配器要求在应用程序中显式地通过 free() 等函数释放已分配块，而隐式分配器则可以自动释放不可达块，以进行垃圾收集。

习题

1. 给出以下概念的解释说明。

虚拟页号	物理地址	页框（页帧）	物理页号
MMU	页表	页表基址寄存器	有效位（装入位）
修改位	页故障（page fault）	请求分页	未分配页
已分配页	未缓存页	快表（TLB）	管理模式（内核态）
用户模式（用户态）	存储保护	地址越界	访问越权
存储器映射	私有对象	写时拷贝	私有的写时拷贝对象
共享对象	请求零页	交换文件	已分配块
空闲块	动态存储分配器	显式动态分配器	隐式动态分配器

垃圾收集	有效载荷	内部碎片	外部碎片
操作吞吐率	空间使用率	峰值利用率	内存泄漏

2. 简单回答下列问题。
   （1）什么是物理地址？什么是逻辑地址？地址转换由硬件还是软件实现？为什么？
   （2）什么是页表？什么是快表（TLB）？
   （3）在存储器层次化结构中，"cache-主存""主存-磁盘"这两个层次有哪些不同？
   （4）cache 的 4 种查找方式各有什么特点？
   （5）相对于动态存储分配，你理解的静态存储分配的含义是什么？
   （6）有哪些与存储访问相关的常见错误？要求举例说明。

3. 假定一个虚拟存储系统的虚拟地址为 40 位，物理地址为 36 位，页大小为 16KB。若页表中有有效位、访问权限位、修改位、使用位，共占 4 位，磁盘地址不记录在页表中，则该存储系统中每个进程的页表大小为多少？如果按计算出来的实际大小构建页表，则会出现什么问题？

4. 假定一个计算机系统中有一个 TLB 和一个 L1 Data Cache。该系统按字节编址，虚拟地址 16 位，物理地址 12 位，页大小为 128B；TLB 采用 4 路组相联方式，共有 16 个页表项；L1 Data Cache 采用直接映射方式，块大小为 4B，共 16 行。在系统运行到某一时刻时，TLB、页表和 L1 Data Cache 中的部分内容如图 7.27 所示。

组号	标记	页框号	有效位	标记	页框号	有效位	标记	页框号	有效位	标记	页框号	有效位
0	03	–	0	09	0D	1	00	–	0	07	02	1
1	13	2D	1	02	–	0	04	–	0	0A	–	0
2	02	–	0	08	–	0	06	–	0	03	–	0
3	07	–	0	63	0D	1	0A	34	1	72	–	0

a) TLB（4 路组相联）：4 组、16 个页表项

虚页号	页框号	有效位		行索引	标记	有效位	字节 3	字节 2	字节 1	字节 0
00	08	1		0	19	1	12	56	C9	AC
01	03	1		1	–	0	–	–	–	–
02	14	1		2	1B	1	03	45	12	CD
03	02	1		3	–	0	–	–	–	–
04	–	0		4	32	1	23	34	C2	2A
05	16	1		5	0D	1	46	67	23	3D
06	–	0		6	–	0	–	–	–	–
07	07	1		7	16	1	12	54	65	DC
08	13	1		8	24	1	23	62	12	3A
09	17	1		9	–	0	–	–	–	–
0A	09	1		A	2D	1	43	62	23	C3
0B	–	0		B	–	0	–	–	–	–
0C	19	1		C	12	1	76	83	21	35
0D	–	0		D	16	1	A3	F4	23	11
0E	11	1		E	33	1	2D	4A	45	55
0F	0D	1		F	–	0	–	–	–	–

b) 部分页表：（开始 16 项）   c) L1 Data Cache：直接映射，共 16 行，块大小为 4B

图 7.27 TLB、页表和 L1 Data Cache 中的部分内容

请问（假定图 7.27 中数据都为十六进制形式）：

（1）虚拟地址中哪几位表示虚拟页号？哪几位表示页内偏移量？虚拟页号中哪几位表示 TLB 标记？哪几位表示 TLB 组索引？

（2）物理地址中哪几位表示物理页号？哪几位表示页内偏移量？

（3）物理地址如何划分成标记字段、行索引字段和块内地址字段？

（4）若从虚拟地址 067AH 中读取一个 short 型变量，则这个变量的值为多少？说明 CPU 读取虚拟地址 067AH 中内容的过程。

5. 对于 4.4 节介绍的缓冲区溢出漏洞，你认为可以采用本章提到的什么技术来避免。

6. 假设在 IA-32+Linux 平台上运行一个 C 语言源程序 P 对应的用户进程，P 中有一条循环语句 S 如下：

```
for (i=0; i<N; i++) sum+=a[i];
```

已知变量 sum 和数组 a 都是 long 型，链接后确定 a 的首地址为 0x8049300。假设编译器将 a 的首地址分配在 EDX 中，将数组的下标变量 i 分配在 ECX 中，将 sum 分配在 EAX 中，赋值语句"sum+=a[i];"仅用一条指令 I 实现，指令 I 的地址为 0x8048c08。已知 IA-32+Linux 平台采用图 7.14 所示的两级页表分页虚拟存储管理方式，页大小为 4KB，系统启动后控制寄存器 CR0 中的控制位 NW 和 CD 均为 0。假定系统中没有其他用户进程，该进程的页目录表首地址为 0x3d000，指令 I 对应页表项所在页表的首地址为 0x5c8000，指令 I 所在页在主存中分配的页框号为 1020，回答下列问题或完成下列任务。

（1）假定常数 N 在 EBX 中，手工写出循环语句 S 对应的指令序列，与 GCC 生成的目标代码进行比较。

（2）在执行到程序 P 时，控制寄存器 CR0 中的控制位 PE 和 PG 各是什么？

（3）指令 I 对应的汇编形式（AT&T 格式）是什么？指令 I 中存储器操作数的寻址方式是哪种？

（4）若执行指令 I 时，CS 段寄存器对应的描述符 cache 中存放的是表 7.2 中所示的用户代码段信息且 CPL=3，DS 段寄存器对应的描述符 cache 中存放的是表 7.2 中所示的用户数据段信息，则当 i=50 时，取指令操作过程中 MMU 得到的指令的线性地址是多少？取数操作过程中 MMU 得到的操作数的线性地址是多少？指令 I 所在页的虚页号是什么？指令 I 的线性地址中，页目录索引、页表索引和页内偏移量分别是什么？指令 I 对应的页目录项和页表项分别在主存中的哪个单元？指令 I 在主存中的哪个单元？第一次执行指令 I 时，指令 I 对应页表项中，字段 P、R/W、U/S、A 和 D 的内容各是什么？

（5）指令 I 在第一次执行过程中，有没有可能发生缺页异常？为什么？如果发生缺页异常的话，则页故障线性地址是什么？该地址会保存在哪个控制寄存器中？

（6）指令 I 在第一次执行过程中，有没有可能发生 TLB 缺失？为什么？若指令 TLB 共有 16 个表项，采用 4 路组相联方式，则虚拟页号中哪几位为 TLB 标记？哪几位表示 TLB 组索引？若第一次执行到指令 I 时，指令 TLB 中的部分内容如下表（TLB 表项中部分字段缺失，内容以十六进制表示）所示，则指令 I 所存放的主存地址是什么？

组号	标记	页框号	有效位	标记	页框号	有效位	标记	页框号	有效位	标记	页框号	有效位
0	03010	00A10	1	02101	0D001	1	00000	00000	0	00000	00000	0
1	02011	02D02	1	02012	028B0	1	04001	02012	1	00000	00000	0
2	02001	08902	1	02120	09200	0	02010	0340A	0	02301	0320A	1
3	01002	08770	1	00000	00000	0	0A001	02010	1	00000	00000	0

（7）若指令 cache 的数据区容量为 8KB，主存块大小为 32B，采用 2 路组相联映射方式，则指令 I 在第一次执行时的取指令过程中会不会发生 cache 缺失？指令 I 所在的主存块应映射到指令 cache 的哪一组中？

（8）当 N=2000 时，数组 a 占用几个页面？每个页的虚页号是什么？数组元素 a[1200] 在哪个页中？

7. 假设有一个文件 test.txt，其内容包含字符串"This is a test file!\n"，编写一个 C 语言程序，要求用 mmap() 函数将 text.txt 文件的内容改为"That is a test file!\n"。

8. 在 32 位模式系统中，假设堆大小为 16 字，每字占 4B，采用双字对齐方式，即块大小向上舍入为 8B 的倍数。某 C 程序中依次包含了以下动态存储分配函数调用，要求分别画出第 3 行、第 4 行、第 5 行函数调用后堆中各块的分布情况。

```
1   p1=malloc(4);
2   p2=malloc(5*sizeof(int));
3   p3=malloc(7);
4   free(p2);
5   p4=malloc(2*sizeof(int));
```

9. 假设隐式空闲链表采用图 7.23 所示的节点结构，堆大小为 16 字，每字占 4B。针对以下请求操作序列，画出最终得到的隐式空闲链表，并给出每个节点头部信息（用十六进制表示）。

```
1   p1=malloc(2);
2   p2=malloc(5*sizeof(int));
3   free(p1);
4   p3=malloc(4*sizeof(int));
```

10. 假设分配器采用显式空闲链表，每个空闲块中包含各占 4B 大小的前驱指针和后继指针，不允许有效载荷为零，头部和脚部信息存放在大小为 4B 的字中，针对以下给出的对齐要求和已分配块/空闲块头部和脚部的组合情况，确定设计分配器时应设置的最小块大小（单位为字节）。

- 单字对齐、已分配块和空闲块都有头部和脚部。
- 单字对齐、已分配块只有头部、空闲块有头部和脚部。
- 双字对齐、已分配块只有头部、空闲块有头部和脚部。
- 四字对齐、已分配块和空闲块都有头部和脚部。

第 8 章 进程与异常控制流

一个程序的正常执行流程有两种顺序：一种是按指令存放顺序执行，即新的 PC 值为当前指令地址加当前指令长度；一种是转到由跳转类指令指定的目标地址处执行，即新的 PC 值为跳转目标地址。CPU 所执行的指令地址序列称为 **CPU 控制流**，通过上述两种方式得到的控制流为**正常控制流**。

在程序正常执行过程中，CPU 会因为遇到内部异常事件或外部中断事件而打断原来程序的执行，转去执行操作系统提供的处理程序来对这些特殊事件进行处理。这种由特殊事件引起用户程序正常执行被打断所形成的意外控制流称为**异常控制流**（Exceptional Control of Flow，**ECF**）。显然，计算机系统必须提供一种机制使自身能够实现异常控制流。

计算机系统各层都有实现异常控制流的机制。例如，在底层的硬件层，CPU 可检测异常和中断事件并将控制转移到操作系统内核执行；在中间的操作系统层，内核能通过进程的上下文切换将控制流从一个进程转移到另一个进程；在顶层的应用软件层，一个进程可直接发送信号到另一个进程，接收信号的进程将控制转移到它注册的**信号处理程序**。

本章主要介绍操作系统层、硬件层和应用软件层涉及的异常控制流实现机制。主要内容包括进程与进程的上下文切换、异常和中断、IA-32/x86-64+Linux 中的异常和中断机制、Linux 中的进程控制、Linux 中的信号与非本地跳转等。

8.1 进程与进程的上下文切换

8.1.1 程序和进程的概念

任何一个应用问题设计计算法后，都要用某种编程语言描述出来，一般都采用高级语言编写源程序。而高级语言源程序需要通过编译、链接转换为目标程序，链接之前的目标程序是可重定位目标形式，链接之后是可执行目标形式，其代码部分是机器指令序列，可被 CPU 直接执行。

对计算机来说，**程序**（program）就是代码和数据的集合，因而程序的概念是静态的。它可以作为目标模块存放在硬盘中，或者作为存储段存在于一个地址空间中。每个应用程序在系统中运行时均有各自的存储空间，用来存储其程序代码和数据，包括只读代码区（代码和只读数据）、可读可写数据区（初始化数据和未初始化数据）、动态的堆区和栈区等。

简单来说，**进程**（process）是程序的一次运行过程。进程是一个程序给定某个数据集合作为输入的一次运行活动，是操作系统对处理器中程序运行过程的一种抽象，因而进程具有动态的含义。进程有自己的生命周期，它由于任务的启动而创建，随着任务的完成（或终止）而消亡，它所占用的资源也随着进程的终止而被释放。一个可执行目标文件可以被多次加载执行，也就是说，一个程序可能对应多个不同的进程。例如，在 Windows 系统中用 Word 程序编辑文档时，相应的进程是 winword.exe，如果多次启动同一个 Word 程序，就得到多个 winword.exe 进程。

小贴士

计算机系统中的**任务**通常是指进程。例如，Linux 内核中把进程称为任务，每个进程主要通过一个称为进程控制块或**进程描述符**（process descriptor）的结构来描述，其结构类型定义为 task_struct，包含了一个进程的所有信息。所有进程通过一个双向循环链表实现的**任务列表**（task list）来描述，任务列表中每个元素是一个进程描述符。IA-32 中任务状态段（TSS）、任务门（task gate）等概念中所称的任务，实际上也是指进程。

进程的引入为应用程序提供了两方面的抽象：一个独立的逻辑控制流和一个私有的虚拟地址空间。每个进程拥有其独立的逻辑控制流，使其在执行过程中认为自己独占处理器；每个进程拥有其私有的虚拟地址空间，使其在执行过程中认为自己独占存储器。实际上，在现代多任务操作系统中，通常一段时间内会有多个不同的进程运行，这些进程轮流使用处理器并共享同一个主存储器。

上述两方面的抽象给进程造成一种"错觉"。这种"错觉"极大地简化了程序员的编程以及语言处理系统的处理工作，包含编程、编译、链接、共享和加载等整个过程。程序员编写程序时，或者语言处理系统编译并链接生成可执行目标文件时，无须考虑如何与其他程序共享处理器和存储器资源，只需要考虑如何在一个独立的虚拟存储空间中组织其程序代码和所用数据。

为了实现上述两方面的抽象，操作系统必须提供一整套管理机制，包括处理器调度、进程上下文切换、虚拟存储管理等。

8.1.2 进程的逻辑控制流

一个可执行目标文件被加载并启动执行后，就成为一个进程。不管是静态链接生成的完全链接可执行文件，还是动态链接后在存储器中形成的完全链接可执行目标，在一次运行过程中，其代码段中每条指令的 PC 值都是确定的。在执行这些指令的过程中，其 PC 值会形成一个序列，对于给定的输入数据，该序列是确定的。这个确定的 PC 序列称为进程的**逻辑控制流**。

对于一个仅有单处理器核的系统，若一段时间内有多个进程在该系统上运行，那么，这些进程会轮流使用处理器，即处理器的**物理控制流**由多个逻辑控制流交织组成。例如，假定在某段时间内，**单处理器系统**中有三个进程 p_1、p_2 和 p_3 正在运行，其运行轨迹如图 8.1 所示。图中水平方向为时间，垂直方向为指令的虚拟地址，不同进程的虚拟地址空间是独立的。

在图 8.1 中，进程 p_1 的执行过程如下：从 t_0 到 t_1 时刻按序执行地址 A_{11} 到 A_{13} 处的指令，然后再跳转到 A_{11} 开始按序执行，直到 t_2 时刻执行到 A_{12} 处的指令时被换下处理器，一直等到 t_4 时刻，又被换上处理器从上次被中断的 A_{12} 处开始执行，直到 t_6 时刻执行结束。一个进程的逻辑控制流总是确定的，不管中间是否被其他进程打断，也不管被打断几次或在哪里被打断，因此无论多个进程如何共享处理器，其行为总是一致的。可以看出，进程 p_1 的逻辑控制流为 $A_{11} \sim A_{13}$、$A_{11} \sim A_{14}$、$A_{15} \sim A_{16}$，即：其执行轨迹总是先按序从 A_{11} 执行到 A_{13}；然后从 A_{13} 跳到 A_{11}，按序从 A_{11} 执行到 A_{14}；再从 A_{14} 跳到 A_{15}，按序从 A_{15} 执行到 A_{16}。p_1 整个逻辑控制流在 A_{12} 处被 p_2 打断了一次。

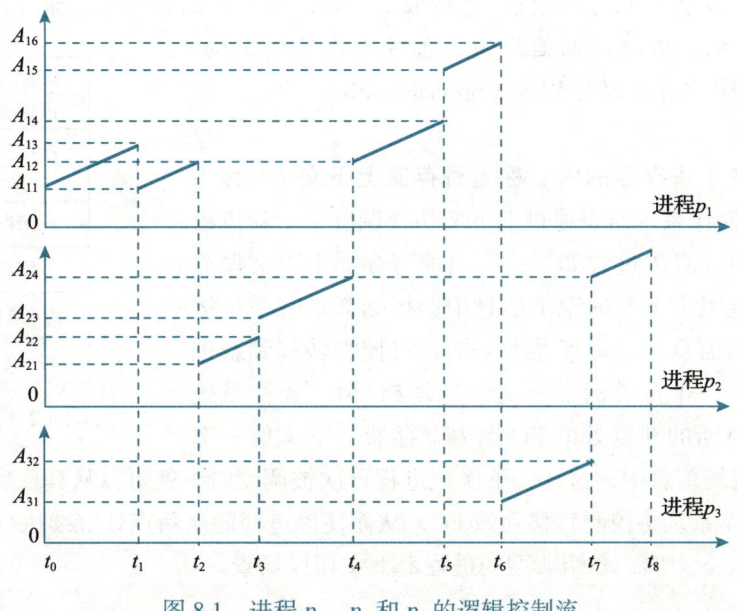

图 8.1　进程 p_1、p_2 和 p_3 的逻辑控制流

进程 p_2 在 t_2 时刻被换上执行，在 t_4 时刻被换下处理器，然后在 t_7 时刻再次被换上处理器执行，直到 t_8 时刻执行结束。p_2 整个逻辑控制流在 A_{24} 处被 p_1 打断了一次。

进程 p_3 则在 t_6 时刻被换上处理器执行，到 t_7 时刻执行结束。p_3 整个逻辑控制流未被打断。

从图 8.1 可以看出，不同进程的逻辑控制流在时间上交错，这种情况通常称为**并发执行**。例如，进程 p_1 和 p_2 的逻辑控制流在时间上交错，因此，进程 p_1 和 p_2 是并发执行的，同样，p_2 和 p_3 也是并发执行的，但 p_1 和 p_3 不是。并发执行的概念与处理器核数无关，只要两个逻辑控制流在时间上交错或重叠都称为**并发**（concurrency）。在时间上同时执行两个逻辑控制流称为**并行**（parallelism），并行是并发执行的特例，**并行执行**的两个进程一定是并发的。显然，并行执行的两个进程必定同时使用不同的处理器或处理器核。

8.1.3　进程的上下文切换

从图 8.1 可以看出，三个进程的逻辑控制流在同一个时间轴上串行，即进程轮流在一个单处理器上执行。连续执行同一个进程的时间段称为**时间片**（time slice）。例如，在图 8.1 中，从 t_0 到 t_2 为一个时间片，从 t_2 到 t_4 为一个时间片，从 t_4 到 t_6 为一个时间片。一个进程的逻辑控制流不会因为中间被其他进程打断而改变，因为被打断后还能回到被打断的"断点"处继续执行，这种实现不同进程中指令交替执行的机制称为进程的**上下文切换**（context switching）。时间片结束时，操作系统通过进程的上下文切换，换一个新的进程到处理器上执行，并开始一个新的时间片，这个过程称为**时间片轮转处理器调度**。

进程的代码、数据和支撑进程运行的环境合称为**进程的上下文**。由用户进程的代码、用户进程数据、运行时的堆和用户栈（通称为**用户堆栈**）等组成的**用户空间信息**称为**用户级上下文**；由进程标识信息、进程现场信息、进程控制信息和系统内核栈等组成的**内核空间信息**称为**系统级上下文**。进程的上下文包括用户级上下文和系统级上下文。其中，用户级上下文地址空间和系统级上下文地址空间一起构成了进程的整个存储器映像，即进程的虚拟地址空间，如图 8.2 所示。**进程控制信息**包含各种内核数据结构，例如，记录进程相关信息的进程表（process table）、页表、打开文件列表等。

处理器中各个寄存器的内容称为**寄存器上下文**（也称为**硬件上下文**）。操作系统需要通过上下文切换调度一个新进程到处理器上运行，具体过程如下：将当前寄存器上下文保存到当前进程系统级上下文的现场信息中；根据新进程系统级上下文中的现场信息恢复寄存器上下文；将控制转移到新进程执行。这里，一个重要的上下文信息是 PC 值，操作系统将当前进程被打断的断点处的 PC 作为寄存器上下文的一部

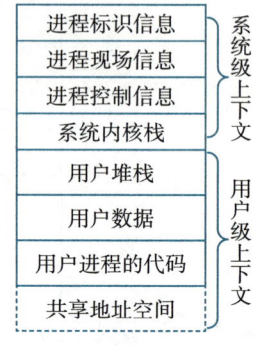

图 8.2　进程的上下文

分保存在进程现场信息中，这样，下次该进程再次被调度时，就可以从其现场信息中获得断点处的 PC，操作系统将控制转移到该 PC，从而使该进程能从断点处继续执行。

下面以 hello.c 为例，介绍典型的进程上下文切换场景。

```
1   #include <stdio.h>
2
3   int main() {
4       printf("hello, world\n");
5       return 0;
6   }
```

假定生成的可执行目标文件名为 hello，在 Linux 系统上启动 hello 程序，其 shell 命令行和 hello 程序运行的结果如下。

```
linux> ./hello [Enter]
hello, world
linux>
```

图 8.3 给出了上述 shell 命令行执行过程中 shell 进程和 hello 进程的上下文切换过程。首先运行 shell 进程，从 shell 命令行中读入字符串"./hello"到主存；当 shell 进程读到字符"[Enter]"后，shell 进程将发起"创建进程"系统调用，从用户态转到内核态执行，由操作系统内核程序进行上下文切换，以保存 shell 进程的上下文并创建 hello 进程的上下文；hello 进程执行结束时将发起"终止进程"系统调用再次转到操作系统，最后将控制权从 hello 进程转移回 shell 进程。

从上述过程可以看出，在一个进程的生命周期中，可能会有其他进程在处理器中交替运行。例如，对于图 8.3

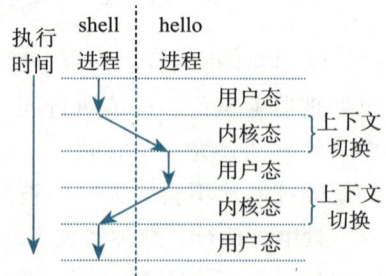

图 8.3　进程上下文切换示例

中的 hello 进程，用户感觉到的时间除 hello 进程本身的执行时间外，还包括操作系统进行上下文切换的时间。对于图 8.1 所示的 p_1 进程，用户感觉到的时间不仅包括操作系统执行上下文切换的时间，还包括用户进程 p_2 的一段执行时间。为了准确统计每个进程运行的时间，操作系统将进程在用户态运行的时间称为其**用户时间**（user time），将进程在内核态运行的时间称为其**系统时间**（system time），两者的总时间称为其**实际时间**（real time）或**挂钟时间**（wall clock time）。

系统中有多个进程并发执行时，操作系统内核通常通过某种算法策略决定在哪个时间点进行进程的换上换下操作，这称为**处理器调度**（scheduling），由内核中的**调度程序**（scheduler）进行处理。显然，处理器调度会打断用户进程的正常执行，形成异常控制流，并通过进程的上下文切换机制实现从一个进程安全切换到另一个进程的过程。

8.2 异常和中断

一个进程在正常执行过程中，其逻辑控制流会因为处理器调度而被打断，内核中的调度程序会通过进程的上下文切换机制对进程进行换下换上操作。例如，8.1.3 节提到的时间片轮转处理器调度，在每个时间片结束时，当前进程的执行被新进程打断。除此之外，打断进程正常执行的还有其他一些特殊事件，如用户按下 Ctrl+C 键、当前指令执行时发生了无法继续执行的意外事件、I/O 设备完成任务后需要系统进一步处理等。这些特殊事件统称为**异常**（exception）或**中断**（interrupt）。当发生异常或中断时，当前进程的逻辑控制流被打断，CPU 转去执行具体的内核程序来处理这些特殊事件。显然，这与 8.1 节介绍的上下文切换一样，都会造成异常控制流的现象。

8.2.1 异常和中断的基本概念

不同指令集体系结构和教科书对异常和中断这两个概念的定义不尽相同。例如，在 PowerPC 架构中，"异常"表示各种来自 CPU 内部和外部的意外事件，而"中断"表示正常程序执行控制流被打断。在 Randal E. Bryant 等编著的 *Computer System：A Programmer's Perspective*⊖一书中，"异常"表示所有来自 CPU 内部和外部的意外事件的总称，同时"异常"也表示程序正常执行控制流被打断。

本书主要讲解 IA-32/x86-64 架构相关内容，因此将使用 Intel 体系结构规定的"中断"和"异常"的概念。早期的 Intel 8086/8088 微处理器中，并不区分异常和中断，两者统称为中断，由 CPU 内部产生的意外事件称为**内中断**，从 CPU 外部通过中断请求引脚 INTR 和 NMI 向 CPU 发出的中断请求为**外中断**。但从 80286 开始，Intel 统一把内中断称为异常，而把外中断称为中断。在 IA-32 架构说明文档中，Intel 对异常和中断进行了如下描述：处理器提供了异常和中断这两种打断程序正常执行的机制。**中断**（interrupt）是一种由 I/O 设备触发的、与当前正在执行的指令无关的典型**异步事件**；**异常**（exception）是处理器执行一条指令时，由处理器在其内部检测到的、与正在执行的指令相关的**同步事件**。有时为了强调异常是

⊖ 该书中文翻译版《深入理解计算机系统（原书第 3 版）》（ISBN: 7-111-54493-7）。已由机械工业出版社出版。——编辑注

CPU 内部执行指令时发生,而中断是 CPU 外部的 I/O 设备向 CPU 发出的请求,特称异常为**内部异常**,而称中断为**外部中断**。

1. 内部异常

内部异常是指由 CPU 内部的异常引起的意外事件。根据其发生的原因又分为**硬故障中断**和**程序性异常**。硬故障中断是由于硬连线路出现异常而引起的,如主存校验线路错等;程序性异常由 CPU 执行某指令而引起的发生在 CPU 内部的异常事件,如除数为 0、结果溢出、寻址错、访问超时、非法操作码、栈溢出、缺页、地址越界(段错误)等。此外,还有一种异常称为陷阱,它与其他异常事件不同,是预先安排的一种异常事件,如系统调用、单步跟踪调试、调试断点设置等都可以通过陷阱机制实现。

2. 外部中断

程序执行过程中,若外设完成任务或发生某些特殊事件,例如,打印机缺纸、定时采样计数时间到、键盘缓冲区已满、从网络中接收到一个信息包、从磁盘读入一块数据等,设备控制器会向 CPU 发中断请求,要求 CPU 对这些情况进行处理。通常,每条指令执行完后,CPU 都会主动去查询有没有中断请求,若有,则将下一条指令地址作为断点保存,然后转到相应中断服务程序执行,结束后回到断点继续执行。这类事件与执行的指令无关,由 CPU 外部的 I/O 子系统等发出,因此称为**外部中断**,需要通过外部中断请求线向 CPU 请求。中断是一种重要的 I/O 方式,有关中断的详细内容将在第 9 章介绍。

实际上,异常和中断两者的处理过程基本上是相同的,这是在有些指令集体系结构或教科书中将两者统称为"中断"或统称为"异常"的原因。

异常和中断引起的异常控制流如图 8.4 所示。图中反映了从 CPU 检测到用户进程发生异常或中断事件,到 CPU 改变指令执行控制流而转到操作系统中的异常或中断处理程序执行,再到从异常或中断处理程序返回用户进程执行的过程。

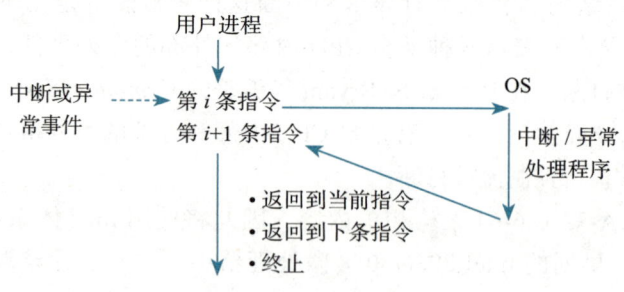

图 8.4 中断和异常处理过程

异常和中断处理的大致过程如下:当 CPU 在执行用户进程的第 i 条指令时检测到一个异常事件,或在执行第 i 条指令后发现有一个中断请求信号,则 CPU 会中断当前用户进程的执行,转到相应的异常或中断处理程序去执行。若异常或中断处理程序能够解决相应问题,则在异常或中断处理程序的最后,CPU 通过执行"异常/中断返回指令"回到被中断的用户进程的第 i 条指令或第 $i+1$ 条指令继续执行;若异常或中断处理程序发现是不可恢复的致命错误,则终止用户进程。异常和中断事件的具体处理过程通常由操作系统程序完成。

通常，把处理异常事件的程序称为异常处理程序，把处理中断事件的程序称为中断服务程序，两者合在一起时本书称其为异常／中断处理程序。

8.2.2 异常的分类

通常将内部异常分为三类：故障（fault）、陷阱（trap）和终止（abort）。

1. 故障

故障是 CPU 在执行指令过程中检测到的一类与指令执行相关的意外事件。这种意外事件有些可以恢复，有些则不能恢复。例如，指令译码时出现"非法操作码"、执行除法指令时发现"除数为 0"、取指令或数据时发生"页故障"等。

对于非法操作码这类故障，因为无法通过异常处理程序恢复，所以不能回到被中断的程序继续执行，通常异常处理程序通过某种机制（如 Linux 中的信号机制）在屏幕上告知发生了某种故障，然后调用内核中的 abort 例程，以终止发生故障的当前进程。

对于除数为 0 的情况，根据是定点除法指令还是浮点除法指令使用不同的处理方式。对于浮点数除 0，异常处理程序可以选择将指令执行结果用特殊的值（如 ∞ 或 NaN）表示，然后返回到用户进程继续执行除法指令后面的一条指令；而对于整数除 0，则会发生"整除 0"故障，通常调用 abort 例程来终止当前用户进程。

对于页故障，对应的页故障处理程序会根据不同情况进行不同处理。根据第 7 章相关内容可知，CPU 在执行指令过程中需要访问存储器时，首先由 MMU 进行地址转换，在查页表进行地址转换时，判断相应页表项中的装入位是否为 1，并且确定是否地址越界或访问越权。如果检测到装入位不为 1 或地址越界或访问越权，都会产生页故障，从而调出内核中相应的异常处理程序执行。由此可知，CPU 产生的页故障异常中可能包含多种不同情况，需要页故障处理程序根据具体情况进行以下处理：首先检测是否发生地址越界或访问越权，若是，则故障不可恢复；其次检查触发该异常的访存地址是否属于当前进程的虚拟地址空间，若否，则故障不可恢复；否则是真正的缺页故障，可通过从硬盘读入所缺失的页面来恢复故障。在 Linux 中，不可恢复的访存故障（如地址越界和访问越权）都称为段故障。

例 8.1 假设在 IA-32+Linux 系统中一个 C 语言源程序 P 如下：

```
1   int a[1000];
2   int x;
3   int main(){
4       a[10]=1;
5       a[1000]=3;
6       a[10000]=4;
7       return 0;
8   }
```

假设经过编译、汇编和链接后，第 4 行、第 5 行和第 6 行源代码对应的指令序列如下：

```
5  8048300:    c7 05 28 90 04 08 01 00 00 00    movl    $0x1, 0x8049028
6  804830a:    c7 05 a0 9f 04 08 03 00 00 00    movl    $0x3, 0x8049fa0
7  8048314:    c7 05 40 2c 05 08 04 00 00 00    movl    $0x4, 0x8052c40
```

已知系统采用分页虚拟存储管理方式，页大小为 4KB。若在运行 P 对应的进程时，系统中没有其他进程在运行，则对于上述三条指令的执行，在取指令时是否可能发生页故障？在数据访问时分别会发生什么问题？哪些问题是可恢复的？哪些问题是不可恢复的？

解：对于上述三条指令的执行，访问指令时都不会发生缺页，因为在执行这些指令之前，一定执行过其他位于这些指令前面的指令，它们都位于起始地址为 0x08048000（是一个 4KB 页面的起始位置）的同一个页面，所以，在执行这三条指令之前，它们已经随着前面某条指令一起被装入了内存。因为没有其他进程在系统中运行，所以不会因为执行其他进程而使调入主存的页面被调出到硬盘。综上所述，执行到这三条指令时，都不会在取指令时发生页故障。

对于第 4 行对应指令的执行，数据访问时会发生缺页故障，但这是可恢复的故障。因为对于地址为 0x8049028 的 a[10] 的访问，是对所在页面（起始地址为 0x08049000，是一个 4KB 页面的起始位置）的第一次访问，因而对应页面不在主存中。当 CPU 执行到该指令时，检测到缺页异常，即发生了页故障，此时，CPU 暂停用户进程 P 的执行，将控制转移到操作系统内核，调出内核中的"页故障处理程序"执行。在页故障处理程序中，检查是否地址越界或访问越权，显然这里没有发生越界和越权情况，故将地址 0x8049028 所在页面从硬盘调入内存，处理结束后，再回到这条 movl 指令重新执行，此时，再访问数据就没有问题了。处理过程如图 8.5 所示。

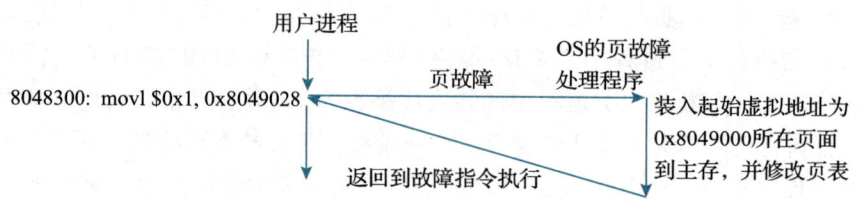

图 8.5　第 4 行指令执行时的页故障处理过程

对于第 5 行对应指令的执行，数据访问时不会发生缺页，因为在执行上一条指令时，已经将起始地址为 0x8049000 的页面装入了内存，而地址 0x8049fa0 位于该页面中（因为 4×1000+4=4004<4K），所以不会缺页。但是，因为数组 a 只有 1000 个元素，即 a[0]～a[999]，所以 a[1000] 并不存在。不过，C 编译器可能不会检查数组边界，因而生成了第 5 行对应的指令"movl $0x3,0x8049fa0"，其中的地址 0x8049fa0 有可能是 x 的地址而不是 a[1000] 的地址，即在该指令执行前，地址 0x8049fa0 中可能存放的是 0（x 初始化为 0），该指令执行后，不知不觉地将地址 0x8049fa0 中原来的 0 换成了 3。

对于第 6 行对应指令的执行，数据访问时很可能会发生页故障，而且是不可恢复的故障。显然，a[10000] 并不存在，不过，C 编译器可能会生成第 6 行对应的指令"movl $0x4,0x8052c40"，其中的地址 0x8052c40 偏离数组所在页首地址 0x8049000 已达 4×10000+4=40004 个单元，即偏离了 9 个页面，很可能超出了可读写数据区范围，因而当 CPU 执行该指令时，很可能发生地址越界或访问越权。若是这样，CPU 就通过异常响应机制转到操作系统内核，即调出内核中的页故障异常处理程序执行。在页故障处理程序中，检测到发生了地址越界或访问越权，因而页故障处理程序发送一个"段错误"信号（SIGSEGV）

给用户进程，用户进程接收到该信号后就调出对应的信号处理程序执行。处理过程如图 8.6 所示。

图 8.6　第 6 行指令执行时的页故障处理过程

2. 陷阱

陷阱也称为自陷或陷入，与"故障"等其他异常事件不同，是预先安排的一种"异常"事件，就像预先设定的"陷阱"一样。当执行到陷阱指令（也称为自陷指令）时，CPU 就调出特定的程序进行相应的处理，处理结束后返回到陷阱指令的下一条指令执行。其处理过程如图 8.7 所示。

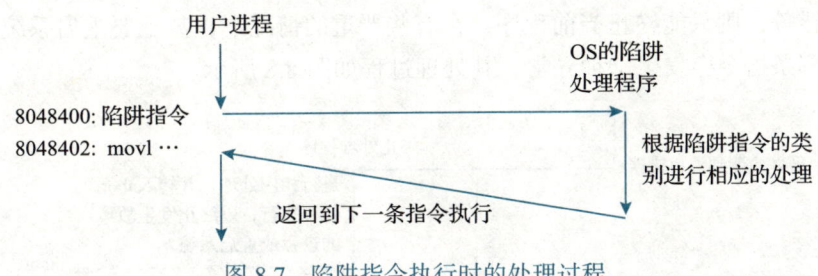

图 8.7　陷阱指令执行时的处理过程

陷阱的重要作用之一是在用户程序和内核之间提供一个类似过程的接口，这个接口称为系统调用，用户程序通过系统调用可以方便地使用操作系统内核提供的服务。操作系统给每个服务编号，该编号称为系统调用号，每个服务功能通过一个对应的系统调用服务例程提供。例如，在 Linux 系统中提供了创建子进程（fork）、读文件（read）、加载并运行新程序（execve）、存储器映射（mmap）等服务功能。

为了使用户程序能够向内核提出系统调用请求，指令集体系结构会定义若干条特殊的系统调用指令，如 IA-32 中的 int 指令和 sysenter 指令、RISC-V 中的 ecall 指令、MIPS 中的 syscall 指令等。这些系统调用指令属于陷阱指令，执行它们时，CPU 通过一系列步骤调出内核中对应的系统调用服务例程执行。

此外，利用陷阱机制还可实现程序调试功能，包括设置断点和单步跟踪。

例如，在 IA-32/x86-64 中，当 CPU 处于单步跟踪状态（TF=1 且 IF=1）时，每条指令都被设置成了陷阱指令，每条指令执行后，都会发生中断类型号为 1 的调试异常，从而转去执行特定的单步跟踪处理程序。该程序显示当前指令执行结果。单步跟踪处理前，CPU 会自动把标志寄存器压栈，然后将 TF 和 IF 清 0，这样，在单步跟踪处理程序执行过程中，CPU 能以正常方式工作。单步处理结束、返回断点处执行前，再从栈中取出标志，以恢复 TF 和 IF 的值，使 CPU 回到单步跟踪状态，这样，下一条指令又是陷阱指令，将被跟踪执行。如此下去，每条指令都将被跟踪执行，直到将 TF 或 IF 清 0 为止。注意，对于单步跟踪这类陷阱，当陷阱指令是转移指令时，处理后不能返回到转移指令的下条指令执行，而是返回到转移目标指令执行。

在 IA-32/x86-64 中，用于程序调试的**断点设置指令**为 int 3，对应机器码为 CCH，若**调试程序**在**被调试程序**某处设置了断点，则调试程序就把该处指令的第一字节改为 CCH。CPU 执行该指令时，会暂停被调试程序的运行，并发出"EXCEPTION_BREAKPOINT"异常，从而调出相应的调试程序执行，执行结束后再回到被调试程序执行。

在 IA-32/x86-64 中，陷阱指令引起的异常称为**编程异常**（programmed exception），这些指令包括 INT n、int 3、into（溢出检查）、bound（地址越界检查）等。通常将 INT n 称为**软中断指令**，执行该指令引起的异常通常称为**软中断**（software interrupt）。在 IA-32/x86-64+Linux 系统中，可以使用**快速系统调用指令** sysenter 或者软中断指令 int $0x80（即 INT n 指令中 n=128 时）进行系统调用。

3. 终止

如果在执行指令过程中发生了严重错误，如控制器出现问题，访问 DRAM 时发生无法纠正的校验错等，则只能终止当前程序，在有些严重的情况下，甚至要重启系统。显然，无法提前预知哪条指令会发生这种异常。其处理过程如图 8.8 所示。

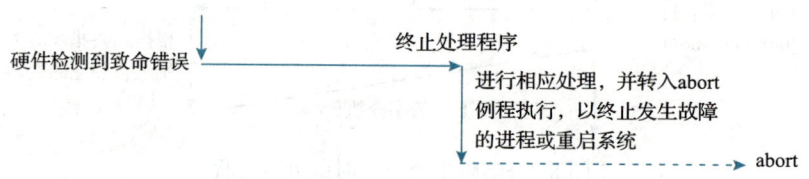

图 8.8 终止异常执行时的处理过程

8.2.3 中断的分类

中断请求是由 CPU 外部的 I/O 设备需要 CPU 进行某种处理时发出的一种请求信号，I/O 设备通过特定的**中断请求信号线**向 CPU 提出中断申请。CPU 在执行指令的过程中，每执行完一条指令都会检查中断请求引脚，如果中断请求引脚信号有效，则进入中断响应周期。根据不同指令集体系结构定义的中断处理机制的不同，中断响应周期中的处理过程有一些差异。通常，在**中断响应周期**中，CPU 先将当前 PC 值（称为**断点**）和当前的机器状态保存到栈或特定的寄存器中，并切换至**关中断**状态，然后跳转到统一中断服务程序执行。中断响应过程由硬件完成，具体的中断处理工作由 CPU 执行统一的中断服务程序完成，包括读取**中断类型号**，并根据中断类型号跳转到具体的中断服务程序执行。中断处理完成后，再回到被打断程序的断点处继续执行。中断的整个处理过程如图 8.9 所示。

Intel 将外部中断分成**可屏蔽中断**（maskable interrupt）和**不可屏蔽中断**（nonmaskable interrupt）。

1. 可屏蔽中断

可屏蔽中断是指通过**可屏蔽中断请求线** INTR 向 CPU 进行请求的中断，主要来自 I/O

设备的中断请求，CPU 可以通过在中断控制器中设置相应的屏蔽字来决定是否屏蔽它，若一个中断请求被屏蔽，则 CPU 不会响应该中断请求。

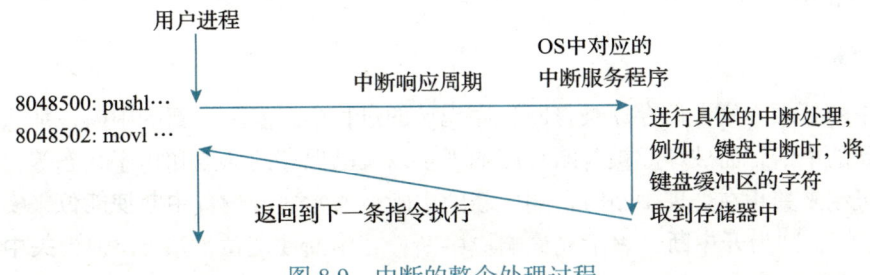

图 8.9　中断的整个处理过程

2. 不可屏蔽中断

不可屏蔽中断通常由非常紧急的硬件故障引起，通过专门的**不可屏蔽中断请求线** NMI 向 CPU 发出中断请求。电源掉电、硬件线路故障等这类中断请求信号一旦产生，任何情况下都不能被屏蔽，从而让 CPU 能快速处理这类紧急事件。通常，这种情况下，中断服务程序会尽快保存系统重要信息，然后在屏幕上显示相应的消息或直接重启系统。

8.2.4　异常和中断的响应

每种指令集体系结构都会各自定义自己处理的异常和中断类型，而且对于异常和中断的处理方式也有所不同，不过其基本原理相同。

在 CPU 执行指令过程中，如果发生了内部异常事件或外部中断请求，则 CPU 必须进行相应处理。CPU 从检测到异常或中断事件，到调出相应的异常/中断处理程序准备执行，其过程称为**异常和中断的响应**。CPU 对异常和中断的响应过程可分为三个步骤：保护断点和程序状态、关中断、识别异常和中断事件并转到相应的处理程序。

1. 保护断点和程序状态

为了 CPU 在异常和中断处理后能正确返回原被中断的程序继续执行，在异常/中断响应时 CPU 必须能正确保存回到被中断程序执行的返回地址（即**断点**，可以将断点送至栈中或特定的寄存器中保存。不同的异常事件对应的断点不同，如页故障异常的断点是发生页故障的指令的地址；陷阱异常的断点则是陷阱指令下一条指令的地址。显然，断点与异常类型有关。对于中断，因为 CPU 总是在每条指令执行结束时查询中断请求，所以所有中断的断点都是中断响应时的 PC 值。

为了支持异常/中断的嵌套处理，CISC 处理器将断点保存在栈中，如 IA-32 处理器；如果硬件不支持嵌套处理，则可以将断点保存在特定寄存器中，而无须送栈中保存，如 MIPS 中用 EPC 寄存器专门存放断点。显然，后者 CPU 用于中断响应的开销较小，因为栈在存储器中，访问栈比访问寄存器所用的开销更大。

异常/中断处理后可能要回到原被中断的程序继续执行，因此必须保存并恢复被中断时原程序的状态（如产生的各种标志信息、允许中断标志等）。每个正在运行程序的状态信息称为**程序状态字**（Program Status Word，**PSW**），通常存放在**程序状态字寄存器**（Program

Status Word Register，PSWR）中。如在 IA-32 中程序状态字寄存器就是标志寄存器 EFLAGS。与断点一样，PSW 也要被保存到栈或特定寄存器中，在异常／中断返回时，将保存的 PSW 恢复到 PSWR 中。

2. 关中断

如果中断处理程序在保存原被打断程序现场的过程中又发生了新的中断，那么，就会因为要处理新的中断，而破坏原被打断程序的现场以及已保存的断点和程序状态等，因此，需要有一种机制来禁止在处理中断时再响应新的中断。通常通过设置中断使能位来实现。若中断使能位置 1，则为开中断，表示允许响应中断；若中断使能位被清 0，则为关中断，表示不允许响应中断。例如，IA-32 中的中断使能位就是 EFLAG 寄存器中的中断标志位 IF。

为了避免已保存断点和程序状态等被破坏，通常在异常和中断响应过程中由 CPU 将中断使能位清 0，以进行关中断操作。例如，IA-32 CPU 在异常／中断响应过程中，会将标志寄存器 EFLAGS 中的 IF 清 0，以禁止响应新的可屏蔽中断。

除了在异常和中断响应阶段由 CPU 对中断使能位清 0 以关中断外，也可以在异常／中断处理程序中执行相应的指令来设置或清除中断使能位。在 IA-32/x86-64 架构中，可通过执行指令 sti 或 cli，将标志寄存器 EFLAGS 中的 IF 位置 1 或清 0，以使 CPU 处于开中断或关中断状态。

3. 识别异常和中断事件并转到相应的处理程序

在调出异常／中断处理程序之前，必须知道发生了什么异常或哪个 I/O 设备发出了中断请求。一般来说，内部异常事件和外部中断源的识别方式不同，大多数处理器会将两者分开来处理。

内部异常事件的识别很简单。CPU 在执行指令时把检测到的事件对应的异常类型号或标识异常类型的信息记录到特定的内部寄存器中即可。外部中断源的识别比较复杂，通常是由中断控制器根据 I/O 设备的中断请求和中断屏蔽情况，结合中断响应优先级来识别当前请求的中断类型号，并通过数据总线将中断类型号送到 CPU。有关中断响应处理的详细内容参见 9.4.5 节。

异常和中断源的识别可以采用软件识别或硬件识别两种方式。

软件识别通常是在 CPU 中设置一个原因寄存器，该寄存器中有一些标识异常原因或中断类型的标志信息。操作系统使用一个统一的异常／中断查询程序，该程序按一定的优先级顺序查询原因寄存器。如 MIPS 就采用软件识别方式，有一个原因寄存器，位于 0x8000 0180 处有专门的异常／中断查询程序，它通过查询原因寄存器来跳转到内核中具体的处理程序去执行。

硬件识别称为向量中断方式。这种方式下，不同异常／中断处理程序的首地址或跳转指令称为中断向量，所有中断向量存放在一个表中，称为中断向量表。每个异常和中断都被设定一个中断类型号，中断向量存放的位置与对应的中断类型号相关，例如，类型 0 对应的中断向量存放在第 0 表项，类型 1 对应的中断向量存放在第 1 表项，……，以此类推。因而可以根据中断类型号快速跳转到对应的异常／中断处理程序去执行。

*8.3 IA-32/x86-64+Linux 的异常和中断机制

8.3.1 中断向量表和中断描述符表

IA-32/x86-64 采用向量中断方式，可以处理 256 种不同类型的异常和中断，每个异常或中断都有唯一的编号，称为**中断类型号**，对应的异常 / 中断处理程序的首地址放在中断向量表中，如类型 0 为除法错、类型 2 为 NMI 中断、类型 14 为缺页等。其中前 32 个中断类型（0～31）保留给处理器使用，剩余的中断类型可以由用户自行定义功能，这里的用户是指机器硬件的用户，实际上就是操作系统。通过执行指令 INT n（指令的第二字节给出中断类型号 n，n 为 0～255）可使 CPU 自动转到用户（即操作系统）编写的异常 / 中断处理程序执行。

在实地址模式下，异常 / 中断处理程序的入口地址由 16 位段地址和 16 位偏移地址组成，称为中断向量，对应的中断向量表中存放了 256 个中断向量，每个中断向量占 4 字节，因此中断向量表共占 $256 \times 4B=1KB$ 内存空间，固定在 00000H～003FFH 的内存区域内。

小贴士

实地址模式是 Intel 为 80286 及其之后的处理器提供的一种 **8086 兼容模式**，采用 20 位存储器地址空间，即可寻址空间为 1 MB，不支持分页存储管理机制。每个存储单元地址由 16 位段地址左移 4 位后与 16 位偏移量相加得到。

开机后系统首先在实地址模式下工作，因此，开机过程中，需要先准备在实地址模式下的中断向量表和中断服务程序。通常，这个准备工作由固化在计算机主板上的 ROM 芯片中的 **BIOS 程序**完成。BIOS 程序首先检测显卡、键盘、内存等，并在主存的 00000H～003FFH 区域建立**中断向量表**，同时，在中断向量所指的主存区域建立相应的**中断服务程序**。利用这些中断服务程序可以把操作系统内核程序从磁盘加载到内存中。例如，BIOS 可以通过执行指令 int 0x19 来调用中断向量 0x19 对应的中断服务程序，将启动盘上的 0 号磁头对应盘面的 0 磁道 1 扇区中的**引导程序**装入内存。

BIOS（Basic Input/Output System）是**基本输入 / 输出系统**的简称，是针对具体的主板设计的，与安装的操作系统无关。BIOS 中包含了各种基本设备的驱动程序，通过执行 BIOS 程序，这些**基本设备驱动程序**以中断服务程序的形式被加载到内存中，以提供基本 I/O 系统调用。一旦进入**保护模式**，就不再使用 BIOS。

IA-32/x86-64 的保护模式并不像实地址模式那样将异常 / 中断处理程序的入口地址直接填入 00000H～003FFH 存储区，而是借助**中断描述符表**获得异常 / 中断处理程序的入口地址。

表 8.1 给出了 IA-32 中常见的中断和异常类型，表中内容包括类型号、助记符、含义和事件源。

表 8.1 IA-32 的异常 / 中断类型

类型号	助记符	含义	事件源
0	#DE	除法出错	div 和 idiv 指令
1	#DB	单步跟踪	任何指令和数据引用

(续)

类型号	助记符	含义	事件源
2		NMI 中断	不可屏蔽外部中断
3	#BP	断点	int 3 指令
4	#OF	溢出	into 指令
5	#BR	边界检测（BOUND）	bound 指令
6	#UD	无效操作码	不存在的指令操作码
7	#NM	协处理器不存在	浮点或 wait/fwait 指令
8	#DF	双重故障	处理一个异常时发生另一个异常
9	#MF	协处理器段越界	浮点指令
10	#TS	无效 TSS	任务切换或访问 TSS
11	#NP	段不存在	需装入段寄存器或访问系统段
12	#SS	栈段错	栈操作和装入 SS 段寄存器
13	#GP	一般性保护错（GPF）	存储器引用和其他保护检查
14	#PF	页故障	存储器引用
15		保留	
16	#MF	浮点错误	浮点或 wait/fwait 指令
17	#AC	对齐检测	存储器数据引用
18	#MC	机器检测异常	与机器具体型号有关
19	#XM	SIMD 浮点异常	SIMD 浮点指令
20～31		保留	
32～255		可屏蔽中断和软中断	INTR 中断或 INT n 指令

IA-32 保护模式中定义了 19 种确定的中断或异常类型，类型号为 0～14 和 16～19。在 19 种预定义的类型中，大部分都是故障类异常，主要是由于执行了特定的指令而引起的。例如，在执行整数除法指令 div 和 idiv 时，若发现除数为 0 或结果溢出，则发生 0 号异常，即除法错故障（#DE）；在执行每条指令时，若发现 TF=1 且 IF=1，则发生 1 号异常，即单步跟踪调试陷阱（#DB）；在执行 int 3 指令时，则发生 3 号异常，即断点陷阱（#BP）；在执行 into 指令执行时，若 OF=1，则发生 4 号异常，即溢出故障（#OF）；在执行 bound 指令时，若发现数组下标越界，则发生 5 号异常，即范围越界故障（#BR）；在执行指令过程中，如果在引用存储器以访问指令或数据时发生缺页，则产生 14 号异常，即缺页故障（#PF）。

除了 19 种确定的类型外，还有 224 种用户自定义类型，类型号为 32～255，其中一部分类型用于外部可屏蔽中断，一部分类型用于软中断。可屏蔽中断通过 CPU 的 INTR 引脚向 CPU 发出中断请求，对应中断请求号 IRQ0,IRQ1,…,IRQ15 等。软中断指令 INT n 被设定为陷阱类异常，例如，Linux 通过 int \$0x80 指令将 128 号中断设定为系统调用，而 Windows 通过 int \$0x2e 指令将 46 号中断设定为系统调用。

保护模式下的中断描述符表（Interrupt Descriptor Table，IDT）共有 256 项，对应表 8.1 所示的 256 个异常 / 中断类型，每项占 8 字节，共占 256×8B=2KB 内存空间，由操作系统初始化，IDT 在内存的首地址记录在 IDT 寄存器（IDTR）中。

IDT 中每项是一个中断门描述符、陷阱门描述符或任务门描述符，图 8.10 所示为中断门描述符格式。

陷阱门描述符和任务门描述符的格式类似于中断门描述符，其中，都有字段 P 和字段 DPL，其含义与 7.5.1 节中介绍的段描述符中规定的一致。P=1 表示段存在，P=0 表示段不存在。Linux 总是把 P 置 1，因为它从来不会把一个段交换到外存中，而是以页为单位交换。DPL 指出访问本段要求的最低特权等级。因此，DPL 为 0 的段只能在 CPL 为 0（内核态）时才可访问，而对于 DPL 为 3 的段，则任何进程都可访问。DPL 后一位总是 0，再后 4 位用来标识门的类型（TYPE）。TYPE 为 1110 表示中断门，为 1111 表示陷阱门，为 0101 表示任务门。

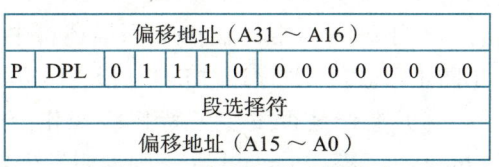

图 8.10 中断门描述符格式

中断门描述符和陷阱门描述符中都会给出 16 位段选择符和 32 位偏移地址。段选择符用来指示异常 / 中断处理程序所在段的段描述符在 GDT 中的位置，偏移地址给出异常 / 中断处理程序第一条指令的偏移量。

Linux 利用陷阱门处理异常，利用中断门处理中断。通过中断门进入一个中断服务程序时，CPU 会清除 EFLAGS 寄存器中的 IF 标志，即关中断；通过陷阱门进入一个异常处理程序时，CPU 则不会修改 IF 标志。异常 / 中断处理程序属于内核代码段，因此所有中断门和陷阱门的段选择符都指向 GDT 中的内核代码段描述符。有关 Linux 内核代码段描述符的设置可参见 7.5.1 节。

任务门描述符中不包含偏移地址，只包含 TSS 段选择符，这个段选择符指向 GDT 中的 TSS 段描述符，CPU 根据 TSS 段中相关信息装载 EIP 和 ESP 等寄存器，从而执行相应的异常处理程序。

Linux 中，将类型号为 8 的双重故障（#DF）用任务门实现，而且是唯一通过任务门实现的异常。双重故障 TSS 段描述符在 GDT 中位于索引值为 0x1f 的表项处，即 13 位索引为 0 0000 0001 1111，且其 TI=0（即指向 GDT）、RPL=00（即属于内核代码），根据图 7.10 所示的段选择符格式可知，任务门描述符中的段选择符为 00F8H。

8.3.2 异常和中断的处理

本节描述 IA-32/x86-64 是如何处理异常和中断的，假定操作系统内核已被加载并执行了系统初始化，因此，以下描述的情形是处理器在保护模式下运行的情况。

在 IA-32/x86-64 中，每条指令执行后，下一条指令的逻辑地址由寄存器 CS 和 EIP 指示。在每条指令执行过程中会根据执行情况判定是否发生了某种内部异常事件，在每条指令执行结束时判定是否发生了外部中断请求，因此，在 CPU 根据 CS 和 EIP 去取下一条指令之前，会根据检测的结果判断是否进入异常 / 中断响应阶段。若检测到有异常或中断请求发生，则进入异常 / 中断响应阶段，其间 CPU 完成以下工作。

1）确定检测到的异常 / 中断类型号 i，从 IDTR 指向的 IDT 中取出第 i 个表项 IDTi。

2）根据 IDTi 中段选择符，从 GDTR 指向的 GDT 中取出相应的段描述符，得到对应异常 / 中断处理程序所在段的 DPL、基地址等信息。Linux 下对应段为表 7.2 中的内核代码段，故 DPL 为 0，基地址为 0。

3）将当前特权级 CPL（CS 寄存器最低两位，00 为内核特权级，11 为用户特权级）与段描述符中的 DPL 比较。若 CPL 小于 DPL，则产生 13 号异常（#GP）。Linux 中内核代码段的 DPL 总是 0，因此不管怎样都不会发生 CPL 小于 DPL 的情况。

对于编程异常，若 IDTi 门描述符中的 DPL 小于 CPL，则产生 13 号异常。这主要是为了防止恶意应用程序通过 INT n 指令模拟非法异常/中断以进入内核态执行非法的破坏性操作。

4）检查是否发生了特权级变化，即判断 CPL 是否与相应段描述符中的 DPL 不同。Linux 中，若 CPL=DPL=0，则说明发生异常/中断的指令也在内核态执行，故无须切换栈；若 CPL>DPL，则应从用户栈切换到内核栈。通过以下步骤完成栈的切换。

- 读 TR 寄存器，以访问正在运行进程的 TSS 段。
- 将 TSS 段中保存的内核栈的段选择符和栈指针分别装入寄存器 SS 和 ESP，然后在内核栈中保存原来用户栈的 SS 和 ESP。

5）如果发生的是故障，则将发生故障的指令的逻辑地址写入 CS 和 EIP，以保证故障处理后能回到发生故障的指令执行。

6）在当前栈中保存 EFLAGS、CS 和 EIP 寄存器的内容。若是中断门，则将 EFLAGS 寄存器中的 IF 清零。

7）如果异常产生了一个硬件出错码，则将其保存在内核栈中。

8）将 IDTi 中的段选择符装入 CS，IDTi 中的偏移地址装入 EIP，它们是异常/中断处理程序中第一条指令的逻辑地址。

这样，从下一个时钟开始，就执行异常/中断处理程序的第一条指令。在异常/中断处理程序中处理完异常或中断事件后，通过执行最后一条指令 iret 回到原被中断的进程继续执行。

CPU 在执行 iret 指令的过程中完成以下工作。

1）从内核栈中弹出 EIP、CS 和 EFLAGS，恢复断点和程序状态。

2）检查当前异常/中断处理程序的 CPL 是否等于 CS 中最低两位，若是，则说明异常/中断响应前后都处于内核特权级，iret 指令完成操作，否则，继续完成下一步工作。

3）从内核栈中弹出 SS 和 ESP，以恢复到异常/中断响应前的特权级进程所使用的栈。

4）检查 DS、ES、FS 和 GS 段寄存器的内容，若其中有某个寄存器的段选择符指向一个段描述符且其 DPL 小于 CPL，则将该段寄存器清 0。这是为了防止恶意应用程序（CPL=3）利用内核以前使用过的段寄存器（DPL=0）来访问内核地址空间。

显然，执行完 iret 指令后，CPU 自然回到原来发生异常或中断事件的进程继续执行。

异常和中断的处理由 CPU 和操作系统协同完成。CPU 在执行指令过程中检测到异常或中断事件后，通过对异常和中断的响应，调出异常/中断处理程序执行。其中，CPU 负责对异常和中断进行检测与响应，而操作系统则负责初始化 IDT 表项以及编写好异常/中断处理程序。

1. IDT 的初始化

IA-32/x86-64 提供了三种包含在 IDT 中的门描述符：中断门描述符、陷阱门描述符和任务门描述符。Linux 运用三种门描述符格式，构造了以下 5 种类型的门描述符。

- **中断门**（interrupt gate）。DPL=0，TYPE=1110B。所有 Linux 中断服务程序都通过中断门激活。

- **系统中断门**（system interrupt gate）。DPL=3，TYPE=1110B。Linux 使用系统中断门激活 3 号中断（即断点）的异常处理程序，对应指令 int 3。因为 DPL 为 3，任何情况下 CPL 都小于或等于 DPL，所以用户态下可使用 int 3 指令。
- **系统门**（system gate）。DPL=3，TYPE=1111B。Linux 使用系统门激活三个陷阱类异常处理程序，它们的中断类型号是 4、5 和 128，分别对应 into、bound 和 int $0x80 三条指令。因为 DPL 为 3，任何情况下 CPL 都小于或等于 DPL，所以在用户态下可以使用这三条指令。
- **陷阱门**（trap gate）。DPL=0，TYPE=1111B。Linux 用陷阱门阻止用户程序使用 INT n（$n \ne 128$ 或 3）指令模拟非法异常陷入内核态运行。8.3.2 节中提到，对于编程异常，需要进一步检查门的 DPL 是否小于 CPL，若是，则会出现 13 号异常（#GP，通用保护错）而使该指令无法通过陷阱门。这里将 DPL 设为 0，以便在执行用户程序中的 INT n（$n \ne 128$ 或 3）指令时，因为 CPL=3，DPL 小于 CPL，所以 CPU 检测到 #GP 异常，从而阻止非法的 INT n 指令的执行。
- **任务门**（task gate）。DPL=0，TYPE=0101B。Linux 中对 8 号中断（双重故障）用任务门激活。

Linux 内核在启用异常和中断机制之前，需要先设置好每个 IDT 的表项 IDTi（$0 \le i < 256$），并把 IDT 的首地址存入寄存器 IDTR。这项工作是操作系统在系统初始化时完成的。

系统初始化时，Linux 完成对 GDT、GDTR、IDT 和 IDTR 等的设置，这样，以后一旦发生异常或中断，则 CPU 可以通过异常和中断响应机制调出异常/中断处理程序执行。

Linux 对异常和中断的处理有不同的考虑。下面分别介绍 Linux 对异常和中断的处理。

2. 对异常的处理

对于 IA-32/x86-64 产生的大部分异常，Linux 都解释为一种出错条件。CPU 检测到异常事件后，通过异常响应机制调出对应的异常处理程序。所有异常处理程序的结构都是一致的，都可以划分成以下三个阶段。

- 准备阶段。在内核栈中保存各寄存器的内容（称为**现场信息**），这部分大多用汇编语言程序实现。
- 处理阶段。采用 C 函数进行具体的异常处理。执行异常处理的 C 函数名总是由 do_ 前缀和处理程序名组成，如 do_overflow() 函数为溢出异常处理函数，其中 overflow 为类型号 4 的溢出异常处理程序名。其中的大部分异常处理函数会把**硬件出错码**和**类型号**保存在发生异常的当前进程的描述符中，然后向当前进程发送一个对应的信号。异常处理结束时，内核将检查是否发送过某种信号给当前进程。若没有发送，则转到恢复阶段执行；若发送过信号，则强制当前进程接收信号并且结束异常处理。当前进程接收到一个信号后，如果有对应的**信号处理程序**，则转到信号处理程序执行，执行结束后，返回到当前进程的逻辑控制流的断点处继续执行；如果没有对应的信号处理程序，则调用内核的 abort 例程终止当前进程。
- 恢复阶段。恢复保存在内核栈中的各个寄存器的内容，切换到用户态并且返回当前进程的逻辑控制流的断点处继续执行。

表 8.2 给出了 IA-32+Linux 系统中异常对应的处理程序名和及信号名。

表 8.2　IA-32+Linux 系统中异常对应的处理程序名和信号名

类型号	助记符	含义描述	处理程序名	信号名
0	#DE	除法出错	divide_error()	SIGFPE
1	#DB	单步跟踪	debug()	SIGTRAP
2		NMI 中断	nmi()	无
3	#BP	断点	int3()	SIGTRAP
4	#OF	溢出	overflow()	SIGSEGV
5	#BR	边界检测（BOUND）	bounds()	SIGSEGV
6	#UD	无效操作码	invalid()	SIGILL
7	#NM	协处理器不存在	device_not_available()	无
8	#DF	双重故障	doublefault()	无
9	#MF	协处理器段越界	coprocessor_segment_overrun()	SIGFPE
10	#TS	无效 TSS	invalid_tss()	SIGSEGV
11	#NP	段不存在	segment_not_present()	SIGBUS
12	#SS	栈段错	stack_segment()	SIGBUS
13	#GP	一般性保护错（GPF）	general_protection()	SIGSEGV
14	#PF	页故障	page_fault()	SIGSEGV
15		保留	无	无
16	#MF	浮点错误	coprocessor_error()	SIGFPE
17	#AC	对齐检测	alignment_check()	SIGSEGV
18	#MC	机器检测异常	machine_check()	无
19	#XM	SIMD 浮点异常	simd_coprocessor_error()	SIGFPE

例如，若某进程执行了一条非法操作码指令，则 CPU 将产生 6 号异常（#UD），在对应的异常处理程序中，向当前进程发送 SIGILL 信号，以通知当前进程执行相应的信号处理程序或终止当前进程。

从表 8.2 可看出，对存储器的非法引用所对应的信号是 SIGSEGV，与协处理器和浮点运算相关的异常对应信号是 SIGFPE。在 Linux 中，除法错（除数为 0 或带符号整数除法结果溢出）也归类为浮点异常。类型 1（单步跟踪）和类型 3（断点）对应的信号都是 SIGTRAP，因而都转到专门用于程序调试的信号处理程序执行。

并不是所有异常处理都只是发送信号到发生异常的进程。例如，对于 14 号页故障异常（#PF），在页故障处理程序中，需要判断是否是访问越级（如用户态下访问内核空间）、访问越权（如修改只读区的信息）或访问越界（如访问了无效存储区）等。如果发生了这些无法恢复的故障，则页故障处理程序发送 SIGSEGV 信号给发生页故障异常的进程；如果没有发生越级、越权和越界错误而只是所需内容不在主存，则页故障处理程序负责把所缺失页面从外存装入主存，然后返回到发生缺页故障的指令继续执行。

例 8.2　假设一个 C 语言程序段 P 如下：

```
int a = 0x80000000;
int b = -1;
int c = a / b;
printf("%d\n", c);
```

程序段 P 所在进程在 IA-32+Linux 系统中的运行结果为"Floating point exception",为什么?

解:因为变量 a 是一个最小负数,其值为 −2 147 483 648,将它除以 −1 后得到的值为 +2 147 483 648。显然,用 int 类型无法表示这个结果,即除法结果发生了溢出,CPU 检测到了除法错异常,对应 0 号异常(#DE),因此,转到相应的异常处理函数 do_divide_error() 执行。由表 8.2 可知,在内核态执行该函数时,会向进程 P 发送信号 SIGFPE,从内核回到进程 P 后,将根据信号类型 SIGFPE 转到相应的浮点异常信号处理程序执行,从而显示异常出错信息"Floating point exception"。

Linux 采用向发生异常的进程发送信号的机制实现异常处理,其主要出发点是尽量缩短在内核态的处理时间,尽可能把异常处理过程放在用户态下的信号处理程序中进行。用信号处理程序来处理异常,使用户进程有机会捕获并自定义异常处理方法。实际上,各种高级编程语言(如 C++、Java)中的运行时环境中的异常处理机制就是基于信号处理来实现的,如果异常全部由内核处理,那么高级编程语言的异常处理机制就无法实现。

3. 对中断的处理

对于大部分异常,Linux 只是给引起异常的当前进程发送一个信号就结束异常处理,这种情况下,具体的异常处理要等到当前进程接收到信号并转到信号处理程序才能进行,而且大部分情况下,异常对应的信号处理结果就是显示异常信息并终止当前进程。显然,这种方式不适合大多数中断的处理。因为中断事件的发生与正在执行的当前进程很可能没有关系,所以将一个信号发送给当前进程是没有意义的。

Linux 中处理的中断有以下三种类型。
- I/O 中断:由 I/O 外设发出的中断请求。
- 时钟中断:由某个时钟产生的中断请求,告知一个固定的时间间隔到。
- 处理器中断:多处理器系统中其他处理器发出的中断请求。

有关 I/O 中断和时钟中断的内容将在 9.3.3 节和 9.4.5 节介绍,而多处理器中断超出了本书讨论的范围。

8.3.3 系统调用机制

系统调用是一种特殊的异常事件,是操作系统为用户程序提供服务的一种手段。Linux 提供了几百种系统调用,主要分为以下几类:进程控制、文件操作、文件系统操作、系统控制、内存管理、网络管理、用户管理和进程通信。系统调用号用整数表示,用来确定**系统调用跳转表**中的索引,跳转表中每个表项给出相应系统调用对应的**系统调用服务例程**的首地址。

表 8.3 给出了 IA-32+Linux 系统中部分系统调用的调用号、名称及其含义。

表 8.3　IA-32+Linux 系统中部分系统调用的调用号、名称及其含义

调用号	名称	类别	含义	调用号	名称	类别	含义
1	exit	进程控制	终止进程	4	write	文件操作	写文件
2	fork	进程控制	创建一个子进程	5	open	文件操作	打开文件
3	read	文件操作	读文件	6	close	文件操作	关闭文件

(续)

调用号	名称	类别	含义	调用号	名称	类别	含义
7	waitpid	进程控制	等待子进程终止	20	getpid	进程控制	获取进程号
8	create	文件操作	创建新文件	37	kill	进程通信	向进程或进程组发信号
11	execve	进程控制	运行可执行文件	45	brk	内存管理	修改虚拟空间中的堆指针 brk
12	chdir	文件系统	改变当前工作目录	90	mmap	内存管理	建立虚拟页面到文件片段的映射
13	time	系统控制	取得系统时间	106	stat	文件系统	获取文件状态信息
19	lseek	文件系统	移动文件指针	116	sysinfo	系统控制	获取系统信息

内核实现的系统调用以一个软中断形式（即陷阱指令，如 int $0x80）提供，如果高级语言编写的用户程序直接用陷阱指令来发起系统调用，则会很麻烦，因此，需要将系统调用封装成用户程序能直接调用的函数，如 exit()、read() 和 open()，这些都是标准 C 库中系统调用对应的**封装函数**。在用 C 语言编写的用户程序中，只要包含相应的头文件，就可以直接使用这些函数来调出操作系统内核中相应的系统调用服务例程，以完成相关操作。本书将系统调用对应的封装函数称为**系统级函数**。

从 C 程序开发者的角度来看，系统级函数在形式上与普通的应用编程接口（API）以及普通的 C 语言函数没有差别。但是，实际上，它们在机器级代码的具体实现上是不同的。例如，在 IA-32+Linux 中，普通函数（包括 API）使用 CALL 指令来实现过程调用，而系统调用则使用陷阱指令（如 int $0x80 或 sysenter）来实现。对于过程调用，执行 CALL 指令前后，处理器一直在用户态下执行指令，因而所执行的指令是受限的，能访问的存储空间也受限；而对于系统调用，一旦执行了发起系统调用的陷阱指令，处理器就从用户态转到内核态运行，此时，CPU 可以执行特权指令并访问内核空间。

Intel 从 Pentium II 处理器开始，引入了指令 sysenter 和 sysexit，分别用于进入系统调用和退出系统调用。在 Intel 文档中，sysenter 称为**快速系统调用指令**，它提供了从用户态到内核态的快速切换方式。

对于 Pentium II 以后的 IA-32 架构，在 Linux 和 Windows 等系统中，都可通过两种方式发起或退出系统调用。在 Linux 系统中，通过执行指令 int $0x80 或 sysenter 发起系统调用；在 Windows 系统中，通过执行指令 int $0x2e 或 sysenter 发起系统调用。相应地可通过执行指令 iret 或 sysexit 退出系统调用。

下面给出在 IA-32+Linux 系统中进入和退出系统调用的大致过程。

1. 通过软中断指令进入和退出系统调用

CPU 在用户空间执行软中断指令 int $0x80 的过程与 8.2.4 节描述的异常/中断响应过程一样。CPU 的运行状态从用户态切换为内核态，并从任务状态段 TSS 中将内核态对应的栈段寄存器内容和栈指针装入 SS 和 ESP，再依次将原先执行完软中断指令 int $0x80 时的栈段寄存器 SS、栈指针 ESP、标志寄存器 EFLAGS、代码段寄存器 CS、指令计数器 EIP 的内容（即返回地址或断点）保存到内核栈中，即当前 SS：ESP 所指之处，然后从中断描述符表中的第 128（0x80）表项中取出相应的门描述符 IDTi（i=128），将其中的段选择符装入 CS，偏移地址装入 EIP，这里，CS:EIP 即为系统调用处理程序 system_call 的第一条指令的逻辑地址。需要从系统调用返回时，则通过执行 iret 指令恢复保存在内核栈中的断点和状态信息。

2. 通过快速系统调用指令进入和退出系统调用

因为系统调用属于陷阱类异常，所以通过软中断指令 int n 进入和退出系统调用的处理过程，就是 8.2.4 节中描述的异常 / 中断响应过程，需要进行一连串的一致性和安全性检查，因而速度较慢。

快速系统调用指令 sysenter 主要用于从用户态到内核态的快速切换。为了实现快速系统调用，Intel 在 Pentium Ⅱ 以后的处理器中增加了以下三个特殊的 MSR 寄存器。

- SYSTEM_CS_MSR：存放内核代码段的段选择符。
- SYSTEM_EIP_MSR：存放内核中系统调用处理程序的起始地址。
- SYSTEM_ESP_MSR：存放内核栈的栈指针。

执行 sysenter 指令时，CPU 将 SYSTEM_CS_MSR、SYSTEM_EIP_MSR 和 SYSTEM_ESP_MSR 的内容分别复制到 CS、EIP 和 ESP，同时将 SYSTEM_CS_MSR 的内容加 8 的值设定到 SS。因此，CPU 执行完 sysenter 指令，即可切换到内核态，并开始执行系统调用处理程序的第一条指令。MSR 寄存器的内容只能通过特权指令 rdmsr 和 wrmsr 进行读写。

实现普通的 API 或库函数可能会使用一个或多个系统调用服务功能，也可能不需要使用系统调用服务功能，例如，数学库函数就无须使用系统调用服务功能。

在 Linux 系统中，系统调用所用的参数通过寄存器传递，因此，在封装函数对应的机器级代码中，将使用传送指令把系统调用所需的参数传送到相应寄存器。按照 IA-32+Linux 系统 ABI 规范约定，系统调用号存放在 EAX 中，传递参数的寄存器顺序依次为 EAX（调用号）、EBX、ECX、EDX、ESI、EDI 和 EBP，除调用号外，最多可有 6 个参数。若参数个数超出寄存器个数，则将参数块所在存储区首址放在寄存器中传递。

封装函数对应的机器级代码有一个统一的结构：总是若干条传送指令后跟一条陷阱指令。传送指令用来传递系统调用所用的调用号和参数，陷阱指令（如 int $0x80）用来陷入内核进行处理。

例如，若用户程序希望将字符串 "hello, world!\n" 中的 14 个字符显示在标准输出设备文件 stdout 上，则可以调用系统调用 write(1, "hello, world!\n",14)，它的封装函数用以下机器级代码实现。

```
movl    $4, %eax            # 调用号为 4，送 EAX
movl    $1, %ebx            # 标准输出设备 stdout 的文件描述符为 1，送 EBX
movl    $string, %ecx       # 字符串 "hello, world!\n" 的首地址为 string，送 ECX
movl    $14, %edx           # 字符串的长度为 14，送 EDX
int     $0x80               # 系统调用，从用户态陷入内核态
```

在 Linux 中，有一个系统调用的统一入口，即系统调用处理程序 system_call 的首地址，所以，CPU 执行指令 int $0x80 后，便转到 system_call 的第一条指令开始执行。在 system_call 中，将根据调用号跳转到当前系统调用对应的系统调用服务例程执行。system_call 执行结束时，将返回到 int $0x80 指令后的一条指令继续执行。

系统调用的返回值在 EAX 中，为整数值，若是正数或 0 表示成功。当系统调用遇到错误时，返回值为负数（通常是 -1），并设置全局整数变量 errno 表示出错码，通过将 errno 作

为入口参数调用 strerror() 函数，可以得到一个与 errno 值关联的错误描述文本串。若在 C 程序中调用了系统调用封装函数，通常应进行错误检查及处理，在确定返回值为负数时，显示函数调用 strerror(errno) 返回的文本串，然后调用函数 exit() 以终止程序的执行。

为了避免程序中每次系统调用都出现其错误检查及处理代码，可使用**错误检查及处理封装函数**。对于某个**系统调用目标函数**，将对目标函数的调用以及返回值的检查和错误处理的代码都封装在对应的封装函数中，这样，在需要调用目标函数时，用调用其封装函数来代替，从而简化程序代码。与 5.6 节中说明的要求一样，**目标函数**和**封装函数**的原型应该完全一致。

例 8.3 假定目标函数为表 8.3 中的 fork() 函数，编写对应的错误检查及处理封装函数 Fork()。

解：fork() 函数没有入口参数，返回一个类型为 pid_t 的整数值，返回值为 −1 表示出错。对应的错误检查及处理封装函数 Fork() 可如下实现。

```
1   pid_t Fork(void) {
2       pid_t pid;
3       if ((pid=fork()<0) {
4           fprintf(stderr, "fork error: %s\n",strerror(errno));
5           exit(0);
6       }
7       return pid;
8   }
```

上述程序中，fork() 函数对应的头文件为 unistd.h，stderr 为标准错误输出文件，对应的头文件和 fprintf() 函数对应的头文件相同，都是 stdio.h，strerrno() 函数对应的头文件是 string.h，全局整数变量 error 对应的头文件为 errno.h。在使用上述 Fork() 封装函数的程序中必须包含这些头文件。

*8.4 Linux 中的进程控制

8.3.3 节提到，Linux 提供了几百种系统调用，其中有一种系统调用用于**进程控制**，如表 8.3 中的 fork、waitpid、execve、getpid 等，在 C 程序中可以调用这类系统级函数进行进程的创建和回收等操作。

8.4.1 进程的创建、休眠和终止

进程是某个程序的一次运行活动，有自己的生命周期，它随一个任务的启动而创建，随着任务的完成或终止而消亡，所占资源也应随着进程生命周期的结束而被释放。从程序员的角度看，一个进程总是处于以下三种情况之一。

- **运行状态**。进程正在 CPU 上运行或等待被操作系统调度以换上 CPU 运行。
- **挂起状态**。进程的执行被暂停且不可能被调度执行。当进程接收到 SIGSTOP、SIGTSTP、SIGTTIN 或 SIGTTOU 信号时，就进入挂起（suspended）状态，直到收到一个 SIGCONT 信号，此时进程再次进入运行状态。这里的**信号**是 Linux 系统中提供

的在进程之间或进程和操作系统内核之间进行消息传送的一种机制，有关详细内容将在 8.5 节介绍。
- **终止状态**。通常以下三种情况导致进程终止：收到一个其默认行为为终止进程的信号、从主程序返回、调用 exit() 函数。

1. 进程终止函数 exit()

exit() 函数用于终止进程，在头文件 stdlib.h 中定义，函数原型为 void exit(int status)，可指定一个 int 类型的状态值作为入口参数，没有返回值。

2. 创建子进程函数 fork()

在父进程中可通过 fork() 函数创建一个子进程，fork() 函数的原型如下：

```
pid_t fork(void);
```

在 Linux 系统中，返回值类型 pid_t 在头文件 sys/types.h 中定义为 int 型，fork() 函数原型在头文件 unistd.h 中定义。在系统中，通常用一个唯一的正整数标识一个进程，称为**进程 ID**，简写为 **PID**。这里的返回值实际上就是一个 PID。

通过 fork() 新创建的子进程和父进程几乎一样，通过复制父进程的相关数据结构，使子进程具有与父进程完全相同但独立的虚拟地址空间，即只读代码段、可读写数据段、堆、用户栈、共享库区域都完全相同。此外，子进程还继承了父进程的**打开文件描述符表**，即子进程可以读写父进程中打开的任何文件。新创建的子进程和父进程之间最大的差别是它们的 PID 不同。

fork() 函数调用一次，返回两次，一次在父进程（即调用 fork() 的进程）中返回子进程的 PID，一次在子进程中返回 0。因为子进程的 PID 总是非零值，所以可通过返回值是否为 0 来确定是在父进程中返回，还是在子进程中返回。

例 8.4 以下程序使用例 8.3 中的 fork() 错误检查及处理封装函数 Fork() 创建一个子进程，并根据 fork() 函数返回值的不同，显示出在父进程和子进程中执行结果的不同。

```
1   int x=1;
2   int main(){
3       pid_t pid;
4
5       if ((pid=Fork())==0) {
6              printf("child process: x=%d\n",--x);
7              exit(0);
8       }
9       printf("parent process: x=%d\n",++x);
10      exit(0);
11  }
```

完整的程序还应包含相关头文件和 Fork() 函数的定义，给出执行该程序的结果并说明该程序应包含哪些头文件。

解：在父进程和子进程的并发执行过程中，假定 fork() 函数返回后操作系统内核先调度子进程执行完它的 printf 语句，然后执行父进程的 printf 语句，则程序得到以下执行结果。

```
child process: x=0
parent process: x=2
```

假定操作系统内核先调度父进程执行，再调度子进程执行，则程序得到以下执行结果。

```
parent process: x=2
child process: x=0
```

该程序应包含 stderr、fprintf() 和 printf() 的对应头文件 stdio.h，以及 strerror() 对应的头文件 string.h、error 对应的头文件 errno.h、pid_t 对应的头文件 sys/types.h、exit() 对应的头文件 stdlib.h 和 fork() 对应的头文件 unistd.h。

父进程和子进程是并发执行的两个独立进程，各自有自己的独立的虚拟地址空间，在子进程被创建的初始，其虚拟地址空间内容和父进程的虚拟地址空间内容几乎一样，因此，例 8.4 中父进程和子进程的可读写数据区都有全局变量 x，初始值都是 1。因为虚拟地址空间各自独立，所以对全局变量 x 的改变相互不受影响，对 x 的不同运算得到不同的值。

子进程被创建时共享父进程的打开文件描述符表，例 8.4 中父进程的打开文件描述符表包含三个自动打开的标准文件 stdin、stdout 和 stderr。因此，子进程和父进程一样，都可以通过 printf() 将信息输出到标准输出文件 stdout 中，即在屏幕中显示信息。有关文件描述符和打开文件描述符表等详细内容，请参见第 9 章。

fork() 函数调用与普通函数调用不同，在父进程中调用 fork() 结束后，会返回到子进程的 fork() 后执行，同时还会返回到父进程的 fork() 后执行。若在程序中多次调用 fork()，则会生成多个子进程，从而形成 fork() 嵌套调用，使调用关系变得较复杂。通过画进程图的方式，可以更好地理解父进程和子进程的执行过程。进程图中每个顶点对应一条语句，有向边 $a \to b$ 表示语句 a 在语句 b 之前执行，有向边上可标记一些信息，如反映语句 a 执行结果的变量值或显示信息等。进程图总是从一个顶点开始，顶点对应父进程的 main() 函数，在一个对应 exit() 调用语句的顶点处结束。开始顶点只有出边，结束顶点只有入边。例如，对于例 8.4 中的程序，其进程图如 8.11 所示。从图中可见，在执行完 fork() 调用后就多了一个子进程，父进程和子进程并发执行，因此程序执行结果包含两个进程执行的结果，且执行顺序不确定。

例 8.5 画出以下程序的进程图，并给出其中 4 种可能的执行结果。

```
1  int main(){
2      int x=1;
3
4      Fork();
5      if (Fork()==0)
6          printf("CP: x=%d\n",--x);
7      printf("PCP: x=%d\n",++x);
8      exit(0);
9  }
```

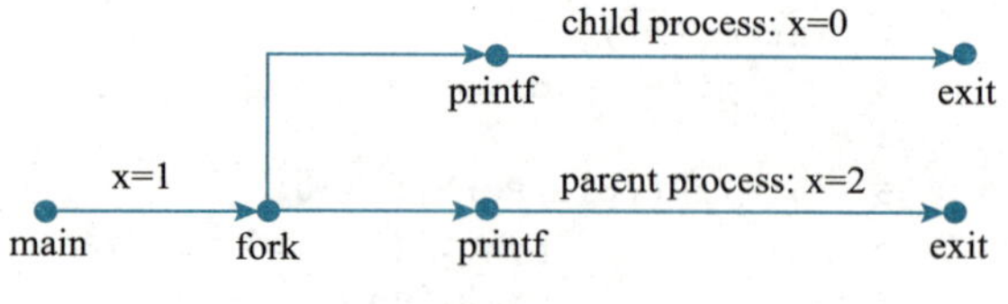

图 8.11 例 8.4 中程序的进程图

解：程序的进程图如图 8.12 所示。

根据进程图可看出，执行完两次 fork() 调用后共有 4 个进程并发运行，因此操作系统内核调度进程执行的顺序组合很多，导致程序执行可能得到许多不同结果，只要保证输出序列中存在两个"CP:x=0 → PCP:x=1"的有序输出对即可。例如，以下 4 种就是其可能的结果。

① PCP:x=2　② CP:x=0　③ CP:x=0　④ PCP:x=2
　CP:x=0　　　PCP:x=2　　PCP:x=1　　PCP:x=2
　PCP:x=1　　PCP:x=1　　PCP:x=2　　CP:x=0
　PCP:x=2　　PCP:x=2　　PCP:x=2　　CP:x=0
　CP:x=0　　　CP:x=0　　　CP:x=0　　　PCP:x=1
　PCP:x=1　　PCP:x=1　　PCP:x=1　　PCP:x=1

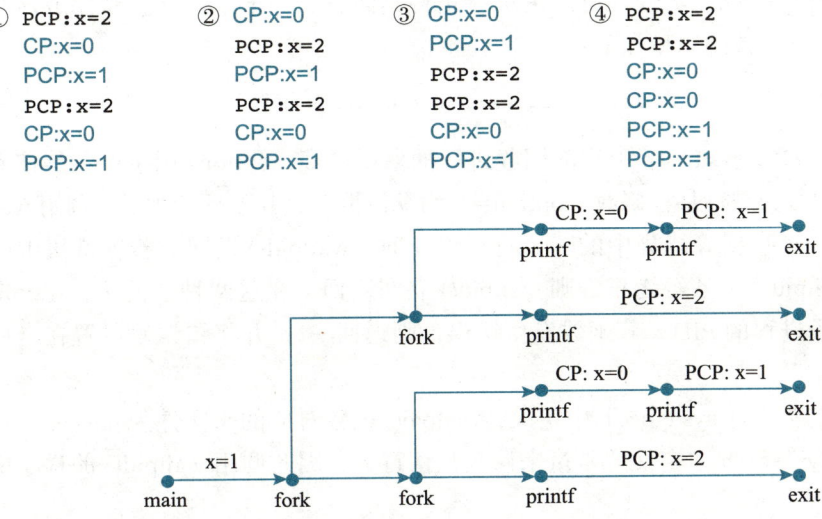

图 8.12　例 8.5 中程序的进程图

3. 进程休眠函数 sleep() 和 pause()

程序中可以通过调用 sleep() 函数让进程休眠指定的一段时间，进程在休眠期间被挂起；也可以使用 pause() 函数让进程休眠，直到进程收到一个信号为止。这两个函数原型如下：

```
unsigned int sleep(unsigned int s);
int pause(void);
```

这两个函数对应的头文件为 unistd.h。sleep() 函数的参数 s 是指定的休眠秒数，若给定休眠时间已到，则返回 0，若 sleep() 函数被一个信号中断而提前返回，则返回剩下的秒数。

8.4.2　进程 ID 的获取和子进程的回收

可通过 getpid() 函数获取<u>调用进程</u>（在此指调用 getpid() 函数的进程）的 PID，调用 getppid() 函数可获得调用进程的父进程（创建调用进程的进程）的 PID。这两个函数原型如下：

```
pid_t getpid(void);
pid_t getppid(void);
```

pid_t 在头文件 sys/types.h 中定义，getpid() 和 getppid() 函数对应的头文件为 unistd.h，因此，调用这两个函数的程序中应包含这些头文件。

一个处于终止状态但还未被父进程回收的进程称为<u>僵尸进程</u>（zombie process）。这种进程的残留资源还存在于内核中，直到被父进程回收时，操作系统内核才能把它的资源收回并从系统中清除，并把它的退出状态传递给父进程，此时它才在系统中完全消亡。

如果父进程先于子进程消亡，子进程就成为<u>孤儿进程</u>。<u>init 进程</u>是所有孤儿进程的父进程，它在系统启动时由内核创建，不会终止，其 PID 为 1，是所有进程的祖先，负责对孤儿进程的回收。

父进程可通过 waitpid() 函数等待子进程终止将其回收，并记录其终止状态或函数执行的错误码。waitpid() 函数的原型如下：

```
pid_t waitpid(pit_t pid, int *wstatusp, int options);
```

其中，pid 指定<u>等待集</u>，wstatusp 中存放回收进程的<u>退出状态</u>，options 用于设定是按<u>默认行为</u>处理还是对处理行为进行某种修改。options=0 为默认情况，其处理行为是：调用 waitpid() 的调用进程被挂起，直到等待集中的一个进程终止时，waitpid() 返回，若等待集中的一个进程在刚调用 waitpid() 时已经终止，则 waitpid() 立即返回。在这两种情况下，waitpid() 的返回值为已终止子进程的 PID。若函数发生错误，则返回 −1，并将错误码设置在全局变量 errno 中。

这里，pid_t 在头文件 sys/types.h 中定义，waitpid() 函数对应的头文件为 unistd.h，options 可通过在头文件 sys/wait.h 中定义的常量来修改默认行为，因此调用 waitpid() 的程序中应包含这些头文件。

waitpid() 函数涉及等待集的指定、默认行为的修改、子进程退出状态的判定和错误码的设置。

1. 指定等待集

若 pid>0，则等待集中仅有一个进程 ID 为 pid 的子进程；若 pid=-1，则等待集中包含调用进程的所有子进程；若 pid = 0，则等待集中包含与调用进程组 ID 相等的进程组中的所有子进程；若 pid<-1，则等待集中包含进程组 ID 为 pid 绝对值的进程组中的所有子进程。

2. 修改默认行为

可通过将 options 设定为特定常量 WNOHANG、WUNTRACED 等的各种组合，修改默认行为。常用的常量有以下几个。

- WNOHANG：若等待集中没有任何子进程终止，则不挂起调用进程而立即返回，并设返回值为 0；若有子进程终止，则返回终止进程的 PID。与默认行为不同的是，不等待子进程终止。
- WUNTRACED：调用进程被挂起，直到等待集中的一个子进程终止或被挂起，返回值为终止进程或被挂起进程的 PID。与默认行为不同的是，考虑了子进程被挂起的情况。
- WCONTINUED：调用进程被挂起，直到等待集中的一个子进程终止或被挂起的子进程收到 SIGCONT 信号而重新开始执行。

可以将上述常量进行组合，如 WNOHANG | WUNTRACED 表示不等待而立即返回，其返回值如下：若等待集中没有任何子进程终止或被挂起，则返回 0；若有子进程终止或被挂起，则返回其 PID。

3. 判定回收进程的退出状态

若参数 wstatusp 为非空，则 waitpid() 函数会在其指向的 wstatus 中存放对应子进程的退出状态。头文件 sys/wait.h 中有若干用于状态值含义解释的宏定义，可根据这些宏执行的结果进行相应的处理或显示子进程的退出状态。常用若干宏定义含义如下。
- WIFEXITED(wstatus)：若子进程通过调用 exit() 或执行 return 语句正常终止，则返回结果为真。
- WEXITSTATUS(wstatus)：仅当 WIFEXITED(wstatus) 为真时才有定义，返回结果为正常终止的子进程的退出状态，例如，若子进程以调用函数 exit(1) 的方式终止，则返回结果为 1。
- WIFSTOPED(wstatus)：若 waitpid() 是因为子进程被挂起而返回，则返回结果为真。
- WSTOPSIG(wstatus)：仅当 WIFSTOPED(wstatus) 为真时才有定义，返回结果为引起子进程被挂起的信号编号，例如，若子进程因为接收到 SIGSTOP 信号而被挂起，则返回结果为对应编号 19。关于信号的编号和含义将在 8.5 节介绍。
- WIFCONTINUED(wstatus)：若子进程收到 SIGCONT 信号而被重新启动，则返回结果为真。

4. 设置错误码

若函数发生错误，则错误码设置在全局变量 errno 中。例如，若调用进程没有子进程，则 errno 为 ECHILD；若 waitpid() 函数被一个信号中断，则 errno 为 EINTR。全局变量 errno 的取值（如 ECHILD、EINTR 等）在头文件 errno.h 中定义，若程序需要对错误码进行处理，则应包含 errno.h。

可用 wait(&wsatus) 代替 waitpid(-1, $wsatus, 0)。wait() 函数原型为 pid_t wait(int *wstatusp)，当 wstatusp 为空（NULL）时，忽略子进程的退出状态；否则退出状态存放在其指定地址中。

例 8.6 列出以下程序应包含的头文件，画出对应的进程图，并给出程序执行结果。

```
1   int main(){
2       pid_t pid;
3       int cnt=0;
4       int wstatus=20;
5   
6       if ((pid=Fork())>0)
7           if (wait(&wstatus)>0)
8               if (WIFEXITED(wstatus)!=0) {
9                   printf("cnt=%d, wstatus=%d\n",cnt,WEXITSTATUS(wstatus));
10                  printf("PP PID=%d\n",getpid());
11                  exit(0);
12              }
13      else {
14          while(1){
15              printf("CP PID=%d\n",getpid());
16              sleep(1);
17              cnt++;
18              if(cnt==2) exit(2);
19          }
20      }
21      return 0;
22  }
```

解： 程序中应包含的头文件有 sys/types.h、sys/wait.h、stdio.h、stdlib.h、unistd.h、string.h 和 errno.h。进程图如图 8.13 所示。

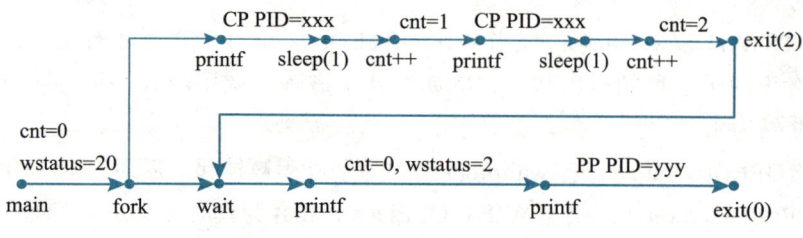

图 8.13　例 8.6 中程序的进程图

根据进程图可知，程序执行结果如下：

```
CP PID=xxx
CP PID=xxx
cnt=0, wstatus=2
PP PID=yyy
```

其中 xxx 为子进程的 PID，yyy 为父进程的 PID，在子进程中每次输出 "CP PID=xxx" 后休眠 1s。

8.4.3　程序的加载运行

启动一个可执行目标文件执行时，首先会调出一个称为**加载器**（loader）的内核程序进行处理。在 UNIX/Linux 系统中，可以通过调用 execve() 函数来启动加载器。

1. execve() 函数

execve() 函数的功能是在当前进程的上下文中加载并运行一个新程序。execve() 函数的用法如下：

```
int execve(char *filename, char *argv[], *envp[]);
```

该函数用来加载并运行可执行目标文件 filename，可带参数列表 argv 和环境变量列表 envp。若出错，如找不到指定文件 filename，则返回 −1 并将控制权返回给调用程序；若函数执行成功，则不返回。若该可执行目标文件采用静态链接，则 execve() 函数将 PC 设为可执行文件 ELF 头中定义的入口点（Entry Point，即符号 _start 处）；若该可执行目标文件采用动态链接，则 execve() 函数将 PC 设置为动态链接器的 _start 处，动态链接器加载该可执行文件所需的共享库后，将跳转到可执行文件 ELF 头中定义的入口点（Entry Point，即符号 _start 处）。在 Linux 系统中，动态链接器由可执行文件的 PT_INTERP 节指示。

2. main() 函数

通常，主函数 main() 的原型形式如下：

```
int main(int argc, char **argv, char **envp);
```

或者如下的等价形式：

```
int main(int argc, char *argv[], char *envp[]);
```

其中，参数列表 argv 可用一个以 NULL 结尾的指针数组表示，每个数组元素都指向一个用字符串表示的参数。通常，argv[0] 指向可执行目标文件名，argv[1] 是命令中第一个参数的指针，argv[2] 是命令中第二个参数的指针，以此类推。命令中的字符串数量由 argc 指定。参数列表 argv 的组织结构如图 8.14 所示。图中显示了命令行 "ld -o test main.o test.o" 对应的参数列表结构。

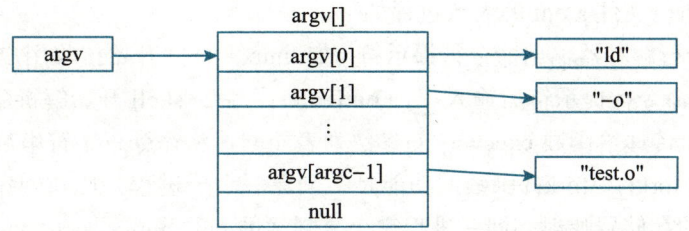

图 8.14　参数列表 argv 的组织结构

环境变量列表 envp 的结构与参数列表结构类似，也用一个以 NULL 结尾的指针数组表示，每个数组元素都指向一个用字符串表示的环境变量串。其中每个字符串都是一个形如 "NAME=VALUE" 的名－值对。

当 Linux 系统开始执行 main() 函数时，在虚拟地址空间的用户栈中具有如图 8.15 所示的组织结构。

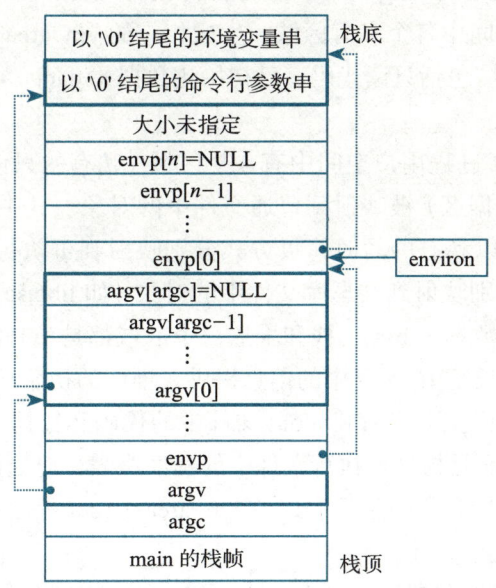

图 8.15　运行一个新程序的 main 函数时用户栈中的典型结构

如图 8.15 所示，用户栈的栈底是一系列环境变量串和命令行参数串，每个串以 '\0' 结尾，连续存放在栈中，每个串 i 由相应的 envp[i] 和 argv[i] 中的指针指示。在命令行参数串后面是指针数组 envp 中的各元素，全局变量 environ 指向第一个指针 envp[0]。然后是指针数组 argv 中的各元素。在 envp[n] 上面还存放了大小不确定的辅助向量（auxiliary vector），供用户程序读取内核加载器传递的若干信息，感兴趣的读者可查阅 ABI 手册。

栈顶处是系统启动函数或初始化函数等对应过程的栈帧，调用 main() 函数时，若是 IA-32 系统，则栈中存放的是 main() 函数的三个入口参数，即 envp、argv 和 argc，若是 RISC 架构或 x86-64 系统，则入口参数存放在通用寄存器中，之后将是 main() 函数的栈帧。

3. 可执行文件的加载过程

加载执行可执行文件 a.out 的大致过程如下。

1) shell 命令行解释器输出命令行提示符（如 linux>），并开始接收用户输入的命令行。

2) 当用户在命令行提示符后输入"./a.out[enter]"后，shell 开始解析命令行，获得各个命令行参数并构造传递给函数 execve() 的参数列表 argv，将命令行字符串数量送给 argc。

3) 调用函数 fork()。fork() 函数的功能是，创建一个子进程并使新创建的子进程获得与父进程完全相同的存储器映射，即子进程完全复制父进程的 mm_struct、vm_area_struct 数据结构和页表，并将两者中每一个私有页的访问权限都设置成只读，将两者 vm_area_struct 中描述的私有区域中的页设置为私有的写时拷贝页。这样，如果其中一个进程写入其中某一页，内核将使用写时拷贝机制在主存中分配一个新页框，并将页面内容拷贝到新页框中。

4) 子进程以第 2 步命令行解析得到的参数数量 argc、参数列表 argv 以及全局变量 environ 作为参数，调用函数 execve()，在当前进程的上下文中加载并运行 a.out 程序。

函数 execve() 将启动加载器执行加载任务并启动程序运行。具体步骤包括：回收已有的 VM 用户空间中的区域结构 vm_area_struct 及其页表；根据可执行文件 a.out 的程序头表创建新进程的 VM 用户空间中各个私有区域，生成相应的 vm_area_struct 链表，并填写相应的页表项。其中，私有区域包括只读代码、已初始化数据（.data）、未初始化数据（.bss）、栈和堆。

如图 8.16 所示，a.out 进程用户空间中有 4 个区域（私有的只读代码区和已初始化数据区、共享库的代码区和数据区）被映射到普通文件中的对象。其中，只读代码区（.text）和已初始化数据区（.data）以私有的写时拷贝方式分别映射到可执行文件 a.out 中的对象，共享库的数据区和代码区分别映射到共享库文件中的对象（如 libc.so 中 .data 节和 .text 节等）。除上述区域外，未初始化数据（.bss）、栈和堆这三个区域都是私有的请求零页，映射到匿名文件。未初始化数据区域长度由 a.out 中的信息提供，堆区的初始长度为零。

上述"加载"过程实际上并没有将 a.out 文件中的代码和数据（除 ELF 头、程序头表等信息）从硬盘读入主存，而是根据可执行文件中的程序头表，对当前进程上下文中存储器映射相关的数据结构进行初始化，包括页表以及 vm_area_struct 等信息，即进行了存储器映射工作。

以静态链接为例，当加载器完成加载任务后，便将 PC 设定指向入口点（Entry Point，即符号 _start 处），返回到用户空间时将开始运行 a.out 程序。在运行过程中，一旦 CPU 检测到所访问的指令或数据不在主存（即缺页）中，则调用操作系统内核中的缺页处理程序执行，在执行处理程序过程中才将代码或数据真正从 a.out 文件装入主存。

例 8.7 假设用户在 shell 命令行提示符下输入的命令行字符串存于 **cmdstrp** 指向的字符

串缓冲区中，函数 parsecmd(char *cmdstrp, char *argv[]) 可对 cmdstrp 所指缓冲区中的命令字进行解析，并将解析结果存于指针型数组 argv 中。给出一个对命令字指定可执行文件进行加载并执行的函数，其中可调用 parsecmd() 函数进行命令行解析。

解：假定该函数名为 shcmdexec，入口参数为 cmdstrp，定义如下。

```
1   void shcmdexec(char *cmdstrp) {
2       char *argv[];
3       pit_t pid;
4       int wstatus;
5
6       parsecmd(cmdstrp,argv);
7       if ((pid=Fork())==0)
8           if (execve(argv[0],argv,environ)<0) {
9               printf("executable file %s not exist.\n", argv[0]);
10              exit(0);
11          }
12      if (waitpid(pid,&wstatus,0)<0){
13          fprintf(stderr,"waitpid error: %s\n",strerror(errno));
14          exit(0);
15      }
16      return;
17  }
```

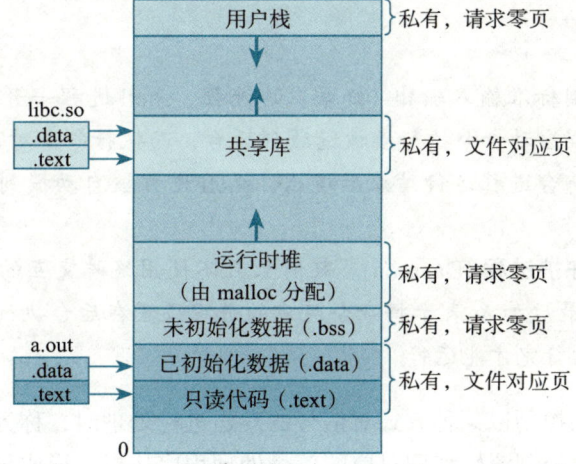

图 8.16　进程用户空间各区域页面类型

*8.5　Linux 中的信号与非本地跳转

计算机系统各层都有实现异常控制流的机制。除了异常和中断事件以及进程上下文切换会引起异常控制流以外，通过信号机制也会引起异常控制流。

8.5.1　Linux 中的信号处理机制

Linux 系统中提供了一种信号机制，允许用户进程和操作系统内核通过发送信号中断其他进程的执行。每种信号代表某类系统事件，通过发送信号给**目标进程**，告知系统中发生了一个某种类型的事件。每种信号都有一个信号名和编号，例如：浮点异常信号名为 SIGFPE，编号为 8；非法指令对应信号名为 SIGILL，编号为 4。

对于程序执行过程中发生的异常事件，如非法指令、整除 0、存储保护错等，如果内核不发送信号给发生异常的用户进程，那么，在硬件检测到异常事件并转操作系统内核处理过程中，只有底层硬件和内核才能了解发生了何种异常事件，而高层的用户进程则无法感知。为了尽量缩短内核处理异常的时间，尽可能把异常处理过程放在用户态下进行，Linux 通过信号机制，让内核在处理异常时发送信号给用户进程，使用户进程可以通过注册**信号处理程序**的方式选择如何进行异常处理。IA-32+Linux 系统中部分异常对应的处理程序名以及信号名如表 8.2 所示。

除了内部异常事件可以通过内核发送信号进行处理以外，还有一些系统事件，也可以由内核发送信号给用户进程来进行处理。例如，在**前台进程**运行时若按下 Ctrl+C 键，则内核会发送 SIGINT 信号（编号 2）给**前台进程组**中的每个进程，SIGINT 信号的默认处理行为是终止进程；当一个子进程终止或被挂起时，内核会发送 SIGCHID 信号（编号 17）给父进程，该信号的默认行为是什么也不做。

除上面两种由内核向用户进程发送信号的方式以外，进程之间也可以发送信号。例如，一个进程可通过调用 kill() 函数请求内核向另一个目标进程发送指定的信号，如 SIGKILL 信号（编号为 9）会强制终止目标进程。一个进程也可以给自己发送信号。

小贴士

前台进程：指控制标准输入输出（终端）的进程。shell 进程一开始工作在前台，用户输入命令后，shell 进程启动命令执行后被隐藏到后台，而执行命令对应的进程被提到前台，开始接收用户输入。前台进程运行结束后退出，shell 进程被自动提到前台，等待用户输入命令。

后台进程：也叫**守护进程**(Daemon)。耗时长且不使用终端交互的进程可以设置在后台运行，在 shell 命令行最后加 & 表示将命令对应的进程设置在后台执行，在后台执行的进程不必等到前一个进程运行完才能运行。

当目标进程被内核控制以某种方式对信号的发送进行处理时，称为**信号被接收**。目标进程接收到信号后，会将控制流转移到对应的信号处理程序执行，形成异常控制流。调用信号处理程序的过程称为**信号捕获**，执行信号处理程序的过程称为**信号处理**。信号处理结束后，将返回到被中断的程序继续执行。图 8.17 给出了信号处理程序进行信号捕获和信号处理的基本过程。

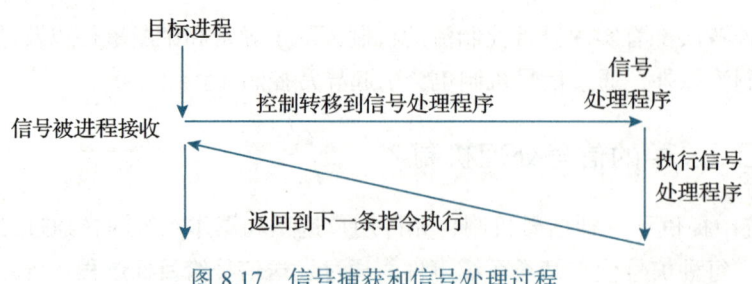

图 8.17　信号捕获和信号处理过程

对于有些信号，目标进程可以忽略，如内核发送给父进程的 SIGCHID 信号、内核发送给挂起进程的 SIGCONT 信号等。有些信号则既不能被忽略，也不能被捕获，例如，SIGKILL 信号的行为只能是强制终止进程，而不能被忽略（什么都不做），也不能被捕获去调用信号处理程序。

如果一个发出的信号未被接收，则该信号称为**待处理信号**（pending signal），任何时刻，一个进程中每种信号最多只会有一个待处理信号，随后发送过来的同类信号直接被丢弃。一个进程可以有选择地**阻塞接收**某种信号，因此当某种信号被阻塞接收时，则发送过来的信号变为待处理信号，直到取消对这种信号的阻塞接收。一个待处理信号最多只能被接收一次。内核为每个进程维护一个**待处理信号集**和一个**被阻塞信号集**。

8.5.2 信号的发送

Linux 系统提供了多种信号发送机制，可通过调用专门的系统级函数发送信号，也可以使用 /bin/kill 程序或在键盘上按下特定的按键发送信号。

发送信号时可以指定发送到的目标进程属于哪个进程组。系统中每个进程都仅属于一个**进程组**，每个进程组有一个用正整数标识的**进程组 ID**。

可用 getpgrp() 函数返回当前进程所属的进程组 ID，用 setpgid() 函数设置自己或其他进程的进程组 ID，这两个函数原型如下：

```
pid_t getpgrp(void);
int setpgid(pid_t pid, pid_t pgid);
```

setpgid() 函数将 pid 进程所属的进程组 ID 改为 pgid。若 pid 为 0，则表示对调用进程本身进行设置；若 pgid 为 0，则表示设置的进程组 ID 为 pid。例如，若调用进程 ID 为 20232，则其中的函数调用语句"setpgid(0, 0);"的功能是，将进程 20232 所属的进程组 ID 改为 20232。

1. 使用 kill() 函数发送信号

一个进程可使用 kill() 函数给包括自身在内的一些进程发送信号。kill() 函数的原型如下：

```
int kill(pid_t pid, int sig);
```

参数 pid 为发送信号的目标进程 ID，sig 为发送的信号。若 pid=0，则目标进程为调用进程所在进程组中的每个进程，包括调用进程本身；若 pid<0，则目标进程为 ID 为 pid 绝对值（|pid|）的进程组中的每个进程。参数 sig 可以使用在头文件 signal.h 中定义的信号名常量来设置，如函数调用语句"kill(pid, SIGKILL);"中的发送信号为 SIGKILL。

例 8.8 画出以下程序的进程图，给出程序的执行结果，并说明需要包含的头文件。

```
1   int main(){
2       int x=1
3       pit_t pid;
4
5       if ((pid=Fork())==0) {
6           printf("CPPID=%d,x=%d\n",getpid(),++x);
```

```
7        pause();
8        printf("CPPID=%d,x=%d\n",getppid(),--x);
9        exit(0);
10   }
11   kill(pid,SIGKILL);
12   exit(0);
13 }
```

解：程序的进程图如图 8.18 所示。

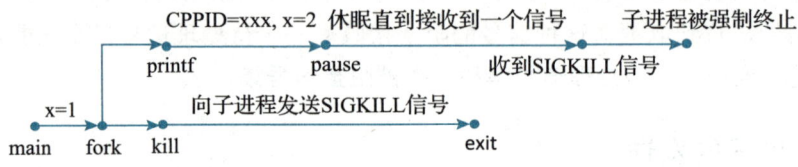

图 8.18　例 8.8 中程序的进程图

程序的执行结果是在标准输出终端（stdout）上输出"CPPID=xxx,x=2"，其中 xxx 为子进程的 PID。程序需要包含的头文件有 stdio.h、sys/types.h、string.h、errno.h、unistd.h、stdlib.h 和 signal.h。

2. 使用 alarm() 函数发送信号

进程可通过 alarm() 函数给自己发送 SIGALRM 信号。alarm() 对应的头文件为 unistd.h，函数原型如下：

```
unsigned int alarm(unsigned int seconds);
```

alarm() 函数用于设置闹钟（也称定时器）并传送 SIGALRM 信号，即在经过指定的 seconds 秒后将 SIGALRM 信号发送给调用进程。若未设置 SIGALRM 对应的信号处理程序，则默认的处理行为是终止进程。

一个进程只能有一个闹钟，若在设定的 seconds 秒内再次调用 alarm() 函数设置新闹钟，则之前设置的秒数将被新闹钟时间取代，所剩秒数作为返回值。若之前没有设定过闹钟，则返回 0。若设定的 seconds 为 0，则表示取消闹钟。

例 8.9　说明以下程序的执行过程，并说明需要包含的头文件。

```
1  int main(){
2      int remtime;
3
4      alarm(50);
5      sleep(30);
6      remtime=alarm(10);
7      printf("remaining time: %d\n",remtime);
8      pause();
9      return 0;
10 }
```

解：该程序的执行过程如下：先休眠 30s，再输出"remaining time: 20"，等待 10 秒后接收到 SIGALRM 信号，然后进程终止（未设置 SIGALRM 对应的信号处理程序时，默认行为是终止进程）。应包含的头文件有 stdio.h 和 unistd.h。

3. 用 /bin/kill 程序发送信号

Linux 系统中的 kill 命令（路径为 /bin/kill）用于向进程发送任何指定的信号。若用户没有指定发送信号，则发送默认的 SIGTERM 信号以终止进程。例如，以下命令

```
linux> /bin/kill -9 20232
```

将向 PID 为 20232 的进程发送编号为 9 的信号 SIGKILL。当进程号为负数时，表示将信号发送到进程组 ID 为其绝对值的进程组中每个进程。例如，以下命令

```
linux> /bin/kill -9 -20232
```

表示将 SIGKILL 信号发送到进程组 20232 中的每个进程。

4. 从键盘发送信号

Linux 系统中在一个 shell 命令行中输入的所有命令对应的进程构成一个**作业**（job），shell 为每个作业创建一个独立的进程组，所有前台进程组中的进程组成**前台作业**，后台进程组中的进程组成**后台作业**。任何时刻，系统中最多只有一个前台作业，有 0 个或多个后台作业。例如，以下命令行会创建由两个命令对应进程构成的前台作业。

```
linux> ls | sort
```

命令行中的"|"是 Linux 管道操作符，表示前一个进程的输出将作为后一个进程的输入。上述命令行构成的前台作业中包含两个前台进程：ls 和 sort。

在键盘上输入 Ctrl+C 会导致内核向前台进程组中的每个进程发送一个 SIGINT 信号，默认情况下将终止前台作业，回到 shell 进程。输入 Ctrl+Z 则向前台进程组中的每个进程发送一个 SIGTSTP 信号，默认情况下将挂起前台作业直到接收到下一个信号 SIGCONT。

8.5.3 信号捕获和信号处理

操作系统内核在完成了异常/中断处理或进行了一次上下文切换而要从内核态切换到用户态的进程 p 执行时，会检查进程 p 的未被阻塞的待处理信号集。若为空集，则直接返回到进程 p 的逻辑控制流中原来被中断的下一条指令处（断点）执行；若为非空集，则内核将强制 p 对集合中编号最小的信号进行接收，从而触发进程 p 针对接收的信号采取某种处理行为。一旦处理完成，就返回到 p 的逻辑控制流中的断点处执行。

系统中的每个信号都有一个预定义的默认处理行为，如终止进程、挂起进程等待被 SIGCONT 信号重启或忽略信号等。程序员可自行定义信号处理函数，并通过 signal 函数将其与对应的信号绑定，从而修改信号的默认行为。不过，信号 SIGSTOP 和 SIGKILL 的默认行为不能修改。signal() 函数的用法如下：

```
typedef void (*sighandler_t)(int);
sighandler_t signal(int signum, sighandler_t handler);
```

若 handler=SIG_IGN，则忽略类型为 signum 的信号；若 handler=SIG_DFL，则类型为 signum 的信号恢复默认行为；否则 handler 就是用户自定义函数的地址，这个自定义函数被称为**信号处理程序**。调用信号处理程序称为**信号捕获**，执行信号处理程序称为**信号处理**。

signal() 函数若出错，则返回 SIG_ERR。常数 SIG_IGN、SIG_ERR 等在 signal.h 中定义。

例 8.10 说明以下程序的执行过程，并说明需要包含的头文件。若第 7 行中的 signal() 函数调用改为"signal(SIGINT, SIG_IGN)"或"signal(SIGINT, SIG_DFL)"，则执行结果分别是什么？

```
1   typedef void (*sighandler_t)(int);
2   void sigint_handler(int sig) {
3       printf("caught SIGINT!\n");
4   }
5
6   int main(){
7       if (signal(SIGINT, sigint_handler)==SIG_ERR)
8           printf("signal error\n");
9       pause();
10      return 0;
11  }
```

解： 该程序通过 signal() 将信号处理函数 sigint_handler() 和 SIGINT 信号进行了绑定，改变了该信号的默认行为。程序执行后一直休眠等待，直到用户在键盘上输入 Ctrl+C 时发送 SIGINT 信号，信号被捕获后进行信号处理，输出"caught SIGINT!"，然后回到主函数执行 return 语句，结束程序的执行。程序应包含的头文件有 stdio.h、signal.h。

若第 7 行中的函数调用改为"signal(SIGINT, SIG_IGN)"，则程序在执行过程中，用户按下 Ctrl+C 键后没有任何反应；若改为"signal(SIGINT, SIG_DFL)"，则程序在执行过程中，若用户按下 Ctrl+C 键，则程序马上执行结束。

8.5.4 非本地跳转处理

C 语言提供了一种**非本地跳转**（nonlocal jump）函数，可实现用户级异常控制流。通过使用非本地跳转函数，可将控制直接从一个函数转移到另一个当前正在执行的函数，而不需要经过正常的调用 - 返回（call-return）序列。非本地跳转通过 setjmp() 和 longjmp() 函数实现，这两个函数的原型如下：

```
int setjmp(jmp_buf env);
void longjmp(jmp_buf env, int retval);
```

头文件 setjmp.h 中给出了这些函数的原型声明及 jmp_buf 数据类型定义。setjmp() 函数在由参数 env 指定的缓冲区中保存**当前调用环境**以供 longjmp() 函数使用，并返回 0。调用环境包括程序计数器、栈指针和通用寄存器等上下文信息。

setjmp(env) 相当于对一个跳转目标处的程序上下文信息进行初始化并记录在 env 中。后面通过调用 longjmp(env, retval) 函数将 env 中的程序上下文信息恢复作为当前调用环境，从而触发从最近一次的 setjmp() 函数返回，此时，setjmp() 的返回值为非 0 的 retval，若 retval=0，则返回值为 1。

setjmp() 函数仅被调用一次，其返回值为 0，之后通过调用 longjmp() 触发而从 setjmp() 返回时，返回值不为 0。因而，可根据 setjmp() 的返回值来判断是调用了 setjmp() 还是调用了 longjmp() 而返回的，通常在检测到一个程序错误时，调用 longjmp() 函数。

非本地跳转的一个重要应用是，当检测到某个错误时允许从多层嵌套的函数调用中直接返回到一个错误处理程序执行，而无须逐层返回调用函数。

例 8.11 说明以下程序的执行过程，并说明需要包含的头文件。

```
1   jmp_buf env;
2   int error1=0;
3   int error2=1;
4
5   void err_det1(void) {
6       if (error1) longjmp(env,1);
7       err_det2()
8   }
9   void err_det2(void) {
10      if (error2) longjmp(env,2);
11  }
12  int main(){
13      switch (setjmp(env)) {
14      case 0:
15          err_det1();
16          break;
17      case 1:
18          printf("error1 detected\n");
19          break;
20      case 2:
21          printf("error2 detected\n");
22          break;
23      default:
24          printf("other error detected\n");
25      }
26      return 0;
27  }
```

解：该程序首先调用 setjmp() 函数保存当前调用环境，并返回 0，因此调用函数 err_det1()，在该函数中未检测到错误，因此继续调用函数 err_det2()，在该函数中检测到错误后调用 longjmp(env,2)，使 setjmp(env) 返回 2，从而转到 case 2 分支执行，输出 "error2 detected" 后程序执行结束。程序应包含的头文件有 stdio.h、setjmp.h。

非本地跳转的另一种应用场景是在信号处理程序中使用，通过 sigsetjmp() 和 siglongjmp() 函数实现接收信号的进程和相应信号处理程序之间的跳转。这两个函数的原型如下：

```
int sigsetjmp(sigjmp_buf env,int savesigs);
void siglongjmp(sigjmp_buf env, int retval);
```

两个函数的功能与上述 setjmp() 和 longjmp() 类似，同样，sigsetjmp() 只被调用一次、返回多次，而 siglongjmp() 被调用一次但不返回。调用 sigsetjmp() 后返回值为 0，以后在调用 siglongjmp() 时触发从 sigsetjmp() 返回，返回值为非 0。

例 8.12 说明以下程序的执行结果。

```
1   sigjmp_buf buf;
2   void FLPhandler(int sig) {
3       printf("error type is SIGFPE!\n);
4       siglongjmp(buf,1);
```

```
 5  }
 6  int main(){
 7      int a, t;
 8      signal(SIGFPE, FLPhandler);
 9      if (!sigsetjmp(buf,1)) {
10          printf("starting\n");
11          a=100;
12          t=0;
13          a=a/t;
14      }
15      printf("I am still alive ...\n");
16      exit(0);
17  }
```

解： 上述程序的执行结果如下：

```
starting
error type is SIGFPE!
I am still alive ...
```

上述程序给出了一个自定义信号处理函数 FLPhandler() 和主函数 main。在 main 函数中通过 signal() 将 FLPhandler() 注册为 SIGFPE 信号对应的信号处理函数。在 main 函数中调用 sigsetjmp() 函数，返回值为 0，因而执行 if 分支中的一串语句，当执行到赋值语句 "a=a/t;" 时，发生整数除 0 异常，根据表 8.2 得知，内核中的异常处理程序将发送 SIGFPE 信号给该进程。因为该进程已经通过 signal() 函数注册了 SIGFPE 信号对应的处理函数 FLPhandler()，所以，只要进程接收到 SIGFPE 信号，就会异步跳转到 FLPhandler() 执行。在 FLPhandler() 中，当调用 siglongjmp() 函数后，就触发 sigsetjmp() 函数返回 1，因此会跳过 if 分支的执行。

如果将 main 函数中的语句 "signal(SIGFPE, FLPhandler);" 注释掉，则 SIGFPE 信号的处理程序就是系统默认的，执行结果如下：

```
starting
Floating point exception
```

8.6 本章小结

进程是一个具有一定独立功能的程序关于某个数据集的一次运行活动，每个进程都有其独立的逻辑控制流和私有的虚拟地址空间。每个进程的逻辑控制流是确定的，不管这个逻辑控制流在哪个指令地址处被打断。每个被打断的逻辑控制流处都发生了一个异常控制流，造成这种异常控制流的原因有很多，可能是由于操作系统进行进程的处理器调度引起的，可能是硬件在执行指令时检测到有异常或中断事件引起的，还可能是一个进程利用信号机制向另一个进程发送信号而引起的。异常控制流是并发执行的基本机制。

操作系统通过进程的处理器调度，将当前正在处理器上执行的一个进程换下，把另一个进程换上处理器执行，导致系统在当前进程的执行过程中发生了一个异常控制流，这种异常控制流通过进程的上下文切换来实现。

硬件在执行指令过程中会检测有无异常或中断请求发生。当发现当前执行的是陷阱指令或有异常发生或有外部中断请求时，则当前进程发生异常控制流，转入一个特定的内核程序执行，以针对特定的异常或中断进行处理。

对于不同类型的异常或中断，其处理方式可能不同。对于陷阱指令，相当于提供了一个过程调用，在陷阱指令执行结束后转入一个特定的内核程序执行，执行结束后返回到陷阱指令的后一条指令继续执行；对于无法恢复的故障类异常，如非法操作码、除法错、越界/越权/越级类访存错等，则相应的异常处理程序会向当前进程发送一个特定的信号，当前进程接收到信号后，就调用相应的信号处理程序执行（如果有对应的信号处理程序的话）或调用内核的 abort 例程终止当前进程（如果没有对应的信号处理程序的话）；对于可以恢复的故障类异常，则相应的异常处理程序处理完故障后，会回到当前进程的故障指令继续执行；对于外部中断，则在相应的中断服务程序执行后，回到当前进程的下一条指令继续执行。

习题

1. 给出以下概念的解释说明。

CPU 的控制流	正常控制流	异常控制流	进程	逻辑控制流
物理控制流	并发（concurrency）	并行（parallelism）	多任务	时间片
进程的上下文	系统级上下文	用户级上下文	寄存器上下文	进程控制信息
上下文切换	内核空间	用户空间	内核控制路径	异常处理程序
中断服务程序	故障（fault）	陷阱（trap）	陷阱指令	终止（abort）
中断请求信号	中断响应周期	中断类型号	开中断/关中断	可屏蔽中断
不可屏蔽中断	断点	程序状态字寄存器	程序状态字	向量中断方式
中断向量	异常/中断查询程序	异常/中断处理程序	中断向量表	中断描述符表
系统调用	系统调用号	系统调用处理程序	系统调用服务例程	进程 ID
进程运行	进程挂起	进程终止	僵尸进程	孤儿进程
init 进程	加载程序	前台进程	后台进程	信号处理程序
信号捕获	信号处理	待处理信号	前台作业	后台作业

2. 简单回答下列问题。

（1）引起异常控制流的事件主要有哪几类？

（2）进程和程序之间最大的区别在哪里？

（3）进程的引入为应用程序提供了哪两个方面的假象？这种假象带来了哪些好处？

（4）"一个进程的逻辑控制流总是确定的，不管中间是否被其他进程打断，也不管被打断几次或在哪里被打断，这样，就可以保证一个进程的执行不管怎么被打断其行为总是一致的。"计算机系统主要靠什么机制实现这个能力？

（5）在进行进程上下文切换时，操作系统主要完成哪几项工作？

（6）在 IA-32+Linux 系统平台中，一个进程的虚拟地址空间布局是怎样的？

（7）简述异常和中断事件形成异常控制流的过程。

（8）调试程序时的单步跟踪是通过什么机制实现的？

（9）在异常和中断的响应过程中，CPU（硬件）要保存一些信息，这些信息包含哪些内容？

（10）在执行异常处理程序和中断服务程序过程中，（软件）要保存一些信息，这些信息包含哪些内容？

（11）普通的过程（函数）调用和操作系统提供的系统调用之间有哪些相同之处？有哪些不同之处？

（12）在 IA-32 中，中断向量表和中断描述符表各自记录了什么样的信息？

（13）子进程被新创建时，与父进程有什么不同？可用哪个函数新创建一个子进程？

（14）可用哪几种方式终止一个进程？进程被终止后是否还占用系统资源？

（15）Linux 系统中提供了哪几种发送信号的机制？信号发送后一定被目标进程接收吗？为什么？

（16）非本地跳转机制可以解决哪几种应用问题？

3. 根据表 8.4 给出的 4 个进程运行的开始时刻和结束时刻，指出每个进程对 P_1–P_2、P_1–P_3、P_1–P_4、P_2–P_3、P_3–P_4 中的两个进程是否并发运行？

表 8.4 题 3 表

进程	开始时刻	结束时刻
P_1	1	7
P_2	4	6
P_3	3	8
P_4	2	5

4. 假设在 IA-32+Linux 系统中一个 main 函数的 C 语言源程序 P 如下：

```
1  unsigned short b[2500];
2  unsigned short k;
3  main( ) {
4      b[1000]=1023;
5      b[2500]=2049%k;
6      b[10000]=20000;
7      return 0;
8  }
```

经编译、链接后，第 5 行、第 6 行和第 7 行源代码对应的指令序列如下：

```
1  movw    $0x3ff, 0x80497d0      // b[1000]=1023
2  movw    0x804a388, %cx         // R[cx]=k
3  movw    $0x801, %ax            // R[ax]=2049
4  xorw    %dx, %dx               // R[dx]=0
5  div     %cx                    // R[dx]=2049%k
6  movw    %dx, 0x804a388         // b[2500]=2049%k
7  movw    $0x4e20, 0x804de20     // b[10000]=20000
```

假设系统采用分页虚拟存储管理方式，页大小为 4KB，第 1 行指令对应的虚拟地址为 0x80482c0，在运行 P 对应的进程时，系统中没有其他进程在运行，回答下列问题。

（1）对于上述 7 条指令的执行，是否可能在取指令时发生缺页故障？

（2）执行第 1 行、第 2 行、第 6 行和第 7 行指令时，在访问存储器操作数的过程中是否会发生页故障或其他问题？哪些指令中的问题是可恢复的？哪些指令中的问题是不可恢复的？分别画出第 1 行和第 7 行指令所发生故障的处理过程示意图。

（3）执行第 5 条指令时会发生什么故障？该故障能否恢复？

5. 若用户程序希望将字符串 "hello, world!\n" 中的 14 个字符显示在标准输出设备文件 stdout 上，则可以使用系统调用 write 对应的封装函数 write(1, "hello, world!\n",14)，在 IA-32+Linux 系统中，可以用以下机器级代码（用汇编指令表示）实现。

```
1  movl    $4, %eax          // 调用号为 4，送 EAX
2  movl    $1, %ebx          // 标准输出设备 stdout 的文件描述符为 1，送 EBX
3  movl    $string, %ecx     // 字符串 "hello, world!\n" 的首地址等于 string 的值，送 ECX
4  movl    $14, %edx         // 字符串的长度为 14，送 EDX
5  int     $0x80             // 系统调用
```

针对上述机器级代码，回答下列问题或完成下列任务。

(1) 执行该段代码时，系统处于用户态还是内核态？为什么？执行完第 5 行指令后的下一个时钟周期，系统处于用户态还是内核态？

(2) 第 5 行指令是否属于陷阱指令？执行该指令时，通过 5 种类型门（中断门、系统门、系统中断门、陷阱门和任务门）描述符中的哪种类型门描述符来激活异常处理程序？对应的中断类型号是多少？对应门描述符中的字段 P、DPL、TYPE 的内容分别是什么？根据对应门描述符中的段选择符取出的 GDT 中的段描述符中的基地址、限界、字段 G、S、TYPE（包含 A）、DPL、D 和 P 分别是什么？

(3) 详细描述第 5 行指令的执行过程。

6. IA-32 和 Linux 分别代表了硬件和软件（操作系统内核），根据它们各自在整个异常和中断处理过程中所做的具体工作，归纳总结出硬件和软件在异常和中断处理过程中分别完成哪些工作。

7. 画出以下程序的进程图，给出程序执行结果并说明产生了多少个僵尸进程。如何修改程序使这些僵尸进程得以回收？

```
1   #include <stdio.h>
2   #include <stdlib.h>
3   #include <unistd.h>
4   int x=100 ;
5   int main(int argc, char*argv[]){
6       int i, n;
7       printf("create child processes!\n");
8       if (argc < 2) {
9           printf("too few parameters.\n");
10          exit(0);
11      }
12      n = atoi(argv[1]);
13      for (i = 0; i < n; i++) {
14          if (Fork()==0) {
15              printf("CP%d, x=%d\n", i+1, ++x);
16              break;
17          }
18          sleep(i);
19          printf("PP, order=%d, x=%d\n", i+1, ++x);
20      }
21      return 0;
22  }
```

8. 画出以下程序的进程图，给出正常执行情况下程序的执行结果。

```
1   #include <stdlib.h>
2   #include <stdio.h>
3   #include <unistd.h>
4   #include <sys/types.h>
5   #include <sys/wait.h>
6   int main() {
7       int status, i;
8       pid_t pid;
9
10      for (i=0; i < 1; i++)
11          if (Fork()==0) break;
12      if (i < 1) {
```

```
13          sleep(5);
14          printf("I am CP%d. PID=%d\n", i+1, getpid());
15      }
16      else {
17          if ((pid = wait(&status))== -1) {
18              printf("waitpid error.\n");
19              exit(1);
20          }
21          printf("CP%d reaped. PID=%d\n", i, pid);
22          if (WIFEXITED(status))
23              printf("CP%d exited normally. status=%d\n", i, WEXITSTATUS(status));
24          else printf("CP%d exited abnormally.\n", i);
25          printf("I am PP. PID=%d\n", getpid());
26      }
27      return 100;
28  }
```

9. 说明以下程序正常执行情况下的执行结果，并给出应包含的头文件。

```
1   int main() {
2       int status, i;
3       pid_t pid;
4
5       for (i=0; i < 4; i++)
6           if (Fork()==0) break;
7       if (i < 4) {
8           sleep(i);
9           printf("I am CP%d. PID=%d\n", i+1, getpid());
10      }
11      else {
12          sleep(i);
13          while (pid = wait(&status) != -1) {
14              printf("CP%d reaped. PID=%d\n", i, pid);
15              if (WIFEXITED(status))
16                  printf("CP%d exited normally with status=%d\n",i,WEXITSTATUS(status));
17              else printf("CP%d exited abnormally.\n",i);
18              printf("I am PP. PID=%d\n", getpid());
19          }
20          if (pid == -1) {
21              printf("waitpid finished.\n");
22              exit(1);
23          }
24      }
25      exit(i+10);
26  }
```

10. 画出以下程序的进程图，给出程序的执行结果，并说明应包含的头文件。

```
1 int x=100
2 int main() {
3     pit_t pid;
4
5     if ((pid=Fork())==0) {
6         printf("CPPID=%d, x=%d\n",getpid(),++x);
7         pause();
8         exit(0);
```

```
 9      }
10      kill(pid, SIGINT);
11      exit(0);
12  }
```

11. 说明以下程序的执行过程和执行结果，并给出应包含的头文件。

```
 1 sigjmp_buf buf;
 2
 3 void INThandler(int sig) {
 4     printf("signal type is SIGINT!\n");
 5     siglongjmp(buf,1);
 6 }
 7
 8 int main() {
 9     pid_t pid;
10
11     signal(SIGINT, INThandler);
12     if (!sigsetjmp(buf,1)) {
13         if ((pid=Fork())==0) {
14             printf("CPPID=%d\n", getpid());
15             pause();
16             exit(0);
17         }
18         kill(pid, SIGINT);
19     }
20     printf("INThandler finished.\n");
21     exit(0);
22 }
```

第 9 章 I/O 操作的实现

输入 / 输出（Input/Output，I/O）子系统主要用于控制外设与内存、外设与 CPU 之间的数据交换，是计算机系统中重要的组成部分。无论是应用程序员编写用户程序，还是最终用户通过人机交互方式使用计算机，都涉及 I/O 操作。使用高级语言编写应用程序时，通常利用 I/O 库函数来实现 I/O 功能，而 I/O 库函数通常通过陷阱指令以系统调用的方式将具体的 I/O 操作交由操作系统内核来实现。任何 I/O 操作最终都由操作系统内核控制完成。

本章主要介绍与 I/O 操作相关的软硬件相关内容，包括文件的概念、与 I/O 相关的系统调用封装函数、基本 C 标准 I/O 库函数、I/O 接口的基本功能和结构、I/O 端口编址方式、外设与主机之间的 I/O 控制方式，以及如何利用陷阱指令将用户 I/O 请求转换为操作系统内核控制的 I/O 处理过程。

9.1 I/O 子系统概述

I/O 子系统主要解决各类信息的输入和输出问题，即解决如何将所需的文字、图表、声音、视频等信息通过外设输入计算机，或将计算机处理结果通过相应外设输出。

所有高级语言的**运行时系统**（run-time system）都提供了执行 I/O 功能的高级机制。例如，C 语言中提供了 printf() 和 scanf() 等标准 I/O 库函数，C++ 语言中提供了 <<（输入）和 >>（输出）重载 I/O 操作符。从高级语言程序通过 I/O 函数或 I/O 操作符提出 I/O 请求，到 I/O 设备响应并完成 I/O 请求，整个过程涉及多个层次的 I/O 软件和 I/O 硬件的协调工作。

小贴士

运行时系统也称为**运行时环境**（run-time environment）或简称为**运行时**（run-time)，它实现了一种计算机语言的核心行为。不管是被编译转换的语言、被解释执行的语言，还是嵌入式领域特定的语言，每一种计算机语言都实现了某种形式的运行时系统。一个运行时系统除了要支持语言基本的低级行为之外，还要实现更高层次的行为，如库函数等，甚至提供类型检查、调试以及代码生成与优化等功能。

与计算机系统一样，I/O 子系统也采用层次结构。图 9.1 是 I/O 子系统层次结构示意图。

I/O 子系统包含 I/O 软件和 I/O 硬件两大部分。I/O 软件包括最上层提出 I/O 请求的**用户空间 I/O 软件**（称为**用户 I/O 软件**），以及在底层

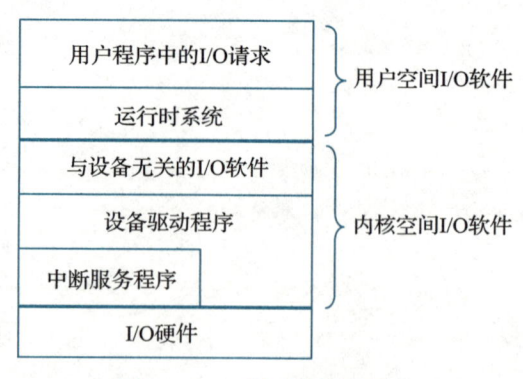

图 9.1 I/O 子系统层次结构

操作系统中对 I/O 进行具体管理和控制的<u>内核空间 I/O 软件</u>（称为<u>系统 I/O 软件</u>）。系统 I/O 软件又分三部分，分别是与设备无关的 I/O 软件、设备驱动程序和中断服务程序。I/O 硬件在系统 I/O 软件的控制下完成具体的 I/O 操作。

操作系统在 I/O 子系统中起着极其重要的作用，这主要是由 I/O 子系统的以下三个特性决定的。

- 共享性。I/O 子系统被多个进程共享，因此必须由操作系统统一调度管理共享的 I/O 资源，以保证用户程序只能访问有权限的 I/O 设备或文件，并使系统的吞吐率达到最佳。
- 复杂性。I/O 设备控制的细节比较复杂，如果由最上层的用户程序直接控制，则会给广大的应用程序开发者带来麻烦，因而需要操作系统提供专门的驱动程序进行控制，为应用程序员屏蔽设备控制的细节，简化应用程序的开发。
- 异步性。I/O 子系统的速度较慢，而且不同设备之间的速度相差较大，因而，通常使用异步的中断 I/O 方式在 I/O 设备与主机之间交换信息。中断导致 CPU 状态从用户态向内核态转移，因此，I/O 处理须在内核态完成，通常由操作系统提供中断服务程序来处理。

图 9.2 展示了 Linux I/O 子系统的大致工作过程。在用户层，用户程序总是通过某种 I/O 函数或 I/O 操作符请求 I/O 操作，但不管使用何种方式，最终都是通过操作系统内核提供的系统调用服务例程来处理 I/O。例如，一个 C 语言用户程序在某过程（函数）中调用了 printf()，便会转到 C 函数库中对应的<u>标准 I/O 库函数</u> printf()，而 printf() 最终又会转到<u>系统级 I/O 函数</u> write()，write() 函数对应的指令序列中有一条陷阱指令，该陷阱指令指示 CPU 从用户态转到内核态执行。

CPU 切换到内核态后，首先执行的是与设备无关的 I/O 软件。操作系统根据执行陷阱指令时某个寄存器中的系统调用号，选择相应的<u>系统调用服务例程</u>执行（如 sys_write）。在系统调用服务例程的执行过程中，需要调用<u>虚拟文件系统</u>提供的文件管理服务（如写操作）。这些文件管理服务首先查看需要访问的文件内容是否在<u>缓存</u>中，若是，则在缓存中完成文件操作，从而提升处理 I/O 的效率，否

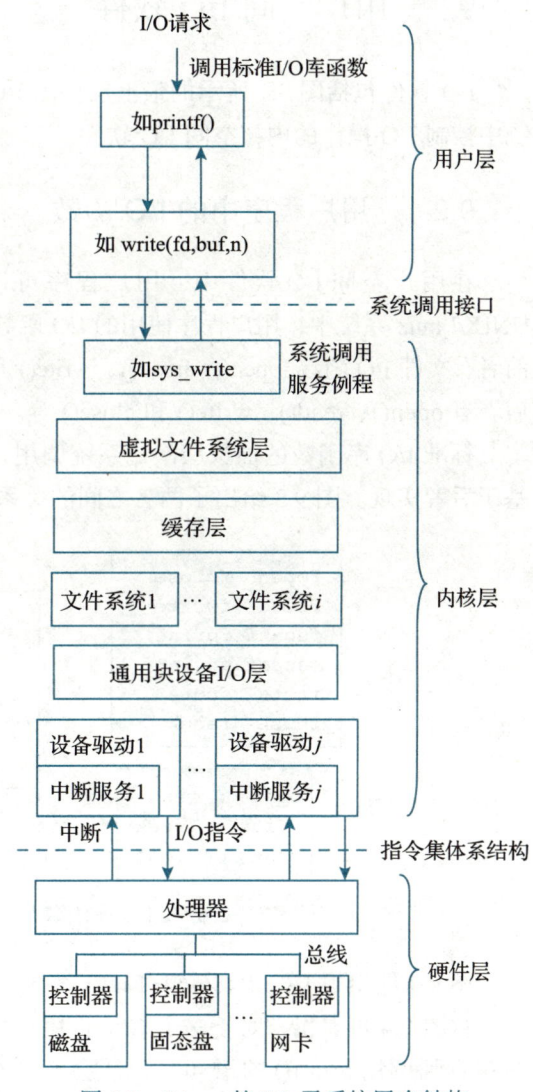

图 9.2 Linux 的 I/O 子系统层次结构

则将调用逻辑文件系统层中具体的文件系统，如 FAT、NTFS、Ext4 等，由具体文件系统根据其组织结构将上述文件管理服务转换为访问设备中存储块的 I/O 请求，并将其提交到通用块设备 I/O 层。通用块设备 I/O 层可对 I/O 请求进行调度，并调用具体的设备驱动程序启动外设工作。

I/O 硬件通常由机械部分和电子部分组成，机械部分是 I/O 设备本身，而电子部分则称为设备控制器或 I/O 适配器，通过总线与 CPU 连接。设备驱动程序通过 I/O 指令访问设备控制器，此时 CPU 会发起相应的总线事务请求，总线将该事务请求传递给相应的设备控制器，后者根据请求含义访问相应的 I/O 寄存器，也称为 I/O 端口（I/O port）。通过执行设备驱动程序，CPU 可以向控制端口发送控制命令来启动外设，可以从状态端口读取外设状态，也可以与数据端口交换数据等。外设完成 I/O 操作后发出中断请求，CPU 响应中断后调出设备驱动程序所注册的中断服务程序，控制主机与设备进行下一次数据交换。

9.2 用户空间 I/O 软件

I/O 软件包括图 9.1 所示的最上层提出 I/O 请求的用户空间 I/O 软件，以及在底层操作系统中控制 I/O 操作的内核空间 I/O 软件。

9.2.1 用户程序中的 I/O 函数

在用户空间 I/O 软件中，用户程序可以通过调用特定的 I/O 函数提出 I/O 请求。在 UNIX/Linux 系统中，用户程序使用的 I/O 函数可以是 C 标准 I/O 库函数或系统调用封装函数，前者有文件 I/O 函数 fopen()、fread()、fwrite() 和 fclose()，或控制台 I/O 函数 printf()、scanf() 等，后者有 open()、read()、write() 和 close() 等。

标准 I/O 库函数的抽象层次比系统调用封装函数更高，后者属于系统级 I/O 函数，前者基于后者实现。图 9.3 给出了两者之间的关系。

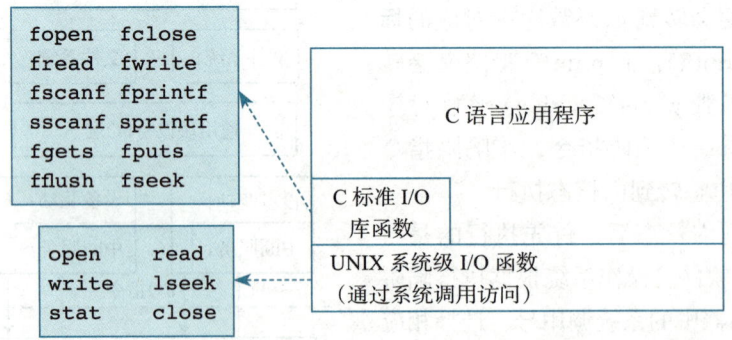

图 9.3　C 标准 I/O 库函数与 UNIX 系统级 I/O 函数之间的关系

图 9.4 给出了 IA-32/x86-64+Linux 系统中 write 操作的执行过程示意图。

从图 9.4 可看出，对于一个 C 语言用户程序，若在某过程（函数）中调用了 printf()，则在执行到调用 printf() 的语句时，便会转到 C 语言库中对应的 I/O 标准库函数 printf() 去执行，而 printf() 最终调用函数 write() 执行；write() 函数对应一个指令序列，其中有一条陷阱指令，通过这条陷阱指令，CPU 从用户态转到内核态执行。在 IA-32/x86-64+Linux 系统中，陷阱指令就是 int $0x80 或 sysenter。执行陷阱指令后，便转到**系统调用处理程序** system_call() 的第一条指令执行。在 system_call() 中，根据 EAX 寄存器中的系统调用号跳转到当前系统调用对应的**系统调用服务例程** sys_write() 去执行。system_call() 执行结束时，从内核态返回到用户态下的陷阱指令后面的一条指令继续执行。

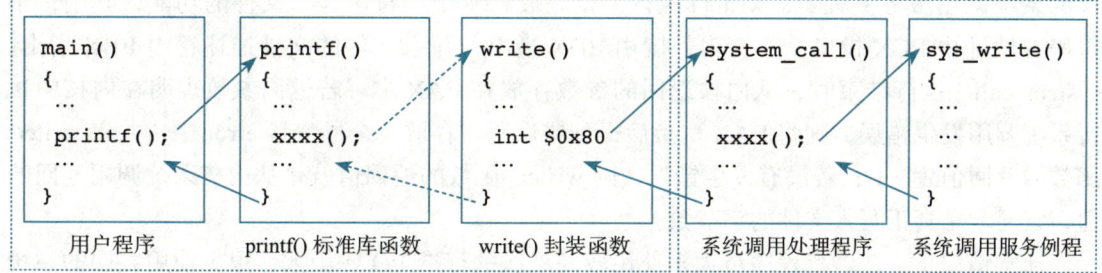

图 9.4　IA-32/x86-64+Linux 系统中 write 操作执行过程

Linux 系统下 write() 函数的用法如下：

ssize_t write(int fd, const void *buf, size_t n);

这里的类型 size_t 和 ssize_t 在 32 位系统中分别是 unsigned int 和 int，而在 64 位系统中则分别是 unsigned long int 和 long int。字节数 n 通常是无符号类型，但是，因为有可能通过返回 −1 指示出错，所以返回类型只能是有符号类型。

每个系统调用封装函数都会对应一组与具体机器架构相关的指令序列，其中至少有一条陷阱指令，在陷阱指令前可能还有若干条传送指令，用于将 I/O 操作的参数送入相应寄存器。例如，在早期 IA-32 架构中，write() 封装函数对应的汇编代码如图 9.5 所示。

```
1    write:
2        pushl    %ebx                    # 将 EBX 入栈
3        movl     $4, %eax                # 将系统调用号送 EAX
4        movl     8(%esp), %ebx           # 将第 1 个参数 fd 送 EBX
5        movl     12(%esp), %ecx          # 将第 2 个参数 buf 送 ECX
6        movl     16(%esp), %edx          # 将第 3 个参数 n 送 EDX
7        int      $0x80                   # 进入系统调用处理程序 system_call 执行
8        cmpl     $-125, %eax             # 检查返回值
9        jbe      .L1                     # 若无错误，则跳转至 .L1
10       negl     %eax                    # 将返回值取负送 EAX
11       movl     %eax, error             # 将 EAX 的值送 error
12       movl     $-1, %eax               # 将 write 函数返回值置 −1
13   .L1: popl    %ebx
14       ret
```

图 9.5　write() 封装函数对应的汇编代码

按照 IA-32 架构下函数调用时压栈的顺序可知，在某函数中调用 write() 函数时，最先被压入栈中的参数是 n，其次是 buf，最后是 fd，参数压栈后执行调用指令 call，此时，再

将返回地址压栈。在执行完 call 指令后，便跳转到图 9.5 所示的 write 过程执行。执行第 2 行的 pushl 指令后，当前栈指针寄存器内容 R[esp] 指向刚保存的 R[ebx]，R[esp]+4 指向返回地址，R[esp]+8 指向参数 fd，R[esp]+12 指向参数 buf，R[esp]+16 指向参数 n。

图 9.5 给出的汇编代码中，第 3～6 行将系统调用参数送入相应寄存器，其中，系统调用号 4 在 EAX 中。第 7 行是陷阱指令 int \$0x80，CPU 执行到该指令时，将从用户态切换到内核态，转到 system_call() 执行。在 system_call() 中，根据系统调用号为 4，再跳转到相应的系统调用服务例程 sys_write() 执行，以完成将一个字符串写入文件的功能，其中，字符串首地址由 ECX 指出，字符串长度由 EDX 指出，写入文件的文件描述符由 EBX 指出。system_call() 执行结束时，从内核返回的参数存放在 EAX 中。若返回参数表明在内核中执行系统调用发生错误，则将 EAX 取负后得到错误码，存放在全局变量 error 中，并将 write() 函数的返回值置 −1；若没有发生错误，则 write() 函数的返回值就是从内核系统调用返回的值，它通常是真正写入文件的字节数。

通常情况下，C 语言程序员大多使用较高层次的标准 I/O 库函数，很少使用底层的系统级 I/O 函数。使用标准 I/O 库函数得到的程序移植性较好，可以在不同体系结构和操作系统平台下运行，而且，因为标准 I/O 库函数中的文件操作使用了文件缓存区，可显著减少系统调用以及 I/O 次数，所以使用标准 I/O 库函数能提高程序执行效率。不过，使用标准 I/O 库函数也存在以下不足：I/O 为同步操作，即程序必须等待 I/O 操作真正完成后才能继续执行；在一些情况下不适合甚至无法使用标准 I/O 库函数实现 I/O 功能，如 C 标准库中不提供读取文件元数据的函数；标准 I/O 库函数还存在一些问题，用它进行网络编程容易造成缓冲区溢出等风险，同时它也不提供对文件进行加锁和解锁等功能。但不管通过何种方式提出 I/O 请求，运行时系统最终都会将 I/O 请求转换为图 9.5 所示的若干条指令。

很多情况下使用标准 I/O 库函数就能解决问题，特别是对于磁盘和终端设备（键盘、显示器等）的 I/O 操作。但必要时也可以基于底层的系统级 I/O 函数自行构造高层次 I/O 函数，以提供适合网络编程的 I/O 读写操作函数。

在 Windows 系统中，用户程序同样可以调用 C 标准 I/O 库函数，此外，还可以调用 Windows 提供的 API 函数，如文件 I/O 函数 CreateFile()、ReadFile()、WriteFile()、CloseHandle()，控制台 I/O 函数 ReadConsole()、WriteConsole() 等。

表 9.1 给出了关于文件 I/O 和控制台 I/O 的部分函数对照列表，其中包含了 C 标准 I/O 库函数、UNIX/Linux 系统级 I/O 函数和用于 I/O 的 Windows API 函数。

表 9.1 关于 I/O 操作的部分函数或宏定义对照表

序号	C 标准 I/O 库函数	UNIX/Linux 系统级 I/O 函数	用于 I/O 的 Windows API 函数	功能描述
1	getc, scanf, gets	read	ReadConsole	从标准输入读取信息
2	fread	read	ReadFile	从文件读入信息
3	putc, printf, puts	write	WriteConsole	在标准输出上写信息
4	fwrite	write	WriteFile	在文件上写入信息
5	fopen	open, creat	CreateFile	打开/创建一个文件
6	fclose	close	CloseHandle	关闭一个文件（CloseHandle 不限于文件）
7	fseek	lseek	SetFilePointer	设置文件读写位置

(续)

序号	C 标准 I/O 库函数	UNIX/Linux 系统级 I/O 函数	用于 I/O 的 Windows API 函数	功能描述
8	rewind	lseek(0)	SetFilePointer(0)	将文件指针设置成指向文件开头
9	remove	unlink	DeleteFile	删除文件
10	feof	无对应	无对应	停留到文件末尾
11	perror	strerror	FormatMessage	输出错误信息
12	无对应	stat、fstat、lstat	GetFileTime	获取文件的时间属性
13	无对应	stat、fstat、lstat	GetFileSize	获取文件的长度属性
14	无对应	fcnt	LockFile / UnlockFile	文件的加锁、解锁
15	使用 stdin、stdout 和 stderr	使用文件描述符 0、1 和 2	GetStdHandle	标准输入、标准输出和标准错误设备

从表 9.1 可以看出，C 标准库中提供的函数并没有涵盖所有底层操作系统提供的功能，如表中第 12 ～ 14 项；不同的 C 标准库函数可能调用相同的系统调用，如表中第 1 和第 2 项中，不同的 C 库函数都由系统调用封装函数 read() 实现，同样，表中第 3 和第 4 项中不同的 C 库函数都由 write() 函数实现；此外，C 标准 I/O 库函数、UNIX/Linux 系统级 I/O 函数和用于 I/O 的 Windows API 函数所提供的 I/O 操作功能并非一一对应。虽然对于基本的 I/O 操作，其功能大致相同，不过，在使用时仍需注意其不同之处。例如，它们对文件的标识方式不同：函数 read() 和 write() 中的文件参数用整数类型的文件描述符标识，而 C 标准库函数 fread() 和 fwrite() 中则用一个指向特定结构的指针类型标识，这个特定结构就是 **FILE 结构**。

图 9.6 给出了文件复制功能的一种简单实现方式，它使用 C 标准库函数 fread() 和 fwrite() 实现。

```
void filecopy(FILE *infp, FILE *outfp) {
    ssize_t len;
    while ((len=fread(buf,1,BUFSIZ,infp)) > 0) {
        fwrite(buf,1,len,outfp);
    }
}
```

图 9.6　使用 C 标准库函数的示例程序

还可用函数 fgetc() 和 fputc() 实现上述功能：

```
while (!feof (srcfile)) fputc(fgetc(srcfile), dstfile);
```

在 Windows 系统中，除了使用 C 标准库函数实现以外，还可使用 API 函数 ReadFile() 和 WriteFile() 来实现文件复制功能。此外，操作系统还可能会提供一些更抽象的 API 函数，它们由若干基本 API 函数组合实现，用于完成特定功能。例如，Windows 系统提供函数 CopyFile()，它通过调用基本 API 函数 CreateFile()、ReadFile()、WriteFile() 和 CloseHandle() 实现，用户程序可以直接使用 CopyFile() 函数实现文件复制功能。

9.2.2　文件的基本概念

Linux 操作系统是一个类 UNIX 系统，其文件格式和文件操作相关的系统调用等与 UNIX

类似。在 UNIX 系统中，所有 I/O 操作都通过读写文件实现，所有外设，包括网络套接字（socket）、终端设备（键盘和显示器）等，都被看成文件。把不同的物理设备抽象成逻辑上统一的"文件"后，对于用户程序来说，访问一个物理设备与访问一个真正的硬盘文件完全一致，从而为用户程序和外设之间的信息交换提供了统一的处理接口。

在 UNIX 系统中，文件就是一个字节序列，因此，可将键盘看成可读取字节序列的输入设备文件，将显示器看成可写入字节序列的输出设备文件，而将网络套接字看成可读取字节序列和写入字节序列的输入/输出设备文件。通常将键盘和显示器构成的设备称为终端（terminal），对应标准输入文件和标准输出文件。磁盘、光盘等外存中的文件则是常规的普通文件（或称常规文件）。

根据文件中的每个字节是否为可读的 ASCII 码，可将文件分成 ASCII 文件和二进制文件两类。ASCII 文件也称为文本文件，由多个正文行组成，每行以换行符（'\n'）结束，其中每个字节是一个字符。通常，终端设备上的标准输入文件和标准输出文件是 ASCII 文件；硬盘上的普通文件则可能是文本文件或二进制文件，例如，可重定位文件和可执行文件都是二进制文件，而源程序文件则是 ASCII 文件。

用户程序可以对系统中的文件进行创建、打开、读写和关闭等操作。

1. 创建文件

通常用户程序在访问一个文件前，必须告知系统将要对该文件进行何种操作，是读、写、添加还是可读可写，该告知操作通过打开或创建一个文件来实现。

可以直接打开一个已存在的文件，若文件不存在，则应先创建文件。创建一个新文件时，用户应指定其文件名和访问权限，系统将返回一个非负整数，称为文件描述符（file descriptor，fd）。文件描述符是进程中被打开文件的唯一标识，可用于后续的读写等操作。

2. 打开文件

打开文件时，系统会检测文件是否存在、用户是否有访问权限等。若成功，则系统会返回一个非负整数作为文件描述符。

每次创建进程时都会预先打开三个标准文件：标准输入（描述符为 0）、标准输出（描述符为 1）和标准错误（描述符为 2）。键盘和显示器可以分别抽象成标准输入文件和标准输出文件。

3. 设置文件读写位置

每个文件都有一个当前读写位置，表示相对于文件最开始处的字节偏移量，初始时为 0。用户程序中可通过系统调用封装函数 lseek() 设置文件读写位置。

4. 读文件和写文件

用户程序可以向被创建的新文件中写入信息，也可以从一个已存在且打开后的文件中读信息或向该文件写信息。写文件操作将从当前读写位置 k（$k \geq 0$）处写入 n（$n>0$）个字节，因而写入后文件当前读写位置为 $k+n$。

读文件操作将从文件当前读写位置 k（$k \geq 0$）处读出 n（$n>0$）个字节，因而读出后文件当前读写位置为 k+n。假设文件大小为 m 字节，若执行读文件操作时 k=m，则当前位置为结尾处，这种情况称为文件结束（End Of File，EOF）。

5. 关闭文件

完成文件读写等操作后，用户程序需要通知系统关闭文件，表示用户程序不再对该文件进行任何操作。关闭文件时，系统将释放文件创建或打开的数据结构所在存储区，并回收文件描述符。无论一个进程为何终止，系统都会关闭其打开的所有文件，以释放相应的存储资源。

9.2.3 系统级 I/O 函数

前面提到，与 I/O 操作相关的系统调用封装函数属于系统级 I/O 函数。在 UNIX/Linux 系统中，这类常用的函数有 creat()、open()、read()、write()、lseek()、stat()/fstat()、close() 等，其调用形式及功能说明如下。使用以下函数时必须包含相应的头文件（如 unistd.h 等）。

1. creat() 函数

用法：`int creat(char *name, mode_t perms);`

第一个参数 name 为需要创建的文件路径；第二个参数 perms 用于指定所创建文件的访问权限，共有 9 位，分别指定文件拥有者、拥有者所在组成员以及其他用户所拥有的读、写和执行权限。通常用一位八进制数同时表示读、写和执行权限，例如，perms=0755 表示拥有者具有读、写和执行权限（八进制的 7，即 111B），而拥有者所在组成员和其他用户都只有读和执行权限，没有写权限（八进制的 5，即 101B）。若创建成功，则该函数返回一个文件描述符，若出错，则返回 −1。若文件已存在，则把文件长度截断为 0，即将原文件的内容全部丢弃，因此，创建一个已存在的文件不会发生错误。

2. open() 函数

用法：`int open(char *name, int flags, mode_t perms);`

除了默认的标准输入、标准输出和标准错误三个文件是自动打开以外，其他文件必须用相应的函数显式创建或打开后才能读写，例如，可以用 open() 函数显式打开文件。

open() 函数成功时返回一个文件描述符，若出错，则返回 −1。第一个参数 name 为需要打开的文件的路径名；第二个参数 flags 指出用户程序将会如何访问这个打开的文件，例如：

- O_RDONLY：只读。
- O_WRONLY：只写。
- O_RDWR：可读可写。
- O_WRONLY | O_APPEND：可在文件末尾添加并且只写。
- O_RDWR | O_CREAT：若文件不存在，则创建一个空文件并且可读可写。
- O_WRONLY | O_CREAT | O_TRUNC：若文件不存在，则创建一个空文件；若文件存在，则截断为空文件，并且只写。

上述带 O_ 的常数在某个头文件中定义，例如，在 System V UNIX 系统的头文件 fcntl.h

或 BSD 版本的头文件 sys/file.h 中都定义了这些常数。

假定用户程序将以只读方式访问文件 test.txt，则可以用以下语句打开文件：

```
fd=open("test.txt", O_RDONLY, 0);
```

第三个参数 perms 用于指定所创建文件的访问权限，通常在 open() 函数中该参数总是 0，除非以创建方式打开，此时，参数 flags 中应带有 O_CREAT 标志。不以创建方式打开一个文件时，若文件不存在，则发生错误。对于不存在的文件，可用 creat() 函数打开。

3. read() 函数

用法：`ssize_t read(int fd, void *buf, size_t n);`

该函数的功能是从文件 fd 的当前读写位置 k 开始读取 n 个字节到 buf 中，读取成功后文件当前读写位置为 $k+n$。假定文件长度为 m，当 $k+n>m$ 时，则真正读取的字节数为 $m-k<n$，并且读取后文件当前读写位置为文件尾。函数返回值为实际读取字节数，因而，当 $m=k$（EOF）时，返回值为 0，出错时返回值为 −1。

4. write() 函数

用法：`ssize_t write(int fd, const void *buf, size_t n);`

该函数的功能是将 buf 中的 n 个字节写到文件 fd 的当前读写位置 k 处。返回值为实际写入字节数 m，写入成功后文件当前读写位置为 $k+m$。对于普通的硬盘文件，实际写入字节数 m 等于指定写入字节数 n。出错时返回值为 −1。

对于 read() 和 write() 函数，可以一次读或写任意字节，如 1 字节、一个物理块大小、一个磁盘扇区（512 字节）或一个记录等。显然，按照一个物理块大小来读写可以减少系统调用的次数。

有时真正读写的字节数比用户程序指定的字节数要少，此时并非出错。通常，在读写磁盘文件时，除非遇到 EOF，否则不会出现上述情况。但是，在读写终端设备文件、网络套接字文件、UNIX 管道、Web 服务器等特殊文件时，都可能出现上述情况。

5. lseek() 函数

用法：`long lseek(int fd, off_t offset, int whence);`

若当前读写位置并非用户预期的位置，则需要用 lseek() 函数来调整文件的当前读写位置。第一个参数 fd 指出需调整位置的文件；第二个参数 offset 指出目标位置的相对偏移量；第三个参数 whence 指出 offset 相对的基准，分别是文件开头（SEEK_SET）、当前位置（SEEK_CUR）和文件末尾（SEEK_END），例如：

```
lseek(fd, 0L, SEEK_END);    // 定位到文件末尾
lseek(fd, 0L, SEEK_SET);    // 定位到文件开始
```

若成功，函数返回新位置相对文件开头的偏移量，若发生错误，则返回 −1。

6. stat()/fstat() 函数

用法：`int stat(const *name, struct stat *buf);`

```
int fstat(int fd, struct stat *buf);
```

文件名、文件大小、创建时间等文件属性信息均由操作系统内核维护，这些信息也称为**文件元数据**（file metadata）。用户程序可以通过 stat() 或 fstat() 函数查看文件元数据。stat() 第一个参数是文件路径，而 fstat() 是文件描述符，这两个函数除了第一个参数类型不同外，其他方面全部一样。文件的元数据信息通过如下 stat 数据结构描述：

```
struct stat {
    dev_t          st_dev;        /* 包含该文件的设备 ID*/
    ino_t          st_ino;        /* 节点编号，在给定文件系统中能唯一标识该文件 */
    mode_t         st_mode;       /* 文件访问权限和文件类型 */
    nlink_t        st_nlink;      /* 硬链接的数目 */
    uid_t          st_uid;        /* 文件拥有者的 ID*/
    gid_t          st_gid;        /* 文件拥有者所在组的组 ID*/
    dev_t          st_rdev;       /* 设备 ID，仅对于特殊的设备文件有效 */
    off_t          st_size;       /* 文件大小，仅对于普通文件有效 */
    unsigned long  st_blksize;    /* 块大小 */
    unsigned long  st_blocks;     /* 分配的块数 */
    time_t         st_atime;      /* 最近一次访问的时间 */
    time_t         st_mtime;      /* 最近一次修改的时间 */
    time_t         st_ctime;      /* 最近一次修改元数据的时间 */
};
```

7. close() 函数

用法：close(int fd);

该函数用于关闭文件 fd。

例 9.1 利用系统级 I/O 函数和 mmap() 函数实现将一个指定文件中的内容在标准输出（fd=1）上输出的功能，要求写出实现该功能的 C 语言程序，命令行中的第一个参数为指定文件名。

解：可先用 open() 函数打开指定文件，然后通过 fstat() 函数得到文件大小，再通过 mmap() 函数为指定文件创建对应的虚拟存储区域映射，最后通过 write() 函数将创建的映射区内容写到标准输出（fd=1）文件中。主要过程对应的 C 语言程序如下。

```c
void mmapcopy(int fd,int size) {
    char *bufp=mmap(NULL,size,PROT_READ,MAP_PRIVATE,fd,0);
    write(1,bufp,size);
    munmap(bufp,size);
}
int main(int argc,char **argv){
    struct stat mstat;
    int fd;
    fd = open(argv[1],O_RDONLY,0);
    fstat(fd,&mstat);
    mmapcopy(fd,mstat.st_size);
    close(fd);
    exit(0);
}
```

实际程序中还应包括对命令行参数指定错误和系统调用函数返回错误等情况的处理，此外，程序应包含以下头文件：sys/types.h、sys/stat.h、unistd.h、sys/mman.h 和 fcntl.h。

9.2.4 C 标准 I/O 库函数

9.2.1 节中提到，标准 I/O 库函数是基于系统级 I/O 函数实现的。本节通过若干例子介绍如何基于系统级 I/O 函数实现 C 标准 I/O 库函数。

C 标准 I/O 库函数将一个打开的文件抽象为一个类型为 FILE 的 "流" 模型。FILE 结构在头文件 stdio.h 中定义，它描述了包含文件描述符在内的一组信息。此外，stdio.h 文件中还定义了其他与标准 I/O 有关的常量、数据结构、函数和宏等。

以下是从一个典型的 stdio.h 文件中摘录的部分内容 [摘自 Brian W. Kernighan 和 Dennis M. Ritchie 编著的 *The C Programming Language*（*Second Edition*）[○]，并稍有改动]。

```
#define  NULL         0
#define  EOF          (-1)
#define  BUFSIZ       1024       /* 缓冲区大小为 1024 字节 */
#define  OPEN_MAX     20         /* 同时最多可打开的文件数 */

typedef struct _iobuf {
    int   cnt;                   /* 剩余未读写字节数 */
    char  *ptr;                  /* 当前读写指针 */
    char  *base;                 /* 缓冲区的起始地址 */
    int   flag;                  /* 文件的访问模式 */
    int   fd;                    /* 文件描述符 */
} FILE;
extern FILE _iob[OPEN_MAX];

#define   stdin   (&_iob[0])
#define   stdout  (&_iob[1])
#define   stderr  (&_iob[2])

enum _flags {
    _READ  = 01,                 /* 打开的文件可读 */
    _WRITE = 02,                 /* 打开的文件可写 */
    _UNBUF = 04,                 /* 缓冲区属性为非缓冲 */
    _EOF   = 010,                /* 文件遇到结束标志 EOF */
    _ERR   = 020,                /* 文件读写发生了错误 */
    _LNBUF = 040,                /* 缓冲区属性为行缓冲 */
};

int _fillbuf(FILE *);
int _flushbuf(int,FILE *);

#define feof(p)    (((p)->flag & _EOF) != 0)
#define ferror(p)  (((p)->flag & _ERR) != 0)
#define fileno(p)  ((p)->fd)

#define getc(p)    (--(p)->cnt >= 0 ? (unsigned char)*(p)->ptr++ : _fillbuf(p))
#define putc(x,p)  (--(p)->cnt >= 0 ? *(p)->ptr++=(x) : _flushbuf((x),p))

#define getchar()  getc(stdin)
#define putchar(x) putc((x), stdout)
```

[○] 该书的中文翻译版《C 程序设计语言（第 2 版·新版）典藏版》（ISBN: 7-111-61794-5）已由机械工业出版社出版。——编辑注

文件 fd 的**流缓冲区**状态由缓冲区起始地址 base、当前读写指针 ptr 以及剩余未读写字节数 cnt 来描述。标准 I/O 库函数通常用一个指向 FILE 结构的指针 fp 表示文件类型的参数。

读文件时，FILE 结构在内存中维护一个**输入流缓冲区**。图 9.7 给出了输入流缓冲区的工作原理。虽然 fread() 函数的功能是从文件中读信息，但实际上是从缓冲区的 ptr 处开始读信息，而缓冲区中的信息则是预先从文件 fd 中读入的。每次执行读操作时，会先判断当前缓冲区中是否还有可读信息。若没有（即 cnt=0），则从文件 fd 中读入 1024 字节（缓冲区大小 BUFSIZ=1024）到缓冲区，并将 ptr 设为 base，将 cnt 设为 1024。若 fread() 函数从缓冲区读 n 字节，则 ptr 前进 n 字节，cnt 减 n。

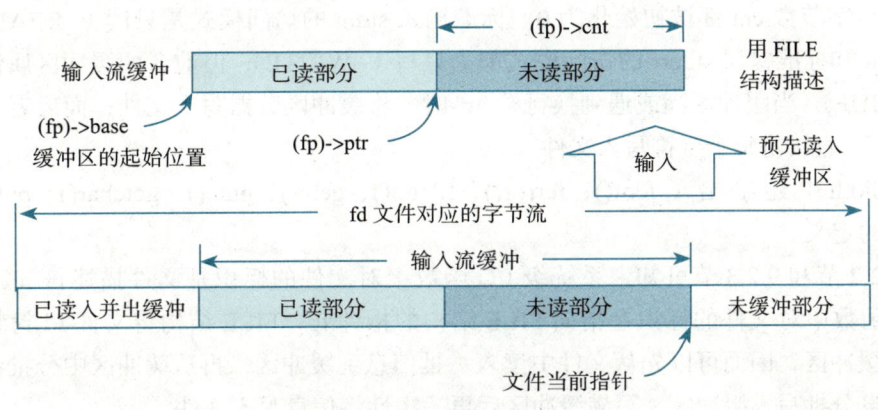

图 9.7　输入流缓冲区的工作原理

写文件时，FILE 结构在内存中维护一个**输出流缓冲区**。图 9.8 给出了输出流缓冲区的工作原理。虽然 fwrite() 函数的功能是向文件中写信息，但实际上是写到输出缓冲区的 ptr 处。输出缓冲区的属性有三种：**全缓冲**（fully buffered）、**行缓冲**（line buffered）、**非缓冲**（no buffering）。

普通文件的缓冲区属性默认为全缓冲，只有当缓冲区满时才会将缓冲区的内容真正写入文件 fd 中。每次执行写操作时，会先判断当前缓冲区是否已写满（即 cnt=0）。若是，则将缓冲区信息一次性写入文件 fd，并将 ptr 设为 base，将 cnt 设为 1024。对于行缓冲，若本次写入的字节流中含有换行符 '\n'，则需将缓冲区的内容写入文件 fd 中。若 fwrite() 函数向缓冲区写入 n 字节，则 ptr 前进 n 字节，cnt 减 n。

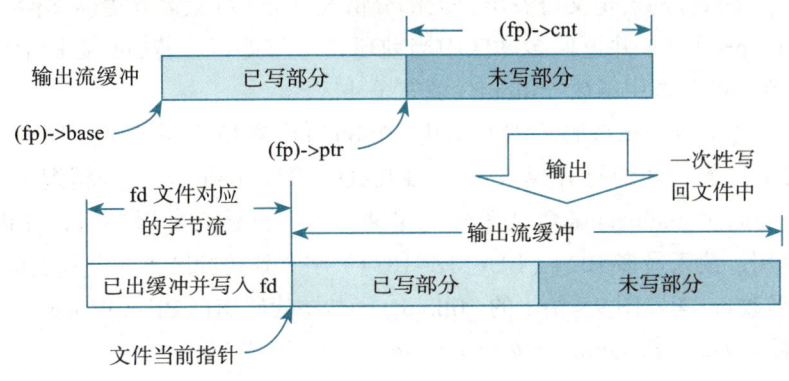

图 9.8　输出流缓冲区的工作原理

上述 stdio.h 文件定义了三个特殊的标准文件，分别是 标准输入（stdin）、标准输出（stdout）和 标准错误（stderr），它们分别被定义为进程描述符表中的前三个文件，对应的文件描述符分别是 0、1 和 2，同时也对应结构数组 _iob 中的前三项，其初始化定义如下：

```
FILE _iob[OPEN_MAX] = { /* stdin, stdout, stderr: */
    { 0, ( char * ) 0, ( char * ) 0, _READ, 0 },
    { 0, ( char * ) 0, ( char * ) 0, _WRITE | _LNBUF, 1 },
    { 0, ( char * ) 0, ( char * ) 0, _WRITE | _UNBUF, 2 },
};
```

三个标准文件的流缓冲区初始化信息相同，其起始地址 base、当前读写指针 ptr 以及剩余未读写字节数 cnt 都被初始化为 0。标准输入 stdin 的访问模式是只读（_READ），标准输出 stdout 和标准错误 stderr 的访问模式都为只写（_WRITE），但前者的缓冲区属性为行缓冲（_LNBUF），当缓冲区满或遇到换行符 '\n' 时，将缓冲区数据写入文件；而后者为非缓冲（_UNBUF），直接将每个字符写入文件。

在 stdio.h 中还给出了 feof()、ferror()、fileno()、getc()、putc()、getchar()、putchar() 等函数或宏的定义。

从 9.2.2 节和 9.2.3 节可知，系统级 I/O 函数中对文件的标识是文件描述符 fd，而 C 标准 I/O 库函数中对文件的标识是指向 FILE 结构的指针 fp，FILE 结构将文件 fd 封装成一个文件的流缓冲区，因而可以先从文件中读入一批信息到缓冲区，再从缓冲区中分批读出，或者先将信息分批写入缓冲区，写满缓冲区后再一次性将信息写入文件。

系统级 I/O 函数的功能通过执行内核中的系统调用服务例程实现，在用户程序中每调用一次系统级 I/O 函数，就进行一次系统调用。通常系统调用的响应过程和返回过程均需要进行较多操作。首先，在硬件上，CPU 需要冲刷流水线，切换特权级；在软件上，异常处理过程需要保存 / 恢复寄存器现场。其次，操作系统需要根据系统调用号进行一系列处理，此过程不仅要执行较多指令，还会因此冲刷 CPU 缓存和分支预测器等部件中用户程序的内容，使得从系统调用返回时，上述部件对用户程序来说几乎处于冷启动状态。由此可见，每次系统调用会增加许多额外开销，故应尽量减少系统调用次数以提升程序性能。

在 C 标准 I/O 库函数中引入流缓冲区的目的是减少系统调用次数。借助流缓冲区，用户程序仅需要和缓冲区交换信息，而无须每次都直接读写文件，从而减少了系统调用次数。

从 stdio.h 中 getc() 的宏定义可看出，大部分情况下 getc() 只需要更新文件的流缓冲区指针（如 cnt 减 1、ptr 加 1）并返回缓冲区中当前所指字符即可。若 cnt 减 1 后为负数，则说明流缓冲区已空，此时调用函数 _fillbuf() 填充缓冲区。

通常在第一次调用 getc() 时，需要调用 _fillbuf() 函数填充缓冲区。如图 9.9 所示，在 _fillbuf() 函数中，若文件的打开模式不是 _READ（对应 mode 为 'r' 的情况），就立即返回 EOF，否则它会通过 malloc() 函数试图分配缓冲区。一旦建立好缓冲区，_fillbuf() 就会执行 read 系统调用，读入最多 1024（BUFSIZ=1024）字节到缓冲区，并设置当前读写指针 ptr 和剩余读写字节数 cnt 等。图 9.9 给出的 _fillbuf() 函数源代码摘自 Brian W. Kernighan 和 Dennis M. Ritchie 编著的 *The C Programming Language*（*Second Edition*）。

假定有一个调用 getc() 共 *n* 次的应用程序，第一次调用 getc() 时，实际上先通过系统调用封装函数 read() 一次性读入 1024 字节到流缓冲区，以后每次调用只需从该流缓冲区读取并返回字符即可。这样，若 $n<1024$，则只需执行 1 次 read 系统调用。若应用程序直接调用 read() 且每次只读一个字符，那么，应用程序就要执行 n 次 read 系统调用，增加许多额外开销。

```
#include "syscalls.h"

/* _fillbuf: allocate and fill input buffer */
int _fillbuf(FILE *fp) {
    int bufsize;
    if ((fp ->flag & ( _READ | _EOF | _ERR)) != _READ)
        return EOF;
    bufsize = (fp ->flag & _UNBUF) ? 1 : BUFSIZ;
    if ((fp -> base == NULL) /* no buffer yet */
        if (( fp -> base = (char *) malloc(bufsize))== NULL)
            return EOF; /* can't get buffer */
    fp -> ptr = fp -> base;
    fp -> cnt = read (fp->fd, fp->ptr, bufsize);
    if (--fp->cnt < 0) {
        if (fp->cnt == -1) fp->flag | = _EOF;
        else fp->flag | = _ERR;
        fp -> cnt =0;
        return EOF;
    }
    return (unsigned char ) *fp->ptr++;
}
```

图 9.9　分配并填充缓冲区函数 _fillbuf() 的实现

例 9.2　已知函数 filecopy() 的功能是从输入文件复制信息到输出文件，比较以下两种实现方式的系统调用次数。

```
/* 方式一：getc/putc 版本 */
void filecopy(FILE *infp, FILE *outfp) {
    int c;
    while ((c=getc(infp)) != EOF)
        putc(c,outfp);
}
/* 方式二：read/write 版本 */
void filecopy(int *infd, int *outfd) {
    char c;
    while (read(infd,&c,1) != 0)
        write(outfd,&c,1);
}
```

解：显然，方式二的系统调用次数更多，因为每次调用 read() 和 write() 都只读写一个字符，因此，当文件长度为 n 字节时，共需执行 $2n$ 次系统调用。方式一用 getc 读取输入文件中的字符，第一次读取文件时会通过 read 系统调用将最多 1024 个字符一次读入流缓冲区，这样，以后每次读取字符时可直接从流缓冲区读入，而无须调用 read() 函数，因而，若输入文件长度小于 1024 字节，则 read 和 write 系统调用都仅需 1 次。

从函数 _fillbuf() 的实现可看出 C 标准 I/O 库函数和宏是基于底层系统调用封装函数实现的。下面以标准库函数 fopen() 为例说明如何基于底层系统级 I/O 函数实现 C 标准 I/O 库函数。

fopen() 的用法如下：

```
#include <stdio.h>
FILE * fopen(char *name, char *mode);
```

fopen() 函数的功能是打开路径为 name 的文件，具体地，函数将分配一个 FILE 结构，并初始化其中的流缓冲区，返回指向该 FILE 结构的指针。若打开失败，则返回 NULL。

参数 mode 指出用户程序将如何访问文件，可以是"rwab+"中的一个或多个字符构成的字符串，如 "r" "w" "a" "a+b" 等。各字符的含义如下。

- a（append）表示追加写，当前写入位置被初始化为文件尾部。
- r（read）表示只读，文件必须存在，且当前读出位置被初始化为文件头部。
- w（write）表示只写，若文件不存在，则自动创建该文件，否则将该文件截断到 0 字节。当前写入位置被初始化为文件头部。
- +（updata）表示允许读写该文件。如果与 r 或 w 一起使用，则当前读写位置被初始化为文件头部。如果和 a 一起使用，则当前写入位置被初始化为文件尾部；但 C 语言标准和 POSIX 标准均未定义当前读出位置的初始值，对此，不同系统的具体实现可能不同，如 glibc 将该初始值设为文件头部，BSD 则设为文件尾部。
- b（binary）表示文件按二进制形式打开，否则按文本形式打开。但由于包含 Linux 在内的 POSIX 兼容系统不区分文本文件和二进制文件，因此该字符只用于与 C89 语言标准保持兼容，没有实际作用。

假定系统级 I/O 函数定义包含在头文件 syscalls.h 中，C 标准库函数 fopen() 的一个简单示例如图 9.10 所示（摘自 Brian W. Kernighan 和 Dennis M. Ritchie 编著的 *The C Programming Language*（*Second Edition*））。

```
#include <fcntl.h>
#include "syscalls.h"
#define PERMS 0666 /* RW for owner, group, others */

/* fopen: open files, return file ptr */
FILE *fopen(char *name, char *mode) {
    int fd;
    FILE *fp;
    if (*mode !='r' && *mode !='w' && *mode !='a')
        return NULL;
    for (fp = _iob; fp < _iob + OPEN_MAX; fp++)
        if ((fp->flag & ( _READ | _WRITE )) == 0)
            break;         /* found free slot */
    if (fp >= _iob + OPEN_MAX ) /* no free slots */
        return NULL;
    if (*mode =='w') fd = creat(name, PERMS);
```

图 9.10 标准 I/O 库函数 fopen() 的一种实现版本

```c
        else if (*mode =='a') {
                if ((fd = open(name, O_WRONLY, 0)) == -1)
                    fd = creat(name, PERMS);
                lseek(fd, 0L, 2);
        } else fd = open(name, O_RDONLY, 0);
    if (fd == -1) return NULL;   /* 文件名 name 不存在 */
    fp->fd = fd;
    fp->cnt = 0;
    fp->base = NULL;
    fp->flag = (*mode =='r') ? _READ : _WRITE;
    return fp;
}
```

图 9.10　标准 I/O 库函数 fopen() 的一种实现版本（续）

图 9.10 给出的示例未对所有访问模式进行处理，缺少了 b 和 + 的情况。其中，首先检查参数 mode 是否合法，若不合法，则返回 NULL，表示打开文件失败。其次从 _iob 数组中寻找一个空闲的 FILE 项，若 _iob 数组已满，则表示该用户程序打开的文件数量已达到最大值，此时返回 NULL，表示打开文件失败。再次根据参数 mode 尝试通过不同的方式打开文件：若为 w，则用 creat() 函数打开或创建文件，此时若文件已存在，则将其截断到 0 字节。若为 a，则先尝试通过 open() 函数打开文件，打开失败时再尝试通过 creat() 函数创建文件，在该情况下，若文件已存在，open() 函数将打开成功，从而避免被 creat() 函数截断文件，再通过 lseek() 函数将当前写入位置设为文件末尾，以实现追加写的功能；若为 r，则只尝试通过 open() 函数打开文件。若上述函数出错，则返回 NULL，表示打开文件失败。最后在空闲 FILE 结构中填写文件信息，并将该 FILE 结构的指针作为 fopen() 的返回值返回。

9.3　内核空间 I/O 软件

所有用户程序中提出的 I/O 请求，最终都通过系统调用封装函数中的陷阱指令转入内核空间的 I/O 软件执行。内核空间的 I/O 软件由三部分组成，分别是设备无关的 I/O 软件层、设备驱动程序和中断服务程序，后两部分与 I/O 硬件密切相关。

9.3.1　设备无关的 I/O 软件层

一旦通过陷阱指令调出系统调用处理程序（如 Linux 中的 system_call）执行，就开始执行内核空间的 I/O 软件。首先执行的是与具体设备无关的 I/O 软件，主要包括文件系统、缓存层以及通用块设备 I/O 层等，它们用于完成所有设备公共的 I/O 功能，并向用户层软件提供统一接口。

1. 文件系统概述

用户空间**应用程序**中任何文件操作或设备 I/O 请求都通过调用 I/O 库函数及其系统级 I/O 函数，并进入操作系统内核中的系统调用服务例程（如 sys_write）进行处理。系统级 I/O 函数中的 creat() 和 open() 函数将文件名和文件描述符 fd 建立关联，随后 read()、write() 和 lseek() 等函数可通过 fd 找到对应的文件进行具体操作，同时，也可通过文件名或 fd 查看文件元数据信息。那么，操作系统内核如何实现这些系统调用的功能呢？这就是**文件系统**所要完成的任务。

一方面，文件系统要为上层的用户和应用程序提供文件抽象以及文件的创建、打开、读写和关闭等所有操作接口；另一方面，文件系统需要将抽象的文件标识（文件名和文件描述符）与具体的硬件设备建立关联，并通过相应的设备驱动程序实现系统调用接口规定的操作。要实现这些功能，文件系统必须提供一套用于存储和管理文件数据及其元数据的机制。

对于普通文件，其数据及元数据信息通常存储在存储设备中，文件系统以特定的存储结构管理存储设备中的所有信息。对于 FAT、NTFS、Ext4 等文件系统，其存储结构各不相同。为了在一个计算机系统中同时支持不同的文件系统，Linux 在**逻辑文件系统层**上面增加了一层**虚拟文件系统**（Virtual File System，**VFS）层**，提供基于**索引节点**（index node，简称 **inode**）的一系列内存数据结构，实现对下面的逻辑文件系统层的抽象和封装，并为上层应用程序提供统一的文件操作接口。Linux 的 VFS 提供了超级块、目录项、inode 等内存数据结构。

VFS 超级块中保存了文件系统的通用元数据信息，如文件系统的类型、版本等。每个文件系统都有对应的一个 VFS 超级块，VFS 借助超级块中记录的信息管理多个文件系统。

VFS 的**目录项**中保存了文件名和对应 inode 号等信息。目录本身是一种文件，称为**目录文件**，因而有其对应的 inode 和数据信息，后者由若干目录项组成，每个目录项对应目录中的一个文件。当应用程序打开一个文件时，VFS 通过目录文件对文件名进行**路径解析**，找到相应的目录项，从而获得对应的 inode 号。当应用程序创建一个文件时，VFS 将会在相应目录中创建一个目录项，该目录项对应创建的新文件。

由 open() 或 creat() 函数指定的文件名可能是以"/"开头的**绝对路径名**，也可能是不以"/"开头的**相对路径名**。绝对路径名从**根目录**开始查找，相对路径名从**当前工作目录**开始查找。

VFS 为每个进程维护一个当前工作目录，例如，若当前工作目录为"/myfiles"，则语句"fd=open("test.txt", O_RDONLY, 0);"所打开的文件名实际上是"/myfiles/test.txt"，VFS 从当前工作目录对应的目录文件 myfiles 开始进行路径解析，找到该目录文件中文件名"test.txt"对应的目录项，从而得到"test.txt"的 inode 号，这种情况下，VFS 将返回一个非负整数作为文件描述符 fd。若在 myfiles 目录文件中找不到文件名"test.txt"对应的目录项，则返回"路径不存在"的错误信息。

VFS 中的 **inode** 用于保存每个文件（包括普通文件、目录文件、套接字文件、字符设备文件、块设备文件等）的元数据信息，如文件大小、文件所有者、文件访问权限，以及文件类型等，也包括文件数据的寻址信息，利用该寻址信息可以找到文件数据本身。每个文件对应一个 inode，系统中所有打开的文件对应的 inode 组成一张所有进程共享的 **inode 表**。

VFS 为系统中所有打开的文件维护一张**系统文件表**，因此，该表也称为**系统打开文件表**。该表由所有进程共享，每个表项对应一个打开的文件。inode 表中维护的是对应文件在存储设备上的元数据信息，而系统文件表维护的是对应文件的动态信息，即该文件打开的情况，包括 inode 指针（用于指向 inode 表中对应表项）、当前读写位置、打开模式、引用计数等。同时，VFS 为每个进程维护了一个**打开文件描述符表**，进程所打开的每个文件对应一个表项，其索引就是打开文件的**文件描述符** fd，每个表项中有一个指针，指向系统文件表中对应文件的表项。因此，根据文件描述符 fd 就可获得对应文件的当前读写位置等动态信息，同时，也可以通过其 inode 指针找到对应 inode 表项，以获得文件的所有元数据信息，包括文件数据的寻址信息，从而从文件的指定位置进行读写。

图 9.11 给出了某一时刻系统中调用 fork() 函数后子进程继承父进程的打开文件的情况，子进程的打开文件描述符表是父进程的副本，两个进程中除了自动打开的三个标准文件外，还打开了其他两个文件 A 和 B，并且两者在系统文件表中的 inode 指针都指向了 inode 表中的同一个 inode 表项，说明在父进程中对同一个文件调用了两次 open() 函数，返回的文件描述符 fd 分别为 3 和 4。因为不同文件描述符对应的当前读写位置不同，因而可以通过不同的文件描述符（fd=3 和 fd=4）从同一个文件的不同位置读取数据信息。系统文件表中的引用计数表示当前指向该表项的文件描述符表项数，该例中文件 A 和 B 对应的表项都有两个文件描述符表项（父进程和子进程中各一个）指向，因而引用计数都为 2。通过调用 close() 函数关闭文件时，将根据指定文件描述符释放当前进程的文件描述符表项，同时该表项指向的系统文件表的表项中引用计数减 1，若减 1 后为 0，说明当前没有进程打开该文件，此时系统将释放该表项及相关资源。

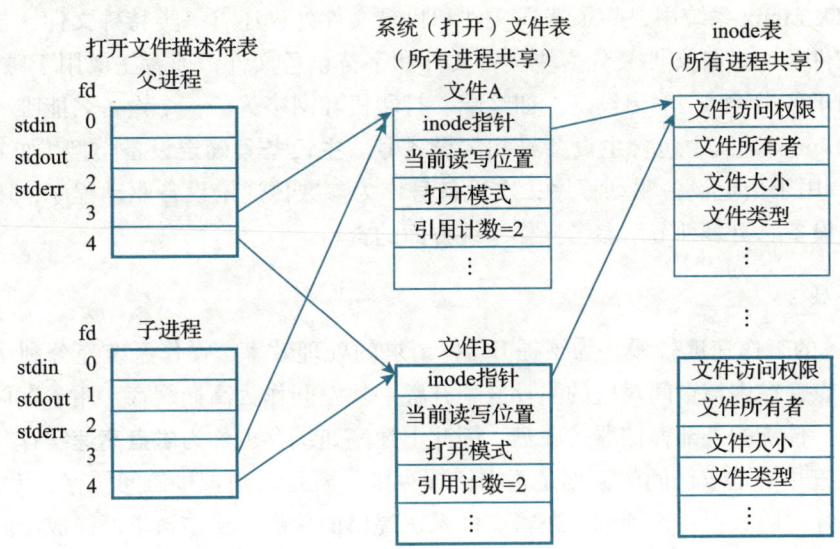

图 9.11 子进程继承父进程的打开文件且两个文件描述符共享同一个文件

例 9.3 在 Linux 系统中，假设当前文件目录中硬盘文件 test.txt 由 4 个 ASCII 码字符 "test" 组成，下列程序的输出结果是什么？

```
1   #include <stdio.h>
2   #include <fcntl.h>
3   #include <unistd.h>
4
5   int main(){
6       int fd1,fd2;
7       char c;
8
```

```
 9      fd1=open("test.txt", O_RDONLY, 0);
10      fd2=open("test.txt", O_RDONLY, 0);
11      read(fd1,&c,1);
12      read(fd2,&c,1);
13      printf("fd1=%d,fd2=%d,c=%c\n",fd1,fd2,c);
14      return 0;
15 }
```

解：Linux 中前 3 个文件描述符 0、1、2 分别分配给自动打开的三种标准设备文件 stdin、stdout 和 stderr，而 open() 函数的返回值从 3 开始分配，因此 fd1 和 fd2 分别为 3 和 4。每次打开一个文件时，Linux 的 VFS 通过路径解析找到该文件的 inode 后，除了会分配一个文件描述符以外，还会分配一个对应的系统文件表表项，并对其进行初始化，将 inode 指针、打开模式等信息填入相应的字段，将当前读写位置设为 0。因此，fd1 和 fd2 对应的系统文件表表项中当前读写位置都为 0，都指向字符串"test"中的字符"t"。综上，该例程序输出的结果为"fd1=3,fd2=4,c=t"。

为了简化对外设的处理，文件系统将所有外设都抽象成文件，**设备名**和**文件名**在形式上没有任何差别，因而统称为**设备文件名**。文件系统负责将不同的设备名和文件名映射到对应的设备驱动程序。

在 UNIX/Linux 系统中，除了普通文件和目录文件外，还有一类**特殊文件**，包括设备文件、链接文件等。设备文件又分为块设备文件和字符设备文件，前者主要用于磁盘类设备，后者主要用于各类输入/输出设备，如终端、打印机和网络等。一个设备名能唯一确定相应设备文件的 inode，其中包含主设备号和次设备号。**主设备号**确定设备类型（如 USB 设备、硬盘设备），用于指定设备驱动程序；**次设备号**作为参数传递给设备驱动程序，用于指定系统中具体的设备。更多细节请参考操作系统方面的资料。

2. 缓存层

I/O 设备的工作速度较慢，为了提升 I/O 请求的处理效率，操作系统充分利用数据访问的局部性特点，在内核空间对应的主存区中开辟一块空间作为高速缓存，用于存储最近访问的文件数据。传统的外部存储器是磁盘，因此上述高速缓存也称为**磁盘高速缓存**。虚拟文件系统首先检查用户请求访问的数据是否在该缓存中。若是，则直接访问缓存，无须通过 I/O 请求访问外存中的数据；否则调用逻辑文件系统提供的功能，将该请求翻译成访问外存中若干存储块的 I/O 请求，并提交到通用块设备 I/O 层进行后续处理。缓存中存放的信息包括写入文件的数据、从磁盘读出的磁盘块等信息，缓存通常采用写回策略，操作系统每隔一段时间将缓存内容真正写入设备中，以保证数据的永久存储。

有了磁盘高速缓存，可大幅减少磁盘读写次数，用户的 I/O 请求能得到快速响应。例如，假定一个磁盘逻辑块的大小为 4KB，若用户程序首先请求读取某磁盘文件中的 80B 数据，但数据不在缓存中，此时操作系统会读取该数据所在的一个磁盘逻辑块，并将读出的 4KB 数据存入缓存。根据程序访问的局部性原理，该用户程序随后请求读出的信息很有可能在刚被读出的磁盘逻辑块中，因而随后请求的数据可快速从缓存中读取，而无须读磁盘。同样，用户程序需要写入磁盘文件的数据可先写入缓存，多次写入缓存的数据可一次性写磁盘，而不必每次都写磁盘。

对于像 read()、write() 函数等常规文件读写操作，其指定的数据缓冲区（即参数 buf 所指区域）位于用户空间，而磁盘高速缓存位于内核空间，因此一次文件读写操作需要在用户空间和内核空间之间、内核空间和外存之间进行两次复制传送。

在 Linux 系统中，可采用 7.6.3 节介绍的 mmap() 函数直接访问文件。首先，通过 mmap() 函数建立某个文件与进程虚拟地址空间中相应区域之间的映射，映射区域大小必须是页大小的整数倍；然后，可通过 memcpy() 等函数访问所映射区域，从而直接操作文件。首次访问映射区中的某页时会发生缺页异常，从而由操作系统为其分配对应的物理页框，并将相应的文件数据从外存中读入该物理页框。这里，所映射区域属于用户空间，故数据在外存和用户空间对应物理页框之间直接进行复制传送。使用 mmap() 函数建立映射后，即使通过 close() 函数关闭了文件，映射也依然存在。

此外，使用上述高速缓存可以保证设备 I/O 期间能成功交换数据。用户进程在提出 I/O 请求时，其指定的缓冲区位于用户空间，如函数 fread(buf, size, num, fp) 的参数 buf 指定的缓冲区就位于用户空间。若使用用户空间的缓冲区交换数据，则用户进程在等待 I/O 的过程中可能被挂起，导致用户空间缓冲区所在页面可能被替换出主存，此时设备将无法访问用户空间缓冲区中的 I/O 数据。若使用缓存层提供的高速缓存，则可以避免这种情况的发生，因为高速缓存在内核空间中分配，不会被替换出主存，所以，可以保证设备能成功访问其中的 I/O 数据。

3. 通用块设备 I/O 层

通用块设备 I/O 层提供了所有像磁盘、SSD 和光盘之类块设备的统一抽象，负责调用具体的设备驱动程序向设备发起 I/O 请求。同时，通用块设备 I/O 层为这类设备设置统一的逻辑块大小。例如，无论磁盘扇区和光盘扇区有多大，所有逻辑数据块的大小均相同。高层的文件系统只需要与这一抽象设备交互，从而简化了数据定位等处理。

通用块设备 I/O 层还提供了 I/O 请求调度功能，从逻辑文件系统发出的设备 I/O 请求会进入请求队列，I/O 请求调度器可进一步调度请求队列中的 I/O 请求，包括合并多个连续的相邻请求、对请求重排序以优化 I/O 访问时间等。例如，针对磁盘设备，可对若干磁盘访问请求进行重排序，以降低磁盘的寻道时间和旋转等待时间，从而优化磁盘的存取时间。Linux 中的常用 I/O 请求调度器包括：CFQ（Complete Fairness Queueing）调度器，它能优先保证不同用户进程间访问设备的公平性，是当前 Linux 默认的 I/O 请求调度器；Deadline 调度器，它能优先保证 I/O 请求在某段时间内完成服务；Noop 调度器，它不对 I/O 请求重排序，一般用于支持随机访问特性的设备，包括 ramdisk 等基于主存的虚拟设备。

9.3.2 设备驱动程序

设备驱动程序是与设备相关的 I/O 软件部分。每个设备驱动程序只处理一种外设或一类紧密相关的外设。每个外设或每类外设都有一个设备控制器，其中包含各种 I/O 端口。通过执行设备驱动程序，CPU 可以向控制端口发送控制命令来启动外设，可以从状态端口读取外设或其设备控制器的状态，也可以与数据端口交换数据等。CPU 通过 I/O 指令访问设备中的

I/O 端口，I/O 指令与指令集体系结构相关。Linux 中提供了 readb() 和 writeb() 等抽象，用于从 I/O 端口中读出或向 I/O 端口写入 1 字节数据。

设备驱动程序的实现方式与设备的 I/O 控制方式相关。**I/O 控制方式**主要有三种：程序直接控制 I/O 方式、中断控制 I/O 方式和 DMA 控制 I/O 方式。

1. 程序直接控制 I/O 方式

程序直接控制 I/O 方式的基本思想是，直接通过**查询程序**来控制主机和外设的数据交换，因此，这种方式也称为**查询**或**轮询**（polling）方式。该方式在查询程序中通过 I/O 指令读出外设或其设备控制器的状态后，根据状态来控制外设和主机之间的数据交换。

下面以打印字符串为例说明其基本原理。假定用户程序 P 中调用了某 I/O 函数，请求打印机打印字符长度为 n 的字符串。显然，P 通过一系列过程调用后，会通过一个系统级 I/O 函数 [如 open()] 来打开设备文件。若打印机空闲，则用户进程可正常使用打印机，可通过另一个系统级 I/O 函数 [如 write()] 对打印机设备文件进行写操作，从而陷入操作系统内核打印字符串。

如图 9.12 所示，假设设备无关的 I/O 软件已将用户进程缓冲区中的字符串复制到内核空间（kernelbuf），驱动程序首先读取打印机状态端口（printer_status_port）查看打印机是否就绪。若未就绪，则等待并重新检测状态端口。打印机就绪后，驱动程序将内核空间缓冲区中的一个字符输出到打印机控制器的数据端口（printer_data_port）中，并向打印机控制器的控制端口（printer_control_port）发出"启动打印"命令，以控制打印机打印数据端口中的字符。上述过程循环执行，直到字符串中的所有字符打印结束。

```
for (i=0; i < n; i++) {                                  // 对于每个打印字符循环执行
    while (readb(printer_status_port) != READY);         // 忙等，直到打印机状态"就绪"
    writeb(printer_data_port, kernelbuf[i]);             // 向数据端口输出一个字符
    writeb(printer_control_port, START);                 // 发送"启动打印"命令
}
return;                                                  // 返回
```

图 9.12　程序直接控制 I/O 的一个例子

打印机的"就绪"和"缺纸"等状态记录在打印机控制器的状态端口中。接收到"启动打印"命令后，打印机控制器自动将"就绪"状态清 0，表示当前正在工作，无法接收新的打印任务；打印完当前数据端口中的字符时，打印机控制器自动将"就绪"状态置 1，表示数据端口已准备就绪，CPU 可以向数据端口送入下一个要打印的字符。

若采用程序直接控制 I/O 方式，则驱动程序的执行与外设的 I/O 操作完全串行，驱动程序需等待用户进程的全部 I/O 请求完成后，才返回到上层 I/O 软件，最后再返回到用户进程。此方式下，用户进程在 I/O 过程中不会被阻塞，内核空间的 I/O 软件一直代表用户进程在内核态进行 I/O 处理。

程序直接控制 I/O 方式的特点是简单、易控制，设备控制器中的控制电路也简单。但是，CPU 需要从设备控制器中读取状态信息，并在外设未就绪时一直处于**忙等待**。如果外设的速度比 CPU 慢很多，则 CPU 等待外设完成任务将浪费大量处理器时间。

2. 中断控制 I/O 方式

中断控制 I/O 方式的基本思想是，当需要进行 I/O 操作时，首先启动外设进行第一个数据的 I/O 操作，然后阻塞请求 I/O 的用户进程，并调度其他进程到 CPU 上执行，其间，外设在设备控制器的控制下工作。外设完成 I/O 操作后，向 CPU 发送一个**中断请求信号**，CPU 检测到该信号后，进行上下文切换，调出相应的**中断服务程序**执行。中断服务程序将启动后续数据的 I/O 操作，然后返回到被打断的进程继续执行。例如，对于上述请求打印字符串的用户进程 P 的例子，如果采用中断控制 I/O 方式，则驱动程序处理 I/O 的过程如图 9.13 所示。

```
enable_interrupts();                                  // 开中断，允许外设发出中断请求
while (readb(printer_status_port) != READY);          // 等待直到打印机状态为"就绪"
writeb(printer_data_port, kernelbuf[i]);              // 向数据端口输出第一个字符
writeb(printer_control_port, START);                  // 发送"启动打印"命令
scheduler();                                          // 阻塞用户进程 P，调度其他进程执行
```

a) "字符串打印" 驱动程序

```
acknowledge_interrupt();                              // 中断回答（清除中断请求）
if (n==0) {                                           // 若字符串打印完，则
    unblock_user();                                   // 用户进程 P 解除阻塞，P 进入就绪队列
} else {
    writeb(printer_data_port, kernelbuf[i]);          // 向数据端口输出一个字符
    writeb(printer_control_port, START);              // 发送"启动打印"命令
    n = n-1;                                          // 未打印字符数减 1
    i = i+1;                                          // 下一个打印字符指针加 1
}
return_from_interrupt();                              // 中断返回
```

b) "字符打印" 中断服务程序

图 9.13 中断控制 I/O 的一个例子

从图 9.13a 可以看出，驱动程序启动打印机后，就调用**处理器调度程序** scheduler 切换到其他进程执行，而阻塞用户进程 P。在 CPU 执行其他进程的同时，打印机和 CPU 并行工作。若打印机打印一个字符需要 5ms，则期间其他进程可在 CPU 上执行 5ms 的时间。对于程序直接控制 I/O 方式，CPU 在这 5ms 内只是不断地查询打印机状态，因而整个系统效率很低。

小贴士

在多道程序（多任务）系统中，单个处理器可以被多个进程共享，即多个进程可以轮流使用处理器。为此，操作系统必须使用某种调度方法决定何时停止一个进程在处理器上的运行，转而使处理器运行另一个进程。操作系统中使用某种调度方法进行处理器调度的程序称为**处理器调度程序**。

简单来说，一个进程有三种状态：运行、就绪和阻塞。正在处理器上运行着的进程处于**运行态**，可以被调度到处理器运行但因为时间片等原因被换下的进程处于**就绪态**，因为某种事件的发生而不能继续在处理器上运行的进程处于**阻塞态**。进程处于阻塞态也称为**被挂起**，典型的处于阻塞态进程的例子就是等待 I/O 完成的进程，因为如果 I/O 操作没有完成的话，

进程便无法继续运行下去。处于就绪态的进程可能有多个，为方便选择就绪态进程运行，通常将所有就绪态进程组成一个**就绪队列**，解除阻塞的进程可进入就绪队列。

中断控制 I/O 方式下，外设一旦完成任务，就会向 CPU 发中断请求。对于图 9.13 所示的例子，当一个字符打印结束后，打印机就会发中断请求，CPU 将暂停正在执行的其他进程，调出"字符打印"中断服务程序执行。如图 9.13b 所示，中断服务程序先通知打印机控制器中断已收到，清除中断请求，然后判断是否已完成字符串中所有字符的打印。若是，则将用户进程 P 解除阻塞，将其放入就绪队列；否则，就向数据端口送出下一个要打印的字符，并启动打印，将未打印字符数减 1，将下一打印字符指针加 1。最后 CPU 从中断服务程序返回，回到被打断的进程继续执行。

图 9.14 和图 9.15 描述了中断控制 I/O 的整个过程。

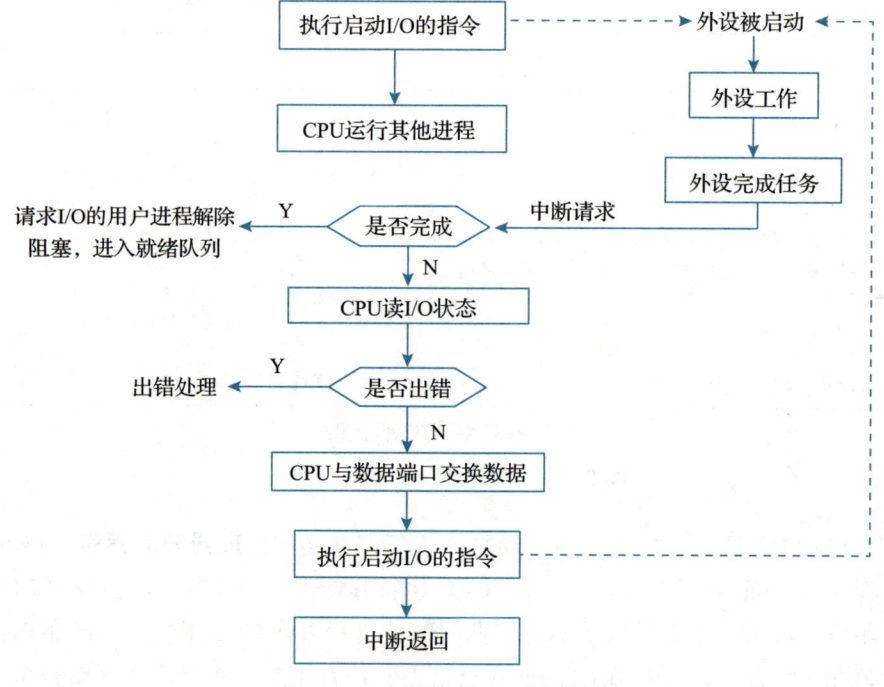

图 9.14　中断控制 I/O 的过程

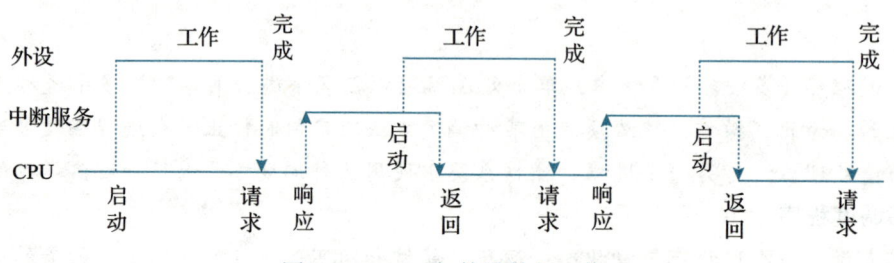

图 9.15　CPU 与外设并行工作

计算机系统中可能会存在多个可发送中断请求信号的设备，甚至一些复杂设备支持发送多种中断，它们称为**中断源**。硬件对不同的中断源编号加以区分，该编号称为**中断号**。驱动程序初始化时向操作系统注册相应的中断服务程序，同时将中断号作为参数，指示将该中断服务程序绑定到该中断号。CPU 响应中断后，可查询触发本次中断的中断号，然后根据中断号查询相应的中断服务程序并调用。

中断控制 I/O 方式下，每次执行中断服务程序仅传送一个数据。例如，对于上述字符串打印的例子，每次中断都只打印一个字符。但是，为了响应中断请求和执行中断服务程序，CPU 额外执行了许多操作，包括保存断点和程序状态字、保存现场、查询中断号、调用中断服务程序等。对于硬盘、网卡等高速设备，若采用中断控制方式，则 CPU 将会由于外设传输数据速度快而频繁响应和处理中断，从而影响整个系统的效率。

以下例子说明了中断控制 I/O 方式下，CPU 用于硬盘 I/O 的开销。

例 9.4 假定某字长为 32 位的单核 CPU 主频为 3GHz，某硬盘传输带宽为 128MB/s，硬盘控制器中有一个 512B 的数据缓存。系统中有 A 和 B 两个用户进程，其中 A 为 I/O 密集型程序，不断从硬盘读出数据，B 为计算密集型程序，一直在用户态进行科学计算。假设系统使用中断 I/O 方式进行硬盘数据传输，每次中断传输 512B 数据，CPU 从硬盘 I/O 端口中读出一个字需要 24 个 CPU 时钟周期。系统的工作过程如下：① A 通过系统调用函数 read() 读取 4KB 数据，从 A 发起系统调用到驱动程序向硬盘发出读命令，需要 3μs；②驱动程序向硬盘发出读命令，然后阻塞 A 并调度 B，并通过上下文切换返回到 B，需要 1.5μs；③ B 执行一段时间；④硬盘读数据完成后发送中断请求，CPU 响应中断后查询中断源，并调出硬盘中断服务程序，需要 0.5μs；⑤硬盘中断服务程序从 I/O 端口中依次读出硬盘控制器数据缓存中的 512B 数据；⑥反复执行第②～⑤步，直到读出总计 4KB 数据；⑦唤醒 A 后切换到 A 的上下文，并从系统调用返回用户态，需要 3μs；⑧跳转到第①步，重复上述过程。问：硬盘实际的数据传输率为多少？CPU 运行进程 B 的时间占比为多少？

解： 硬盘采用中断控制 I/O 方式，每次中断传输 512B 数据，故传输 4KB 数据需要处理 8 次中断，每次传输 512B 数据需要 512B/(128MB/s)=4μs。由于该 CPU 字长为 32 位，一次最多只能从 I/O 端口中读出 4B 数据，因此从 I/O 端口中读出 512B 数据需要 512B/4B×24=3072 个时钟周期，即大约 3072/3GHz=1μs。综上，从驱动程序发出读命令到 CPU 从 I/O 端口中读出全部数据，需要 4μs+0.5μs+1μs=5.5μs，上述一轮工作（即 A 从发起系统调用到系统调用完成）需要 3μs+5.5μs×8+3μs=50μs。在一轮工作中，硬盘实际工作的时间占比为 (4μs×8)/50μs=64%，故硬盘实际的数据传输率为 128MB/s×64%=81.92MB/s；在一次硬盘传输的过程中，进程 B 执行的时间为 4μs−1.5μs=2.5μs，故 CPU 运行进程 B 的时间占比为 (2.5μs×8)/50μs=40%。

对于程序查询方式，在外设准备数据时，CPU 一直在等待外设完成（忙等待），因此 CPU 用于 I/O 的时间为 100%。对于中断控制 I/O 方式，在外设准备数据时，CPU 可执行其他进程，外设和 CPU 并行工作，因而 CPU 在外设准备数据时没有 I/O 开销，只有在中断响应和处理以及进行数据传送时 CPU 才需要花费时间为 I/O 服务。当外设工作效率较低时，采用中断控制 I/O 方式可大幅降低 CPU 用于 I/O 的开销。

但对于像硬盘这类高速外设的数据传送，若用中断控制 I/O 方式，则 CPU 用于 I/O 的开销是无法忽视的。高速外设速度快，中断请求频率高，导致 CPU 被频繁打断，使得中断响应和处理的额外开销很大，因此，高速外设不适合采用中断控制 I/O 方式，通常采用 **DMA 控制 I/O 方式**。

3. DMA 控制 I/O 方式

直接存储器访问（Direct Memory Access，DMA）控制 I/O 方式使用专门的 DMA 接口硬件直接控制外设和主存之间的数据交换，此时数据不经过 CPU。通常把该接口硬件称为 **DMA 控制器**。

DMA 控制器与设备控制器一样，其中也有若干寄存器，包括**主存地址寄存器**、**设备地址寄存器**、**字计数器**、**控制寄存器**等，还有其他控制逻辑，用于控制设备通过总线与主存直接交换数据。在 DMA 传送前，应先进行 **DMA 初始化**，将需要传送的数据个数、数据所在设备地址以及主存首地址、数据传送方向（从主存到外设还是从外设到主存）等参数写入上述寄存器中。

如图 9.16 所示，DMA 控制 I/O 过程如下。首先进行 DMA 初始化，然后发送"**启动DMA 传送**"命令启动外设工作。之后，CPU 阻塞请求 I/O 的用户进程，转去执行其他进程。在 CPU 执行其他进程的过程中，DMA 控制器控制外设和主存交换数据，此时 CPU 和外设并行工作。DMA 控制器每完成一个数据的传送，就将字计数器减 1，并更新主存地址，可将其功能看作使用专用硬件来执行 memcpy() 函数。当字计数器为 0 时，完成所有 I/O 操作，此时，DMA 控制器发送"DMA 结束"中断请求信号，CPU 检测到中断请求后，暂停正在执行的进程并调出"DMA 结束"中断服务程序执行。在该中断服务程序中，CPU 解除请求 I/O 的用户进程的阻塞状态，将其放入就绪队列，然后从中断返回，回到被打断的进程继续执行。

```
initialize_DMA ( );                    // 初始化 DMA 控制器（准备传送参数）
writeb(DMA_control_port, START);       // 发送 " 启动 DMA 传送 " 命令
scheduler ();                          // 阻塞用户进程，调度其他进程执行
```
a) write 系统调用服务例程

```
acknowledge_interrupt();               // 中断回答（清除中断请求）
unblock_user ();                       // 用户进程 P 解除阻塞，进入就绪队列
return_from_interrupt();               // 中断返回
```
b)"DMA 结束"中断服务程序

图 9.16　DMA 控制 I/O 过程

DMA 控制 I/O 方式下，CPU 只需在最初的 DMA 初始化和最后处理"DMA 结束"中断时介入，无须参与整个数据传送过程，因而 CPU 用于 I/O 的开销非常小。

例 9.5　考虑例 9.4 中的场景，硬盘采用 DMA 方式传输数据，每次传输的数据量为 4KB。问：硬盘实际的数据传输率为多少？CPU 运行进程 B 的时间占比为多少？若 DMA 方式每次传输的数据量为 32KB，且用户进程 A 通过系统调用函数 read() 一次读取 32KB 数据，此时硬盘实际的数据传输率和 CPU 运行进程 B 的时间占比各为多少？

解： 由于 DMA 方式每次传输 4KB 数据，因此每次系统调用只需传递一次数据并处理一次中断。每次传输 4KB 数据需要 4KB/(128MB/s)=32μs，但由于 DMA 直接将数据传输到主存，CPU 无须从 I/O 端口中读出数据，因此一轮工作（即 A 从发起系统调用到系统调用完成）需要 3μs+32μs+0.5μs+3μs=38.5μs。在一轮工作中，硬盘实际工作的时间占比为

32μs/38.5μs=83.12%，故硬盘实际的数据传输率为 128MB/s×83.12%=106.39MB/s；在一次硬盘传输过程中，进程 B 可执行的时间为 32μs-1.5μs=30.5μs，故 CPU 运行进程 B 的时间占比为 30.5μs/38.5μs=79.22%。

相比于例 9.4 中的中断控制 I/O 方式，采用 DMA 控制 I/O 方式可使硬盘实际的数据传输率提升 29.88%，而 CPU 运行进程 B 的时间占比达到了之前的 1.98 倍。

若 DMA 控制 I/O 方式每次传输的数据量为 32KB，则需要花费 32KB/(128MB/s)=256μs，故一轮工作（即 A 从发起系统调用到系统调用完成）需要 3μs+256μs+0.5μs+3μs=262.5μs。在一轮工作中，硬盘实际工作的时间占比为 256μs/262.5μs=97.52%，故硬盘实际的数据传输率为 128MB/s×97.52%=124.83MB/s；在一次硬盘传输过程中，进程 B 可执行的时间为 256μs-1.5μs=254.5μs，故 CPU 运行进程 B 的时间占比为 254.5μs/262.5μs=96.95%。

DMA 控制 I/O 方式下，数据传送不消耗任何处理器周期，因此，即使硬盘一直在进行 I/O 操作，CPU 也仅需要初始化 DMA、发送"启动 DMA 传送"命令，以及处理"DMA 结束"中断。在实际场景中，硬盘大多数时间并不工作，因此 CPU 为 I/O 花费的时间会更少。当然，若 CPU 在 DMA 传送过程中需要访问存储器，则需要与 DMA 竞争存储器带宽。但通过使用 cache，CPU 可避免大多数访存冲突，因为 CPU 的大部分访存请求都在 cache 中命中，所以存储器的大部分带宽都可让给 DMA 使用。

近年来，超高速外设开始流行，包括 SSD、万兆网卡、十万兆网卡等，甚至出现了传输速率接近 1Tb/s 的"太网卡"。这类外设的工作速度非常快，即使采用 DMA 方式，一次中断处理也会带来不可忽略的开销。有研究工作指出，通过轮询方式访问超高速外设反而可以使 CPU 能在更短的时间内完成 I/O 操作，从而提高 I/O 响应速度。

当系统中引入 DMA 控制 I/O 方式时，存储层次结构和 CPU 之间的关系会变得更复杂。没有 DMA 控制器时，所有访存请求都来自 CPU，它们通过 MMU 进行地址转换，并在 cache 缺失时才访问存储器。有了 DMA 控制器后，系统中就多出一条访问存储器的路径，它没有通过 MMU 和 cache。这样，在虚拟存储器和 cache 系统中就会产生一些新问题。要解决这些问题，通常需要硬件和软件两方面的技术支持。

在虚拟存储器系统中同时有物理地址和虚拟地址，那么，DMA 是以虚拟地址还是以物理地址工作呢？

若 DMA 采用虚拟地址，则 DMA 控制器中应有一个类似页表的地址映射表，称为 I/O 存储管理部件（I/O Memory Management Unit, IOMMU），用于将 DMA 控制器发出的虚拟地址转换为物理地址，再送到存储器总线上。不过，操作系统需要额外维护 CPU 中 MMU 与 DMA 控制器中 IOMMU 的一致性，否则可能会通过 IOMMU 访问到错误的物理地址。

若 DMA 采用物理地址，则需要额外考虑 DMA 传送范围跨页带来的问题。在虚拟存储器系统中，每个虚拟页可被映射到主存的任意一个物理页，这意味着 DMA 请求访问连续的物理地址时，可能会访问其他已分配物理页，从而读出非预期的数据，甚至向该物理页写入数据破坏原内容，造成灾难性的后果。为了解决上述问题，一种方案是由操作系统把一次传送分解成多次的小数据量传送，将每个 DMA 传送请求的范围限制在一个页面内，但该方案的灵活性较低。Linux 采用与内存管理模块协助的解决方案，通过连续内存分配器（Contiguous Memory Allocator，CMA）为驱动程序分配连续的物理内存。

采用 cache 的系统中，一个数据项可能会产生两个副本，一个在 cache 中，一个在主存储器中，因此，具有 DMA 的 cache 系统也会产生问题。若 DMA 控制器直接向主存储器发出访存请求而不通过 cache，此时 DMA 看到的一个主存单元的值可能与 CPU 看到的 cache 中的副本不同。考虑从磁盘中读一个数据，DMA 直接将其送到主存，如果有些被 DMA 写过的单元在 cache 中，那么，以后 CPU 读取这些单元时，就会得到一个旧的值。类似地，如果 cache 采用写回（write-back）策略，当在 cache 中写入一个新的值时，这个值并未被马上写回主存，而此时若 DMA 直接从主存读，那么读的值可能是旧的值。这个问题称为**过时数据问题**或 **DMA 一致性问题**，其解决方法有以下两种。

第一种方法是在硬件上让 DMA 请求进入 cache，这样就保证了在 DMA 读时能读到最新的数据，而 DMA 写时能更新 cache 中的任何数据。当然，让所有 DMA 都通过 cache，其代价是非常大的。因为，有时并不会马上用到 DMA 数据，如果这些数据把 CPU 正在使用的热数据替换出去，将会影响 cache 的命中率。有时 DMA 会传送大量页面内容，造成 cache 中大量热数据被冲刷，对 CPU 的性能带来较大影响。针对这个问题，Intel 在一些新型处理器的末级组相联 cache 中加入了**数据直接输入/输出**（Data Direct I/O，**DDIO**）技术，限制 DMA 数据只能进入每个 cache 组中特定一路或几路，从而把 DMA 数据对 cache 造成的冲刷行为限制在局部范围内，以降低 CPU 的性能损失。L1 cache 容量较小，因而通常不让所有 DMA 数据进入 L1 cache，而是借助现有的 cache 一致性协议来维护 L1 cache 和末级 cache 的数据一致性。

第二种方法是让驱动程序在发起 DMA 请求前通过软件方式维护 cache。具体地，在发起 DMA 写主存请求前，需要让写主存范围对应 cache 行无效；在发起 DMA 读主存请求前，需要对读主存范围对应 cache 行进行一次写回操作。这种方法需要处理器提供 cache 控制指令。大部分 RISC 指令集都提供了 cache 控制指令来实现上述方法。不过研究表明，在指令集中引入 cache 控制指令很容易造成安全问题，因此 RISC-V 将 cache 控制指令作为一个可选的标准扩展，处理器架构师可根据实际需求决定是否添加该扩展。

9.3.3 中断服务程序

中断控制 I/O 和 DMA 控制 I/O 两种方式下，在执行设备驱动程序过程中，都会阻塞当前用户进程并调度其他进程执行，也都会向 CPU 发送中断请求信号，前者由设备在每完成一个数据的 I/O 后发送信号，后者由 DMA 控制器在完成整个数据块的 I/O 后发送信号。CPU 收到中断请求信号后，将调出中断服务程序执行。

图 9.17 给出了整个**中断过程**，包括**中断响应**和**中断处理**两个阶段。中断响应完全由硬件完成，包括关中断、保存断点，并跳转到预先设定的中断服务程序，进

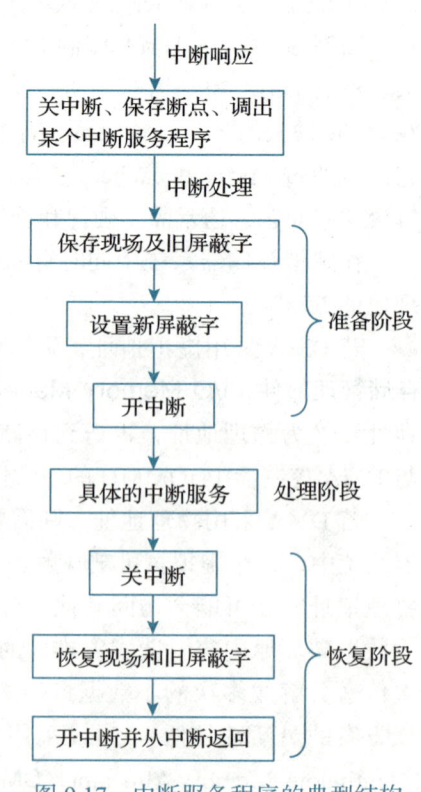

图 9.17 中断服务程序的典型结构

入中断处理阶段。

中断服务程序包含三个阶段：**准备阶段**、**处理阶段**和**恢复阶段**。准备阶段需要将寄存器现场保存到栈上，并根据实际情况决定是否需要在中断处理过程中响应并处理其他中断。若是，则进行以下操作：保存当前的中断屏蔽字，中断屏蔽字用于指示是否允许响应新的中断源；设置新的中断屏蔽字，从而指定允许在后续的处理阶段中响应哪些中断源；开中断，允许 CPU 响应中断。若否，则可省略上述三步操作。中断屏蔽字寄存器是中断控制器中的一个 I/O 端口，由 CPU 通过 I/O 指令进行设置。有关中断控制器的介绍可参见 9.4.5 节。

处理阶段需要从中断控制器中读出触发本次中断的中断号，并根据中断号查询相应的中断服务程序，然后调用具体的中断服务。具体的中断服务首先通知设备本次中断已收到，清除中断请求，然后根据设备的具体功能进行处理。由于具体的中断服务与设备紧密相关，因此中断服务通常作为设备驱动程序的一部分功能，设备驱动程序在初始化时会向操作系统注册相应的中断服务，同时将中断号作为参数，指示将该中断服务绑定到该中断号。

恢复阶段的工作与准备阶段相反，包括关中断、恢复现场和旧屏蔽字等，最后通过指令集提供的中断返回指令从中断处理过程返回。通常中断返回指令除了返回到程序的断点外，还会自动恢复处理器的中断使能位。

在中断处理过程中，若又到来了优先级更高的新中断请求，CPU 应立即暂停当前执行的中断服务程序，转去处理新中断，这种情况称为**多重中断**或**中断嵌套**，如图 9.18 所示。

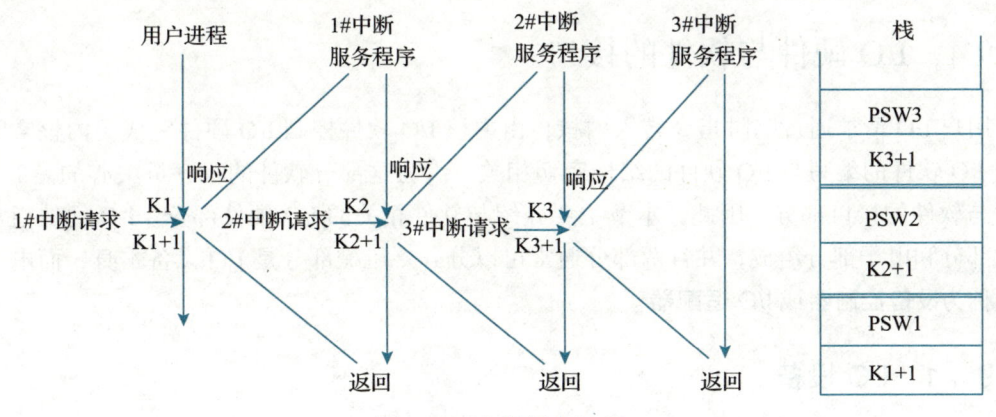

图 9.18 中断嵌套过程

为了正确实现中断嵌套，需要利用栈的特性。如图 9.18 所示，假定在执行用户进程时发生了 1# 中断请求，因为用户进程不屏蔽任何中断，因此 CPU 需要响应 1# 中断，中断响应过程将用户进程的断点 K1+1 及其程序状态字 PSW1 保存在栈中，然后调出 1# 中断服务程序执行。而在处理 1# 中断的过程中，又发生了 2# 中断，且 2# 中断的处理优先级比 1# 中断高，即 1# 中断服务程序所设置的屏蔽字对 2# 中断是开放的（对应屏蔽位为 1），此时 CPU 将暂停 1# 中断的处理，而响应 2# 中断，中断响应过程将 1# 中断的断点 K2+1 及其程序状态字 PSW2 保存在栈中，然后调出 2# 中断服务程序执行。同样，若 2# 中断未屏蔽 3# 中断，则 3# 中断也可以打断 2# 中断的处理。当 3# 中断处理完返回时，需从栈顶取出断点和程序状态字。因此从 3# 中断返回后，首先回到 2# 中断的断点 K3+1 处，而不是回到 1#

中断或用户进程执行。

如 8.2.4 节所述，CISC 处理器一般在异常 / 中断响应过程的硬件响应阶段自动把断点和 PSW 保存在栈上。而对于 RISC 处理器，异常 / 中断响应过程的硬件响应阶段只会把断点和 PSW 保存在 CSR 中，若发生中断嵌套，CSR 中的断点和 PSW 将会被覆盖，从而无法恢复到旧中断到来时的状态。因此，若 RISC 处理器系统要支持中断嵌套，则需在异常 / 中断响应过程的软件响应阶段从 CSR 中读出断点和 PSW，并将其保存在栈上；在异常 / 中断返回前，软件还需要从栈上将保存的断点和 PSW 恢复到 CSR 中，然后通过异常 / 中断返回指令恢复断点和 PSW。

中断嵌套一般在复杂系统中使用。例如一些任务较多的实时操作系统会预先定义不同中断源之间的处理优先级，若某中断源需要处理的任务更重要，则可通过中断嵌套的方式打断正在处理的低优先级中断。早期的 Linux 也支持中断嵌套，但随着外设功能的增强，开发者发现，一些配备多个传输队列的复杂网卡可能会频繁向其中一个处理器核发送中断，造成内核栈溢出而导致系统崩溃。为了解决该问题，开发者在 2010 年 4 月向 Linux 项目提交了补丁，不允许在处理中断的过程中进行"开中断"操作，从而禁止中断嵌套。不过，Linux 允许在异常处理过程中嵌套一层中断，这是因为系统调用和缺页异常等处理通常要花费较长时间，若此过程中一直处于"关中断"状态，将会导致系统长时间无法响应外设请求，从而可能造成时钟不准确、操作卡顿、网卡丢包等问题，影响用户体验。

9.4 I/O 硬件与软件的接口

用户 I/O 请求通过陷阱指令转入内核，由内核 I/O 软件控制 I/O 硬件完成。内核空间中底层 I/O 软件的编写与 I/O 硬件的结构密切相关，编写这部分软件的程序员关心的是 I/O 硬件中与软件的接口部分，因此，本节主要介绍与软件相关的 I/O 硬件部分。I/O 硬件通常由机械部分和电子部分组成，并且两部分通常可以分开。机械部分是 I/O 设备本身，而电子部分则称为**设备控制器**或 **I/O 适配器**。

9.4.1 I/O 设备

I/O 设备又称**外围设备**、**外部设备**，简称**外设**，是计算机系统与人类或其他计算机系统之间交换信息的装置。操作系统为了统一管理 I/O 设备，通常将其分成两类：字符设备和块设备。

字符设备是以字符为单位向主机发送字符流或从主机接收字符流的设备。字符设备传送的字符流不能形成数据块，无法定位和寻址。

通常，大多数输入设备和输出设备都可被看作字符设备。**输入设备**的功能是把数据、命令、字符、图形、图像、声音或电流、电压等信息，以计算机可以接收或识别的二进制编码形式输入计算机中，例如，键盘、鼠标、触摸屏、跟踪球、控制杆、数字化仪、扫描仪、手写笔、光学字符阅读机等都是输入设备；**输出设备**的功能是把计算机处理的结果变成最终可以被人理解的数据、文字、图形、图像和声音等信息，例如，显示器、打印机和绘图仪等都是输出设备。

还有一类主要用于计算机和计算机之间通信的设备，称为**机－机通信设备**，例如，网络接口、调制解调器、数／模和模／数转换器等。通常，大多数机－机通信设备也可被看作字符设备。

块设备以一个固定大小的数据块为单位与主机交换信息。块设备中的数据块大小通常在 512B 以上，按照某种组织方式对其进行读写，每个数据块都有唯一的位置信息，因而是**可寻址的**。典型的块设备是**外部存储器**，如磁盘驱动器、固态硬盘、光盘驱动器和磁带机等，有关外部存储器的内容可参看 6.3 节。

操作系统将所有设备划分成字符设备和块设备两类，主要是为了便于抽象出不同设备的共同特点，从而尽可能多地划分出与设备无关的 I/O 软件部分。例如，对于块设备，文件系统只处理与设备无关的抽象块设备，而把与设备相关的部分放到更低层次的设备驱动程序中实现。

9.4.2 基于总线的互连结构

图 9.19 给出了基于总线互连的传统计算机系统结构示意图，在其互连结构中，除 CPU、主存储器以及各种接插在主板扩展槽上的 I/O 控制卡（如声卡、视频卡）外，还有北桥芯片和南桥芯片，这两个超大规模集成电路芯片组成的芯片组是计算机中各个部件相互连接和通信的枢纽。该芯片组几乎集成了主板上所有的存储器控制功能和 I/O 控制功能，既实现了总线功能，又提供了各种 I/O 接口及相关控制功能。其中，北桥芯片是一个主存控制器集线器（Memory Controller Hub，MCH）芯片，本质上是一个 DMA 控制器，因此，可通过 MCH 芯片，直接访问主存和显卡中的显存。南桥芯片是一个 I/O 控制器集线器（I/O Controller Hub，ICH）芯片，可集成 USB 控制器、磁盘控制器、以太网控制器等各种外设控制器，也可通过南桥芯片引出若干主板扩展槽，用于接插一些 I/O 控制卡。

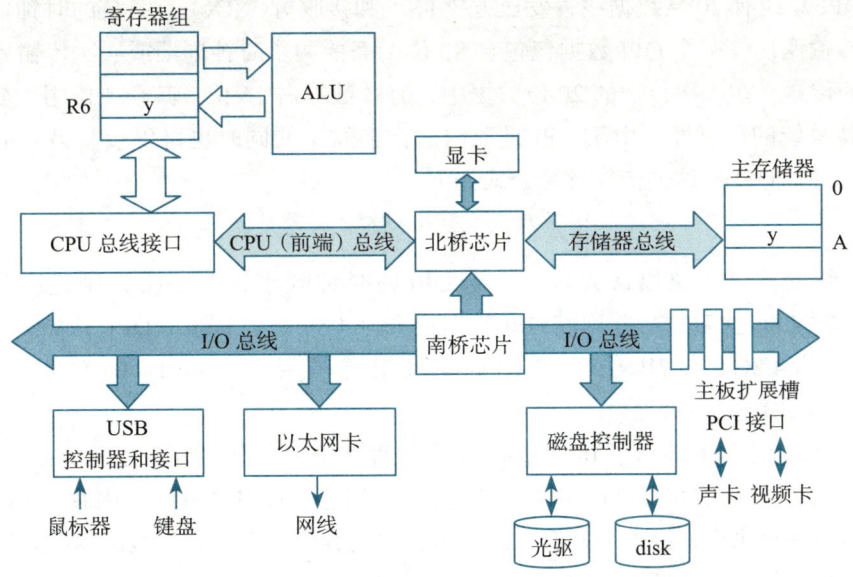

图 9.19 外设、设备控制器和 CPU 及主存的连接

如图 9.19 所示，CPU 与主存之间由处理器总线（也称为前端总线）和存储器总线相连，各类 I/O 设备通过相应的设备控制器（如 USB 控制器、以太网卡、磁盘控制器）连接到 I/O 总线上，而 I/O 总线通过芯片组与主存和 CPU 连接。

传统上，总线分为处理器–存储器总线和 I/O 总线。处理器–存储器总线比较短，通常是高速总线，有的系统将处理器总线和存储器总线分开，中间通过北桥芯片（桥接器）连接，CPU 芯片通过 CPU 插座插在处理器总线上，内存条通过内存条插槽插在存储器总线上。

下面对处理器总线、存储器总线和 I/O 总线进行简单介绍。

1. 处理器总线

早期 Intel 微处理器的处理器总线称为**前端总线**（Front Side Bus，FSB），它是主板上最快的总线，主要用于在处理器与北桥芯片之间交换信息。

FSB 的**传输速率单位**实际上是 MT/s，表示每秒钟传输多少兆次。通常所说的总线传输速率单位 MHz 是习惯上的称呼，实际上是时钟频率单位。早期的 FSB 每个时钟传送一次数据，因此时钟频率与数据传输速率一致。但是，从 Pentium Pro 开始，FSB 采用 4 倍并发（quad pumped）技术，在每个总线时钟周期内传送 4 次数据，即总线的数据传输速率等于总线时钟频率的 4 倍，若时钟频率为 333MHz，则数据传输速率为 1333MT/s，即 1.333GT/s，但习惯上称 1333MHz。若前端总线的工作频率为 1333MHz（实际时钟频率为 333MHz），总线的数据宽度为 64 位，则总线带宽为 10.664GB/s。

Intel 公司推出 Core i7 时，北桥芯片的功能被集成到 CPU 芯片内，CPU 通过存储器总线（即内存条插槽）直接和内存条相连，而在 CPU 芯片与其他 CPU 芯片之间，以及 CPU 芯片与 IOH（Input/Output Hub）芯片之间，则通过 QPI（Quick Path Interconnect）总线相连。

QPI 总线是一种基于包传输的高速点对点连接协议，采用差分信号与专门的时钟信号进行传输。QPI 总线有 20 条数据线，发送方（TX）和接收方（RX）有各自的时钟信号，每个时钟周期传输两次。一个 QPI 数据包含 80 位，需要两个时钟周期或 4 次传输才能完成整个数据包的传送。在每次传输的 20 位数据中，有效数据占 16 位，其余 4 位用于循环冗余校验，以提高系统的可靠性。由于 QPI 是双向的，在发送的同时也可以接收另一端传输的数据，因此，每个 QPI 总线的带宽计算公式如下：

$$每秒传输次数 \times 每次传输的有效数据 \times 2$$

QPI 总线的速度单位通常为 GT/s，若 QPI 的时钟频率为 2.4GHz，则速度为 4.8GT/s，表示每秒传输 4.8G 次数据，并称该 QPI 工作频率为 4.8GT/s。因此，QPI 工作频率为 4.8GT/s 的总带宽为 4.8GT/s×2B×2=19.2GB/s。QPI 工作频率为 6.4GT/s 的总带宽为 6.4GT/s×2B×2=25.6GB/s。

7.6.1 节中的图 7.16 给出了 Intel Core i7 中处理器核与主存控制器之间以及各级 cache 之间的互连结构。可以看出，Core i7 处理器支持三通道 DDR3 SDRAM 内存条插槽，因此，处理器中包含一个主存控制器，并有三组并行传输的存储器总线，连接的内存条以并行方式存取信息，从而提升主存带宽。此外，处理器还有两条 QPI 总线，分别与其他处理器芯片及 IOH 芯片互连，可通过 IOH 芯片访问更多 I/O 设备。

2. 存储器总线

早期的存储器总线由北桥芯片控制，处理器通过北桥芯片和主存、图形卡（显卡）以及南桥芯片进行互连。但后来的处理器芯片（如 Core i7）集成了主存控制器，因而存储器总线直接连接到处理器。

设计芯片组时需要确定其能够处理的主存类型，故存储器总线有不同的运行速度。在图 9.20 所示的计算机中，存储器总线宽度为 64 位，每秒传输 1066M 次，总线带宽为 $1066M \times 64/8 \approx 8.5GB/s$，因而 3 个通道的总带宽约为 25.6GB/s，与此配套的内存条型号为 DDR3-1066。

3. I/O 总线

I/O 总线用于为系统中的各种 I/O 设备提供输入/输出通路，其物理表现通常是主板上的 I/O 扩展槽。早期的第一代 I/O 总线有 XT 总线、ISA 总线、EISA 总线、VESA 总线，这些 I/O 总线早已被淘汰；第二代 I/O 总线包括 PCI 总线、AGP 总线、PCI-X 总线；第三代 I/O 总线是 PCI-Express（可简写为 PCI-e）总线。

前两代 I/O 总线采用并行传输的同步总线，而 PCI-e 总线采用串行传输方式。两个 PCI-e 设备之间以一个链路（link）相连，每个链路可包含多条通路（lane），可能的通路数为 1、2、4、8、16 或 32，PCI-e×n 表示具有 n 个通路的 PCI-e 链路。

PCI-e 每条通路由发送和接收数据线构成，发送和接收两个方向各有两条差分信号线，可同时发送和接收数据。在发送和接收过程中会对每个数据字节进行编码，以保证所有位都含有信号电平的跳变。这是因为在链路上没有专门的时钟信号，接收器使用锁相环（PLL）从进入的位流 0-1 和 1-0 跳变中恢复时钟。例如，PCI-e 1.0 和 PCI-e 2.0 采用 8b/10b 编码方案，即将每 8 位数据编码成 10 位，而 PCI-e 3.0、PCI-e 4.0 和 PCI-e 5.0 采用 128b/130b 编码方案，即将每 128 位数据编码成 130 位，大大提升了数据传输效率。

PCI-e 1.0 规范支持通路中每个方向的发送或接收速率为 2.5Gb/s，因此，PCI-e 1.0 总线的总带宽计算公式（单位为 GB/s）如下：

$$2.5Gb/s \times 2 \times 通路数 /10$$

根据上述公式可知，在 PCI-e 1.0 规范下，PCI-e × 1 的总带宽为 0.5GB/s，PCI-e × 2 的总带宽为 1GB/s，PCI-e × 16 的总带宽为 8GB/s。

将北桥芯片功能集成到 CPU 芯片后，主板上的芯片组不再是传统的三芯片结构（CPU+北桥+南桥）。根据需求有多种主板芯片组结构，有的是双芯片结构（CPU+PCH），有的是三芯片结构（CPU+IOH+ICH）。其中，双芯片结构中的 PCH（Platform Controller Hub）芯片除包含原南桥芯片 ICH 的 I/O 控制器集线器功能外，原北桥芯片中的图形显示控制单元和管理引擎（Management Engine，ME）单元也集成到 PCH 中，另外还包括非易失 RAM（Non-Volatile Random Access Memory，NVRAM）控制单元等，因此 PCH 比以前南桥芯片的功能复杂得多。

图 9.20 给出了一个基于 Intel Core i7-975 三芯片结构的单处理器计算机系统互连结构示意图。图中 Core i7-975 处理器芯片直接与三通道 DDR3 SDRAM 主存储器连接，并提供一组带宽为 25.6GB/s 的 QPI 总线，与基于 X58 芯片组的 IOH 芯片相连。图中所配内存条速度

为 533MHz×2=1066MT/s，因此每个通道的存储器总线带宽为 64/8×1066=8.5GB/s。

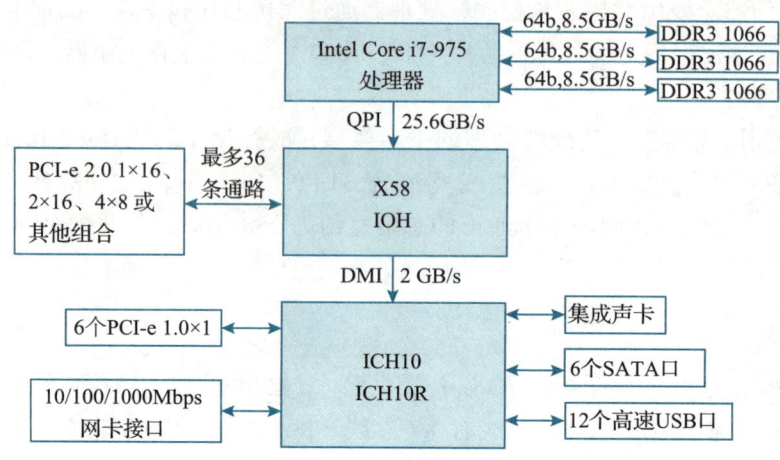

图 9.20 基于 Intel Core i7-975 处理器的计算机系统互连结构

在图 9.20 中，IOH 的重要功能是提供对 PCI-e 2.0 的支持，最多可支持 36 条 PCI-e 2.0 通路，可以配置为一个或两个 PCI-e 2.0 × 16 的链路，或者 4 个 PCI-e 2.0 × 8 的链路，或者其他的组合，如 8 个 PCI-e 2.0 × 4 的链路等。这些 PCI-e 链路可以支持多个图形显示卡。

IOH 与 ICH 芯片（ICH10 或 ICH10R）通过 DMI（Direct Media Interface）总线连接。DMI 采用点对点方式，时钟频率为 100MHz，因为上行与下行各有 1GB/s 的数据传输率，所以总带宽为 2GB/s。ICH 芯片中集成了相对慢速的外设 I/O 接口，包括 6 个 PCI-e 1.0 ×1 接口、10/100/1000Mbps 网卡接口、集成声卡（HD Audio）、6 个 SATA 硬盘控制接口和 12 个支持 USB 2.0 标准的 USB 接口。若采用 ICH10R 芯片，则还支持 RAID 功能，即 ICH10R 芯片中还包含 RAID 控制器，所支持的 RAID 等级有 SATA RAID 0、RAID 1、RAID 5、RAID 10 等。

9.4.3 I/O 接口的功能和结构

外设的 **I/O 接口**又称为**设备控制器**或 **I/O 控制器**或 **I/O 控制接口**，也称为 **I/O 模块**，是介于外设和 I/O 总线之间的部分，不同的外设往往对应不同的设备控制器。设备控制器通常独立于 I/O 设备，可以集成在主板上（即 ICH 芯片内）或以插卡的形式插在 I/O 总线扩展槽上。图 9.19 中的磁盘控制器、以太网卡（网络控制器）、USB 控制器、声卡、视频卡等都是 I/O 接口。

I/O 接口根据从 CPU 接收到的命令控制相应外设。它在主机一侧与 I/O 总线相连，在外设一侧提供相应的**连接器插座**，在插座上连上电缆即可通过设备控制器将外设连接到主机。

图 9.21 给出了常用 I/O 设备插座。目前很多外设都可连接到 USB 接口上，键盘和鼠标既可连接到 PS/2 插座（图中键盘接口和鼠标器接口处的插座）

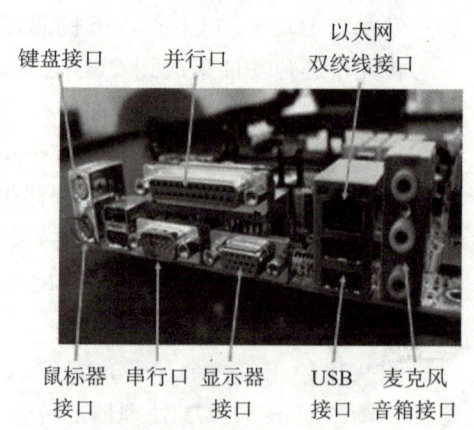

图 9.21 常用 I/O 设备插座

上，也可连到 USB 接口上。

I/O 接口的主要职能包括以下几个方面。

- 数据缓冲。主存和 CPU 寄存器的存取速度都非常快，而外设一般涉及机械操作，其速度较低。在设备控制器中引入**数据缓冲寄存器**后，输出数据时，CPU 只需把数据送到数据缓冲寄存器即可；在输入数据时，CPU 只需从数据缓冲寄存器取数即可。在设备控制器控制外设与数据缓冲寄存器进行数据交换时，CPU 可执行其他任务。
- 错误和就绪检测。提供错误和就绪检测逻辑，并将结果保存在**状态寄存器**，供 CPU 查用。状态信息包括各类就绪和错误信息，如外设是否完成打印或显示、是否准备好输入数据供 CPU 读取、打印机是否缺纸、磁盘数据校验是否正确等。
- 控制和定时。接收主机侧送来的控制信息和定时信号，根据相应的定时和控制逻辑，向外设发送控制信号，控制外设工作。主机送来的控制信息存放在**控制寄存器**中。
- 数据格式的转换。提供数据格式转换部件（如进行串-并转换的移位寄存器），将从外部接口接收的数据转换为内部接口所需要的格式，或进行反向的数据格式转换。例如，以二进制位的形式读写磁盘驱动器后，磁盘控制器将对从磁盘读出的数据进行**串-并转换**，或对主机写入的数据进行**并-串转换**。

不同 I/O 接口（设备控制器）在复杂性和控制外设数量上相差很大，故此处不一一列举。图 9.22 给出了 I/O 接口的通用结构。

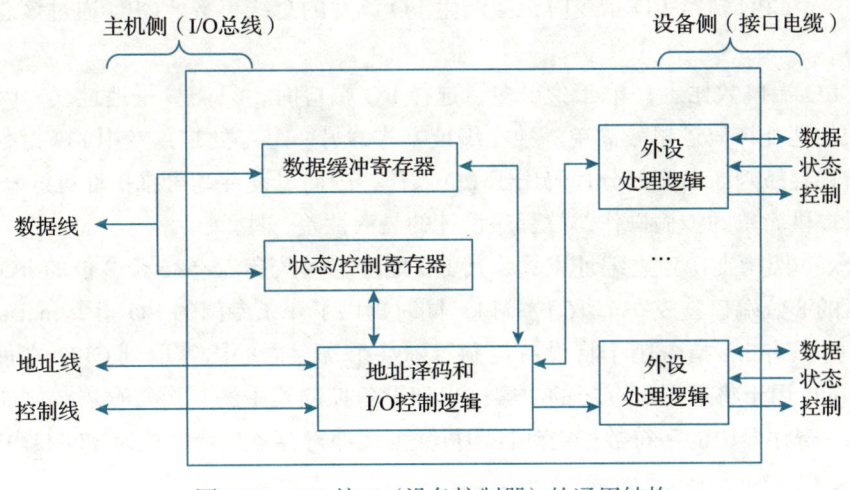

图 9.22 I/O 接口（设备控制器）的通用结构

如图 9.22 所示，I/O 接口中包含数据缓冲寄存器、状态/控制寄存器等多个不同的寄存器，用于存放外设与主机交换的数据信息、控制信息和状态信息。因为状态信息和控制信息传送方向相反，而且 CPU 通常在时间上交错访问它们，所以有些设备控制器将它们合并为一个寄存器。

设备控制器是连接外设和主机的"桥梁"，它在外设侧和主机侧各有一个接口。一方面，设备控制器在主机侧通过 I/O 总线和主机相连，CPU 可通过指令将控制信息写入控制寄存器、从状态寄存器读出状态信息或与数据缓冲寄存器进行数据交换，通常把这类指令称为 **I/O 指令**；另一方面，设备控制器在外设侧通过各种接口电缆（如 USB 线、网线、并行电缆等）和外设相连。因此，连接电缆、设备控制器、各类总线及其桥接器共同在外设、主存和 CPU 之间建立一条信息传输"通路"。

有了设备控制器，底层 I/O 软件就可以通过设备控制器来控制外设，因此编写底层 I/O 软件的程序员只需了解设备控制器的工作原理，包括设备控制器中有哪些软件可访问的寄存器、控制/状态寄存器中每一位的含义、设备控制器与外设之间的通信协议等，而无须了解外设的机械特性。

9.4.4 I/O 端口及其编址

通常把设备控制器中的数据缓冲寄存器、状态/控制寄存器等统称为 **I/O 端口**（I/O port）。数据缓冲寄存器简称**数据端口**，状态/控制寄存器简称**状态/控制端口**。为了让 CPU 指定访问的外设和 I/O 端口，必须给 I/O 端口编址，所有 I/O 端口编号组成的空间称为 **I/O 地址空间**。I/O 端口的编址方式有两种：独立编址方式和统一编址方式。

1. 独立编址方式

独立编址方式对所有 I/O 端口单独编号，使它们成为一个与主存地址空间独立的 I/O 地址空间。采用该编址方式时，无法从地址码区分 CPU 访问的是 I/O 端口还是主存单元，因此指令系统中需要有专门的 I/O 指令表明访问的是 I/O 地址空间，I/O 指令中地址码部分给出 I/O 端口号。CPU 执行 I/O 指令时，会产生 I/O 读写的总线事务，CPU 通过该总线事务访问 I/O 端口。

通常，I/O 端口数比主存单元少得多，选择 I/O 端口时，只需少量地址线，因此，在设备控制器中的地址译码逻辑较简单。独立编址方式的另一个好处是，专用 I/O 指令使程序的结构较清晰，容易判断出哪部分代码用于 I/O 操作，因而可读性和可维护性更好。不过，I/O 指令往往只提供简单的传输操作，故程序设计的灵活性差一些。

例如，x86 架构支持独立编址方式，其 I/O 地址空间共有 65 536 个 8 位的 I/O 端口，可将两个连续的 8 位端口看成一个 16 位端口；同时提供了 4 条专门的 I/O 指令 in、ins、out 和 outs，其中的 in 和 ins 指令用于将设备控制器中某个寄存器的内容取到 CPU 的通用寄存器中，out 和 outs 用于将通用寄存器的内容输出到设备控制器中的某个寄存器。例如，以下两条指令将 AL 寄存器中的字符数据送到打印机数据缓冲寄存器（端口号为 378H）中。

```
movl $0x378,%edx      # 将数据缓冲寄存器编号 378H 送 DX
outb %al,%dx          # 将 AL 中的字符数据送数据缓冲寄存器
```

2. 统一编址方式

统一编址方式下，I/O 地址空间与主存地址空间统一编址，主存地址空间分出一部分地址给 I/O 端口编号。由于 I/O 端口和主存单元在同一个地址空间的不同区域中，可根据地址范围区分访问的是 I/O 端口还是主存单元，因此无须添加专门的 I/O 指令，只要用一般的访存指令即可访问 I/O 端口。因为这种方式是将 I/O 端口映射到主存空间的某段地址，所以也称为**存储器映射 I/O**（Memory Mapping I/O，**MMIO**）方式。

因为统一编址方式下 I/O 访问和主存访问共用同一组指令，所以其保护机制可由虚拟存

储管理机制实现。统一编址方式大大增加了编程的灵活性，任何访问内存的指令均可用于访问设备控制器中的 I/O 端口。例如，可用访存指令在 CPU 通用寄存器和 I/O 端口之间传送数据，可用 and、or 或 test 等指令操作设备控制器中的控制/状态寄存器。

大多数 RISC 架构都采用统一编址方式。如在 RISC-V 和 MIPS 两种架构中，I/O 端口采用存储器统一编址方式，通过 Load/Store 指令读/写 I/O 端口中的信息，总线可根据访存指令的物理地址范围区分读写的是主存单元还是 I/O 端口。

例如，对于 MIPS 32 架构，图 9.23 给出了其虚拟地址空间映射。其中内核空间中位于 0xA000 0000 ~ 0xBFFF FFFF 的 kseg1 区域是非映射非缓存区域，它被固定映射到物理地址空间最开始的 512MB（0x0000 0000 ~ 0x1FFF FFFF）区间，只需将虚拟地址最高三位清零即可转换为物理地址，无须经过 MMU 转换，因此它是**非映射**（unmapped）区域，同时它也是**非缓存**（uncached）区域，该区域中的信息不能送 cache 进行缓存。

通常将 I/O 端口地址空间分配在 kseg1 区域，原因是该区域的非缓存特性（即在 cache 中没有副本）能保证对 I/O 空间访问的**数据一致性**。此外，kseg1 是唯一能在系统启动时（此时 MMU 和 cache 还未能正常工作）可以访问的地址空间，因此，MIPS 32 规定，上电重启后所运行程序的第一条指令的地址为 0xBFC0 0000，所映射的物理地址是 0x1FC0 0000。

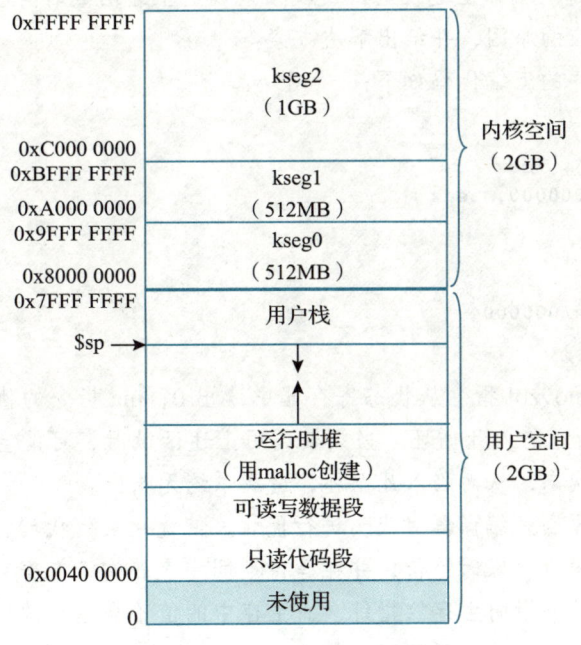

图 9.23　MIPS 32 虚拟地址空间

如果将 MIPS 32 虚拟地址空间的 kseg1 区域中的一块地址分配给 I/O 地址空间，其中的地址对应到不同外设控制器中的 I/O 端口号，例如，可将 0xB0C0 0000~0xB0C0 0FFF 范围的地址分配给网卡（网络控制器）中的 I/O 端口。执行加载指令 lw 时，只要通过简单的虚实地址变换（最高三位清 0），将分配给 I/O 端口号的虚拟地址变换为对应的物理地址，CPU 将该物理地址送到系统总线上，最终通过 I/O 总线的地址线传送到 I/O 接口中，从而选中要访问的 I/O 端口，就可完成从指定 I/O 端口加载信息的过程。例如，执行以下两条指令可将 I/O

端口 B0C0 0010H 中的信息（数据或状态）取到寄存器 $t8 中。

```
lui  $t9, 0xb0c0      # 将立即数 B0C0 0000H 送入寄存器 $t9
lw   $t8, 0x10($t9)   # 从 I/O 端口 B0C0 0010H 中读取信息到 $t8 中
```

采用统一编址方式时，访存指令既可能访问主存，也可能访问 I/O 端口。与主存单元不同，即使 CPU 未主动写入 I/O 端口，其值也可能会随设备的工作状态发生变化，这会给软件编程和 CPU 设计带来若干新问题。

例 9.6 某 x86 嵌入式处理器配置了 MMIO 方式的串口，其状态寄存器的地址为 0xf000 0000，1 表示就绪，0 表示忙碌；其数据寄存器的地址为 0xf000 0004，串口就绪时向往该地址写入字符可通过串口输出该字符。某学生为该串口开发了一个简单的驱动程序，代码如下：

```
1  #define READY 1
2  void uart_putch(char ch) {
3      char *status_port = (char *)0xf0000000L;
4      char *data_port = (char *)0xf0000004L;
5      while (*status_port != READY); //wait until ready
6      *data_port = ch;
7  }
```

该学生通过 -O1 选项编译上述代码，发现频繁调用上述函数时有一定概率造成系统无响应。请分析系统无响应的原因，并给出解决方案。

解： 上述驱动程序的汇编代码如下：

```
uart_putch:
    movl  4(%esp), %edx
    movzbl 0xf0000000, %eax
.L2:
    comb  $1, %al
    jne   .L2
    movb  %dl, 0xf0000004
    ret
```

当串口忙碌时，movzbl 指令从状态寄存器中读出 0，jne 指令的执行结果为跳转，但跳转目标为标号 .L2，因此陷入死循环。当频繁调用上述函数时，可能会在串口忙碌时再次进入该函数查询串口的状态，从而陷入死循环，造成系统无响应。

造成上述结果的原因是编译器对代码进行优化，使优化后的代码行为不符合预期。具体地，驱动程序希望在串口忙碌时等待，并在等待期间一直轮询状态寄存器。但编译器在优化时认为 status_port 是一个指向主存的指针，而主存中的值不会主动改变，因此编译器判断在循环中多次读出 status_port 的结果相同，故将读出 status_port 的操作提前到循环外进行，通过减少读出 status_port 的次数优化程序。但实际上 status_port 是一个指向设备寄存器的指针，即使程序未写入设备寄存器，其中的值也可能会主动改变，因此编译器进行上述优化的前提不成立，导致优化后的代码行为不符合预期。

为解决上述问题，可通过 C 语言中的 volatile 关键字修饰指针所指类型，表示指针指向的存储单元可能会因其他因素被修改，或者访问该存储单元会产生其他副作用。在该前提下，编译器将严格按照 C 语言的语义规则来生成访问该存储单元的代码。在本例中，可对第 3 行和第 4 行进行如下修改：

```
3       volatile char *status_port = (volatile char *)0xf0000000L;
4       volatile char *data_port = (volatile char *)0xf0000004L;
```

修改后重新编译，得到如下汇编代码：

```
uart_putch:
    mov 4(%esp), %edx
.L2:
    movzbl 0xf0000000, %eax
    comb $1, %al
    jne .L2
    movb %dl, 0xf0000004
    ret
```

当串口忙碌时，jne 指令的执行结果为跳转，跳转后重新从状态寄存器读出串口状态，正确实现了轮询功能。

现代 CPU 通常包含 cache，但架构师应保证通过访存指令访问 I/O 端口时，数据不应装入 cache。cache 可正确工作的其中一个假设是，装入的主存块在主存中的副本不会自动变化，使 CPU 可以从 cache 中访问到最新的数据。但是 I/O 端口的性质不符合上述假设，因此，若 I/O 端口的数据装入 cache，将会使程序无法读取 I/O 端口的最新值，或者使程序发送的命令字无法及时传送到设备。

考虑例 9.6，假设 CPU 首次访问 status_port 端口时串口忙碌，则 movzbl 指令读出 0。若将该读出结果装入 cache，后续通过 movzbl 指令对该 I/O 端口的访问将会在 cache 中命中，从而一直读出 0；即使串口已就绪，movzbl 指令仍然读出 0，使 jne 指令的执行结果为跳转，从而陷入死循环。即使 CPU 首次访问 status_port 端口时串口就绪，若写入 data_port 端口的字符经过 cache，则也可能会因为 cache 采用写回法，而使字符无法及时输出到串口。

为了避免上述问题，cache 在接收来自 CPU 的访存请求时，需要检查物理地址是否位于 I/O 地址空间。若是，则将该访存请求绕过 cache，直接通过总线传送到设备，从设备中读出的结果也绕过 cache，直接返回给 CPU。在虚拟存储系统中，页表项中的禁止缓存位也可以用于指示该页面能否装入 cache，操作系统可借助该位在虚拟地址空间中标识 I/O 端口所在的页面。

如 9.3.2 节所述，由于 I/O 指令与指令集相关，因此 Linux 提供 readb() 和 writeb() 等函数对 I/O 指令进行抽象。例如，在 x86 架构中，readb() 和 writeb() 的实现如下：

```
unsigned char readb(const volatile void *addr) {
    unsigned char ret;
    asm volatile("movb %1, %0" : "=q" (ret) : "m" (*(volatile unsigned char *)
        addr):"memory");
    return val;
}

void writeb(unsigned char val, volatile void *addr) {
    asm volatile("movb %0, %1" : : "q" (val), "m" (*(volatile unsigned char *)
        addr):"memory");
}
```

上述两个函数均采用内联汇编实现。其中 readb() 函数将参数 addr 作为 movb 取数指令的访存地址，将读出的结果作为 ret 变量的值并返回；writeb() 函数将参数 addr 作为 movb 存数指令的访存地址，将参数 val 作为 movb 存数指令的写入数据。

9.4.5 中断系统

现代计算机系统的中断处理功能相当丰富，每个计算机系统的中断系统功能可能不完全相同，但其基本功能主要包括以下几个方面。

- 及时记录各种中断请求，通常用一个中断请求寄存器来记录。
- 自动响应中断请求。CPU 在"开中断"状态下，每执行一条指令后都会自动检测中断请求引脚，发现有中断请求后会自动响应中断。
- 同时有多个中断请求时，能自动选择并响应优先级最高的中断请求。
- 保护被打断程序的断点和现场。断点指被打断程序中将要执行的下一条指令的地址，由 CPU 保存，现场指被打断程序在断点处各通用寄存器中的内容，由中断服务程序保存。
- 通过中断屏蔽实现多重中断的嵌套执行。

中断系统允许 CPU 在执行某中断服务程序时，被新的中断请求打断。但并非所有中断处理都可被新中断打断，对于一些重要的紧急事件，要设置成不可被打断，这就是中断屏蔽的概念。中断系统中要有中断屏蔽机制，针对每个中断，软件可以设置其允许被哪些中断打断、不允许被哪些中断打断。该功能主要通过在中断系统中设置中断屏蔽字实现。屏蔽字中每一位对应某个外设中断源，称为该中断源的中断屏蔽位，通常 1 表示允许中断，0 表示不允许中断（即屏蔽中断）。软件可以通过执行指令修改屏蔽字，从而动态改变中断处理的先后次序。

中断系统的基本结构如图 9.24 所示。

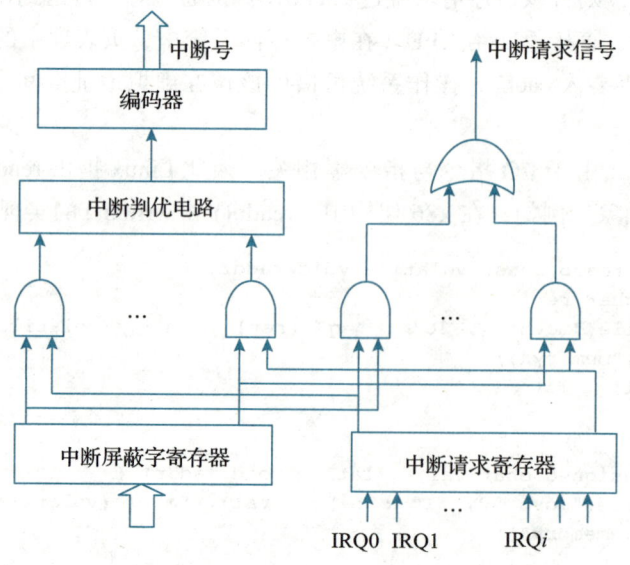

图 9.24　中断系统的基本结构

从图 9.24 可看出，来自各个外设的中断请求记录在中断请求寄存器的对应位，每个中断源有各自对应的中断屏蔽字，软件可根据需求设置中断屏蔽字寄存器。若有未屏蔽的中断请求到来，中断系统将会生成中断请求信号，同时将所有未被屏蔽的中断请求送到中断判优电路中。中断判优电路根据中断响应优先级选择一个优先级最高的中断源，通过编码器对该中断源进行编码，得到中断源的标识信息，称为中断号。CPU 在"开中断"状态下，每当执行完当前指令，都会检测中断请求信号（如 Intel x86 架构中的 INTR 信号）查看有无中断请求。若有，CPU 将会响应中断，在下一个指令周期开始，CPU 将跳转到中断入口执行。中断响应过程与异常响应过程类似，具体可参见 8.2.4 节和 8.3.2 节。

中断系统的功能一般通过可编程中断控制器（Programmable Interrupt Controller，PIC）实现。每个能够发出中断请求的外部设备控制器都有一条 IRQ 线，所有外设的 IRQ 线连到 PIC 对应的输入 IRQ0,IRQ1,…,IRQi,…。若某 IRQi 输入信号有效，则 PIC 将其中断请求寄存器中对应那一位置 1，从而记录该中断请求。PIC 对所有外设发来的 IRQ 请求按优先级排队，如果至少有一个未屏蔽的 IRQ 请求，则 PIC 通过 INTR 信号向 CPU 发送中断请求。

中断系统中存在两种中断优先级。一种是中断响应优先级，另一种是中断处理优先级。中断响应优先级由中断查询程序或图 9.24 中的中断判优电路决定优先权，它决定多个中断同时请求时先响应哪个；而中断处理优先级则由各自的中断屏蔽字（图 9.24 中的中断屏蔽字寄存器中的内容）来动态设定，决定本中断与其他所有中断之间的处理优先关系。如 9.3.3 节所述，在多重中断系统中通常用中断屏蔽字动态分配中断处理优先权。

9.5 hello 程序运行过程综述

1.2.3 节简单介绍了 hello 程序的运行过程。本节以 IA-32+Linux 平台为例，结合前面各章节内容，进一步细化该过程中计算机系统的行为。前 5 章介绍了计算机系统如何将 hello.c 源程序转换为 hello 可执行文件。本节主要总结可执行文件 hello 的加载和运行过程。以下执行过程涉及的原理性知识点，前面章节中都有相应介绍，读者可参考前面章节中的相应内容以便进一步理解具体过程。

9.5.1 shell 进程等待用户键盘输入

shell 进程输出命令行提示符（如 linux>）后，通常会调用 C 标准 I/O 库函数 fgets() 从标准输入文件 stdin 读入一行字符到缓冲区作为命令。假设命令行缓冲为 buf，缓冲区大小为 80，则函数调用语句为 fgets(buf, 80, stdin)。fgets() 通过 stdin 的 FILE 结构获取文件描述符 fd=0，并最终调用系统级 I/O 函数 read(0, buf, 80)。在 read() 对应的指令序列中有一条陷阱指令（IA-32 中为 int $0x80 指令）。

IA-32 采用硬件识别异常 / 中断事件方式，即向量中断方式，执行 int $0x80 指令过程中，CPU 将进行如下操作（具体过程参见 8.3.2 节）。

1）通过 IDTR 寄存器在内存中找到中断描述符表。

2）用中断类型号 0x80 作为索引查找中断描述符表，得到一个陷阱门描述符。

3）将陷阱门描述符中的段选择符对 GDT 进行索引，找到一个段描述符。此时该段描述符应描述内核代码段，因此完成从用户态到内核态的切换。

4）用 TR 寄存器中的段选择符作为索引查找 GDT，得到一个 TSS 描述符。

5）通过 TSS 描述符在内存中找到 TSS 结构。

6）从 TSS 结构中读取 SS0 和 ESP0，两者组合为内核栈的栈顶指针。

7）将此时的 SS 寄存器和 ESP 寄存器分别记为 SS3 和 ESP3，并将 SS0 和 ESP0 分别设置到 SS 寄存器和 ESP 寄存器中。

8）将 SS3、ESP3、EFLAGS、CS、EIP 保存在内核栈中，此处保存的 EIP 为 int $0x80 的下一条指令的地址。

9）将陷阱门描述符中的段选择符设置到 CS 寄存器中，偏移量设置到 EIP 寄存器中，从而跳转到异常/中断处理程序的入口地址处执行。

由于 IA-32 采用向量中断方式，因此跳转到的异常/中断处理程序即为系统调用处理程序的入口地址。异常/中断处理程序的处理过程如下。

1）保存 shell 进程的上下文。将当前的通用寄存器和部分段寄存器等现场信息保存在内核栈中。

2）调用系统调用处理函数 do_int80_syscall_32()。

在系统调用处理函数中，发现存放系统调用号的寄存器 EAX 中为常数 SYS_read（read 系统调用号，在 IA-32+Linux 平台中为 3），于是就调用相应的系统调用服务例程 sys_read() 执行。sys_read() 将 fd=0 作为索引访问当前进程的打开文件描述符表，获得 stdin 对应的文件表项，并进一步调用虚拟文件系统层提供的读文件接口函数 vfs_read()。vfs_read() 发现上述文件表项关联到设备文件 /dev/tty，因此通过一系列操作最终调用 tty_read()。

若 tty_read() 发现当前终端的输入缓冲区中无字符，则需要等待用户输入。为充分利用 CPU 资源，操作系统阻塞 shell 进程，并调用 schedule() 函数，通过调度器选择系统中另外一个用户进程 P 进行上下文切换，从而切换到用户进程 P 执行。

9.5.2 用户从键盘输入命令行

用户看到命令行提示符后，在终端依次输入字符串 "./hello[enter]" 中的字符。当用户按下 "." 键时，键盘控制器检测到有键被按下，就向中断控制器发送键盘中断请求。IA-32 系统通常采用 IOAPIC 模块作为中断控制器与外设的中断请求连接。中断控制器将该请求记录在中断请求寄存器中，此时中断屏蔽字寄存器中的键盘中断对应位为 1，表示允许键盘中断。假设此时系统中没有其他设备向中断控制器发送中断请求，故中断控制器的中断判优电路将选出键盘中断请求，并将其编码成中断号 N，同时产生外部中断请求信号向 CPU 发送。此时 CPU 正在执行用户进程 P，故处于开中断状态，即 EFLAGS 寄存器的 IF 位为 1。CPU 每执行一条指令，都会自动检测中断请求引脚是否有中断请求到来。

当 CPU 检测到中断控制器发出的外部中断请求信号（INTR 信号）时，就在当前指令执行结束时响应外部中断请求。外部中断响应过程与 int $0x80 指令执行过程类似，其断点也是下一条指令地址，但会通过中断描述符表找到一个中断门描述符，因此中断响应过程中 CPU 会关中断，最后跳转到外部中断处理函数。外部中断处理函数将会执行一条 I/O 读指令，从中断控制器的中断号寄存器中读出中断号 N。该 I/O 读指令发起一个目标地址为中断号寄存器端口号的读事务总线请求，系统总线将该请求发往中断控制器，中断控制器对总线地址进行译码后，发现是对中断号寄存器进行读操作，便将其中的中断号 N 作为读事务的返回信息，I/O 读指令将返回的 N 存放到通用寄存器中。外部中断处理函数读出中断号 N 后，通过中断号 N 查询并调用与其绑定的中断服务程序，此处应查询并调用 tty 驱动程序在初始化时注册的键盘中断服务程序。

键盘中断服务程序进行如下操作。

1）执行一条 I/O 读指令，从键盘控制器的数据寄存器端口读出按键"."的键盘扫描码。

2）将按键"."的键盘扫描码转换成 ASCII 码，并将其加入按键缓冲区。

3）创建一个新任务，该任务在外部中断返回后启动，负责将按键缓冲区的内容发送到 tty 驱动程序中当前终端的输入缓冲区，最后将字符回显到终端。

外部中断处理函数执行一条 I/O 写指令，向中断控制器写入一个应答信号，从而清除中断控制器发出的中断请求。外部中断处理函数返回到用户进程 P 继续执行。

用户继续按下其他按键，其处理过程类似。综上可知，在 shell 进程被挂起的过程中，若系统一直调度进程 P 运行，则进程 P 和键盘中断服务程序轮流占用 CPU 执行。

9.5.3 唤醒并切换至 shell 进程

当回车键 Enter 被写入 tty 驱动程序当前终端缓冲区时，tty 驱动程序得知用户已经输入了一个命令行字符串，因此将唤醒之前阻塞的 shell 进程，使其成为就绪状态。用户进程 P 继续执行，直到时钟中断到来。时钟模块中的计数器随计数信号的到来而增加，当计数值达到时钟中断处理函数上一次设置的阈值时，将向 CPU 发送中断请求信号。在 IA-32 中，时钟模块通常位于 CPU 核的本地中断控制器 LAPIC 模块中。CPU 在当前指令执行结束时，若检测到 LAPIC 发出的上述时钟中断请求信号，则立即响应时钟中断请求。时钟中断响应过程与上一节介绍的键盘中断响应过程类似。

时钟中断处理函数进行如下操作。

1）根据时钟中断的频率计算出新的阈值，并设置到时钟模块的阈值寄存器中，从而应答时钟中断并清除中断请求。

2）减少当前进程 P 的时间片。

若当前进程 P 的时间片已结束，则会调用 schedule() 函数，通过调度器选择系统中另外一个用户进程进行上下文切换，从而切换到该用户进程执行。此处，假设调度器选择的是之前被唤醒的 shell 进程。

shell 进程从 tty_read() 中继续执行，从当前终端的输入缓冲区中读出一行字符，将其复制到 read 系统调用传入的缓冲区 buf 中，之后依次从 tty_read()、vfs_read() 和 sys_read() 中返回。此时 sys_read() 返回 8，表示读入的字符数量。系统调用处理函数将该返回值设置到 EAX 寄存器，从而完成对 read 系统调用的处理。

shell 进程从系统调用处理函数 do_int80_syscall_32() 返回后，从内核栈中恢复之前保存的上下文，最后通过一条特殊的异常返回指令返回到用户模式继续执行。在 IA-32 中，这条特殊的返回指令为 iret。该指令进行如下操作。

1）将内核栈栈顶的 3 个元素分别恢复到 EIP、CS 和 EFLAGS 中。其中 EIP 应为系统级

I/O 函数 read() 中 int 0x80 指令的下一条指令的地址。

2）发现 CS 中的 CPL 字段从 0 变为 3，表示从内核态切换到用户态，故进一步将栈顶的后续两个元素分别恢复到 ESP 和 SS。

read() 函数检查系统调用的返回值，发现系统调用成功执行，便返回到 fgets()。shell 进程从 fgets() 返回，此时缓冲区 buf 中已存放了用户输入的命令行字符串"./hello"。

9.5.4 使用 fork() 函数创建子进程

shell 进程获得用户输入的命令后，就调用 fork() 函数创建子进程。fork() 函数最终调用 fork 系统调用，其处理过程与上一节的 read 系统调用处理过程类似，但会调用系统调用服务例程 sys_fork()，而不是 sys_read()。

sys_fork() 最终将创建一个子进程，其存储器映射与其父进程的完全相同，即子进程完全复制父进程的 mm_struct、vm_area_struct 数据结构和页表，并将两者中每一个私有页的访问权限都设置成只读，将两者的 vm_area_struct 中描述的私有区域中的页都设置为私有的写时拷贝页。将页设置成只读权限，意味着需要更新这些页对应页表项的权限位。为了让 TLB 能访问到更新后的页表项，需要进行 TLB 和页表的同步操作。在 IA-32 中，该同步操作可通过一条设置 CR3 寄存器的特权指令实现，该指令可完成对 TLB 相应表项的冲刷。

父子进程均从 fork 系统调用返回，假设父进程先被调度返回执行。父进程返回到用户空间后，可能会向数据区（全局变量或静态变量）、栈区（局部变量）和堆区（动态变量）写入数据，此时将执行一条 Store 指令。由于用户进程运行在分页模式下，因此 CPU 执行 Store 指令时，会根据 Store 指令的操作数计算出有效地址，然后将有效地址作为虚拟地址（Virtual Address，VA）送到 MMU 进行地址转换。

假设该 Store 指令的目的地址属于更改了只读权限位的页并在更改后首次被执行。MMU 首先根据分段机制将 VA 转换为线性地址，但 Linux 中，所有段描述符的基地址均为 0，故线性地址与 VA 相等。MMU 根据 VA 查找 TLB，将 VA 的虚拟页号与 TLB 表项比较，由于对应 TLB 表项被冲刷成无效（有效位 V=0），因此未找到有效的匹配表项，发生 TLB 缺失。IA-32 采用硬件方式处理 TLB 缺失，主要过程如下（具体过程可参照 7.5.2 节和 7.6.2 节）。

1）MMU 中的 PTW 模块获取根页表地址。根页表（在 IA-32 中为页目录表）地址位于 CR3 寄存器中（在进行上下文切换时由调度器将被调度执行进程的根页表地址写入 CR3）。

2）将 VA 划分为多个 VPN 字段和一个 VPO 字段。

3）用高位的 VPN 字段索引页表得到相应的页表项，检查页表项的权限，并取出下一级页表的页框号。

4）对所有 VPN 字段从高位到低位重复上述遍历过程，直到找到最后一级页表项。

5）由于对应页在创建子进程时被设置成只读的写时拷贝页，其访问权限与 Store 指令的写入操作不匹配，此时发生页故障异常。

6）MMU 将 VA 保存到一个特殊的寄存器中。在 IA-32 中，该寄存器为 CR2。

CPU 抛出页故障异常，其响应过程与 int $0x80 指令的执行过程类似，但其断点为当前的 Store 指令。对应的页故障处理函数进行如下操作。

1）从相关寄存器中读出 VA 和访存类型（取指、取数或存数）。在 IA-32 中，发生异常的 VA 存放在 CR2 中。

2) 根据当前进程的 mm_struct, 遍历 vm_area_struct 数据结构, 找到与 VA 对应的虚拟地址区间。

3) 根据该区间的属性标志, 确定发生页故障的具体原因。此时, 页故障处理函数发现故障原因是写入了写时拷贝页, 因而进行如下操作: 在主存中分配一个新页框, 将页面内容拷贝到新页框中, 更新相应的页表项, 使其指向新页框, 并将其访问权限修改为可读可写。

从页故障处理函数和异常处理过程返回, 重新执行上述 Store 指令。重复上述地址转换过程, 此时 TLB 中还没有对应的页表项, 因而 CPU 进行如下 TLB 缺失处理: MMU 的 PTW 模块访问主存中的页表, 由于已修改访问权限, 因此不会发生访问越权, 地址转换成功, 即将页框号和 VA 中的页内偏移 VPO 字段组合可得到物理地址 PA, 同时将页表项更新到 TLB 中。

假设 PA 被首次访问, 并假设 cache 采用组相联、回写方式。访存单元根据 PA 查找 L1 数据 cache, 过程如下: 将 PA 划分为标记、组索引和块内偏移三个字段, 根据组索引找到对应 cache 组, 将组内各 cache 行的标记字段与 PA 中的标记字段进行比较, 同时检查相应 cache 行的有效位。由于是首次访问 PA, 因此发生 cache 写缺失。

根据替换算法, 从组内选择一个被替换的 cache 行。若该 cache 行的脏位为 1, 则需要将其数据写回下一级 cache, 并从下一级 cache 中取出缺失的主存块, 查找方式与上述过程类似。

最终将由末级 cache (Last Level Cache, LLC) 控制器控制从主存中取出一个主存块, 其过程如下。LLC 控制器向系统总线发出读主存块的总线事务请求, 该总线事务请求通常采用突发传输方式; 系统总线将事务请求发送至主存控制器, 主存控制器收到总线事务请求后, 将其翻译成主存芯片的命令, 并通过存储器总线将命令发送至主存芯片; 若主存控制器发现访问数据不在主存芯片的行缓冲, 则向主存芯片发送行激活命令, 让主存芯片将存储矩阵中的一行读入行缓冲, 主存控制器向主存芯片发送列地址, 让主存芯片在行缓冲中选择一列; 主存芯片中多个存储矩阵相同位置上的数据位组成一个主存字, 通过存储器总线返回给主存控制器, 主存控制器根据突发传输方式, 连续读取主存芯片中的多个主存字, 构成一个主存块, 主存控制器通过系统总线依次将多个主存字返回给 LLC 控制器。

LLC 控制器将系统总线返回的主存块写入 cache 的数据区, 并填入相应的标记 (tag) 和有效位、脏位等信息, 同时将主存块信息返回给上一级 cache。L1 数据 cache 根据 PA 的块内偏移, 将 Store 指令指定的数据写到主存块中正确的位置, 然后将主存块写入 L1 数据 cache 的数据区, 并更新相应的标记和有效位、脏位等信息。例如, 由于该主存块被 Store 指令写入, 因此对应 cache 行的脏位应更新为 1。

以上就是 shell 进程返回后 Store 指令的首次执行过程, 其他访存指令的执行过程与此类似。父进程最终会调用 wait() 函数等待子进程执行结束。wait() 函数最终调用 wait4 系统调用, 其处理过程与 read 系统调用的处理过程类似, 但会调用系统调用服务例程 sys_wait4(), 而不是 sys_read()。sys_wait4() 发现子进程未结束, 将阻塞当前进程, 并调用 schedule() 函数挂起当前进程, 通过调度器选择系统中的另外一个用户进程进行上下文切换, 从而切换到该用户进程执行。此处, 假设调度器选择 shell 的子进程执行。

9.5.5 hello 进程的加载和执行

子进程首先调用 execve() 系统调用封装函数，在函数参数中指定加载并执行用户在命令行输入的 hello 程序。该系统调用的处理过程与 read 系统调用的处理过程类似，但会调用系统调用服务例程 sys_execve()，而不是 sys_read()。sys_execve() 首先回收当前进程虚拟地址空间的用户区域，包括页表和相关数据结构，然后重新初始化进程控制块等资源，但默认不修改打开文件表，此后 sys_execve() 将会调用操作系统的加载器，将 hello 程序加载到当前进程的虚拟地址空间，具体过程如下。

1）为用户栈分配页框，并映射到当前进程的虚拟地址空间，然后将参数 argv 和环境变量 envp 放入栈中。

2）遍历 hello 可执行文件（ELF 格式）的程序头表，找到一个类型为 PT_INTERP 的解释程序节，该节信息表明 hello 是一个动态链接可执行文件，需要动态加载器完成一部分加载工作。该节包含动态加载器的路径，在 IA-32 中为 /lib/ld-linux.so.2。

3）再次遍历 hello 的程序头表，获取可加载段的信息，但此时并未将可加载段真正从外存读入主存，而是通过 do_mmap() 内核函数将可加载段映射到当前进程的虚拟地址空间中，在此过程中填写相应的 vm_area_struct 数据结构，记录可加载段对应的区域和属性标志。

4）加载动态加载器，通过 do_mmap() 内核函数将动态加载器文件（ELF 格式）中的可加载段映射到当前进程的虚拟地址空间中，在此过程中填写相应的 vm_area_struct 数据结构，记录可加载段对应的区域和属性标志。

5）将动态加载器的入口地址作为当前进程执行的入口。

从 sys_execve() 返回用户空间后，首先执行动态加载器的第一条指令。由于用户进程运行在分页模式下，CPU 读取动态加载器的第一条指令时，将 PC 作为虚拟地址（VA）送到 MMU 进行地址转换。由于该指令首次执行，MMU 根据 VA 查找 TLB，将 VA 的虚拟页号与 TLB 中表项进行比较，未找到有效的匹配表项，发生 TLB 缺失。TLB 缺失的处理过程与上一节类似。PTW 模块读出最后一级页表项时，由于操作系统的加载器并未将动态加载器从外存读入主存，动态加载器的第一条指令所在页面不在主存中，因此页表项的有效位为 0，发生页故障异常。

页故障处理过程与上一节描述的过程类似。此时，页故障处理函数发现故障原因是物理页未从外存读入内存。同时，页故障处理函数发现相应的 vm_area_struct 与特定文件关联，因而尝试从磁盘高速缓存中读出文件的相应页面。此处，文件应为 /lib/ld-linux.so.2。

假设系统首次访问上述文件，即相应页面不在磁盘高速缓存中，此时需要调用逻辑文件系统提供的读文件操作。假设逻辑文件系统是 Linux 常用的 EXT4 文件系统，则上述的读文件操作应为 ext4_read()。ext4_read() 根据 EXT4 文件系统的具体结构，找到该文件在外存的具体位置。

ext4_read() 将对文件的读操作翻译成访问若干存储块的 I/O 请求，并将这些 I/O 请求提交到通用块设备 I/O 层。通用块设备 I/O 层可对多个 I/O 请求进行调度，包括合并多个相邻请求、对请求重排序以优化 I/O 访问时间等。此处，假设外存是磁盘设备，通用块设备 I/O 层通常以降低磁盘寻道时间和旋转等待时间为目标进行 I/O 请求的调度。调度后，通用块设备 I/O 层调用磁盘驱动程序的接口，向磁盘发起 I/O 请求。

磁盘驱动程序通常采用 DMA 方式，在主存和磁盘之间交换数据。磁盘驱动程序进行 DMA 传送的过程如下。

1）通过 I/O 指令将 DMA 传送的主存地址、磁盘地址、传输长度和传输方向等信息写入 DMA 控制器。

2）向 DMA 控制器发送"启动 DMA 传送"命令。

3）阻塞当前进程，并调用 schedule() 函数，切换到其他用户进程 Q 执行。

在用户进程 Q 执行的过程中，DMA 控制器控制磁盘和主存交换数据。DMA 控制器每完成一个单位的数据传送，则将长度计数值减 1，减到 0 时发送"DMA 结束"中断信号。"DMA 结束"中断也属于外部中断，其处理过程与 9.5.2 节介绍的键盘中断类似。DMA 中断处理函数由磁盘驱动程序初始化时注册，它将唤醒正在等待 DMA 传送完成的 hello 进程。

用户进程 Q 继续执行，直到其时间片结束后，调度器调度其他用户进程。此处，假设调度器选择 hello 进程。hello 进程回到磁盘驱动程序执行，完成所有 I/O 请求后，相应文件的内容被读入磁盘高速缓存。

页故障处理函数将相应的文件页面映射到当前进程的虚拟地址空间，即更新相应的页表项，使其指向该页面，并将其有效位设为 1。此处的页面内容应为从文件 /lib/ld-linux.so.2 的入口处读入磁盘高速缓存中的内容。

从页故障处理函数和异常处理过程返回后，重新执行动态加载器的第一条指令。重复上述地址转换过程，此时页表项有效，地址转换成功，得到物理地址。通过物理地址访问 L1 指令 cache，其过程与访问 L1 数据 cache 类似。动态加载器的第一条指令成功执行，其他指令的执行过程与此类似。

动态加载器依次加载 hello 程序依赖的动态库文件，并进行加载时动态链接。此时将初始化 hello 进程中的 GOT 表项。

动态加载器完成加载工作后，将跳转到 hello 进程入口函数 _start() 的第一条指令执行。由于操作系统的加载器并未将 hello 文件从外存读入主存，因此 hello 的第一条指令所在的页面不在主存中，取指令时将发生页故障，其处理过程与动态加载器第一条指令类似。

_start() 函数属于 C 语言运行时环境的一部分，在标准库 libc 中定义。该函数会调用 __libc_start_main() 函数。__libc_start_main() 函数负责进行一系列初始化工作，最后调用 main() 函数。hello 程序的 main() 函数会调用 printf() 函数，但由于 printf() 函数仅仅打印字符串，无其他参数，因此 gcc 默认将该调用优化为 puts() 函数的调用。为方便理解，下面仍采用 printf() 函数进行介绍。

通过 gcc 编译链接的程序默认采用延迟绑定技术，因此对 printf() 函数的调用会跳转到对应的 PLT 表项（printf@plt），该表项为一个桩函数，将跳转到对应 GOT 表项所指的位置。由于 hello 进程初次调用 printf() 函数，因此该 GOT 表项默认指向 PLT[0]，并由 PLT[0] 跳转到位于 GOT[2] 的动态链接器延迟绑定函数 _dl_runtime_resolve()。_dl_runtime_resolve() 函数将获取 printf() 函数的实际地址，并将该地址写入 printf 对应的 GOT 表项中，以便后续对 printf() 函数的调用可通过上述桩函数直接进入该函数执行。_dl_runtime_resolve() 函数完成后，将跳转到 printf() 函数执行。

printf() 函数最终将调用系统级 I/O 函数 write(1,"Hello world!\n",13),从而触发 write 系统调用。write 系统调用的处理过程与 read 系统调用的处理过程类似,但会调用系统调用服务例程 sys_write(),而不是 sys_read()。sys_write() 通过文件描述符 fd=1 查找当前进程的打开文件描述符表,获得 stdout 对应的文件表项,并进一步调用虚拟文件系统层提供的写文件接口函数 vfs_write()。vfs_write() 发现上述文件表项关联到设备文件 /dev/tty,最终将调用 tty_write()。tty 驱动程序将字符串"Hello world!"显示在当前终端上,之后依次从 tty_write()、vfs_write() 和 sys_write() 中返回。此时 sys_write() 返回 13,表示写入 stdout 设备的字符数量。系统调用处理函数将该返回值设置到 EAX 寄存器,从而完成对 write 系统调用的处理,并返回到 hello 进程的用户空间继续执行。

hello 进程完成 printf() 函数的执行后,将从 main() 函数返回 __libc_start_main 函数,并调用 exit() 函数结束当前进程,exit() 函数最终调用 exit_group 系统调用,该系统调用将回收当前进程的所有资源,包括进程控制块、虚拟地址空间相关的页表和数据结构、打开的文件等,然后唤醒父进程 shell,通知其子进程已结束,最后调用 schedule() 函数调度一个新进程执行,此处假设调度的是 shell 进程。shell 进程从 wait 系统调用返回,再次输出命令行提示符(如 linux>),然后调用 C 标准 I/O 库函数 fgets(buf, 80, stdin),等待用户输入新的命令。

例 9.7 在 IA-32+Linux 系统中,假设某用户程序 P 中有以下一段 C 语言代码:

```
1  int len, n, buf[BUFSIZ];
2  FILE *fp;
3  …
4  fp = fopen("bin_file.txt","r");
5  n = fread(buf, sizeof(int), BUFSIZ, fp);
6  …
```

假设文件 bin_file.txt 已经存在磁盘上且存有足够多的数据,以前未被读取过。回答下列问题或完成下列任务。

① 执行第 4 行语句时,从用户程序的执行到调出内核中的 I/O 软件执行的过程是怎样的?要求画出函数之间的调用关系,并用自然语言描述执行过程。

② 执行第 5 行语句时,从用户程序的执行到调出内核中的 I/O 软件执行的过程是怎样的?要求画出函数之间的调用关系。

③ 执行第 5 行语句时,通过陷阱指令陷入内核后,底层的内核 I/O 软件的大致处理过程是怎样的?

解: ① 执行第 4 行语句时,从用户程序的执行到调出内核中的 I/O 软件执行的过程如图 9.25 所示。

当执行到用户程序 P 中第 4 行语句时,将转入 C 标准库函数 fopen() 执行,根据图 9.10 所示的 fopen() 函数源代码可知,fopen() 将调用系统调用函数 open(),而 open 系统调用对应的指令序列中有一条陷阱指令 int $0x80(或 sysenter),当执行到该陷阱指令时,将从用户态陷入内核态执行,在内核态先执行的是 system_call 程序,该程序中再根据系统调用号转到对应的 open 系统调用服务例程 sys_open 执行,文件打开的具体工作由 sys_open() 完成。因为将要打开的文件 bin_file.txt 已经存在,所以,fopen() 函数将能成功执行。

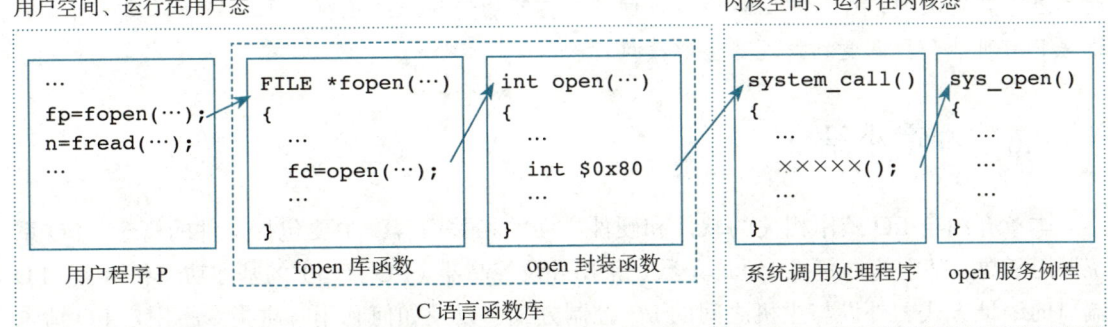

图 9.25　用户程序调用 fopen() 函数到内核 I/O 软件执行的过程

②执行第 5 行语句时，从用户程序 P 的执行到调出内核中的 I/O 软件执行的过程如图 9.26 所示。

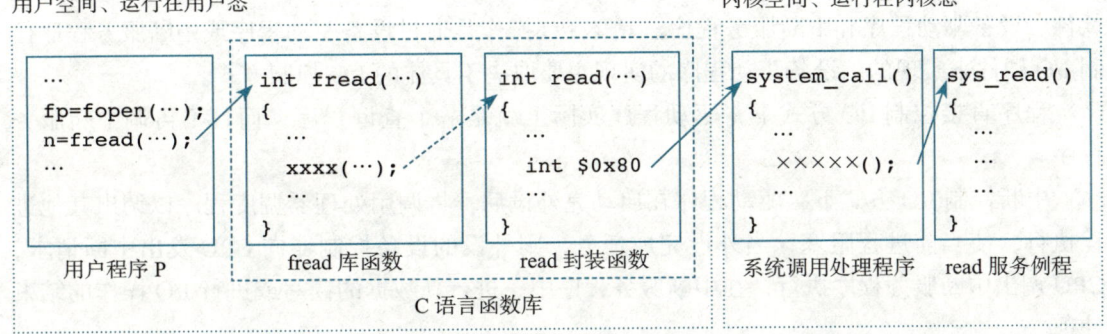

图 9.26　用户程序调用 fread() 函数到内核 I/O 软件执行的过程

③因为用户进程使用 fread() 函数读取的是一个普通的磁盘文件，所以应采用 DMA 控制 I/O 方式进行磁盘读操作。通过系统调用陷入内核后，底层的内核 I/O 软件的大致处理过程如下。

首先，由内核空间中与设备无关的 I/O 软件完成以下相关操作：根据文件 bin_file 的文件描述符 fd[执行 fopen() 函数后得到一个指向结构 FILE 的指针 fp，在 fp 所指结构中包含了打开文件的文件描述符 fd]找到对应的文件描述信息，根据相应的文件描述信息可确定相应的磁盘设备驱动程序；根据文件当前指针确定所读数据在抽象的块设备中的逻辑块号；检查用户所需数据是否在磁盘高速缓存中，以判断是否需要读磁盘。因为文件 bin_file 未曾被读取过，所以肯定不会在磁盘高速缓存中，同时也不会在用户缓冲区，因而需要调用相应的磁盘驱动程序执行读磁盘操作。

然后，在磁盘驱动程序中完成以下操作：先检查磁盘驱动器的电机是否正常运转、将逻辑块号转换为磁盘物理地址、对将要接收磁盘数据的主存空间进行初始化、对 DMA 控制器中的各个 I/O 端口进行初始化；然后发送"启动 DMA 传送"命令以启动具体的 I/O 操作；最后挂起当前用户进程 P，并调用处理器调度程序以使 CPU 转而执行其他用户进程。

最后，当 DMA 控制器完成 I/O 操作后，向 CPU 发送一个"DMA 结束"中断请求信号，CPU 调出相应的中断服务程序执行。CPU 在中断服务程序中，解除用户进程 P 的阻塞状态使其进入就绪队列，然后中断返回，再回到被打断的进程继续执行。下次处理器调度时用户进程 P 有可能会被调度到处理器上继续执行。

9.6 本章小结

本章介绍与 I/O 操作相关的软件和硬件方面的相关内容，主要包括文件的概念、I/O 系统调用函数、基本的 C 标准 I/O 库函数、常用外设控制器（I/O 接口）的基本功能和结构、I/O 端口的编址方式、外设与主机之间的 I/O 控制方式，以及如何利用陷阱指令将用户 I/O 请求转换为操作系统的 I/O 处理过程。

用户程序通常通过调用编程语言提供的库函数或操作系统提供的 API 函数来实现 I/O 操作，这些函数最终都会调用系统调用封装函数，通过封装函数中的陷阱指令使用户进程从用户态转到内核态执行。

在内核态中执行的内核空间 I/O 软件主要包含三个部分，分别是与设备无关的操作系统软件、设备驱动程序和中断服务程序。具体 I/O 操作是通过设备驱动程序或中断服务程序控制 I/O 硬件来实现的。设备驱动程序的实现主要取决于具体的 I/O 控制方式。

程序直接控制 I/O 方式下，驱动程序实际上就是一个查询程序，而且不再调中断服务程序。

中断控制 I/O 方式下，驱动程序在启动完外设后，将调用处理器调度程序以调出其他进程执行，使当前进程阻塞；当外设完成任务，则外设的设备控制器向 CPU 发出中断请求，CPU 调出中断服务程序执行；在中断服务程序中，进行新数据的读写或进行 I/O 操作的结束处理。

DMA 控制 I/O 方式下，驱动程序进行 DMA 传送初始化并发出"启动 DMA 传送"命令后，将调用处理器调度程序以调出其他进程执行，使当前进程阻塞；当 DMA 传送完成后，则 DMA 控制器向 CPU 发出"DMA 结束"中断请求，CPU 调出相应中断服务程序执行；在中断服务程序中，进行 DMA 结束处理。

在设备驱动程序和中断服务程序中，通过执行 I/O 指令对设备控制器中的 I/O 端口进行访问。CPU 通过读取状态端口的状态来了解外设和设备控制器的状态，根据状态向控制端口发送相应的控制信息，以控制外设的读写和定位等操作，外设的数据则通过数据端口来访问。I/O 端口的编址方式有两种：独立编址方式和统一编址（存储器映射）方式。

习题

1. 给出以下概念的解释说明。

I/O 硬件	I/O 软件	用户空间 I/O 软件	内核空间 I/O 软件
系统调用处理程序	系统调用服务例程	设备驱动程序	中断服务程序
系统级 I/O 函数	虚拟文件系统	文件描述符	文件元数据
流缓冲区	索引节点	目录文件	目录项
系统打开文件表	打开文件描述符表	磁盘高速缓存	I/O 控制方式

程序直接控制 I/O	就绪状态	中断控制 I/O	中断屏蔽字
多重中断	中断嵌套	DMA 方式	DMA 控制器
设备控制器	I/O 端口	控制端口	数据端口
状态端口	I/O 地址空间	独立编址方式	统一编址方式
存储器映射 I/O	I/O 指令	可编程中断控制器	中断请求寄存器
中断响应优先级	中断处理优先级		

2. 简单回答下列问题。

(1) I/O 子系统的层次结构是怎样的？
(2) 系统调用封装函数对应的机器级代码结构是怎样的？
(3) 为什么系统调用的开销很大？
(4) C 标准 I/O 库函数是在用户态执行还是在内核态执行？
(5) 与 I/O 操作相关的系统调用封装函数是在用户态执行还是在内核态执行？
(6) 什么是程序直接控制 I/O 方式？说明其工作原理。
(7) 什么是中断控制 I/O 方式？说明其工作原理。
(8) 为什么在保护现场和恢复现场的过程中，CPU 必须关中断？
(9) DMA 控制 I/O 方式能够提高成批数据交换效率的主要原因是什么？
(10) DMA 控制器在什么情况下发出中断请求信号？
(11) I/O 端口的编址方式有哪两种？各有何特点？
(12) 为什么中断控制器把中断类型号放在 I/O 总线的数据线上而不是放在地址线上？

3. 在 Linux 系统中，假设硬盘文件"\home\test.txt"的数据由 ASCII 码字符串"\home\test"组成，下列程序的输出结果是什么？程序执行后，该文件中的内容是什么？

```
1   #include <stdio.h>
2   #include <fcntl.h>
3   #include <unistd.h>
4
5   int main() {
6       int fd1,fd2;
7       char data[11];
8
9       fd1=open("\home\test.txt", O_RDONLY, 0);
10      close(fd1);
11
12      fd2=open("\home\test.txt", O_RDONLY, 0);
13      read(fd2,data,10);
14      data[10]= '\0';
15      printf("fd2=%d,data=%s\n",fd2,data);
16      write(fd2, "\ngoodbye!\n",10);
17      exit(0);
18  }
```

4. 以下是在 IA-32+Linux 系统中执行的用户程序 P 的汇编代码：

```
1   # hello.s #
2   # display a string "Hello, world."
3
4       .section .rodata
```

```
 5  msg:
 6    .ascii "Hello, world.\n"
 7
 8    .section .text
 9    .globl _start
10  _start:
11
12    movl $4, %eax              # 系统调用号为 4 (sys_write)
13    movl $1, %ebx              #file descriptor（参数一）：文件描述符（stdout）
14    movl $msg, %ecx            #string address（参数二）：要显示的字符串
15    movl $14, %edx             #string length（参数三）：字符串长度
16    int $0x80                  # 调用内核功能
17
18    movl $1, %eax              # 系统调用号为 1 (sys_exit)
19    movl $0, %ebx              # 参数一：退出代码
20    int $0x80                  # 调用内核功能
```

针对上述汇编代码，回答下列问题。

（1）程序的功能是什么？

（2）执行到哪些指令时会发生从用户态转到内核态执行的情况？

（3）该用户程序调用了哪些系统调用？

5. 第 4 题中用户程序的功能可以用以下 C 语言代码来实现：

```
1  int main() {
2
3      write(1, "Hello, world.\n", 14);
4      exit(0);
5  }
```

针对上述 C 代码，回答下列问题或完成下列任务。

（1）执行 write() 函数时，传递给 write() 的实参在 main 栈帧中的存放情况怎样？要求画图说明。

（2）从执行 write() 函数开始到调出 write 系统调用服务例程 sys_write() 执行的过程中，其函数调用关系是怎样的？要求画图说明。

（3）就程序设计的便捷性和灵活性以及程序执行性能等方面，与第 4 题中的实现方式进行比较。

6. 第 4 题和第 5 题中用户程序的功能可以用以下 C 语言代码来实现：

```
1  #include <stdio.h>
2  int main() {
3      printf("Hello, world.\n");
4      exit(0);
5  }
```

假定源程序文件名为 hello.c，可重定位目标文件名为 hello.o，可执行目标文件名为 hello，程序用 GCC 编译驱动程序处理，在 IA-32+Linux 系统中执行。回答下列问题或完成下列任务。

（1）为什么在 hello.c 的开头需要加 "#include <stdio.h>"？为什么 hello.c 中没有定义 printf() 函数，也没有它的原型声明，但 main() 函数引用它时没有发生错误？

（2）需要经过哪些步骤才能在机器上执行 hello 程序？要求详细说明各个环节的处理过程。

（3）为什么 printf() 函数中没有指定字符串的输出目的地，但执行 hello 程序后会在屏幕上显示字符串？

（4）字符串"Hello, world.\n"在机器中对应的 0/1 序列（机器码）是什么？这个 0/1 序列存放在 hello.o 文件的哪个节中？这个 0/1 序列在可执行目标文件 hello 的哪个段中？

（5）若采用静态链接，则需要用到 printf.o 模块来解析 hello.o 中的外部引用符号 printf，printf.o 模块在哪个静态库中？静态链接后，printf.o 中的代码部分（.text 节）被映射到虚拟地址空间的哪个段中？若采用动态链接，则 printf() 函数的代码在虚拟地址空间中的何处？

（6）假定 printf() 函数最终调用的 write 系统调用封装函数 write() 对应的汇编代码如下：

```
804f8fa:    53                  push   %ebx
804f8fb:    8b 54 24 10         mov    0x10(%esp),%edx
804f8ff:    8b 4c 24 0c         mov    0xc(%esp),%ecx
804f903:    8b 5c 24 08         mov    0x8(%esp),%ebx
804f907:    b8 04 00 00 00      mov    $0x4,%eax
804f90c:    cd 80               int    $0x80
804f90e:    5b                  pop    %ebx
804f90f:    3d 01 f0 ff ff      cmp    $0xfffff001,%eax
804f914:    0f 83 f6 1f 00 00   jae    8051910 <_syscall_error>
804f91a:    c3                  ret
```

请给出以上每条汇编指令的注释，并说明该 Linux 系统中系统调用返回的最大错误号是多少？

（7）就程序设计的便捷性和灵活性以及程序执行性能等方面，分别与第 4 题和第 5 题中的实现方式进行比较，并分析说明哪个执行时间更短？

7. 若前端总线的工作频率为 1333MHz（实际时钟频率为 333MHz），总线宽度为 64 位，则总线带宽为多少？若存储器总线为三通道总线，总线宽度为 64 位，内存条的型号为 DDR3-1333，则整个存储器总线的总带宽为多少？若内存条型号改为 DDR3-1066，则存储器总线的总带宽又是多少？

8. 总线的速度通常指每秒钟传输多少次，例如，QPI 总线的速度单位为 GT/s，表示每秒钟传输多少个 10 亿（$1G=10^9$）次。若 QPI 总线的时钟频率为 2.4GHz，则其速度是多少？总带宽是多少 GB/s？QPI 总线的速度也称为 QPI 频率，QPI 频率为 6.4GT/s 时的总带宽是多少？

9. PCI-e 总线采用串行传输方式，PCI-e × n 表示具有 n 个通路的 PCI-e 链路。PCI-e 1.0 规范支持通路中每个方向的发送或接收速率为 2.5Gb/s，则 PCI-e × 8 和 PCI-e × 32 的总带宽分别为多少？

10. 假定采用独立编址方式对 I/O 端口进行编号，那么，必须为处理器设计哪些指令来专门用于进行 I/O 端口的访问？连接处理器的总线必须提供哪些控制信号来表明访问的是 I/O 空间？

11. 假设某台计算机带有 20 个终端同时工作，在运行用户程序的同时能接收来自任意一个终端输入的字符信息，并将字符回送显示（或打印）。每一个终端的键盘输入部分都有一个数据缓冲寄存器 RDBRi（$i=1 \sim 20$），当在键盘上按下某一个键时，相应的字符代码即进入 RDBRi，并使它的"完成"状态标志 Done$i$（$i=1 \sim 20$）置 1，要等 CPU 把该字符代码取走后，Done$i$ 标志才被自动清 0。每个终端显示（或打印）输出部分都有一个数据缓冲寄存器 TDBRi（$i=1\sim20$），并有一个 Ready$i$（$i=1\sim20$）状态标志，该状态标志为 1 时，表示相应的 TDBRi 是空着的，准备接收新的输出字符代码，当 TDBRi 接收了一个字符代码后，Ready$i$ 标志被自动清 0，并将字符代码送到终端显示（或打印），为了接收终端的输入信息，CPU 为每个终端设计了一个指针 PTRi（$i=1 \sim 20$），用于指向为该终端保留的主存输入缓冲区。CPU 采用下列两种方案输入键盘代码，同时回送显示（或打印）。

（1）每隔一段固定时间 T 转入一个状态检查程序 DEVCHC，按顺序检查全部终端是否有任何键盘信息要输入，如果有，则按顺序完成输入。

（2）允许任何有键盘信息输入的终端向处理器发出中断请求。全部终端采用共同的向量地址，利用它，处理器在响应中断后转入一个中断服务程序 DEVINT，由 DEVINT 查询各终端状态标志，并为最先遇到的请求中断的终端服务，然后转向用户程序。

要求画出 DEVCHC 和 DEVINT 两个程序的流程图。

12. 某台打印机每分钟最快打印 6 个页面，页面规格为 50 行 × 80 字符。已知某台计算机的主频为 500MHz，若采用中断方式进行字符打印，则每个字符申请一次中断且中断响应和中断处理时间合起来为 1000 个时钟周期。请问该计算机系统能否采用中断控制 I/O 方式来进行字符打印输出？为什么？

13. 假定某计算机系统的 CPU 主频为 500MHz，所连接的某个外设的最大数据传输率为 20KB/s，该外设接口中有一个 16 位的数据缓存器，相应的中断服务程序的执行时间为 500 个时钟周期，是否可以用中断控制 I/O 方式进行该外设的输入/输出？假定该外设的最大数据传输率改为 2MB/s，是否可以用中断控制 I/O 方式进行该外设的输入/输出？

14. 若某计算机系统有 5 级中断，中断响应优先级为 1>2>3>4>5，而中断处理优先级为 1>4>5>2>3，要求：

（1）设计各级中断处理程序的中断屏蔽位（假设 0 为屏蔽，1 为开放）；

（2）若在运行主程序时，同时出现第 2 级、第 4 级中断请求，而在处理第 2 级中断过程中，又同时出现第 1 级、第 3 级和第 5 级中断请求，试画出此程序运行过程示意图。

15. 假定某计算机系统字长为 16 位，没有 cache，运算器一次定点加法时间等于 100ns，配置的磁盘旋转速度为每分钟 3000 转，每个磁道上记录两个数据块，每个数据块有 8000 字节，两个数据块之间间隙的越过时间为 2ms，主存周期为 500ns，存储器总线宽度为 16 位，总线带宽为 4MB/s。假定磁盘采用 DMA 控制 I/O 方式进行输入/输出，CPU 时钟周期等于主存周期，回答下列问题。

（1）磁盘读写数据时的最大数据传输率是多少？

（2）当磁盘按最大数据传输率与主机交换数据时，主存周期空闲百分比是多少？

（3）直接寻址的"存储器-存储器"SS 型加法指令在无磁盘 I/O 操作打扰时的执行时间为多少？当磁盘 I/O 操作与一连串这种 SS 型加法指令执行同时进行时，则这种 SS 型加法指令的最快执行时间和最慢执行时间各是多少？

16. 假设某计算机系统的所有指令都在两个总线周期内完成，一个总线周期用来取指令，另一个总线周期用来存取数据。总线周期为 250ns，因而每条指令的执行时间为 500ns。若该计算机中配置的磁盘上每个磁道有 16 个 512 字节的扇区，磁盘旋转一圈的时间是 8.192ms，总线宽度 16 位，采用 DMA 控制 I/O 方式传送磁盘数据，则在进行 DMA 传送时该计算机指令执行速度降低了百分之几？

17. 假设一个主频为 1GHz 的处理器需要从某个成块传送的 I/O 设备读取 1000 字节的数据到主存缓冲区中，该 I/O 设备一旦启动即按 50kB/s 的数据传输率向主机传送 1000 字节数据，每个字节的读取、处理和把该字节存入内存缓冲区需要 1000 个时钟周期，则在以下几种方式下，在 1000 字节的读取过程中，CPU 花在该设备 I/O 操作上的时间分别为多少？占整个处理器时间的百分比分别是多少？

（1）采用定时查询方式，每次处理一个字节，一次状态查询至少需要 60 个时钟周期。

（2）采用独占查询方式，每次处理一个字节，一次状态查询至少需要 60 个时钟周期。

（3）采用中断控制 I/O 方式，外设每准备好一个字节就发送一次中断请求。每次中断响应需要 2 个时钟周期，中断服务程序的执行需要 1200 个时钟周期。

（4）采用周期挪用 DMA 控制 I/O 方式，每挪用一次主存周期处理一个字节，一次 DMA 传送完成 1000 字节数据的 I/O，DMA 初始化和后处理的时间为 2000 个时钟周期，CPU 和 DMA 没有访存冲突。

（5）如果设备的速度提高到 5MB/s，则上述 4 种方式中，哪些方式是不可行的？为什么？对于可行的方式，计算出 CPU 花在该设备 I/O 操作上的时间占整个处理器时间的百分比。

第 10 章 程序性能的优化

本章主要介绍程序性能的优化方法，包括计算机系统性能评估方法、程序性能瓶颈分析方法、基于分层的性能优化技术分类，最后针对函数调用和指针别名这两类编译器不易优化的场景，介绍如何编写适合编译优化的源代码。

10.1 计算机系统性能评估

一个完整的计算机系统由硬件和软件构成，硬件性能的好坏对整个计算机系统的性能起着至关重要的作用。硬件的性能检测和评估比较困难，因为硬件的性能只有通过运行软件才能反映出来，而在相同的硬件上运行不同类型的软件，或者同样的软件用不同的数据集进行测试，所测到的性能都可能不同。因此，必须有一套综合的测试和评估硬件性能的方法。

10.1.1 计算机性能的定义

吞吐率（throughput）和**响应时间**（response time）是考量一个计算机系统性能的两个基本指标。吞吐率表示在单位时间内所完成的工作量，类似的概念是**带宽**（bandwidth），它表示单位时间内所传输的信息量。响应时间是指从作业提交开始到作业完成所用的时间，类似的概念是**执行时间**（execution time）和**等待时间**（latency），它们都是用来表示一个任务所用时间的度量值。

不同应用场合下，计算机用户所关心的性能是不同的。例如，在多媒体应用场合，用户希望音频/视频的播放要流畅，即单位时间内传输的数据量要大，因而关心的是系统吞吐率是否高；而在银行、证券等事务处理应用场合，用户希望业务处理速度快，不需要长时间等待，因而更关心响应时间是否短；还有些应用场合（如 ATM、文件服务、Web 服务等），用户则同时关心吞吐率和响应时间。

10.1.2 计算机性能的测试

如果不考虑应用背景，则计算机性能大都用程序的执行时间来衡量。也就是说，从执行时间来考虑，完成同样的工作量所需时间最短的那台计算机的性能是最好的。

操作系统在对处理器进行调度时，一段时间内往往会让多个程序（更准确地说是进程）轮流使用处理器，因此在某个用户程序执行过程中，可能同时有其他用户程序和操作系统程序在执行，所以，通常情况下，一个程序的执行时间除了程序包含的指令在 CPU 上执行所用的时间外，还包括磁盘访问时间、输入/输出操作所需时间以及操作系统运行该程序所用的额外开销等，即用户感觉到的某个程序的执行时间并不是其真正的执行时间。通常把用户感觉到的执行时间分成以下两部分：CPU 时间和其他时间。**CPU 时间**是指 CPU 用于本程序执行的时间，它又包括以下两部分：**用户 CPU 时间**，是指真正用于运行用户程序代码的时间；**系统 CPU 时间**，是指为了执行用户程序而需要 CPU 运行操作系统程序的时间。**其他时间**是指等待 I/O 操作完成的时间或 CPU 用于执行其他用户程序的时间。

计算机系统的性能评估主要考虑的是 CPU 性能。系统性能和 CPU 性能并不等价，两者有一些区别。**系统性能**是指系统的响应时间，它与 CPU 外的其他部分也有关系；**CPU 性能**是指用户 CPU 时间，它只包含 CPU 运行用户程序代码的时间。

在对 CPU 时间进行计算时需要用到以下几个重要的概念和指标。

- **时钟周期**：计算机执行一条指令的过程被分成若干步骤（微操作），每一步都要有相应的控制信号进行控制，这些控制信号何时发出、作用时间多长，都要有相应的定时信号进行同步。因此，计算机必须能够产生同步的时钟定时信号，即 CPU 的主脉冲信号，其宽度称为时钟周期。
- **时钟频率**：CPU 的**主频**就是 CPU 中的主脉冲信号的时钟频率（clock rate），是 CPU 时钟周期的倒数。
- **CPI**：CPI（Cycles Per Instruction）表示执行一条指令所需的时钟周期数。由于不同指令的功能不同，所需的时钟周期数也不同，因此，对于一条特定指令，其 CPI 是 指执行该条指令所需的时钟周期数，此时 CPI 是一个确定的值，对于一个程序或一台机器，其 CPI 是指该程序或该机器指令集中的所有指令执行所需的平均时钟周期数，此时 CPI 是一个平均值。

已知上述参数或指标，可以通过以下公式来计算用户程序的 CPU 执行时间，即用户 CPU 时间。

$$用户\ CPU\ 时间 = 程序总时钟周期数 \div 时钟频率 = 程序总时钟周期数 \times 时钟周期$$

上述公式中，程序总时钟周期数可由程序总指令条数和相应的 CPI 求得。

如果已知程序总指令条数和综合 CPI，则可用如下公式计算程序总时钟周期数。

$$程序总时钟周期数 = 程序总指令条数 \times CPI$$

如果已知程序中共有 n 种不同类型的指令，第 i 种指令的条数和 CPI 分别为 C_i 和 CPI_i，则

$$程序总时钟周期数 = \sum_{i=1}^{n}(CPI_i \times C_i)$$

程序的综合 CPI 也可由以下公式求得，其中，F_i 表示第 i 种指令在程序中所占的比例。

$$CPI = \sum_{i=1}^{n}(CPI_i \times F_i) = 程序总时钟周期数 \div 程序总指令条数$$

因此，若已知程序综合 CPI 和总指令条数，则可用下列公式计算用户 CPU 时间。

$$用户\ CPU\ 时间 = CPI \times 程序总指令条数 \times 时钟周期$$

有了用户 CPU 时间，就可以评判两台计算机性能的好坏了。可以将计算机的性能看作用户 CPU 时间的倒数，因此，两台计算机性能之比就是用户 CPU 时间之比的倒数。若计算机 M_1 和 M_2 的性能之比为 n，则说明"计算机 M_1 的速度是计算机 M_2 的速度的 n 倍"，也就是说，"在计算机 M_2 上执行程序的时间是在计算机 M_1 上执行时间的 n 倍"。

用户 CPU 时间度量公式中的时钟周期、指令条数、CPI 三个因素是相互制约的。例如，更改指令集可以减少程序总指令条数，但是，同时可能引起 CPU 结构的调整，从而可能会增加时钟周期的宽度（即降低时钟频率）。对于解决同一个问题的不同程序，即使是在同一台计算机上，指令条数最少的程序也不一定执行得最快。

例 10.1 假设某个频繁使用的程序 P 在机器 M_1 上运行需要 10s，M_1 的时钟频率为 2GHz。设计人员想开发一台与 M_1 具有相同 ISA 的新机器 M_2。采用新技术可使 M_2 的时钟频率增加，但同时也会使 CPI 增加。假定程序 P 在 M_2 上的时钟周期数是在 M_1 上的时钟周期数的 1.5 倍，则 M_2 的时钟频率至少达到多少才能使程序 P 在 M_2 上的运行时间缩短为 6s？

解：程序 P 在机器 M_1 上的时钟周期数为用户 CPU 时间 × 时钟频率 = 10s × 2GHz = 20G。因此，程序 P 在机器 M_2 上的时钟周期数为 1.5 × 20G = 30G。要使程序 P 在 M_2 上的运行时间缩短到 6s，则 M_2 的时钟频率至少应为程序总时钟周期数 ÷ 用户 CPU 时间 = 30G/6s = 5GHz。

由此可见，M_2 的时钟频率是 M_1 的时钟频率的 2.5 倍，但 M_2 的速度却只是 M_1 的速度的 1.67 倍。

上述例子说明，由于时钟频率的提高可能会给 CPU 结构带来影响，从而使其他性能指标降低，因此，虽然时钟频率提高会加快 CPU 执行程序的速度，但不能保证执行速度有相同倍数的提高。

例 10.2 假设计算机 M 的指令集中包含 A、B、C 三类指令，其 CPI 分别为 1、2、4。某个程序 P 在 M 上被编译成两个不同的目标代码序列 P_1 和 P_2，P_1 所含 A、B、C 三类指令的条数分别为 8、2、2，P_2 所含 A、B、C 三类指令的条数分别为 2、5、3。请问：哪个代码序列的总指令条数少？哪个代码序列的执行速度快？它们的 CPI 分别是多少？

解：P_1 和 P_2 的总指令条数分别为 12 和 10，所以，P_2 的总指令条数少。

P_1 的总时钟周期数为 $8 \times 1 + 2 \times 2 + 2 \times 4 = 20$。

P_2 的总时钟周期数为 $2 \times 1 + 5 \times 2 + 3 \times 4 = 24$。

因为两个指令代码序列在同一台机器上运行，所以时钟周期一样，故总时钟周期数少的代码序列所用时间短、执行速度快。显然，P_1 比 P_2 快。

从上述结果来看，总指令条数少的代码序列执行时间并不更短。

CPI = 程序总时钟周期数 ÷ 程序总指令条数，因此，P_1 的 CPI 为 20/12 = 1.67，P_2 的 CPI 为 24/10 = 2.4。

上述例子说明，指令条数少并不代表执行时间短，同样，时钟频率高也不说明执行速度快。在评估计算机性能时，仅考虑单个因素是不全面的，必须三个因素同时考虑。10.1.3 节介绍的性能指标 MIPS 曾被普遍使用，它没有考虑所有三个因素，所以用它来评估性能可能会得到不准确的结论。

10.1.3 用指令执行速度进行性能评估

最早用来衡量计算机性能的指标是每秒钟完成单个运算指令（如加法指令）的条数。当时大多数指令的执行时间是相同的，并且加法指令能反映乘、除等运算性能，其他指令的时间大体与加法指令相当，故加法指令的速度有一定的代表性。指令速度所用的计量单位为 **MIPS**（Million Instructions Per Second），其含义是平均每秒钟执行多少百万条指令。

早期还有一种类似于 MIPS 的性能估计方式，即**指令平均执行时间**，也称为**等效指令速度法**或 **Gibson 混合法**。随着计算机体系结构的发展，不同指令所需的执行时间差别越来越大，人们就根据等效指令速度法通过统计各类指令在程序中所占的比例进行折算。设某类指令 i 在程序中所占的比例为 w_i，执行时间为 t_i，则等效指令的执行时间为

$$T = w_1 \times t_1 + w_2 \times t_2 + \cdots + w_n \times t_n \ (n \text{ 为指令种类数})$$

若指令执行时间用时钟周期数来衡量，则上式计算的结果就是 CPI。对指令平均执行时间求倒数能够得到 MIPS 值。

选取一组指令组合，使得到的平均 CPI 最小，由此得到的 MIPS 就是**峰值 MIPS**（Peak MIPS）。有些制造商经常将峰值 MIPS 直接当作 MIPS，而实际上的性能要比标称的性能差。

相对 MIPS（Relative MIPS）是根据某个公认的参考机型来定义的相应 MIPS 值，其值的含义是被测机型相对于参考机型 MIPS 的倍数。

MIPS 反映了机器执行定点指令的速度，但是，用 MIPS 来对不同的机器进行性能比较有时是不准确或不客观的。因为不同机器的指令集不同，指令的功能也不同，在机器 M_1 上某一条指令的功能，在机器 M_2 上可能要用多条指令来完成，所以，同样的指令条数所完成的功能可能完全不同；另外，不同机器的 CPI 和时钟周期不同，因而同一条指令在不同机器上所用的时间也不同。下面的例子可以说明这一点。

例 10.3 假定某程序 P 编译后生成的目标代码由 A、B、C、D 四类指令组成，它们在程序中所占的比例分别为 43%、21%、12%、24%，已知它们的 CPI 分别为 1、2、2、2。现重新对程序 P 进行编译优化，生成的新目标代码中 A 类指令条数减少了 50%，其他类指令的条数没有变。请回答下列问题。

① 编译优化前后程序的 CPI 各是多少？
② 假定程序在一台主频为 50MHz 的计算机上运行，则优化前后的 MIPS 各是多少？

解：优化后 A 类指令的条数减少了 50%，因而各类指令所占比例分别计算如下。

A 类指令：21.5/(21.5+21+12+24) = 27%
B 类指令：21/(21.5+21+12+24) = 27%
C 类指令：12/(21.5+21+12+24) = 15%
D 类指令：24/(21.5+21+12+24) = 31%

① 优化前后程序的 CPI 分别计算如下。

优化前：43%×1 + 21%×2 + 12%×2 + 24%×2 = 1.57
优化后：27%×1 + 27%×2 + 15%×2 + 31%×2 = 1.73

② 优化前后程序的 MIPS 分别计算如下。

优化前：50M/1.57 = 31.8 MIPS
优化后：50M/1.73 = 28.9 MIPS

从 MIPS 数来看，优化后程序执行速度反而变慢了。

这显然是错误的，因为优化后只减少了 A 类指令条数而其他指令数没变，所以程序执行时间一定减少了。从这个例子可以看出，用 MIPS 数来进行性能估计是不可靠的。

与定点指令运行速度 MIPS 相对应的用来表示浮点操作速度的指标是 MFLOPS（Million FLOating-point operations Per Second）或 Mflop/s。它表示每秒所执行的浮点运算有多少百万（10^6）次，它是基于所完成的操作次数而不是指令数来衡量的。类似的浮点操作速度还有 GFLOPS 或 Gflop/s（10^9）、TFLOPS 或 Tflop/s（10^{12}）、PFLOPS 或 Pflop/s（10^{15}）以及 EFLOPS 或 Eflop/s（10^{18}）等。

10.1.4 用基准程序进行性能评估

基准程序（benchmark）是进行计算机性能评测的一种重要工具。基准程序是专门用来进行性能评估的一组程序，能够很好地反映机器在运行实际负载时的性能，可以通过在不同机器上运行相同的基准程序来比较在不同机器上的运行时间，从而评测其性能。基准程序最好是用户经常使用的一些实际程序，或是某个应用领域的一些典型的简单程序。对于不同的应用场合，应该选择不同的基准程序。例如，对用于软件开发的计算机进行评测时，最好选择包含编译器和文档处理软件的一组基准程序，而对用于 CAD 处理的计算机进行评测时，最好选择一些典型的图形处理小程序作为一组基准程序。

基准程序是一个测试程序集，由一组程序组成。例如，SPEC 测试程序集是应用最广泛、最全面的性能评测基准程序集。1988 年，Sun、MIPS、HP、Apollo 和 DEC 五家公司联合提出了 SPEC 标准，它包括一组标准的测试程序、标准输入和测试报告。这些测试程序是一些实际的程序，包括系统调用程序、I/O 程序等。最初提出的基准程序集分成两类，即整数测试程序集 SPECint 和浮点测试程序集 SPECfp。后来分成了按不同性能测试用的基准程序集，如 CPU 性能测试集（SPEC CPU2000）、Web 服务器性能测试集（SPECweb99）等。

如果基准测试程序集中不同的程序在两台机器上测试得出的结论不同，那么如何给出最终的评估结论呢？例如，假定基准测试程序集包含程序 P_1 和 P_2，程序 P_1 在机器 M_1 和 M_2 上运行的时间分别是 10s 和 2s，程序 P_2 在机器 M_1 和 M_2 上运行的时间分别是 120s 和 600s，即，对于 P_1，M_2 的速度是 M_1 的 5 倍，而对于 P_2，M_1 的速度是 M_2 的 5 倍，那么，到底是 M_1 还是 M_2 更快呢？可以用所有程序的执行时间之和来比较，例如，P_1 和 P_2 在 M_1 上的执行时间总和为 130s，而在 M_2 上的执行时间总和为 602s，故 M_1 比 M_2 快。但通常不这样做，而是采用执行时间的算术平均值或几何平均值来综合评估机器的性能。如果考虑每个程序的使用频度而用加权平均的方式，结果会更准确。

也可以将执行时间进行归一化来得到被测试的机器相对于参考机器的性能。

执行时间的归一化值 = 参考机器上的执行时间 ÷ 被测机器上的执行时间

例如，SPEC 比值（SPEC ratio）是指将测试程序在 Sun SPARCstation 上运行时的执行时间除以该程序在测试机器上的执行时间所得到的比值。该比值越大，机器的性能越好。

使用基准程序进行计算机性能评测也存在一些缺陷，因为基准程序的性能可能与某一小段代码密切相关，此时，硬件系统设计人员或编译器开发者可能会针对这一代码片段进行特殊的优化，使这段代码的执行速度非常快，从而得到不具代表性的性能评测结果。例如，Intel Pentium 处理器运行 SPECint 时利用公司内部使用的特殊编译器，使其性能表现得很好，但用户实际使用的是普通编译器，达不到所标称的性能；又如，矩阵乘法程序

SPECmatrix300 有 99% 的时间运行在一行语句上，有些厂商用特殊编译器优化该语句，使性能达到 VAX 11/780 的 729.8 倍！

浮点运算实际上包括所有涉及小数的运算，在某类应用软件中经常出现，比整数运算更耗费时间。现今大部分的处理器中都有浮点运算器，因此每秒浮点运算次数所测量的实际上就是浮点运算器的执行速度。Linpack 是最常用来测量每秒浮点运算次数的基准程序之一。

10.1.5 阿姆达尔定律

阿姆达尔定律（Amdahl's law）是计算机系统设计方面重要的定量原则之一，1967 年由 IBM 360 系列机的主要设计者阿姆达尔首先提出。该定律的基本思想是，对系统中某个硬件部分或者软件中的某部分进行更新所带来的系统性能改进程度，取决于该硬件部分或软件部分被使用的频率或其执行时间占总执行时间的比例。

阿姆达尔定律定义了增强或加速部分部件而获得的整体性能的改进程度，它有两种表示形式：

改进后的执行时间 = 改进部分执行时间 ÷ 改进部分的改进倍数 + 未改进部分执行时间

或

整体改进倍数 =1/（改进部分执行时间比例 ÷ 改进部分的改进倍数 +
未改进部分执行时间比例）

例 10.4 假定计算机中的整数乘法器改进后可以加快 10 倍，若整数乘法指令在程序中占 40%，则整体性能能改进多少倍？若整数乘法指令在程序中所占比例达 60% 和 90%，则整体性能分别能改进多少倍？

解：题目中改进部分就是整数乘法器，改进部分的改进倍数为 10，整数乘法指令在程序中占比为 40%，说明程序执行总时间中 40% 被整数乘法器所用，其他部件所用时间占 60%。

根据公式可得：整体改进倍数 =1/(0.4/10+0.6)=1.56。

若整数乘法指令在程序中所占比例达 60% 和 90%，则整体改进倍数分别为：1/(0.6/10+0.4)=2.17 和 1/(0.9/10+0.1)=5.26。

从上述例子可看出，即使执行时间占总时间 90% 的高频使用部件加快了 10 倍，所带来的整体性能也只能加快 5.26 倍。想要改进计算机系统整体性能，不能仅加快部分部件的速度，计算机系统整体性能还受慢速部件的制约。

若 t 表示改进部分的执行时间比例，n 为改进部分的改进倍数，则 $1-t$ 为未改进部分的执行时间比例，整体改进倍数为：$p=1/(t/n+1-t)$。

当 $1-t=0$ 时，则最大加速比 $p=n$；当 $t=0$ 时，最小加速比 $p=1$；当 $n\to\infty$ 时，极限加速比 $p \to 1/(1-t)$，这就是加速比的上限。

某程序在某台计算机上运行所需的时间是 100s，其中，80s 用来执行乘法操作。要使该程序的性能是原来的 5 倍，若不改进其他部件而仅改进乘法部件，则乘法部件的速度应该提高到原来的多少倍？

设乘法部件的速度应该提高到 n 倍，即改进后乘法操作执行时间为 80s/n。要使程序的性能提高到 5 倍，也就是程序的执行时间为原来的 1/5，即 20s。根据阿姆达尔定律，有 20s=80s/n+(100s−80s)，显然，必须 80s/n=0，因而 $n\to\infty$。也就是说，当乘法运算时间占

80%时，无论如何改进乘法部件，整体性能都不可能提高到原来的5倍。

对并行计算系统进行性能分析时，经常会用到阿姆达尔定律。阿姆达尔定律适用于对特定任务的一部分进行优化的所有情况，可以是硬件优化，也可以是软件优化。例如，系统中异常处理程序的执行时间只占整个程序运行时间中非常小的一部分，即使对异常处理程序进行了非常好的优化，它对整个系统带来的性能提升也几乎为零。

10.2 程序性能瓶颈分析

根据阿姆达尔定律，若期望优化措施取得显著效果，则应优化占用整个程序执行时间较多的部分，即程序执行的性能瓶颈之处。为找到程序的性能瓶颈，一般采用**性能剖析**（profiling）方法。

性能剖析方法是一种动态程序分析技术，通过在程序运行过程中动态地收集信息来测量程序的若干属性，如程序的时间复杂度或空间复杂度、特性指令的使用频次、函数调用的频率和占用时间等。性能剖析方法一般用于辅助程序员进行程序优化，根据性能剖析方法收集的数据，程序员可分析应优先优化程序中的哪些模块，从而获得显著的优化效果。

性能剖析工作通常借助一类称为**性能剖析器**（profiler）的工具开展。性能剖析器通过一系列技术实现，包括代码打桩、动态二进制翻译、指令模拟、操作系统钩子（hooking）、硬件中断、性能计数器等。

由于性能剖析器需要在程序运行过程中收集信息，因此应选择有代表性的程序输入，从而尽可能找到程序在真实应用场景中的性能瓶颈，以便进行针对性的优化。

性能剖析器的常用输出有两种，一种输出是待观测事件的统计报告，另一种输出是事件记录流，也称为**踪迹**（trace）。以下简要介绍如何通过上述两种输出定位程序的性能瓶颈。

10.2.1 基于事件统计报告的性能瓶颈分析

gprof是GNU工具集中的一个工具，它通过编译时在每个函数的入口插入剖析代码来统计程序在用户态的执行信息，包括每个函数的调用次数、执行时间、调用关系等。例如，对于图10.1a中所示的代码，通过"gcc -O1 main.c"编译后，其中loop4()函数的反汇编结果如图10.1b所示。为插入剖析代码，可采用GCC的编译选项-pg，如通过"gcc -O1 -pg main.c"编译，其中loop4()函数的反汇编结果如图10.1c所示。对比图10.1b，添加-pg选项后编译结果的最大不同是在函数入口额外插入了新代码，该代码调用glibc库中的mcount()函数，用于统计程序运行时刻的信息。

添加-pg选项后编译并运行程序，将在当前目录下生成新文件gmon.out，其中记录了上述mcount()函数的统计结果。可通过gprof命令解析该文件并查看统计报告：

```
linux> gcc -O1 -pg main.c
linux> ./a.out
linux> gprof a.out gmon.out
Flat profile:

Each sample counts as 0.01 seconds.
```

```
  %      cumulative    self                self    total
 time     seconds     seconds    calls    s/call   s/call   name
61.94      0.83        0.83   1000000000   0.00    0.00    loop1
38.06      1.34        0.51     1000000    0.00    0.00    loop2
 0.00      1.34        0.00        1000    0.00    0.00    loop3
 0.00      1.34        0.00           1    0.00    1.34    loop4
...
```

```c
void loop1() { volatile int i = 1; while (i--); }
void loop2() { int i = 1000; while (i--) loop1(); }
void loop3() { int i = 1000; while (i--) loop2(); }
void loop4() { int i = 1000; while (i--) loop3(); }
int main() { loop4(); return 0; }
```

a) main.c 文件

```
000000000000116f <loop4>:
    116f:   push    %rbx
    1170:   mov     $0x3e8,%ebx
    1175:   mov     $0x0,%eax
    117a:   call    1158 <loop3>
    117f:   sub     $0x1,%ebx
    1182:   jne     1175 <loop4+0x6>
    1184:   pop     %rbx
    1185:   ret
```

b) 插入剖析代码前的反汇编结果片段

```
0000000000001227 <loop4>:
    1227:   push    %rbp
    1228:   mov     %rsp,%rbp
    122b:   push    %rbx
    122c:   call    *0x2d9e(%rip)        #3fd0 <mcount@GLIBC_2.2.5>
    1232:   mov     $0x3e8,%ebx
    1237:   mov     $0x0,%eax
    123c:   call    1202 <loop3>
    1241:   sub     $0x1,%ebx
    1244:   jne     1237 <loop4+0x10>
    1246:   mov     -0x8(%rbp),%rbx
    124a:   leave
    124b:   ret
```

c) 插入剖析代码后的反汇编结果片段

图 10.1 gprof 示例

通过阅读统计报告，程序员可以了解程序运行的情况。例如，上例中 gprof 的统计报告显示，loop1() 函数所花费的时间占程序总运行时间的 61.94%，故应先考虑优化 loop1() 函数。不过，添加 -pg 选项后，程序的运行效率有所下降，这是因为程序需要在运行时刻额外调用 mcount() 函数统计信息，但统计结果仍能大致反映程序的性能瓶颈。

gprof 可统计函数调用次数、执行时间、调用关系等简单信息，但无法统计更详细的信息。在 Linux 系统中，perf 是另一款常用的性能剖析器。perf 在 Linux 内核中有专门的支持，可统计整个系统的信息，包括用户态和内核态，支持硬件性能计数器（如 cache 缺失次数）、软件性能计数器（如上下文切换次数）、踪迹、动态探针打桩等多种功能。

安装 perf 工具后，无须采用其他选项重新编译程序，即可对程序运行性能进行剖析。perf 工具有多种使用方式，具体可通过 "perf help" 命令查看或查阅相关手册。例如，对于图 10.1 中的程序，可通过 "perf stat" 命令查看一次程序运行中的信息统计报告。

```
linux> gcc -O1 main.c
linux> perf stat ./a.out
Performance counter stats for './a.out':

          1,625.85 msec task-clock                #    1.000 CPUs utilized
                 4      context-switches          #    2.460 /sec
                 0      cpu-migrations            #    0.000 /sec
                50      page-faults               #   30.753 /sec
     8,032,915,311      cycles                    #    4.941 GHz                     (74.91%)
    16,001,280,773      instructions              #    1.99  insn per cycle          (75.01%)
     5,001,692,012      branches                  #    3.076 G/sec                   (75.15%)
         1,606,472      branch-misses             #    0.03% of all branches         (74.94%)

       1.626184729 seconds time elapsed

       1.626191000 seconds user
       0.000000000 seconds sys
```

从上述统计报告可知，对于图 10.1 中程序的一次运行，共花费 1625.85ms（task-clock），CPU 利用率（CPUs utilized）达到 100%，共发生 4 次上下文切换（context-switches），无 CPU 迁移（cpu-migrations），共发生 50 次页故障（page-faults），IPC（insn per cycle，CPI 的倒数）为 1.99，其中还统计了程序执行的周期数（cycles）、总指令数（instructions）、分支指令执行的次数（branches），以及分支预测的缺失次数（branch-misses）等。还能通过 -e 参数指定统计的事件或信息，例如：

```
linux> perf stat -e instruction,L1-dcache-loads,L1-dcache-load-misses,LLC-
    loads,LLC-load-misses ./a.out
Performance counter stats for './a.out':

    16,021,019,846      instructions                                              (50.16%)
     3,006,522,617      L1-dcache-loads                                           (50.17%)
            31,995      L1-dcache-load-misses     #    0.00% of all L1-dcache accesses
                                                                                  (49.94%)
             9,687      LLC-loads                                                 (49.84%)
               373      LLC-load-misses           #    3.85% of all LL-cache accesses (49.83%)
    ...
```

上述命令通过 -e 参数指定统计总指令数（instructions）、L1 数据缓存读请求总次数（L1-dcache-loads）、L1 数据缓存读请求缺失次数（L1-dcache-load-misses）、末级缓存读请求总次数（LLC-loads），以及末级缓存读请求缺失次数（LLC-load-misses）。关于 perf 工具支持的事件或信息，可通过 "perf list" 命令查看。

上述统计报告均为程序运行的整体报告，perf 工具还支持模块级和指令级的细粒度统计。具体地，可通过 "perf record" 命令运行程序，运行后将在当前目录下生成新文件 perf.data，其中记录了程序运行时刻收集的信息，然后通过 "perf report" 命令解析该文件。例如，对于图 10.1 中的程序，用该命令进行处理的结果如下：

```
linux> gcc -O1 main.c
linux> perf record ./a.out
[ perf record: Woken up 1 times to write data ]
[ perf record: Captured and wrote 0.269 MB perf.data (6432 samples) ]
linux> perf report
Samples: 6K of event 'cycles', Event count (approx.): 7950932026
Overhead    Command         Shared Object           Symbol
74.42%      a.out           a.out                   [.] loop1
25.44%      a.out           a.out                   [.] loop2
 0.05%      a.out           ld-linux-x86-64.so.2    [.] _dl_sysdep_read_whole_file
 0.05%      a.out           a.out                   [.] loop3
 0.02%      a.out           [kernel.kallsyms]       [k] native_irq_return_iret
 0.02%      a.out           [kernel.kallsyms]       [k] free_unref_page_list
 0.02%      a.out           [kernel.kallsyms]       [k] update_process_times
 0.00%      a.out           [kernel.kallsyms]       [k] __rcu_read_unlock
 0.00%      a.out           [kernel.kallsyms]       [k] nmi_restore
 0.00%      a.out           [kernel.kallsyms]       [k] native_write_msr
 0.00%      a.out           [unknown]               [.] 0000000000000000
```

从上述统计结果可知，loop1() 函数所花费的时间占程序总运行时间的 74.42%，故应先考虑优化 loop1() 函数。上述统计结果与前文的 gprof 的结果有一定差异，这是因为 perf 和 gprof 采用不同的底层技术实现性能剖析器，但其统计报告仍有参考价值。

通过与 "perf report" 命令交互，还能查看指令级粒度的统计信息，结果如下：

```
Samples: 6K of event 'cycles', 4000 Hz, Event count (approx.): 7950932026
loop1  /home/user/a.out [Percent: local period]
Percent |
        | Disassembly of section .text:
        |
        | 0000000000001129 <loop1>:
        |    loop1():
  0.06  |      movl $0x1,-0x4(%rsp)
 32.55  | 8:   mov  -0x4(%rsp),%eax
 22.13  |      lea  -0x1(%rax),%edx
 45.26  |      mov  %edx,-0x4(%rsp)
        |      test %eax,%eax
        |  ↑ jne 8
        |  ← ret
```

上述统计结果展示了 loop1() 函数中每条指令累计花费周期数的占比。其中，偏移为 8 处的 mov 指令到 jne 指令形成一个循环，该循环中的指令执行次数应相同，但 lea 指令仅在寄存器中计算，其执行时间的占比却与另外两条进行访存的 mov 指令相当。事实上，上述统计结果并非完全准确，因为现代处理器通常采用乱序超标量架构执行指令，所以难以精确地统计每条指令的信息。但对于指令较多的函数，上述统计结果仍能反映该函数中花费时间较多的部分，从而帮助程序员分析程序性能。

10.2.2 基于踪迹的性能瓶颈分析

踪迹用于持续追踪并记录程序运行时的事件，除了用于诊断软件问题之外，也能用于分析性能瓶颈。例如，strace 工具可用于追踪程序运行过程中发生的系统调用，用 strace 工具查看 hello 程序一次运行过程中发生的系统调用的结果如下：

```
linux> strace -T ./hello
execve("./a.out", ["./a.out"], 0x7fffa20e4438 /* 48 vars */) = 0 <0.000105>
brk(NULL) = 0x559e44962000 <0.000005>
mmap(NULL, 8192, PROT_READ|PROT_WRITE, MAP_PRIVATE|MAP_ANONYMOUS, -1, 0) =
    0x7f7a1f8f7000 <0.000016>
access("/etc/ld.so.preload", R_OK) = -1 ENOENT (No such file or directory)
    <0.000010>
openat(AT_FDCWD, "/etc/ld.so.cache", O_RDONLY|O_CLOEXEC) = 3 <0.000010>
newfstatat(3, "", {st_mode=S_IFREG|0644, st_size=119198,…}, AT_EMPTY_PATH) = 0
    <0.000008>
mmap(NULL, 119198, PROT_READ, MAP_PRIVATE, 3, 0) = 0x7f7a1f8d9000 <0.000009>
close(3) = 0 <0.000005>
openat(AT_FDCWD, "/lib/x86_64-linux-gnu/libc.so.6", O_RDONLY|O_CLOEXEC) = 3
    <0.000008>
read(3, "\177ELF\2\1\1\3\0\0\0\0\0\0\0\0\3\0>\0\1\0\0\0Ps\2\0\0\0\0\0" …, 832)
    = 832 <0.000005>
pread64(3,"\6\0\0\0\4\0\0\0@\0\0\0\0\0\0\0@\0\0\0\0\0\0\0@\0\0\0\0\0\0\0"…,
    784,64)=784<0.000005>
newfstatat(3,"", {st_mode=S_IFREG|0755, st_size=1922136,…}, AT_EMPTY_PATH) =
    0 <0.000005>
pread64(3,"\6\0\0\0\4\0\0\0@\0\0\0\0\0\0\0@\0\0\0\0\0\0\0@\0\0\0\0\0\0\0"…,
    784,64)=784<0.000005>
mmap(NULL, 1970000, PROT_READ, MAP_PRIVATE|MAP_DENYWRITE, 3, 0) = 0x7f7a1f6f8000
    <0.000007>
mmap(0x7f7a1f71e000, 1396736, PROT_READ|PROT_EXEC, MAP_PRIVATE|MAP_FIXED|MAP_
    DENYWRITE, 3, 0x26000) = 0x7f7a1f71e000 <0.000013>
mmap(0x7f7a1f873000, 339968, PROT_READ, MAP_PRIVATE|MAP_FIXED|MAP_DENYWRITE, 3,
    0x17b000) = 0x7f7a1f873000 <0.000009>
mmap(0x7f7a1f8c6000, 24576, PROT_READ|PROT_WRITE, MAP_PRIVATE|MAP_FIXED|MAP_
    DENYWRITE, 3, 0x1ce000) = 0x7f7a1f8c6000 <0.000010>
mmap(0x7f7a1f8cc000, 53072, PROT_READ|PROT_WRITE, MAP_PRIVATE|MAP_FIXED|MAP_
    ANONYMOUS, -1, 0) = 0x7f7a1f8cc000 <0.000008>
close(3) = 0 <0.000005>
mmap(NULL, 12288, PROT_READ|PROT_WRITE, MAP_PRIVATE|MAP_ANONYMOUS, -1, 0) =
    0x7f7a1f6f5000 <0.000007>
arch_prctl(ARCH_SET_FS, 0x7f7a1f6f5740) = 0 <0.000005>
set_tid_address(0x7f7a1f6f5a10) = 2985299 <0.000004>
set_robust_list(0x7f7a1f6f5a20, 24) = 0 <0.000004>
rseq(0x7f7a1f6f6060, 0x20, 0, 0x53053053) = 0 <0.000004>
mprotect(0x7f7a1f8c6000, 16384, PROT_READ) = 0 <0.000010>
mprotect(0x559e43d9e000, 4096, PROT_READ) = 0 <0.000007>
mprotect(0x7f7a1f929000, 8192, PROT_READ) = 0 <0.000011>
prlimit64(0, RLIMIT_STACK, NULL, {rlim_cur=8192*1024, rlim_max=RLIM64_INFINITY})
    = 0 <0.000006>
munmap(0x7f7a1f8d9000, 119198) = 0 <0.000014>
newfstatat(1, "", {st_mode=S_IFCHR|0620, st_rdev=makedev(0x88, 0x4), …}, AT_
    EMPTY_PATH) = 0 <0.000005>
getrandom("\xe2\x42\x09\xa8\xcc\x42\xcf\x14", 8, GRND_NONBLOCK) = 8 <0.000005>
brk(NULL) = 0x559e44962000 <0.000004>
brk(0x559e44983000) = 0x559e44983000 <0.000010>
write(1, "Hello World!\n", 13Hello World!) = 13 <0.000008>
exit_group(0) = ?
+++ exited with 0 +++
```

其中，-T 参数用于输出每次系统调用所花费的时间（以 μs 为单位）。从上述踪迹信息可知，

execve() 系统调用执行了 0.105ms ；在 hello 程序执行到 main() 函数前，还发生了 brk()、mmap()、openat()、close()、read() 等系统调用；printf() 函数最终通过 write() 系统调用输出信息；从 main() 函数返回后，hello 程序通过 exit_group() 系统调用结束运行。

除 strace 外，Linux 系统还支持多种踪迹工具，包括 blktrace（通用块设备 I/O 层）、dnstrace（网络域名解析）、extrace[exec() 系列函数调用]、fatrace（文件访问）、ltrace（动态链接程序的库函数调用）、nfstrace（网络文件系统）、tcptrace（TCP 包传输）、traceroute（路由解析）、xtrace（X 程序通信）等。用户可根据需求安装并使用相应的踪迹工具。

10.3 基于分层的性能优化技术分类

通过性能剖析器分析出程序的性能瓶颈后，即可对其进行针对性的优化。如 1.3 节所述，计算机系统是一个层次结构系统，在计算机上通过程序解决应用问题的过程，就是不同抽象层进行转换的过程。因此，程序的性能瓶颈也可能位于其中某个抽象层，相应地，优化技术也可按抽象层分类。

通常，抽象层越高，其影响越大，且在项目后期改动的代价也越大。例如，优化一个算法的具体实现，一般只需要关注性能瓶颈部分的代码，但未从理论上优化算法的复杂度；若更换一种复杂度更优的算法，则需要重写所有相关代码。因此，优化工作通常从高层次到低层次的方向进行，前期先在高层次通过较少的工作量获得较大的收益，后期则需要在低层次开展较多精细化的优化工作。

以下根据抽象层由高到低的顺序，依次简单介绍每个抽象层中可能用到的优化技术。具体采用何种优化技术，应根据项目的实际情况来选择。

10.3.1 软件层次

从软件层次来说，程序性能优化可以从软件框架层、算法和数据结构层、源代码层、构建层、编译层、汇编层、链接层和运行层等不同层面进行。

1. 软件框架层

在需求分析后，通常需要根据目标、资源、约束和预期负载等因素，选择项目所采用的软件框架。软件框架的选择对性能的影响极大，例如，在一个受限于网络延迟的分布式系统中，应采用网络传输最小化的软件框架，尽可能避免过多的网络传输成为系统的性能瓶颈。即使对于同一个应用问题，在单机单线程、单机多线程、多机多线程等不同的场合，也应选择与其匹配的软件框架和编程框架。

编程语言和平台的选择也在此层次进行。在项目开发过程中更换编程语言，通常需要完全重写整个项目，代价很高。有的项目采用多种编程语言混合的方案，如大部分模块采用 Python 语言开发，而少量对性能影响较大的模块则采用 C 语言开发。

2. 算法和数据结构层

确定软件架构设计后，接下来是算法设计和数据结构的选择。在理论层面，算法设计通常考虑如下因素。
- 渐进复杂度。输入规模较大时，采用渐进复杂度不同的算法，程序性能将有显著差异。为提升程序的可扩展性，通常采用常数时间（$O(1)$）、对数时间（$O(\log n)$）、线性时间（$O(n)$）或线性对数时间（$O(n\log n)$）的算法，而二次时间（$O(n^2)$）的算法很难在可接受的时间内解决规模较大的问题。
- 复杂度的常数因子。对于某些渐进复杂度较高的算法，可能由于算法本身更简单，使其常数因子较小；对于某些渐进复杂度较低的算法，可能由于算法本身更复杂，使其常数因子较大。因此，输入规模较小时，常数因子对程序性能的影响可能高于渐进复杂度，故此时采用渐进复杂度较高的算法，可能获得更好的程序性能。

在系统层面，常用的算法优化方法如下。
- 混合算法，即根据不同的场景采用不同的算法，使程序在各个场景均可获得较好的性能表现。例如，可在输入规模较小时采用渐进复杂度较高但常数因子较小的简单算法，而在输入规模较大时采用渐进复杂度较低但常数因子较大的复杂算法。
- 利用快速路径原则提升常见情况的性能。快速路径原则是计算机系统设计的常用方法，其思想是将系统分成快速路径（fast path）和慢速路径（slow path）两部分。前者通过高效的方法处理常见情况，但有可能失败；后者需正确处理所有情况，但其性能较低。例如，6.4 节介绍的 cache 是快速路径原则的一个应用：根据局部性原理，CPU 发出的大部分访存请求都能在 cache 中命中，从而可快速访问相应的数据，但有可能缺失，属于快速路径；cache 缺失时，先从主存中读取相应的主存块到 cache 中，但访问主存延迟较大，属于慢速路径。另一个例子是内存分配算法：主流的内存分配算法通常维护一个内存池，先尝试在内存池中完成分配，属于快速路径；当内存池中的内存资源不足时才通过系统调用申请更多内存并放入内存池中，此时系统调用需要花费较多的时间，属于慢速路径。由于内存分配算法能在内存池中完成大部分内存分配请求，因此上述设计能有效提升内存分配的效率。
- 根据 cache 的规格，设计局部性更好的算法。如 6.4.6 节所述，cache 对程序的性能有很大影响。因此，可对算法进行调整，使尽可能多的数据留在 cache 中，并尽可能集中访问这些数据，从而提升程序的性能。

数据结构的选择也会影响程序的性能。从算法复杂度来看，对不同数据结构组织的数据执行相同任务时，其效率可能不同。例如，对于"访问第 n 个元素"的任务，数组可在 $O(1)$ 时间内完成，而链表需要 $O(n)$ 的时间才能完成。从数据局部性来看，即使对于不同数据结构组织的数据执行相同任务的算法复杂度相同，其效率也可能不同。例如，对于"遍历 n 个元素"的任务，数组可顺序访问，其局部性较好，容易在 cache 中命中，故效率较高，而链表需要通过 next 指针访问下一个元素，元素之间的存储关系无固定规律，其局部性较差，故效率较低。

即使采用相同的数据结构组成方式，元素或成员是否对齐到其数据大小的自然边界也会影响程序的性能。满足上述对齐条件时，计算机的每一个存储层次都能通过一个请求访问相应元素或成员，包括 cache 访问、总线传输、存储器芯片访问等；不满足上述对齐条件时，通常情况下，计算机中至少有一个存储层次需要将一个不对齐的请求拆分成两个对齐的请求来访问，从而降低了访问效率。

例 10.5 某学生通过如下程序测试计算机访问不对齐数据时的性能情况。

```c
#include <stdlib.h>
#include <stdint.h>
#define LOOP 2000000
#define SIZE 10000
char buf[SIZE + 64] __attribute__((aligned(64))); // buf 的起始地址按 64 字节对齐
int main(int argc, char *argv[]) {
    int offset = atoi(argv[1]);   // 将 argv[1] 字符串转换为整数
    for (int n = LOOP; n != 0; n --) {
        for (char *p = buf + offset; p < buf + SIZE; p += 64) {
            *(uint64_t *)p = 1;
        }
    }
    return 0;
}
```

该学生在 x86-64 Linux 平台下编译该程序，并分别将 0,1,2,⋯,70,71 作为程序的输入参数运行，记录程序的运行时间，记录结果如表 10.1 所示（单位为 s）。已知该 x86-64 处理器的 cache 块大小为 64 字节，请分析表 10.1 中的数据。

表 10.1 例 10.5 的程序运行时间记录结果

输入	0	1	2	3	4	5	6	7
时间	0.076	0.076	0.076	0.077	0.075	0.073	0.080	0.074
输入	8	9	10	11	12	13	14	15
时间	0.077	0.075	0.074	0.074	0.075	0.075	0.075	0.075
输入	16	17	18	19	20	21	22	23
时间	0.073	0.076	0.074	0.074	0.074	0.076	0.073	0.075
输入	24	25	26	27	28	29	30	31
时间	0.073	0.074	0.073	0.074	0.073	0.073	0.073	0.074
输入	32	33	34	35	36	37	38	39
时间	0.075	0.074	0.074	0.075	0.074	0.076	0.074	0.076
输入	40	41	42	43	44	45	46	47
时间	0.075	0.076	0.075	0.075	0.075	0.076	0.075	0.074
输入	48	49	50	51	52	53	54	55
时间	0.075	0.074	0.073	0.073	0.074	0.086	0.076	0.074
输入	56	57	58	59	60	61	62	63
时间	0.077	0.166	0.167	0.172	0.164	0.166	0.166	0.167
输入	64	65	66	67	68	69	70	71
时间	0.073	0.076	0.075	0.076	0.077	0.074	0.074	0.081

解： 上述程序定义了一个起始地址按 64 字节对齐、长度为 10 064 字节的数组 buf，并以 64 字节为步长、以 argv[1] 为起始偏移量，依次访问 buf 数组中的 8 字节数据。例如，当程序参数为 0 时，程序依次访问的 8 字节数据的地址序列为 buf+0, buf+64, buf+128, ⋯, buf+9984, buf+10048；当程序参数为 43 时，程序依次访问的 8 字节数据的地址序列为 buf+43, buf+107, buf+171, ⋯, buf+9963, buf+10027。上述访问过程将重复 2 000 000 次，用

于放大程序执行时间,便于统计。

根据上述的程序行为和表 10.1,结合访问的地址是否对齐,可分为以下三种情况。

- 当输入为 8 的倍数,即 0、8、16、…、56、64 时,程序访问的地址序列均为 8 字节对齐。此时,计算机的每一个存储层次都能通过一个请求访问数据,包括 cache 访问、总线传输、存储器芯片访问等。在这些输入下,程序的平均运行时间为 0.075s。
- 当输入为 57～63 时,访问的地址序列均未对齐到 8 字节且跨越了 cache 块的边界。此时,cache 控制器需要将这类请求拆分成两个地址相邻的 cache 块访问请求,降低了访问效率。在这些输入下,程序的平均运行时间为 0.167s,是第一种情况的 2.23 倍。
- 当输入为其他值时,访问的地址序列均未对齐到 8 字节,但未跨越 cache 块的边界,即请求的数据均位于一个 cache 块内。从表 10.1 的测试结果可知,在这些输入下,程序的平均运行时间为 0.075s,与第一种情况相同。根据这一结果,可推测该 x86-64 处理器的 cache 控制器支持 cache 块内的不对齐访问,可直接访问相应 cache 块的一部分,无须像第二种情况那样将其拆分成两个地址相邻的 cache 块访问请求。

3. 源代码层

选取合适的算法和数据结构后,如果具体的源代码实现不当,也可能会显著影响程序性能。例如,在早期的 C 语言编译器中,while(1) 的速度比 for(;;) 慢,因为 while(1) 需要先计算 1,然后通过条件跳转指令测试其值是否为真,而 for(;;) 则是无条件跳转。

现代编译器可进行多种优化,如上述对 while(1) 的优化,使程序员无须关心过多的编码细节。不过这也有两方面的限制。一方面,编译器优化的效果取决于源语言、目标机器语言和编译器的具体实现。有时编译优化的结果并不直观,程序员需要分析反汇编结果,理解编译器为何生成相应部分的代码,同时思考如何改写源代码才能让编译器生成更优的结果。另一方面,即使是优化效果很好的编译器,也会存在某些阻碍其进一步优化的因素。为了生成更优的结果,程序员需要理解背后的原因,并将源代码改写成适合编译优化的版本。10.4 节将介绍若干案例。

4. 构建层

对于确定的源代码,可在构建阶段使用编译指示符和构建选项来调整源代码的构建方式,包括但不限于通过宏定义禁用不需要的软件功能、针对特定处理器型号进行优化、启用 GPU 硬件加速功能等。例如,Linux 发行版 Gentoo 中的 Portage 是一个基于源代码的软件分发系统,通过上述方式,它可以构建出更适合用户所用硬件的软件。

5. 编译层

现代编译器可进行多种优化。一些常见的优化目标包括优化快速路径、消除冗余操作、削减操作强度、生成更短的机器代码、使用更少的跳转操作、提升程序的局部性、利用存储层次结构将常用数据分配在寄存器中、提升并行度等。

从优化类型来看,优化技术可分为局部优化、全局优化、窥孔优化、循环优化等。常见的优化技术包括归纳变量分析、循环不变代码外提、循环展开、软流水、自动并行化、提取公共子表达式、常量传播、别名和指针分析、消除冗余变量访问、死代码消除、表达式内联等。在代码生成阶段，常见的技术有寄存器分配、指令选择、指令调度等。关于上述技术的进一步介绍，读者可查阅编译原理的相关书籍。

编译优化的效果与底层硬件关系密切。影响编译优化效果的硬件因素包括处理器通用寄存器的数量、指令集是 CISC 还是 RISC、处理器是否支持流水线方式执行指令、处理器中功能单元的数量、缓存大小和组织方式，以及缓存和存储器的传输速率等。若编译器能获取上述底层硬件信息，则能生成更优的结果。

6. 汇编层

在追求极致性能的场合，程序员可以为特定硬件平台的程序编写汇编代码，从而得到比编译器编译结果更优的代码。例如，glibc 中的 memcpy 等常用函数、某公司通过编写 SIMD 指令实现具有竞争力的 AI 算子库等。但这些代码的可移植性较低，不仅无法移植到其他架构的 CPU，即使移植到相同架构但型号不同的 CPU，也可能会因为 CPU 某些参数的区别导致代码的性能不如编译器生成的版本，因此需要根据目标 CPU 的参数重新进行调整。

7. 链接层

在链接阶段，可通过链接时优化（link-time optimization）技术进行多个模块间的优化。链接器可综合所有模块的信息进行全局优化，包括跨模块的函数内联、无用函数消除等，从而生成更优的链接结果。

8. 运行层

一些特殊的程序可以在运行时刻根据实际输入或其他因素动态地调整参数，来达到比静态编译更好的优化效果。一个常见的例子是即时编译器，它可以根据运行时的输入生成针对性的机器代码，但需要在运行时付出额外的编译开销。这种技术最早可以追溯到正则表达式引擎，目前已经广泛应用于 Java HotSpot 和 JavaScript V8 中。

"剖析导向优化"技术可以通过在程序运行时采集若干信息，来指导静态编译器针对若干程序输入生成更优的代码。

10.3.2 指令集和硬件层次

程序性能优化也可以从系统底层的指令集体系结构层、微架构层和电路层等层面进行。

1. 指令集体系结构层

若有机会设计处理器芯片，对于一些开放指令集（如 RISC-V），架构师可根据应用场景的需求添加自定义指令，用于提升程序关键部分的运行效率。通常，支持新指令需要增强 CPU 的原有数据通路和功能单元。随着 RISC-V 的流行，一些 IoT 厂商开始尝试在处理器中添加自定义指令，从而制造出更具竞争力的 IoT 产品。

2. 微架构层

CPU 的微架构也会影响程序的性能，先进的微架构设计有助于提升程序的性能表现。常见的微架构优化技术包括以下几个方面：利用局部性提升 CPU 访问指令和数据的效率，具体可见 6.1.4 节；利用并行性让多个实例同时工作，并行性又可分为指令级并行、数据级并行和任务级并行，其中指令级并行的代表性技术包括流水线、超长指令字、乱序执行等，数据级并行的代表性技术包括 SIMD、向量指令/向量机、GPU 等，任务级并行的代表性技术包括多线程、多核、多处理器等；利用预测技术投机执行，如分支预测、缓存预取等；利用加速器部件处理特定场景。读者可通过查阅相关书籍进一步了解相应技术。

3. 电路层

电路的频率也会影响程序的性能，电路部件的主频越高，程序运行得越快。常见的电路优化技术包括插入流水段寄存器、优化电路模块在芯片中的布局等。读者可通过查阅相关书籍进一步了解相应技术。

10.4 编写适合编译优化的源代码

前面提到，即使是优化效果很好的编译器，也会存在某些阻碍其进一步优化的因素。下面以两种常见的因素为例，介绍其背后的原因，并给出若干改写源代码的建议，以生成更优的编译结果。

10.4.1 优化函数调用

函数调用可能会产生副作用，包括修改全局变量、访问 volatile 类型变量、发起系统调用等。另外，即使函数本身没有副作用，函数也可能会引用全局变量，而全局变量可能会被其他函数改写，导致每次进入函数时，全局变量的值可能不同，从而造成每次执行函数的返回值不同。基于上述原因，编译器对函数的优化需要考虑多个因素。

当被调用函数的定义与调用函数位于同一个模块时，编译器可以分析被调用函数的行为，必要时可优化函数调用点；当被调用函数位于其他外部模块时，编译器则无法分析被调用函数的行为，此时它将保守地优化代码。

例 10.6 某程序段如图 10.2a 所示，通过 gcc -O1 编译后，其汇编代码如图 10.2b 所示。请从函数调用的角度分析该程序段的编译结果。

```
extern int f();
int g() {
    return f() + f();
}
```

a) C 代码程序段

```
g:
    pushq   %rbx
    movl    $0, %eax
    call    f@PLT
    movl    %eax, %ebx
    movl    $0, %eax
    call    f@PLT
    addl    %ebx, %eax
    popq    %rbx
    ret
```

b) 程序段对应的汇编代码

图 10.2 编译器无法进一步优化的函数调用示例

解：函数 g 调用了两次函数 f，但由于函数 f 属于外部符号，编译器无法在编译阶段得知函数 f 是否存在副作用，因此编译器只能采取保守策略，认为函数 f 可能存在副作用，从而不优化函数调用点。

由上例可见，函数调用可能会成为阻碍编译器进一步优化的因素。若程序员明确被调用函数没有副作用，则可将代码改写为更优的形式，从而编译出更优的结果。

例 10.7　某程序段如图 10.3a 所示，通过 gcc -O1 编译后，其汇编代码如图 10.3b 所示。请从函数调用的角度分析该程序段的编译结果，并与例 10.6 比较。

```
extern int f();
int g() {
  return 2 * f();
}
```

```
g:
    subq    $8, %rsp
    movl    $0, %eax
    call    f@PLT
    addl    %eax, %eax
    addq    $8, %rsp
    ret
```

a) C 代码程序段　　　　　　　　b) 程序段对应的汇编代码

图 10.3　改写例 10.6 获得更优的编译结果

解：经过代码改写后，函数 g 只调用一次函数 f。在函数 f 不包含副作用时，函数 g 的行为与例 10.6 中的函数 g 行为一致。但本例的汇编代码只包含一次函数调用，且不必保存 rbx 寄存器，故生成的代码更优。

例 10.8　某程序段如图 10.4a 所示，通过 gcc -O1 编译后，其汇编代码如图 10.4b 所示。请从函数调用的角度分析该程序段的编译结果，并给出进一步的优化方案。

```
#include <string.h>
void lower(char *s) {
  int i;
  for (i = 0; i < strlen(s); i++) {
    if (s[i] >= 'A' && s[i] <= 'Z') {
      s[i] -= ('A' - 'a');
    }
  }
}
```

a) C 代码程序段

```
lower:
    pushq   %rbp
    pushq   %rbx
    subq    $8, %rsp
    movq    %rdi, %rbp
    movl    $0, %ebx
    jmp     .L2
.L3:
    addq    $1, %rbx
.L2:
    movq    %rbp, %rdi
    call    strlen@PLT
    cmpq    %rax, %rbx
    jnb     .L6
```

```
    movzbl  0(%rbp,%rbx), %eax
    leal    -65(%rax), %edx
    cmpb    $25, %dl
    ja      .L3
    addl    $32, %eax
    movb    %al, 0(%rbp,%rbx)
    jmp     .L3
.L6:
    addq    $8, %rsp
    popq    %rbx
    popq    %rbp
    ret
```

b) 程序段对应的汇编代码

图 10.4　转化成小写字母的示例

解: 函数 lower() 在每次循环中会调用库函数 strlen()，但由于 strlen 属于外部符号，编译器无法在编译阶段得知函数 strlen() 是否存在副作用，因此编译器只能采取保守策略，认为函数 strlen() 可能存在副作用，从而不优化函数调用点。

为进一步优化编译结果，在明确 strlen() 函数没有副作用且每次调用的返回值相同时，可改写上述代码，将函数 strlen() 的调用移动到循环外部。改写后的结果如图 10.5 所示。

```c
#include <string.h>
void lower(char *s) {
  int i;
  int len = strlen(s);
  for (i = 0; i < len; i++) {
    if (s[i] >= 'A' && s[i] <= 'Z') {
      s[i] -= ('A' - 'a');
    }
  }
}
```

a) C 代码程序段

```
lower:
  pushq   %rbx
  movq    %rdi, %rbx
  call    strlen@PLT
  testl   %eax, %eax
  jle     .L1
  movq    %rbx, %rdx
  leal    -1(%rax), %eax
  leaq    1(%rbx,%rax), %rsi
  jmp     .L4
.L3:
  addq    $1, %rdx
  cmpq    %rsi, %rdx
  je      .L1
```

```
.L4:
  movzbl  (%rdx), %eax
  leal    -65(%rax), %ecx
  cmpb    $25, %cl
  ja      .L3
  addl    $32, %eax
  movb    %al, (%rdx)
  jmp     .L3
.L1:
  popq    %rbx
  ret
```

b) 程序段对应的汇编代码

图 10.5 改写例 10.7 获得更优的编译结果

对于改写前的代码，调用 strlen 的次数与字符串 s 的长度相同；对于改写后的代码，只需调用一次 strlen。字符串 s 较长时，上述改写能带来明显的性能提升。

10.4.2 优化指针别名

两个指针为别名关系，是指它们指向相同的内存区域。编译器通常假设不同类型的指针不存在别名关系，但也会假设两个相同类型的指针可能存在别名关系。基于上述假设，若编译器无法断定两个相同类型的指针不存在别名关系，它将保守地优化代码，保证即使两个指针指向相同的内存区域，代码也能正确工作。这种情况常见于指针作为函数参数的情况，因为调用函数可能会将相同的内存地址传递给同类型的指针参数。

例 10.9 请分析以下程序段中指针之间的别名关系。

```
float *pf = NULL;
```

```
double *pd = NULL;
void f(int *p1, int *p2, float *p3) {
    double d;
    int i;
    int *pi = &i;
    double *pd2 = &d;
    ...
}
```

解：分析结果如下。

① p1 和 p2 可能存在别名关系，因为调用函数可能会传递相同的内存地址给它们。

② pi 和 p1 以及 pi 和 p2 不存在别名关系，因为 pi 指向函数 f() 的局部变量 i，而调用函数 f() 时，局部变量 i 还未分配空间，故 p1 和 p2 不可能指向局部变量 i，所以 pi 和 p1 必定指向不同的 int 型变量，pi 和 p2 同理。

③ p3 与 pf 可能存在别名关系，虽然全局变量 pf 的初值为 NULL，但由于在程序执行过程中，本模块和外部模块的其他函数都可能会修改全局变量，因此在调用函数 f() 时，pf 和 p3 可能指向同一个 float 型变量。

④ pd 和 pd2 不存在别名关系，因为调用函数 f() 时，局部变量 d 未分配空间，故 pd 不可能指向局部变量 d，所以 pd 和 pd2 必定指向不同的 double 型变量。

例 10.10 某程序段如图 10.6a 所示，通过 gcc -O1 编译后，其汇编代码如图 10.6b 所示。请从指针别名的角度分析该程序段的编译结果。

```
int f (int *p1, int *p2) {
    *p1 = 1;
    *p2 = 2;
    return *p1;
}
```

```
f:
    movl $1, (%rdi)
    movl $2, (%rsi)
    movl (%rdi), %eax
    ret
```

a) C 代码程序段　　　　　　　　b) 程序段对应的汇编代码

图 10.6　编译器无法进一步优化的指针别名示例

解：函数 f 有两个相同类型的指针参数 p1 和 p2。当两个指针不存在别名关系时，函数 f 必定返回 1；当两个指针为别名关系时，语句"*p1 = 1;"冗余，所指内存区域必定被语句"*p2 = 2;"覆盖，故编译器可移除语句"*p1 = 1;"，此时函数必定返回 2。但由于编译器无法得知 p1 和 p2 是否存在别名关系，因此编译器只能采取如下保守策略。

① 不移除语句"*p1 = 1;"，否则当 p1 和 p2 不存在别名关系时，p1 指向的内存区域将不被写入，导致优化后的行为与优化前不符。

② 设置返回值时不能直接返回 1，而是要重新读出 p1 所指的内存区域，否则当 p1 和 p2 为别名关系时，p1 最终指向的内存区域应存放 2，导致优化后的行为与优化前不符。

由上例可见，指针别名可能会成为阻碍编译器进一步优化的因素。若程序员明确指针之间不存在别名关系，则可采取如下方法消除指针别名，给编译器提供更多优化机会。

- 采用 C 语言中的 restrict 关键字修饰指针所指的内容，告知编译器该指针指向的内存区域只会通过该指针访问。因此，通过 restrict 关键字修饰所指内容的指针之间都不存在别名关系。但 C 语言标准规定，编译器可以忽略 restrict 关键字的处理，虽然这不影响程序的正确性，但也无法达到进一步优化的效果。

- 引入局部变量，编写行为不受别名关系影响的代码。

例 10.11 某程序段如图 10.7a 所示，通过 gcc -O1 编译后，其汇编代码如图 10.7b 所示。请从指针别名的角度分析该程序段的编译结果，并与例 10.10 比较。

```
int f (int *p1, int *p2) {
    int tmp = 1;
    *p1 = tmp;
    *p2 = 2;
    return tmp;
}
```

a) C 代码程序段

```
f:
    movl  $1, (%rdi)
    movl  $2, (%rsi)
    movl  $1, %eax
    ret
```

b) 程序段对应的汇编代码

图 10.7 改写例 10.10 获得更优的编译结果

解： 函数 f 有两个相同类型的指针参数 p1 和 p2，它们可能存在别名关系，但无论它们是否存在别名关系，函数 f 总是返回 1。因此，编译器优化此函数时，可直接将返回值 1 送 EAX 寄存器，与上例相比减少了一次访存操作。

实际上，当 p1 和 p2 存在别名关系时，例 10.10 与例 10.11 的行为有所不同。因此在改写代码前，程序员需要明确当两者存在别名关系时函数 f 的预期行为。若程序员认为程序运行时两者不会存在别名关系或者不关心两者存在别名关系时的行为，则可以通过改写代码让编译器生成更优的结果。

例 10.12 某程序段如图 10.8a 所示，通过 gcc -O1 编译后，其汇编代码如图 10.8b 所示。请从指针别名的角度分析该程序段的编译结果，并给出进一步的优化方案。

```
void sum (int *a, int *b, int n) {
    int i, j;
    for (i = 0; i < n; i++) {
        b[i] = 0;
        for (j = 0; j < n; j++) {
            b[i] += a[i*n+j];
        }
    }
}
```

a) C 代码程序段

```
sum:
    testl   %edx, %edx
    jle     .L1
    movq    %rsi, %r8
    movslq  %edx, %rdx
    leaq    0(,%rdx,4), %r10
    addq    %r10, %rdi
    leaq    (%rsi,%r10), %r9
    negq    %rdx
    leaq    0(,%rdx,4), %rsi
.L4:
    movq    %r8, %rdx
    movl    $0, (%r8)
    leaq    (%rdi,%rsi), %rax
```

```
.L3:
    movl    (%rax), %ecx
    addl    %ecx, (%rdx)
    addq    $4, %rax
    cmpq    %rdi, %rax
    jne     .L3
    addq    $4, %r8
    addq    %r10, %rdi
    cmpq    %r9, %r8
    jne     .L4
.L1:
    ret
```

b) 程序段对应的汇编代码

图 10.8 数组求和的示例

解： 函数 sum() 有两个相同类型的指针参数 a 和 b，它们可能存在别名关系，因此，内层循环语句 "b[i] += a[i*n+j];" 中的 a 和 b 可能指向相同的内存区域，使编译器无法进一步优化该语句，从而生成 .L3 标号对应的指令序列，该指令序列包含 3 次访存操作：movl 指令读出 RAX 寄存器所指的内存单元，addl 指令读出 RDX 寄存器所指的内存单元并将结果写入 RDX 寄存器所指的内存单元。

为进一步优化编译结果，在明确 a 和 b 不存在别名关系时，可引入局部变量改写上述代码。改写后的结果如图 10.9 所示。

```c
void sum(int *a, int *b, int n) {
    int i, j;
    for (i = 0; i < n; i++) {
        int sum = 0;
        for (j = 0; j < n; j++) {
            sum += a[i*n+j];
        }
        b[i] = sum;
    }
}
```

a) C 代码程序段

```
sum_row:                        .L4:
    testl   %edx, %edx              movl    %edx, %ecx
    jle     .L1                     addl    (%rax), %ecx
    movq    %rsi, %r8               movl    %ecx, %edx
    movslq  %edx, %rdx              addq    $4, %rax
    leaq    0(,%rdx,4), %r10        cmpq    %rdi, %rax
    addq    %r10, %rdi              jne     .L4
    leaq    (%rsi,%r10), %r9        movl    %ecx, (%r8)
    negq    %rdx                    addq    $4, %r8
    leaq    0(,%rdx,4), %rsi        addq    %r10, %rdi
    movl    $0, %r11d               cmpq    %r9, %r8
.L3:                                jne     .L3
    leaq    (%rdi,%rsi), %rax   .L1:
    movl    %r11d, %edx             ret
```

b) 程序段对应的汇编代码

图 10.9 改写 sum() 函数获得更优的编译结果

改写后，内层循环语句 "sum += a[i*n+j];" 通过分配在寄存器中的 sum 实现累加功能，生成 .L4 标号对应的指令序列，其中只包含 1 次访存操作。对于改写前的代码，共发生 $n+3*n*n$ 次访存；而对于改写后的代码，共发生 $n+n*n$ 次访存。当 n 较大时，上述改写能带来明显的性能提升。

10.5 本章小结

计算机系统的基本性能指标包括响应时间和吞吐率。处理器的基本性能参数包括时钟周期（或主频）、CPI、MIPS、MFLOPS、GFLOPS、TFLOPS 等。通常程序的响应时间被划分成 CPU 时间和其他时间，CPU 时间又分成用户 CPU 时间和系统 CPU 时间。因为操作系统对自己所花费的时间进行测量时并不十分准确，所以，对 CPU 性能的测量一般通过测量用户 CPU 时间来进行。

基准程序是专门用来进行性能评估的一组程序，能反映机器在运行实际负载时的性能，通常通过在机器上运行基准程序的时间来评测其性能。基准程序一般是用户经常使用的一些实际程序，或是某个应用领域的一些典型的简单程序。对于不同的应用场合，应该选择不同的基准程序。常见的基准程序包括 CPU 性能测试集（SPEC CPU2000）、Web 服务器性能测试集（SPECweb99）等。

阿姆达尔定律是计算机系统设计方面重要的定量原则之一。阿姆达尔定律表明，对系统中某个硬件部分或者软件中的某部分进行更新所带来的系统性能改进程度，取决于该硬件部分或软件部分被使用的频率或其执行时间占总执行时间的比例。

根据阿姆达尔定律，优化时应优先优化占用整个程序执行时间较多的部分，即程序执行的性能瓶颈之处。为找到程序的性能瓶颈，一般采用性能剖析（profiling）方法，通过在程序运行的过程中动态地收集信息来测量程序的若干属性。根据性能剖析方法收集的数据，程序员可分析应优先优化程序中的哪些模块，从而获得显著的优化效果。

性能剖析工作通常借助性能剖析器（profiler）展开，性能剖析器的常用输出有两种。一种输出是待观测事件的统计报告，常用的工具包括 gprof 和 perf；另一种是事件记录流，也称为踪迹（trace），如 strace 工具可查看程序运行过程中发生的系统调用。

通过性能剖析器分析出程序的性能瓶颈后，即可进行针对性的优化。程序的性能瓶颈可能位于计算机系统的某个抽象层，因此，优化技术也可按抽象层分类，抽象层包括软件框架层、算法和数据结构层、源代码层、构建层、编译层、汇编层、链接层、运行层、指令集体系结构层、微架构层和电路层。

现代编译器可进行多种优化，但也会存在某些阻碍其进一步优化的因素。函数调用和指针别名是两个常见的因素，这些因素可能使优化后的代码行为与优化前不一致，因此编译器将采取保守的优化策略。若程序员明确相应代码不存在副作用或不存在指针别名关系，则可将代码改写为适合编译优化的源代码，使编译器生成更优的结果。

习题

1. 给出以下概念的解释说明。

响应时间	吞吐率	用户 CPU 时间	系统 CPU 时间
系统性能	CPU 性能	时钟周期	主频
CPI	基准程序	SPEC 基准程序集	SPEC 比值
MIPS	峰值 MIPS	相对 MIPS	PFLOPS
阿姆达尔定律	性能剖析	踪迹	指针别名

2. 简单回答下列问题。

　　（1）程序的 CPI 与哪些因素有关？

　　（2）为什么说性能指标 MIPS 不能很好地反映计算机的性能？

（3）阿姆达尔定律对程序性能优化有什么指导意义？

（4）从输出的信息来看，性能剖析器有哪些分类？

（5）按计算机系统层次分类，性能优化技术可分为哪几类？每一类有哪些常用的方法？

（6）阻碍编译器进一步优化的因素有哪些？程序员应该如何应对？

3. 若有两个基准测试程序 P_1 和 P_2 在机器 M_1 和 M_2 上运行，假定 M_1 和 M_2 的价格分别是 5000 元和 8000 元，下表给出了 P_1 和 P_2 在 M_1 和 M_2 上所花的时间和指令条数。

程序	M_1		M_2	
	指令条数	执行时间	指令条数	执行时间
P_1	200×10^6	10 000 ms	150×10^6	5000 ms
P_2	300×10^3	3 ms	420×10^3	6 ms

请回答下列问题。

（1）对于 P_1，哪台机器的速度快？快多少？对于 P_2 呢？

（2）在 M_1 上执行 P_1 和 P_2 的速度分别是多少 MIPS？在 M_2 上执行 P_1 和 P_2 的速度又各是多少？从执行速度来看，对于 P_2，哪台机器的速度快？快多少？

（3）假定 M_1 和 M_2 的时钟频率分别是 800MHz 和 1.2GHz，则在 M_1 和 M_2 上执行 P_1 时的平均时钟周期数 CPI 各是多少？

（4）如果某个用户需要大量使用程序 P_1，并且该用户主要关心系统的响应时间而不是吞吐率，那么，该用户需要大批购进机器时，应该选择 M_1 还是 M_2？为什么？（提示：从性价比上考虑。）

（5）如果另一个用户也需要购进大批机器，但该用户使用 P_1 和 P_2 一样多，主要关心的也是响应时间，那么，应该选择 M_1 还是 M_2？为什么？

4. 若机器 M_1 和 M_2 具有相同的指令集，其时钟频率分别为 1GHz 和 1.5GHz。在指令集中有 5 种不同类型的指令 $A \sim E$。下表给出了在 M_1 和 M_2 上每类指令的平均时钟周期数 CPI。

机器	A	B	C	D	E
M_1	1	2	2	3	4
M_2	2	2	4	5	6

请回答下列问题。

（1）M_1 和 M_2 的峰值 MIPS 各是多少？

（2）假定某程序 P 的指令序列中，5 类指令具有完全相同的指令条数，则程序 P 在 M_1 和 M_2 上运行时，哪台机器更快？快多少？在 M_1 和 M_2 上执行程序 P 时的平均时钟周期数 CPI 各是多少？

5. 假设同一套指令集用不同的方法设计了两台机器 M_1 和 M_2。机器 M_1 的时钟周期为 0.8ns，机器 M_2 的时钟周期为 1.2ns。某个程序 P 在机器 M_1 上运行时的 CPI 为 4，在 M_2 上运行时的 CPI 为 2。对于程序 P 来说，哪台机器的执行速度更快？快多少？

6. 假设某机器 M 的时钟频率为 4GHz，用户程序 P 在 M 上的指令条数为 8×10^9，其 CPI 为 1.25，则 P 在 M 上的执行时间是多少？若在机器 M 上从程序 P 开始启动到执行结束所需的时间是 4s，则 P 占用的 CPU 时间的百分比是多少？

7. 假定某编译器对某段高级语言程序编译生成两种不同的指令序列 S_1 和 S_2，在时钟频率为 500MHz 的机器 M 上运行，目标指令序列中用到的指令类型有 A、B、C 和 D 四类。四类指令在 M 上的 CPI 和两个指令序列所用的各类指令条数如下表所示。

	A	B	C	D
各指令的 CPI	1	2	3	4
S_1 的指令条数	5	2	2	1
S_2 的指令条数	1	1	1	5

请问：S_1 和 S_2 各有多少条指令？CPI 各为多少？所含的时钟周期数各为多少？执行时间各为多少？

8. 假定机器 M 的时钟频率为 1.2GHz，某程序 P 在机器 M 上的执行时间为 12s。对 P 进行优化时，将其所有的乘 4 指令都换成了一条左移两位的指令，得到优化后的程序 P'。已知在 M 上乘法指令的 CPI 为 5，左移指令的 CPI 为 2，P 的执行时间是 P' 执行时间的 1.2 倍，则 P 中有多少条乘法指令被替换成了左移指令被执行？

9. 假定机器 M 的时钟频率为 2.5GHz，在运行某程序 P 的过程中，共执行了 500×10^6 条浮点数指令、4000×10^6 条整数指令、3000×10^6 条访存指令、1000×10^6 条分支指令，这 4 种指令的 CPI 分别是 2、1、4、1。若要使程序 P 的执行时间减少一半，则应如何改进浮点指令的 CPI？若要使程序 P 的执行时间减少一半，则应如何改进访存指令的 CPI？若浮点数指令和整数指令的 CPI 减少 20%，访存指令和分支指令的 CPI 减少 40%，则程序 P 的执行时间会减少多少？

10. 假设函数 get_vec_length() 和 get_vec_start() 无副作用，尝试通过改写源代码优化以下程序。

```
typedef struct {
    long len;
    long *data;
} vec_rec, *vec_ptr;

extern long get_vec_length(vec_ptr v);
extern long* get_vec_start(vec_ptr v);

void combine(vec_ptr v, long *dest) {
    int i;
    *dest = 0;
    for (i = 0; i < get_vec_length(v); i++) {
        long *data = get_vec_start(v);
        *dest = *dest + data[i];
    }
}
```

第 11 章　网络编程

在许多实际应用中，例如 Web 网站、电子邮件、远程服务调用以及分布式大数据处理等，均需要不同网络节点之间的通信与数据交互。不同网络节点的应用程序通过软件编程实现互相之间的通信与数据传输，这项技术称为**网络编程**。网络编程在互联网应用中扮演着非常重要的角色，是互联网时代最底层的核心技术之一。尽管各式各样的网络应用层出不穷，但大部分网络应用背后都遵循着相同的网络编程模型，包括数据格式、数据传输与通信协议等。不同类型的计算机设备通过遵循约定的数据传输格式以及网络通信协议，实现网络连接和数据交互。

了解网络编程的工作原理，将有助于提升读者网络应用开发和调试的能力，并能够使读者深入理解 TCP/IP 网络通信协议。本章主要内容包括网络 I/O、局域网和广域网、MAC 地址与 IP 地址、交换机与路由器、子网掩码与子网划分、TCP/IP 通信协议、套接字编程等。

11.1　客户端 – 服务器模型和网络 I/O

网络应用基本上都基于客户端 – 服务器模型，每个应用都由一个服务器进程和一个或多个客户端进程组成。为了能够更加直观地展示基于客户端 – 服务器模型的网络编程的相关概念，本章将从一个简单的网络编程应用案例入手，详细介绍网络编程技术需要解决的关键问题以及本章的主要内容。

11.1.1　案例：远程函数调用

远程函数调用（Remote Procedure Call，**RPC**）是一类代表性的网络应用。与本地函数调用不同，RPC 的调用方和被调用方通常位于不同的计算机节点，这些计算机节点通过网络互联实现数据的传输。假设存在计算机 A 和计算机 B，计算机 A 需要调用计算机 B 中的函数。计算机 A 的调用进程首先通过网络编程向计算机 B 发送远程函数调用请求，然后计算机 A 的调用进程进入阻塞状态，等待远程函数计算结果的返回。计算机 B 接收到计算机 A 的函数调用请求后，执行函数计算，并将计算结果通过网络返回给计算机 A。计算机 A 的调用进程接收到计算结果后，继续执行。

在远程函数调用过程中，调用方可以将远程函数名称、函数参数等数据封装成特定格式的消息，被调用方通过对消息进行解析，获取函数名称和参数等数据，然后执行具体的函数。同样，被调用方也将函数计算结果封装成特定格式的消息返回给调用方。

远程函数调用通常采用**客户端 – 服务器**（client-server）的部署模式，客户端作为调用方，服务器端作为被调用方。每个客户端均可以向服务器端发送远程函数调用请求，服务器端可以同时接收多个客户端的函数调用请求，并为每个请求创建一个进程，用于执行函数计算。图 11.1 给出了一个基于客户端 – 服务器模型的远程函数调用示例——远程计算器，加、减、乘、除等具体计算均在服务器端执行。

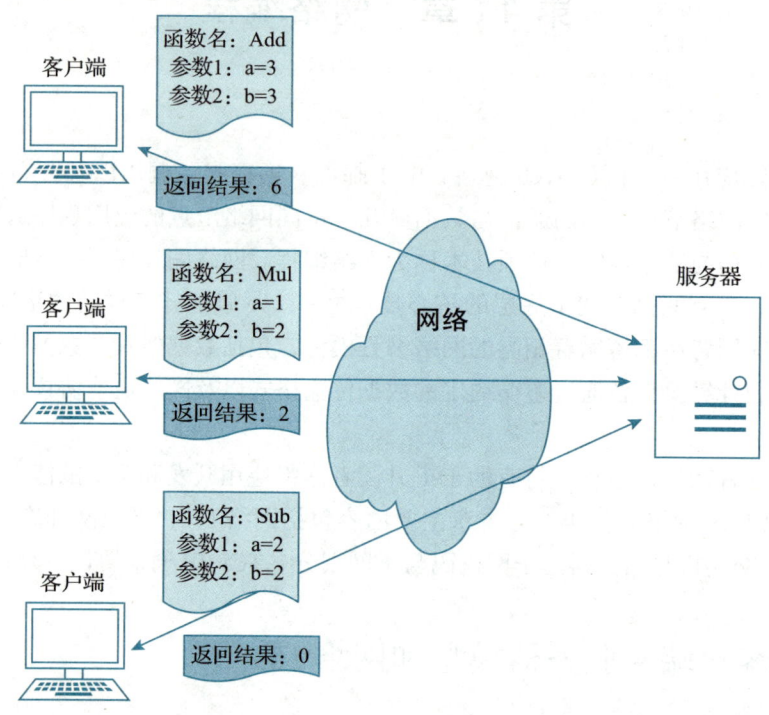

图 11.1　基于客户端 – 服务器模型的远程函数调用示例（远程计算器）

如图 11.1 所示，客户端将计算请求（包含函数名以及参数值）通过网络发送至服务器端，然后等待服务器端的计算结果。由于需要同时响应多个客户端的计算请求，因此服务器端通常需要配置计算性能较高的 CPU 等硬件设施，用于提升服务器端的吞吐量，减少客户端的等待延迟。

在远程函数调用的实现过程中，客户端和服务器端通常位于不同的主机，需要通过网络编程实现客户端与服务器端之间的网络通信。为了实现客户端与服务器端的网络数据交互，需要考虑以下几个问题。

- 网络 I/O。当客户端发送远程函数调用请求时，要考虑如何将主存中的数据传输到网络中以及如何将从网络中接收到的数据传输到主存中，即需要考虑在主存和网络之间建立数据传输通道。
- 网络连接。要考虑如何构建网络连接方式以及网络各方需要遵循的通信协议，使客户端和服务器之间能够互相连接与通信，从而实现数据的发送和接收。
- 网络寻址。客户端和服务器在一个互相连接的网络中，要考虑如何识别客户端和服务器的地址，以便能够将数据发送至指定的地址。
- 网络编程接口。要考虑如何设计高层易用的网络编程接口，屏蔽网络通信的技术细节，使用户能够快速开发网络应用程序。

针对上述关键问题，本章将围绕网络 I/O、网络连接、网络寻址和网络编程接口 4 个方面介绍网络通信原理和网络编程技术。

11.1.2 网络 I/O

网络 I/O 主要负责读入由其他网络节点传输过来的数据，以及将数据通过传输介质发送至其他网络节点。为了实现计算机与网络的互联互通，需要为计算机配置**网络适配器**（network adapter）。该硬件又称为**网络接口卡**（network interface card），简称**网卡**，被设计用于计算机在网络上进行通信。网络适配器是计算机网络中最基本的元件，是实现网络通信的必要硬件配置。

与磁盘 I/O 中的磁盘控制器类似，可将网络适配器插入计算机主板上的 I/O 总线扩展槽中，并通过 I/O 总线实现与计算机中的主存等设备进行通信。如图 11.2 所示，网络适配器可通过 DMA 控制器访问主存，与主存直接交换数据。在发送方，网络适配器把内存中的数据封装成网络上其他设备能够识别的格式，并将其转换为比特流，通过传输介质传输；在接收方，网络适配器对传输介质接收的比特流进行解析，并重组成本地设备能识别的数据，通过主板上的总线将数据传输到主存中。

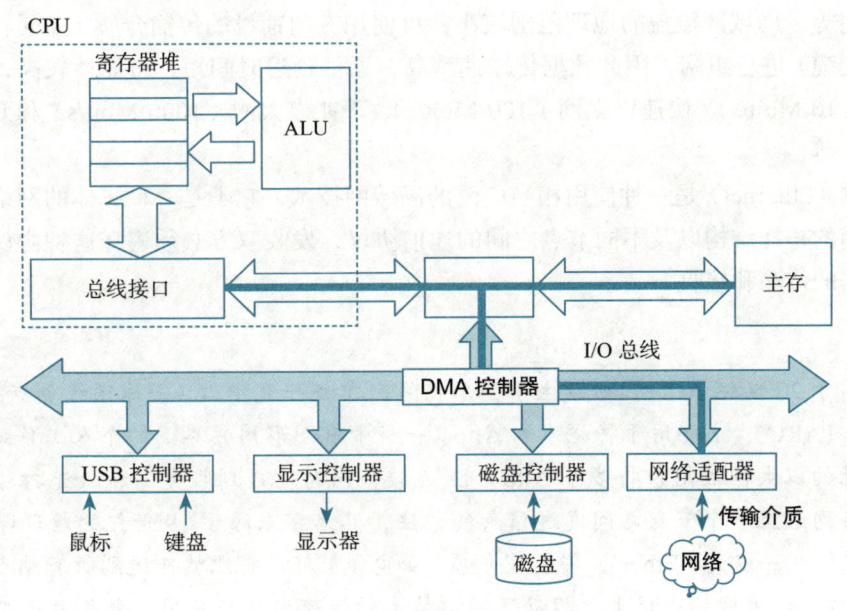

图 11.2　网络适配器

每个网络适配器都有一个全球唯一的 **MAC 地址**（Media Access Control address），也称为**局域网地址**（LAN address）、**以太网地址**（Ethernet address）或**物理地址**（physical address），主要用来确定网络设备的位置。就好比身份证号可以唯一标识一个人，MAC 地址用于在网络中唯一标识一个网络适配器。如果一台设备有一个或多个网络适配器，则每个网络适配器都有一个唯一的 MAC 地址。

MAC 地址为 48 位二进制数，通常表示为 12 个 16 进制数，如 4C-D1-A1-52-D6-0C。其中从左到右，第 1～24 位是厂商向因特网工程任务组（Internet Engineering Task Force，IETF）等机构申请用来标识厂商的代码，第 25～48 位由厂商自行分派，是各个厂商制造的所有网络适配器的唯一编号。MAC 地址一般固化在网络适配器的 ROM 中。

小贴士

在 Linux 操作系统下，可以在命令行界面输入 ifconfig -a 查看网络适配器的 MAC 地址；在 Window 操作系统下，进入 DOS 命令行界面，输入 ipconfig/all 即可查看 MAC 地址。

11.2 局域网和广域网

网络适配器使每个计算机节点具备了在网络上发送数据和接收数据的能力。如何构建网络连接方式以及不同节点之间的通信方式是需要进一步考虑的问题。本节将重点介绍网络连接的两种代表性模式：局域网和广域网。

11.2.1 局域网

顾名思义，**局域网**（Local Area Network，**LAN**）是指在局部地区的多个计算机节点互相连接形成的网络，其特点是分布地区范围有限，一般在一座建筑物内或建筑物附近，比如办公楼、住宅等。局域网覆盖的地理范围较小，可使用专门铺设的传输介质（如同轴电缆、双绞线以及光缆）进行组网，因此数据传输速率高，通信延迟时间短，可靠性较高，主要有标准以太网（10 Mbit/s）、快速以太网（100 Mbit/s）、千兆以太网（1000 Mbit/s）和万兆以太网（10 Gbit/s）等。

以太网（Ethernet）是一种使用相当广泛的局域网技术，它不是一种具体的网络，而是规定了局域网的拓扑结构以及不同节点之间的通信协议，发收双方必须遵守这种协议才能正确地进行数据的传输和接收。

小贴士

以太网于 20 世纪 70 年代初诞生于施乐帕洛阿尔托研究中心（全球顶级创新研究中心，简称 Xerox PARC），主要用于将施乐的 Alto（一种带有图形用户界面的个人工作站）互联起来。实验性的以太网被用来将多个 Alto 相互连接，同时连接到服务器和激光打印机。以太网实现了在网络上多个节点之间发送信息的想法，其名字来源于 19 世纪的物理学家假设的电磁辐射媒体——以太（Ether），即物理介质（如电缆）可以将比特传送到所有站点，就好比 "以太" 一样。以太网的出现大大推动了网络技术的快速发展与应用，电气电子工程师协会（IEEE）专门制定了以太网的技术标准 IEEE 802.3。以太网的发明人鲍勃·梅特卡夫（Bob Metcalfe）也因在计算机和通信领域的贡献荣获 2022 年的图灵奖。

以太网的经典拓扑结构为总线型拓扑。如图 11.3 所示，总线型拓扑采用共用传输介质，如同轴电缆，将网络中所有的节点连接到总线上，即所有节点共享同一个总线。节点 A 发送的数据将广播到总线上其他所有的节点上，每个节点接收到数据后，对数据进行解析，并判断数据中的目的 MAC 地址和节点自身的 MAC 地址是否一致。若一致，则进一步处理该数据，否则将数据丢弃。

总线共享带来的问题是不同节点对总线的争用。以太网通过使用带冲突检测的**载波侦听多路访问**（Carrier Sense Multiple Access with Collision Detection，**CSMA/CD**）机制解决总线争用问题，进而达到减少数据冲突、提高数据传输成功率的目标。在节点准备发送数据时，

CSMA/CD 机制首先侦听总线上是否有载波，即总线上是否有数据传输，若没有则开始数据发送，否则持续等待直到总线空闲。在传输数据的同时检测总线上是否有冲突。如果检测到冲突，则冲突双方停止数据传输，并随机等待一段时间后再启动数据传输。如果冲突双方等待的时间不同，冲突将不再出现。如果传输失败超过一次，将采用**指数退避**（exponential backoff）算法将等待时间指数增长后再次尝试。若超过最大尝试传输次数，则向更高层的网络协议报告发送失败，退出传输模式。

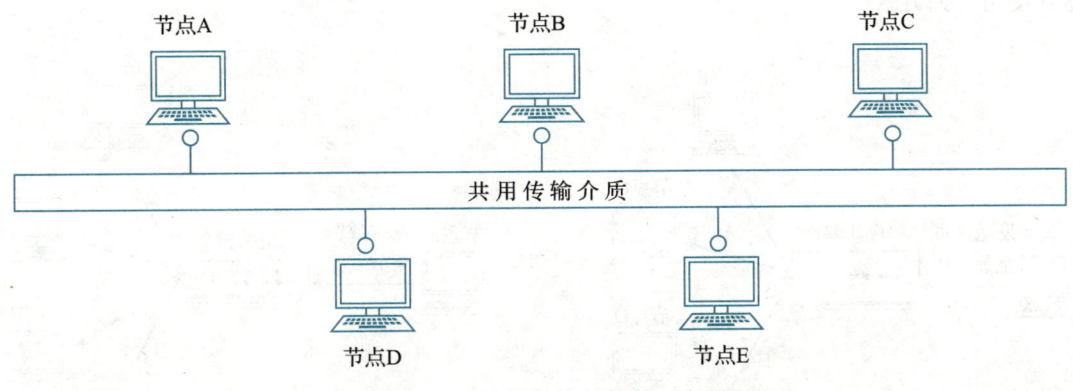

图 11.3　总线型拓扑结构的以太网

总线型拓扑结构简单，易于进行网络扩展，并且单个节点的故障并不会影响整个网络，具有较高的可靠性。但是，单总线传输距离有限，通信范围受到限制。另外，多个节点通过单总线连接使故障的定位和隔离比较困难。为解决上述问题，一种新的拓扑结构即星形拓扑结构应运而生。所谓星形拓扑结构，指的是局域网中所有的节点以星形方式连接到同一个中央物理设备上。

集线器（hub）就是一种早期的中央物理设备，可将多个节点连接到同一以太网段物理介质上。集线器包含多个端口，每个端口连接一个计算机节点。如图 11.4 所示，与总线型拓扑结构类似，集线器也采用广播方式进行数据传输。当节点 A 要发送数据给节点 B 时，集线器与节点 A 相连的端口会接收到信号，此时，集线器将衰减信号整形放大，然后将放大的信号广播发送给其他所有端口，因此局域网中的所有其他节点会收到同样的数据。

集线器以太网尽管在物理上是星形结构，但在逻辑上仍是总线型的。与总线型以太网中的传输总线一样，集线器也是一种网络共享的物理设备，同样采用 CSMA/CD 介质访问控制机制避免冲突发生。集线器每个端口均工作在**半双工**（half duplex）通信模式下，即任意时刻只能接收数据或者发送数据，而且所有端口共享通信带宽，导致集线器的通信效率较低。为了提升局域网中的通信效率，**交换机**（switch）已逐渐取代了集线器，并且在以太网中得到广泛的应用。

11.2.2　交换机

以太网中的交换机也采用了星形拓扑结构，但与集线器不同的是，交换机具有自动寻址能力，比集线器更为"智能"。具体而言，交换机可以"学习"MAC 地址，把所有连接到它的设备的 MAC 地址记录至内部地址表中，通过在数据发送者与接收者之间建立临时的交换路径，使数据直接由源 MAC 地址到达目的 MAC 地址。

如图 11.5 所示，当节点 A 要将数据发送给节点 B 时，交换机会接收到相应信号，此时，交换机通过访问内部地址表中 MAC 地址与端口之间的映射关系，根据目的 MAC 地址，得到与节点 B 相连接的端口号，从而把数据直接转接至对应的端口，而不是广播至所有端口。交换机也提供了广播通信方式，若数据的目的 MAC 地址为广播 MAC 地址 FF-FF-FF-FF-FF-FF，则所有端口都会接收到该数据。当连接到交换机的所有节点都需要接收到相同数据时，通常使用广播方式。

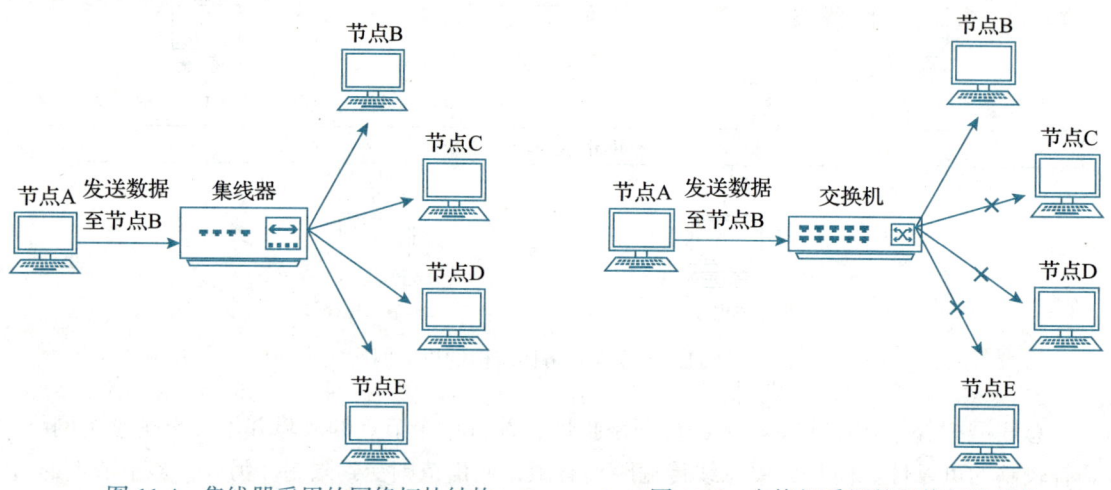

图 11.4　集线器采用的网络拓扑结构　　　　图 11.5　交换机采用的网络拓扑结构

为了能更清晰地阐述集线器和交换器等不同网络通信设备的区别，通常引入广播域和冲突域的概念。**广播域**是指在网络中所有能收到同一广播消息的设备的集合。在广播域内，广播消息会被所有设备接收到。因此，集线器和交换机一样，所有的端口都在同一个广播域内。若在同一个网络内任意两个节点同时通信时就会发生冲突，则该网络就属于一个**冲突域**。对于集线器而言，所有的端口都位于同一个冲突域内，即每个时刻只有一个节点可以发送数据，因此需要采用 CSMA/CD 机制检测和避免冲突。相比而言，交换机最大的优势是将冲突域进行了隔离，每个端口对应一个冲突域。因此，交换机中的每个端口是独享带宽的，而且允许多个节点同时发送数据，通信效率远大于集线器。另外，从网络分层的角度来看，由于集线器不能识别 MAC 地址，只能对物理信号进行放大并将其广播至所有端口，因此集线器是一种工作在物理层的设备。交换机能识别 MAC 地址，并根据 MAC 地址将数据转发至对应的端口，是一种工作在数据链路层的设备。有关数据链路层的概念，详见 11.3 节。

数据链路层的协议数据单元为**数据帧**（data frame）。数据帧通常包括帧起始标志、目的 MAC 地址、源 MAC 地址、长度/类型、数据和帧校验序列等字段。不同的数据链路层协议对应不同的帧格式，本节将以常见的**以太帧**（Ethernet II 帧）为例介绍数据帧。图 11.6 给出了数据链路层中以太帧的以太网报头格式。

6字节	6字节	2字节	46～1500字节	4字节
目的 MAC 地址	源 MAC 地址	类型	数　据	帧校验序列

图 11.6　以太帧的以太网报头格式

以太帧起始部分由前导码（7字节）和帧开始符（1字节）组成，后面紧跟一个以太网报头，其中，包括目的 MAC 地址（6字节）和源 MAC 地址（6字节），分别代表接收者的 MAC 地址和发送者的 MAC 地址。以太网在数据链路层通过 MAC 地址来唯一标识网络节点，并且实现局域网中节点之间的通信。随后是数据对应的上层协议类型（2字节）以及具体的数据（46~1500字节）。例如，当类型字段为 0x0800 时，标志该帧包含的是 IP 数据包，需将数据按 IP 协议处理，IP 协议位于数据链路层之上，关于 IP 协议将在 11.3 节介绍。数据也称为<u>有效载荷</u>，若不足 46 字节，则会被填充至 46 字节，最大值也称为<u>最大传输单元</u>（Maximum Transmission Unit，<u>MTU</u>）。以太帧由一个 32 位的<u>帧校验序列</u>（Frame Check Sequence，<u>FCS</u>）字段结尾，用于检验传输过程中数据帧的完整性。发送方计算出数据帧的循环冗余码校验（Cyclic Redundancy Check，<u>CRC</u>）值，并将其填入 FCS 字段。接收方根据接收到的数据帧重新计算 CRC 值，与接收到的 FCS 字段进行比较。若不同，则说明传输过程中发生了数据丢失或改变，需要重传以太帧。

11.2.3 广域网与互联网

与局域网相比，<u>广域网</u>（Wide Area Network，WAN）的通信范围要大得多，所覆盖的范围从几十公里到几千公里，它能连接多个城市或国家，形成远程通信网络。例如，企业总部和多个分部之间的通信网络可采用广域网进行连接。

由各种局域网和广域网相互连接起来组成的特大网络称为<u>互联网</u>，将目前全球的各个网络联结起来的最大的互联网称为<u>因特网</u>（Internet）。

在互联网络中，每台计算机之间都是物理相连的，那么位于两个不同局域网的计算机节点是如何通信的呢？源节点是通过什么方式将数据传输至目的节点的呢？为了解决上述问题，基于互联网络协议（Internet Protocol）的 IP 网络通信方式应运而生。

11.3 IP 网络通信协议

IP 是一种广为使用的网络通信协议，是网络互联互通的关键性基础协议，互联网上的每台计算机基本上都支持 IP 协议。IP 协议规定互联网络中的每个节点都必须具有一个 IP 地址，通过 IP 地址实现数据的转发与路由。

11.3.1 IP 地址

<u>IP 地址</u>（Internet Protocol address）是互联网协议地址，IPv4 地址占 32 位，通常被分割为 4 个 8 位二进制数，用点号分隔，如 192.168.1.11，每个 8 位二进制数的取值范围为 0～255。IP 地址为互联网上的每个网络和主机分配一个逻辑地址，以此屏蔽物理地址的差异。IP 地址有两种类型：<u>公有 IP 地址</u>在互联网中是唯一的，可被任何人访问；<u>私有 IP 地址</u>在本地网络中使用，不会与互联网上的其他设备发生冲突。

IP 地址和 MAC 地址都可以用于标识连接到网络中的计算机，但是两者的目的完全不同。首先，IP 地址是逻辑地址，可随时更改，而 MAC 地址是物理地址，一般不可改变。其

次，IP 地址应用于网络层，用于不同网络之间的路由选择和数据传输，而 MAC 地址应用于数据链路层，用于数据帧的封装和解封装。最后，IP 地址由网络管理员分配，可以根据网络拓扑设计，而 MAC 地址由生产厂商烧录在网络适配器内，全球唯一。若通信节点位于同一局域网内，则可使用 MAC 地址进行数据传输；若通信节点位于不同的局域网，则必须使用 IP 地址进行跨网络的地址定位和数据传输。

小贴士

可以把互联网比作物流网络，把需要传输的数据比作快递包裹。快递包裹的收件人地址就好比 IP 地址，收件人身份证号就好比 MAC 地址，收件人地址是可以随时发生变化的，但收件人身份证号是唯一的。收件人和寄件人不在同一个小区（即处于不同的网络），为了能够将包裹送至指定的收件人地址，需要从寄件人地址出发，经过层层中转站，最终投递至收件人地址，整个包裹流转过程就好比数据的路由，每经过一个中转站就相当于对应数据路由过程的每一跳，中转站负责数据的转发。包裹到达目的地址后，比如某小区，快递员再通过收件人身份证号（即 MAC 地址）确认收件人的身份，最终完成包裹的传递。

IP 地址用于标识互联网上的计算机设备，每个设备都必须有一个 IP 地址以进行通信。IP 地址通常由两部分组成，即网络地址（network address）和主机地址（host address）。**网络地址**是分配给网络的编号，每个网络都会有一个唯一的地址。**主机地址**是分配给指定网络中主机（如计算机、服务器、平板计算机）的编号，每个主机也都有一个唯一的主机地址。给定一个 IP 地址，如何判断哪些二进制位属于网络地址、哪些二进制位属于主机地址呢？仅仅从 IP 地址本身是看不出上述信息的，需要采用**子网掩码**（subnet mask）判断网络地址和主机地址。

11.3.2 子网掩码与子网划分

子网掩码又称为网络掩码、地址掩码，用来区分网络地址和主地址。子网掩码不能单独存在，它必须结合 IP 地址一起使用。子网掩码只有一个作用，就是将某个 IP 地址划分成网络地址和主机地址两部分。子网掩码的位数与 IP 地址的位数相同，由连续的 1 和连续的 0 组成。左边 1 的位数表示 IP 地址中网络地址位的长度，右边 0 的位数表示主机地址位的长度。因此，将 IP 地址和子网掩码按位进行与运算即可得到网络地址。

例 11.1 给定 IP 地址为 192.168.1.1，子网掩码为 255.255.255.0，计算网络地址和主机地址。

解： 子网掩码 255.255.255.0 对应的二进制数为 11111111.11111111.11111111.00000000，说明 IP 地址的前 24 位为网络地址位。IP 地址 192.168.1.1 对应的二进制数为 11000000.10101000.00000001.00000001。IP 地址和子网掩码进行按位与运算，得到 11000000.10101000.00000001.00000000，即 192.168.1.0。IP 地址前 24 位表示的 192.168.1 为网络地址，后 8 位表示的 1 为主机地址（十进制表示）。

例 11.2 给定 IP 地址为 172.16.1.1，子网掩码为 255.255.224.0，计算网络地址和主机地址。

解： 子网掩码 255.255.224.0 对应的二进制数为 11111111.11111111.11100000.00000000，

说明 IP 地址的前 19 位为网络地址位。IP 地址 172.16.1.1 对应的二进制数为 10101100.00010000.00000001.00000001。IP 地址和子网掩码执行按位与运算,得到 10101100.00010000.00000000.00000000。前 19 位 10101100.00010000.000 表示网络地址,后 13 位 00001.00000001 表示主机地址。

通过子网掩码可将大型网络划分为逻辑上更小的子网,简称为**子网划分**。子网划分的目的是方便网络的管理和维护,如一个公司内部的不同部门可属于不同的子网,同一个子网内部所有设备的 IP 地址具有相同的网络地址。在实际的子网划分中,可以修改默认的子网掩码,通过借用一些为主机指定的位来创建子网。如果想划分更多的子网,就可以借用更多的主机地址位,使用更长的子网掩码。例如,给定子网掩码 255.255.255.0,说明最后 1 字节为主机地址位,因此该子网可包含 254 个主机(全 0 和全 1 分别为保留地址,全 0 表示该子网络,全 1 表示广播地址)。若从主机地址位借用 1 位,使第 4 字节的第 1 位变成网络地址位,那么子网掩码就变成 11111111.11111111.11111111.10000000,即 255.255.255.128,从而使子网被划分成两个可包含 126 台主机的子网。若从主机地址位借用 2 位,子网掩码变成 11111111.11111111.11111111.11000000,即子网被划分成 4 个子网,每个子网可包含 62 台主机。由此可见,网络管理员可根据子网划分需求,通过修改子网掩码,来确定子网的数量以及每个子网可容纳的主机数量。

子网掩码也可采用更为简洁的无类别域间路由选择(Classless Inter-Domain Routing,**CIDR**)表示法,也称为斜线表示法。例如,给定 IP 地址为 192.168.1.0,子网掩码为 255.255.255.0,用 CIDR 表示法可以写成 192.168.1.0/24,表示子网掩码中 1 的长度(即网络地址长度)为 24 位。

根据网络地址范围的不同,IP 地址可分为 A~E 共 5 类,具体划分范围如表 11.1 所示。

表 11.1 IP 地址类型

IP 地址类型	第 1 字节范围	网络地址的最高位	默认子网掩码
A 类	1~126	0	255.0.0.0
B 类	128~191	10	255.255.0.0
C 类	192~223	110	255.255.255.0
D 类	224~239	1110	多播使用
E 类	240~255	11110	保留试验使用

一个 A 类 IP 地址由 1 字节的网络地址和 3 字节的主机地址构成,网络地址的最高位必须为 0。A 类 IP 地址范围为 1.0.0.1~126.255.255.254。网络地址 0 和 127 均为保留地址,0 表示任何地址,127 表示回环测试地址,因此 A 类网络共有 126 个,每个网络可容纳 $2^{24}-2=1\,677\,214$ 个主机。

一个 B 类 IP 地址由 2 字节的网络地址和 2 字节的主机地址构成,网络地址的最高两位必须为 10。B 类 IP 地址范围为 128.0.0.1~191.255.255.254。B 类网络共有 $2^{14}-2=16\,382$ 个,每个网络可以容纳 $2^{16}-2=65\,534$ 个主机。

一个 C 类 IP 地址由 3 字节的网络地址和 1 字节的主机地址构成,网络地址的最高三位必须为 110。C 类 IP 地址范围为 192.0.0.1~239.255.255.254。C 类网络共有 $2^{21}-2=2\,097\,150$ 个,每个网络可以容纳 254 个主机。

D 类 IP 地址主要用于多点广播（multicast），**多播地址**用于一次寻址一组计算机，标识共享同一协议的一组计算机。E 类 IP 地址为将来使用保留。

小贴士

IPv4 全称为互联网协议版本 4（Internet Protocol version 4），它为互联网上的每一个网络和每一台主机分配一个 32 位的二进制数，地址数量的上限为 2 的 32 次方。常用的只有 B 类和 C 类这两类 IP 地址，因而地址数量非常有限。随着互联网规模的迅猛发展，在 2011 年 2 月 3 日，全球互联网编号分配机构（IANA）中的 IPv4 地址池就已全部耗尽。IPv6 是用于替代 IPv4 的下一代 IP，IPv6 地址长度占 128 位，是 IPv4 地址的 4 倍，IPv6 对应的 IP 地址空间容量显著提升。但是，从 IPv4 过渡到 IPv6 的过程却是漫长而复杂的，需要逐步解决迁移和适配所带来的各种挑战和问题。

11.3.3 路由与转发

当数据在不同网络之间传输时，需要有一种网络通信设备能够根据目的 IP 地址对数据进行路由和转发，最终到达目的 IP 地址。这就好比在物流网络中，快递包裹需要从一个城市经过各层中转站，最终达到目的城市。这个类似物流中转站的网络通信设备就是**路由器**（router）。

1. 路由器

路由器是实现网络互连的基础设备，是互联网的枢纽，用于连接两个或多个不同的网络。路由是指从源 IP 地址到目的 IP 地址的路径选择过程，不仅能够将数据包从源 IP 地址成功转发到目的 IP 地址，而且能够在转发过程中选择最佳的路径。路由器通过 IP 地址进行数据的转发，在同一个网络中，IP 地址中的网络地址必须相同。位于不同网络的 IP 地址之间不能直接通信，而路由器的多个端口可连接具有不同网络地址的网段，因此可借助路由器实现不同网络之间的通信。

从 11.2.2 节可知，数据链路层中的以太帧对目的 MAC 地址和源 MAC 地址进行了封装，因此，位于数据链路层的交换机负责同一个局域网内不同计算节点之间的通信，通过节点的 MAC 地址进行数据转发。路由器与工作在数据链路层的交换机不同，它工作在网络层，比交换机更"聪明"，能识别数据包中的 IP 地址，并根据 IP 地址中的网络地址进行数据的转发和路由。若目的 IP 地址位于路由器直连的一个子网上，则路由器会通过对应的端口把数据包转发至目的子网，否则通过路由选择把数据包转发至下一个路由器。

另外，路由器也能实现不同类型网络的互连，而集线器和交换机一般仅用于连接以太网。除了最常用的以太网之外，还存在许多不同类型的网络，如 ATM 网和令牌环网等。不同类型的网络会以不同的方法封装数据，其传送的数据单位（即帧）的格式和大小是不同的。数据从一种类型的网络传输至另一种类型的网络，必须进行帧格式的转换，而路由器具备帧格式转换功能，能在不同的网络之间有效传输数据。

小贴士

路由器是互联网的核心设备，通过路由决定数据的转发，转发策略称为路由选择

（Routing），这也是路由器名称的由来。作为不同网络之间互相连接的枢纽，路由器系统构成了基于 TCP/IP 的国际互联网络 Internet 的主体脉络，可以说路由器是整个 Internet 的骨架，其处理速度是网络通信的主要瓶颈之一，路由器的可靠性直接影响网络互连的质量。在 Internet 研究领域，路由器技术始终处于核心地位。

图 11.7 展示了包含三个路由器的网络互连示例。网络 A、网络 B 和网络 C 的子网掩码均为 255.255.255.0，这三个网络属于不同的子网，同一子网内的通信可直接通过交换机进行，不同子网之间的通信必须通过路由器完成。因此，路由器又称为连接不同网络的 IP 网关（gateway）设备。不同的网络好比不同的房间，路由器好比房间的大门，起到网关的作用。如图 11.7 所示，假设网络 A 中的节点 PC1（IP 地址为 192.168.1.1）需要发送数据至网络 C 中的节点 PC2（IP 地址为 192.168.3.1），由于 PC1 和 PC2 两个节点不在同一个网段，PC1 则将数据发送至路由器 A，由路由器 A 负责数据的路由和寻址。路由器 A 根据目的 IP 地址进行路径选择，并将数据进一步转发至路由器 B，路由器 B 再根据目的 IP 地址将数据路由至路由器 C。由于路由器 C 的其中一个端口对应网络 C，因此路由器 C 会直接将数据转发至交换机 C，再由交换机 C 将数据转发至 PC2。

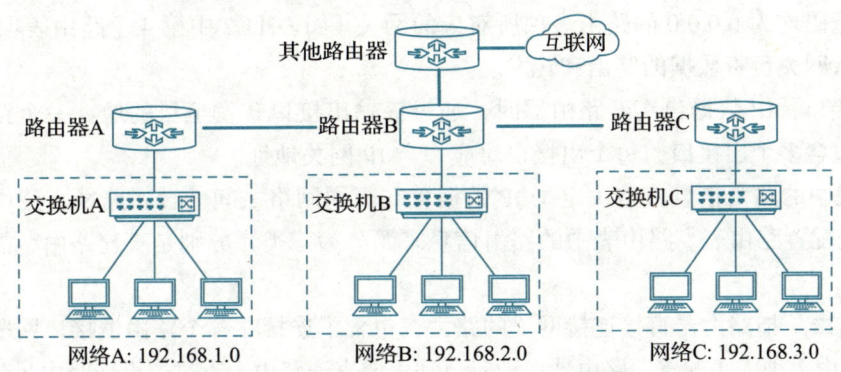

图 11.7　包含三个路由器的网络互连示例

2. 路由表

路径选择是路由器的核心功能之一。与交换机内部的 MAC 地址表类似，路由器内部也维护着一张路由表，路由器通过查询路由表，自动选择和设定路由，确定数据转发端口。当路由器收到一个 IP 数据包时，会解析出 IP 数据包中的目的 IP 地址，然后根据目的 IP 地址查找路由表，依据最长掩码匹配原则找到匹配的路由表项，根据路由表项中的下一跳或者出接口将数据包转发出去。对于图 11.7 中的路由器 B，其路由表如表 11.2 所示，表中的每一行就是一个路由表项。

表 11.2　路由表示例

目的网络地址	子网掩码	网关（下一跳）	出接口
192.168.1.0	255.255.255.0	192.168.1.1	e3
192.168.2.0	255.255.255.0	—	e2
192.168.3.0	255.255.255.0	192.168.3.1	e1
0.0.0.0	0.0.0.0	192.0.2.1	e0

路由表由多个路由表项构成，每个路由表项主要包含以下元素。
- 目的网络地址/子网掩码：路由表相当于交通指示牌，而每一条路由都指向网络中的某个目的网络（或称**目的网段**）。采用目的网络地址及其子网掩码标识目的网段，目的网络地址用于标识 IP 数据包要到达的目的逻辑网络或子网地址。将数据包中的目的 IP 地址和子网掩码相"与"后可得到目的主机或路由器所在网段的地址。
- 网关：又称为**下一跳**（next hop），是指路由器转发 IP 数据包至目的网络所使用的下一跳地址，表示下一跳应当由哪个路由器进行转发。如图 11.7 所示，假如网络 B 中的节点需要发送数据至网络 A 或网络 C 中的节点，由于不在同一网段，因此路由器 B 需要通过选择路由路径将数据转发至网络 A 或网络 C。若目的 IP 地址属于网络 A，则通过查询路由器 B 的路由表，发现第一个路由表项中的目的网络地址满足匹配条件，因而将数据转发至第一个路由表项中对应的网关地址，即下一跳目的地为路由器 A。若目的 IP 地址属于网络 B，由于路由器 B 的一个端口与网络 B 直连，因此无须再进行路由，可直接通过交换机 B 将数据转发至目的主机，这种情况下，网关为空（如表 11.2 中第二个路由表项所示）。如果遍历路由表后发现没有和目的 IP 地址相匹配的表项，则将数据转发至**默认网关**（default gateway），即目标网络地址和子网掩码均为 0.0.0.0 的路由表项所对应的网关（如表 11.2 中第 4 个路由表项所示），由默认网关负责数据的路由和转发。
- 出接口：IP 数据包离开路由器时，通过该输出接口转发至目的地。一个路由器上可能包含多个**出接口**，每个出接口对应一个 IP 网关地址。

路由表中的路由信息直接决定了 IP 数据包在不同网络之间的转发路径。路由器要转发数据必须先配置路由表。路由表中的路由信息来源分为三类，分别是直连路由、静态路由和动态路由。

直连路由是指路由器直接连接网段的路由，包含了连接在各个路由器接口网段的路由信息。直连路由无须人工配置，路由器启动时自动生成直连路由。不过，直连路由只包含路由器直连网段的路由信息，因此需要进一步采用静态路由和动态路由来完善路由表中的路由表项。

静态路由为手动静态配置，网络管理员根据网络拓扑手动添加路由表项。另外，默认路由是一种特殊的静态路由，当路由表中与目的地址之间没有匹配的表项时，路由器将把数据包发送给默认网关。静态路由配置方便，适用于拓扑结构简单且稳定的小型网络。静态路由不能很好地适应网络拓扑结构的动态变化，为此动态路由应运而生。

动态路由通过动态路由协议自动适应网络拓扑的变化而自动调整路由信息。具体来讲，运行相同路由协议的路由器之间通过相互交换路由信息，学习并建立路由。当路由器发现邻居路由器后，会将自己的路由信息发送给该邻居路由器，该邻居路由器又将自己的路由信息发送给下一个邻居路由器。路由协议运行一段时间后，每台路由器将学习到网络中的所有路由信息，并建立自己的路由表。路由协议规定，相邻两台路由器之间应该周期性地发送协议报文。如果发生设备故障或者线路中断，路由器在一段时间内没有收到邻居路由器的协议报文，则认为邻居路由器失效。动态路由可大大提升网络拓扑结构变化的响应速度，当网络拓扑发生变化时，邻居路由器将检测到变化，会把拓扑的变化通知给网络中的其他路由器，使它们的路由表产生相应的变化。凭借着优异的灵活性，动态路由已广泛应用于大中型网络中。常见的动态路由协议包括 RIP（Router Information Protocol，路由信息协议）、OSPF（Open Shortest Path First，最短路径优先）和 BGP（Border Gateway Protocol，域间路由协议）等。

3. 路由选择

当存在多个路由表项匹配目的 IP 地址时，将根据路由选择原则，从多个路由表项中选择一个进行数据转发。路由选择一般遵循三个原则，即最长掩码匹配原则、路由协议优先级原则及度量原则。最长掩码匹配原则是指优先选择其中掩码最长的路由，在相同掩码长度的情况下，根据路由协议的优先级进行选择。每种路由均有对应的优先级（又称为管理距离），直连路由具有最高优先级。当掩码长度、路由协议优先级都相同时，比较路由的度量值（metric）或称代价。不同的路由协议具有不同的度量指标，例如 RIP 路由协议采用跳数（hop count）作为度量值。跳数是指转发路径通过的路由器数量，每通过一台路由器，跳数加 1。RIP 路由协议将优先选择跳数较低的路由表项。

11.3.4　TCP/IP

如前文所述，局域网通信采用以太网协议，将数据封装成以太帧，并通过 MAC 地址实现数据在局域网内部的传输。互联网通信采用 IP，将数据封装成 IP 数据包，并通过 IP 地址实现数据在互联网中的路由与转发。除了以太网协议以及 IP 之外，网络通信还包含其他更多的协议，整个协议族可以被统称为 TCP/IP（Transmission Control Protocol/Internet Protocol），这些协议构成了网络互联的基础。

TCP/IP 是网络通信中最广为使用的协议，不同指令架构和操作系统组合形成的计算平台通过实现 TCP/IP 所约定的标准和规范建立网络连接，实现资源共享和网络通信。TCP/IP 是包含多种通信协议的协议族，只是由于 TCP 和 IP 最具有代表性，因而采用 TCP/IP 泛指网络通信协议族。

TCP/IP 是一种分层的协议族，如图 11.8 所示，TCP/IP 协议族由上到下可分为 4 层，分别是应用层（application layer）、传输层（transport layer）、网络层（internet layer）和网络接口层（network interface layer），网络接口层也称为数据链路层。每一层都包括一系列相关的通信协议，而且具有明确的职责划分。

从网络应用开发者的角度看，应用层位于最上层，主要为用户提供应用功能。常见的应用层协议包括超文本传输协议（Hyper Text Transfer Protocol，HTTP）、文件传输协议（File Transfer Protocol，FTP）、远程终端协议（Telnet）、简单邮件传输协议（Simple Mail Transfer Protocol，SMTP）以及将域名解析成 IP 地址的域名系统（Domain Name System）。这些应用层协议主要为不同的应用定义数据格式并按照对应的格式解读数据。应用层不用关心如何传输数据，类似于用户寄快递时只需要把包裹交给快递员，由快递员负责运输，用户无须关心快递如何被运输。

应用层的数据包会传给传输层，传输层为两台主机上的应用提供端到端的通信。常见的传输层协议包括传输控制协议（Transmission Control Protocol，TCP）和用户数据报协议（User Datagram Protocol，UDP）。其中，TCP 是一个面向连接的可靠传输协议，即两个应用端在利用 TCP 传送数据前必须先建立 TCP 连接，保证数据传输的可靠性。UDP 是一种无连接的传输协议，应用程序无须建立连接就可以传送数据。如果采用 TCP 进行数据传输，需要在应用数据上添加 TCP 首部，将应用数据封装成带有 TCP 首部的数据段（segment）。值得注意的是，传输层的主要功能是为应用层提供端到端的网络支持，其本身不负责数据在不同网络之间的路由与转发。

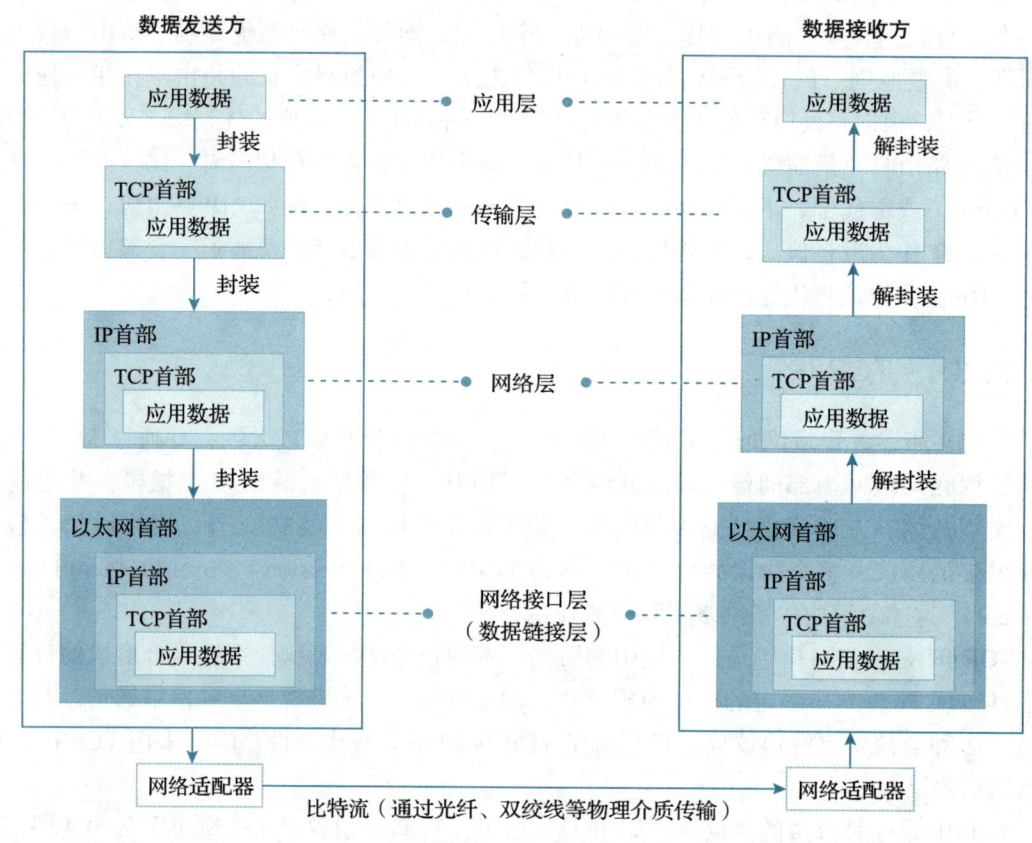

图 11.8 TCP/IP

传输层的 TCP 数据段将传给网络层，由网络层通过 IP 进行 IP 地址的寻址以及路由选择，网络层将在 TCP 数据段上添加 IP 首部，将 TCP 数据段封装成 IP 数据包（packet）。

网络接口层，也称为数据链路层，主要包括以太网协议，负责基于 MAC 地址的物理寻址。网络层在 IP 数据包上添加以太网首部，包括源 MAC 地址以及目的 MAC 地址等，将 IP 数据包进一步封装成以太帧。经过 TCP/IP 的层层封装后，网络适配器将以太帧以比特流的形式发送至网络中。数据接收方的网络适配器收到数据后，从下上到逐层解封装，最终获取从发送方传送过来的应用数据。

应用层运行在操作系统的用户态，而传输层、网络层以及网络接口层运行在操作系统的内核态。为了能够更加灵活地实现网络编程，可以采用套接字接口函数开发网络应用。**套接字接口函数**通常为系统调用函数，通过陷入内核态以调用内核模式下的 TCP/IP 函数，因而可以为用户屏蔽传输层、网络层、网络接口层等实现细节。

11.4 套接字编程

网络中不同计算机节点的进程之间可通过**套接字**（socket）进行通信。实际上大部分网络应用程序都采用套接字编程，本节简要介绍套接字编程的基本原理，并通过 11.1.1 节中远程计算器的网络应用案例介绍套接字编程的基本使用方法。

11.4.1 套接字接口

套接字接口是应用层与 TCP/IP 协议族通信的中间软件抽象层。它把复杂的 TCP/IP 协议族隐藏在套接字接口后面，用户通过套接字接口可以实现端到端网络通信。一个套接字是网络连接中的一个端点，每个套接字都有相应的套接字地址，由 IP 地址和 16 位端口号组成。

套接字起源于 UNIX，UNIX/Linux 的基本哲学之一是"一切皆文件"，对于文件用"打开 – 读或写 – 关闭"的模式进行操作，而套接字就是该模式的一个实现，即套接字是一种特殊的文件，**套接字函数**就是对其进行的一组操作（读/写、打开、关闭等）函数。图 11.9 为基于客户端 – 服务器模型的套接字编程示例。

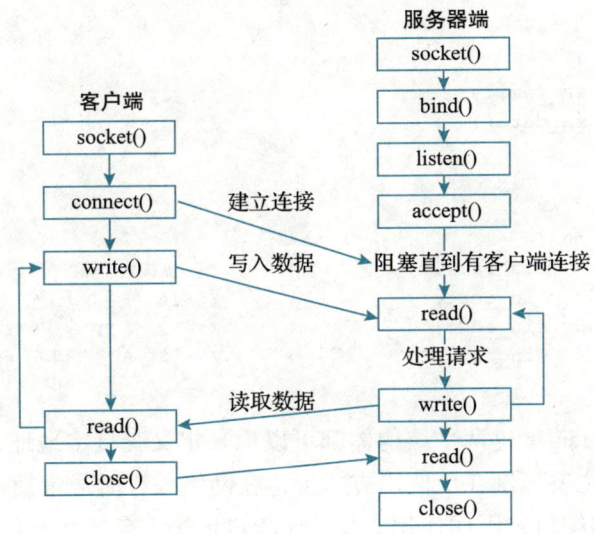

图 11.9　基于客户端 – 服务器模型的套接字编程示例

如图 11.9 所示，服务器端首先通过 socket() 函数初始化一个 socket，随后通过 bind() 函数将 socket 和端口绑定，对端口进行监听（listen），并调用 accept() 函数阻塞，等待客户端的连接。对于客户端，若初始化一个 socket 并通过 connect() 函数连接服务器成功，则客户端和服务器端就建立了连接，可以通过 read() 和 write() 函数实现定制化的数据传输和接收。在这个过程中，客户端发送数据请求，服务器端接收并处理请求，然后将返回数据发送给客户端，客户端读取服务器端的反馈，最后通过 close() 函数关闭连接，一次交互结束。

当客户端发起一个连接请求时，客户端套接字地址中的端口由内核自动分配，称为临时端口。然而，服务器端套接字地址中的端口往往是某个指定端口，例如 HTTP 服务为 80 端口、FTP 服务为 21 端口、Telnet 服务为 23 端口、SMTP 服务为 25 端口等。

小贴士

套接字起源于 20 世纪 70 年代加州大学伯克利分校版本的 UNIX,即 BSD UNIX。因此,套接字也被称为"伯克利套接字"或"BSD 套接字"。套接字原词为"socket",直译就是插座的意思,计算机节点通过 socket 插入网络中,实现网络通信。套接字编程是网络应用开发最主流的编程方式,已成为网络编程的通用接口。大多数现代系统都实现了套接字接口,包括所有类 UNIX 和 Windows 等系统。

11.4.2 套接字地址与接口函数

套接字就是一个具有相应文件描述符的打开文件。通用套接字地址 sockaddr 为 16 字节的结构体,在头文件 <sys/socket.h> 中定义。sockaddr 将 IP 地址和端口用同一个数组保存,因此不利于应用程序对不同的数据进行不同的操作。为了应用程序能方便地对 IP 地址和端口进行不同的处理,在头文件 <netinet/in.h> 中定义的 internet 环境下的套接字地址结构体 sockaddr_in 将端口和 IP 地址分开存储在成员 sin_port 和 sin_addr 中,这里,sin_family 成员的值通常为 AF_INET,表示使用 32 位 IP 地址。sockaddr 和 sockaddr_in 的定义如下所示。

```
/* 通用套接字地址结构 */
struct sockaddr {
    u_short     sa_family;              /* 协议族 */
    char        sa_data[14];            /* 套接字地址信息 */
};

/* IP 套接字地址结构 */
struct sockaddr_in {
    short           sin_family;         /* 协议族 */
    u_short         sin_port;           /* 16 位端口号 */
    struct in_addr  sin_addr;           /* 32 位 IP 地址 */
    char            sin_zero[8];        /* 填充 8 字节的零 */
};
```

sockaddr 和 sockaddr_in 这两个结构体都可以用来定义套接字地址,长度均为 16 字节,可互相转换。两者的主要区别在于使用方式上,在网络编程时通常使用 sockaddr_in,该结构体区分了 IP 地址和端口,因而使用方便。sockaddr 作为套接字函数 connect()、bind() 和 accept() 等的参数类型使用,这些套接字函数都包含一个套接字地址参数 addr,它是一个指向 sockaddr 结构的指针型参数。应用程序中通常采用 sockaddr_in 结构体描述套接字,通过对 sockaddr_in 中的成员进行赋值,建立对应的套接字地址信息。当调用底层的相关套接字函数时,通过强制类型转换将 sockaddr_in 结构体类型转换为 sockaddr 结构体类型进行函数调用。

sockaddr_in 结构体中 sin_addr 成员的类型为结构体 in_addr,表示 32 位无符号整数的 IP 地址。IP 地址通常采用点分十进制形式表示,每个字节用对应的十进制数值表示,用点号分隔,例如,IP 地址 0xc0a8010b 的点分十进制形式可表示为 192.168.1.11。应用程序可使用 inet_pton() 和 inet_ntop() 函数实现点分十进制形式与二进制 IP 地址之间的转换,函数名中 n 代表 IP 地址的二进制数值,p 代表点分十进制表示。

函数 inet_pton() 将一个点分十进制形式转换为一个二进制表示的**网络字节序**（network byte order）IP 地址。网络字节序采用的是大端方式。由于不同主机可能采用不同的**主机字节序**（host byte order），通过网络相互传送数据时会发生不一致的问题，因此，TCP/IP 规定了统一的以大端方式表示的网络字节序。sockaddr 和 sockaddr_in 这两个结构体中的成员均以网络字节序存放。若主机字节序采用小端方式存放数据，则需要通过 htonl() 或 htons() 函数将 32 位或 16 位字节序列由主机字节序转换为网络字节序。

通过套接字实现网络通信，需要了解客户端和服务器端使用的套接字接口函数。下面介绍服务器端开启连接请求服务过程中所涉及的套接字接口函数。

1. socket() 函数

socket() 函数是套接字网络应用程序中最开始的一个函数，客户端和服务器通过该函数创建一个**套接字描述符**（socket descriptor）。与文件描述符一样，套接字描述符也是一个非负整数，是内核标识一个 I/O 结构的索引。socket() 函数的原型如下：

```
int socket(int protofamily, int type, int protocol);
```

若初始化成功，则返回套接字描述符；若失败，则返回 −1。各入口参数的含义如下。

- protofamily：协议族，默认的协议为 AF_INET，指定为 IPv4（IP 地址为 32 位）协议。
- type：套接字类型，默认为 SOCK_STREAM。
- protocol：传输协议，如 TCP 和 UDP，默认为 0，即 TCP。

socket() 函数的调用示例如下：

```
sockfd = socket(AF_INET, SOCK_STREAM, 0)
```

函数调用成功后，返回非负整数表示的套接字描述符并把它赋给 sockfd 变量。socket() 函数返回的套接字描述符只是部分打开，还不能读写。另外，套接字描述符变量 sockfd 仅存在于协议族空间中，尚未和具体的套接字地址绑定。

2. bind() 函数

bind() 函数的作用是将套接字描述符和具体的服务器套接字地址进行绑定，其函数的原型如下：

```
int bind(int sockfd, const struct sockaddr *addr, socklen_t addrlen);
```

若绑定成功，则返回 0；若失败，则返回 −1。各入口参数的含义如下。

- sockfd：服务器端套接字描述符，通过 socket() 函数创建。
- addr：服务器端套接字地址，为 sockaddr 型指针，应用程序从其设置的一个 sockaddr_in 实例中取出对应的成员信息后通过强制类型转换传入参数。
- addrlen：套接字地址长度。

3. listen() 函数

客户端是发起连接请求的主动方，服务器端是等待连接请求的被动方，socket() 函数创建的套接字 sockfd 默认为**主动套接字**（active socket），因此，在服务器端进行地址绑定后，需要调用 listen() 函数将 sockfd 从主动套接字转化为一个<u>监听套接字</u>（listening socket），表明服务器端开启监听服务。listen() 函数的原型如下：

```
int listen(int sockfd, int backlog);
```

若转换成功，则返回 0；若失败，则返回 −1。各入口参数的含义如下。
- sockfd：服务器端套接字描述符，通过 socket() 函数创建。
- backlog：可排队的最大连接数，通常设置为 1024。

当服务器端开启监听服务后，客户端就可以在本地创建套接字描述符，并调用 connect() 函数建立和服务器的连接。与服务器端一样，客户端也通过 socket() 函数创建套接字描述符。

4. connect() 函数

connect() 函数由客户端调用，负责与服务器端特定套接字地址建立连接，其函数的原型如下：

```
int connect(int clientfd, const struct sockaddr *addr, socklen_t addrlen);
```

若连接成功，则返回 0；若失败，则返回 −1。各入口参数的含义如下。
- clientfd：客户端套接字描述符，通过 socket() 函数创建。
- addr：服务器端套接字地址，为 sockaddr 型指针，包含服务器端的 IP 地址和端口号。
- addrlen：套接字地址长度。

在服务器端依次调用 socket()、bind()、listen() 之后，就会监听指定的 socket 地址是否存在客户端连接请求。在客户端依次调用 socket()、connect() 之后，就向服务器端发送一个连接请求。服务器端监听到这个请求之后，就会调用 accept() 函数接收请求，此时连接建立成功，可进行后续的客户端与服务器端之间的数据读写操作。

5. accept() 函数

服务器端通过调用 accept() 函数来等待客户端的连接请求。accept() 函数的原型如下：

```
int accept(int listenfd, struct sockaddr *addr, socklen_t *addrlen);
```

若连接建立成功，则返回已连接套接字描述符；若失败，则返回 −1。各入口参数的含义如下。
- listenfd：服务器端监听套接字描述符，通过 socket() 函数和 listen() 函数创建。
- addr：客户端套接字地址，为 sockaddr 型指针，如果对客户端的地址不感兴趣，可设置为 NULL。
- addrlen：套接字地址长度。

accept() 函数默认会阻塞进程，直到服务器端与一个客户端连接后，accept() 函数才会返回一个新的套接字描述符，称为<u>已连接套接字描述符</u>（connected socket descriptor）。前面提到的监听套接字由服务器端调用 socket() 函数和 listen() 函数后得到，作为客户端连接请求的一个服务器端的标识。一个服务器通常只创建一次监听套接字，它在服务器的生命周期内一直存在。

已连接套接字代表客户端与服务器端之间已经建立的一个网络连接。服务器端在每次接收到连接请求时都会创建一次已连接套接字，它只存在于服务器端为一个客户端服务的过程中。也就是说，如果存在多个客户端与服务器端的连接，服务器端将产生多个已连接套接字，每个已连接套接字对应一个客户端连接。每次从客户端发送的连接请求到达监听套接字时，都可创建（fork）一个新的进程，它通过已连接描述符与客户端进行通信。因此，通过该方式，服务器端可对多个客户端连接进行并发处理。

当成功建立客户端与服务器端的连接后，就可以像读写文件一样，通过 read() 和 write() 等函数来对客户端套接字描述符和已连接套接字描述符所代表的文件进行读写，从而在客户端和服务器端之间传送数据。

6. send()/recv() 函数

除 read() 和 write() 函数外，还可以通过 send() 和 recv() 函数实现套接字描述符文件的读写。

```
ssize_t send(int sockfd, const void *buf, size_t len, int flags);
ssize_t recv(int sockfd, void *buf, size_t len, int flags);
```

send() 函数将 buf 缓冲区中 len 字节的数据发送到套接字描述符 sockfd 代表的文件中。若成功发送，则返回实际发送的字节数；若失败，则返回 −1。

recv() 函数从套接字描述符代表的文件中接收 len 字节的数据并将其存入 buf 缓冲区中。若成功接收，则返回实际接收的字节数（若遇到文件结尾则返回 0）；若失败，则返回 −1。

send()/recv() 函数和 read()/write() 函数功能类似（send 类似 write，recv 类似 read），其中的 flags 参数用于控制读写操作。若 flags 为 0，则等价于 read()/write() 函数。send()/recv() 函数具有良好的可移植性，在 Linux 系统和 Windows 系统中均可使用 send()/recv() 接口函数实现套接字读写，但 Windows 系统不支持 read()/write() 函数。在 11.4.3 节给出的套接字编程实例中使用的是 send()/recv() 函数。

7. close() 函数

在客户端和服务器端通信完毕后，可以通过调用 close() 函数关闭相应的套接字文件。

```
int close(int sockfd);
```

若关闭成功，则返回 0；若关闭失败，则返回 −1。close() 函数会对套接字引用计数减 1，一旦发现套接字引用计数为 0，就彻底释放套接字，并关闭 TCP 两个方向的数据流，以终止连接。

11.4.3 套接字编程实例

本节通过实现基于客户端–服务器模型的"远程计算器"编程实例来介绍如何进行套接字编程。在该应用案例中，客户端发送请求计算公式给服务器端，服务器端接收到请求计算公式后，通过内置的计算函数对请求的公式计算其结果，并将计算结果发回给客户端，一次通信结束。

1. 客户端编程实例

假定客户端程序执行时输入的命令行中只有一个参数,即服务器端的 IP 地址,该参数用字符串表示点分十进制格式。客户端通过 socket() 函数创建一个初始化的套接字后,再通过 connect() 函数对服务器端发起连接请求。连接成功后通过 send() 函数向服务器端发送请求计算公式,如 "1+5-3*7",然后通过 recv() 函数接收服务器端的计算结果并打印到控制台,完成一次客户端与服务器端的通信。以下是客户端程序的具体代码实现。

```
1  #include <stdio.h>
2  #include <stdlib.h>
3  #include <string.h>
4  #include <errno.h>
5  #include <sys/types.h>
6  #include <sys/socket.h>
7  #include <netinet/in.h>
8  #include <arpa/inet.h>
9  #include <unistd.h>
10 #define MAXLINE 4096
11 int main(int argc, char** argv){
12     int sockfd, n, rec_len;
13     char recvline[4096], sendline[4096];
14     char buf[MAXLINE];
15     struct sockaddr_in servaddr;
16     if (argc != 2) {
17         printf("usage: ./client <ipaddress>\n");
18         exit(0);
19     }
20     /* 创建套接字 */
21     if ((sockfd = socket(AF_INET, SOCK_STREAM, 0)) < 0) {
22         printf("create socket error: %s(errno: %d)\n", strerror(errno),
                errno);
23         exit(0);
24     }
25     memset(&servaddr, 0, sizeof(servaddr));
26     servaddr.sin_family = AF_INET;
27     servaddr.sin_port = htons(8000);
28     /* 将 IP 址从点分十进制转换为二进制格式 */
29     if (inet_pton(AF_INET, argv[1], &servaddr.sin_addr) <= 0) {
30         printf("inet_pton error for %s\n", argv[1]);
31         exit(0);
32     }
33     /* 连接服务器 */
34     if (connect(sockfd, (struct sockaddr*)&servaddr, sizeof(servaddr)) < 0) {
35         printf("connect error: %s(errno: %d)\n", strerror(errno), errno);
36         exit(0);
37     }
38     printf("send msg to server: \n");
39     /* 发送计算式到服务器 */
40     fgets(sendline, 4096, stdin);
41     if (send(sockfd, sendline, strlen(sendline), 0) < 0) {
42         printf("send msg error: %s(errno: %d)\n", strerror(errno), errno);
43         exit(0);
44     }
45     /* 接收服务器计算结果 */
```

```
46      if ((rec_len = recv(sockfd, buf, MAXLINE, 0)) == -1) {
47          perror("recv error");
48          exit(1);
49      }
50      buf[rec_len] = '\0';
51      printf("received result: %s ", buf);
52      /* 关闭套接字 */
53      close(sockfd);
54      exit(0);
55 }
```

在上述客户端套接字编程实例中,第 21 ~ 24 行通过调用 socket() 函数创建套接字描述符,第 25 ~ 32 行对套接字地址进行赋值,其中采用 htons() 将端口号主机字节序转换为网络字节序,采用 inet_pton() 函数将 IP 地址从点分十进制格式转换为二进制格式,第 34 ~ 37 行通过调用 connect() 函数实现与服务器端的连接。接着,调用 fgets() 函数向终端输入请求计算公式,并通过 send() 函数将请求计算公式发送给服务器端,然后通过 recv() 函数等待并接收服务器端的计算结果,最后执行 close() 函数关闭套接字。

2. 服务器端编程实例

服务器端需要实现的主要功能包括:对客户端发送的请求计算公式进行计算;通过套接字接口函数将计算结果返回。

为便于理解,假定本例中的计算器支持加、减、乘、除四则整数复合运算。同时,为了使代码逻辑更加清晰,将计算器的实现代码和主函数解耦。

以下给出了实现计算器功能的 calculate() 函数代码,该函数主要对客户端请求的计算公式进行计算,假定支持加、减、乘、除复合运算。calculate() 函数中有一个字符串参数 s,其中保存了客户端发来的计算公式。该函数通过栈实现一个简单的计算器,对计算公式进行计算并得到结果,最终调用 int2s() 函数将计算结果以数组的形式返回。

```
1  void calculate(char* s, char* ans_s){
2      int stk[64];
3      char preSign = '+';
4      int num = 0;
5      int n = strlen(s);
6      int top = -1;
7      for (int i = 0; i < n; ++i) {
8          if (isDigit(s[i])) {
9              num = num * 10 + (s[i] - '0');
10         }
11         if (!isDigit(s[i]) && s[i] != ' ' || i == n - 1) {
12             switch (preSign) {
13                 case '+':
14                     stk[++top] = num;
15                     break;
16                 case '-':
17                     stk[++top] = -num;
18                     break;
19                 case '*':
20                     stk[top] *= num;
21                     break;
```

```
22                case '/':
23                    stk[top] /= num;
24                    break;
25            }
26            preSign = s[i];
27            num = 0;
28        }
29    }
30    int ans_i = 0;
31    for (int i = 0; i <= top; i++) {
32        ans_i += stk[i];
33    }
34    int2s(ans_i, ans_s);
35 }
```

以下是辅助函数 int2s() 的具体代码实现，其功能是将计算结果从 int 型转换为 char 型数组并返回数组首地址。

```
1  void int2s(int ans_i, char * ans_s) {
2      char tmp[64] = {'\0'};
3      int n = 0, m = 0;
4      if (ans_i < 0) {
5          ans_i = -ans_i;
6          ans_s[m++] = '-';
7      }
8      while (ans_i) {
9          tmp[n++] = ans_i % 10 + '0';
10         ans_i /= 10;
11     }
12     for (int i = 0; i < n; i++) {
13         ans_s[m++] = tmp[n - i - 1];
14     }
15 }
```

以下展示服务器端的 main() 函数，其主要流程包括初始化 socket、将套接字地址和端口绑定、监听套接字连接请求、接收连接请求、接收客户端发送的计算公式、进行运算并返回计算结果至客户端。

```
1  #include <stdio.h>
2  #include <stdlib.h>
3  #include <string.h>
4  #include <errno.h>
5  #include <sys/types.h>
6  #include <sys/socket.h>
7  #include <netinet/in.h>
8  #include <unistd.h>
9  #define DEFAULT_PORT 8000
10 #define MAXLINE 4096
11 int main(int argc, char** argv) {
12     int socket_fd, connect_fd;
13     struct sockaddr_in servaddr;
14     char buff[MAXLINE];
15     int n;
16     /* 创建 socket */
```

```c
17      if ((socket_fd = socket(AF_INET, SOCK_STREAM, 0)) == -1) {
18          printf("create socket error: %s(errno: %d)\n", strerror(errno),
                errno);
19          exit(0);
20      }
21      /* 设置套接字地址 */
22      memset(&servaddr, 0, sizeof(servaddr));
23      servaddr.sin_family = AF_INET;
24      /* 将 IP 地址设置成 INADDR_ANY, 让系统自动获取本机的 IP 地址 */
25      servaddr.sin_addr.s_addr = htonl(INADDR_ANY);
26      servaddr.sin_port = htons(DEFAULT_PORT);
27      /* 绑定套接字地址 */
28      if (bind(socket_fd, (struct sockaddr*)&servaddr, sizeof(servaddr)) == -1) {
29          printf("bind socket error: %s(errno: %d)\n", strerror(errno), errno);
30          exit(0);
31      }
32      /* 监听客户端连接 */
33      if (listen(socket_fd, 10) == -1) {
34          printf("listen socket error: %s(errno: %d)\n", strerror(errno),
                errno);
35          exit(0);
36      }
37      printf("======waiting for client's request======\n");
38      while (1) {
39          /* 接收客户端连接 */
40          if ((connect_fd = accept(socket_fd, (struct sockaddr*)NULL, NULL)) ==
                -1) {
41              printf("accept socket error: %s(errno: %d)", strerror(errno),
                    errno);
42              continue;
43          }
44          /* 接收客户端发送的计算公式 */
45          n = recv(connect_fd, buff, MAXLINE, 0);
46          buff[n] = '\0';
47          printf("recv msg from client: %s\n", buff);
48          /* 执行计算 */
49          char* res = (char*)malloc(64 * sizeof(char));
50          calculate(buff, res);
51          /* 向客户端发送计算结果 */
52          send(connect_fd, res, strlen(res), 0);
53          free(res);
54          close(connect_fd);
55      }
56      close(socket_fd);
57      return 0;
58  }
```

在以上给出的服务器端套接字编程实例中，第 17～20 行通过调用 socket() 函数创建套接字描述符，第 22～26 行用于设置套接字地址的 IP 地址和端口号，并将 IP 地址和端口号从主机字节序转换为网络字节序。第 28～31 行通过调用 bind() 函数将套接字与指定的套接字地址进行绑定。接着，调用 listen() 函数开始监听是否存在客户端的连接请求，套接字进入监听状态。第 38 行通过 while 循环处理客户端的连接请求，第 40～43 行通过 accept() 函数获取客户端连接请求，并生成已连接套接字描述符 connected_fd。最后，通过已连接套接字的 recv() 和 send() 函数接收客户端传送过来的请求计算公式并将计算结果返回给客户端。

11.5 本章小结

网络编程是不同计算机节点实现网络通信和数据传输的基础，了解网络编程原理不仅能够使读者加深对网络应用背后运行机制的理解，而且有助于提升读者的网络应用开发和调试能力。网络编程的核心知识点涉及网络 I/O、不同计算机节点的网络连接方式以及需要遵循的网络通信协议，还涉及基于套接字编程的网络应用开发方式。

在网络 I/O 方面，网络适配器是计算机实现网络通信最基础的硬件设备，负责读入由其他网络节点传输过来的数据，并将本机数据发送至其他网络节点。每个网络适配器都具有一个全球唯一的 MAC 地址。

在网络连接方面，常见的网络连接方式包括局域网和广域网。以太网是一种广泛使用的局域网技术，其规定了局域网的拓扑结构以及不同节点之间的通信协议。在局域网中，主要根据 MAC 地址进行网络节点寻址，通过将数据封装成带有源 MAC 地址和目的 MAC 地址的数据帧实现数据在局域网中的传输。集线器和交换机是局域网中常见的网络通信设备，两者的区别主要体现在广播域和冲突域方面。交换机最大的优势是将冲突域进行了隔离，因此具有更高的通信效率。与局域网相比，广域网的通信范围较大，通常用于构建远程网络。由各种局域网和广域网相互连接起来组成的特大网络称为互联网。

在网络通信协议方面，IP 是网络互联互通的关键性基础协议。IP 规定了互联网络中每个节点都具有一个 IP 地址，通过 IP 地址实现数据的转发与路由。IP 地址与 MAC 地址不同，是标识计算机节点的逻辑地址，可以发生变化。IP 地址包含网络地址和主机地址两部分，可以通过子网掩码区分网络地址和主机地址，也可以通过修改子网掩码对网络地址进行划分，生成若干个子网。位于不同网络的 IP 地址之间不能直接通信，需要借助路由器连接多个具有不同网络地址的网段，实现不同网络之间的通信。路由器通过识别数据包中的 IP 地址，并根据 IP 地址中的网络地址部分，采用路由表和路由选择策略进行数据的转发和路由。整个网络通信协议族统称为 TCP/IP，从上到下包括应用层、传输层、网络层和网络接口层（或称为数据链路层）。

在网络应用开发方面，基于套接字的网络编程已得到广泛应用。套接字是应用层与 TCP/IP 协议族通信的中间软件抽象层，通过提供高层易用的网络编程接口，把复杂的 TCP/IP 协议族隐藏在套接字接口后面，屏蔽网络通信的技术细节，使用户能够快速开发网络应用程序。

习题

1. 给出以下概念的解释说明。

    网络适配器   MAC 地址   局域网   以太网
    广播域   冲突域   总线型拓扑 星形拓扑

集线器	交换机	数据帧	数据链路层
广域网	互联网	IP	IP 地址
网络地址	主机地址	子网掩码	子网划分
路由器	路由表	直连路由	静态路由
动态路由	网关	默认网关	TCP/IP
TCP	UDP	应用层	传输层
网络层	网络接口层	套接字	端口号
监听套接字	已连接套接字	主机字节序	网络字节序

2. 简单回答下列问题。

   （1）有 MAC 地址，为什么还需要 IP 地址？两者有什么区别和联系？

   （2）交换机是如何实现冲突域隔离的？

   （3）以太网技术的主要特点是什么？

   （4）路由器和交换机存在什么区别？

   （5）路由器中的路由表表项主要包含哪些内容？路由器如何实现 IP 数据包路由？

   （6）如何根据子网掩码进行子网划分？子网划分有什么好处？

   （7）什么是端口号？网络通信为什么要引入端口号？

   （8）TCP/IP 采用分层设计有什么好处？每一层有哪些常用的协议？

   （9）简述基于套接字编程的客户端 – 服务器端网络通信流程。

   （10）服务器端的监听套接字和已连接套接字存在什么区别？

3. 完成表 11.3 所示的 IP 地址在十六进制表示与点分十进制表示之间的转换。

4. 编写程序 hex2dd.c，实现 IP 地址从十六进制形式到点分十进制形式的转换，并打印转换结果（注：不允许使用系统自带的 inet_ntop 函数）。

表 11.3　题 3 表

十六进制地址	点分十进制地址
	128.2.194.242
	192.171.0.123
0xC22F1681	
0x7f001016	

5. 编写程序 dd2hex.c，实现 IP 地址从点分十进制形式到十六进制形式的转换，并打印转换结果（注：不允许使用系统自带的 inet_pton 函数）。

6. 编写程序 cal_network_addr.c，根据输入的 IP 地址和子网掩码（两者都采用点分十进制表示），计算并打印给定 IP 地址的网络地址（采用点分十进制表示），以及网络地址的位数。

7. 将 192.168.1.0/24 平均划分为 8 个子网，计算子网掩码以及每个子网的有效 IP 地址段和广播地址。

8. 扩展 11.4.3 节的远程计算器实例，使其支持带有括号的整数加、减、乘、除运算。

9. 扩展 11.4.3 节的远程计算器实例，在 while 循环中通过 fork() 函数创建新的进程来处理每个客户端的计算请求。

10. 编写基于套接字编程的 echo 实例程序，包括客户端程序代码和服务器端程序代码。实现功能如下：客户端与服务器建立连接后，客户端反复从标准输入中读取文本行，每读取一个文本行，就将其发送至服务器端，服务器端读取客户端发送过来的文本行，并将其写入标准输出。当客户端输入文本行 "exit" 后，循环结束，客户端和服务器端分别释放对应的套接字资源。

第 12 章 并发编程

为了充分利用 CPU 等计算资源，提升计算机系统的运行效率，往往需要在同一个时间段内允许多个任务同时发生，这种支持多任务并发处理的应用程序设计称为**并发编程**。常见的并发编程技术包括多进程并发和多线程并发。并发编程在许多实际问题中得到了广泛应用，例如，在基于客户端－服务器模型的远程函数调用服务中，通过并发编程可以同时响应多个客户端的连接请求；在大数据处理分析中，通过将数据划分成多个互不相交的分区，然后通过并行计算同时处理各个分区，可以提升大数据分析的效率。并发编程在提升系统计算性能方面扮演着非常关键的角色。另外，并发编程的实现逻辑较为复杂，除了考虑多任务并发的实现方式外，还需要考虑任务之间的通信、任务的同步与互斥、保证任务执行逻辑与执行结果的正确性等。

了解并发编程的工作原理，将有助于读者深入理解多线程与多进程程序的实现机制，提升读者对并发应用程序的开发能力与调试能力。本章主要内容包括并发编程的基本概念、并发编程与并行编程的区别、多进程与多线程、同步与互斥、并行程序设计等。

12.1 并发编程概述

并发编程的基本思想是在一个时间段内多个任务同时发生，并在有限的计算资源（如 CPU）下，通过设计有效的任务调度机制最大化计算资源的利用率，从而提升计算性能。要理解并发编程，首先要理解**并发**（concurrency）的概念。其实并发在生活中很常见，例如，一个老师辅导多个学生完成作业，辅导任务包含两个步骤，即老师讲解解题思路和学生做题，老师在给其中一个学生讲解完解题思路后，就可以让这个学生开始做题，然后去给另一个学生讲解解题思路，如果前面的学生有问题，老师可以再次为该生讲解解题思路。这个例子中，老师好比"计算资源"，给不同的学生讲解解题思路交错进行，从宏观上看，实际上是多个辅导任务同时发生，与按顺序为每个学生串行辅导相比，并发辅导使老师这个"计算资源"得到了更充分的利用。

在实际应用中，并发编程得到了广泛运用，是提升计算机系统吞吐量和响应速度的重要技术手段。下面以多用户并发请求处理和异步任务处理为例，介绍并发编程应用案例。

- **多用户并发请求处理**：第 11 章介绍的基于客户端－服务器模型的网络通信应用中，客户端向服务器端发送计算请求，服务器端执行计算并将结果返回给客户端。在实际应用中，同时会有多个用户向服务器发送计算请求，每个用户对应一个客户端。如果服务器按照顺序为用户的计算请求提供服务，那么服务器端的响应能力和吞吐量将大幅下降，客户端的响应时延也会大幅上升。因此，在多用户网络通信应用场景下，如远程函数调用服务或者 Web 应用服务，必须使用并发编程，服务器才能同时高效地为多个用户提供服务。
- **异步任务处理**：在一些计算任务中，需要执行开销较大的 I/O 操作，例如，磁盘读写或者网络传输数据的读写。一种方法是以同步方式处理这些 I/O 操作，即等待 I/O 操作执行完成后，CPU 再执行后续的操作。由于在等待期间 CPU 空闲，因此会导致 CPU 利用率下降。另一种方法是以异步方式进行处理，异步处理是指在 I/O 操作执行期间，CPU 可切换至其他任务，这样，I/O 操作和 CPU 执行同时进行，提升了 CPU 的利用率。当 I/O 操作执行结束后，采用回调函数机制，CPU 再切换至原来的任务继续执行。

除并发编程外，**并行编程**也是计算机系统领域常见的技术方法。8.1.2 节中曾提到，并行是并发执行的特例，并发是指在同一个时间段内多个任务同时发生，不同任务的工作流可能在时间上交错，也可能在时间上重叠，若是在时间上重叠，即同时执行，则称为并行处理。

对于单处理器系统，因为只有一个 CPU，无法在同一时刻同时执行两个任务，所以不能实现并行编程，但是，可通过分时复用机制实现并发编程，采用**时间片轮转**调度方式，使每个任务都可在某个时间片内使用 CPU。

对于多核处理器系统或多处理器系统，由于存在多个 CPU 计算资源，如果多个任务之间不存在依赖关系，那么可将多个任务分配到多个不同的 CPU 上运行，同一个时刻有多个任务同时执行，因此实现并行编程。

12.2 多进程与多线程

在并发编程中，多个任务可以在同一时间段内同时存在。这里的任务仍是一个抽象的概念，在操作系统中，任务的具体执行载体包括进程和线程。对应地，并发编程主要包括多进程并发编程和多线程并发编程两种编程方式。

12.2.1 多进程并发编程

进程是程序的一次运行过程，它具有动态的含义并有自己的生命周期。进程也是操作系统进行资源分配和调度的基本单位。每个进程具有一个私有的虚拟地址空间，该虚拟地址空间包括只读代码区（代码和只读数据）、可读写数据区（初始化数据和未初始化数据）、共享库的代码区、动态的堆区和栈区等。

多进程是指在同一时间段内多个进程同时存在。在父进程中，可以通过调用 fork() 函数创建一个子进程，新创建的子进程将获得与父进程完全相同的虚拟地址空间。在单处理器系统中，多进程并发采用的是时间片轮转调度机制，多个进程轮流使用处理器。假设同时存在进程 1 和进程 2，当进程 1 的时间片结束时，操作系统通过进程的上下文切换，加载进程 2 的上下文并在一个新的时间片内执行进程 2。

下面通过并发服务器介绍多进程并发编程应用案例。在 11.4.3 节介绍的基于客户端-服务器模型的远程计算器示例中，服务器端每次只能接收并处理一个客户端的连接请求，处理完客户端请求后进行下一次循环，接收并处理下一个客户端的连接请求。因此，这种方式不具备同时处理多个客户端连接请求的能力，导致服务器端吞吐量低、响应速度慢。

为了提升服务器端的处理性能，可以设计并实现基于多进程的并发服务器。如图 12.1 所示，在父进程中接收客户端的连接请求之后，通过 fork() 函数创建一个子进程处理客户端的请求，在子进程中实现与客户端的数据通信，父进程可以继续接收下一个客户端的连接请求。在并发服务器运行期间，可同时存在一个父进程和多个子进程。

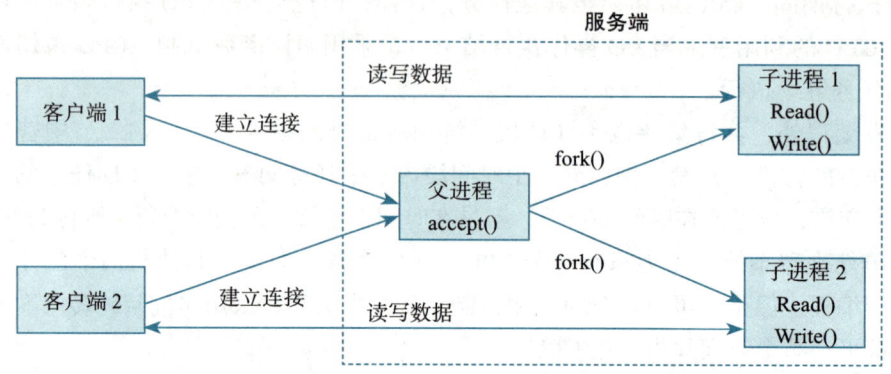

图 12.1　基于多进程的并发服务器

服务器的父进程负责监听客户端的连接请求，一旦与客户端连接完成，就会通过 fork() 函数创建一个子进程。通过多进程实现并发服务器较为简单，但值得注意的是，子进程将复制父进程的存储器映射，并获取父进程的打开文件描述符表副本。图 12.2 展示了多进程并发服务器中的套接字描述符处理过程。

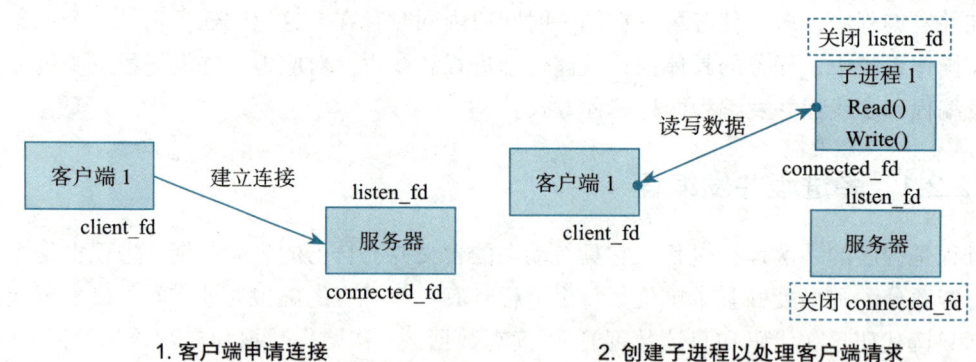

图 12.2　多进程并发服务器中的套接字描述符处理过程

首先，服务器创建监听套接字 listen_fd，接收客户端的连接后创建已连接套接字描述符 connected_fd。其次，服务器端创建子进程，以响应客户端的连接请求。由于子进程复制了父进程的打开文件描述符，因此父进程和子进程会拥有相同的监听描述符 listen_fd 和已连接描述符 connected_fd。此时，需要在子进程中关闭监听描述符 listen_fd，因为子进程只需要处理已连接客户端的请求，而不负责监听。同时，在父进程中关闭已连接描述符 connected_fd，这个步骤至关重要，否则在与新的客户端建立连接后，上一个已连接描述符将无法再被获取，这会引起内存泄漏，随着服务器的长时间运行，内存将被耗尽。

基于多进程的并发服务器代码实现如下所示。

```
1   int main(int argc, char** argv) {
2       /* while 循环之前的代码可参考 11.4.3 节，此处不再重复 */
3       while(1){
4           /* 阻塞直到有客户端连接 */
5           if((connected_fd = accept(socket_fd, (struct sockaddr*)NULL, NULL))
                == -1){
6               printf("accept socket error: %s(errno: %d)",strerror(errno),
                    errno);
7               continue;
8           }
9           /* 创建子进程 */
10          int pid = fork();
11          if(pid < 0) {
12              perror("fork");
13              exit(EXIT_FAILURE);
14          }
15          if(pid == 0){  /* 子进程 */
16              close(socket_fd);   /* 在子进程中关闭监听套接字描述符 */
17              n = recv(connected_fd, buff, MAXLINE, 0);
18              buff[n] = '\0';
19              printf("recv msg from client: %s\n", buff);
20              char *res = calculate(buff);  /* 执行计算 */
21              send(connected_fd, res, strlen(res),0);   /* 向客户端发送计算结果 */
22              close(connected_fd);   /* 子进程中关闭已连接套接字 */
23              exit(0);
24          }else{  /* 父进程 */
25              close(connected_fd);   /* 父进程中关闭已连接套接字 */
26              waitpid(-1, NULL, WNOHANG);   /* 释放已终止子进程所占用的资源 */
27          }
28      }
29      close(socket_fd);
30      return 0;
31  }
```

由于服务器端 while 循环之前的代码与 11.4.3 节的代码一致，因此这里不再重复。在第 10 行，父进程通过 fork() 函数创建子进程，并获取返回值 pid。可以通过返回值 pid 区分两个进程，在子进程中返回 0，在父进程中返回新创建的子进程 ID。

在子进程中，先关闭监听套接字描述符，随后接收客户端的请求并返回处理结果，处理结束后关闭已连接套接字描述符并终止进程。在父进程中，先关闭已连接描述符，并通过 waitpid() 函数等待子进程执行结束，其中，参数 -1 指示父进程等待所有创建的子进程结束，参数 WNOHANG 表示如果等待集合中的任何子进程都还没有终止，则立即返回 0。

上述代码第 25 行表示父进程创建一个子进程后，将立即关闭已连接套接字描述符 connected_fd。父进程与子进程并发执行，如果父进程先于子进程关闭了已连接套接字描述符 connected_fd，那么子进程还可以通过该描述符实现与客户端的数据传输吗？答案是可以，子进程在被创建时会复制父进程的已连接套接字描述符，并将相关文件表中的引用计数从 1 增加到 2，当父进程中关闭已连接描述符时，引用计数从 2 减到 1，由于操作系统内核不会关闭掉引用计数值大于 0 的文件，因此子进程仍然可以使用已连接套接字描述符 connected_fd 与客户端通信。

在基于多进程的并发编程中，每个进程都具有独立的虚拟地址空间和存储器映射，各个进程之间互相独立，子进程崩溃并不会影响父进程和其他子进程，这是一个明显的优点。但是，多进程并发也存在明显的缺点：第一，进程本身所占用的资源开销较大，进程的创建与销毁以及多进程之间的上下文切换成本较高，导致操作系统在多进程调度方面效率较低，不够灵活；第二，每个进程的虚拟地址空间独立，进程之间的信息共享较为困难，进程间的信息共享必须借助进程间通信（Inter-Process Communication，**IPC**）机制实现。

12.2.2 线程与线程的上下文切换

为了提升操作系统的并发任务调度效率并实现更灵活的信息共享，可以采用基于多线程的并发编程模式。下面先介绍线程与线程的上下文切换。

1. 线程

在操作系统中，进程是资源调度和管理的基本单元，**线程**（thread）则是操作系统任务调度和执行的基本单元。一个进程至少包含一个线程，即**主线程**（main thread），其随着进程的创建而创建。另外，一个线程只能属于一个进程。线程不具有独立的虚拟地址空间，在一个进程下创建的多个线程能够共享进程的地址空间，因此，线程也被称为**轻量级进程**（lightweight process）。

在多线程并发编程中，线程的地址空间如图 12.3 所示。同一个进程下的一组线程共享进程的虚拟地址空间，包括只读代码区、可读写数据区（全局/静态变量）、堆区以及共享库的代码区等。另外，线程也共享相同的打开文件集合。因此，线程之间可以灵活地实现数据共享，例如，可以访问可读写数据区中的全局变量，通过获取指向堆区的指针访问堆区的数据。

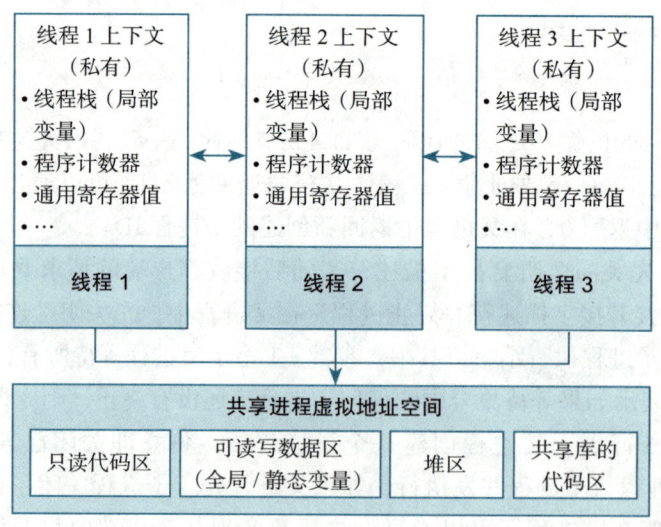

图 12.3 线程的地址空间

线程是运行在进程中的一个逻辑控制流。作为 CPU 处理器调度和执行的基本单元，线程也具有独立的上下文，包括线程栈、程序计数器和通用寄存器等。在线程上下文中，程序计数器和通用寄存器的值也称为线程的寄存器上下文，线程栈则用来保存线程中的局部变量。由于线程没有独立的地址空间，因此线程在创建时，通过调用 mmap() 函数在进程的用户地址空间开辟大小固定的线程栈。

2. 线程的上下文切换

在多线程并发编程中，在进程的用户地址空间中将包含一个主线程栈以及多个对等线程栈。为了和主线程进行区分，在进程中由主线程创建的其他线程称为**对等线程**（peer thread）。对等线程虽然由主线程创建，但二者并不具有父子关系。一个进程中的所有线程构成一个对等线程池，对等线程池中的线程可以互相杀死，以及共享数据。主线程和其他线程的唯一区别是，主线程总是进程中第一个运行的线程，主线程的代码从 main() 函数开始。

与多进程并发类似，也可采用时间片轮转的调度机制实现多线程并发。操作系统需要通过线程上下文切换调度一个新线程到处理器上运行。图 12.4 给出了两个线程并发执行和上下文切换的过程。每个进程的开始阶段都只有一个主线程，由操作系统默认创建。随着程序的运行，某一时刻主线程创建一个对等线程，之后处理器轮流调度和执行这两个线程，实现多线程并发。线程的上下文切换由操作系统内核程序调控，在执行上下文切换时，操作系统将从用户态转移至内核态。由于多线程之间共享进程的虚拟地址空间，线程上下文的切换开销远小于进程上下文的切换开销，因此能够实现更灵活、更高效的调度。

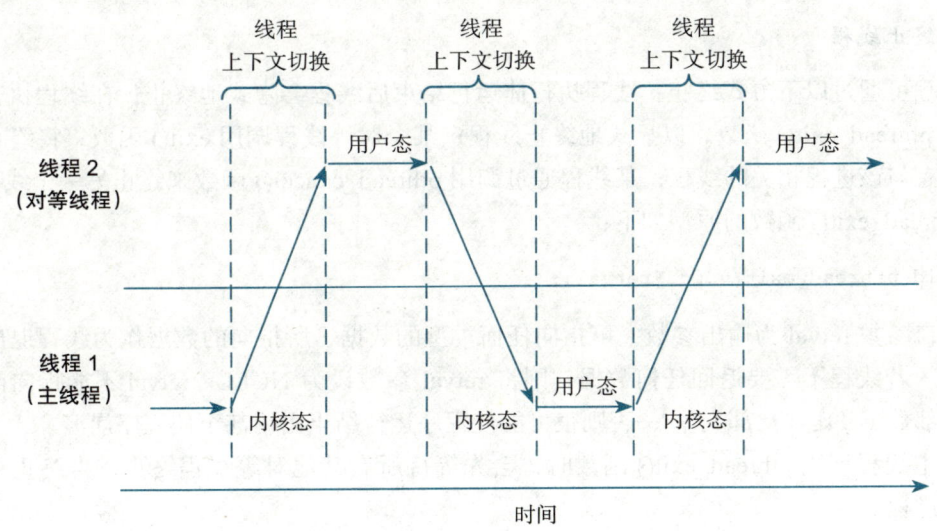

图 12.4　两个线程并发执行和上下文切换的过程

12.2.3　POSIX 线程库函数

POSIX 标准定义了一套与线程操作相关的库函数，用于让程序员更加方便地操作和管理线程。函数名都以前缀 pthread_ 开始，使用时要包含头文件 <pthread.h>。**POSIX 线程库**简称为 Pthread，允许程序创建、终止和回收线程，与对等线程安全地共享数据，同时可以通知对等线程系统状态的变化。

1. 创建线程

在 POSIX 线程库中，可通过 pthread_create() 函数创建一个对等线程。pthread_create()

函数的原型如下：

```
int pthread_create(pthread_t *tid, pthread_attr_t *attr, void *(*start_routine)
    (void *), void* arg);
```

若创建成功，则返回 0；若创建失败，则返回非零值（即错误码）。各入口参数的含义如下。

- tid：当该函数返回时，参数 tid 中包含新创建线程的 ID，因此这是一个输出参数。程序中应先定义一个 pthread_t 型变量 tid，然后将该变量的地址作为参数。pthread_t 表示线程 ID 的数据类型，一般为 8 字节长整型，每个 pthread_t 型变量表示一个线程。
- attr：用于改变新创建线程的默认属性，可设置为 NULL。
- start_routine：以函数指针的方式指明新创建线程对应的函数，该函数的参数最多有一个（可以省略不写），形参和返回值的类型都必须为 void* 类型。
- arg：主线程传递给 start_routine 函数的实参，当不需要传递任何数据时，将 arg 设为 NULL。

一个线程可通过 pthread_self() 函数获取自身的线程 ID。pthread_self() 函数的原型如下：

```
pthread_t pthread_self(void);
```

2. 终止线程

线程可通过以下方式终止：线程执行体运行结束后线程会隐式地终止；在线程执行函数中调用 pthread_exit() 函数，以显式地终止线程；某个对等线程调用 exit() 函数，将终止进程以及所有与该进程相关的线程；某线程通过调用 pthread_cancel() 函数来终止另一个线程。

pthread_exit() 函数的原型如下：

```
void pthread_exit(void *retval);
```

入口参数 retval 为输出参数，可指向任何类型的数据，所指向的数据作为线程退出时的返回值。若线程不需要返回任何数据，则将 retval 参数设为 NULL。retval 不能指向函数内部的局部数据（比如局部变量），否则很可能使程序运行结果出错甚至使程序崩溃。

当主线程调用 pthread_exit() 函数时，会先等待所有其他对等线程终止，再终止主线程和整个进程。

某线程通过调用 pthread_cancel() 函数向另一个目标线程发送"终止执行"的信号，从而使目标线程结束执行。pthread_cancel() 函数的原型如下，参数 tid 为目标线程 ID。

```
int pthread_cancel(pthread_t tid);
```

3. 回收已终止线程的资源

主线程可以通过调用 pthread_join() 函数等待其他线程终止并回收已终止线程占用的资源。pthread_join() 函数的原型如下：

```
int pthread_join(pthread_t tid, void** retval);
```

若创建成功，则返回 0；若创建失败，则返回非零值（即错误码）。各入口参数的含义如下。

- tid：等待终止的线程 ID。
- retval：终止线程的返回值。若没有返回值或者不需要接收线程返回值，则将 retval 参数设为 NULL。

pthread_join() 以阻塞方式等待 tid 线程终止，然后将 tid 线程的终止状态赋给 retval 参数。当函数返回时，将回收已终止线程的资源。若线程已终止，则该函数会立即返回。如图 12.3 所示，同一进程的线程具有共享和独有的资源。这里的资源回收是指独有资源的回收。pthread_join() 函数一般应用于主线程需要等待对等线程结束后才能继续执行的场景。

4. 分离线程

线程可以在可结合（joinable）状态和分离（detached）状态之间切换，默认为可结合状态。这两种状态决定了线程资源回收的方式。若是可结合状态，则线程结束后 [线程执行体运行结束或者通过调用 pthread_exit() 函数结束] 不会回收线程所占用的独有资源，除非在主线程调用了 pthread_join() 函数，才能回收。如果是分离状态，则线程结束后自动释放占用资源。

可通过 pthread_detach() 函数将线程 ID 为 tid 的线程设置为分离状态，即线程与主线程分离，这样，线程结束后资源可被自动回收。pthread_detach() 函数的原型如下：

```
int pthread_detach(pthread_t tid);
```

若分离状态设置成功，则返回 0；若失败，则返回非零值（即错误码）。

12.2.4　多线程编程实例

基于 POSIX 线程库的多线程编程代码示例如下。其中，第 2～5 行定义了线程执行函数 print_hello()，该函数打印 "Hello from the new thread!"，然后调用 pthread_exit() 函数终止线程。在主函数中，第 10 行通过 pthread_create() 函数创建了一个线程，并将 print_hello() 函数作为线程执行函数。线程创建成功后，将由操作系统通过时间片轮转机制进行调度执行。第 16 行通过调用 pthread_join() 函数等待线程运行结束，并回收线程所占用的资源。

```
1   /* 线程执行函数 */
2   void* print_hello(void* datap) {
3       printf("Hello from the new thread! \n");
4       pthread_exit(NULL);
5   }
6   int main() {
7       pthread_t thread_id;
8       int result;
9       /* 创建线程 */
10      result = pthread_create(&thread_id, NULL, print_hello, NULL);
11      if (result) {
12          printf("Error: Unable to create thread! \n");
13          exit(-1);
14      }
15      /* 等待线程结束 */
16      pthread_join(thread_id, NULL);
17      printf("Main thread finished.");
```

```
18      return 0;
19 }
```

为了帮助大家进一步理解和掌握多线程编程方法，本节将 12.2.1 节基于多进程的并发服务器改写为基于多线程的并发服务器，以实现基于多线程编程的远程计算器。主线程在 while 循环中接收客户端连接，每当接收到客户端的连接请求时，就会通过 pthread_create() 函数创建一个线程，然后在所创建线程的执行函数 handle_client() 内执行计算服务，并将计算结果发送给客户端。

值得注意的是，当调用 pthread_create() 函数时，需要将通过 accept() 函数创建的已连接描述符 connected_fd 传递给对等线程。此时最直接的做法是：

```
int connected_fd;
connected_fd = accept(socket_fd, (struct sockaddr*)NULL, NULL));
pthread_create(&client_thread, NULL, handle_client, (void *)&connected_fd);
```

随后对等线程在 handle_client() 函数中获取到已连接描述符。

```
void *handle_client(void *client_socket_ptr) {
    int client_fd = *(int *)client_socket_ptr;
    ...
}
```

由于多线程并发执行，因此可能会出现以下情况：客户端 A 首先发起请求连接，主线程通过 pthread_create() 创建线程 A，在线程 A 执行 handle_client() 函数中的赋值语句获取客户端 A 的已连接描述符之前，主线程已进入下一轮循环，执行了 accept() 函数并与客户端 B 建立了连接，此时 connected_fd 被赋值为客户端 B 对应的已连接描述符，因而，主线程通过 pthread_create() 新创建的线程 B 和线程 A 各自执行赋值语句后，通过 connected_fd 的地址获得的都是客户端 B 对应的已连接描述符，此时线程 A 和线程 B 将在同一个已连接描述符上执行输入和输出。显然，触发这种错误的原因是对等线程执行的赋值语句和主线程执行的 accept() 函数调用语句之间存在"竞争"关系。

为了解决上述问题，可将 connected_fd 设置为指针类型，并在接收 accept() 返回前动态分配一个 4 字节空间，用于存放 accept() 返回的已连接描述符，这样每个对等线程对应的已连接描述符存放在各自申请的存储空间中，因而可避免线程之间由于竞争造成的描述符获取错误。

服务器端线程执行函数 handle_client() 如下所示。

```
1  /* 处理客户端事务 */
2  void *handle_client(void *client_socket_ptr) {
3      int client_fd = *(int *)client_socket_ptr;
4      char buff[4096];
5      free(client_socket);
6      /* 接收客户端数据，执行计算并返回计算结果 */
7      while (1) {
8          int bytes_received = recv(client_fd, buff, MAXLINE, 0);
9          buff[bytes_received] = '\0';
10         if (bytes_received <= 0) {
11             break;
12         }
```

```
13              printf("recv msg from client: %s\n", buff);
14              char *res = calculate(buff);
15              send(client_fd, res, strlen(res), 0);
16          }
17          /* 关闭客户端socket，终止线程 */
18          close(client_fd);
19          pthread_exit(NULL);
20      }
```

基于多线程的并发服务器主函数如下所示。

```
1   int main(int argc, char** argv){
2       /* while 循环前的代码参考 11.4.3 节，connected_fd 改为 *connected_fdp */
3       while(1){
4           /* 接收客户端连接 */
5           connected_fdp = (int *)malloc(sizeof(int));
6           if((*connected_fdp=accept(socket_fd, (struct sockaddr*)NULL,
                NULL))==-1){
7               printf("accept socket error: %s(errno: %d)",strerror(errno),errno);
8               continue;
9           }
10          /* 创建新线程处理客户端请求 */
11          pthread_t client_thread;
12          pthread_create(&client_thread, NULL, handle_client, (void *)
                connected_fdp);
13      }
14      close(socket_fd);
15      return 0;
16  }
```

12.3　同步与互斥

多进程编程和多线程编程为应用程序提供了灵活的并发能力，但在实际应用场景下，还需要考虑进程之间和线程之间的通信、同步与互斥问题。

在多进程编程模式下，由于每个进程都具有独立的虚拟地址空间，因此进程间的通信实现机制较为复杂，通信代价较高。进程间常见的通信机制有如下几种方式。

- 管道（pipe）：**管道**是一种较为经典的进程间的通信方式，可以把管道看作一种特殊的文件，也可以使用 read() 和 write() 等函数对它进行读写，但是它不是普通的文件，并不属于其他任何文件系统，并且只存在于内存中。管道是一种半双工的通信方式，数据只能在一个方向流动，而且管道只能在具有公共祖先的两个进程之间使用。
- 命名管道（FIFO）：和管道类似，**命名管道**也采用半双工通信方式。命名管道借助于文件系统实现，以先进先出（First In First Out，FIFO）的读写形式存在于文件系统中，因此也可以用于非血缘关系进程之间的通信。
- 消息队列（message queue）：**消息队列**采用消息链表结构实现，存放在内核中并由消息队列标识符标识，允许一个或多个进程向消息队列写入和读取消息。
- 共享存储（shared memory）：**共享存储**允许一个或多个进程共享一个给定的存储区，是最快的一种进程间通信方式。对于管道和消息队列等通信方式，需要在内核和用户空间进行 4 次数据拷贝，而共享内存则只需要两次数据拷贝：一次从输入文件到共享内存区，另一次从共享内存区到输出文件。由于多个进程共享同一块内存区域，必然需要某种同步机制（如信号量）来控制多个进程对共享内存的访问。

- 信号量（semaphore）：**信号量**本质上是一种计数器，用于控制多个进程对共享资源的访问，防止某个进程在访问共享资源时，其他进程也在访问。信号量也可用于解决同一进程下多线程之间的同步问题。

在多线程编程模式下，由于多个线程共享同一个进程的虚拟地址空间，因此可以非常方便地共享同一个进程内的变量。然而，灵活的变量共享会带来一些棘手的问题，如线程之间的同步和互斥问题。

线程同步是指线程之间的执行顺序存在依赖关系，多个线程在运行过程中需要协同步调，按照预定的先后顺序执行。例如，线程 1 的运行依赖线程 2 产生的数据，那么线程 1 只能等待线程 2 中的数据产生后，才能继续执行。

线程互斥是指多个线程并发访问同一个资源（如进程中的全局变量）时所导致的排他性。在同一进程空间下，被多个线程访问的共享资源称为**临界资源**。为了保证多线程并发编程计算结果的正确性，多个线程需要以互斥的方式访问临界资源，即同一时刻不能同时访问临界资源。也可将线程互斥看成是一种特殊的线程同步，即线程 1 对临界资源的访问结束后，线程 2 才能访问。

下面以多线程为例，介绍并发编程中的同步与互斥问题以及对应的解决方法。

12.3.1 互斥锁

多个线程对临界资源的互斥访问能够保证程序执行的正确性。下面以一个简单的多线程累加程序为例说明线程互斥访问的必要性。

```
1  int cnt = 0;
2  void* thread_func(void* argp) {
3      int rep = *(int*)argp;
4      for(int i=0; i<rep; ++i){
5          ++cnt;
6      }
7      pthread_exit(NULL);
8  }
9  int main(){
10     const int num_threads = 2;
11     int repeat = 100000;
12     pthread_t threads[num_threads];
13     for (int i = 0; i < num_threads; i++) {
14         pthread_create(&threads[i], NULL, thread_func, &repeat);
15     }
16     for (int i = 0; i < num_threads; i++) {
17         pthread_join(threads[i], NULL);
18     }
19     printf("%d\n",cnt);
20     return 0;
21 }
```

上述程序定义了一个全局变量 cnt，并分别创建了两个线程，每个线程都对全局共享变量 cnt 执行加 1 的操作，并执行 repeat 次，程序最终打印 cnt 的计算结果。由于两个线程分别执行 repeat 次的加 1 操作，预计 cnt 的最终计算结果为 2 × repeat=200 000。在 Linux 系统上重复运行上述程序后，得到如下结果：

```
linux> ./multi_thread_cnt
116010
linux> ./multi_thread_cnt
111948
linux> ./multi_thread_cnt
115017
```

从运行结果可以看出，cnt 的最终值与预期不一致，而且每次运行的结果也不相同。导致该问题的原因是两个线程以竞争的方式实现对共享变量 cnt 的访问，这种竞争引发了错误的指令执行顺序。下面首先从汇编代码的角度，介绍线程 i 的 for 循环体中对 cnt 累加的核心逻辑。

- 将 cnt 取出送入线程 i 的累加寄存器 EAX_i，$R[eax_i]$ 表示线程 i 的累加寄存器 EAX 中的值。
- 将 $R[eax_i]$ 加 1。
- 将 $R[eax_i]$ 的新值存入共享变量 cnt 的存储区。

当多个线程在单处理器上并发运行时，线程的执行由操作系统内核负责调度，在不同的时间片执行不同的线程。然而，操作系统无法保证总是为多个线程选择一个正确的执行顺序。例如，图 12.5 显示了第一次循环迭代中，由操作系统内核调度产生的其中两种多线程累加操作执行顺序，这两种执行顺序均产生了不正确的结果。线程 A 和 B 都完成了一次 for 循环，但得到的 cnt 值却是 1。

步骤 1：线程 A 读取 cnt=0 到累加寄存器 步骤 2：线程 B 读取 cnt=0 到累加寄存器 步骤 3：线程 A 执行 cnt++，更新累加寄存器 步骤 4：线程 B 执行 cnt++，更新累加寄存器 步骤 5：线程 A 将累加寄存器的值存回 cnt 步骤 6：线程 B 将累加寄存器的值存回 cnt	步骤 1：线程 A 读取 cnt=0 到累加寄存器 步骤 2：线程 B 读取 cnt=0 到累加寄存器 步骤 3：线程 A 执行 cnt++，更新累加寄存器 步骤 4：线程 A 将累加寄存器的值存回 cnt 步骤 5：线程 B 执行 cnt++，更新累加寄存器 步骤 6：线程 B 将累加寄存器的值存回 cnt

图 12.5　第一次循环迭代中不正确的多线程累加操作执行顺序

对于图 12.5 所示的不正确的执行顺序，主要原因是线程 B 读取 cnt 的操作发生在线程 A 读取 cnt 和更新 cnt 两个操作之间，导致两个线程读取的 cnt 值均为 0，且更新后存回 cnt 的值均为 1。类似的错误会随着程序的运行随机发生多次，从而导致运算错误且每次执行结果不同。正确的逻辑应该是在某个线程完成对共享变量 cnt 的"读取 – 计算 – 写入"整个过程后，其他线程才能访问共享变量。也就是说，每个线程对共享变量 cnt 的访问是互斥的，即 cnt 存储区是临界资源。为了保护临界资源，确保对共享变量的互斥访问，可以在多线程编程中引入互斥锁技术。

互斥锁（mutex）是一种常见的防止多个线程同时访问临界资源（如共享变量）的技术。

在每个线程执行函数中，访问临界资源的程序片段称为临界区。线程在进入临界区之前，需要对互斥锁进行上锁。在临界资源访问结束并退出临界区后需要解锁，在上锁期间，其他线程不能执行临界区来访问临界资源。

POSIX 线程库提供了线程互斥锁的创建、初始化以及加锁和解锁等接口函数。如图 12.6 所示，互斥锁操作流程主要包含以下步骤。

1）创建全局互斥锁 M，并在主函数中对互斥锁 M 进行初始化。

2）创建多线程，在进入每个线程的临界区之前，对互斥锁 M 进行加锁，访问临界资源，然后解锁。

3）线程在执行加锁操作时，若互斥锁已被其他线程占用，则该线程进入阻塞状态（如图 12.6 中的线程 2），等待其他线程解锁后，解除阻塞状态，再执行加锁操作。

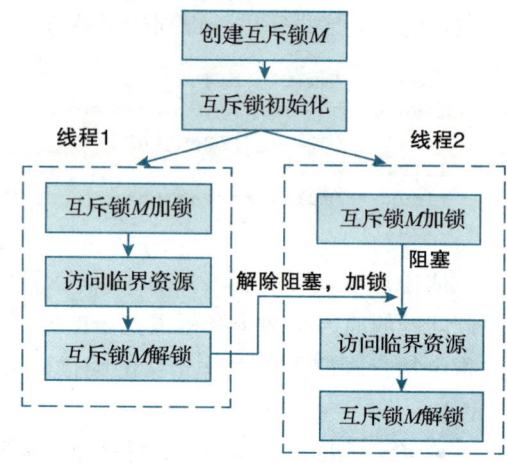

图 12.6　互斥锁操作流程

4）在操作系统调度过程中，多个线程轮流占用互斥锁 M，从而保证临界资源的互斥访问。

在 POSIX 线程库中，可通过 pthread_mutex_t 结构体创建互斥锁，由于互斥锁会被多个线程访问，因此互斥锁为全局变量。

POSIX 提供的互斥锁操作函数主要包括以下 4 个。

```
/* 互斥锁初始化 */
int pthread_mutex_init(pthread_mutex_t *mutex, const pthread_mutexattr_t 
    *mutexattr)
/* 互斥锁加锁（阻塞调用）*/
int pthread_mutex_lock(pthread_mutex_t *mutex)
/* 互斥锁加锁（非阻塞调用）*/
int pthread_mutex_trylock(pthread_mutex_t *mutex)
/* 互斥锁解锁 */
int pthread_mutex_unlock(pthread_mutex_t *mutex)
```

其中，pthread_mutex_trylock() 函数是尝试加锁，当发现互斥锁被其他线程占用时，不进入阻塞状态，而是直接返回 EBUSY 的错误码，表明有其他线程占用互斥锁。互斥锁的使用较为简单，以上文所述的多线程累加程序为例，可以在线程循环体中的 cnt++ 操作之前加锁，然后再解锁。实现代码如下所示。

```
#include <pthread.h>
pthread_mutex_t mutex;
void* thread_func(void* argp) {
    int rep = *(int*)argp;
    for(int i=0; i<rep; ++i){
        pthread_mutex_lock(&mutex);
        ++cnt;
        pthread_mutex_unlock(&mutex);
    }
```

```
    pthread_exit(NULL);
}
```

12.3.2　信号量

通过互斥锁可以实现多个线程对全局变量的互斥访问。除了多线程互斥外，多线程之间执行顺序的同步也是并发编程中需要解决的问题。例如，一个线程需要等待其他线程中特定事件发生或者某一条件达成后才可以继续执行。

信号量（semaphore）是一种经典的解决多线程同步问题的方法，由艾兹格·W·迪科斯彻（Edsger Wybe Dijkstra）提出。信号量已成为并发编程领域的核心技术之一，在解决同步与互斥问题中得到了广泛应用。信号量的本质是一个计数器，通过一个具有非负整数计数值的全局变量，记录对某个共享资源的使用情况。对于信号量 s，可通过 P 和 V 两种特殊操作对 s 进行处理。

- P(s)：如果信号量 s 非零，则 P 操作将 s 减 1 并立刻返回，线程可以继续执行。如果 s 为零，则当前线程被阻塞，进入操作系统的阻塞队列。
- V(s)：V 操作将信号量 s 加 1。如果存在线程在执行 P 操作时被阻塞，则 V 操作会唤醒这些阻塞线程中的一个线程，然后该线程将 s 减 1。

由于信号量 s 会被多个线程访问，因此信号量本身属于临界资源。为了保证信号量机制的有效性，P 和 V 操作必须是**原子操作**，一旦开始执行，在执行结束前不能被打断。例如，对于 P 操作，信号量 s 的值的检测以及减 1 操作是不可分割的。对于 V 操作，信号量 s 的加 1 操作也不可分割，因此，若两个线程都执行 V 操作，则信号量的值将能正确地加 2。P 和 V 操作的定义决定了一个被正确初始化的信号量不可能在程序的运行中出现负值，这被称为**信号量不变性**（semaphore invariant）。

POSIX 提供的信号量操作函数主要包括以下三个：

```
/* 信号量初始化 */
int sem_init(sem_t *sem, int pshared, unsigned int value);
/* 信号量的值减 1，等价于 P 操作 */
int sem_wait(sem_t *sem);
/* 信号量的值加 1，等价于 V 操作 */
int sem_post(sem_t *sem);
```

上述函数被定义在头文件 <semaphore.h> 中，sem_init() 函数将信号量 sem 的初始值设置为 value，然后分别通过 sem_wait() 和 sem_post() 函数执行 P 操作和 V 操作。当信号量的初始值被设置为 1 时，可以达到与互斥锁等价的线程互斥效果，以实现对共享资源的互斥访问。

可以将 12.3.1 节中基于互斥锁的多线程累加程序改写成基于信号量的版本。首先，定义全局的信号量变量 sem，类型为 sem_t 结构体。其次，在主函数的信号量初始化函数中，执行 sem_init(&sem, 0, 1) 函数调用，将信号量 sem 的值初始化为 1。在线程循环体中的 cnt++ 操作前执行 P 操作，以申请对共享变量 cnt 的访问和操作，在执行完 cnt++ 后，再执行 V 操作，以释放共享资源 cnt。基于信号量的线程执行函数如下所示。

```
#include <semaphore.h>
sem_t sem;
void* thread_func(void* argp) {
    int rep = *(int*)argp;
    for(int i=0; i<rep; ++i){
        sem_wait(&sem);
        ++cnt;
        sem_post(&sem);
    }
    pthread_exit(NULL);
}
```

在上述多线程累加程序示例中，可以看到使用信号量和互斥锁几乎没有区别，二者都可以实现共享资源的互斥访问。然而，信号量和互斥锁的设计初衷是完全不一样的。互斥锁专门用来解决同一个共享资源的互斥访问问题，信号量则用来解决线程同步问题，即保证线程之间的执行逻辑顺序的正确性。也可以将互斥看成是一种特殊的同步，所以也可以采用信号量解决线程互斥问题。然而，互斥锁只有加锁（lock）和解锁（unlock）两种状态，使用起来较为简单，但是功能较为单一。信号量则更加灵活，通过设置合适的初始值大小以及 P 和 V 两种操作，不仅可以实现线程互斥，还可以实现线程同步以及共享资源调度等更加复杂的功能。

小贴士

信号量最早由荷兰科学家、图灵奖获得者 Edsger Wybe Dijkstra 设计，是一种典型的同步机制，其中 P、V 操作来源于荷兰语，P 来自单词 Proberen(测试)，V 来自单词 Verhogen(增加)。可以通过停车场示例进一步了解信号量的机制，停车场中停车位的数量代表可用资源的数量，也就是信号量初始化时赋给信号量的初始值。P 操作代表车辆进场，首先检测是否还有车位，如果有车位则进场，否则阻塞等待。V 操作则代表车辆离场，释放停车位，并且唤醒等待队列中的一辆车进场。值得注意的是，当有多个线程在等待同一个信号量时，无法预测 V 操作将唤醒哪一个线程。

1. 利用信号量实现线程同步

考虑下面的例子：假设有三个线程，线程 1 用于计算变量 a 的值，线程 2 用于计算变量 b 的值，线程 3 用于计算 c=a+b。线程 3 依赖线程 1 和线程 2，变量 a 和 b 求和的操作需要线程 1 和线程 2 完成变量计算之后发生。另外，线程 1 和线程 2 之间不需要互斥。这种情况下，可通过信号量实现三个线程之间的同步，主要实现代码如下所示。

```
sem_t sem;  /* 全局信号量 */
/* 线程 1 的执行函数 */
void get_a() {
    a = calculate_a();
    sem_post(&sem);
}
/* 线程 2 的执行函数 */
void get_b() {
    b = calculate_b();
    sem_post(&sem);
}
```

```
/* 线程 3 的执行函数 */
void get_c() {
    sem_wait(&sem);
    sem_wait(&sem);
    c = a + b;
}
/* main() 函数中创建 */
pthread_create(&thread_id1, NULL, get_a, NULL);
pthread_create(&thread_id2, NULL, get_b, NULL);
pthread_create(&thread_id3, NULL, get_c, NULL);
```

上述代码示例中，变量 a、b 和 c 均为共享全局变量，在 main() 函数中通过 sem_init(&sem, 0, 0) 函数调用，将信号量 sem 的初始值设为 0。线程 1 和线程 2 的变量计算操作完成后，通过 sem_post() 函数（即 V 操作）将信号量的值加 1。线程 3 通过 sem_wait() 函数等待变量 a 和变量 b 完成计算，然后执行求和操作。当线程之间存在依赖关系时，通过信号量机制，可以灵活地实现多线程之间执行顺序的同步。

2. 利用信号量实现共享资源的调度

信号量机制除了可实现线程的互斥和同步之外，还可用于共享资源的调度，协调多个进程或者多个线程访问共享资源。下面以经典的生产者–消费者问题为例，介绍如何在多线程环境下利用信号量实现共享资源的调度。

在生产者–消费者问题中，生产者（producer）线程不断生成商品（item），并将商品存入商品缓冲区（buffer）。消费者（consumer）线程不断消耗缓冲区中的商品，每消耗一个商品，就将商品从缓冲区中删除。生产者–消费者问题是一个典型的并发同步问题。假设缓冲区的大小为 n，即包含 n 个槽（slot）以存放商品。首先，如果消费者消费速度过慢，导致 n 个商品槽全部被占满，那么生产者必须等待，直到有一个空闲的槽可用。其次，如果消费者的消费速度过快，导致缓冲区中无可用的商品，那么消费者必须等待，直到缓冲区中有一个可用的商品。因此，需要跟踪商品缓冲区中空闲槽的数量和实际可用商品的数量，以控制生产者和消费者线程的协作和运行。

为了实现生产者和消费者线程之间的同步，需要构建两个信号量。信号量 slots 用于记录缓冲区中空闲槽的数量，初始值为缓冲区大小 n；信号量 items 用于记录缓冲区中可用商品的数量，初始值为 0。由于生产者和消费者共用一个缓冲区，缓冲区本身也是一种共享资源，因此生产者和消费者线程对缓冲区的访问是一种互斥关系。而且，在实际应用场景中，往往存在多个生产者线程和消费者线程。如果不采用互斥的方式实现缓冲区的更新，那么多个生产者可能向同一个槽中插入商品，前一个生产者插入的商品被后一个生产者插入的商品所覆盖，导致缓冲区数据更新错误。同样，多个消费者线程也有可能提取同一个槽中的商品，前一个消费者线程已经将商品取出，后一个消费者线程无可用的商品，从而产生缓冲区读取错误。因此，需要创建一个额外的互斥信号量 mutex 实现缓冲区的互斥访问，信号量 mutex 的初始值为 1。

信号量 slots 和 items 主要用于缓冲区中共享资源的调度，而信号量 mutex 用于缓冲区的互斥访问，这两种信号量的作用存在差异。通过综合使用这三个信号量，可以解决生产者–消费者模式下的并发问题。以下是利用信号量解决生产者–消费者问题的代码示例。

```c
sem_t slots, items;  /* 资源调度信号量 */
sem_t mutex;  /* 互斥信号量 */
/* 生产者线程的执行函数 */
void produce() {
    int item;
    while(1) {
        item = produce_item();
        sem_wait(&slots);
        sem_wait(&mutex);
        insert_item();
        sem_post(&mutex);
        sem_post(&items);
    }
}
/* 消费者线程的执行函数 */
void consumer() {
    int item;
    while(1) {
        sem_wait(&items);
        sem_wait(&mutex);
        item = remove_item();
        sem_post(&mutex);
        sem_post(&slots);
    }
}
/* main() 函数中创建 */
sem_init(&mutex, 0, 1);
sem_init(&slots, 0, n);
sem_init(&items, 0, 0);
```

在上述生产者线程的执行函数中，每当生产一个商品后，首先通过 sem_wait() 函数检测是否有可用的槽，如果有则对缓冲区加锁，将商品插入缓冲区，然后解锁缓冲区并通过 sem_post() 函数将可用商品数量加 1，如果缓冲区已满，则阻塞等待，直至有可用的槽。在消费者线程的执行函数中，首先通过 sem_wait() 函数检测是否有可用的商品，如果有则对缓冲区加锁，从缓冲区中移除一个商品，然后解锁缓冲区并通过 sem_post() 函数将可用槽数量加 1，如果无可用商品，则阻塞等待，直至有可用的商品。

12.3.3 线程安全和可重入性

在多线程并发编程中，多个线程之间往往需要共享临界资源，因此需要通过多线程同步与互斥来编写**线程安全**（thread-safe）的代码，以保证线程执行的正确性。在拥有共享资源的多个线程并发执行的程序中，线程安全的代码会通过同步机制保证各个线程都可以正确执行，不会出现数据污染等异常情况。若一个函数在被多个并发线程反复调用过程中一直能产生正确的结果，则该函数是**线程安全函数**，否则为**线程不安全函数**（thread-unsafe function）。

线程不安全问题产生的主要原因是函数访问了全局变量或者静态变量等共享变量，但是程序缺少对共享变量的保护，使多个线程按照一种不正确的顺序修改共享变量，从而导致数据不一致或者数据污染。为了保证线程安全，需要减少对共享变量的依赖，尽量避免对全局变量或者静态变量的访问。如果函数需要访问共享变量，应尽量以读的方式访问。如果必须要修改共享变量，则需要采用互斥锁或信号量的机制对共享变量进行保护。虽然多线程之间的同步操作将增加程序执行时间，但是可以保证线程的安全性。

可重入函数（reentrant function）是一类代表性的线程安全函数。**重入**是指同一个函数被不同的执行流调用，当一个执行流的调用尚未结束时，其他执行流再次进入了该函数。**可重入**是指函数被多个执行流反复执行时，其运行结果是一致的。可重入函数的重要特点是不在函数内部使用静态或全局变量，同时函数不能返回指向静态或全局变量的指针。也就是说，可重入函数被多个线程调用时，不会引用任何共享数据。可重入函数分为**显式可重入函数**和**隐式可重入函数**两类。

- 显式可重入函数（explicitly reentrant function）：函数的所有参数都按值传递（即没有指针型参数），并且所有的数据引用都是局部变量（即栈变量），而不是静态或全局变量。
- 隐式可重入函数（implicitly reentrant function）：函数的一些参数可以按地址传递（即指针型参数），但是必须指向非共享变量。

从线程安全函数和可重入函数的定义可以看出，两者之间存在清晰的差别，可重入函数的要求比线程安全函数的要求更高。可重入函数一定是线程安全的，但是线程安全函数不一定是可重入的。例如，当一个函数访问了全局变量，并且用互斥锁或信号量对全局变量进行保护，则该函数是线程安全的，但它并不是可重入的。可重入函数由于不需要同步操作，通常更加高效。

12.3.4 死锁

互斥锁和信号量可以解决并发编程中的同步和互斥问题。然而，不恰当地使用信号量或互斥锁也可能导致系统处于**死锁**（deadlock）状态，即两个或两个以上的线程在运行过程中因竞争资源而造成的一种僵局，每个线程都在等待被其他线程占用并阻塞的资源，如无外力作用，所有线程都将无法继续执行。

考虑图 12.7 所示的多线程执行方式，线程 A 对资源 a 加锁后，等待资源 b。然而，线程 B 此时已经对资源 b 加锁，且在等待资源 a。两个线程都在等待对方释放自己需要的资源，而任何一个线程都不能先执行完以释放资源，这就造成了死锁。

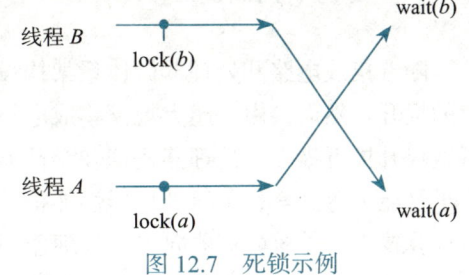

图 12.7 死锁示例

造成死锁的原因还有很多，尤其在实际的生产环境中，避免死锁是一个十分困难的问题，因为死锁不总是可预测的。通常情况下，死锁的发生必须具备以下 4 个必要条件。

- 互斥条件：线程对所分配到的资源进行排他性使用，即在一段时间内资源只能由一个线程占用。如果此时还有其他线程请求资源，则请求者只能等待，直至占有资源的线程将资源释放。
- 请求和保持条件：线程已经占有了一个资源，并请求了新的资源，而新请求的资源已经被其他线程占有，因此当前线程进入阻塞状态，但不释放已占有的资源。

- 不可剥夺条件：线程获取到的资源在未使用完之前不会被剥夺，即不会被其他线程所抢占，只能在使用完时自行释放。
- 环路等待条件：在发生死锁时，必然存在一个线程-资源的环形链，即线程集合 $\{T_0, T_1, \cdots, T_n\}$ 中的 T_0 正在等待 T_1 占用的资源，T_1 正在等待 T_2 占用的资源，$\cdots$，T_n 正在等待已被 T_0 占用的资源。

为了预防死锁的发生，需要破坏死锁产生的 4 个必要条件中的一个或多个。破坏死锁产生条件的主要思路如下。

- 破坏互斥条件：若资源不被一个线程独占使用，那么死锁肯定不会发生。但在实际应用场景下，需要实现资源的互斥访问，因此互斥条件一般是无法被破坏的。
- 破坏请求和保持条件：可以在线程执行之前一次性分配其在整个运行过程中所需要的全部资源，也可以在线程提出资源申请前释放它所占用的资源，即"先释放后申请"。
- 破坏不可剥夺条件：当一个已经持有一些资源的线程在提出新的资源请求而没有得到满足时，就立即释放已经占有的所有资源，待以后需要使用时再重新申请，这就意味着线程已占有的资源会被短暂地释放或者被抢占。
- 破坏环路等待条件：对系统中的所有资源按顺序编号，所有线程只能采用递增的方式申请资源，如果一个线程占有编号为 i 的资源，那么它下次只能申请编号大于 i 的资源，进而避免形成资源等待关系的环形链。

通过至少破坏一个产生死锁的必要条件，可以严格地预防死锁的发生。然而，这种死锁预防的方式实现代价较高，在实际应用中也可以不需要这种较为严格的死锁预防方式，因为即使死锁的必要条件存在，也不一定发生死锁。因此，可以在系统运行过程中通过合理的资源分配避免死锁的发生。经典的死锁避免算法是银行家算法，其基本思想是在每次分配资源之前，预判此次分配是否会导致死锁，如果是则不进行分配，否则进行分配，这是一种保证系统不进入死锁状态的动态策略。

12.4 并行编程

随着集成电路和处理器微体系架构设计技术的不断发展，单处理器的计算性能得到了快速的提升。然而，由于超大规模集成电路的集成度不可能无限制地提高、处理器的指令级并行度提升接近极限、处理器速度和存储器速度差异越来越大、功耗和散热大幅增加而超过芯片承受能力等因素，单核处理器性能提升已接近极限，现代大多数计算机开始采用多核处理器计算技术，单核处理器向多核处理器的转变已成为必然趋势。

为了充分利用多核处理器资源，提升程序运行速度，**并行编程**（parallel programing）技术应运而生，通过编写并行计算程序使多个计算任务能够在同一时刻运行。如 12.1 节所述，并行程序是并发程序的特例，是可以同时运行在多个处理器核或多个处理器芯片上的并发程序。以多线程并发为例，操作系统内核可将多个并发线程调度至多个处理器核上同时执行，每个核负责执行一个线程，多个线程并行计算，从而可以大幅提升计算性能。并行编程已渗透到各个计算应用领域，尤其是涉及大规模数据和复杂计算的应用领域，例如，大规模数据查询分析、大型科学计算以及以深度学习为代表的智能计算等。

12.4.1 并行程序设计思想

为了提升并行计算的性能,充分利用多核处理器等计算资源,并行程序可以采用分而治之(divide-and-conquer)的设计思想。

如图 12.8 所示,分而治之是指将一个大的计算任务划分为多个可以独立执行的子任务,然后将所有子任务调度至不同的线程去执行,每个处理器核负责一个线程的执行,进而实现子任务的并行计算。因此,并行程序设计首先需要解决的问题是如何划分子任务以便对划分的子任务同时进行计算。对于不可拆分的计算任务,无法进行并行计算,例如,对于斐波那契(Fibonacci)数列的计算,即 $F(k) = F(k-1) + F(k-2)$,前后数据项之间存在依赖关系,只能采用串行计算。对于可并行计算的任务,通过设计巧妙的任务拆分方式生成一系列互不依赖、可独立执行的子任务,不同子任务之间应尽量避免对共享资源的并行操作,从而减少因共享资源的同步而导致的线程阻塞。

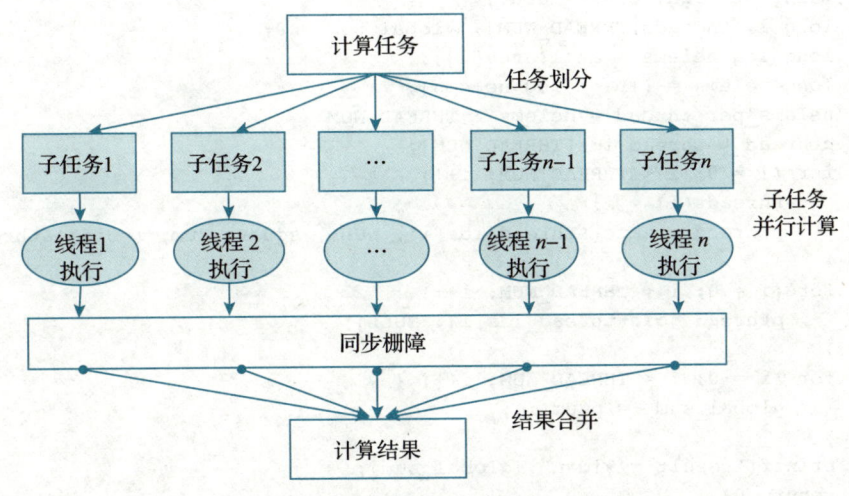

图 12.8 并行程序设计的基本思想

在许多应用场景中,所有线程执行结束后,需要汇总每个线程的计算结果,因此在结果合并以计算最终结果之前,需要通过调用 pthread_join() 函数来等待所有线程执行结束。同步等待的过程通过设置同步栅障(synchronization barrier)实现。

下面以一个简单的大规模数据计算为例,介绍并行程序设计的基本方法。给定一个自然数 n,求 $0, 1, 2, \cdots, n-1$ 这 n 个数的平方和。假设并发线程数量为 t。在任务划分阶段,可以将求平方和的计算任务划分为 t 个子任务,也就是说,把 n 个数据划分为 t 个互不相交的区间,假设 n 是 t 的倍数,每个区间包含 n/t 个元素,每个子任务负责统计对应区间所有元素的平方和。在并行计算阶段,可将每个子任务以线程的方式分配到其中一个处理器核上执行,所有子任务之间无任何依赖关系,因此可以实现高效的并行计算。当所有并行线程执行结束后,在主线程上对所有对等线程的部分计算结果进行累加汇总,得到所有元素的平方和。

采用并行编程方式计算 $0, 1, 2, \cdots, n-1$ 这 n 个数平方和的代码示例如下。

```
1  #include <pthread.h>
2  #include <stdio.h>
```

```c
3   #include <stdlib.h>
4
5   #define THREAD_NUM 8
6   long psum[THREAD_NUM]= {0};
7   long nelems_per_thread;
8   void* square_sum(void* argp) {
9       long thread_id = *(long*)argp;
10      long start = thread_id * nelems_per_thread;
11      long end = start + nelems_per_thread;
12      long i, sum = 0;
13      for (i = start; i < end; ++i) {
14          sum += i * i;
15      }
16      psum[thread_id] = sum;
17      return NULL;
18  }
19
20  int main(int argc, char** argv) {
21      long i, threads[THREAD_NUM], global_sum = 0;
22      long log_nelems = atol(argv[1]);
23      long nelems = (1L << log_nelems);
24      nelems_per_thread = nelems / THREAD_NUM;
25      pthread_t thread_ids[THREAD_NUM];
26      for (i = 0; i < THREAD_NUM; i++) {
27          threads[i] = i;
28          pthread_create(&thread_ids[i], NULL, square_sum, (void*)&threads[i]);
29      }
30      for (i = 0; i < THREAD_NUM; i++) {
31          pthread_join(thread_ids[i], NULL);
32      }
33      for (i = 0; i < THREAD_NUM; i++) {
34          global_sum += psum[i];
35      }
36      printf("result = %ld\n", global_sum);
37      return 0;
38  }
```

在上述程序示例中，第 8 ~ 18 行代码为对等线程执行函数，每个对等线程计算特定区间中所有元素的平方和，并将计算结果存储到全局数组 psum 对应的位置，即线程 i 将计算结果存储到 psum[i] 中。第 22 ~ 23 行代码用来获取用于计算平方和的元素个数，假定用户在命令行中输入的第一个参数是 k，则元素个数为 2^k。第 22 行代码将参数从字符串转换为长整型变量 log_nelems，第 23 行代码将 1 左移 log_nelems 位，得到元素个数 nelems 为 2^{log_nelems}。因此，该并行程序的功能是计算 0, 1, 2, …, nelems−1 中所有元素的平方和。第 26 ~ 29 行代码为主线程创建对等线程，然后等待所有线程执行结束（第 30 ~ 32 行）。主线程等待所有线程计算结束后，第 33 ~ 35 行代码对全局数组 psum 中的所有元素求和，得到最终的平方和计算结果。

下面以基于蒙特卡罗（Monte Carlo）方法的圆周率计算任务为例进一步介绍并行程序设计方法。蒙特卡罗是一种随机抽样统计方法，可用于解决难以用数学公式计算的复杂问题的近似求解。给定一个直径为 $2r$ 的圆及其外切正方形，在其中随机产生 n 个点，落在圆内的点数记为 m。根据概率理论，当随机点数足够大时，可将 m 与 n 的比值近似看作圆与正方形面积之比，故有：$m/n \approx \pi \times r^2 / (2r)^2, \pi \approx 4m/n$。因此可以通过蒙特卡罗的方法近似计算圆周率 π。为了提升 π 的计算精度，需要尽量多的随机点数。可以考虑在多个处理器场景下，通过多线程并行计算提升计算效率。每个线程随机产生一定数量的点，并统计随机产生的点落在圆内的个数。由于每个线程的随机点产生和统计过程是互不相关的，因此可以实现并行计算。所有线程执行结束后，主线程汇总所有线程计算得到的落在圆内的点数，并根据汇总结果计算圆周率。

小贴士

随着计算机软硬件技术的快速发展，计算机系统已经从单 CPU 核架构演变为多 CPU 核架构以及集群架构。在当前的大数据时代，随着数据规模的急剧膨胀，基于集群的分布式并行计算已成为提升系统性能的最主流的计算方式之一。集群由多个计算节点组成，每个计算节点包含多个 CPU 核。基于集群的分布式并行计算框架如 Hadoop、Spark 已经广泛应用于各个公司的大数据分析应用中。分布式并行计算的核心思想就是分而治之，即将一个大的任务划分成多个互不相关的子任务，然后充分利用集群中的 CPU 计算资源，并行地执行所有的子任务。例如，典型的并行计算模式是数据并行，可以将大数据划分为多个互不相交的数据分区，然后利用所有可用的 CPU 核，并行处理每个数据分区，实现并行计算。因此，分布式并行计算属于并行编程的代表性应用案例。

12.4.2 并行程序性能评估

与串行程序相比，并行程序能充分利用计算资源，提升计算性能。并行程序的性能与可用的处理器核数相关，如果只有一个处理器核可用，那么并行程序就蜕化成了单 CPU 上的并发程序。令 p 为处理器核的数量，并行程序的**加速比**（speedup）通常定义为：

$$S_p = \frac{T_1}{T_p}$$

其中 T_1 为程序在单个处理器核上的运行时间，T_p 为并行程序在 p 个处理器核上的运行时间。加速比是同一任务在单核处理器和多核处理器上运行时间的比率，用来衡量并行程序的性能。当 T_1 为单核处理器上最优串行程序的执行时间时，S_p 称为**绝对加速比**（absolute speedup）。当 T_1 为程序并行版本在单个核上的执行时间时，S_p 称为**相对加速比**（relative speedup）。绝对加速比能够更加真实地衡量并行程序的性能，然而最优串行程序难以确定，因此相对加速比在实际应用中更为常见。

若并行程序的加速比等于处理器核的数量，则可称为**线性加速比**（linear speedup），即核的数量加倍，程序运行速度也会加倍。然而，线性加速比是一种理想状态下的加速比，主要原因是在并行程序中，除了计算开销本身外，还存在任务的分配与调度开销，以及任务的同步开销（图 12.8 中所示的同步栅障）等。实际情况下，一个具有良好扩展性的并行程序通常具有近线性的加速比。

另外一种衡量并行程序性能的指标为**效率**（efficiency）。效率是一种由加速比派生出来的性能指标，计算公式如下：

$$E_p = \frac{S_p}{p} = \frac{T_1}{p*T_p}$$

效率 E_p 的值在 0～1 之间，用于衡量每个处理器核的利用率。若效率为 1，则说明全部的处理器核都在满负荷工作。通常情况下，并行程序的效率会小于 1，且随核数的增加而减小。

在实际应用中，对于可并行执行的计算程序，随着可用的处理器核数的增加，程序的计算性能也会得到相应的提升，然而并行程序的加速比存在上限，并不是随着核数的增加一直提升。根据 10.1.5 节给出的阿姆达尔定律可知，加速比的上限并不是由处理器核数决定的，而且受限于程序中串行计算所占的比例，也就是说，并行程序的加速比依赖于该程序有多少可并行计算的部分。令 W 为程序的计算负载，计算负载分为并行部分 W_p 和串行部分 W_s，令 f 为串行计算比例因子，即为 W_s 与 W 的比值，则并行程序加速比计算公式如下：

$$S_p = \frac{W_s + W_p}{W_s + W_p/p} = \frac{1}{(1-f) + f/p}$$

当处理器核数增加到无穷大时，加速比趋近于 $1/(1-f)$，这也是加速比的上限。阿姆达尔定律旨在说明一味地增加计算资源并不能保证并行程序计算性能的持续提升。为了提升并行程序的计算性能，需要设计巧妙的任务划分策略，尽可能提升程序中可并行计算部分的比例，最大化地利用多处理器核的计算资源。

12.5 本章小结

在并发编程中，多个任务可以在同一时间段内交错或并行执行。在单处理器系统中，操作系统通过时间片轮转的方式实现多任务的并发调度。并发编程的主要实现方式包括多进程编程和多线程编程。多进程是指在同一时间段内多个进程同时存在，由于每个进程具有独立的虚拟地址空间和存储器映射，进程之间无法共享地址空间，导致进程上下文切换开销较大。线程是操作系统任务调度和执行的基本单元，在同一个进程下创建的多个线程能够共享进程的地址空间，因此，多线程编程方式下，线程上下文的切换开销较低，能够实现更加灵活的并发调度。

为了实现并发编程中对共享资源的保护以及保证并发程序执行的正确性，需要考虑并发编程中的同步和互斥问题。线程之间的同步是指线程之间的执行顺序存在依赖关系，在运行过程中需要协同步调，按照预定的先后顺序执行。线程之间的互斥是指多个线程并发访问同一个共享资源时需要以互斥的方式访问临界资源。常见的同步和互斥技术包括互斥锁和信号量。互斥锁主要用于防止多个线程同时操作临界资源。在访问临界资源前，需要对互斥锁上锁，在临界资源访问结束并退出临界区后进行解锁，在上锁期间，其他线程不能访问临界资源。信号量是一种经典的解决多线程同步问题的方法，通过一个具有非负整数计数值的全局变量，以及 P 操作和 V 操作记录对共享资源的使用情况。采用同步和互斥机制，有助于编写线程安全的并发程序，保证线程执行的正确性。然而，在实际应用程序中，不恰当地使用信号量或互斥锁也可能导致系统处于死锁状态。

为了充分利用多核处理器资源，可以采用并行编程的方式提升程序运行速度，通过编写并行计算程序使多个计算任务能够在同一时刻运行。并行程序的设计通常采用分而治之的设计思想，将一个大的计算任务划分为多个可以独立执行的子任务，然后将所有子任务调度至各个线程去执行，每个处理器核负责一个线程的执行，进而实现子任务的并行计算。并行程序的性能可采用加速比指标衡量，阿姆达尔定律指出加速比的上限受限于程序中串行计算的比例。

习题

1. 给出以下概念的解释说明。

并发编程	时间片轮转	并行编程	多进程
主线程	对等线程	临界区	临界资源
线程同步	线程互斥	互斥锁	信号量
P 操作	V 操作	线程安全	可重入函数
死锁	分而治之	绝对加速比	相对加速比

2. 简单回答下列问题。

   （1）并发编程和并行编程有什么区别和联系？

   （2）在多进程编程中，为什么进程上下文切换开销较大？

   （3）在多线程编程中，线程上下文包含哪些内容？为什么线程上下文切换开销低于进程上下文的切换开销？

   （4）线程的可结合状态和分离状态存在什么区别？

   （5）常见的同步和互斥技术有哪些？不同技术之间存在哪些区别？

   （6）互斥锁的主要作用是什么？互斥锁的使用流程包含哪几个步骤？

   （7）信号量 P 操作和 V 操作的作用是什么？这两种操作都是原子操作吗？

   （8）什么是线程安全函数？导致线程不安全的原因有哪些？

   （9）死锁的产生包含哪些必要条件？如何预防死锁的发生？

   （10）并行程序的设计主要包含哪些步骤？是不是所有的串行程序都可以改造成并行程序？

   （11）如何评估并行程序的性能？阿姆达尔定律的背后含义是什么？

3. 考虑如下程序，程序中设定子线程睡眠一秒后输出一个字符串，但实际运行中却没有任何输出，这是为什么？可以怎么改进？

```
1   void* print_hello(void* datap) {
2       sleep(1000);
3       printf("Hello from the new thread! \n");
4       pthread_exit(NULL);
5   }
6
7   int main() {
8       pthread_t thread_id;
9       int result;
10      result = pthread_create(&thread_id, NULL, print_hello, NULL);
11      pthread_join(thread_id, NULL);
```

```
12        printf("Main thread finished.! \n");
13        return 0;
14   }
```

4. 在 12.2.4 节的多线程编程实例中,将 connected_fdp 设计为指向 int 的指针,并且在与客户端建立连接之前动态分配了 4 字节的存储区来解决主线程 accept() 函数调用语句与对等线程 client_fd 中赋值语句之间的竞争问题。除了这种方法,还有没有更简洁的办法?

5. 在 12.2.1 节的基于多进程的并发服务器代码实现中,分别在父进程和子进程中关闭了已连接套接字描述符(connected_fd),而在 12.2.4 节的基于多线程的并发服务器代码实现中,只在对等线程中关闭了已连接描述符,这样做正确吗?为什么?

6. 考虑如下思路实现的程序,该程序使用信号量实现互斥。

   初始化信号量:s=1, t=0
   线程 1:P(s); V(s); P(t); V(t);
   线程 2:P(s); V(s); P(t); V(t);

   上述思路实现的程序是否会发生死锁?如果会,怎么做才能在不改变程序运行逻辑的前提下通过修改信号量初始值使两个线程顺利执行?

7. 在 12.3.2 节所述的利用信号量解决生产者–消费者问题的示例中,互斥信号量 mutex 是必需的吗?当缓冲区的大小为 1 时,是否可以不需要互斥信号量而只保留记录空槽数的信号量 slots 和可用商品数量的信号量 items?为什么?

8. 在 12.3.2 节所述的利用信号量解决生产者–消费者问题的示例中,在生产者和消费者执行函数中,交换互斥信号量(即 mutex)和缓冲区资源信号量(即 slots 和 items)对应的 P 操作的顺序,即将 mutex 的 P 操作放置在前面,是否可能导致死锁?为什么?

9. 按照如下思路实现的程序会发生死锁吗?为什么?

   初始化信号量:a=1, b=1, c=1
   线程 1:P(a); P(b); V(b); P(c); V(c); V(a);
   线程 2:P(c); P(b); V(b); V(c);

10. 对于一个在线共享文档,允许有多个客户同时查看,但是正在执行写操作的客户必须拥有对文档的独占访问,也就是说,不允许多个客户同时更新文档,客户在更新操作完成之前不允许其他客户查看或者更新文档。上述问题是一个典型的读者–写者问题,请编写伪代码,利用信号量解决上述问题。

11. 请根据 12.4.1 节所述的圆周率并行计算程序的设计思路,利用多核处理器资源,编写基于多线程的并行计算程序,实现圆周率的近似求解,并分别在 1、2、4、8、16 个线程下,统计并行程序的运行时间,计算并分析加速比的变化趋势(可采用相对加速比)。

附录 A gcc 的常用命令行选项

gcc 有多达上千个选项,其用户手册有近一万行,大多数选项很少用到,想了解 gcc 的使用方式,可以用命令 man gcc 显示其使用说明。表 A.1 中给出了 gcc 常用的命令行选项及其功能描述。

表 A.1 gcc 常用的命令行选项及其功能描述

命令行选项	功能描述
-c	只进行编译,不进行链接,生成以 .o 为后缀的可重定位目标文件
-o \<file\> -o	将结果写入文件 \<file\> 中 不指定 \<file\> 时,默认结果文件名为 a.out
-E	对源程序文件进行预处理,生成以 .i 为后缀的预处理文件
-S	对源程序文件或预处理文件进行汇编,生成以 .s 为后缀的汇编语言目标文件
-v	在标准错误输出上输出编译过程中执行的命令及程序版本号
-w	不输出任何警告级错误信息
-Wall	在标准错误输出上输出所有可选的警告级错误信息
-g	生成调试辅助信息,以便使用 GDB 等调试工具对程序进行调试
-pg	编译时加入剖析代码,以产生供 gprof 剖析用的统计信息
-O -O\<n\>	指定编译优化级别,\<n\> 可以是 0、1、2、3 或者 s,-O 或缺省该选项时都为 -O1。-O0 表示不进行优化,-O3 的优化级别最高。-Os 相当于 -O2.5,表示使用所有不会增加代码量的二级优化(-O2)
-D \<name\> -D \<name\>=\<def\>	-D \<name\> 将宏 \<name\> 默认定义为 1 显式地定义宏 \<name\> 等于 \<def\>
-I \<dir\>	将目录 \<dir\> 加入头文件的搜索目录集合中,链接时在搜索标准头文件之前先对 \<dir\> 进行搜索
-L \<dir\>	将目录 \<dir\> 加入库文件的搜索目录集合中,链接时在搜索标准库文件之前先对 \<dir\> 进行搜索

附录 B GDB 的常用命令

GDB 是一个程序调试工具软件。GDB 中的命令有一个非常有用的补齐功能，与 Linux 下 shell 命令解释器中的命令补齐功能一样，输入一个命令的前几个字符后再输入 TAB 键，就能补齐命令。如果有多个命令的前几个字符相同，则会发出警告声，再输入 TAB 键后，则将前几个字符相同的命令全部列出。

B.1 启动 GDB 程序

可以在 shell 命令行提示符下输入 gdb 命令来启动 GDB 程序。假定 shell 命令行提示符为"unix>"，最常用的启动 GDB 程序的方式如下：

```
unix>gdb [ 可执行文件名 ]
```

该命令用于启动 GDB 程序并同时加载指定的将要被调试的可执行文件。如果仅输入 gdb 而没有带可执行文件名，则仅启动 GDB 程序，因此必须在 GDB 调试环境下再通过相应的 GDB 命令来加载需要调试的可执行文件。

一旦启动 GDB 程序，调试过程就在 GDB 调试环境下进行。

B.2 常用 GDB 命令

在 GDB 调试环境下，大部分 GDB 命令都可以利用补齐功能以简便方式输入，如 quit 可以简写为 q，因为以 q 打头的命令只有 quit，list 可以简写为 l，等等。此外，按回车键将重复上一个命令。

在 GDB 调试环境下使用的 GDB 命令有很多，本附录仅介绍最常用的几个命令。

- help [命令名]。若想了解某个 GDB 命令的用法，最方便的方法是使用 help 命令。例如，在 gdb 提示符下输入 help list 将显示 list 命令的用法。
- file < 可执行文件名 >。如果在启动 GDB 程序时忘记加可执行文件名，则在调试环境下可用 file 命令指定需加载和调试的可执行文件。例如，可用命令"file ./hello"加载当前目录下的 hello 程序。注意，可执行文件的路径名一定要正确。
- run [参数列表]。run 命令用来启动并运行已加载的被调试程序，如果被调试程序需要参数，则在 run 后接着输入参数列表，参数之间用空格隔开。
- list [显示对象]。list 命令用来显示一段源程序代码。在 list 后面指定显示对象的参数通常有以下几种。
    - <linenum>：行号，显示对象为指定行号前、后若干行源码。
    - <+offset>：相对当前行的正偏移量，显示对象为当前行后面的若干行源码。
    - <-offset>：相对当前行的负偏移量，显示对象为当前行前面的若干行源码。

- ■ <filename:linenum>：显示对象为指定文件中指定行号前、后若干行源码。
  - ■ <function>：函数名，显示对象为指定函数的源码。
  - ■ <filename:function>：显示对象为指定文件中指定函数的源码。
  - ■ <*address>：地址，显示指定地址处的源码。
- break [需设置的断点]。break 命令用来对被调试程序设置断点。在 break 后面的参数通常有以下几种。
  - ■ <linenum>：行号，在当前源文件中的指定行处设置断点。
  - ■ <filename:linenum>：在指定文件的指定行处设置断点。
  - ■ <function>：函数名，在指定函数的入口处设置断点。
  - ■ <filename:function>：在指定文件中指定函数的入口处设置断点。
  - ■ <*address>：地址，在指定地址处设置断点。
  - ■ <condtion>：条件，只有在某些特定的条件成立时程序才会停下，称为条件断点。设置一个断点后，它的起始状态是有效。可以用 enable、disable 使某断点有效或无效，也可以用 delete 命令删除某断点。例如，可以用命令 "disable 2" 使 2 号断点无效，用 "delete 2" 命令删除 2 号断点。
- info br|source|stack|args|…。info 命令用来查看被调试程序的信息，其参数非常多，但大部分不常用。其中，info br 用于查看设置的所有断点的详细信息，包括断点号、类型、状态、内存地址、断点在源程序中的位置等；info source 用于查看当前源程序；info stack 用于查看栈信息，它反映了过程（函数）之间的调用层次关系；info args 用于查看当前参数信息。
- watch < 表达式 >。watch 命令用来观察某个表达式或变量的值是否被修改，一旦修改则暂停程序执行。
- print < 表达式 >。print 命令用来显示表达式的值，表达式中的变量必须是全局变量或当前栈区可见的变量，否则 GDB 会显示以下类似信息：No symbol "xxxxx" in current context。
- x /NFU address。x 命令用来检查内存单元的值，x 是 examine 的意思。其中 N 代表重复数，F 代表输出格式，U 代表每个数据单位的大小，上述命令表示从地址 address 开始以 F 格式显示 N 个大小为 U 的数值。若不指定 N，则默认为 1；若不指定 U，则默认为每个数据单位为 4 字节。F 的取值可以是 x（16 进制整数）、d（带符号十进制整数）、u（无符号十进制整数）或 f（浮点数格式）；U 的取值可以是 b（字节）、h（双字节）、w（四字节）或 g（八字节）。例如，命令 x/8ub 0x8049000 表示如下含义：以无符号十进制整数格式 (u) 显示 8 字节 (b)，即显示存储单元 0x8049000、0x8049001、0x8049002 和 0x8049003 中的内容。
- step。使用 step 命令可以跟踪进入一个函数的内部。
- next。使用 next 命令继续执行下一条语句，若当前语句中包含函数调用，则不会进入函数内部，而是完成对当前语句中的函数调用后跟踪到下一条语句。
- continue。当程序在断点处暂停执行后，可以用 continue 命令使程序继续执行下去。
- quit。使用 quit 命令可退出 GDB。

参考文献

[1] BRYANT R E, O'HALLARON D R. 深入理解计算机系统：第 3 版 [M]. 龚奕利，贺莲，译. 北京：机械工业出版社，2016.

[2] 袁春风，余子濠. 计算机系统基础 [M].2 版. 北京：机械工业出版社，2018.

[3] 袁春风，余子濠. 计算机组成与设计：基于 RISC-V 架构 [M]. 北京：高等教育出版社，2020.

[4] 袁春风. 计算机组成与系统结构 [M].3 版. 北京：清华大学出版社，2022.

[5] BOVET D P，CESATI M. 深入理解 LINUX 内核：第 3 版 [M]. 陈莉君，张琼声，张宏伟，译. 北京：中国电力出版社，2007.

[6] 新设计团队 .Linux 内核设计的艺术 [M]. 北京：机械工业出版社，2013.

[7] LOVE R. Linux 内核设计与实现：第 3 版 [M]. 陈莉君，康华，译. 北京：机械工业出版社，2011.

[8] ROCHKIND M J. 高级 UNIX 编程：第 2 版 [M]. 王嘉祯，杨素敏，张斌，等译. 北京：机械工业出版社，2006.

[9] HART J M. Windows 系统编程：第 4 版 [M]. 戴峰，陈征，等译. 北京：机械工业出版社，2010.

[10] KERNIGHAN B W，RITCHIE D M. C 程序设计语言：第 2 版 [M]. 徐宝文，李志，译. 北京：机械工业出版社，2006.

[11] 尹宝林 .C 程序设计导引 [M]. 北京：机械工业出版社，2013.

[12] TANENBAUM A S. 现代操作系统：第 4 版 [M]. 陈向群，马洪兵，等译. 北京：机械工业出版社，2017.